新工科·普通高等教育机电类系列教材

金属工艺学

主　编　陈　云　彭　兆
副主编　杜艳迎　吴超华
参　编　胡　勇　熊新红　黄　丰
　　　　江　丽　史晓亮　杨　爽　朱　超　王玉伏
主　审　罗继相　王志海

机械工业出版社

本书是根据教育部高等学校机械类专业教学指导委员会制定的"普通高等学校工程材料及机械制造基础系列课程教学的基本要求"、教育部印发的《普通高等学校教材管理办法》和高等学校机械学科本科专业规范、培养方案、课程教学体系的要求，吸取教学改革经验，结合金属工艺学课程教学团队多年的教学改革经验编写而成的，为国家精品在线开放课程配套教材。本书分为6篇，包括工程材料导论、铸造、金属压力加工、焊接、新型金属热加工工艺、金属切削加工，共22章。每篇都介绍了相关的新工艺和新技术，以展示各种冷、热加工工艺的发展趋势。本书系统地阐述了金属冷、热加工工艺的原理、特点、规律性、应用及零件的结构工艺性等内容，注重理论与实践结合、工艺与原理结合、传承与发展结合，并融入了部分课程思政元素，培养学生的工匠精神、爱国情怀、责任担当。

本书可作为高等工科院校、高等农林院校机械类、近机械类专业的教材，也可供机械制造工程技术人员学习参考。

图书在版编目（CIP）数据

金属工艺学/陈云，彭兆主编．—北京：机械工业出版社，2022.12
（2025.7重印）
新工科·普通高等教育机电类系列教材
ISBN 978-7-111-71956-4

Ⅰ.①金⋯ Ⅱ.①陈⋯ ②彭⋯ Ⅲ.①金属加工-工艺学-高等学校-教材 Ⅳ.①TG

中国版本图书馆CIP数据核字（2022）第203606号

机械工业出版社（北京市百万庄大街22号 邮政编码100037）
策划编辑：余 皞　　　责任编辑：余 皞　杨 璇
责任校对：刘雅娜　张 薇　封面设计：张 静
责任印制：郜 敏
河北鑫兆源印刷有限公司印刷
2025年7月第1版第5次印刷
184mm×260mm·23.25印张·574千字
标准书号：ISBN 978-7-111-71956-4
定价：69.80元

电话服务　　　　　　　　　网络服务
客服电话：010-88361066　　机 工 官 网：www.cmpbook.com
　　　　　010-88379833　　机 工 官 博：weibo.com/cmp1952
　　　　　010-68326294　　金　书　网：www.golden-book.com
封底无防伪标均为盗版　机工教育服务网：www.cmpedu.com

前　言

金属工艺学是高等工科学校机械类专业必修的技术基础课，是研究零件加工工艺方法的综合性技术学科。它主要研究工程材料的性能及其对加工工艺方法的影响、各种加工工艺方法自身的规律性及其相互联系与比较、各种加工工艺过程和零件的结构工艺性，着重阐述常用工程材料及主要加工工艺方法的基本原理和工艺特点，全面讲述机械零件常用材料的选用、毛坯的选择、机械零件的加工工艺方法和工艺路线的拟定及机械制造的新技术和新工艺。金属工艺学兼有基础性、实用性、知识性、实践性与创新性等特点，是培养复合创新型人才的重要基础课程之一。

本书是结合机械类专业的实际需要，适应新技术、新工艺的发展，并基于理论与实践、工艺与原理结合的原则编写的。本书系统地阐述了各种金属加工工艺的特点、规律性及应用，以服务后续课程和生产实践。本书包括工程材料导论、铸造、金属压力加工、焊接、新型金属热加工工艺、金属切削加工六篇内容。

本书具有以下特点：

1）力求符合高等工科院校对本课程的实际需要，做到内容充实、重点突出、着眼实际，为教学和生产服务。各篇自成体系，适应性强，主要适合对象是机械类各专业的学生，同时也适合不同专业、不同学习背景、不同学时、不同层次的学生选用。

2）本书注重学生获取知识、分析问题、解决复杂工程问题能力的培养，注重学生工程素质与创新思维的培养。本书的编写既体现了现代制造技术、材料科学、现代信息技术的密切交叉与融合，又体现了工程材料和制造技术的传承、创新和变革。

3）本书编写过程中充分结合课程特点，有的放矢，将一些社会正能量、民族复兴精神、家国情怀凝练成课程思政元素融入其中，落实立德树人根本任务，让学生通过学习，丰富学识、增长见识、塑造品格，培养学生的工匠精神、责任担当。

4）本书对部分传统的金属成形工艺、机械制造技术进行了精简，增加了一些金属材料成形新工艺、新方法，以开阔学生视野，培养学生创新能力；同时，本书涉及的名词、术语、符号、标准等均采用了目前现行的国家标准或行业标准，使学生更好地贯彻实施新标准。

本书主要由武汉理工大学金属工艺学课程教学团队撰写，具体分工如下：陈云（绪论、第4、5、6、9、13、21章）、黄丰（第1章）、彭兆（第2、12、15章）、胡勇（第3章）、杜艳迎（第7、8章）、熊新红（第10章）、杨爽（第11章）、史晓亮（第14章）、王玉伏（第16、17章）、江丽（第18、22章）、吴超华（第19章）、朱超（第20章）。全书由陈云、彭兆统稿，罗继相、王志海担任本书主审。

本书在编写过程中参考了国内外有关的教材、专著、资料，并得到众多同志的支持和帮助，在此表示衷心的感谢。

由于编者水平有限，书中难免有不妥之处，恳请广大读者批评、指正。

编　者

目 录

前言
绪论 ··· 1

第1篇 工程材料导论

第1章 金属材料的主要性能 ················· 5
1.1 金属材料的力学性能 ·················· 5
1.2 金属材料的物理、化学性能 ······· 11
1.3 金属材料的工艺性能 ················ 13
复习思考题 ······································ 13

第2章 铁碳合金 ································ 14
2.1 金属及合金的晶体结构 ············ 14
2.2 金属的结晶 ······························ 17
2.3 铁碳合金相图及其应用 ············ 20
2.4 常用的金属材料及选用 ············ 27

复习思考题 ······································ 31

第3章 钢的热处理 ···························· 32
3.1 概述 ·· 32
3.2 钢在加热时的组织转变 ············ 33
3.3 钢在冷却时的组织转变 ············ 34
3.4 退火和正火 ······························ 36
3.5 淬火和回火 ······························ 39
3.6 表面淬火和化学热处理 ············ 41
复习思考题 ······································ 42

第2篇 铸 造

第4章 铸造工艺基础 ························· 45
4.1 液态合金的充型 ······················ 45
4.2 铸造合金的凝固与收缩 ············ 47
4.3 铸造内应力、变形与裂纹 ········ 53
4.4 铸件的气孔与偏析 ··················· 57
复习思考题 ······································ 59

第5章 常用合金铸件的生产 ·············· 60
5.1 铸铁件的生产 ·························· 60
5.2 铸钢件的生产 ·························· 72
5.3 铸造有色合金件的生产 ············ 74
复习思考题 ······································ 78

第6章 砂型铸造 ································ 80
6.1 造型方法的选择 ······················ 80
6.2 浇注位置和分型面的选择 ········ 86
6.3 铸造工艺参数的选择 ················ 90
6.4 浇注系统、冒口和冷铁 ············ 93

6.5 铸造工艺图及工艺分析举例 ····· 95
6.6 铸件的结构设计 ······················ 99
复习思考题 ···································· 107

第7章 特种铸造 ······························· 108
7.1 金属型铸造 ···························· 108
7.2 压力铸造 ······························· 109
7.3 低压铸造 ······························· 111
7.4 离心铸造 ······························· 113
7.5 熔模铸造 ······························· 114
7.6 陶瓷型铸造 ···························· 116
7.7 消失模铸造 ···························· 117
7.8 挤压铸造 ······························· 119
7.9 半固态铸造 ···························· 121
7.10 常用铸造方法的比较 ············· 122
复习思考题 ···································· 124

第3篇 金属压力加工

第8章 金属压力加工基础 ················· 128
8.1 金属塑性变形的实质 ·············· 128

8.2 塑性变形对金属组织和性能
的影响 ···································· 130

8.3 金属的可锻性 …………………… 132
复习思考题 …………………………… 134

第 9 章 常用的锻造方法 …………… 135
9.1 自由锻 ……………………………… 135
9.2 模锻 ………………………………… 138
9.3 锻造工艺规程的制定 …………… 144
9.4 锻件的结构工艺性 ……………… 148
复习思考题 …………………………… 151

第 10 章 板料冲压 …………………… 154
10.1 分离工序 ………………………… 154
10.2 变形工序 ………………………… 158
10.3 冲压件的结构工艺性 …………… 162
10.4 冲压模具 ………………………… 164

复习思考题 …………………………… 166

第 11 章 特种压力加工方法简介 …… 168
11.1 精密模锻 ………………………… 168
11.2 高速锤锻造 ……………………… 169
11.3 径向锻造 ………………………… 169
11.4 多向模锻 ………………………… 170
11.5 轧制 ……………………………… 170
11.6 挤压 ……………………………… 172
11.7 拉拔 ……………………………… 174
11.8 超塑性成形 ……………………… 175
11.9 高能率成形 ……………………… 176
复习思考题 …………………………… 178

第 4 篇　焊　　接

第 12 章 焊接工艺基础 ……………… 181
12.1 概述 ……………………………… 181
12.2 电弧焊工艺基础 ………………… 182
12.3 焊接接头组织与性能及改善方法 ………………………………… 187
12.4 焊接应力与变形 ………………… 188
复习思考题 …………………………… 192

第 13 章 常用的焊接方法 …………… 193
13.1 焊条电弧焊 ……………………… 193
13.2 埋弧焊 …………………………… 194
13.3 气体保护焊 ……………………… 195
13.4 电渣焊 …………………………… 197
13.5 等离子弧焊与切割 ……………… 198
13.6 压焊 ……………………………… 199
13.7 钎焊 ……………………………… 202
复习思考题 …………………………… 203

第 14 章 常用金属材料的焊接 ……… 204
14.1 金属材料的焊接性 ……………… 204
14.2 碳钢的焊接 ……………………… 206
14.3 合金结构钢的焊接 ……………… 207
14.4 铸铁的补焊 ……………………… 208
14.5 有色金属的焊接 ………………… 210
14.6 焊接缺陷与检验 ………………… 212
复习思考题 …………………………… 214

第 15 章 焊接结构与工艺设计 ……… 215
15.1 焊接工艺规范 …………………… 215
15.2 焊接结构材料与焊接方法选择 ………………………………… 215
15.3 焊接接头的工艺设计 …………… 217
15.4 焊接结构工艺图 ………………… 223
复习思考题 …………………………… 226

第 5 篇　新型金属热加工工艺

第 16 章 粉末冶金加工方法 ………… 230
16.1 概述 ……………………………… 230
16.2 热等静压 ………………………… 231
16.3 放电等离子烧结 ………………… 233
复习思考题 …………………………… 234

第 17 章 金属增材制造加工方法 …… 235

17.1 概述 ……………………………… 235
17.2 电弧增材制造 …………………… 236
17.3 激光选区熔化 …………………… 237
17.4 激光近净成形 …………………… 239
17.5 电子束选区熔化 ………………… 242
复习思考题 …………………………… 244

第 6 篇　金属切削加工

第 18 章 金属切削加工基础知识 …… 247
18.1 切削运动及切削要素 …………… 247

18.2 刀具材料及结构 …………… 250
18.3 金属切削过程 ……………… 259
18.4 切削加工技术经济简析 …… 265
复习思考题 ……………………… 272

第 19 章 常用切削加工方法及其选择 273

19.1 机床的基础知识 …………… 273
19.2 常见的切削加工方法 ……… 277
19.3 切削加工方法的选择 ……… 293
复习思考题 ……………………… 313

第 20 章 特种加工方法 315

20.1 特种加工方法的特点及分类 …… 315
20.2 电火花加工 ………………… 316
20.3 电火花线切割加工 ………… 318
20.4 电解加工 …………………… 319
20.5 激光加工 …………………… 320
20.6 超声波加工 ………………… 322
20.7 电子束加工 ………………… 323

20.8 离子束加工 ………………… 324
复习思考题 ……………………… 325

第 21 章 机械加工工艺的基本知识 326

21.1 基本概念 …………………… 326
21.2 毛坯选择的一般原则 ……… 330
21.3 工件的安装与定位 ………… 335
21.4 工艺路线的拟定 …………… 341
21.5 典型零件的机械加工工艺过程实例 …… 345
复习思考题 ……………………… 349

第 22 章 零件的结构工艺性 351

22.1 结构工艺性的基本概念 …… 351
22.2 切削加工对零件结构工艺性的要求 …… 352
22.3 装配结构工艺性 …………… 359
复习思考题 ……………………… 361

参考文献 …………………………… 363

绪 论

材料是人类生产和社会发展的重要物质基础，几乎日常生活的每一个环节或多或少都要受到材料的影响。实际上，早期的人类文明就是根据材料的发展水平来划分的，如石器时代、青铜器时代、铁器时代等。

我国是世界上发现和应用金属材料较早的国家。在商周时期，青铜冶铸技术已达到当时世界高峰，各种用青铜制造的工具、器具、兵器等得到普遍应用。春秋战国时期，我国发明了生铁铸造、生铁柔化和生铁炼钢技术。直到明朝之前的 2000 多年间，我国的钢铁生产及金属材料成形工艺一直在世界上遥遥领先。但是 18 世纪以后，长期的封建统治和闭关锁国严重束缚了我国生产力的发展，而欧美等国家进入蒸汽机时代，发明了液态炼钢、机械化冶炼和机械加工技术，确立了金属成形和加工领域的优势。直到 1949 年新中国成立后，我国的科学技术才得到较快发展。

20 世纪 80 年代以来，一些新材料如半导体材料、新型金属材料、先进复合材料、纳米材料等的实用化，也给社会生产和人们生活带来了巨大的变化。近年来，一些金属精密成形技术也不断产生，使毛坯形状、尺寸和表面质量更接近零件要求，大幅降低了零件的生产成本。

金属工艺学是一门介绍有关制造金属零件工艺方法的综合性技术基础课程，主要传授各种成形工艺方法本身的规律性及其在机械制造中的应用和相互联系、金属零件的加工工艺过程和结构工艺性、常用金属材料性能对加工工艺的影响、工艺方法的综合比较选择等。

现代工业应用的机器设备、航空航天装备等大多是由金属零件装配而成的。将金属材料加工成零件是机械制造的基本过程。机械制造的过程如图 0-1 所示。

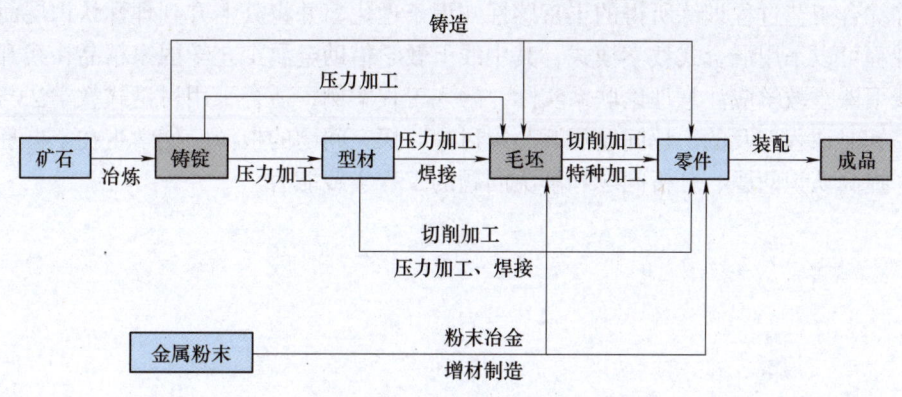

图 0-1 机械制造的过程

多数零件由于形状复杂或者精度和表面质量要求较高，难以采用单一的方法直接生产，通常先用铸造、压力加工或焊接等方法制成毛坯，再用切削加工的方法加工而成。随着技术的发展，也出现了一些新型金属热加工工艺，如粉末冶金、增材制造等，这些工艺可以将金属粉末直接制成毛坯或者最终的零件。在机械制造过程中，为了改善材料的加工性能，中间常需穿插各种不同的热处理工艺。与此相对应，本书分6篇：第1篇为工程材料导论，主要介绍工程材料的性能、金属的内部结构与结晶、铁碳合金、常用的金属材料及选用和热处理方法；第2~5篇分别为铸造、金属压力加工、焊接、新型金属热加工工艺，分别介绍各自的工艺基础、成形方法、特点和零件的结构设计；第6篇为金属切削加工，主要介绍零件切削加工的工艺基础、常用切削加工方法及其选择、特种加工方法、机械加工工艺的基础知识、零件的结构工艺性等。

金属工艺学课程是机械类专业必修的一门主干技术基础课程，也是近机类和部分非机类专业普遍开设的一门课程。通过本课程的学习，旨在使学生获得常用工程材料及机械零件加工工艺的基础知识，培养实践能力、创新设计能力以及工程素质。本课程的教学目标和基本要求可以归纳如下：

1）建立工程材料和材料热加工工艺与现代机械制造的完整概念，培养学生良好的工程意识，并具有良好的工程实践能力、现代工程工具使用能力。

2）熟悉金属材料的成分、组织、性能之间的关系及牌号表示方法；掌握强化金属材料的基本途径、钢的热处理原理和方法。

3）掌握选择零件材料及成形工艺的基本原则和方法步骤，具有选择毛坯种类、成形方法和制订零件（毛坯）加工工艺过程的能力。

4）掌握零件（毛坯）的结构工艺性，具有分析零件（毛坯）结构工艺性的能力，能够进行产品的结构设计和工艺设计，培养综合分析与设计的能力。

5）了解与本课程相关的新材料、新技术、新工艺。

6）掌握一定的工程伦理知识，培养精益求精的大国工匠精神，激发科技报国的家国情怀和责任使命担当。

金属工艺学课程是实践性很强的技术基础课程，有利于对学生进行技能训练，有利于培养学生的动手能力和开拓精神。通过本课程的学习，学生将会把工程实训过程中通过独立实践操作和综合工艺过程训练所得的丰富感性知识条理化，并将其上升到理性认识层面。

本课程可以采用混合式教学模式，其中线上教学借助金属工艺学国家精品在线开放课程开展，线下课堂教学应注意理论联系实际，融入工程案例，适合采用讨论式教学法与案例式教学法，针对课程涉及的工程问题展开小组讨论，探究问题的根源，使学生在掌握理论知识的同时，提高认识问题、分析问题和解决问题的工程实践能力。

第1篇 工程材料导论

材料是人类生产和生活的物质基础,是人类社会发展水平的一个重要标志,是用来制作各种产品的物质,是先于人类存在的。人类社会的发展、人类文明的进步与材料的发明和发展密不可分。在工农业生产、国防、科学技术、日常生活中,材料无处不在,无处不有。

材料科学与技术是支撑人类文明大厦的四大支柱技术(材料科学与技术、生物科学与技术、能源科学与技术、信息科学与技术)之一,也是现代文明的重要支柱之一。

材料科学的发展进程是一个漫长而又曲折的过程,是一个由简单到复杂、由单一性能向综合性能、由结构材料向功能材料、由单一材料向复合材料发展的过程。人类最早使用的是石头、泥土、木头、竹子、野兽皮等天然材料;由于火的使用,人类发明了陶器、瓷器;随着社会的进步,人类又发明了青铜器、铁器等。因而,它们的名字也成为人类文明的标志,如石器时代、青铜器时代和铁器时代等。我国商代的后母戊大方鼎,重875kg,外形尺寸1.33m×0.78m×1.1m,是迄今世界上最古老的大型青铜器,如图1a所示。

材料不仅在我们的日常生活中作用重大,而且在国家的繁荣和安全中也起着举足轻重的作用。随着人类科技水平的提高和对宏观、微观世界研究的深入,必将发现和研制出更多性能优异的新型工程材料。世界各国对材料科学都非常重视,它已经成为衡量一个国家科学技术和经济水平、现代化程度及综合国力的重要标志之一。例如,国产C919航空发动机叶片采用了碳纤维复合材料(图1b),发动机重量比采用钛合金叶片的发动机减少接近500kg,加上机体减重,飞机结构重量可降低1000kg左右。

a) 商代的后母戊大方鼎　　　　　　　　b) 国产C919航空发动机叶片

图1　材料的使用

材料种类繁多,五花八门,材料科学发展日新月异,新材料、新技术、新能源层出不穷。而今人类已经跨进了人工合成材料的新时代,金属材料、高分子材料、陶瓷材料、复合材料等高速发展,为现代社会的发展奠定了重要的物质基础。

本篇主要介绍金属材料的成分、组织、性能及其相互关系,了解强化金属材料的基本途径,熟悉常用金属材料的牌号、成分、组织、性能及用途,为正确选用材料提供理论依据,为后续专业课程的学习提供材料方面的知识。

考虑到有的专业在学习本课程以前,尚未学习工程材料课程内容,为了便于本课程的教学和学生学习本教材后续内容,并考虑到教材内容的衔接性,本篇编制了金属材料的主要性能、铁碳合金、钢的热处理三章内容,以供教学使用。

第 1 章 金属材料的主要性能

教学提示：工程上所用的各种金属材料、非金属材料和复合材料统称为工程材料。迄今为止，人类发现和使用的材料种类繁多，但应用最多的还是金属材料。金属材料在工业生产中被广泛应用的最主要原因是它具有良好的性能。金属材料的性能包括材料的使用性能（物理、化学、力学性能）和工艺性能（铸造性能、锻压性能、焊接性能、切削加工性能、热处理性能等）。

教学要求：重点了解金属材料的力学性能指标和测试方法以及各个指标的物理意义。设计零件和材料选择时要考虑零件的工作环境，根据零件或材料承受的载荷情况重点考虑某些力学性能指标。

1.1 金属材料的力学性能

授课视频

金属材料的力学性能是材料在外力作用下所表现出的性能。力学性能对材料的使用性能和工艺性能有着非常重要的影响。金属的主要力学性能有强度、硬度、塑性、韧性等。

1.1.1 拉伸试验

材料在外力作用下抵抗变形和断裂的能力称为材料的强度。根据外力的作用方式不同，材料的强度分为抗拉强度、抗压强度、抗弯强度和抗剪强度等。在使用中一般多以抗拉强度作为基本的强度指标，常简称为强度，其单位为 MPa。

材料的强度、塑性是依据国家标准（GB/T 228.1—2021）通过静拉伸试验测定的。它是把一定尺寸和形状的试样装夹在拉伸试验机上，然后对试样逐渐施加拉伸载荷，直至把试样拉断为止。拉伸前后的试样如图 1-1 所示，图中 d_o 为试样的原始直径，L_o 为原始标距（用引伸计测量试样延伸时，原始标距 L_o 用引伸计起始标距 L_e 代替），L_u 为拉伸后标距。拉伸试样分为比例试样和非比例试样。原始标距 L_o 与原始横截面积 S_o 满足 $L_o = k\sqrt{S_o}$ 关系的拉伸试样称为比例试样。$k = 5.65$ 的试样称为短比例试样，$k = 11.3$ 的试样称为长比例试样。比例试样的截面有圆形和矩形两种，其中圆截面试样用得较多，圆截面试样有短试样（$L_o = 5d_o$）和长试样（$L_o = 10d_o$）。一般拉伸试验机上都带有自动记录装置，可绘制出载荷（F）与试样伸长量（$L - L_e$）之间的关系曲线，并据此可测定应力（R）-延伸率（e）的关系：$R = F/S_o$（S_o 为试样原始截面面积），$e = [(L - L_e)/L_e] \times 100\%$。图 1-2 所示为低碳钢的应力-延伸率曲线（$R$-$e$ 曲线）。研究表明低碳钢在外加载荷作用下的变形过程一般可分为四个阶段，即弹性变形、屈服、塑性变形和缩颈断裂。

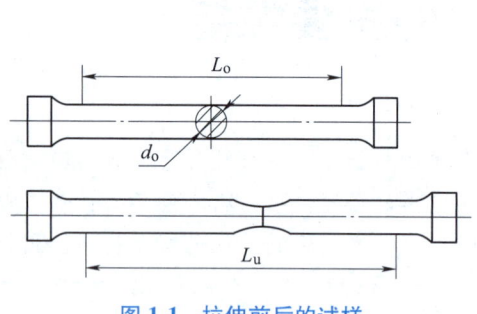

图 1-1 拉伸前后的试样

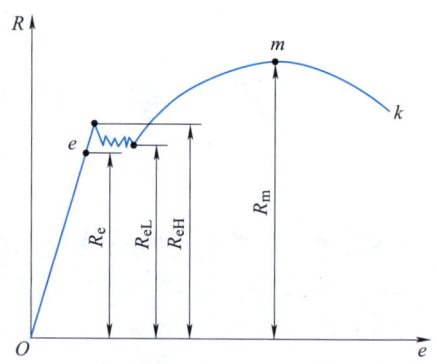

图 1-2 低碳钢的应力-延伸率曲线（$R\text{-}e$ 曲线）

(1) 弹性和刚度　在图 1-2 中，Oe 段为弹性变形阶段，即去掉外力后，变形立即恢复，这种不产生永久变形的能力称为弹性，其延伸率很小。R_e 为不产生永久变形的最大应力，称为弹性极限。

在弹性变形范围内，应力与延伸率成正比，其比值称为材料的弹性模量 E（MPa）。弹性模量 E 是衡量材料产生弹性变形难易程度的指标，工程上常把它称为材料的刚度。E 值越大，则使其产生一定量弹性变形的应力也越大，即材料的刚度越大，说明材料抵抗弹性变形的能力越强，越不容易产生弹性变形。

弹性模量 E 是一个结构不敏感参数，即 E 主要取决于基体金属的性质，如钢铁材料是铁基合金，不论其成分和组织结构如何变化，室温下 E 值均在 $(20\sim21.4)\times10^4$ MPa 范围内。

(2) 强度　图 1-2 中出现一屈服阶段，即应力不增加而变形继续进行。此时若卸载，试样变形不能完全消失，将保留一部分残余的变形。这种不能恢复的残余变形称为塑性变形。在试验过程中，载荷不增加仍能继续伸长的应力，称为屈服强度，分为上屈服强度和下屈服强度。试样发生屈服而应力首次下降前的最大应力 R_{eH} 称为上屈服强度；在屈服期间，不计初始瞬时效应时的最小应力 R_{eL} 称为下屈服强度。

工业上使用的某些材料（如高碳钢、铸铁和某些经热处理后的钢等）在拉伸试验中没有明显的屈服现象发生，故无法确定屈服强度。国家标准规定，可用规定塑性延伸强度 R_p 或者规定残余延伸强度 R_r 表示。例如：$R_{p0.2}$ 表示规定塑性延伸率为 0.2% 时的应力；$R_{r0.2}$ 表示规定残余延伸率为 0.2% 时的应力。

碳素结构钢、一般工程用碳素铸钢件、焊接结构用铸钢件等材料的屈服强度用 R_{eH}；优质碳素结构钢、低合金高强度结构钢、合金结构钢、工程结构用中高强度不锈钢、奥氏体锰钢铸件、一般用途耐热钢和合金铸件等的屈服强度用 R_{eL}。

应力超过屈服强度时，整个试样发生均匀而明显的塑性变形。当到达 m 点时，试样开始局部变细，出现"缩颈"现象。此后，应力开始下降，变形主要集中于颈部，直到最后在"缩颈"处断裂。可见，m 点处应力达到峰值，此点对应的 R_m 称为材料的抗拉强度。R_m（单位为 MPa）可用下式计算，即

$$R_m = \frac{F_m}{S_o}$$

R_{eH}、R_{eL}、$R_{p0.2}$、R_m 是机械零件和构件设计和选材的主要依据。

(3) 塑性　塑性是指金属材料产生塑性变形而不断裂的能力，通常以断后伸长率 A 和断面收缩率 Z 来表示。

在拉伸试验中，试样拉断后，断后标距的伸长与原始标距的百分率称为断后伸长率，用符号 A 表示。

$$A = \frac{\Delta L}{L_o} = \frac{L_u - L_o}{L_o} \times 100\%$$

式中　A——断后伸长率；
　　　L_u——试样的断后标距长度（mm）；
　　　L_o——试样的原始标距长度（mm）；
　　　ΔL——最大伸长量（mm）。

对于比例试样，若比例系数 k 不为 5.65，符号 A 应附脚注说明所使用的比例系数，如 $A_{11.3}$ 表示原始标距为 $11.3\sqrt{S_o}$ 的断后伸长率。对于非比例试样，符号 A 应附脚注说明所使用的原始标距，以 mm 表示，如 A_{80mm} 表示原始标距为 80mm 的断后伸长率。对于圆截面的比例试样，短试样（$L_o = 5d_o$）的断后伸长率写成 A，长试样（$L_o = 10d_o$）的断后伸长率须写成 $A_{11.3}$。

试样拉断后，缩颈处横截面积的最大收缩量与原始横截面积的百分率称为断面收缩率，用符号 Z 表示。

$$Z = \frac{S_o - S_u}{S_o} \times 100\%$$

式中　Z——断面收缩率；
　　　S_o——试样原始横截面积（mm²）；
　　　S_u——试样受拉伸断裂后的横截面积（mm²）。

A 或 Z 数值越大，表示材料的塑性越好。

一般把断后伸长率大于 5% 的材料称为塑性材料，断后伸长率小于 5% 的材料称为脆性材料。铸铁是典型的脆性材料，而低碳钢是黑色金属中塑性最好的材料。金属材料良好的塑性使其在工业生产中被广泛应用。首先，它具有良好的成形性，可以进行轧制、锻造、冲压等，可以获得形状复杂的零件；其次，在使用过程中，如果超载也可通过塑性变形来提高材料的强度，不至于造成突然断裂，材料安全性较好。

1.1.2　硬度

金属材料受压时抵抗局部变形，特别是塑性变形、压痕的能力，即抵抗更硬的外物压入其内的能力，称为硬度。它是表征材料强度与塑性的一个综合判据。硬度试验方法很多，常用的有布氏硬度、洛氏硬度等几种。

(1) 布氏硬度　按照国家标准（GB/T 231.1—2018），用一定大小的试验力 F，把直径为 D 的碳化钨合金球压入试样表面，如图 1-3 所示，经规定保持时间后卸除试验力，测量试样表面压痕的直径 d，并计算出压痕球缺表面积 S 所承受的平均应力值，此值即为布氏硬度值，以 HBW 表示。

$$\text{HBW} = 0.102 \frac{2F}{\pi D(D - \sqrt{D^2 - d^2})}$$

式中　　F——试验力（N）；
　　　　D——碳化钨合金球直径（mm）；
　　　　d——压痕平均直径（mm）。

布氏硬度的单位为 N/mm^2，习惯上只写明硬度的数值而不标出单位。硬度值位于符号前面，符号后面的数值依次为球直径、载荷大小及载荷保持时间（在规定的时间 10~15s 不标注）。例如，500 HBW 5/250/20 表示用直径 5mm 的碳化钨合金球在 2452N（250kgf）载荷作用下保持 20s，布氏硬度为 500。

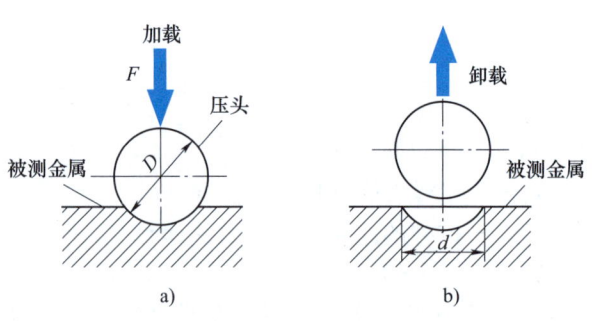

图 1-3　布氏硬度测定原理

由于金属材料有硬有软，被测工件有厚有薄、有大有小，如果只采用一种标准试验力 F 和球直径 D，就会出现对某些材料不适应的现象。因此在生产中进行布氏硬度试验时，要求使用不同大小的试验力和球直径。对同一种材料采用不同的 F 和 D 进行试验时，能否得到同一布氏硬度值，关键在于压痕几何形状的相似，即建立 F 和 D 的某种选配关系，以保证布氏硬度的不变性。

国家标准（GB/T 231.1—2018）规定，可根据金属材料的种类和布氏硬度范围，按表 1-1 选定 F/D^2 值，从而确定出 F 值和 D 值。

表 1-1　不同材料推荐的布氏硬度和试验力与球直径平方的比率

材　　料	布氏硬度 HBW	试验力与球直径平方的比率 $0.102 \times F/D^2 / (N/mm^2)$
钢、镍基合金、钛合金		30
铸铁[①]	<140	10
	≥140	30
铜和铜合金	<35	5
	35~200	10
	>200	30
轻金属及其合金	<35	2.5
		5
	35~80	10
		15
	>80	10
		15
铅、锡		1
烧结金属	依据 GB/T 9097	

① 对于铸铁，压头的名义直径为 2.5mm、5mm 或 10mm。

由硬度计算公式可知，当载荷 F 与球直径 D 选定时，硬度值只与压痕直径 d 有关。在实际工作中，一般用刻度放大镜测出压痕直径 d，计算布氏硬度值或可通过 GB/T 231.4—2009 给出的硬度值表直接查得。

布氏硬度因压痕面积较大，其硬度值比较稳定，故测试数据的重复性好，准确度较高；缺点是测量费时，压痕面积大，不适合成品零件的测量。

（2）洛氏硬度　洛氏硬度以顶角为 120°的金刚石圆锥（图 1-4）或碳化钨合金球（直径为 1.5875mm 或 3.175mm）作为压头，先在预加载荷的作用下压入材料表面，再施加主试验力，保持一定时间，卸除主试验力，测量残余压痕深度（h_1-h_0）来确定其硬度。压痕越深，材料越软，硬度值越低；反之，硬度值越高。被测材料的硬度可直接在硬度计刻度盘读出。

洛氏硬度常用的有三种，分别以 HRA、HRBW、HRC 来表示，HRBW 与 HRC 级较为常用。洛氏硬度符号、试验条件和应用举例见表 1-2。

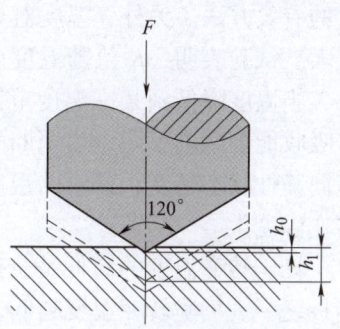

图 1-4　洛氏硬度测试原理

表 1-2　洛氏硬度符号、试验条件和应用举例

硬度符号	压头类型	初试验力/N	总试验力/N	硬度值有效范围	应用举例
HRA	金刚石圆锥	98.07	588.4	20~95HRA	硬质合金、表面淬火钢
HRBW	ϕ1.5875mm	98.07	980.7	10~100HRBW	软钢、退火钢、铜合金
HRC	金刚石圆锥	98.07	1471	20~70HRC	淬火钢件

洛氏硬度测试简单、迅速，压痕小，可用于成品检验；其缺点是测量的硬度值代表性差，必须多测几个点求其平均值，这对于组织不均匀或存在偏析的材料尤为重要。

1.1.3　冲击韧性

以很大速度作用于机件上的载荷称为冲击载荷。许多机器零件和工具在工作过程中，往往受到冲击载荷的作用，如蒸汽锤的锤杆、压力机的冲头、柴油机曲轴、飞机的起落架等。瞬时冲击的破坏作用远远大于静载荷的破坏作用，所以在设计承受冲击载荷的零件时还要考虑抗冲击载荷的能力。

金属材料断裂前吸收变形能量的能力称为韧性，韧性的常用指标为冲击韧性，用 a_K 表示，单位为 J/cm^2。

$$a_K = \frac{A_K}{A_o}$$

式中　A_K——冲击折断试样所消耗的冲击功（J）；

A_o——试样断口处的原始截面积（cm^2）。

金属材料的韧性通常采用摆锤冲击试验机来测定。试验时，把准备好的标准冲击试样（参见 GB/T 229—2020）放在试验机的砧座上。试样缺口背向摆锤（图 1-5），将摆锤抬到一定高度 H，然后释放摆锤，将试样一次冲断，摆锤继续上升到一定高度 h。在忽略摩擦和阻尼等的条件下，摆锤冲断试样所做的功称为冲击吸收能量，以 K 表示。对一般常用钢材来说，所测冲击吸收能量 K 越大，材料的韧性越好。

K 值对材料组织缺陷十分敏感，它能反映出材料的品质、宏观缺陷和纤维组织等方面的变化，因此，冲击试验是生产上用来检验冶炼、热加工、热处理等工艺质量的有效方法。另外，温度对 K 值的影响较大。试验表明，K 值随温度的降低而减小，当温度降低到某一温度范围时，其冲击吸收能量急剧下降，表明断裂由韧性状态向脆性状态转变，此时的温度称为韧脆转变温度。

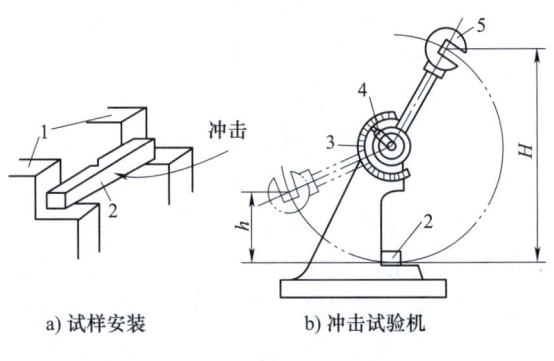

a) 试样安装　　b) 冲击试验机

图 1-5　冲击试验原理

1—砧座　2—试样　3—刻度盘　4—指针　5—摆锤

韧脆转变温度的高低是金属材料质量指标之一。韧脆转变温度越低，材料的低温冲击性能就越好。这对于在严寒地区和低温下工作的机械结构（如运输机械、输送管道、油轮等）尤为重要。

必须强调的是，冲击试验是在一次大能量冲击下的破坏性试验。而生产中绝大多数零件承受的是无数次小能量的重复冲击，此时材料的韧性用冲击吸收能量表示就不太合适，而是取决于材料的强度值。

1.1.4　疲劳强度

材料承受载荷的大小和方向随时间做周期性变化，即材料在交变应力作用下，在一处或几处产生局部永久性累积损失，往往在远小于强度极限，甚至小于屈服极限的应力下发生断裂或失效的过程称为疲劳。

疲劳失效与静载荷下的失效不同，断裂前没有明显的塑性变形，突然断裂，具有很大的危险性，常造成严重的安全事故。

金属材料所承受的交变应力 σ 与断裂前所承受的应力循环次数 N 之间的关系曲线称为疲劳曲线或 S-N 曲线，如图 1-6 所示。由图可知，金属材料所承受的交变应力越大，则断裂时应力循环次数 N 越小；当交变应力低于某定值时，疲劳曲线呈水平线，表示金属材料在此应力下可经受无数次应力循环也不会发生疲劳断裂，此应力值称为材料的疲劳极限（或称为耐久极限应力）。对于按正弦曲线变化的对称循环应力，其疲劳极限以符号 σ_{-1} 表示。

按 GB/T 4337—2015 规定，一般结构钢取循环周期为 10^7 次（其他钢和非铁合金取 10^8 次）时，能承受的最大循环应力称为疲劳极限。

一般认为，产生疲劳破坏的原因是材料的某些缺陷，如夹杂物、气孔等。交变应力作用下，缺陷处首先形成微小裂纹，裂纹逐步扩展，导致零件的受力截面减小，以致突然产生破坏。零件表面的机械加工刀痕和构件截面突然变化的部位，均会产生应力集中。交变应力作用下，应力集中处易于产生显微裂纹，也是产生疲劳破坏的主要原因。为了防止或减少零件的疲劳破坏，除应合理设计结构，防止应力集中外，还要尽量减小零件表面粗糙度值，采取表面硬化处理等措施来提高材料的抗疲劳能力。

1.1.5　断裂韧度

实际材料的组织并非均匀、各向同性的，组织中有微裂纹，还会有夹杂、气孔等宏观缺陷，这些缺陷可看成是材料中的裂纹。当材料受外力作用时，这些裂纹的尖端附近便出现应力集中，形成一个裂纹尖端的应力场。根据断裂力学对裂纹尖端应力场的分析，裂纹尖端附近应力场的强弱主要取决于一个力学参数，即应力强度因子 K_I。

$$K_\mathrm{I} = Y\sigma\sqrt{a}\ (\mathrm{MPa}\cdot\mathrm{m}^{\frac{1}{2}})$$

式中　Y——与裂纹形状、加载方法及试样尺寸有关的量，是一个无量纲的系数；

σ——外加拉应力（MPa）；

a——裂纹长度的一半（m）。

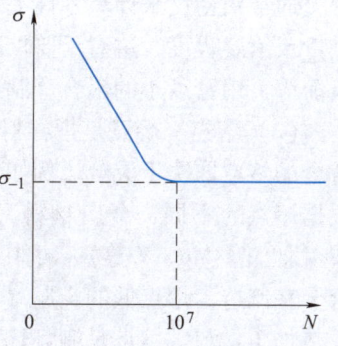

图 1-6　钢铁材料的疲劳曲线

对某一个有裂纹的试样，在拉伸外力作用下，Y 值是一定的。当外加拉力逐渐增大，或裂纹逐渐扩展时，裂纹尖端的应力强度因子 K_I 也随之增大；当 K_I 增大到某一临界值时，试样中的裂纹会产生突然失稳扩展，导致断裂。这个应力强度因子的临界值称为材料的断裂韧度，用 K_IC 表示。

断裂韧度表征材料阻止裂纹扩展的能力，是度量材料韧性好坏的一个性能指标。在加载速度和温度一定的条件下，断裂韧度和裂纹本身的大小、形状及外加应力大小无关，是材料固有的特性，主要取决于材料的成分、内部组织和结构。当裂纹尺寸一定时，若材料的断裂韧度值越大，其裂纹失稳扩展所需的临界应力就越大；当给定外力时，若材料的断裂韧度值越大，其裂纹达到失稳扩展时的临界尺寸就越大。断裂韧度是一项重要的判据，可用来分析和计算一些实际问题。例如：若已知材料的断裂韧度和裂纹尺寸，便可以计算裂纹扩展以致断裂的临界应力，即零件的承载能力；或者已知材料的断裂韧度和工作应力，就能确定材料中允许存在的最大裂纹尺寸。

断裂韧度测定是把试验材料制成一定形状和尺寸的试样，在试样上预制出能反映材料实际情况的疲劳裂纹，然后施加载荷。试验中用仪器自动记录并绘出外力和裂纹扩展的关系曲线，经过计算和分析，确定断裂韧度。能够反映材料抵抗裂纹失稳扩展的性能指标及其试验测定方法有多种，具体试验测定方法及要求见 GB/T 4161—2007《金属材料　平面应变断裂韧度 K_IC 试验方法》、GB/T 21143—2014《金属材料　准静态断裂韧度的统一试验方法》等。

金属材料的力学性能是工程上设计和制造金属机件的重要依据，只有了解了各个力学性能指标的物理意义才能正确地设计零件，做到万无一失。

1.2　金属材料的物理、化学性能

1.2.1　物理性能

金属材料的物理性能包括密度、熔点、导热性、导电性、热膨胀性和磁性等。各种机械零件由于用途不同，对材料的物理性能要求也有所不同。

（1）密度　密度是指某种材料单位体积的质量。密度是工程材料的重要特性之一，工程上通常用密度来计算零件毛坯的质量。材料的密度直接关系到由它所制成的零件或构件的重量或紧凑程度,这对于要求减轻自重的航空航天工业制件具有特别重要的意义,如飞机、火箭等。用密度小的铝合金制造的零件,比用钢材制造的同种零件重量可减轻 1/4~1/3。

(2) 熔点 熔点是指材料由固态转变为液态时的熔化温度。金属都有固定的熔点,而合金的熔点取决于成分。例如,钢是铁和碳组成的合金,碳的质量分数不同,熔点也不同。根据熔点的不同,金属材料又分为低熔点金属和高熔点金属。熔点高的金属称为难熔金属(如 W、Mo、V 等),可用来制造耐高温零件。例如,喷气式发动机的燃烧室需用高熔点合金来制造。熔点低的金属(如 Sn、Pb 等),可用来制造印刷铅字和电路上的熔丝等。对于热加工材料,熔点是制订热加工工艺的重要依据之一。例如,铸铁和铸铝熔点不同,它们的熔炼工艺有较大区别。

(3) 导热性 导热性是指材料传导热量的能力。导热性是工程上选择保温或热交换材料的重要依据之一,也是确定机件热处理保温时间的一个参数。如果热处理件所用材料的导热性差,则在加热或冷却时,表面与心部会产生较大的温差,造成不同程度的膨胀或收缩,导致机件破裂。一般来说,金属材料的导热性远高于非金属材料,而合金的导热性比纯金属差。例如,合金钢的导热性较差,当其进行锻造或热处理时,加热速度应慢一些,否则会形成较大的内应力而产生裂纹。

(4) 导电性 导电性是指材料传导电流的能力。电导率是表示材料导电能力的性能指标。在金属中,以银的导电性为最好,其次是铜和铝,合金的导电性比纯金属差。导电性好的金属适于制造导电材料(如纯铝、纯铜等),导电性差的材料适于制造电热元件。

(5) 热膨胀性 热膨胀性是指材料随温度变化体积发生膨胀或收缩的特性。一般材料都具有热胀冷缩的特点。在实际工程中,许多场合要考虑热膨胀性。例如:相互配合的柴油机活塞和缸套之间间隙很小,既要允许活塞在缸套内往复运动,又要保证气密性,这就要求活塞与缸套材料的热膨胀性要相近,才能避免两者卡住或漏气;铺设铁轨时,两根钢轨衔接处应留有一定空隙,让钢轨在长度方向有伸缩的余地;制订热加工工艺时,应考虑材料的热膨胀影响,尽量减小工件的变形和开裂等。

1.2.2 化学性能

金属材料的化学性能主要是指它们在室温或高温时抵抗各种介质的化学侵蚀的能力,主要有耐蚀性、抗氧化性和化学稳定性。

(1) 耐蚀性 耐蚀性是指金属材料在常温下抵抗氧、水蒸气等化学介质腐蚀破坏作用的能力。腐蚀对金属的危害很大。

(2) 抗氧化性 几乎所有的金属都能与空气中的氧作用形成氧化物,这称为氧化。如果氧化物膜结构致密(如 Al_2O_3),则可保护金属表层不再被氧化,否则金属将受到破坏。

(3) 化学稳定性 化学稳定性是指金属材料的耐蚀性和抗氧化性的总称。在高温下工作的热能设备(如锅炉、汽轮机、喷气发动机等)上的零件应选择热稳定性好的材料制造;在海水、酸、碱等腐蚀环境中工作的零件,必须采用化学稳定性良好的材料,如化工设备通常采用不锈钢来制造。

1.3 金属材料的工艺性能

　　金属材料的工艺性能是物理、化学和力学性能的综合，是指金属材料对各种加工工艺的适应能力，或者说是用某种工艺方法对金属材料进行成形、加工、处理等，使之达到所要求的形状、尺寸和性能的难易程度。

　　它包括铸造性能、锻压性能、焊接性能、切削加工性能和热处理性能。工艺性能的好坏直接影响零件的加工质量和生产成本，所以它也是选材和制订零件加工工艺必须考虑的因素之一。有关工艺性能的内容在后续章节会专门讨论。

复习思考题

1.1　在做材料的拉伸试验时，是否一定要做成标准试样？为什么？
1.2　"缩颈"现象发生在拉伸曲线的哪一点？如果没有出现"缩颈"现象，是否表示该试样没有发生塑性变形？
1.3　试样已经发生了明显的塑性变形，在外力卸掉后，弹性变形是否会恢复？
1.4　将钟表发条拉直是弹性变形还是塑性变形？怎样判别它的变形性质？
1.5　材料的塑性是一个很重要的性能指标，如何理解塑性在生产中的实际意义？
1.6　如何理解冲击韧性在生产中的实际意义？
1.7　如何理解疲劳强度在生产中的实际意义？
1.8　简述下列符号所表示的力学性能指标的名称和含义。
　　R_m、R_{eH}、R_{eL}、$R_{p0.2}$、σ_{-1}、A、HRC。

第 2 章　铁碳合金

教学提示：铁碳合金是最重要的工程材料，钢和铸铁是制造机器设备的主要金属材料，与其他材料相比，其资源广泛、冶炼方便、价格低廉、性能优越。因此，金属材料在工业生产中仍然占主导地位。铁碳合金是以铁、碳为主要组元组成的合金。其中，铁的质量分数大于 95%，是最基本的组元。要了解钢和铸铁的本质，首先必须了解纯铁的晶体结构。金属的内部结构和组织状态是决定金属材料性能的重要因素。金属在固态下通常都是晶体，了解和掌握金属的晶体结构、结晶过程及其组织特点，是零件设计时合理选材的根本依据。

教学要求：了解金属的晶体结构、晶体缺陷、纯金属的结晶与铸锭及合金的相结构。

2.1　金属及合金的晶体结构

2.1.1　晶体结构

晶体中原子（离子或分子）规则排列的方式称为晶体结构。可以把原子排列抽象成一种空间格子，每个原子中心处在空间格子的结点上，这种假想的空间格子称为晶格。为了便于研究，从晶格中取出能够完整反映晶格特征的最小几何单元称为晶胞。晶胞在三维空间的重复排列构成晶格。晶格可以看成是由无数个晶胞堆砌而成，晶胞的基本特征即表征晶体结构的特点。因此，在研究晶体结构时，只需对单个晶胞分析即可。

晶胞的几何特征可以用晶胞的三条棱边的边长 a、b、c 和三条棱边的夹角 α、β、γ 六个参数来描述。其中 a、b、c 为晶格常数，其大小以 mm 或 Å（埃）来度量。不同元素组成的金属晶体因晶格形式和晶格常数的不同，表现出不同的物理、化学和力学性能。空间规则排列的原子→钢球模型→晶格（钢球抽象为晶格结点），构成图 2-1 所示晶体、晶格、晶胞示意图。

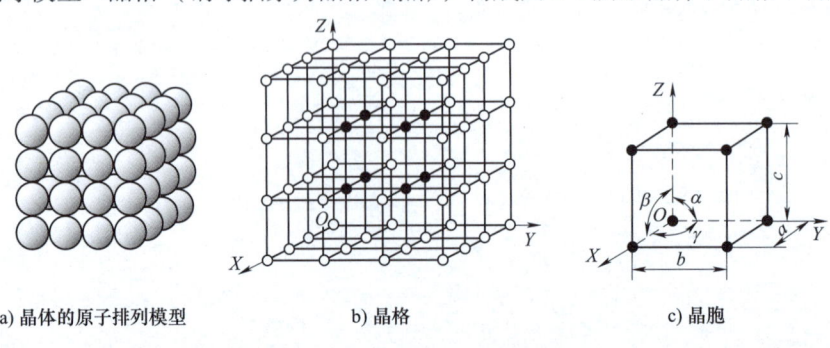

a) 晶体的原子排列模型　　b) 晶格　　c) 晶胞

图 2-1　晶体、晶格、晶胞示意图

金属常见的晶胞有体心立方（图2-2）、面心立方（图2-3）和密排六方（图2-4）。

（1）体心立方晶胞 BCC（Body-Centered Cube） 体心立方晶胞 $a=b=c$，$\alpha=\beta=\gamma=90°$，八个原子处于立方体的角上，一个原子处于立方体的中心。每个体心立方晶胞中原子个数为两个，即（1/8）×8个+1个=2个。

属于这类晶胞的金属有 α-Fe（912℃以下的纯铁）、铬、钼、钒、钛等。这类晶胞一般具有较高的熔点、相当的强度和良好的塑性。

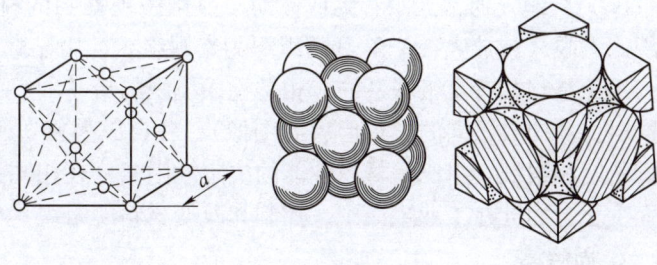

a) 晶胞模型　　　b) 钢球模型　　　c) 晶胞原子数

图 2-2　体心立方晶胞示意图

（2）面心立方晶胞 FCC（Face-Centered Cube） 面心立方晶胞 $a=b=c$，$\alpha=\beta=\gamma=90°$，八个原子处于立方体的角上，在立方体六个面的中心各有一个原子。每个面心立方晶胞中有四个原子，即(1/8)×8个+(1/2)×6个=4个。

属于这类晶胞的金属有 γ-Fe（912～1394℃时的纯铁）、铜、镍、金、银、铂、铝、锰、铅等。这类晶胞一般具有很好的塑性。

（3）密排六方晶胞 HCP（Hexagonal Closed-Packed） 密排六方晶胞属于六方（角）晶系。参数为 $a=b≠c$，$\alpha=\beta=90°$，$\gamma=120°$。在六棱柱晶胞十

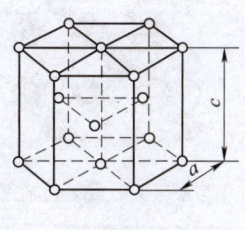

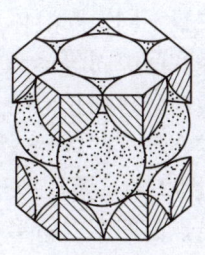

a) 晶胞模型　　　b) 钢球模型　　　c) 晶胞原子数

图 2-3　面心立方晶胞示意图

a) 晶胞模型　　　b) 钢球模型　　　c) 晶胞原子数

图 2-4　密排六方晶胞示意图

二个角上各有一个原子，两个端面内各有一个原子，晶胞内部有三个原子。每个密排六方晶胞中有六个原子，即(1/6)×12个+(1/2)×2个+3个=6个。

属于这类晶胞的金属有镁、锌、镉、铍等。这类晶胞金属具有一定强度，但塑性较差。

2.1.2　合金的晶体结构

1. 基本概念

（1）合金　由两种或两种以上的金属元素或金属元素与非金属元素组成的具有金属特性的物质称为合金。例如，黄铜是铜和锌组成的合金，碳钢和铸铁是铁和碳组成的合金。

(2) 组元　组成合金的最基本、独立的物质称为组元。组元可以是纯元素，也可以是稳定的化合物。金属材料的组元多为纯元素，陶瓷材料的组元多为化合物。

(3) 合金系　由给定组元可按不同比例配制出一系列不同成分的合金，这一系列合金就构成一个合金系统，简称为合金系。两组元组成的为二元系，三组元组成的为三元系等。

(4) 相　材料中具有同一聚集状态、同一化学成分、同一结构并与其他部分有界面分开的均匀组成部分称为相。若材料是由成分、结构相同的同种晶粒构成，尽管各晶粒之间有界面隔开，但它们仍属同种相。若材料是由成分、结构都不相同的几部分构成的，则它们应属不同的相。例如，纯金属是单相合金，钢在室温下由铁素体和渗碳体两相组成。相结构是指相中原子的具体排列规律。液态物质为液相，固态物质为固相。研究合金的晶体结构，即是研究合金的相结构。固态合金中有两类基本相：固溶体和金属化合物。

(5) 组织　通常人眼看到或借助于显微镜观察到的材料内部的微观形貌（图像）称为组织。人眼（或放大镜）看到的组织为宏观组织；用显微镜所观察到的组织为显微组织。

组织是与相有紧密联系的，相是构成组织的最基本组成部分，当相的大小、形态与分布不同时，会构成不同的微观形貌（图像），各自成为独立的单相组织，或与别的相一起形成不同的复相组织。组织是材料性能的决定性因素。在相同条件下，材料的性能随其组织的不同而变化。因此在工业生产中，控制和改变材料的组织具有相当重要的意义。

2. 固溶体

合金组元通过溶解形成一种成分和性能均匀的且结构与组元之一相同的固相称为固溶体。固溶体中含量较多的元素称为溶剂或溶剂金属，含量较少的元素称为溶质或溶质元素。固溶体保持其溶剂金属的晶格形式。

按溶质原子在溶剂晶格中所处位置不同，固溶体可分为置换固溶体和间隙固溶体两类。溶质原子置换部分溶剂晶格结点上的原子而形成的固溶体称为置换固溶体（图2-5a）；溶质原子位于溶剂晶格结点的间隙中所形成的固溶体称为间隙固溶体（图2-5b）。

间隙固溶体和置换固溶体造成周围原子偏离平衡位置。如图2-5所示。

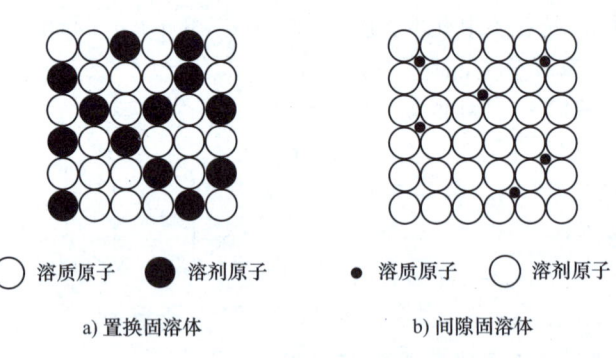

图2-5　固溶体的晶体结构示意图

固溶体随着溶质原子的溶入，不论溶质原子半径大或小，都会致使晶格发生畸变，如图2-6所示。晶格畸变增大了位错运动的阻力，使金属滑移变形变得困难，导致材料的强度、硬度升高。这种通过形成固溶体使金属强度、硬度提高的现象称为固溶强化。溶质原子溶入越多，溶质原子与溶剂原子直径相差越大，或以间隙形式溶入时，固溶强化效果越好。固溶强化是金属强化的一种重要手段。

3. 金属化合物

金属化合物是合金组元相互作用形成的晶格类型和晶格特征完全不同于任一组元的新相。金属化合物一般熔点高、硬度高、脆性大。合金中含有金属化合物时，其强度、硬度、

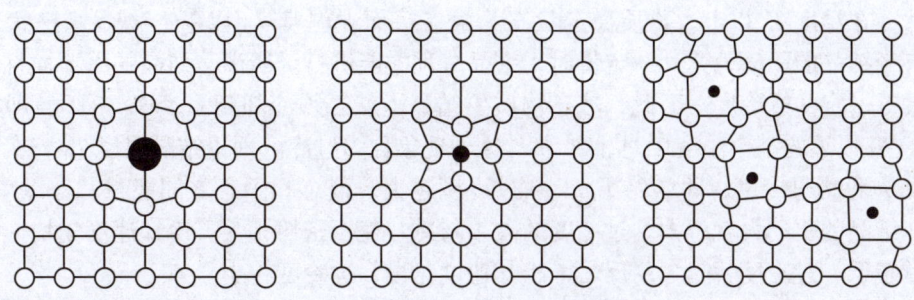

图 2-6 形成固溶体时的晶格畸变

耐磨性提高,塑性、韧性下降。金属化合物是许多合金的重要组成相,如铁碳合金中的 Fe_3C。

金属化合物如果以极细小的球粒状均匀而弥散分布于合金基体组织中,则合金的强度、硬度和耐磨性大大提高,同时由于金属化合物的脆性而引起的塑性、韧性降低的不利影响大大减小。这种利用细小弥散的稳定质点提高合金强度的方法称为弥散强化。

4. 机械混合物

机械混合物是由结晶过程所形成的两相混合组织。它可以是纯金属、固溶体或化合物各自的混合,也可以是它们之间的混合。机械混合物各相均保持自身原有的晶体结构,其力学性能介于各相之间,取决于各相的性能和比例,并且与各相的形状、大小、数量和分布有关。例如,铁碳合金中机械混合物有珠光体和莱氏体。珠光体是由铁素体和渗碳体组成的机械混合物;莱氏体是由奥氏体和渗碳体组成的机械混合物;室温下的莱氏体是由珠光体和渗碳体组成的机械混合物等。

2.2 金属的结晶

2.2.1 金属的结晶过程

金属在固态下一般都是晶体,即原子在空间呈规则性排列;而在液态下,金属原子的排列并不规则。金属的结晶就是金属从液态转变为固态晶体的过程,也就是金属原子从不规则排列过渡到规则排列的过程。

纯金属的结晶是在一定的温度下进行,它的结晶过程可用冷却曲线(图 2-7)表示。由图可知,在温度 T_0 以上时,液态金属的温度是均匀下降的。当冷却到低于 T_0 的某一个温度 T_n 时,液态物质开始结晶,并不断放出结晶潜热,保持系统温度不变,即在曲线上出现"平台"。结晶完成后,温度继续均匀下降。

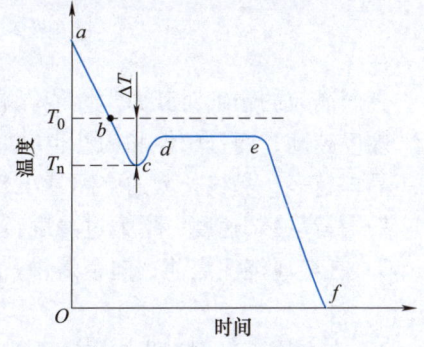

图 2-7 纯金属的结晶冷却曲线

显然，在温度 T_0 以上，物质稳定状态为液态，而在温度 T_0 以下，物质稳定状态为固态。只有当结晶的驱动力达到一定值时，结晶过程才能进行。所以，结晶的必要而且充分的条件是具有一定的过冷度。因此，液态物质要结晶，就必须冷却到温度 T_0 以下，即必须冷却到低于 T_0 以下的某个温度 T_n 才能结晶。这种现象称为过冷。理论结晶温度 T_0 与实际结晶温度 T_n 之差称为过冷度，即 $\Delta T=T_0-T_n$。过冷度越大，液态和固态之间能量状态差就越大，促使液体结晶的驱动力就越大。过冷度的大小与冷却速度密切相关。冷却速度越快，实际结晶温度就越低，过冷度就越大；反之，冷却速度越慢，过冷度越小。

液态金属的结晶过程是遵循"晶核不断形成和长大"这个结晶基本规律进行的。图 2-8 所示为金属结晶过程示意图。金属结晶时，在液体内先形成固态小质点，每个小质点都具有该金属晶体结构的特征，这个过程称为形核。然后，这些质点起结晶核心（晶核）的作用，附近的其他原子纷纷附着到这些晶核上，形成晶体的生长，这个过程称为长大。最终在整个空间形成由同样的晶胞堆砌而成的晶体。

在金属结晶过程中，形核有两种形式：一种是自发形核（均质形核），即晶体核心是从液体结构内部自发长出的；另一种为非自发形核（异质形核），即晶核依附于金属内存在的难溶固体微粒而生成。其中那些在晶体结构上与结晶金属的晶体相近的微粒可以成为自发形核的中心。此外，有些难熔固体微粒，虽然其晶体结构与结晶金属结构相差很远，但在这些微粒表面上存在着一些细微的凹孔和裂缝，这些凹孔和裂缝也可能成为非自发形核的中心。通常自发形核和非自发形核是同时存在的，在实际金属和合金中，非自发形核比自发形核更重要，往往起优先及主导作用。

可以预料，在实际结晶过程中，晶核在液体的许多地方独立形成，并有随机的位向。然后，每个晶核不断生长直到相互交接为止，如图 2-8 所示。由于相邻晶核中原子排列位向不同，因此各晶核生长的结果不会产生一个连续的单晶，而形成由许多连续的小晶块组成的多晶体，这些小晶块即为晶粒，而分开各晶粒的界面就是晶界。

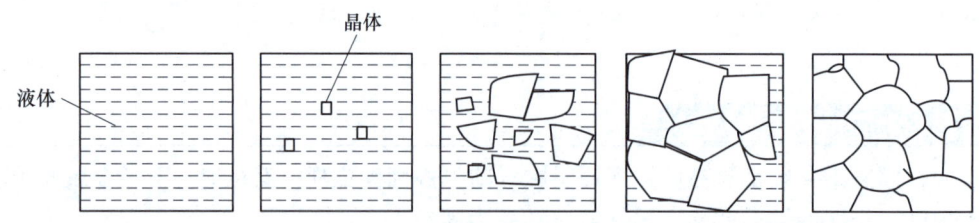

图 2-8　金属结晶过程示意图

金属晶粒的粗细对其力学性能影响很大。一般来说，同一成分的金属，晶粒越细，其强度、硬度越高，而且塑性和韧性也越好。影响晶粒粗细的因素很多，但主要取决于晶核的数目。晶核越多，晶核长大的空间越小，长成的晶粒越细。细化金属晶粒的主要途径有：

1）提高冷却速度，增大过冷度，以增加晶核的数目。

2）在金属浇注之前，向金属液内加入变质剂（孕育剂）进行变质处理，以增加外来晶核。

3）在金属液凝固过程中采用机械振动、超声振动（图2-9）、电磁搅拌等措施，破碎枝晶，增加晶核数目，从而细化晶粒。

4）采用热处理或塑性加工的方法，使固态金属晶粒细化。

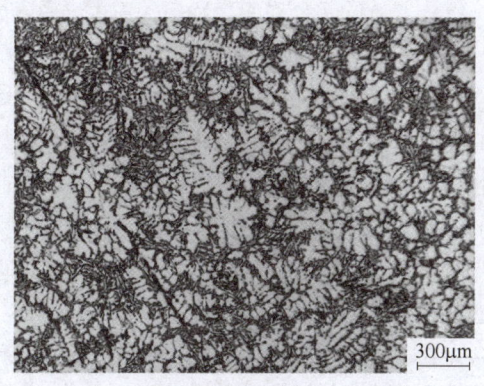
a) 未超声振动处理

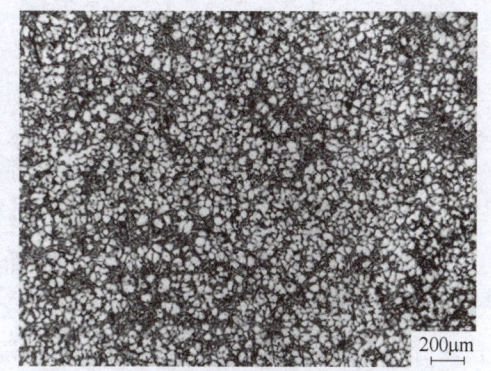
b) 冷却辅助+超声振动处理

图 2-9　浇注温度为 650℃的铝合金 A380 的显微组织

2.2.2　纯铁的同素异构转变

许多金属在固态下只有一种晶体结构。但有些金属在固态下，存在两种或两种以上的晶格形式，如铁、钛、钴等，这类金属在加热和冷却的过程中，晶格形式会随着温度的变化而发生改变。金属在固态下随着温度的改变，由一种晶格转变为另一种晶格的现象，称为同素异构转变。纯铁的同素异构转变如图 2-10 所示。

从纯铁的冷却曲线中可看出，液态纯铁在 1538℃结晶时，得到具有体心立方的 δ-Fe；δ-Fe 继续冷却至 1394℃时发生同素异构转变，成为面心立方的 γ-Fe；γ-Fe 在冷却至 912℃又发生一次同素异构转变，成为体心立方的 α-Fe。

金属的同素异构转变与液态金属的结晶过程相似，通常称为二次结晶或重结晶。在发生同素异构转变时金属也有过冷现象，也会放出结晶潜热，也伴随着形核和核长大，并具有固定的转变温度，所以纯铁的冷却曲线上会出现三个水平台阶。同素异构转变是在固态下进行的，因此转变需要较大的过冷度。并且晶格变化会导致金属体积发生变化，转变时会产生较大的内应力。体心立方和面心立方的原子排列密度不同，在相互转变的过程中会发生体积膨胀或缩小。

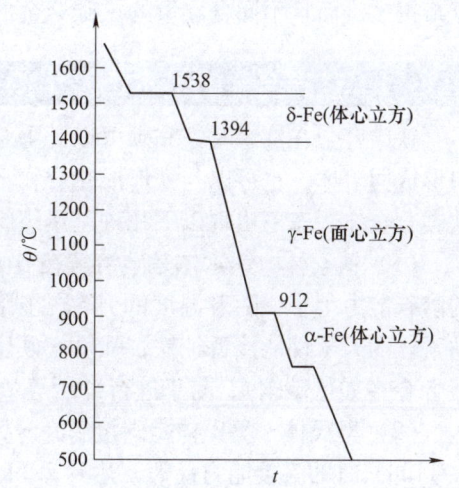

图 2-10　纯铁的同素异构转变

同素异构转变特性在生产中得到了广泛的应用。因为，纯铁的这种特性也影响到钢，所以可以对钢进行各种不同的热处理，即在加热和冷却的过程中通过改变其组织（晶体结构），最终达到改善其性能的目的。

2.3 铁碳合金相图及其应用

授课视频

众所周知,钢铁材料具有一系列优良的力学性能和工艺性能,是现代工农业生产中应用最广泛的金属材料。它们是以铁和碳作为基本元素的合金,改变其化学成分和工艺条件,就可以获得不同的组织和性能,从而能满足生产和使用的多种需要。

碳钢和铸铁是现代机械制造中应用最广泛的金属材料。它们是由铁和碳为主构成的铁碳合金。合金钢和合金铸铁实际上是有目的地加入一些合金元素的铁碳合金。为了合理地选用钢铁材料,必须掌握铁碳合金的成分、组织与性能之间的关系。

铁碳合金相图是研究在平衡条件下,铁碳合金的成分、组织与性能之间的关系及变化规律,这里的平衡是指极其缓慢冷却。铁碳合金相图是长期的生产和科学实验中总结出来的,是研究钢铁材料,制订热加工工艺的重要理论依据和工具。

合金的结晶过程比纯金属要复杂很多,不能只用一条简单的冷却曲线来描述。通常运用合金的相图来分析合金的结晶过程。因为相图本身就是由一系列不同成分合金的冷却曲线组成的。相图是表示不同成分的合金在不同温度下所处的状态,或是表明合金系中相的平衡条件和相与相之间的关系的一种简明图示,所以也称为平衡图。铁碳合金的结晶过程比纯铁要复杂得多,而且不同含碳量的铁碳合金的结晶过程差别很大。

2.3.1 铁碳合金的基本相及组织

铁碳合金在液态时铁和碳可以无限互溶;在固态时根据含碳量的不同,碳可以溶解在铁中形成固溶体,也可以与铁形成化合物,或形成固溶体与化合物组成的机械混合物。因此,铁碳合金在固态下出现以下几种基本组织。

(1) 铁素体 铁素体是碳溶解在 α-Fe 中形成的间隙固溶体,常用符号 F 表示。铁素体的溶碳能力很小,随着温度的升高溶碳能力增加,727℃时溶碳能力最大,达到 0.0218%。铁素体的力学性能接近纯铁,强度、硬度很低,塑性和韧性很好,所以含有较多铁素体的铁碳合金(如低碳钢),易于进行冲压等塑性变形加工。

(2) 奥氏体 奥氏体是碳溶解在 γ-Fe 中形成的间隙固溶体,常用符号 A 表示。奥氏体在 1148℃时的溶碳能力最大,达到 2.11%。在单纯铁碳合金中奥氏体存在于 727℃以上。奥氏体的硬度不高,塑性极好,因此通常把钢加热到奥氏体状态进行锻造。

(3) 渗碳体 渗碳体是铁和碳形成的金属化合物 Fe_3C。渗碳体中碳的质量分数为 6.69%,其硬度高(>800HBW),脆性大,塑性很差。渗碳体是碳钢中主要的强化相。它的形状、数量与分布等对钢的性能有很大的影响。渗碳体又是一种亚稳定相,在一定的条件下会分解形成石墨状的自由碳和铁,即 $Fe_3C \rightarrow 3Fe+C$(石墨)。这一过程对铸铁具有重要的意义。

(4) 珠光体 珠光体是铁素体和渗碳体两相组织的机械混合物,常用符号 P 表示。碳的质量分数为 0.77%。常见的珠光体形态是铁素体与渗碳体片层相间分布的,片层越细密,强度越高。

(5) 莱氏体 莱氏体是由奥氏体(或珠光体)和渗碳体组成的机械混合物,常用符号

Ld 表示。碳的质量分数为 4.3%，莱氏体中的渗碳体较多，脆性大，硬度高，塑性很差。

2.3.2 铁碳合金相图分析

铁碳合金相图是研究铁碳合金的基础。由于 w_C>6.69% 的铁碳合金脆性极大，没有使用价值。另外，渗碳体中 w_C=6.69% 是个稳定的金属化合物，可以作为一个组元。因此，铁碳合金相图实际上是 Fe-Fe₃C 相图，如图 2-11 所示。

（1）点的含义 相图中各主要点的温度、碳的质量分数及含义见表 2-1。

表 2-1 相图中各主要点的温度、碳的质量分数及含义

点的符号	温度/℃	碳的质量分数（%）	含　义
A	1538	0	纯铁的熔点
C	1148	4.3	共晶点
D	1227	6.69	渗碳体的熔点
E	1148	2.11	碳在 γ-Fe 中的最大溶解度
F	1148	6.69	渗碳体的成分
G	912	0	α-Fe⇌γ-Fe，同素异构转变点
K	727	6.69	渗碳体的成分
P	727	0.0218	碳在 α-Fe 中的最大溶解度
S	727	0.77	共析点
Q	室温	0.0008	室温时碳在 α-Fe 中的溶解度

表 2-1 中有两个重要的转变点。

1）共晶点，温度为 1148℃，w_C=4.30%，在这一点上发生共晶转变，反应式为 $L_C \xrightleftharpoons{1148℃} A_E + Fe_3C$。当冷却到 1148℃ 时，具有 C 点成分的液体中同时结晶出具有 E 点成分的奥氏体和渗碳体的两相混合物——莱氏体 Ld(A_E+Fe₃C)。

2）共析点，温度为 727℃，w_C=0.77%，在这一点上发生共析转变，反应式为 $A_S \xrightleftharpoons{727℃} F_P + Fe_3C$。当冷却到 727℃ 时，从具有 S 点成分的奥氏体中同时析出具有 P 点成分的铁素体和渗碳体的两相混合物——珠光体 P(F_P+Fe₃C)。

（2）线的分析

1）ACD 线。液相线，ACD 线以上全部是液体，合金冷却至该线以下便开始结晶。

2）AECF 线。固相线，固相线以下全部是固体，加热时温度达到该线后合金开始熔化。

3）ECF 线。共晶转变线，在这条线上发生共晶转变 $L_C \xrightleftharpoons{1148℃} A_E + Fe_3C$，产物为莱氏体，碳的质量分数在 2.11%~6.69% 的铁碳合金冷却到 1148℃ 时都有共晶转变发生。

4）PSK 线。共析转变线，常以符号 A_1 表示。在这条线上发生共析转变 $A_S \xrightleftharpoons{727℃} F_P + Fe_3C$，产物为珠光体，碳的质量分数在 0.0218%~6.69% 的铁碳合金冷却到 727℃ 时都有共析转变发生。

5）ES 线。碳在奥氏体中的溶解度曲线。随温度的降低，碳在奥氏体中的溶解度下降，多余的碳以 Fe₃C 形式析出，所以碳的质量分数在 0.77%~2.11% 的铁碳合金冷却到 ES 线与 PSK 线之间时的组织为 A+Fe₃C$_{II}$，从奥氏体中析出的 Fe₃C 称为二次渗碳体。ES 线常以符号 A_{cm} 表示。

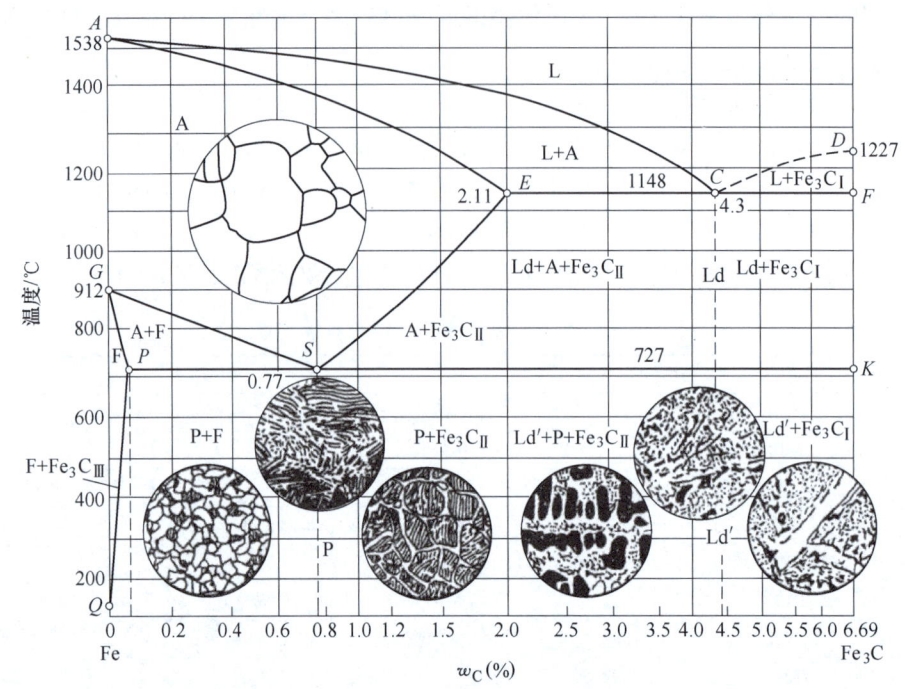

图 2-11 铁碳合金相图

6) GS 线。不同含碳量的奥氏体冷却时析出铁素体的开始线,GP 线则是铁素体析出的终了线,所以 GSP 区的显微组织是 A+F。GS 线常以符号 A_3 表示。

7) PQ 线。碳在铁素体中的溶解度曲线。随温度的降低,碳在铁素体中的溶解减少,多余的碳以 Fe_3C 形式析出,从铁素体中析出的 Fe_3C 称为三次渗碳体 Fe_3C_{III}。由于铁素体含碳量很少,析出的 Fe_3C_{III} 很少,一般忽略,认为从 727℃ 冷却到室温的显微组织不变。

2.3.3 相图中的铁碳合金分类

$Fe-Fe_3C$ 相图中不同成分的铁碳合金,在室温下将得到不同的显微组织,其性能也不同。根据含碳量的不同,可将铁碳合金分为钢和铸铁两大类。

(1) 钢 钢是指高温固态组织为单相固溶体的一类铁碳合金,碳的质量分数在 0.0218%~2.11%,具有良好的塑性,适于锻造、轧制等压力加工,根据室温组织的不同又分为三种。

1) 亚共析钢是碳的质量分数<0.77% 的铁碳合金,室温组织为铁素体+珠光体,随含碳量的增加,组织中珠光体的量增多。

2) 共析钢是碳的质量分数为 0.77% 的铁碳合金,室温组织全部是珠光体的铁碳合金。

3) 过共析钢是碳的质量分数在 0.77%~2.11% 的铁碳合金,室温组织为珠光体+二次渗碳体,渗碳体分布于珠光体晶粒的周围(即晶界),在金相显微镜下观察呈网状结构,故又称为网状渗碳体。含碳量越高,渗碳体层越厚。

(2) 铸铁 铸铁是指碳的质量分数在 2.11%~6.69% 的铁碳合金。它有较低的熔点,流动性好,便于铸造,脆性大。根据室温组织的不同,铸铁又分为三种。

1）亚共晶铸铁是碳的质量分数在 2.11%~4.3% 的铁碳合金，室温组织为珠光体+二次渗碳体+低温莱氏体。

2）共晶铸铁是碳的质量分数为 4.3% 的铁碳合金，室温组织为低温莱氏体。

3）过共晶铸铁是碳的质量分数在 4.3%~6.69% 的铁碳合金，室温组织为一次渗碳体+低温莱氏体。

2.3.4 典型铁碳合金的结晶过程分析

为了认识钢和铸铁组织的形成规律，现选择几种典型的合金，分析其平衡结晶过程及组织变化。如图 2-12 所示标有①~⑥的 6 条垂直线，分别是钢和铸铁两类铁碳合金中的典型合金所在位置。

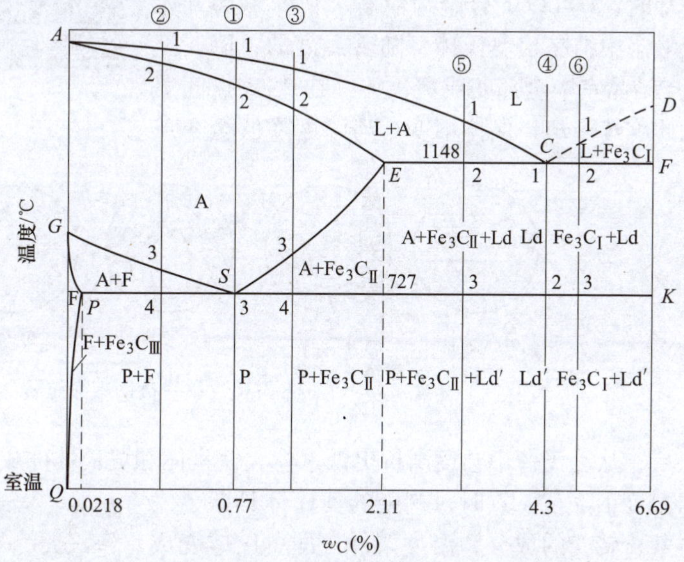

在铁碳合金相图的实际运用中，经常会分析具体成分的合金在不同温度下所处的状态，即不同成分的合金在加热或冷却过程中的组织转变或相转变。以典型成分铁碳合金为例，分析其在平衡状态下（即缓慢冷却）组织转变的过程和规律。

图 2-12 简化的 Fe-Fe$_3$C 相图

(1) 共析钢（$w_C = 0.77\%$） 如图 2-12 所示的①线，共析钢结晶过程如图 2-13 所示。

$$L \rightarrow L + A \rightarrow A \rightarrow P$$

相组成物：F 和 Fe$_3$C。

组织组成物：P。

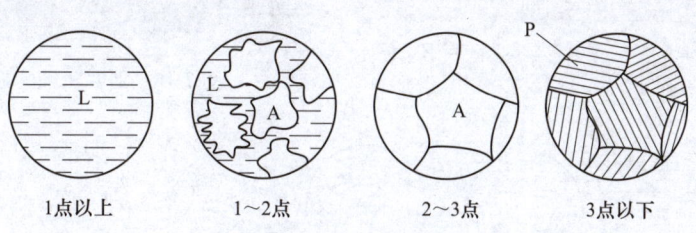

图 2-13 共析钢结晶过程

1 点以上合金为液态，于 1 点起开始从液态中结晶出奥氏体，随着温度的下降，奥氏体的量越来越多，液态的量越来越少，至 2 点结晶完毕全部变成奥氏体。在 2~3 点间奥氏体继续冷却，保持不变。到 3 点时，奥氏体发生共析转变生成珠光体。珠光体试样经抛光并在硝酸酒精溶液中腐蚀后，呈现层片相间的组织（图 2-14）。

(2) 亚共析钢（0.0218%＜w_C＜0.77%） 如图 2-12 所示的②线，亚共析钢结晶过程如图 2-15 所示。

L→L+A→A→A+F→P+F

相组成物：F 和 Fe_3C。

组织组成物：P 和 F。

亚共析钢是指低于 S 点成分的合金，合金冷却时，1 点以上合金为液态，从 1 点起开始从液态中结晶出奥氏体，随着温度的下降，至 2 点结晶完毕全部变成奥氏体。在 2~3 点间奥氏体继续冷却，保持不变。当温度降低至 3 点

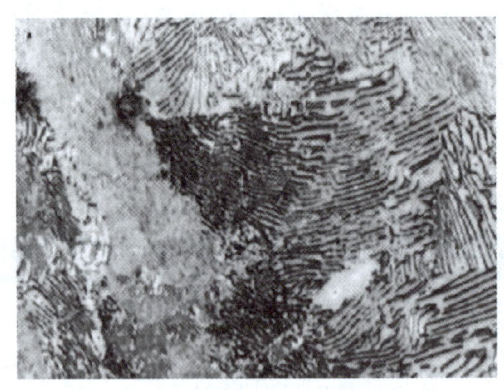

图 2-14 共析钢的显微组织

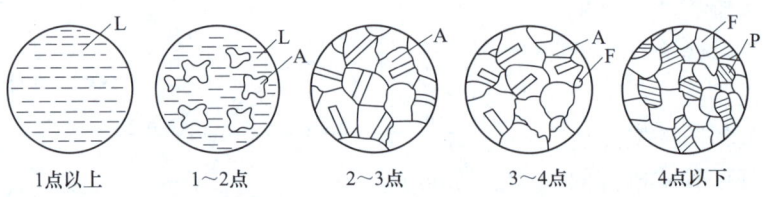

图 2-15 亚共析钢结晶过程

以后，从奥氏体中会逐渐析出铁素体。铁素体和奥氏体的成分会分别沿 GP 线和 GS 线变化。当温度下降至 4 点时，剩余的奥氏体具备了发生共析转变的成分和温度条件，即奥氏体变成珠光体，先析出的铁素体不发生变化。4 点以下其组织不发生变化。即亚共析钢的最终室温组织为铁素体和珠光体。图 2-16 所示为亚共析钢的显微组织。

(3) 过共析钢（0.77%＜w_C＜2.11%） 如图 2-12 所示的③线，过共析钢结晶过程如图 2-17 所示。

L→L+A→A→A+Fe_3C_{II}→P+Fe_3C_{II}

相组成物：F 和 Fe_3C。

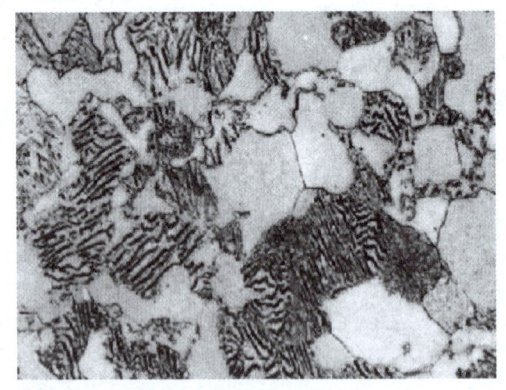

图 2-16 亚共析钢的显微组织

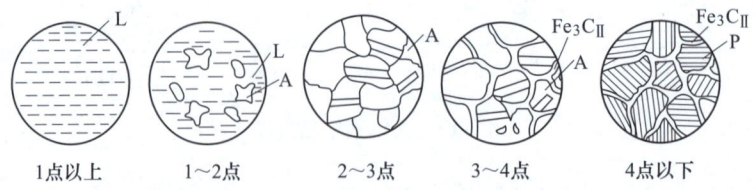

图 2-17 过共析钢结晶过程

组织组成物：P 和 Fe_3C_{II}。

过共析钢是指高于 S 点成分的合金，合金冷却至 3 点之前，其结晶过程与共析钢和亚共

析钢相同。当温度降低至 3 点以后，从奥氏体里析出 Fe_3C_{II}，Fe_3C_{II} 呈网状分布在奥氏体的晶界上，冷却至 4 点时，剩余的奥氏体具备了发生共析转变的成分和温度条件，变成珠光体，而先析出的 Fe_3C_{II} 不变化。过共析钢室温平衡组织为 Fe_3C_{II}+P。图 2-18 所示为过共析钢的显微组织。

(4) 共晶铸铁（w_C = 4.3%） 如图 2-12 所示的④线，共晶铸铁冷却至 1 点时，将发生共晶反应，生成莱氏体 Ld，在 1~2 点间，随着温度降低，莱氏体中的奥氏体的成分沿 ES

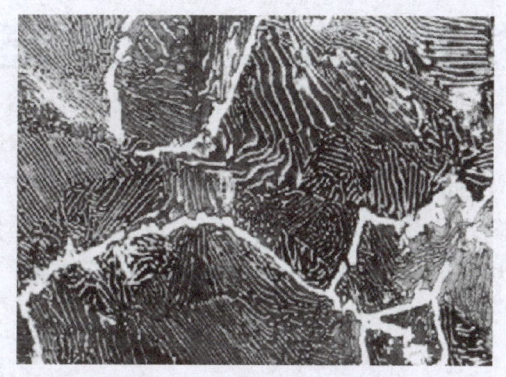

图 2-18 过共析钢的显微组织

线变化，并析出二次渗碳体（它与共晶渗碳体连在一起，在金相显微镜下难以分辨）。随着二次渗碳体的析出，奥氏体的含碳量不断下降，当温度降至 2 点时，莱氏体中的奥氏体的含碳量达到 0.77%，此时，奥氏体发生共析反应转变为珠光体，于是莱氏体也相应转变为低温莱氏体 Ld'。因此，共晶铸铁的室温组织为低温莱氏体 Ld'，如图 2-19a 所示。

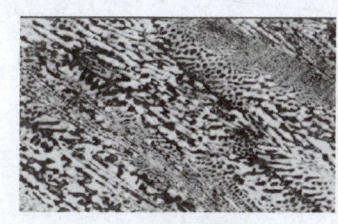 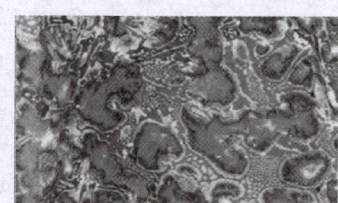 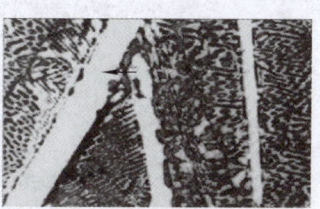

a) 共晶铸铁　　　　　　　　b) 亚共晶铸铁　　　　　　　　c) 过共晶铸铁

图 2-19 铸铁的显微组织

(5) 亚共晶铸铁（2.11%<w_C<4.3%） 如图 2-12 所示的⑤线，1 点以上为液态，当合金冷却至 1 点时，从液态中开始结晶出初生奥氏体。在 1~2 点间，奥氏体不断增加，液体的量不断减少，液相的成分沿 AC 线变化，奥氏体的成分沿 AE 线变化。当温度至 2 点时，剩余液体发生共晶反应，生成 Ld。在 2~3 点间，随着温度降低，奥氏体的含碳量沿 ES 线变化，并析出二次渗碳体。当温度降至 3 点时，奥氏体发生共析反应转变为珠光体（P），从 3 点温度冷却至室温，合金的组织不再发生变化。因此，亚共晶铸铁的室温组织为 P+Fe_3C_{II}+Ld'，如图 2-19b 所示。

(6) 过共晶铸铁（4.3%<w_C<6.69%） 如图 2-12 所示的⑥线，1 点以上为液态，当合金冷却至 1 点时，从液态中开始结晶出一次渗碳体。在 1~2 点间，一次渗碳体不断增加，液体的量不断减少，当温度至 2 点时，剩余液体发生共晶反应转变为 Ld(A +Fe_3C)。在 2~3 点间，莱氏体中奥氏体的含碳量沿 ES 线变化，并析出二次渗碳体。当温度降至 3 点时，奥氏体的含碳量达到 0.77%，发生共析反应转变为珠光体（P），从 3 点温度冷却至室温，合金的组织不再发生变化。因此，过共晶铸铁的室温组织为 Fe_3C_I + Ld'，如图 2-19c 所示。

2.3.5 含碳量对铁碳合金平衡组织和性能的影响

(1) 含碳量对平衡组织的影响　铁碳合金随含碳量增高，其组织发生如下变化。

$$F + Fe_3C_{III} \to P + F \to P \to P + Fe_3C_{II} \to P + Fe_3C_{II} + Ld' \to Ld' \to Fe_3C_I + Ld'$$

此外，如图 2-20 所示，随着含碳量的增加，铁素体的量越来越少，渗碳体的量越来越多，其相组成和组织组成都会发生变化，不仅其组织中的渗碳体的数量增加，而且渗碳体的分布和形态也在发生变化。

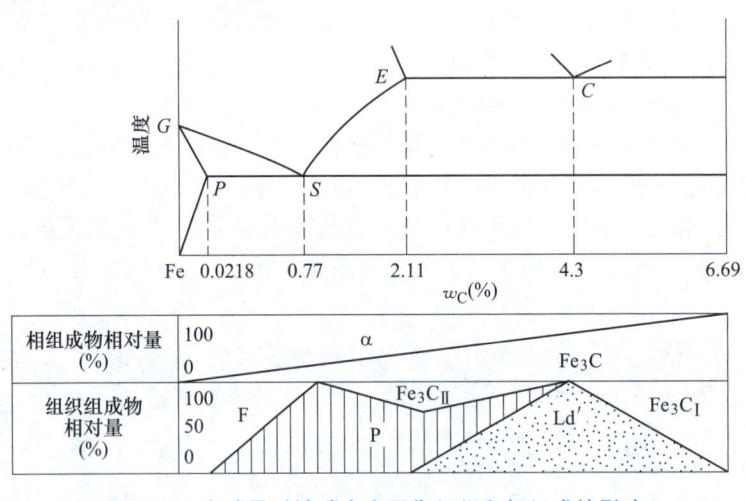

图 2-20　含碳量对铁碳合金平衡组织和相组成的影响

Fe_3C_{III}（沿 F 晶界分布的薄片）→共析 Fe_3C（分布在铁素体内的片层状）→Fe_3C_{II}（沿 A 晶界呈网状分布）→共晶 Fe_3C（为莱氏体的基体）→Fe_3C_I（分布在莱氏体上的粗大片状）。

(2) 含碳量对铁碳合金力学性能的影响　室温下铁碳合金由铁素体和渗碳体两个相组成，铁素体是软、韧的相，渗碳体是硬、脆的相，当两者以层片状组成珠光体时，珠光体兼具两者的优点，即具有较高的硬度、强度和良好的塑性、韧性。

铁碳合金中渗碳体是强化相，对于以铁素体为基体的钢来说，渗碳体的数量越多，分布越均匀，其强度越高。但若渗碳体以网状分布于晶界上或呈粗大片状，尤其是作为基体时就使得铁碳合金的塑性、韧性大大下降，这就是过共析钢和白口铸铁脆性很高的原因。

如图 2-21 所示，随着含碳量的增加，强度、硬度增加，塑性、韧性降低。当碳

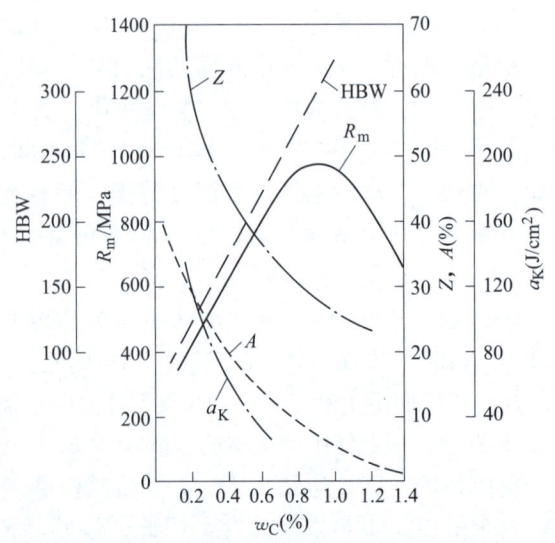

图 2-21　含碳量对铁碳合金力学性能的影响

的质量分数大于 1.0%时，由于网状二次渗碳体的出现，导致钢的强度下降。为了保证工业用钢具有足够的强度和适当的塑性、韧性，其碳的质量分数一般不超过 1.3%~1.4%。

碳的质量分数大于 2.11%的铁碳合金，即白口铸铁，由于其组织中存在大量的渗碳体，具有很高的硬度和脆性，难以切削加工，除少数耐磨件外很少应用。

2.4　常用的金属材料及选用

钢主要由生铁冶炼而成，由于其资源广泛、冶炼方便、容易加工、价格低廉、性能良好，在工业生产中得到了广泛的应用。

钢的种类繁多，分类方法也不尽相同。随着现代工业的迅速发展，出现了许多新的钢种。我国参照国际标准 ISO 4948/1、ISO 4948/2 制定了 GB/T 13304.1—2008《钢分类　第1部分：按化学成分分类》。该标准按照化学成分将钢分为非合金钢、低合金钢、合金钢三大类，每类钢还将按照主要质量等级、主要性能和使用特性分成若干小类。

标准中以"非合金钢"一词取代传统的"碳素钢"，而前期公布的技术标准并未修改。因此"碳素钢"这一名词将继续使用，或与"非合金钢"在一定时间内并行使用。本书为方便读者与现行资料对照使用，仍将沿用"碳素钢"。

2.4.1　碳素钢

碳素钢即"非合金钢"，简称为碳钢。

1. 杂质元素对碳素钢性能的影响

碳素钢的碳质量分数在 1.5%以下，除 C 之外，钢中常存的杂质元素有 Si、Mn、S、P 等几种。

钢中的锰来自炼钢生铁及脱氧剂锰铁。一般认为锰在钢中是一种有益的元素。在碳素钢中锰的质量分数通常<0.80%；在含锰合金钢中，锰的质量分数一般控制在 1.0%~1.2%范围内。锰大部分溶于铁素体中，形成置换固溶体，并使铁素体强化；少部分锰溶于 Fe_3C 中，形成合金渗碳体，这都使钢的强度有所提高。锰能与硫形成熔点为 1620℃ 的 MnS，而且 MnS 在高温时具有塑性，能减轻硫的有害作用。当含锰量不多，在碳素钢中仅作为少量杂质存在时，它对钢的性能影响并不明显。

硅来自炼钢生铁和脱氧剂硅铁，在碳素钢中硅的质量分数通常<0.35%，硅与锰一样能溶于铁素体中，使铁素体强化，从而使钢的强度、硬度、弹性提高，而塑性、韧性降低。有一部分硅存在于硅酸盐杂质中。当含硅量不多，在碳素钢中仅作为少量杂质存在时，它对钢的性能影响并不显著。

硫是生铁中带来的而在炼钢时又未能除尽的有害元素。硫不溶于铁，而以 FeS 形成存在，FeS 会与 Fe 形成共晶，并分布于奥氏体的晶界上，当钢材在 1000~1200℃ 压力加工时，由于 FeS-Fe 共晶（熔点只有 989℃）已经熔化，并使晶粒脱开，钢材将变得极脆，这种脆性现象称为热脆。为了避免热脆，钢中含硫必须严格控制，普通钢中硫的质量分数应≤0.055%，优质钢中硫的质量分数应≤0.040%，高级优质钢中硫的质量分数应≤0.030%。

磷也是生铁中带来的而在炼钢时又未能除尽的有害元素。磷在钢中全部溶于铁素体中，虽可使铁素体的强度、硬度有所提高，但却使室温下钢的塑性、韧性急剧降低，并使钢的脆性转化温度有所升高，使钢变脆，这种现象称为冷脆。磷的存在还会使钢的焊接性能变坏，因此钢中含磷量应严格控制。普通钢中磷的质量分数应≤0.045%，优质钢中磷的质量分数应≤0.040%，高级优质钢中磷的质量分数应≤0.035%。

但是，在适当的情况下，硫、磷也有一些有益的作用，对硫而言，当钢中硫的质量分数较高（0.08%~0.3%）时，适当提高钢中锰的质量分数（0.6%~1.55%），使硫与锰结合成MnS，切削时易于断屑，能改善钢的切削性能，故易切钢中含有较多的硫。对于磷而言，如与铜配合能增加钢的抗大气腐蚀能力，改善钢材的切削加工性能。

2. 碳素钢的牌号和用途

碳素钢按用途可分为如下三类。

（1）碳素结构钢　碳素结构钢中 w_C<0.38%，而以 w_C<0.25%的最为常用，即以低碳钢为主。这类钢在使用中一般不进行热处理，而是在供应状态下直接使用。尽管其硫、磷含量较高，但性能上仍能满足一般工程结构及一些机件的使用要求，且价格低廉，因此在国民经济各个部门得到了广泛应用，其产量约占钢总产量的70%~80%。

碳素结构钢主要保证力学性能，其牌号体现力学性能，用代表屈服强度的"屈"字汉语拼音首字母Q和后面三位数字来表示，每个牌号中的数字表示该钢种厚度小于16mm时的最低屈服强度（MPa）。在钢号尾部可用A、B、C、D表示钢的质量等级，A、B、C、D质量依次提高，其中A、B为普通级别，C、D为磷、硫低的优等级别，可用于较重要的焊接结构。在牌号的最后还可用符号标志其冶炼时的脱氧程度，对未完全脱氧的沸腾钢标以符号"F"，对脱氧较完全的钢标以符号"B"，对已完全脱氧的镇静钢标以符号"Z"或不标符号。例如，Q235AF表示屈服强度为235MPa的A级沸腾钢。

碳素结构钢中Q195、Q215、Q235三种牌号，其碳的质量分数低，有一定强度，常轧制成薄板、钢筋、焊接钢管等，用于桥梁、建筑等钢结构，也可制造普通的铆钉、螺钉、螺母、垫圈、地脚螺栓、轴套、销轴等；Q275钢强度较高，塑性、韧性较好，可进行焊接，通常轧制成型钢、条钢和钢板作为结构件以及制造连杆、键、销、齿轮、轴等。

（2）优质碳素结构钢　优质碳素结构钢中硫、磷的质量分数较小（<0.035%），供货时既保证化学成分，又保证力学性能。这类钢材一般要经过热处理以提高力学性能，主要用于制造机器零件。它的牌号是采用两位数字表示的，表示钢中平均碳的质量分数的万分数。例如：45钢表示钢中平均碳的质量分数为0.45%；08钢表示钢中平均碳的质量分数为0.08%。若钢中含锰量较高，须将锰元素标出，如45Mn。

08、10、15、20等牌号属于低碳钢，其塑性优良，易于拉拔、冲压、挤压、锻造和焊接。其中20钢用途最广，常用于制造螺钉、螺母、垫圈、小轴、焊接件，有时也用于渗碳件。

40、45等牌号属于中碳钢，因钢中珠光体含量增多，其强度、硬度有所提高，而淬火后的硬度提高尤为明显。其中以45钢最为典型，它的强度、硬度、塑性、韧性均较适中，即综合性能优良。45钢常用来制造主轴、丝杠、齿轮、连杆、蜗轮、套筒、键和重要螺钉等。

60、65等牌号属于高碳钢，经过淬火、中温回火后，不仅强度、硬度显著提高，且弹性优良，常用于制造小弹簧、发条、钢丝绳、轧辊、凸轮等。

(3) 碳素工具钢　碳素工具钢中碳的质量分数高达 0.7%~1.3%，经淬火、低温回火后有高的硬度和耐磨性，常用于制造锻工、钳工工具和小型模具。碳素工具钢的牌号以符号"T"（"碳"的汉语拼音首字母）开始，其后面的一位或两位数字表示钢中平均碳的质量分数的千分数。碳素工具钢一般均为优质钢。对于硫、磷含量更低的高级优质碳素工具钢，则在数字后面增加"A"表示，例如，T10A 表示平均碳的质量分数为 1.0% 的高级优质碳素工具钢。

T7、T7A、T8、T8A、T8MnA 钢用于制造要求较高韧性、承受冲击载荷的工具，如小型冲头、錾子、锤子等。

T9、T9A、T10、T10A、T11、T11A 钢用于制造要求中韧性的工具，如钻头、丝锥、车刀、冲模、拉丝模、锯条。

T12、T12A、T13、T13A 钢具有高硬度、高耐磨性，但韧性低，用于制造不受冲击的工具，如量规、塞规、样板、锉刀、刮刀、精车刀等。

2.4.2　低合金钢

合金钢是为了改善钢的某些性能，在碳素钢的基础上加入某些合金元素所炼成的钢。如果钢中硅的质量分数大于 0.5%，或者锰的质量分数大于 1.0%，也属于合金钢。

低合金钢是指合金总含量较低（质量分数小于 3%）、碳质量分数也较低的合金结构钢。这类钢通常在退火或正火状态下使用，成形后不再进行淬火、调质等热处理。与碳质量分数相同的碳素钢相比，它具有较高的强度、塑性、韧性和耐蚀性，且大多具有良好的焊接性，广泛用于制造桥梁、汽车、铁道、船舶、锅炉、高压容器、油缸、输油管、钢筋、矿用设备等。

低合金钢可分为低合金高强度结构钢、低合金耐候钢、低合金钢筋钢、铁道用低合金钢、矿用低合金钢等，其中低合金高强度结构钢应用最为广泛。它的碳质量分数低于 0.2%，并以锰为主要合金元素（$w_{Mn}=0.8\%~1.8\%$），有时还加入少量 Ti、V、Nb、Cr、Ni、Re 等，通过固溶强化和细化晶粒等作用，使钢的强度、韧性提高，但仍能保持优良的焊接性能。例如，Q355 钢规定的最小上屈服强度约为 355MPa，而碳素结构钢 Q235 的屈服强度约为 235MPa，因此，用低合金高强度结构钢代替碳素结构钢，就可在相同载荷条件下，使构件减重 20%~30%，从而节省钢材、降低成本。

Q355 钢可用于桥梁、船舶、压力容器、车辆等；Q390 钢可用于桥梁、船舶、起重机、压力容器等；Q420 钢可用于高压容器、船舶、桥梁、锅炉等。

2.4.3　合金钢

当钢中合金元素超过低合金钢的限度时，即为合金钢。合金钢不仅合金元素含量高，且严格控制硫、磷等有害杂质的含量，属于优质钢或高级优质钢。

1. 合金结构钢

合金结构钢是常用于制造机器零件用的合金钢。常采用的合金元素为 Mn、Cr、Si、Ni、W、V、Ti、B 等，这些元素可增加钢的淬透性，并使晶粒细化，这样可使大截面零件经调质处理后，在整个截面上获得强、韧结合的力学性能。同时，因淬透性的提高，可采用冷却能力较小的油类来淬火，从而减少淬火时的裂纹和变形倾向。

低碳合金结构钢用于渗碳件，中碳合金结构钢用于调质件和渗氮件，高碳合金结构钢用于制造较大的弹簧。合金结构钢的牌号通常以"数字+元素符号+数字"来表示。牌号中开始的两位数字表示钢的平均碳的质量分数的万分数，元素符号及其后的数字表示所含合金元素及其平均质量分数。当合金元素质量分数小于1.5%时，则不标数字。高级优质合金钢则在牌号尾部增加符号"A"。滚动轴承钢的牌号表示方法与前述不同，在牌号前面加符号"G"表示"滚动轴承钢"，而合金元素质量分数用千分数表示。

例如，20CrMnTi 为低碳合金结构钢，淬透性较高、热过敏感性较小、渗碳过渡层较均匀，具有良好的力学性能和工艺性能，可用于制造汽车、拖拉机中的变速齿轮，内燃机上的凸轮轴、活塞销等机器零件。

40Cr 为中碳合金结构钢，经淬火高温回火后具有高的强度和良好的塑性、韧性，可用于制造汽车、拖拉机、机床和其他机器中的重要零件，如机床齿轮、主轴、连杆、螺栓等。

65Mn 为高碳合金结构钢，经淬火中温回火后具有很高的屈服强度和弹性极限，并具有一定的塑性和韧性，可用于制造汽车、拖拉机上的板簧和螺旋弹簧等。

2. 合金工具钢

合金工具钢主要用于制造刀具、量具、模具等，含碳量甚高，其合金元素的主要作用是提高钢的淬透性、耐磨性及热硬性。加入合金元素 Si、Cr、Mn 等可提高钢的淬透性；加入 W、Mo、V 可形成特殊碳化物，提高钢的热硬性和耐磨性。

与碳素钢相比，合金工具钢适合制造形状复杂、尺寸较大、切削速度较高或工作温度较高的工具和模具。例如，高速工具钢 W6Mo5Cr4V2，含有大量的 W、Mo、Cr、V 元素，用这种钢制成的钻头、铰刀或拉刀，在切削温度高达 600℃ 时仍能保持高硬度，故可采用较高的切削速度进行切削。

合金工具钢分为刃具钢、模具钢、量具钢等。牌号与合金结构钢相似，不同的是以一位数字表示平均碳的质量分数的千分数，若碳的质量分数超过 1%，则不标出。例外的是，高速钢的碳的质量分数尽管未超过 1%，牌号中也不标出。

3. 特殊性能钢

这类钢包括不锈钢、耐磨钢、耐蚀钢及具有软磁、永磁、无磁等特殊物理、化学性能的钢。其中，不锈钢在石油、化工、食品、医药等工业及日用品、装饰材料中广为应用。

例如，马氏体不锈钢 12Cr12，20Cr13 等，碳的质量分数低，耐蚀性较好，具有较好的力学性能，主要用作耐蚀结构零件，如汽轮机叶片、水压机阀、热裂设备配件等。

2.4.4　零件选材的一般原则

机械设计不仅包括零件的结构设计，同时也包括所用材料的选择和工艺设计。正确选材会直接影响到产品的质量和成本。优异的使用性能、良好的工艺性能和便宜的价格是机械零件选材的最基本的原则。

（1）使用性能原则　使用性能是保证零件完成规定功能（即满足零件达到工作要求）的必要条件。零件的工作条件有承载情况（载荷类型，如静载、动载、单调载荷或交变载荷等；载荷形式，如拉伸、压缩、弯曲或扭转等）、工作温度（低温、高温、常温或变温等）、环境介质（有无腐蚀性）等。使用性能是指零件在使用状态下材料应具有的力学性能、物理性能、化学性能等，其中主要考虑材料的力学性能。

（2）工艺性能原则　材料的工艺性能表示材料加工（铸造、锻造、焊接、切削加工和热处理等）的难易程度。在选材中，与使用性能比较，工艺性能常处于次要地位。但在某些特殊情况下，如一种材料即使使用性能很好，但若加工极困难，或加工费用太高，也是不可取的。材料的工艺性能应满足生产工艺的要求，这是选材必须考虑的问题。

（3）经济性原则　材料的经济性是选材的根本原则。采用价格便宜的材料，把总成本降至最低，取得最大的经济效益，使产品在市场上具有最强的竞争力。经济性原则是能用便宜的就不用昂贵的材料；能用碳钢就不用合金钢；能用普通钢就不用特殊钢；并立足国产。

复习思考题

2.1 根据铁碳合金相图，说明产生下列现象的原因。
　　1）碳的质量分数为1.0%的钢比碳的质量分数为0.5%的钢硬度高。
　　2）在室温下，碳的质量分数为0.8%的钢比碳的质量分数为1.2%的钢强度高。
　　3）在1100℃，碳的质量分数为0.4%的钢能进行锻造，碳的质量分数为4.0%的生铁不能锻造。
　　4）绑轧物件一般用铁丝（镀锌低碳钢丝），而起重机吊重物却用钢丝绳（用60、65、70、75等钢制成）。
　　5）钳工锯T8、T10、T12等钢料比锯10、20钢费力，锯条容易磨钝。
　　6）钢适宜于通过压力加工成形，而铸铁适宜于通过铸造成形。

2.2 金属晶粒的粗细对其进行性能有何影响？

2.3 什么是同素异构转变？同素异构转变的意义何在？

2.4 什么是固溶体和化合物？它们的特性如何？

2.5 纯铁的三个同素异构体是什么？晶体结构如何？

2.6 α-Fe和铁素体有何区别？γ-Fe和奥氏体有何区别？

2.7 分析碳的质量分数分别为0.2%、0.6%、0.77%的铁碳合金从液态缓冷至室温时的结晶过程和室温组织。

2.8 铁碳合金相图在工程实际中有哪些应用？

第 3 章 钢的热处理

教学提示：钢的热处理是通过加热、保温和冷却改变金属内部或表面的组织，从而获得所需性能的工艺方法。本章内容首先阐明了钢的热处理的基本原理，由于组织转变是热处理的核心问题，因此钢在加热和冷却过程中组织转变的基本规律是讨论的重点，也是理解和掌握各种热处理工艺方法的基础。普通常用钢的热处理工艺有退火、正火、淬火、回火及表面热处理等。在机械制造中，通过热处理才能充分发挥材料的潜能，延长零件的使用寿命。因此，本章还介绍了钢的普通热处理工艺、表面热处理工艺以及金属材料的表面改性。

教学要求：掌握钢在加热和冷却过程中组织转变的基本规律，并能熟练应用钢的等温转变曲线和连续转变曲线来解决问题。在理解钢的热处理的基本原理的基础上，掌握退火、正火、淬火、回火热处理工艺的工艺参数及各阶段组织特征，了解表面热处理和化学热处理等热处理工艺。当在生产实际中遇到具体问题时，应根据热处理的基本原理，针对具体情况进行具体分析，合理地、灵活地应用这些工艺来解决问题。

3.1 概述

热处理是将固态金属或合金在一定的介质中加热、保温和冷却，以改变材料整体或表面组织，从而获得所需性能的工艺方法，如图 3-1 所示。

工业生产中对材料的性能不断提出更高、更新的要求，而材料的原始性能难以达到和满足这些要求，如果只是利用材料自身的原始性能去满足这些要求，通常是不经济的，甚至是不可能的。热处理就是挖掘材料潜能、改善材料性能、保证材料质量、延长使用寿命的一种高效、廉价、快捷的工艺方法。热处理使普通

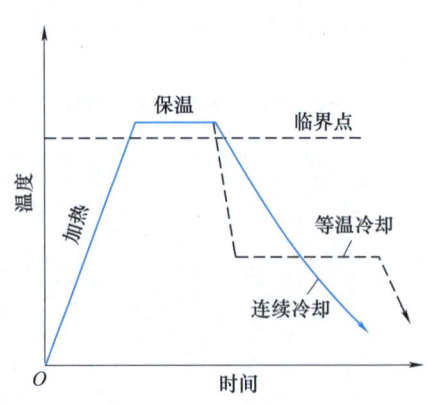

图 3-1 热处理工艺示意图

材料达到所需性能成为可能，可大幅改善金属材料的工艺性能和使用性能。例如，T10 钢经淬火处理后，其硬度可以从处理前的 20HRC 提高到 62~65HRC。因此，热处理是一种非常重要的、非常有意义的工艺方法，工业生产中大多数机械零件都要经过热处理。

热处理根据加热温度的高低、保温时间的长短、冷却速度的不同形成了各种不同的工艺。常用的热处理工艺如图 3-2 所示。

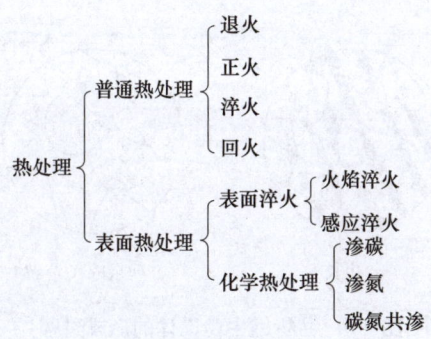

图 3-2 常用的热处理工艺

3.2 钢在加热时的组织转变

3.2.1 奥氏体的转变过程

在制订热处理工艺时,加热温度的选择是根据铁碳合金相图确定的。大多数热处理工艺需要将钢加热到临界温度以上,获得全部或部分奥氏体组织,即进行奥氏体化,然后以不同的冷却速度进行冷却获得不同的组织,最终获得所需要的性能。

铁碳合金相图中组织转变的临界温度 A_1、A_3、A_{cm} 是在极其缓慢的加热和冷却条件下测定的。而在热处理过程中,加热和冷却都会有一定的速度,不可能无限缓慢,因此热处理过程中组织转变的实际临界温度相对于铁碳合金相图上的临界温度会有一个稍滞后的偏离,即加热时比相图临界温度稍高,冷却时比相图临界温度偏低,如图 3-3 所示。与相图上 A_1、A_3、A_{cm} 相对应,通常把实际加热时临界温度的位置用 Ac_1、Ac_3、Ac_{cm} 表示;把实际冷却时临界温度的位置用 Ar_1、Ar_3、Ar_{cm} 表示。

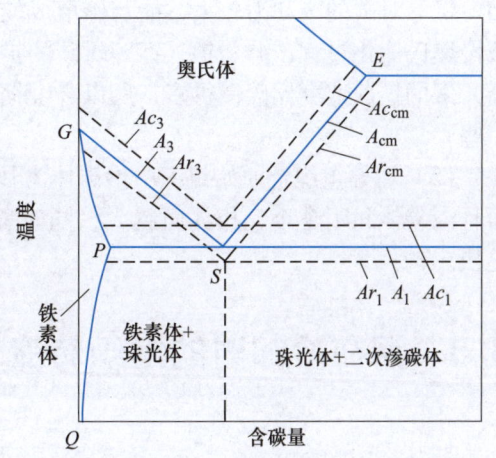

图 3-3 加热和冷却速度对钢的临界温度的影响

显然,欲将共析钢完全变成奥氏体,须将钢加热至 Ac_1 线温度以上,才能实现珠光体向奥氏体的转变。共析钢中奥氏体的形成过程如图 3-4 所示,由于铁素体的含碳量很少,而渗碳体的含碳量又很高,所以奥氏体总是在铁素体与渗碳体交界面上形核。形成的奥氏体晶核一方面不断合并其相邻的铁素体,另一方面渗碳体又不断溶解于奥氏体中,奥氏体晶粒就逐渐增多和长大,以至珠光体全部转变为奥氏体。

当亚共析钢加热至 Ac_1 以上时,珠光体转变为奥氏体,此时的组织为奥氏体和铁素体。若继续升温铁素体也逐渐转变为奥氏体,在温度超过 Ac_3 时,铁素体完全消失,全部组织为细而均匀的单一奥氏体。

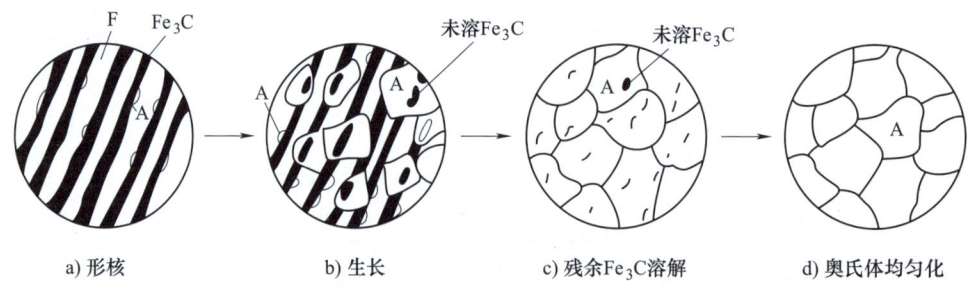

图 3-4 共析钢中奥氏体的形成过程

过共析钢的加热转变与上述情况相似,只是在 Ac_1 至 Ac_{cm} 的升温过程中,是二次渗碳体逐渐溶入奥氏体中。超过 Ac_{cm} 时,全部组织为奥氏体,但其晶粒已经长大粗化。

3.2.2 影响奥氏体转变速度的因素

(1) 加热温度 随着加热温度的提高,碳原子扩散速度增快,奥氏体转变速度加快。

(2) 加热速度 在实际热处理条件下,加热速度越快,过热度越大,发生转变的温度越高,转变所需的时间就越短。

(3) 钢中碳的质量分数 碳的质量分数增加时,渗碳体增多,铁素体和渗碳体的相界面增多,因而奥氏体的核心增多,转变速度加快。

(4) 合金元素 钴、镍等增大碳在奥氏体中的扩散速度,因而加快奥氏体化过程;铬、钼、钒等对碳的亲和力较大,能与碳形成较难溶解的碳化物,显著降低碳的扩散能力,所以减慢奥氏体化过程;硅、铝、锰等对碳的扩散速度影响不大,不影响奥氏体化过程。由于合金元素的扩散速度比碳慢得多,所以合金钢的热处理加热温度一般都高一些,保温时间更长一些。

(5) 原始组织 原始组织中渗碳体为片状时奥氏体形成速度快,因为它的相界面较大,而且渗碳体间距越小,相界面越大,同时奥氏体晶粒中碳浓度梯度也增大,所以长大速度更快。

3.3 钢在冷却时的组织转变

钢的最终性能不仅与加热时奥氏体晶粒大小有关,还取决于奥氏体冷却转变后的组织。因此,不同冷却条件下的转变是热处理研究的重点。根据冷却方式的不同,冷却可分为等温冷却和连续冷却两种。

3.3.1 等温冷却

等温冷却是使加热到奥氏体的钢,先以较快的冷却速度冷却到 A_1 线以下一定的温度,这时奥氏体尚未转变,但成为过冷奥氏体,然后进行保温,使奥氏体在等温下发生组织转变,转变完成后再冷却到室温。例如,等温退火、等温淬火的热处理操作属于等温冷却方式。

以共析钢为例进行一系列不同过冷度的等温冷却实验，可以测出过冷奥氏体在恒温下开始转变和转变终了的时间，然后把开始转变的时间和转变终了的时间分别连接起来，建立"温度-时间"坐标系，即得共析钢的等温转变曲线，如图 3-5 所示。奥氏体等温转变曲线颇似"C"字，故又称为 C 曲线。在 C 曲线上可以了解到不同温度下的转变产物，以供制订热处理工艺时参考。

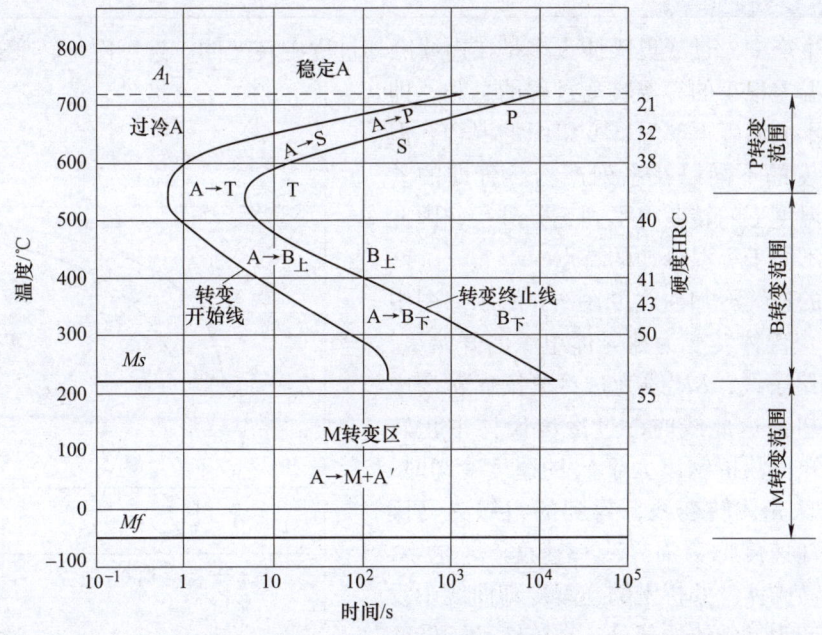

图 3-5 共析钢的等温转变曲线

如图 3-5 所示，根据 C 曲线的特征，可分为三个转变区来讨论。

(1) 高温转变区　在曲线的鼻尖（550℃）和 A_1 温度之间发生相变，转变产物为珠光体。转变温度越低，则珠光体越细。

1) $A_1 \sim 650$℃，得到层片间距为 0.3μm 的珠光体，硬度为 15~22HRC，记为 P。

2) 650~600℃，得到层片间距为 0.25μm 的细片珠光体，称为索氏体，硬度为 22~27HRC，记为 S。

3) 600~550℃，得到层片间距约为 0.1μm 的极细珠光体，称为屈氏体，硬度为 27~43HRC，记为 T。

(2) 中温转变区　共析钢奥氏体过冷到曲线鼻尖和 230℃（M_s）之间，形成的不是交替片状组织，而是微过饱和铁素体弥散分布着不连续的渗碳体粒子，这种组织称为贝氏体，记为 B。

过冷到 550~350℃ 之间转变得到的组织为上贝氏体（$B_上$），过冷到 350~230℃ 之间转变得到的组织为下贝氏体（$B_下$）。下贝氏体较上贝氏体有较高的强度和硬度，塑性和韧性也较好。

(3) 低温转变区　共析钢奥氏体过冷到 230℃ 以下陆续转变成为马氏体。它实质上是碳在 α-Fe 中的过饱和间隙固溶体。马氏体是一种不稳定的组织，有很高的硬度（600~

650HBW），但塑性和韧性几乎为零。

共析钢奥氏体过冷到230℃（M_s）时，开始转变为马氏体，随着温度下降马氏体逐渐增多，过冷奥氏体不断减少，直至-50℃（M_f）时，过冷奥氏体才全部转变成马氏体。所以在M_s和M_f之间的组织为马氏体和残留奥氏体。

3.3.2 连续冷却

在实际生产中，过冷奥氏体大多是在连续冷却过程中转变的。连续冷却转变过程可以看成是无数个温差很小的等温转变过程的总和，即转变产物是不同温度下等温转变组织的混合。但由于冷却速度的不同以及系列产物孕育期的差别，使某一温度下的转变得不到充分进行，因此连续冷却有不同于等温冷却的特点。

共析钢的连续冷却曲线如图3-6所示。图中P_s线为过冷奥氏体转变为珠光体组织的开始线，P_f线为转变终了线，KK'线为过冷奥氏体转变中止线，当冷却到达此线时，过冷奥氏体中止转变。由图可知，共析钢以大于v_K的速度冷却时，由于遇不到珠光体转变线，得到的组织为马氏体，这个冷却速度称为临界冷却速度。v_K越小，钢越易得到马氏体。共析钢的连续冷却曲线中没有奥氏体转变为贝氏体的部分，在连续冷却转变时得不到贝氏体组织。实际上过冷奥氏体的连续冷却曲线较难测定，因此一般用过冷奥氏体的等温转变曲线来分析连续转变的过程和产物。

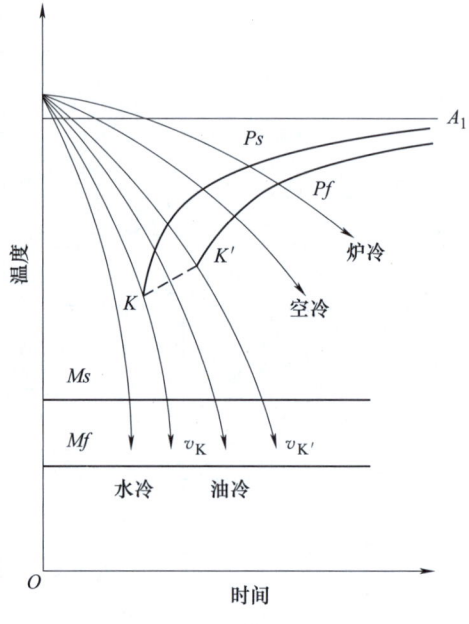

图 3-6 共析钢的连续冷却曲线

3.4 退火和正火

3.4.1 退火

将钢加热至临界温度，保温一定时间，然后缓慢冷却（一般为随炉冷却），以获得接近平衡状态组织的热处理工艺称为退火。

退火的目的如下。

1) 降低硬度，以利于切削加工或其他种类加工。

2) 细化晶粒，提高钢的塑性和韧性。

3) 消除内应力，为淬火工序做好组织准备。

在实际生产中，各种钢件在制造过程中有不同的工艺路线，如：铸造（或锻造）→退火（正火）→切削加工→成品，或铸造（或锻造）→退火（正火）→粗加工→淬火→回火→精加工→成品。可见，退火与正火是应用非常广泛的热处理工艺。为什么将其安排在铸造或锻造之后，切削加工之前呢？原因如下：

1) 铸造或锻造后，钢件中不但残留有铸造或锻造应力，而且还往往存在着成分和组织上的不均匀性，因而力学性能较低，还会导致以后淬火时的变形和开裂。经过退火与正火后，便可得到细而均匀的组织，并消除应力，改善钢件的力学性能，并为随后的淬火做准备。

2) 铸造或锻造后，钢件硬度经常偏高或偏低，严重影响切削加工。经过退火与正火后，钢的组织接近于平衡组织，其硬度适中，有利于下一步的切削加工。

3) 当钢件的性能要求不高时，如铸件、锻件或焊接件等，退火或正火常作为最终热处理。

根据处理的目的和要求不同，钢的退火可分为完全退火、球化退火、扩散退火和去应力退火等。碳钢各种退火的加热温度范围和工艺曲线如图 3-7 所示。

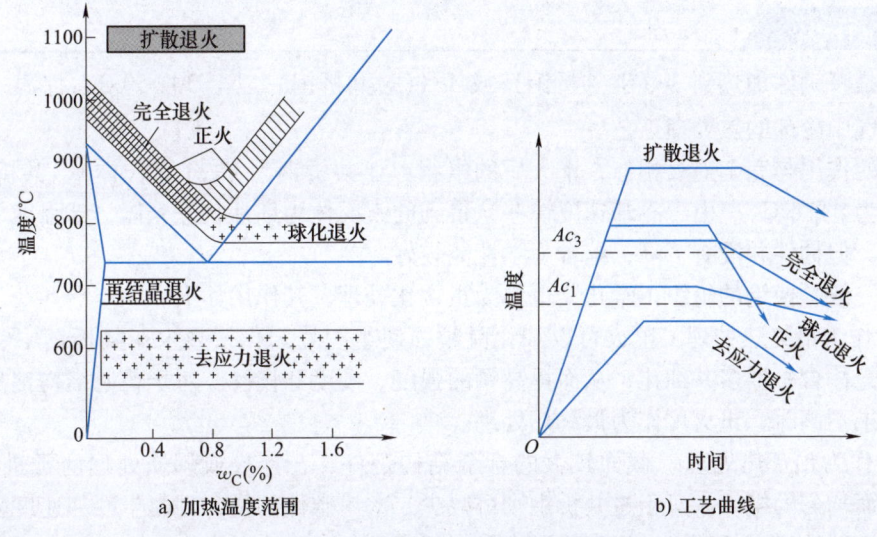

a) 加热温度范围　　b) 工艺曲线

图 3-7　碳钢各种退火的加热温度范围和工艺曲线

(1) 完全退火　完全退火又称为重结晶退火，是将钢加热至 Ac_3 以上 20~30℃，保温一段时间后缓慢冷却（随炉冷却或埋入石灰或砂中冷却），以获得接近平衡组织的热处理工艺。

完全退火通过完全重结晶，使热加工中造成的晶粒粗大、不均匀组织细化和均匀化，提高材料的塑性和韧性；使中碳以上的碳钢和合金钢接近平衡状态组织，以降低硬度，改善切削加工性能。由于冷却速度慢，可消除铸件和锻件的内应力。

完全退火主要用于亚共析钢，过共析钢不宜采用，因为加热至 Ac_{cm} 以上缓慢冷却时，二次渗碳体会以网状形式沿奥氏体晶界析出，使钢的韧性大大下降，并可能在以后的热处理中引起开裂。

(2) 球化退火　球化退火是使钢中碳化物球化的热处理工艺。

在球化退火时，将钢加热至 Ac_1 以上 20~30℃，以便保留较多的未溶碳化物粒子或较大的奥氏体中碳浓度分布的不均匀性，促进球状碳化物的形成。球化退火需要较长的保温时间来保证二次渗碳体的自发球化。保温后随炉缓慢冷却，致使奥氏体进行共析转变时，以未溶渗碳体粒子为核心形成粒状渗碳体。

球化退火主要用于过共析钢,目的是使二次渗碳体及珠光体中的渗碳体球化,以降低硬度,改善切削加工性能,并为以后的淬火做好组织准备。

(3) 扩散退火　为减少钢锭、铸件和锻件的化学成分和组织不均匀性,将其加热至略低于固相线的温度,长时间保温并进行缓慢冷却的热处理工艺,称为扩散退火或均匀化退火。

扩散退火后钢的晶粒很粗大,一般还需再进行完全退火或正火处理。

(4) 去应力退火　为消除铸造、锻造、焊接、机械加工、冷变形等冷热加工在钢件中造成的残余内应力而进行的低温退火,称为去应力退火。去应力退火加热温度一般为 500～600℃,长时间保温,随炉缓慢冷却,不发生组织变化,其主要作用是消除内应力,减小变形。

3.4.2　正火

正火是将钢件加热到 Ac_3(亚共析钢)或 Ac_{cm}(过共析钢)以上 30～50℃,保温一段时间后,在空气中冷却的热处理工艺。

正火的作用与完全退火相似,正火后的组织,亚共析钢为 F+S(索氏体),共析钢为 S,过共析钢为 S+Fe_3C_{II}。由于冷却速度快些,得到的索氏体为细片状珠光体,其强度、硬度比珠光体高,但韧性并没有下降,综合力学性能较好。

正火一般是使钢的组织正常化,也称为正常化处理,其作用如下。

(1) 作为最终热处理　正火可以细化晶粒,使组织均匀化,减少亚共析钢中铁素体含量,使珠光体含量增多并细化,从而提高钢的强度、硬度和韧性。对于普通结构钢零件,力学性能要求不高时,正火可作为最终热处理。

(2) 作为预备热处理　截面较大的合金结构钢件,在淬火或调质处理前常进行正火,获得细小而均匀的组织。对于过共析钢则可减少二次渗碳体的量,且由于冷却速度较快,抑制了二次渗碳体呈网状析出,为球化退火做好组织准备。

(3) 取代部分完全退火　正火是炉外冷却,占用设备时间短,生产率高,而且得到的组织性能比退火要好,故应尽量用正火取代退火。低碳钢或低合金结构钢退火后硬度太低,不便于切削加工,正火可提高其硬度,改善其切削加工性能。

3.4.3　退火和正火的选择

综上所述,退火和正火在某种程度上有相似之处,在实际生产中又可替代。那么,在设计时根据什么原则进行选择呢?可以从以下三个方面予以考虑。

(1) 从切削加工性能上考虑　切削加工性能包括硬度、切削脆性、表面粗糙度及对刀具的磨损等。

一般金属的硬度在 170～230HBW 范围内,切削性能较好。硬度过高,难以加工,且刀具磨损快;硬度过低则切屑不易断,造成刀具发热和磨损,加工后的零件表面粗糙度很大。对于低、中碳结构钢以正火作为预备热处理比较合适,高碳结构钢和工具钢则以退火为宜。至于合金钢,由于合金元素的加入,使钢的硬度有所提高,故中碳以上的合金钢一般都采用退火以改善切削加工性能。

（2）从使用性能上考虑　如钢件性能要求不太高，随后不再进行淬火和回火，那么往往用正火来提高其力学性能。但若钢件的形状比较复杂，正火的冷却速度有形成裂纹的危险，则应采用退火。

（3）从经济上考虑　正火比退火的生产周期短，耗能少，且操作简便，故在可能的条件下，应优先考虑以正火代替退火。

3.5　淬火和回火

授课视频

3.5.1　淬火

淬火是将钢加热到临界温度 Ac_3（亚共析钢）、Ac_1（过共析钢）以上 30~50℃（图3-8），保温一段时间，然后快速冷却以获得高硬度马氏体（M）的热处理工艺。淬火是钢最重要的一种强化方法，但淬火必须和回火相配合，否则淬火后得到了高硬度、高强度，但韧性、塑性低，不能得到优良的综合力学性能。

马氏体是一种碳的质量分数过饱和的 α 固溶体，过饱和的碳造成了马氏体晶格的严重畸变，致使其变形抗力增大，因此，马氏体具有高的硬度和耐磨性，但塑性和韧性很差。马氏体的实际硬度与钢中碳的质量分数密切相关，碳的质量分数越高，马氏体的硬度越高。绝大多数要求高硬度、高耐磨性的中、高碳钢和合金钢都要进行淬火工艺处理。

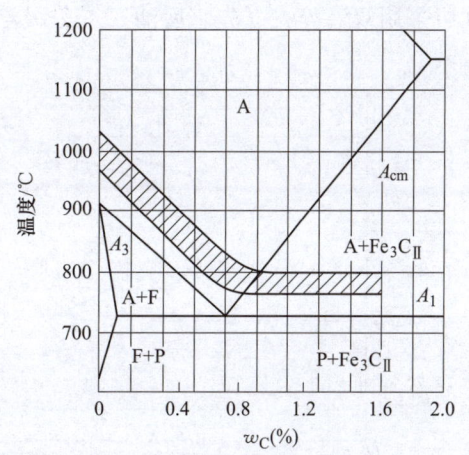

图 3-8　淬火加热温度范围示意图

淬火是一种复杂的热处理工艺，又是决定产品质量的关键工序之一，淬火后要得到细小的马氏体组织又不至于产生严重的变形和开裂，必须根据钢的成分、零件的大小和形状等，结合 C 曲线合理地确定淬火加热温度和冷却方式。

（1）淬火温度的选择　亚共析钢加热温度为 $Ac_3+(30~50℃)$，淬火后的组织为均匀而细小的马氏体。若加热到 Ac_3 以下时，淬火组织中会保留自由铁素体，使钢的硬度降低。过共析钢加热温度为 $Ac_1+(30~50℃)$，加热到 Ac_1 以上两相区时，组织中会保留少量的二次渗碳体，有利于提高钢的硬度和耐磨性，并且，由于降低了奥氏体中的含碳量，可以改变马氏体的形态，从而降低了马氏体的脆性。此外，还可减少淬火后残留奥氏体的量，保证淬火组织的硬度。若淬火温度太高，会形成粗大的马氏体，使力学性能恶化，同时会增大淬火应力，使变形和开裂倾向增大。

（2）加热时间的确定　加热时间包括升温和保温两个阶段。通常以装炉后炉温达到淬火温度所需的时间为升温阶段，并以此为保温时间的开始。保温阶段是指钢件温度均匀并完成奥氏体化所需的时间。

（3）淬火冷却介质的选择　常用的淬火冷却介质是水和油。水的冷却能力强，使钢件易于获得马氏体,同时也易造成零件的变形和开裂。油的冷却能力低,钢件不易产生变形和开裂,但不利于钢件的淬硬,一般只能作为合金钢的淬火冷却介质。

淬火冷却是决定淬火质量的关键,为了使钢件获得马氏体组织,淬火冷却速度必须大于临界冷却速度 v_K,而快冷会产生很大的内应力,容易引起钢件的变形和开裂。所以,冷却速度既不能过大又不能过小,理想的冷却速度应是如图 3-9 所示的速度曲线,但到目前为止还没有找到十分理想的淬火冷却介质能符合这一理想的冷却速度的要求。

生产中淬火方法的选择非常重要,为了使钢件淬火成马氏体并防止变形和开裂,单纯依靠选择淬火冷却介质是不行的,还必须采取正确的淬火方法。

常用的淬火方法通常有单液淬火、双液淬火、分级淬火、等温淬火等,其冷却速度如图 3-10 所示。生产中最常用的是单液淬火。它是在一种介质中(水或油)连续冷却至室温。单液淬火操作简单,易于实现机械化和自动化,在生产中应用最广。对于易于产生变形的钢件可采用双液淬火(先水后油)或分级淬火或其他的淬火方法。

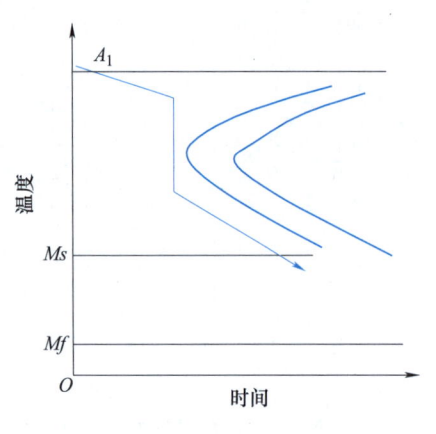

图 3-9　理想的冷却速度曲线

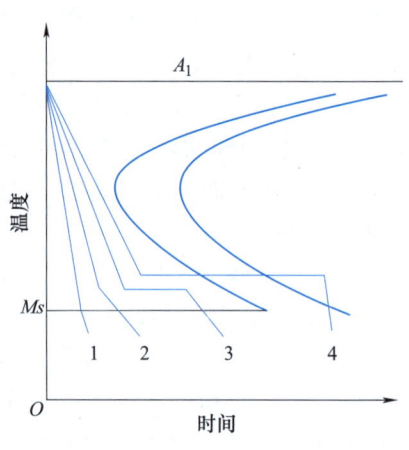

图 3-10　不同淬火方法示意图
1—单液淬火　2—双液淬火
3—分级淬火　4—等温淬火

3.5.2　回火

钢件淬火后,为了消除内应力并获得所要求的组织和性能,将其重新加热至 Ac_1 以下某一温度,保温一段时间,然后冷却至室温的热处理工艺称为回火。

淬火钢一般不能直接使用,必须进行回火。这是因为:首先,淬火后得到的马氏体和残留奥氏体组织都是不稳定的组织,在工作中有自发向稳定组织转变的倾向,会导致钢件尺寸的变化;其次,马氏体的硬度高、脆性大,并存在很大的内应力,易造成钢件的变形和开裂;最后,为了获得所要求的强度、硬度、塑性和韧性,以满足钢件的使用要求。

根据回火温度的高低不同,可将回火分为三种。

(1) 低温回火(150~250℃)　低温回火将得到回火马氏体,其目的是降低淬火应力和脆性,提高钢件韧性,保证淬火后的高硬度和耐磨性。它主要用于处理各种高碳钢工具、模具、滚动轴承以及渗碳及表面淬火的耐磨件。

(2) 中温回火(350~500℃)　中温回火将得到回火屈氏体,其目的是提高弹性极限和屈服强度，保持较高硬度和一定韧性。它主要用于各种弹簧、发条、锻模等。

（3）高温回火（500~650℃）　高温回火将得到回火索氏体。回火索氏体综合力学性能最好。通常把淬火加高温回火称为调质处理。它广泛用于各种重要的结构件，特别是受交变载荷的中碳钢重要件，如连杆、轴、齿轮等。

3.6　表面淬火和化学热处理

一些在弯曲、扭转、冲击载荷、摩擦条件区工作的齿轮等机器零件，它们要求具有表面硬、耐磨，而心部韧，能抗冲击的特性，仅从选材方面去考虑是很难达到此要求的，如用高碳钢，虽然表面硬度高，但心部韧性不足；如用低碳钢，虽然心部韧性好，但表面硬度低，不耐磨。所以，工业上广泛采用表面热处理来满足上述要求。

3.6.1　表面淬火

表面淬火是仅对钢的表面加热、冷却而不改变其表面化学成分，只改变其表面组织，而心部仍保持未淬火状态的一种局部热处理方法。表面淬火通过快速加热，使钢件表面层很快达到淬火温度，表层被淬硬为马氏体。在热量来不及传到钢件心部就立即冷却，实现局部淬火，而中心仍保持原来的退火、正火或调质状态的组织。

表面淬火的目的在于获得高硬度、高耐磨性的表层，而心部仍保持原来良好的韧性。它常用于要求性能表硬里韧的钢件，如齿轮、曲轴等。

表面淬火按其加热方式有感应加热、火焰加热、电接触加热和激光加热等，最常用的是前两种。

感应加热的基本原理是在感应线圈中通以交流电，在其内部和周围产生与电流频率相同的交变磁场，置于磁场中的钢件就会产生同频率的感应电流，并由于电阻的作用而被加热。由于交流电的趋肤效应，感应电流在钢件截面上的分布是不均匀的，靠近表面的电流密度大，而中心几乎为零。电流渗透钢件表层的深度，与电流频率有关。感应电流频率越高，趋肤效应越强烈，故高频感应加热用途最广。

3.6.2　化学热处理

化学热处理是将钢件置于一定温度的活性介质中加热和保温，使一种或几种活性元素渗入钢件表层，以改变其化学成分和组织，达到改善表面性能，满足技术要求的热处理工艺过程。与表面淬火相比，化学热处理的主要特点是表面层不仅有组织的变化，而且有成分的变化。

按照表面渗入元素的不同，化学热处理可以分为渗碳、渗氮、碳氮共渗等，其中渗碳应用最广。化学热处理能有效地提高钢件表层的耐磨性、耐蚀性、抗氧化性能及疲劳强度等。

化学热处理的基本程序如下。

1）将钢件加热到一定的温度，使其有利于吸收渗入元素的活性原子。

2）由化合物分解或离子转化而得到渗入元素的活性原子。

3）活性原子被吸附，并溶入钢件表面，形成固溶体，在活性原子浓度很高时，还可形成化合物。

4）渗入原子在一定温度，由表层向内扩散，形成一定的扩散层。

目前在汽车、拖拉机和机床制造中，最常用的化学热处理工艺有渗碳、渗氮和气体碳氮共渗。

通常当材料的成分一定时，其组织和性能也是一定的。但是当进行某种热处理时，就可以充分挖掘材料的潜能，使普通材料达到其自身难以达到的更优越的性能。因此，生产中可以对材料进行各种不同组合的热处理，以达到所预期的组织和性能，这是非常有实际意义的。

复习思考题

3.1 什么是热处理？热处理的意义何在？

3.2 共析钢经正常淬火得到什么组织？它们经过 200℃、400℃、600℃回火后得到什么组织？

3.3 试比较表面淬火和化学热处理之间的异同。

3.4 某汽车齿轮选用 20CrMnTi 制造，其工艺路线为：下料→锻造→正火①→切削加工→渗碳②→淬火③→低温回火④→喷丸→磨削。请说明①、②、③、④四项热处理工艺的目的。

3.5 说明固溶强化的强化原理。

3.6 钢经过淬火处理后，为什么一定要回火？

3.7 谈谈退火和正火的异同点。

3.8 碳钢在油中淬火的效果如何？为什么合金钢通常不在水中淬火？

3.9 在普通热处理中，加热后进行保温的作用是什么？感应淬火是否需要保温？化学热处理的保温有何特点？为什么？

第2篇 铸造

将熔炼好的液态金属浇注到与零件的形状和尺寸相适应的铸型空腔中，待其冷却凝固后，所获得毛坯或零件的成形方法，称为铸造。用铸造的方法得到的金属件为铸件。铸件一般是零件的毛坯，毛坯经过机械加工以后才能得到尺寸精度较高、表面粗糙度较低的零件。

我国的铸造历史悠久，早在三千多年前商周时期青铜器的铸造已经达到了相当高的水平（图 2a 所示为现收藏在中国国家博物馆的礼器——四羊方尊），2500 多年前铸铁工具应用已经相当普遍（图 2b），直到今天铸造仍然是毛坯生产的基本方式。它之所以获得广泛的应用，是由于铸造生产具有许多优点。

1）用铸造方法可以制成形状复杂，特别是具有复杂内腔的毛坯，如箱体、气缸体、机座、机床床身等。

2）铸造的适用范围很广。工业中常用的金属材料，如碳钢、合金钢、铸铁、青铜、黄铜、铝合金等，都可用于铸造。铸件的大小几乎不受限制，重量可以从几克到数百吨，壁厚可由 0.5mm 到 1m 左右。在大件生产中，铸造的优越性尤为显著。

3）原材料来源广泛，价格低廉，可直接利用报废的机件、废钢和切屑等材料，铸件成本低。

4）铸件的形状和尺寸与零件非常相近，因而节约金属，减少了切削加工的工作量。

 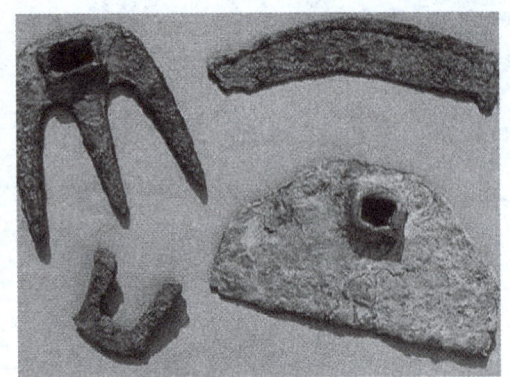

a) 商朝晚期的四羊方尊　　　b) 春秋战国时期的铁制农具

图 2　铸造产品

由于铸造生产具有上述各项优点，因而在工业生产中得到了广泛的应用。在各类机械工业中，铸件所占比例很大。例如：在机床、内燃机、重型机器中占 70%～90%；在风机、压缩机中占 60%～80%；在农业机械中占 40%～70%；在汽车中占 20%～30%。

但由于铸造的生产过程比较复杂，有些工艺过程还难以进行精确控制，使铸件容易出现浇不足、冷隔、缩孔、缩松、夹渣、气孔、裂纹、偏析等缺陷，这些缺陷对铸件质量有着严重的影响，导致铸件废品率较高。

铸造的生产方法有很多，主要分为砂型铸造和特种铸造两大类，其中砂型铸造最为广泛，年产量占铸件产量的 80% 以上。除砂型铸造外的其他铸造方法统称为特种铸造，主要有金属型铸造、熔模铸造、消失模铸造、压力铸造、离心铸造、挤压铸造、半固态铸造等。

第 4 章　铸造工艺基础

> **教学提示**：铸造合金除应具有符合要求的力学、物理和化学性能外，还应具有良好的铸造性能。合金的铸造性能主要是指充型能力、收缩性、偏析、吸气等。合金的铸造性能是衡量铸造合金优劣的标志之一，是保证铸件质量的重要因素。本章内容包括液态合金的充型，铸造合金的凝固与收缩，铸造内应力、变形与裂纹，铸件的气孔与偏析，铸件质量的综合控制等。
>
> **教学要求**：通过本章学习，要重点掌握铸造合金液体的充型能力及其影响因素，缩孔与缩松的产生与防止，铸造应力、变形与裂纹的产生与防止，并掌握铸件质量的综合控制方法。

　　铸造生产过程非常复杂，影响铸件质量的因素也很多。其中合金的铸造性能的优劣对能否获得优质铸件有着重要影响。在铸造生产中很少采用纯金属，通常使用的是合金材料，如铸铁、铸钢和有色合金等。铸造合金除应具有符合要求的力学、物理和化学性能外，还应具有良好的铸造性能。铸造合金在铸造过程中表现出的工艺性能，称为铸造性能。合金的铸造性能主要是指合金的充型能力、收缩性、吸气、偏析等。其中液态合金的充型能力和收缩性是影响成形工艺及铸件质量的两个最重要的因素。合金的铸造性能是衡量铸造合金优劣的性能指标之一，是铸造工艺和铸件结构设计的重要依据。

4.1　液态合金的充型

　　液态合金充满型腔并使铸件形状完整、轮廓清晰的能力，称为合金的充型能力。实践表明，充型能力首先与合金本身的流动性有关，同时也受外界条件的影响，如浇注条件、铸型填充条件、铸件结构等。

4.1.1　液态合金的流动性

　　液态合金的流动性是指液态金属本身的流动能力，是合金主要铸造性能之一。合金的流动性好，充型能力就强，便于浇注出轮廓清晰、薄而复杂的铸件，并有利于非金属夹杂物和气体的上浮与排除，也有利于对合金冷凝过程所产生的收缩进行补缩。

　　液态合金的流动性通常以螺旋形试样的长度来衡量。如图 4-1 所示，螺旋形试样的截面为梯形，试样上每隔 50mm 有一个凸台，用于计量长度。显然，在相同的浇注条件下，所浇出的试样越长，合金的流动性就越好。实验得知：灰铸铁在浇注温度为 1300℃时，试样长度为 1800mm；铸钢在浇注温度为 1600℃时，试样长度为 100mm。在常用铸造合金中，灰铸铁、硅黄铜的流动性最好，铸钢的流动性最差。

　　影响合金流动性的因素有很多，但以化学成分的影响最为显著。共晶成分合金和纯金属的结晶是在恒温下进行的,此时,液态合金从表层逐层向中心凝固,由于已结晶的固体层内表面比较光滑,如图 4-2a 所示,对金属液的阻力较小,同时,共晶成分合金的凝固温度最低,相对来说,合金的过热度大,推迟了合金的凝固,故流动性最好。除共晶成分合金和纯金属外,其他成分合金是在一定温度范围内逐步凝固的,即经过液、固并存的两相区。此时,结晶是在截面上一定宽度的凝固区内同时进行的,由于初生的树枝状晶体使已结晶固体层内表面粗糙,如图 4-2b 所示,所以,合金的流动性变差。合金成分越远离共晶成分、结晶温度范围越宽,流动性越差。

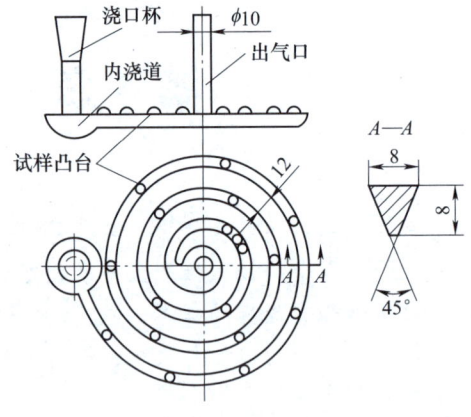

图 4-1 螺旋形试样

图 4-3 所示为铁碳合金流动性与碳的质量分数的关系。由图可见,亚共晶铸铁随含碳量增加,结晶温度范围减小,流动性提高,越接近共晶成分,合金的流动性越好,越容易铸造。

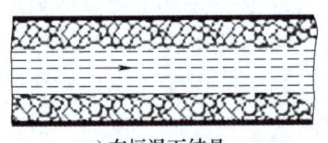

a) 在恒温下结晶

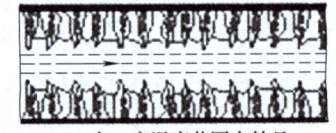

b) 在一定温度范围内结晶

图 4-2 结晶特性对流动性的影响

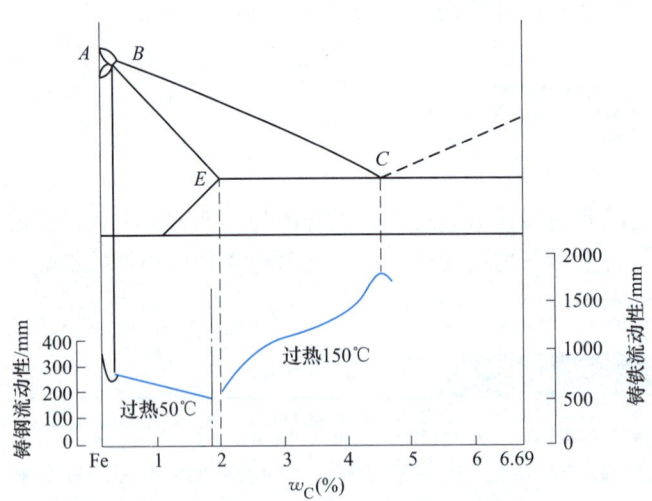

图 4-3 铁碳合金流动性与碳的质量分数的关系

4.1.2 浇注条件

1. 浇注温度

浇注温度对合金的流动性影响极为显著。浇注温度高,液态合金的含热量多,在相同的冷却条件下,合金保持在液态的时间就长,在液态合金停止流动之前,传给铸型的热量多,从而使铸型的温度升高，降低了液态合金的冷却速度。液态合金的黏度随温度的升高而降低，这些都有利于提高合金的流动性。因此，适当提高浇注温度是改善合金流动性的重要措施。

但浇注温度过高，会使合金的总收缩量增加，氧化严重，吸气量增多，反而会使铸件容易产生缩孔、缩松、气孔、黏砂等缺陷。因此，在保证流动性足够的条件下，应尽可能地降低浇注温度。生产上常采用"高温出炉，低温浇注"来保证铸件质量。每种合金都规定有一定的浇注温度范围，如铸铁为 1230～1450℃，铸钢为 1520～1620℃，铝合金为 680～780℃。薄壁复杂件取上限，厚大件取下限。

2. 充型压力

液态合金在流动方向上所受的压力越大，充型能力越好。砂型铸造时，充型压力是由直浇道所产生的静压力取得的，故直浇道的高度必须适当。在压力铸造、低压铸造和离心铸造时，因充型压力得到提高，所以充型能力较强。

4.1.3　铸型填充条件

液态合金充型时，铸型的阻力将影响合金的流动速度，而铸型与合金间的热交换又将影响合金保持流动的时间。因此，铸型的下列因素对充型能力均有显著影响。

1. 铸型的蓄热能力

铸型的蓄热能力即铸型从液态合金中吸收和储存热量的能力。铸型材料的导热系数和比热容越大，对液态合金的激冷能力越强，合金的充型能力就越差。例如，金属型铸造较砂型铸造容易产生浇不足和冷隔缺陷。

2. 铸型温度

金属型铸造、压力铸造和熔模铸造时，可将铸型预热数百度，由于减少了铸型和金属液间的温差，减缓了金属液的冷却速度，使充型能力得到提高。

3. 铸型中的气体

在金属液的热作用下，铸型（尤其是砂型）将产生大量气体，如果铸型的排气能力差，型腔中气体的压力将增大，以致阻碍液态合金的充型。为减小气体的压力，除应设法减少气体来源外，应使铸型具有良好的透气性，并在远离浇道的最高部位开设出气口。

4.1.4　铸件结构

铸件壁厚过薄、壁厚急剧变化或有大的水平面结构时，都使金属液流动困难。因此设计铸件时，铸件的壁厚必须大于规定的最小允许壁厚，以防缺陷产生。

4.2　铸造合金的凝固与收缩

合金浇入铸型空腔后，从液态转变为固态的过程称为凝固。铸造合金的凝固方式与收缩形式对铸件的质量影响很大，许多铸造缺陷，如缩孔、缩松、变形等都是由它们引起的，因此，了解它们的形成过程和影响因素是非常必要的。

4.2.1 铸造合金的凝固

在铸造合金的凝固过程中，其铸件的断面上一般存在三个区域，即固相区、凝固区和液相区，其中，对铸件质量影响较大的主要是液相和固相并存的凝固区的宽窄。铸造合金的凝固方式就是依据凝固区的宽窄来划分的，如图4-4所示。

1. 凝固方式

（1）逐层凝固　纯金属或共晶成分合金在凝固过程中因不存在液相和固相并存的凝固区，如图4-4a所示，故断面上外层的固体和内层的液体由一条界线（凝固前沿）清楚地分开。随着温度的下降，固体层不断加厚，液体层不断减少，直达铸件中心，这种凝固方式称为逐层凝固。

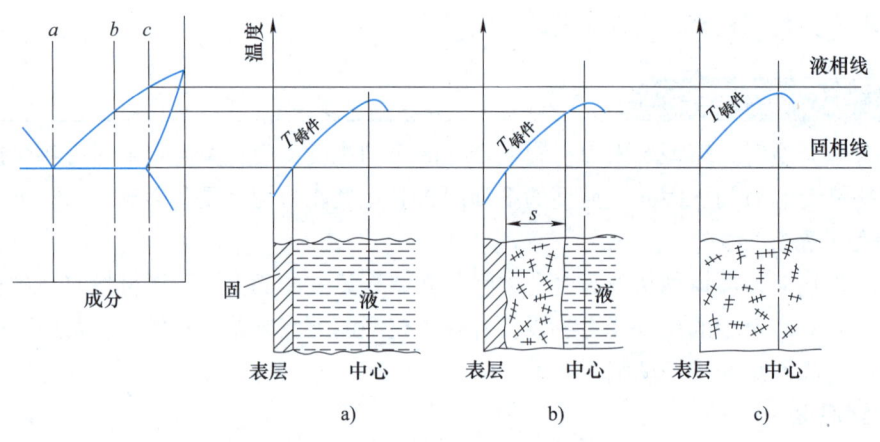

图 4-4　铸件的凝固方式

（2）糊状凝固　如果合金的结晶温度范围很宽，且铸件的温度分布较为平坦，则在凝固的某段时间内，铸件表层并不存在固体层，而液相和固相并存的凝固区贯穿整个断面，如图4-4c所示。由于这种凝固方式与水泥类似，即先呈糊状而后固化，故称为糊状凝固。

（3）中间凝固　大多数合金的凝固介于逐层凝固和糊状凝固之间，如图4-4b所示，称为中间凝固。

铸件质量与其凝固方式密切相关。一般说来，逐层凝固时，合金的充型能力强，便于防止缩孔和缩松；糊状凝固时，难以获得组织致密的铸件。在常用合金中，灰铸铁、铝硅合金等倾向于逐层凝固，易于获得组织致密铸件；球墨铸铁、锡青铜、铝铜合金等倾向于糊状凝固，为获得致密铸件常需采用适当的工艺措施，以便补缩或减小凝固区域。

2. 影响凝固方式的因素

影响铸件凝固方式的主要因素是合金的结晶温度范围和铸件的温度梯度。

（1）合金的结晶温度范围　如前所述，合金的结晶温度范围越小，凝固区域越窄，越倾向于逐层凝固。例如，砂型铸造时，低碳钢为逐层凝固；高碳钢因结晶温度范围宽，为糊状凝固。

(2) 铸件的温度梯度 在合金结晶温度范围已定的前提下，凝固区域的宽窄取决于铸件内外层间的温度梯度，如图 4-5 所示。若铸件的温度梯度由小变大（图中 $T_1 \rightarrow T_2$），则其对应的凝固区域由宽变窄。

铸件的温度梯度主要取决于：

1) 合金的性质。合金的凝固温度越低、导热系数越高、结晶潜热越大，铸件内部温度均匀化能力越强，而铸型的激冷作用变弱，故温度梯度小，如多数铝合金。

2) 铸型的蓄热能力。铸型的蓄热能力越强，激冷作用越强，铸件温度梯度越大。

3) 浇注温度。浇注温度越高，因带入铸型中热量增多，铸件温度梯度减小。

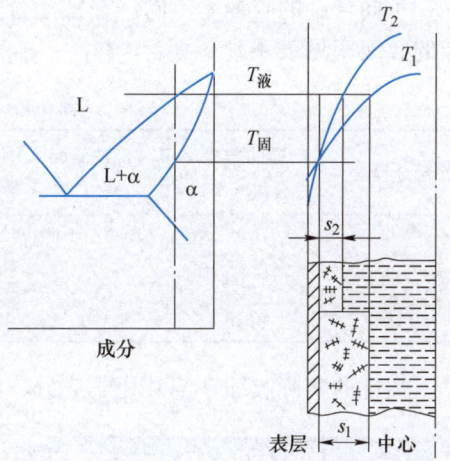

图 4-5 温度梯度对凝固区域的影响

4.2.2 铸造合金的收缩

液态金属浇入铸型后，由于铸型的吸热，金属温度下降，空穴数量减少，原子间距离缩短，液态金属体积减小。温度继续下降时，液态金属凝固，发生由液态到固态的状态变化，金属体积显著减小。金属凝固完毕后，在固态下继续冷却时，原子间距离还要缩短，固态金属体积减小。

铸件在液态、凝固态和固态冷却过程中所发生的体积减小的现象，称为收缩。收缩是铸造合金本身的物理性质。

收缩是铸件中许多缺陷，如缩孔、缩松、应力、变形、裂纹等产生的根源。为了获得形状和尺寸符合技术要求，组织致密的合格铸件，必须研究合金收缩的规律性。

合金的收缩经历如下三个阶段（图 4-6）。

液态收缩：从浇注温度到凝固开始温度（即液相线温度）间的收缩。

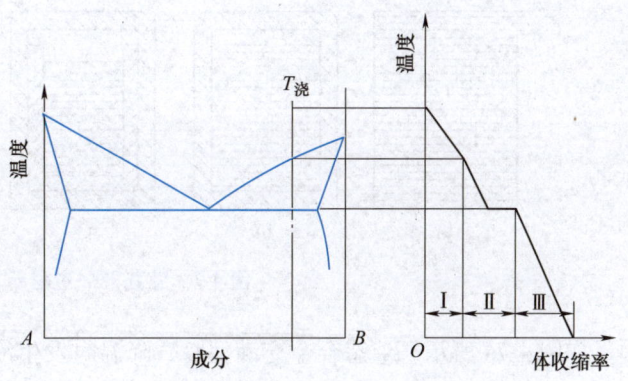

图 4-6 铸造合金的收缩阶段
Ⅰ—液态收缩　Ⅱ—凝固收缩　Ⅲ—固态收缩

凝固收缩：从凝固开始温度到凝固终止温度（即固相线温度）间的收缩。

固态收缩：从凝固终止温度到室温间的收缩。

合金的总收缩率为上述三个阶段收缩率的总和。合金的液态收缩和凝固收缩表现为合金的体积缩减，故常用单位体收缩量（即体收缩率）来表示。合金的固态收缩不仅引起合金体积上的缩减，同时，更明显地表现在铸件尺寸上的缩减，因此固态收缩常用单位长度上的收缩量（即线收缩率）来表示。

不同合金的收缩率不同。在常用合金中，铸钢的收缩率最大，灰铸铁最小。几种铁碳合金的收缩率见表4-1。

表 4-1 几种铁碳合金的收缩率

合金种类	碳的质量分数（%）	浇注温度/℃	液态收缩率（%）	凝固收缩率（%）	固态收缩率（%）	总体积收缩率（%）
铸钢	0.35	1610	1.6	3	7.8	12.4
白口铸铁	3.00	1400	2.4	4.2	5.4~6.3	12~12.9
灰铸铁	3.50	1400	3.5	0.1	3.3~4.2	6.9~7.8

铸件的实际收缩率与其化学成分、浇注温度、铸件结构和铸型填充条件有关。

4.2.3 铸件中的缩孔与缩松

液态金属在铸型内凝固过程中，由于液态收缩和凝固收缩导致体积缩小，若其收缩得不到补充，就会在铸件最后凝固的部分形成孔洞。大而集中的孔洞称为缩孔，细小而分散的孔洞称为缩松。

1. 缩孔的形成

金属在恒温或很窄温度范围内结晶、铸件壁呈逐层凝固方式的条件下容易形成缩孔。现以圆柱体铸件为例分析缩孔的形成过程，如图4-7所示。

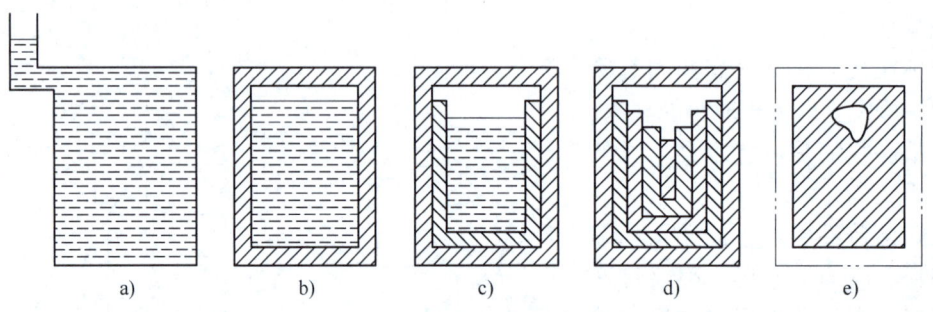

图 4-7 缩孔形成过程示意图

如图4-7a所示，液态合金充满型腔，降温时发生液态收缩，可以从浇注系统得到补偿。如图4-7b所示，由于铸型的吸热，靠近型腔表面的金属很快凝结成一层外壳，而内部仍然是高于凝固温度的液体，此时内浇口被冻结。如图4-7c所示，温度继续下降时，外壳加厚，内部液体发生液态和凝固收缩，使液面下降，同时外壳进行固态收缩，使铸件外形尺寸缩小。如果两者的减小量相等，则凝固外壳仍和内部液体紧密接触。但由于内部液体的液态和凝固收缩远超过外壳的固态收缩，因此合金液将与外壳顶面脱离。如图4-7d所示，外壳不断加厚，液面不断下降，当铸件全部凝固后，在上部形成一个倒圆锥形缩孔。如图4-7e所示，当继续降温至室温时，整个铸件发生固态收缩，缩孔的绝对体积略有减小，但相对体积变化不大。

合金的液态和凝固收缩越大，浇注温度越高，铸件越厚，缩孔的体积就越大。

2. 缩松的形成

图 4-8 所示为缩松形成过程示意图。

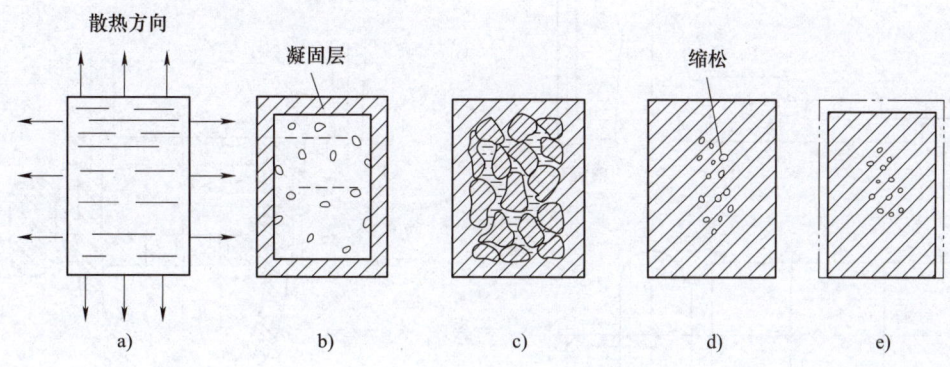

图 4-8 缩松形成过程示意图

图 4-8a 所示为液态合金充满型腔，并向四周散热。图 4-8b 所示为铸件表面结壳后，内部有一个较宽的液相和固相共存的凝固区域。如图 4-8c 所示，继续凝固，固体不断长大，直至相互接触，液态合金被分割成许多小的封闭区。图 4-8d 所示为封闭区内液体凝固收缩时，得不到补充，而形成许多细小而分散的孔洞。如图 4-8e 所示，当继续降至室温时，整个铸件发生固态收缩，缩松的绝对体积略有减小，但相对体积变化不大。

缩松大多分布在铸件中心轴线处、热节处、冒口根部、内浇口附近或缩孔下方。对气密性、力学性能、物理性能或化学性能要求较高的铸件，必须设法减少缩松。

3. 缩孔和缩松的防止

缩孔和缩松都会使铸件的力学性能下降，缩松还可使铸件因渗漏而报废。因此，必须采取适当的工艺措施，防止缩孔和缩松的产生。

实践证明，只要能使铸件实现顺序凝固，尽管合金的收缩较大，也可获得没有缩孔的致密铸件。

顺序凝固就是在铸件可能出现缩孔的厚大部位通过安放冒口等工艺措施，使铸件远离冒口的部位（图 4-9 所示Ⅰ）先凝固，然后是靠近冒口的部位（图 4-9 所示Ⅱ、Ⅲ）凝固，最后才是冒口本身的凝固。按照这样的凝固顺序，先凝固部位的收缩，由后凝固部位的金属液来补充；后凝固部位的收缩，由冒口中的金属液来补充，从而使铸件各个部位的收缩均能得到补充，而将缩孔转移到冒口之中。冒口是多余部分，切除后便得到无缩孔的致密铸件。

冒口一般设置在铸件厚壁部位，是防止缩孔、缩松最有效的措施。冒口的尺寸应保证冒口比铸件补缩部位凝固得晚，并有足够的金属液供给。冒口的形状多采用圆柱形，因其散热表面积较小，补缩效果好，取模方便。

为了实现顺序凝固，在安放冒口的同时，还可在铸件上某些厚大部位增设冷铁。如图 4-10 所示，阀体铸件的厚大部位不止一个，仅靠顶部冒口难以向底部的凸台补缩，为此，在该凸台的型壁上安放了两块冷铁。冷铁加快了铸件在该处的冷却速度，使厚度较大的凸台反而最先凝固，从而实现了自下而上的顺序凝固，防止凸台处缩孔、缩松的产生。可以看出，冷铁仅是加快某些部位的冷却速度，以控制铸件的凝固顺序，本身并不起补缩作用。冷铁通常是用铸钢或铸铁等金属材料制成的激冷物。

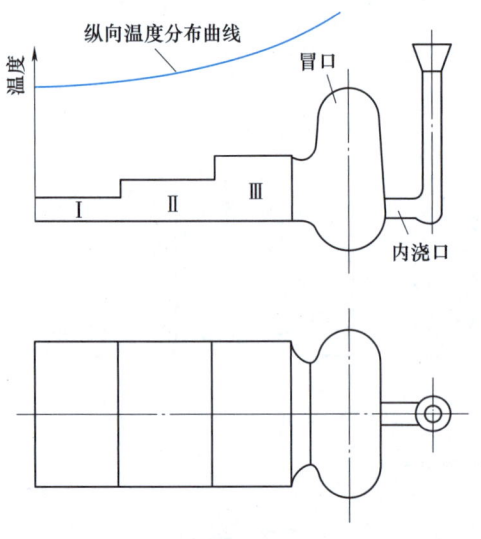

图 4-9　顺序凝固原则示意图

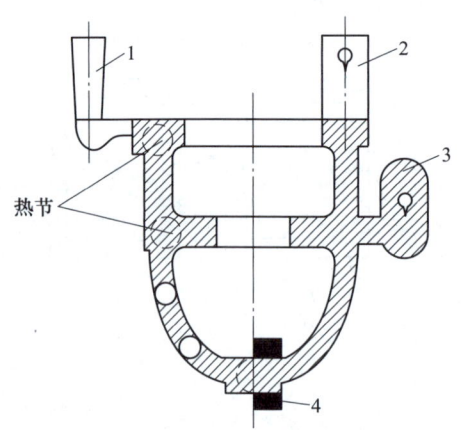

图 4-10　阀体铸件的冒口和冷铁位置
1—浇口　2—明冒口
3—暗冒口（或侧冒口）　4—冷铁

正确判断铸件上缩孔或缩松可能产生的部位，是合理设置冒口和冷铁的重要依据。在实际生产中，常以凝固等温线法或内切圆法近似找出缩孔的部位，如图 4-11 所示。图中等温线未曾通过的铸件中心部位和直径最大的内切圆圆心处，即为容易产生缩孔的热节。借助计算机数值模拟技术可以帮助预测铸件中缩孔或缩松产生的位置，如借助国产 CAE 软件"华铸 CAE"模拟预测铸件中出现缩孔、缩松的位置，如图 4-12 所示。

采用顺序凝固虽然可以有效防止铸件产生缩孔和缩松，但却耗费许多金属和工时，增加铸件成本。同时，顺序凝固加大了铸件各部分的温度梯度，使铸件的变形和裂纹倾向加大。因此，顺序凝固主要用于体收缩率大的合金，如铸钢、高强度灰铸铁和铝硅合金等。

对于结晶温度范围很宽的合金，由于倾向糊状凝固，结晶开始之后，发达的树枝状骨架布满了铸件整个截面，使冒口的补缩通道严重受阻，因而难以避免缩松的产生。显然，选用近共晶成分或结晶温度范围较窄的合金，是防止缩松产生的有效措施。此外，加大铸件的冷却速度，或加大结晶压力，也可起到部分防止缩松的效果。

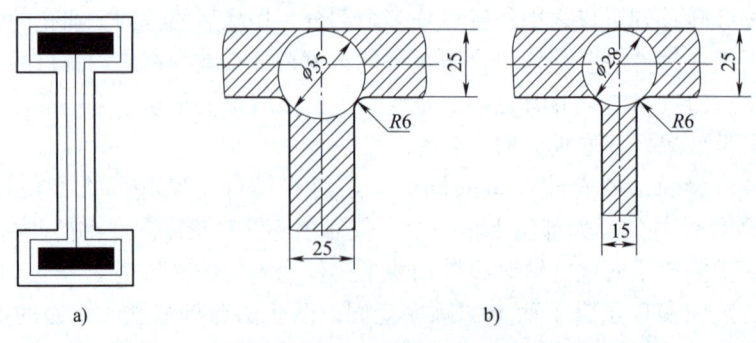

图 4-11　缩孔位置的确定

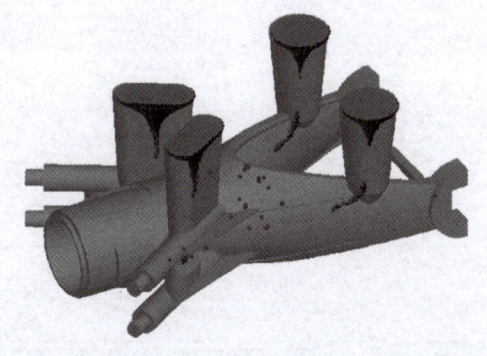

图 4-12　"华铸 CAE"模拟预测缩孔、缩松的位置

授课视频

4.3　铸造内应力、变形与裂纹

授课视频

铸件凝固之后的继续冷却过程中，其固态收缩若受到阻碍，将会在铸件内部产生内应力，称为铸造内应力。铸造内应力有的是在冷却过程中暂存的，有的则一直保留到室温，后者称为残余内应力。铸造内应力是铸件产生变形和裂纹的根本原因。

4.3.1　铸造内应力的形成

铸造内应力按产生原因的不同分为热应力和机械应力（有时也称为收缩应力）两种。

（1）热应力　由于铸件壁厚不均匀，各部分的冷却速度也不相同，以致在同一时期内铸件各部分的收缩不一致而造成铸件内部产生的内应力，称为热应力。

为了分析热应力的形成，首先必须了解金属自高温冷却到室温时应力状态的变化。固态金属在再结晶温度以上时，处于塑性状态，在较小的应力作用下就可发生塑性变形，变形之后应力可自行消除，而在再结晶温度以下时，金属呈弹性状态，在应力作用下发生弹性变形，而变形之后的应力继续存在。

以图 4-13a 所示的框形铸件来分析热应力的形成。该铸件中杆 I 较粗，杆 II 较细。

当铸件处于高温阶段（图 4-13 中 $t_0 \sim t_1$ 间），两杆均处于塑性状态，尽管两杆的冷却速度不同，收缩不一致，但瞬时的应力均可通过塑性变形而自行消除。继续冷却后，冷却速度较快的杆 II 已进入弹性状态，而粗杆 I 仍处于塑性状态（图 4-13 中 $t_1 \sim t_2$ 间）。由于细杆 II 冷却快，收缩大于粗杆 I，所以细杆 II 受拉伸，粗杆 I 受压缩（图 4-13b），形成了暂时内应力，但这个内应力随之因粗杆 I 的微量塑性变形（压短）而消失（图 4-13c）。当进一步冷却到更低温度时（图 4-13 中 $t_2 \sim t_3$ 间），已被塑性压短的粗杆 I 也处于弹性状态，此时尽管两杆长度相同，但所处的温度不同：粗杆 I 的温度较高，还会进行较大的收缩；细杆 II 的温度较低，收缩已趋停止。因此，粗杆 I 的收缩必然受到细杆 II 的强烈阻碍，于是，细杆 II 受压缩，粗杆 I 受拉伸，如图 4-13d 所示。直到室温，形成了残余内应力（图 4-13e）。

由此可见，热应力使铸件的厚壁或心部受拉伸，薄壁或表层受压缩。铸件的壁厚差别越大，合金的线收缩率越高、弹性模量越大，产生的热应力越大。

（2）机械应力（收缩应力）　铸件冷却到弹性状态以后，由于受到铸型、型芯和浇、

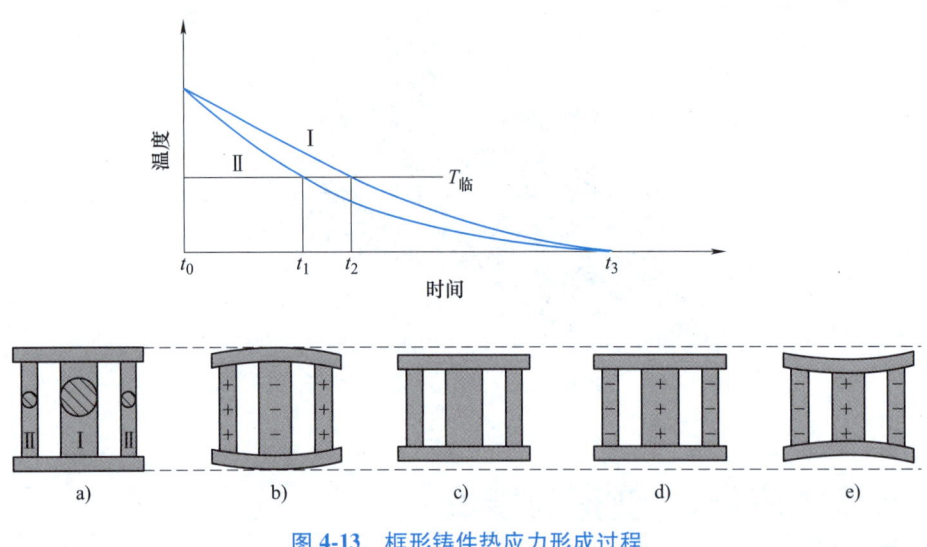

图 4-13 框形铸件热应力形成过程
+—拉应力　-—压应力

冒口等的机械阻碍而产生的应力，称为机械应力。图 4-14 所示法兰及内孔在固态收缩中，受到舂制过紧的砂型凸出部分及型芯的阻碍，产生拉应力。

机械应力是在铸件处于弹性状态时产生的，一旦形成应力的原因消除，如落砂、去除浇、冒口后，应力也随之消失。因此，机械应力是一种临时应力。但机械应力在铸型中可与热应力共同作用，增大了某些部位的应力，如果应力超过铸件的强度极限，铸件将产生裂纹。

（3）减小和消除铸造内应力的方法　铸造内应力对铸件质量危害很大，使铸件的精度和使用寿命大大降低。铸件在存放、加工甚至使用过程中，铸件内的残余应力将重新分布，使铸件发生翘曲变形或裂纹，因此必须尽量减小和消除应力。

减小和消除铸造内应力的方法如下。

1）采用合理的铸造工艺，使铸件的凝固过程符合同时凝固原则。图 4-15 所示为同时凝

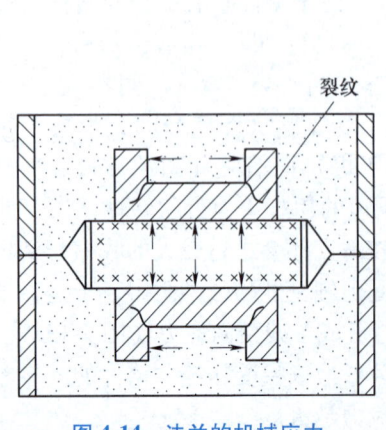

图 4-14 法兰的机械应力

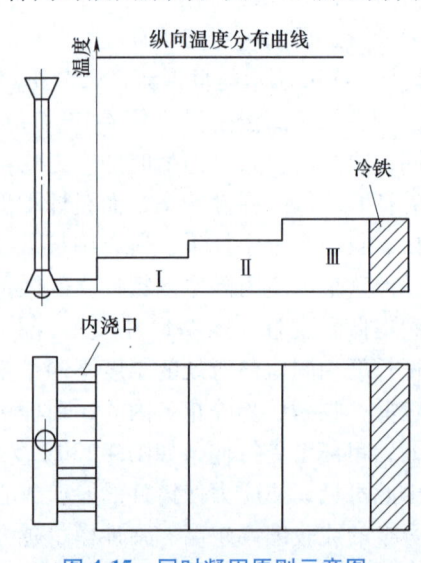

图 4-15 同时凝固原则示意图

固原则示意图。浇口开在铸件薄壁处,厚壁处安放冷铁以加速冷却,使铸件各部分温度尽量相等,从而实现同时凝固。由于各部分温差很小,因而铸件残余内应力也较小,不用冒口,工艺简单,节省金属。但同时凝固往往使铸件中心区域出现缩松,影响铸件致密性。因此,同时凝固原则主要用于收缩较小的普通灰铸铁,也用于结晶范围大,不易实现冒口补缩,对气密性要求不高的锡青铜铸件或各种合金壁厚均匀的薄壁铸件(冷却速度快,冒口补缩效果差),如铸钢件等。

2)造型工艺上,采取相应措施以减小铸造内应力,如改善铸型、型芯的退让性(型芯、砂内加入木屑、焦炭末等附加物,控制舂砂松紧度),合理设置浇、冒口等。

3)铸件结构上,尽量避免牵制收缩的结构,使铸件各部分能自由收缩,如壁厚均匀、壁和壁之间连接均匀、热节小而分散的结构,可减小铸造内应力。

4)去应力退火。将铸件加热到塑性状态,对灰铸铁中、小件为550~660℃,保温3~6h后缓慢冷却,可消除铸造残余内应力。去应力退火通常是在粗加工以后进行,这样可将原有的铸造内应力和粗加工产生的应力一并消除。

4.3.2 铸件的变形

对于厚薄不均匀、截面不对称及具有细长特点的杆类、板类及轮类等铸件,当残余铸造内应力超过铸件材料的屈服极限时,往往产生翘曲变形。如前述框形铸件,粗杆Ⅰ受拉伸,细杆Ⅱ受压缩,但两杆都有恢复自由状态的趋向,即杆Ⅰ总是力图压缩,杆Ⅱ总是力图伸长,如果连接两杆的横梁刚度不够,结果会出现如图4-16所示的翘曲变形。变形使铸造内应力重新分布,残余内应力会减小一些,但不会完全消除。

图4-17所示T形梁铸钢件,当板Ⅰ厚、板Ⅱ薄时,浇注后板Ⅰ受拉、板Ⅱ受压。各自都力图恢复原状的趋势,板Ⅰ力图缩短一些,板Ⅱ力图伸长一些。若铸钢件刚度不够,将发生板Ⅰ内凹、板Ⅱ外凸的变形。反之,当板Ⅰ薄、板Ⅱ厚时,将发生反向翘曲。

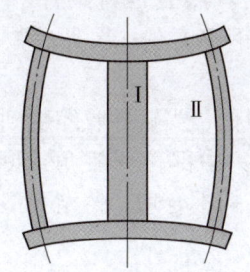

图4-16 框形铸件变形示意图

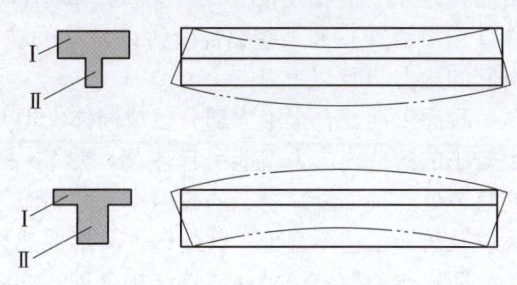

图4-17 T形梁铸钢件变形示意图

对于形状复杂的铸件,也可应用上述分析方法来确定它的变形方向。图4-18所示车床床身的导轨部分厚,侧壁部分薄,铸造后导轨产生拉应力,侧壁产生压应力,往往发生导轨面下凹变形。

有的铸件虽无明显变形,但经切削加工后,破坏了铸造内应力的平衡,又产生变形甚至裂纹。图4-19a所示圆柱体铸件,由于心部冷却比表层慢,结果心部产生拉应力,表层产生压应力。心部总是力图变短,表层总是力图变长。当外表面被加工掉一层后,心部所受拉应力减小,铸件会变短,如图4-19b所示。当在心部钻孔后,表层所受压应力减小,铸件会变

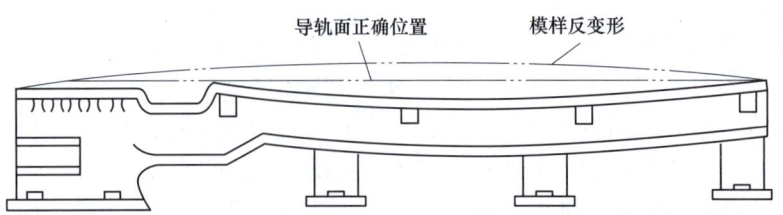

图 4-18　车床床身导轨面的翘曲变形

长,如图 4-19c 所示。若从侧面切去一层,则会产生如图 4-19d 所示的弯曲变形。

铸件产生翘曲变形以后,常因加工余量不够或因铸件放不进夹具无法加工而报废。因此必须防止铸件产生变形。前述防止铸造内应力的方法,也是防止变形的根

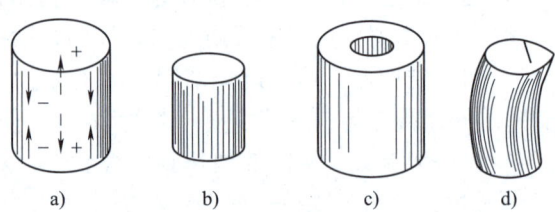

图 4-19　圆柱体铸件变形示意图

本方法。此外,工艺上还可采取某些措施,如反变形法,即在模样上做出与翘曲量相等但方向相反的预变形量来消除床身导轨的变形,如图 4-18 所示;对某些重要的易变形铸件,可采取提早落砂,落砂后立即将铸件放入炉内焖火的办法消除机械应力。

4.3.3　铸件的裂纹

当铸造内应力超过金属的强度极限时,铸件便产生裂纹。裂纹是严重的铸造缺陷,必须设法防止。根据形成的温度不同,裂纹可分为热裂和冷裂两种。

1. 热裂

热裂是在凝固末期高温下形成的裂纹。裂纹表面与空气接触而被氧化,呈氧化色。裂纹沿晶粒边界产生和发展,尺寸较短,缝隙较宽,形状曲折。热裂是铸钢件、可锻铸铁坯件(白口铸铁)和某些铝合金铸件常见的缺陷之一。在铸钢件废品、次品总数中,由热裂引起的约占 20% 以上。

凝固末期,合金绝大部分已成固体,但其强度和塑性很低,当铸件收缩受到机械阻碍产生较小的铸造内应力就能引起热裂。热裂一般分布在应力集中部位(尖角或断面突变处)或热节处。很明显,合金的收缩率大且高温强度低,铸件结构不合理,铸型和型芯机械阻力大以及铸造工艺不合理,都使铸件易形成热裂。

防止热裂的方法是使铸件结构合理,如图 4-20 所示。改善铸型和型芯的退让性,减小

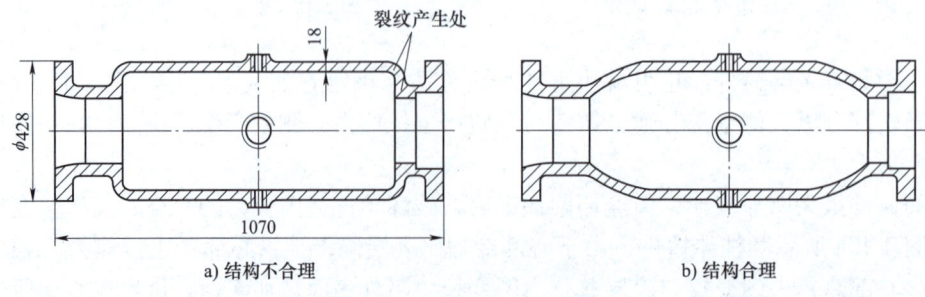

图 4-20　铸件结构对热裂的影响

浇、冒口对铸件收缩的机械阻碍，内浇口设置应符合同时凝固原则。此外，还应严格限制钢和铸铁中的含硫量等（因为硫能增加钢和铸铁的热脆性，使合金的高温强度降低）。

2. 冷裂

冷裂是铸件处于弹性状态即在低温时形成的裂纹。冷裂特征与热裂不同，冷裂表面光滑，具有金属光泽或呈微氧化色，冷裂穿过晶粒而产生，外形规则，常呈圆滑曲线或直线状。脆性大、塑性差的合金，如白口铸铁、高碳钢及某些合金钢最易产生冷裂，大型复杂铸件也易形成冷裂。冷裂往往出现在铸件受拉应力部位，特别是有应力集中的地方。

防止冷裂的方法是尽量减小铸造内应力和降低合金的脆性，如铸件壁厚要均匀，增加型砂和芯砂的退让性，降低钢和铸铁中的含磷量（因为磷能显著降低合金的冲击韧性，使钢产生冷脆）。

图 4-21 所示为带轮和飞轮铸件的冷裂现象。带轮的轮缘、轮辐比轮毂薄，因此冷却速度较快，比轮毂先收缩。当铸件冷至弹性状态后，轮毂的

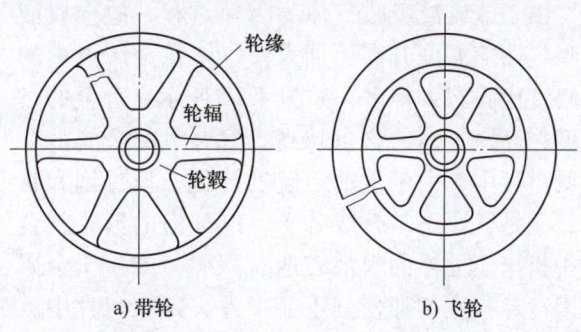

图 4-21 带轮和飞轮铸件的冷裂现象

收缩却受到先冷却的轮缘的阻碍，使轮辐中产生拉应力，拉应力过大时轮辐发生断裂。飞轮的轮缘较厚，轮辐和轮毂较薄，往往在轮缘中产生拉应力引起冷裂。

4.4 铸件的气孔与偏析

4.4.1 铸件的气孔

气孔是铸件中最常见的缺陷，据统计，因气孔所造成的废品常占废品总数的 1/3 左右。气孔是由于金属液中的气体未能排出，在铸件中形成气泡所致。气孔破坏了金属的连续性，减少了承载的有效面积，并在气孔附近引起了应力集中，因而降低了铸件的力学性能，特别是冲击韧性和疲劳强度显著降低。弥散性气孔还可促使显微缩松的形成，降低了铸件的气密性。

按照气体的来源，气孔可分为侵入气孔、析出气孔和反应气孔三类。

1. 侵入气孔

侵入气孔是由于砂型表面层聚集的气体侵入金属液中而形成的气孔。侵入气孔的特征是：多位于上表面附近，尺寸较大，呈椭圆形或梨形，孔的内表面被氧化。

侵入铸件中的气体主要来自造型材料中的水分、黏结剂和各种附加物。水不仅发气量大，且发气的临界温度最低，是湿型铸造中气体的主要来源。

若铸型的排气不良，聚积的气压就会越来越高，当气压超过了金属液的静压力时，部分气体就会侵入到金属液中，留在铸件内部，形成气孔。预防侵入气孔的基本途径是降低型

砂（芯砂）的发气量和增加铸型的排气能力。

2. 析出气孔

溶解于金属液中的气体在冷凝过程中，因气体溶解度下降而析出，铸件因此而形成的气孔称为析出气孔。

金属之所以吸收气体是由于金属在熔化和浇注过程中很难与空气隔离，一些双原子气体（如 H_2、N_2、O_2 等）可从炉料、炉气等进入金属液之中。其中，因为氢不与金属形成化合物，且原子直径最小，故较易溶解于金属。

由于金属液吸收气体为吸热过程，故金属液的吸气性随温度升高而加大，气体在金属液中的溶解度比固态大得多，如图 4-22 所示。合金的过热度越高，气体的含量越高。溶有氢的金属液在冷凝过程中，由于氢的溶解度降低，呈过饱和状态，于是氢原子结合成分子，以气泡的形式从合金中析出。上浮的气泡若遇有阻碍，或由于金属液因冷却黏度增加使其不能上浮，则在铸件中就产生了气孔。

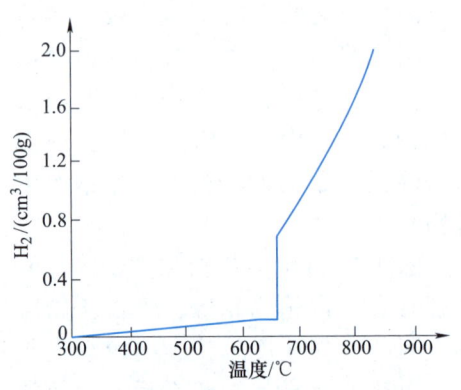

图 4-22 氢在纯铝中的溶解度

析出气孔的特征是：分布面积较广，有时遍及整个铸件截面，而气孔的尺寸甚小。析出气孔在铝合金中最为常见，因其直径多小于 1mm，故常称为针孔。它不仅影响合金的力学性能，也严重影响铸件的气密性。

防止上述气孔的主要方法是在浇注前对金属液进行除气处理，以减少金属液中的气体含量。同时，对炉料要去除油污和水分，浇注用具要烘干，铸型水分不能过高等。

3. 反应气孔

浇入铸型中的金属液与铸型材料、型芯撑、冷铁或熔渣之间，因化学反应产生气体而形成的气孔，统称为反应气孔。

反应气孔的种类甚多，形状各异，如金属液与砂型界面因化学反应生成的气孔，多分布在铸件表层下 1~2mm 处，呈皮下气孔。

冷铁、型芯撑若有锈蚀，与灼热的钢、铁液接触时将发生如下化学反应，即

$$Fe_3O_4 + 4C \longrightarrow 3Fe + 4CO\uparrow$$

产生的 CO 气体常在冷铁、型芯撑附近（图 4-23）形成气孔。因此，冷铁、型芯撑表面不得有锈蚀、油污，并应保持干燥。

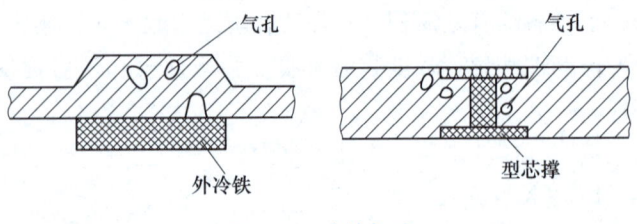

图 4-23 冷铁气孔

4.4.2 铸件的偏析

在铸件凝固后，其截面上的不同部位，以至晶粒内部，产生化学成分的不均匀现象，称

为铸造偏析。

铸造偏析可分为微观偏析和宏观偏析两大类。

1. 微观偏析

微小范围内化学成分不均匀的现象称为微观偏析，如枝晶偏析（晶内偏析）、晶界偏析等。

在实际铸造条件下，由于冷却速度较快，溶质来不及充分扩散，因此，凝固后所得到的固溶体常按树状枝晶的形式长大，先结晶的枝干部分与后结晶的分枝部分，其化学成分就有差别，称为枝晶偏析。晶界富集较多的溶质成分或其他低熔点和高熔点物质则称为晶界偏析。

微观偏析会使晶粒范围内的物理、化学性能产生差异，影响铸件的力学性能，如铸造高速钢和工具钢中出现的碳化物偏析，会显著地降低工具的使用寿命。化学成分不均匀，还会导致合金的耐蚀性下降。

2. 宏观偏析

在较大范围内化学成分不均匀的现象称为宏观偏析，又称为区域偏析，如正偏析、反偏析和比重偏析等。

宏观偏析会使铸件的力学性能、气密性和切削加工性能变坏。

在合金凝固时，具有一个凝固温度范围，是形成宏观偏析的先决条件。宏观偏析是区域性的偏析，在实际的温度和时间范围内，不可能使偏析元素远距离扩散。由于偏析元素集中，又受到晶界的阻碍，即使采用扩散退火也无法消除。因此，只有采取预防性措施来防止铸件产生宏观偏析。

复习思考题

4.1 什么是液态合金的充型能力？它与合金的流动性有何关系？不同化学成分的合金为何流动性不同？

4.2 怎么理解铸造生产过程中常采用"高温出炉，低温浇注"来保证铸件质量？

4.3 铸件有哪些凝固方式？影响凝固方式的因素是什么？

4.4 什么是合金的收缩？合金的收缩分为哪几个阶段？影响的因素有哪些？

4.5 什么是缩孔和缩松？它们是如何形成的？对铸件质量有何影响？怎样防止或减小它们的危害？

4.6 铸造内应力、变形与裂纹是怎样形成的？如何防止它们的危害？

4.7 什么是顺序凝固原则？什么是同时凝固原则？它们各需采用什么措施来实现？这两种凝固原则各适用于哪种场合？

4.8 试从铸件结构、型砂、铸造工艺等方面考虑，如何防止铸件产生内应力和裂纹？

4.9 什么是铸造偏析？它是怎样产生的？

4.10 铸件的气孔有哪几种？析出气孔的产生原因是什么？

第 5 章　常用合金铸件的生产

教学提示：在铸造生产中，所使用的合金种类很多，它们的特性和生产方法也不尽相同。本章的主要内容包括铸铁件的生产、铸钢件的生产、铸造有色合金件的生产。由于铸铁件应用广泛，约占铸件总产量的 70%~75%，所以本章重点介绍各种铸铁的化学成分、组织、性能、使用范围和铸造工艺特点。对于铸钢、铜、铝合金的铸造特点仅做简单的介绍。

教学要求：掌握各种铸铁的生产方法、组织、性能、使用范围和铸造工艺特点。

5.1　铸铁件的生产

授课视频

铸铁是碳的质量分数大于 2.11%的铁碳合金。工业上常用的铸铁一般碳的质量分数在 2.4%~4.0%的范围内，此外，还含有 Si（质量分数为 0.6%~3.0%）、Mn（质量分数为 0.4%~1.2%）、P（质量分数≤0.3%）、S（质量分数≤0.15%）等元素。铸铁件大量用于制造机器设备，其产量约占全部铸件总产量的 75%左右。

根据碳在铸铁中所存在的形式不同，铸铁可分为以下几类。

1）白口铸铁。在白口铸铁中的碳除极少量溶入铁素体中外，其余的都以化合碳——Fe_3C 存在，因其断口呈银白色，故称为白口铸铁。

由于白口铸铁中存在大量硬而脆的 Fe_3C，故白口铸铁非常硬和脆，不能切削加工。因此，工业上很少直接用它来制造机械零件，而主要用作炼钢的原料，或用于制造可锻铸铁的毛坯。

2）麻口铸铁。在麻口铸铁中的碳一部分以 Fe_3C 形式存在，另一部分以石墨形式存在，断口为灰白色相间。它的性能介于白口铸铁和灰铸铁之间，既难加工，又无特殊优点，故一般很少应用。

3）灰铸铁。在灰铸铁中的碳主要以石墨形态出现，其断口呈暗灰色，经过不同的处理，石墨还可以呈团絮状、球状、蠕虫状，使铸铁获得不同的性能。因此，常用的灰铸铁又可分为灰铸铁、可锻铸铁、球墨铸铁、蠕墨铸铁等。

5.1.1　灰铸铁

灰铸铁是指具有片状石墨的铸铁，是应用最广的铸铁，其产量占铸铁总产量的 80%以上。

1. 灰铸铁的性能

灰铸铁的显微组织由金属基体（铁素体和珠光体）和片状石墨所组成，相当于在纯铁或钢的基体上嵌入了大量石墨片。石墨的强度、硬度、塑性极低，因此可将灰铸铁视为布满细小裂纹的纯铁或钢。由于石墨的存在，减少了承载的有效面积，石墨的尖角处还会引起应力集中，因此，灰铸铁的抗拉强度低，塑性、韧性差，通常抗拉强度仅为120~250MPa，断后伸长率、冲击韧性接近于零。显然，石墨越多、越粗大、分布越不均匀，其力学性能越差。

由于灰铸铁属于脆性材料，故不能锻造和冲压。灰铸铁的焊接性能很差，如焊接区容易出现白口组织，裂纹的倾向较大。

必须看到，由于石墨的存在还赋予灰铸铁如下优越性能。

(1) 优良的减振性 减振性是指材料在交变载荷作用下本身吸收（衰减）振动的能力。石墨片割裂了金属基体，可阻止振动传播，并能把它转化为热能而消失。石墨对基体破坏越严重，它的减振性越好，所以灰铸铁的减振性优于球墨铸铁，更优于碳钢。灰铸铁常用来制造机床床身、机座等零件，以减小机床运动过程中的振动，保证零件的加工精度。

(2) 耐磨性好 石墨本身是一种良好的润滑剂，而石墨剥落后又可使金属基体形成存储润滑油的凹坑，故灰铸铁的耐磨性优于钢，适合制造机床导轨、发动机衬套、活塞环等。

(3) 缺口敏感性小 材料在有缺口时强度明显低于无缺口时的强度，这种现象称为缺口敏感性。由于石墨的存在已使金属基体形成了大量缺口，因此，外来缺口（如内部缺陷、断面突变、加工表面粗糙度、偶然碰伤等）对灰铸铁的疲劳强度影响较小，从而增加了零件工作的可靠性。

(4) 铸造性优良，切削加工性好 灰铸铁的含碳量接近共晶成分，流动性好，而且铸铁在凝固过程中要析出比体积较大的片状石墨，石墨的析出所产生的体积膨胀抵消了部分铁的收缩，使铸铁的收缩率减小，故铸造性优良。此外，由于石墨的润滑及割裂作用，使灰铸铁很易切削加工，切屑易断，不需使用切削液，刀具磨损少。

2. 影响铸铁组织和性能的因素

灰铸铁根据其金属基体显微组织的不同，可分为珠光体灰铸铁、珠光体-铁素体灰铸铁和铁素体灰铸铁三种，如图5-1所示。珠光体灰铸铁是在珠光体的基体上分布着均匀、细小的石墨片，其强度、硬度相对较高，常用于制造床身、机体等重要铸件。珠光体-铁素体灰铸铁是在珠光体和铁素体混合的基体上，分布着较为粗大的石墨片，此种铸铁的强度、硬度尽管比前者低，但仍可满足一般零件的要求，其铸造性、减振性都比较好，且便于熔炼，是应用最广的灰铸铁。铁素体灰铸铁是在铁素体的基体上分布着多而粗大的石墨片，其强度、硬度差，故很少应用。

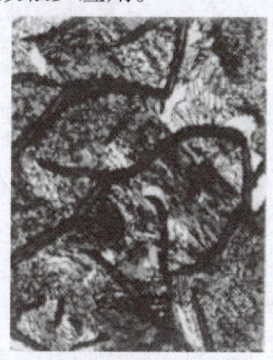
a) 珠光体灰铸铁

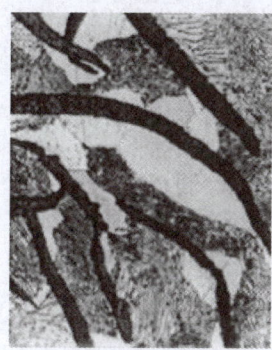
b) 珠光体-铁素体灰铸铁

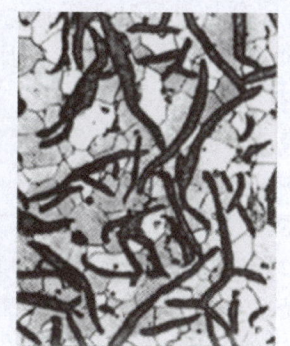
c) 铁素体灰铸铁

图 5-1 灰铸铁的显微组织

灰铸铁显微组织的不同，实质上是碳在灰铸铁中存在形式的不同。灰铸铁中的碳由化合碳（Fe_3C）和石墨碳所组成。化合碳为0.8%（质量分数）时，属珠光体灰铸铁；化合碳小于0.8%（质量分数）时，属于珠光体-铁素体灰铸铁；碳都以石墨存在时，则是铁素体灰铸铁。因此，要控制铸铁的组织和性能，必须控制其石墨化程度。影响铸铁石墨化的主要因素是化学成分和冷却速度。

（1）化学成分　铸铁中的碳、硅、锰、硫、磷对石墨化有着不同的影响，其中最主要的是碳和硅。

1）碳和硅。碳既是形成石墨的元素，又是促进石墨化的元素。含碳量越高，析出的石墨数量越多、越粗大，而基体中铁素体增加、珠光体减少；反之，含碳量降低，石墨减少，且细化。硅是强烈促进石墨化的元素，随着含硅量的增加，石墨显著增多。实践证明，铸铁若含硅量过少，即使含碳量高，石墨也很难形成。图5-2所示为铸铁组织图，图中共分五个区。

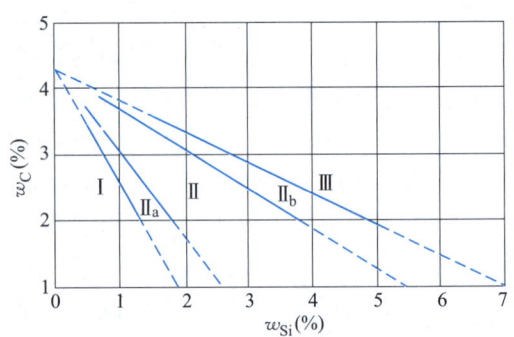

图5-2　铸铁组织图

Ⅰ——白口铸铁区，其组织是由莱氏体、二次渗碳体和珠光体组成。

Ⅱ$_a$——麻口铸铁区，其组织是由莱氏体、二次渗碳体、珠光体和石墨组成。

Ⅱ——珠光体灰铸铁区，其组织是由珠光体和石墨组成。

Ⅱ$_b$——珠光体-铁素体灰铸铁区，其组织由珠光体、铁素体和石墨组成。

Ⅲ——铁素体灰铸铁区，其组织由铁素体和石墨组成。

碳和硅中，硅的影响更大，当含硅量很低（质量分数<0.5%）时，即使含碳量很高，也不能进行石墨化；含硅量过高，又会使石墨片过多，尺寸过于粗大。一般灰铸铁的碳、硅含量要控制在一定范围内，含碳的质量分数为2.6%~3.6%，含硅的质量分数为1.1%~2.5%。

2）锰。锰是微弱阻止石墨化的元素，可促进珠光体基体形成，提高铸铁强度和硬度。锰还能与硫作用生成硫化锰（MnS），从而消除硫（阻止石墨化的元素）的有害作用，实际上又起促进石墨化的作用。所以，锰是有益元素，铸铁中应保持一定的含锰量，通常其质量分数为0.4%~1.2%。

3）硫。硫是强烈阻止石墨化的元素，促进白口化并使铸铁产生热脆性，增加热裂倾向，恶化铸造性能和力学性能。因此，硫是有害元素，含硫量越低越好，一般限制质量分数在0.1%~0.15%及以下。

4）磷。磷是促进石墨化的元素，但磷的质量分数超过0.3%时，在晶粒边界将出现硬而脆的磷共晶，使铸铁强度下降，形成冷脆性。因而，对一般铸铁来说，磷属于有害元素，应限制其质量分数在0.2%以下。

（2）冷却速度　减小冷却速度可以促进石墨化，增大冷却速度则阻止石墨化。与冷却速度有关的工艺因素主要是铸件壁厚。当其他条件（如化学成分、铸型材料和浇注温度等）一定时，铸件越厚，冷却速度越慢，则石墨化倾向越大，易得到粗大石墨片和铁素体基体；反之，铸件越薄，冷却速度越快，则石墨化倾向越小，易得到细小石墨片和珠光体基体。当铸件壁厚小到一定程度时，因冷却速度过快，石墨化不能进行，将产生白口组织。由此可见,随着壁厚的增加,石墨片数量和尺寸都增加,铸铁强度、硬度反而下降。这一现象称为壁厚(对力学性能的)敏感性。日常生产中经常会遇到这种情况:用同一包铁液浇注不同铸型时,金属型铸件和薄壁铸件往往出现不希望的白口组织,而砂型铸件和厚壁铸件则容易得到符合要求的灰口组织。

铸件壁厚和化学成分对铸件组织的影响如图5-3所示。由图中可以看出,在化学成分一定时,随着壁厚增加,石墨化程度增加,铸件组织依次为白口铸铁、麻口铸铁、珠光体灰铸铁、珠光体-铁素体灰铸铁和铁素体灰铸铁。

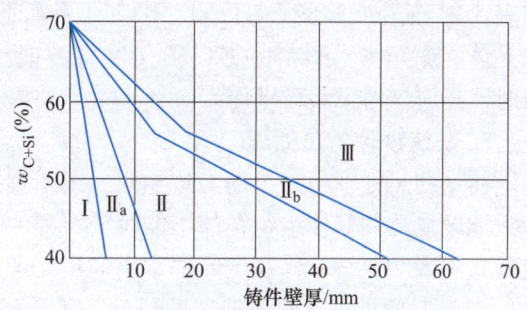

图5-3 铸件壁厚和化学成分对铸件组织的影响

3. 灰铸铁的孕育处理

普通灰铸铁是将冲天炉熔炼出炉的铁液,不经过任何处理直接浇入铸型形成的,其主要缺点是粗大的石墨片严重地割裂金属基体,致使铸铁强度低。若能采用一些工艺措施将灰铸铁的抗拉强度提高到250MPa以上或更高,这对灰铸铁的扩大应用具有重要的意义。实践证明,提高灰铸铁抗拉强度的有效途径是对出炉铁液进行孕育处理再进行浇注,所获得的灰铸铁强度可达250~350MPa,这种高强度灰铸铁也称为孕育铸铁。

孕育铸铁与普通灰铸铁相比,耐磨性好,组织和性能均匀,壁厚敏感性小,同一截面上力学性能的均一性较好,这一性能对于厚壁铸件是十分重要的。由于孕育铸铁的碳、硅含量较低,因此,铸造性能比普通灰铸铁差,铸造工艺较复杂(浇注温度较高,线收缩较大,需设冒口等)。孕育铸铁适用于动载荷较小,静载荷较大,要求耐磨性和减振性好的重要铸件,特别是厚大铸件,如机床床身,发动机气缸体等。必须指出,孕育铸铁因石墨仍为片状,其塑性、韧性仍然很低,故仍然属于灰铸铁。

孕育铸铁的制造工艺如下。

(1)控制铁液化学成分 必须先熔炼出碳的质量分数为2.8%~3.2%、硅的质量分数为1%~2%的低碳、低硅铁液。若原铁液中碳、硅含量高,孕育处理后的强度反而降低。同时,出炉铁液温度应不低于1420~1440℃,以弥补孕育处理操作所引起的铁液温度下降。

(2)孕育处理 孕育处理是向铁液中加入孕育剂。常用的孕育剂为硅的质量分数为75%的硅铁合金,块度为3~10mm(浇包越大,块度越大),加入量为铁液质量的0.2%~0.5%(厚件取下限,薄件取上限)。常用的加入方法是将孕育剂加入出铁槽中,待冲入铁液后进行搅拌。此方法缺点是孕育剂加入量大,会出现孕育衰退现象——随时间延续孕育效果消失,铸铁白口倾向重新加大,强度反而下降。因此,近年来出现许多瞬时孕育方法,如用硅铁棒插入铁液流中,将硅铁块插入铸型内(型内孕育)等。

孕育处理的强化原理,一般认为,孕育剂在铁液中形成大量弥散的石墨结晶的核心,使石墨化作用显著提高,从而得到在细珠光体上均匀分布着细片状石墨的组织,因此强度、硬度显著提高。

4. 灰铸铁的牌号

由于灰铸铁的性能不仅与化学成分有关,还与铸件的壁厚(即冷却速度有关)。因此,灰铸铁的牌号以力学性能来表示。依照国家标准，灰铸铁的牌号用"HT"加三位数字表示，其中"HT"代表灰铸铁，由"灰铁"两个汉语拼音的第一个字母组成，后面的三位数字表示其最低抗拉强度值（MPa）。例如，HT150 表示 ϕ30mm 单铸试棒的最低抗拉强度值为 150MPa。GB/T 9439—2010 规定了八个灰铸铁牌号及不同壁厚灰铸铁件的力学性能参考值，见表 5-1。其中 HT100、HT150、HT200 为普通灰铸铁，其基体组织依次为铁素体、铁素体-珠光体、珠光体。HT250~HT350 为孕育铸铁。由表 5-1 可见，按铸铁力学性能选择铸铁牌号时，还应该考虑铸件壁厚。

5. 灰铸铁件的热处理

铸铁的热处理原理与钢大致相同。用于钢的各种热处理，原则上也可用于铸铁。但热处理只能改变铸铁基体组织，却不能改变石墨的形状。因而通过热处理来提高灰铸铁的力学性能效果不大。灰铸铁件在生产中常用的热处理工艺有以下几种。

（1）时效处理　时效处理的目的是消除铸件内应力，防止加工后产生变形。时效处理又分为自然时效与人工时效两类。

自然时效是将铸件在机械加工前放置在室外一段时间，使铸件自行消失一部分内应力。此法的缺点是时间长，效果差，目前应用较少。

人工时效是将冷却后的铸件放在 100~200℃ 的炉中，随炉升温至 500~600℃，经较长时间保温后，缓慢冷却下来，这样可消除 90% 以上的内应力。

（2）软化退火　它是将铸件加热至 850~900℃，保温 2~5h，使铸铁中白口组织的渗碳体分解为石墨，然后随炉冷却至 850~500℃，再置于空气中冷却。

（3）表面淬火　为了提高某些铸件的表面硬度和耐磨性，如机床导轨的表面和气缸套内壁等，可采用表面淬火法。最常用的表面淬火有高（中）频表面淬火及接触电热表面淬火。

表 5-1　灰铸铁的牌号、力学性能及用途举例

牌号	铸件壁厚 /mm	抗拉强度 R_m（强制性值）（最低）/MPa	铸件本体预期抗拉强度 R_m（最低）/MPa	用途举例
HT100	5~40	100	—	承受低载荷、不重要件或薄壁件，如盖、外罩、油底壳、手轮、支架、底板等
HT150	5~10 10~20 20~40 40~80	150	155 130 110 95	承受中等载荷的铸件，如机床支架、底座、床身、工作台、泵壳、阀体、法兰等
HT200	5~10 10~20 20~40 40~80	200	205 180 155 130	承受中等载荷的铸件，如气缸、齿轮、底架、飞轮、齿条、普通机床床身等
HT225	5~10 10~20 20~40 40~80	225	230 200 170 150	

（续）

牌号	铸件壁厚 /mm	抗拉强度 R_m（强制性值）（最低）/MPa	铸件本体预期抗拉强度 R_m（最低）/MPa	用途举例
HT250	5~10 10~20 20~40 40~80	250	250 225 195 170	承受载荷较大、要求较高的重要铸件，如气缸、机体、床身、齿轮、凸轮、油缸、衬套、联轴器、飞轮
HT275	10~20 20~40 40~80	275	250 220 190	
HT300	10~20 20~40 40~80	300	270 240 210	承受高载荷、耐磨和高气密性的重要铸件，如床身导轨、压力机床身、机床、主轴箱、卡盘、齿轮、高压油缸、凸轮、发动机曲轴、锻模、冲模
HT350	10~20 20~40 40~80	350	315 280 250	

注：铸件壁厚>80mm的数据本表从略。

5.1.2 可锻铸铁

可锻铸铁又称为玛钢或马铁，它是将白口铸铁坯件经长时间高温退火而得到的一种较高塑性和韧性的铸铁。由于石墨呈团絮状，大大减轻了对金属基体的割裂作用，因此它比灰铸铁有更好的韧性、塑性及强度。为表明其韧性、塑性特征，故称为可锻铸铁，但"可锻"并非是指可以锻造。在球墨铸铁出现以前，可锻铸铁曾是力学性能最高的铸铁。

1. 可锻铸铁的组织和性能

按退火工艺不同，可锻铸铁分为黑心可锻铸铁、珠光体可锻铸铁和白心可锻铸铁三种。

黑心可锻铸铁退火过程中渗碳体全部分解为团絮状石墨，基体为铁素体，如图5-4a所示，其主要特点是强度较高，塑性较好，如抗拉强度 R_m 为300~370MPa，断后伸长率 A 为6%~12%，多用于制造承受冲击、振动和扭转等复杂载荷的零件。

珠光体可锻铸铁退火时冷却速度较快，共析渗碳体未石墨化，组织为珠光体基体上分布着团絮状石墨，如图5-4b所示。与黑心可锻铸铁相比，珠光体可锻铸铁强度、硬度更高，有一定的塑性，如抗拉强度 R_m 为450~700MPa，断后伸长率 A 为2%~6%，可用于高强度和耐磨零件。

白心可锻铸铁是由白口坯件在氧化气氛中经脱碳退火而得，大部分碳被氧化脱除，组织与钢相近，表层为铁素体，心部为铁素体+少量团絮状石墨。

我国目前以生产黑心可锻铸铁为主，也生产少量珠光体可锻铸铁，白心可锻铸铁很少用。表5-2中列出了常用可锻铸铁的牌号、力学性能及用途举例。

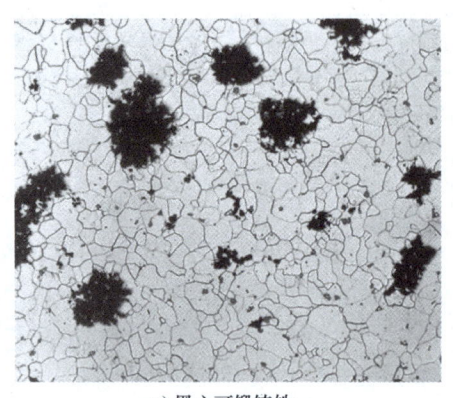 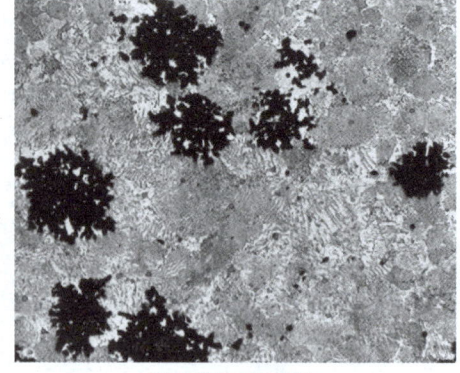

a) 黑心可锻铸铁　　　　　　　　b) 珠光体可锻铸铁

图 5-4　可锻铸铁的显微组织

表 5-2　常用可锻铸铁的牌号、力学性能及用途举例

牌号	抗拉强度 R_m（最低）/MPa	屈服强度 $R_{p0.2}$（最低）/MPa	断后伸长率 A（最小）(%)	硬度 HBW	用途举例
KTH300-06	300	—	6	≤150	水暖管件（如三通、弯头、阀门等），机床扳手，汽车、拖拉机后桥壳、转向机构壳体，农机铸件，输电线路的金属用具等
KTH330-08	330	—	8		
KTH350-10	350	200	10		
KTH370-12	370	—	12		
KTZ450-06	450	270	6	150~200	曲轴、凸轮轴、连杆、齿轮、摇臂、活塞环、轴套、犁片、耙片、万向接头、棘轮、扳手、传动链条、矿车轮等
KTZ550-04	550	340	4	180~230	
KTZ650-02	650	430	2	210~260	
KTZ700-02	700	530	2	240~290	

注：KTH 代表黑心可锻铸铁，KTZ 代表珠光体可锻铸铁，符号后的第一组三位数字表示最低抗拉强度，第二组数字表示最小断后伸长率。

2. 可锻铸铁件的制造

（1）铸出白口铸铁坯件　若坯件在退火前已存在片状石墨，则退火后仍为片状石墨，达不到获得团絮状石墨的要求，导致废品的产生。因此，必须采用低碳、低硅的铁液，以保证获得白口组织。可锻铸铁化学成分为：C 的质量分数为 2.4%~2.8%，Si 的质量分数小于 1.4%，Mn 的质量分数为 0.5%~0.7%，S 和 P 的含量很少。

（2）石墨化退火　可锻铸铁需经两个阶段的石墨化退火。

1）将白口铸铁加热到 950℃ 以上，保温 30h 左右，组织为奥氏体加石墨团。

2）降温至 710~730℃，保温 20h 左右，共析渗碳体全部石墨化。随炉冷至 500~600℃，空冷，整个退火周期为 40~70h。珠光体可锻铸铁只有第一阶段石墨化，即高温保温后随炉冷至 820~880℃，出炉空冷，退火周期大为缩短。

可以看出，可锻铸铁的生产过程复杂，退火周期长，能源消耗大，铸件的成本较高。

5.1.3 球墨铸铁

球墨铸铁是 20 世纪 40 年代末期研制发展起来的一种新型的铸铁材料。它是向出炉的铁液中加入一定量的球化剂（如纯镁或镍镁、稀土镁等合金）和孕育剂（如硅铁或硅钙合金），以促进碳呈球状石墨结晶，而获得的一种具有较高强度及较好塑性的铸铁。

1. 球墨铸铁的组织和性能

球墨铸铁由于石墨呈球状（图 5-5），使石墨对金属基体的缩减和割裂作用减至最低限度，基体强度的利用率可达 70%~90%，而灰铸铁仅为 30%~50%，故球墨铸铁具有比片状灰铸铁高得多的力学性能，抗拉强度可以和钢媲美，塑性和韧性大大提高。例如：抗拉强度一般为 400~600MPa，最高可达 900MPa；断后伸长率一般为 2%~10%，最高可达 18%。同时，它仍保持灰铸铁的优良性能，如良好的耐磨性和减振性，缺口敏感性小，铸造性能和切削加工性能良好等。

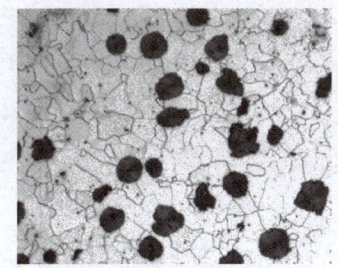
a) 铁素体球墨铸铁

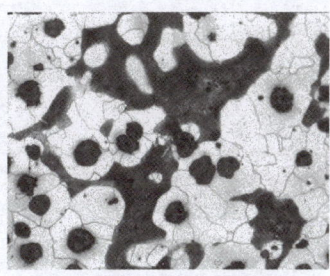
b) 铁素体+珠光体球墨铸铁

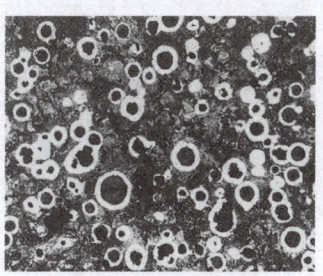
c) 珠光体球墨铸铁

图 5-5 球墨铸铁的显微组织

球墨铸铁目前已成功取代部分可锻铸铁件，也取代了部分载荷较重但受冲击不大的铸钢件。球墨铸铁的牌号中 QT 表示"球铁"，后面两组数字的含义与可锻铸铁相同。

球墨铸铁分为铁素体珠光体球墨铸铁（14 个牌号）和固溶强化铁素体球墨铸铁（3 个牌号）两类。表 5-3 列出了铁素体珠光体球墨铸铁的牌号、力学性能及用途举例。

表 5-3 铁素体珠光体球墨铸铁的牌号、力学性能及用途举例

材料牌号	铸件壁厚 t /mm	屈服强度 $R_{p0.2}$（最小）/MPa	抗拉强度 R_m（最小）/MPa	断后伸长率 A（最低）(%)	用途举例
QT350-22L	$t \leq 30$	220	350	22	良好的低温抗冲击韧性，可用于重要机车结构件及风电铸件等
	$30 < t \leq 60$	210	330	18	
	$60 < t \leq 200$	200	320	15	
QT350-22R	$t \leq 30$	220	350	22	
	$30 < t \leq 60$	220	330	18	
	$60 < t \leq 200$	200	320	15	
QT350-22	$t \leq 30$	220	350	22	
	$30 < t \leq 60$	220	330	18	
	$60 < t \leq 200$	210	320	15	

(续)

材料牌号	铸件壁厚 t /mm	屈服强度 $R_{p0.2}$ (最小)/MPa	抗拉强度 R_m (最小)/MPa	断后伸长率 A (最低)(%)	用途举例
QT400-18L	$t \leq 30$	240	400	18	承受冲击、振动的零件，如汽车、拖拉机的轮毂、驱动桥壳体、离合器壳、差速器壳、拨叉等，犁柱、犁托、牵引架等以及阀体、阀盖、输水管道等
	$30 < t \leq 60$	230	380	15	
	$60 < t \leq 200$	220	360	12	
QT400-18R	$t \leq 30$	250	400	18	
	$30 < t \leq 60$	250	390	15	
	$60 < t \leq 200$	240	370	12	
QT400-18	$t \leq 30$	250	400	18	
	$30 < t \leq 60$	250	390	15	
	$60 < t \leq 200$	240	370	12	
QT400-15	$t \leq 30$	250	400	15	
	$30 < t \leq 60$	250	390	14	
	$60 < t \leq 200$	240	370	11	
QT450-10	$t \leq 30$	310	450	10	
	$30 < t \leq 60$	供需双方商定			
	$60 < t \leq 200$				
QT500-7	$t \leq 30$	320	500	7	
	$30 < t \leq 60$	300	450	7	
	$60 < t \leq 200$	290	420	5	
QT550-5	$t \leq 30$	350	550	5	
	$30 < t \leq 60$	330	520	4	
	$60 < t \leq 200$	320	500	3	
QT600-3	$t \leq 30$	370	600	3	载荷大、受力复杂的零件，如汽车、拖拉机曲轴，连杆，凸轮轴，机床蜗轮、蜗杆，轧钢机轧辊、大齿轮等
	$30 < t \leq 60$	360	600	2	
	$60 < t \leq 200$	340	550	1	
QT700-2	$t \leq 30$	420	700	2	
	$30 < t \leq 60$	400	700	2	
	$60 < t \leq 200$	380	650	1	
QT800-2	$t \leq 30$	480	800	2	
	$30 < t \leq 60$	供需双方商定			
	$60 < t \leq 200$				
QT900-2	$t \leq 30$	600	900	2	高强度齿轮，如汽车后桥弧齿锥齿轮、大减速齿轮等
	$30 < t \leq 60$	供需双方商定			
	$60 < t \leq 200$				

注：字母"L"表示低温；字母"R"表示室温。

2. 球墨铸铁的生产特点

球墨铸铁在一般铸造车间均可生产，但在熔炼技术、处理工艺上比灰铸铁要求更高。

（1）严格控制化学成分　球墨铸铁化学成分的要求比灰铸铁严格，碳、硅含量比灰铸铁高，锰、磷、硫含量比灰铸铁低。石墨呈球状后，石墨数量对力学性能的影响已不明显，因此，确定碳、硅含量主要考虑铸造性能。为此，碳当量应选在共晶点附近，而球墨铸铁共晶点由于球化元素的影响已移至4.6%~4.7%左右，故需增加碳、硅含量。一般碳的质量分数为3.6%~4.0%，珠光体球墨铸铁中硅的质量分数为2.0%~2.5%，而铁素体球墨铸铁中硅的质量分数为2.6%~3.1%。

为提高力学性能，特别是冲击韧性，应降低锰、磷和硫的含量。锰提高铸铁强度，但降低了韧性，为保证球墨铸铁的韧性，希望含锰量尽量低，以不超过0.4%~0.6%（质量分数）为宜。磷增加冷脆性，应限制在0.1%（质量分数）以下。硫是非常有害的元素，含硫量高会消耗较多的球化剂，严重影响球化，因为球化元素都是强有力的脱硫剂，加入铁液后首先和硫作用，再起球化作用。因此，硫的质量分数要求控制在0.06%以下。

（2）球化处理和孕育处理　球化处理即向铁液中加入球化剂，使石墨呈球状析出。我国目前普遍使用的球化剂是稀土镁合金。镁是强球化元素，但密度小，沸点低（1107℃），若直接加入铁液中会剧烈沸腾，烧损严重，也不安全。稀土是镧（La）、铈（Ce）、钇（Y）、钪（Sc）等17个元素的总称，其球化作用较镁差，但沸点高于铁液温度，密度较大，作用平稳，没有沸腾现象。稀土镁合金综合了两者优点，其加入量大致为铁液量的1.3%~1.8%。

孕育处理的作用是促进石墨化，消除球化元素造成的白口倾向，细化石墨球，增加共晶团数量。常用孕育剂和孕育方法与孕育铸铁相似，但孕育剂加入量要比孕育铸铁的加入量大，珠光体球墨铸铁为铁液量的0.5%~1.0%，铁素体球墨铸铁为0.8%~1.6%。

球化处理的工艺方法有很多，其中以冲入法最为常见，如图5-6a所示。将球化剂放入堤坝式浇包内，上面覆盖硅铁粉和稻草灰，铁液分两次冲入，第一次冲入量为1/3~1/2，待球化剂作用后，再冲入其余铁液，经孕育处理、搅拌、扒渣后即可浇注。

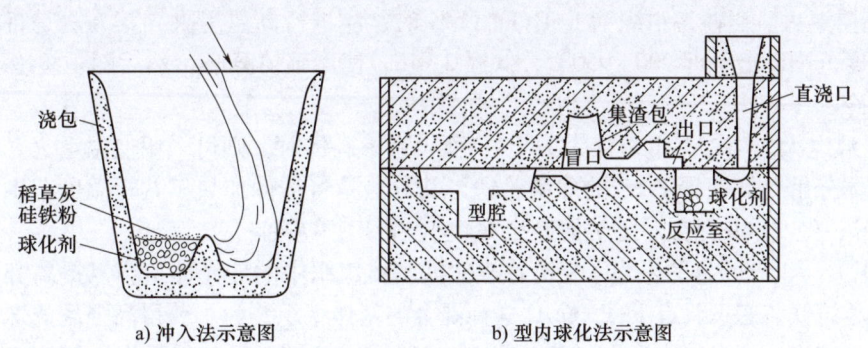

a) 冲入法示意图　　b) 型内球化法示意图

图5-6　球化处理工艺方法

此外，还有型内球化法，如图5-6b所示，把球化剂放置在浇注系统内的反应室中，流经此处的铁液与球化剂作用后进入型腔。此法优点是石墨球细小，球化率较高，消耗球化剂较少，球墨铸铁的力学性能较高，其关键问题是反应室的结构设计及浇注系统的挡渣措施要合理。

(3) 铸造工艺　球墨铸铁的凝固过程、铸造性能和灰铸铁有明显不同,因而铸造工艺也不同。

球墨铸铁的流动性比灰铸铁差,且铁液在球化和孕育处理过程中温度要下降50~100℃,为保证浇注温度,球墨铸铁出铁温度至少在1400~1420℃以上。

球墨铸铁也具有接近共晶的化学成分,凝固收缩率较低,具有良好的铸造性能,但较灰铸铁的缩孔、缩松倾向大。这是因球状石墨析出时的膨胀力较大,若铸型刚度不够,铸件的凝固外壳将向外胀大,造成其内部金属液的不足,从而产生缩孔、缩松,如图5-7所示。为防止缩孔、缩松缺陷的产生,可在热节上安置冒口、冷铁,以便补缩。同时,增加型砂紧实度,采用干砂型或水玻璃快干型砂,并使上、下型牢固夹紧,以增加铸型刚度,防止型腔扩大。

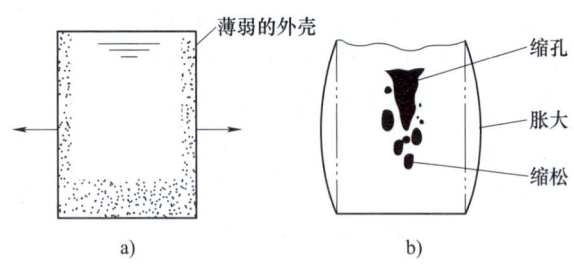

图5-7　球墨铸铁件缩孔、缩松的形成

此外,还应降低铁液中的含硫量和残余镁量,以防止皮下气孔;加强挡渣措施,以防止产生夹渣缺陷。

(4) 球墨铸铁的热处理　大多数球墨铸铁件铸后需要进行热处理,以保证应有的力学性能。这是由于铸态的球墨铸铁多为珠光体和铁素体的混合基体,有时还有自由渗碳体,形状复杂件还存在残余内应力。

球墨铸铁常用的热处理方法如下。

1) 退火。退火的目的是为了获得铁素体球墨铸铁。球墨铸铁在浇注后,其铸态组织中常出现$F+P+Fe_3C$这样混合的基体组织,不仅力学性能低,且难以切削加工。为了获得高塑性的铁素体组织,消除铸造内应力,就必须进行退火,使组织中的渗碳体和珠光体能够分解。根据球墨铸铁铸态组织的不同,退火工艺可分为高温退火和低温退火两种。

① 高温退火。当铸态组织为$F+P+Fe_3C+G$时,应进行高温退火,其方法是将铸件加热至共析温度范围以上,即900~950℃,保温2~4h,使渗碳体分解,然后随炉缓冷至600℃,再出炉空冷。

② 低温退火。当铸态组织仅为$F+P+G$而没有渗碳体时,则可采用低温退火,使珠光体中的渗碳体分解,而获得$F+G$的球墨铸铁,其方法是将铸件加热至共析温度范围附近,即720~750℃,经3~6h保温后随炉缓冷至600℃,再出炉空冷。

2) 正火。正火的目的是为了提高球墨铸铁基体组织中的珠光体量,以提高其强度和耐磨性。球墨铸铁铸态下具有$F+P+Fe_3C$这种混合的基体组织,为了获得高强度的珠光体球墨铸铁,铸件应进行高温正火,即加热至880~920℃,保温1~3h,然后在空气中冷却,获得$P+G$的球墨铸铁。在珠光体球墨铸铁中,铁素体的含量一般不允许超过15%,过多的铁素体会降低球墨铸铁的强度。增加正火时的冷却速度将会显著减少铁素体量。因此,正火时的冷却方法除空冷外,还可采用风冷或喷雾冷却等。由于正火时冷却速度加大,常会在铸件中引起内应力,因此正火后,常需再进行一次消除内应力的退火。退火一般采取550~600℃,保温1~2h,然后空冷。

3）调质处理。对于一些受力比较复杂、综合性能要求较高的零件，如连杆、曲轴等，若采用正火，其强度和韧性配合不理想，则可用调质处理。

调质处理的工艺是：加热至 870~920℃ 后淬火，形状复杂的铸件用油冷，简单的铸件用水冷，在 550~600℃ 进行 2~4h 的回火，获得回火索氏体+石墨组织。

4）等温淬火。对于既要求高的强度和韧性，又要求高的硬度和耐磨性，外形复杂、热处理易变形或开裂的零件，如传动齿轮、凸轮轴等，可采用等温淬火。

等温淬火工艺是：加热温度与淬火相同，即 870~920℃，适当保温后，迅速冷却至 250~300℃ 的等温盐浴中进行 30~90min 等温处理，然后取出空冷，一般不再进行回火。等温淬火后的组织为下贝氏体+石墨。由于等温淬火盐浴的冷却能力有限，故一般仅适用于截面尺寸不大的零件。

5.1.4 蠕墨铸铁

蠕墨铸铁作为一种新型铸铁材料出现在 20 世纪 60 年代。

1. 蠕墨铸铁的组织和性能

蠕墨铸铁的组织为金属基体上分布着蠕虫状石墨。这种石墨形态介于片状石墨和球状石墨之间，在光学显微镜下看，石墨短而厚，头部较圆，形似蠕虫（图 5-8）。一般把长/宽的比值在 2~10 范围内的石墨称为蠕虫状石墨。这种石墨长/宽的比值小，且端部变圆变钝，所以引起的应力集中效应比片状石墨减轻，同时基体也得到强化，铸铁的力学性能得到明显提高。

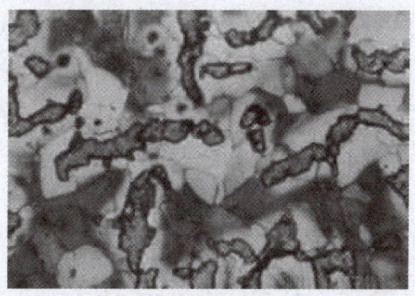

图 5-8 蠕墨铸铁的显微组织

蠕墨铸铁有较好的力学性能，一般 R_m 约为 400MPa，硬度可达 200~260HBW，具有良好的耐磨性。同时，它的截面力学性能均匀，抗热冲击性能好。蠕墨铸铁有着广阔发展前景，主要用来代替高强度灰铸铁、合金铸铁、铁素体球墨铸铁和黑心可锻铸铁，生产复杂的大型铸件，如大型柴油机机体，大型机床立柱等；还可制造在热循环载荷（忽冷忽热）作用下工作的零件，如大型柴油机气缸盖、排气管、制动盘、钢锭模及金属型等；还可制造要求结构致密的铸件，如液压阀阀体。

2. 蠕墨铸铁的制造

蠕墨铸铁的制造过程与球墨铸铁的制造过程相似。

（1）铁液的化学成分　蠕墨铸铁铁液的化学成分和球墨铸铁基本相似：高 C、Si，低 Mn、P、S。一般成分为：$w_C = 3.0\% \sim 4.0\%$，$w_{Si} = 2.0\% \sim 3.0\%$，$w_{Mn} = 0.4\% \sim 0.8\%$，$w_P < 0.08\%$，$w_S < 0.04\%$。

（2）蠕化处理和孕育处理　蠕化处理也是采用冲入法把蠕化剂加入铁液中。国外多用镁合金作为蠕化剂，我国多采用稀土合金，如稀土硅铁合金、稀土硅钙合金等。改变石墨形状后，和球墨铸铁一样要进行孕育处理。

蠕墨铸铁的研制和应用历史较短，应用中主要问题是蠕虫状石墨是一种过渡形式，生产中难以控制：蠕化剂少了，石墨不变形，仍保持片状，铸铁强度低，铁液只能报废；蠕化剂多了，石墨又变成球状，原设计的铸型浇、冒口工艺不适合，会导致铸件报废。

5.1.5 合金铸铁

在铸铁中加入一定量的合金元素,可使铸铁具有某些特殊性能,这些加入合金元素的铸铁称为合金铸铁。铸铁合金化的目的有两个:一是为了强化铸铁组织中的金属基体,获得高强度铸铁;另一个是赋予铸铁某些特殊性能,如耐热、耐磨、耐蚀等。常见的合金铸铁有以下几种。

1. 高强度合金铸铁

目前用得较多的是稀土镁铜钼和稀土镁钼合金球墨铸铁。它们是在稀土镁球墨铸铁的基础上加入少量的 Cu、Mo 等合金元素。Cu 能促进石墨化,可在获得珠光体球墨铸铁的同时减少白口倾向,Cu 还能溶入铁素体使之强化;Mo 可细化晶粒,提高强度和韧性。

高强度合金铸铁还可进行正火及等温淬火等热处理,以获得优良的综合力学性能。例如:稀土镁铜钼合金球墨铸铁经过正火加回火处理,可制造高速柴油机曲轴、连杆等,还能代替 38CrSi 合金钢制造拖拉机、柴油机主轴承盖;稀土镁钼合金球墨铸铁经等温淬火处理,可代替 18CrMnTi 合金钢,用以制造拖拉机减速箱齿轮。

2. 耐热合金铸铁

为了提高铸铁的耐热性,与耐热钢一样,往铸铁中加入 Al、Si、Cr 等合金元素。常用耐热铸铁有高铬耐热铸铁、中硅耐热铸铁等。

它们之所以能够提高耐热性,一方面由于它们在铸铁表面可生成 Al_2O_3、SiO_2、Cr_2O_3 的致密氧化膜,以保护内层不被继续氧化;另一方面是由于 Cr 可形成稳定的碳化物,Cr 的含量越高,铸铁热稳定性越好。

耐热合金铸铁可用来制造炉条、蒸汽锅炉换热器、热处理炉内运输用的链条及钢锭模等。

3. 耐磨合金铸铁

为了提高铸铁的耐磨性,常加入 Cu、Mn、Cr、Mo、Re、Si、P 等元素,得到高磷铸铁、铬钼铜铸铁、磷铜钛铸铁、钒钛铸铁、铜钼合金球墨铸铁、中锰稀土球墨铸铁等。

通过表面热处理可以进一步提高零件表面的耐磨性。常用于铸铁零件表面热处理的方法有氮化处理、高频淬火、接触电热表面淬火等。

中锰稀土球墨铸铁硬度较高,耐磨性较好,可代替 65Mn 制造农机具的易损零件,如犁铧、耙片、翻土板、球磨机衬套等。

高磷铸铁中磷的质量分数为 0.4%~0.65%,能形成坚硬的磷化物共晶体,从而提高耐磨性,常用来制造机床导轨、工作台和柴油机气缸套。

5.2 铸钢件的生产

铸钢是一种重要的铸造合金,其应用仅次于铸铁,产量约占铸件总产量的 15% 左右。铸钢一般用于制造形状复杂、难于锻造,且要求较高的强度和韧性、能承受冲击载荷的零件。

5.2.1 铸钢的类别和性能

按照化学成分,铸钢可分为铸造碳钢和铸造合金钢两大类,其中铸造碳钢应用较广,约占铸钢件总产量的80%以上。表5-4列出了几种常用铸造碳钢的牌号、主要化学成分和力学性能。

低碳铸钢ZG200-400熔点高,铸造性能差,通常仅利用其软磁特性制造电动机零件或渗碳件。中碳铸钢ZG230-450~ZG310-570具有良好的性能,应用最多。高碳铸钢ZG340-610熔点低,铸造性能较中碳铸钢好,但塑性、韧性差,仅用于少量耐磨件。

表5-4 几种常用铸造碳钢的牌号、主要化学成分和力学性能

牌号		主要化学成分(质量分数,%)(≤)					力学性能(≥)				
新牌号	原牌号	C	Si	Mn	P	S	$R_{p0.2}$/MPa	R_m/MPa	A(%)	Z(%)	A_{KV}/J
ZG200-400	ZG15	0.20	0.60	0.80	0.035		200	400	25	40	30
ZG230-450	ZG25	0.30	0.60	0.90	0.035		230	450	22	32	25
ZG270-500	ZG35	0.40	0.60	0.90	0.035		270	500	18	25	22
ZG310-570	ZG45	0.50	0.60	0.90	0.035		310	570	15	21	15
ZG340-640	ZG55	0.60	0.60	0.90	0.035		340	640	10	18	10

注:1. 牌号中"ZG"表示铸钢,后面两组数字分别表示钢的屈服强度和抗拉强度最低值(MPa)。
   2. 表中力学性能适用于厚度100mm以下的铸件。

由表5-4可见,铸钢不仅比铸铁强度高,并有优良的塑性和韧性,因此适于制造形状复杂、强度和韧性要求都高的零件。铸钢较球墨铸铁质量易控制,这在大断面铸件和薄壁铸件生产中尤为明显。此外,铸钢的焊接性能好,便于采用铸、焊联合结构制造巨型铸件。

为改善性能而在碳钢中增加合金元素的铸钢,称为铸造合金钢。依据合金元素加入量,可分为低合金铸钢和高合金铸钢两大类。

(1) 低合金铸钢 低合金铸钢中合金元素的质量分数≤5%。加入少量合金元素后,铸钢的强度、耐磨性和耐热性都明显提高,因而能减轻铸件重量,节约钢材,提高使用寿命。例如:ZG40Mn、ZG30MnSi、ZG30CrMnSi等,用于制造齿轮、水压机工作缸、水轮机转子及船用零件等;ZG40Cr常用作高强度齿轮、轴等重要受力零件。

(2) 高合金铸钢 高合金铸钢中合金元素的质量分数>10%。大量合金元素的加入,使钢的组织发生根本的变化,因而具有耐磨、耐热和耐蚀等特殊性能。其中高锰钢ZGMn13(w_C=0.9%~1.3%,w_{Mn}=11%~14%)是一种抗磨钢,主要用来制造在干摩擦下工作的机器零件,如挖掘机的抓斗前壁及抓斗齿、拖拉机和坦克的履带板等。铬镍不锈钢ZG03Cr19Ni11和铬不锈钢ZG20Cr13等,对硝酸的耐蚀性很高,主要用在化工、石油、化纤、食品及医药设备中的阀、泵及容器等。

5.2.2 铸钢件的生产特点

铸钢的浇注温度高、流动性差,钢液易氧化和吸气,同时,其体收缩率约为灰铸铁的2~3倍,线收缩率约为灰铸铁的2倍。因此,铸钢铸造性能差,容易产生浇不足、气孔、缩

孔、缩松、热裂、黏砂等缺陷。为防止上述缺陷的产生，必须在工艺上采取相应的措施。

1）铸钢用型砂应有高的耐火度和抗黏砂性以及高的强度、透气性、退让性。通常要采用耐火度高的人造硅砂，中、大件多采用强度较高的 CO_2 硬化水玻璃砂型和黏土砂干型。为防止黏砂，铸型表面还应涂刷一层耐火涂料。

2）铸型工艺上大都采用顺序凝固原则，合理设置冒口和冷铁。图 5-9 所示的大型铸钢齿轮，由于壁厚不均匀，在最厚的中心轮毂处及轮缘与辐板连接的热节处（一整圈）极易形成缩孔，铸造时必须保证对这两部分的充分补缩。该工艺在整体上实行由外（辐板）向内（轮毂）的顺序凝固，轮毂部分由一个顶冒口补缩，而轮缘热节部位由于齿轮直径太大，需实行分段顺序凝固：每段末端放一冷铁，始端放一空气压力冒口（补缩作用更大），可以有效地防止缩孔。对薄壁或易产生裂纹的铸钢件，一般采用同时凝固原则。

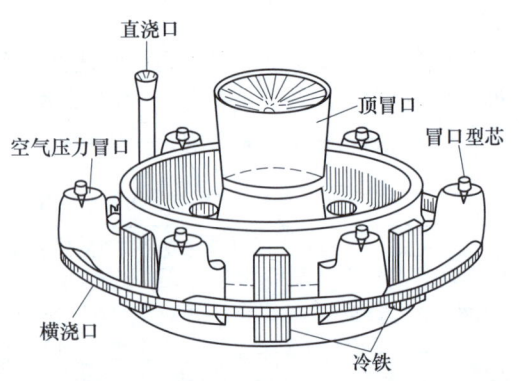

图 5-9　大型铸钢齿轮铸型工艺

5.2.3　铸钢件的热处理

铸钢件的力学性能比锻钢件差，特别是冲击韧性低，其原因是存在铸造缺陷（缩孔、缩松、裂纹、气孔等）以及金相组织缺点，如晶粒粗大和魏氏组织（铁素体成长条形状分布在晶粒内部），使塑性大大降低。此外铸钢件内存在较大的铸造内应力。

为了细化晶粒，消除魏氏组织，消除铸造内应力，提高力学性能，铸钢件铸后必须进行退火和正火。退火适用于碳的质量分数≥0.35%或结构特别复杂的铸钢件。因这类铸钢件塑性较差，残余铸造内应力较大，易开裂。正火适用于碳的质量分数<0.35%的铸钢件，因这类铸钢件塑性较好，冷却时不易开裂。铸钢件正火后的力学性能较高，生产率也较高，但残余内应力较退火后的大。为进一步提高铸钢件的力学性能，还可采用正火+高温回火。铸钢件不宜淬火，淬火时极易发生开裂。

5.3　铸造有色合金件的生产

铝、铜合金具有优良的物理、化学性能以及良好的工艺性能和独特的力学性能，因此也常用来制造铸件。

5.3.1　铝合金铸件的生产

铸造铝合金密度小，熔点低，导热性和耐蚀性优良，有足够高的强度和塑性，良好的铸造性能和切削加工性能。大多数铸造铝合金可通过热处理来强化。铝合金既可用于砂型铸造，又可用于压力铸造、金属型铸造和低压铸造，近年来铝合金铸件的应用范围也不断扩大。

1. 铸造铝合金的类别和性能

铸造铝合金分为铝硅合金、铝铜合金、铝镁合金和铝锌合金,其代号用汉语拼音字母"ZL"加三位数字表示。第一位数字表示合金类别,1 为铝硅系,如 ZL101、ZL102 等;2 为铝铜系,如 ZL201、ZL203 等;3 为铝镁系,如 ZL301、ZL302 等;4 为铝锌系,如 ZL401、ZL402 等。后两位数字仅代表编号。

几种铸造铝合金的牌号、代号、力学性能及用途举例见表 5-5。

表 5-5 几种铸造铝合金的牌号、代号、力学性能及用途举例

牌号	代号	铸造方法	合金状态	R_m/MPa	A(%)	HBW	用途举例
ZAlSi7Mg	ZL101	S、J、R、K	F	155	2	50	低载荷薄壁复杂件及要求耐蚀、气密性的零件,如活塞
		S、J、R、K	T2	135	2	45	
		JB	T4	185	4	50	
		SB、RB、KB	T6	225	1	70	
ZAlSi12	ZL102	SB、JB、RB、KB	F	145	4	50	化油器、泵壳、仪表壳等中载荷薄壁复杂件
		J	F	155	2	50	
		SB、JB、RB、KB	T2	135	4	50	
		J	T2	145	3	50	
ZAlCu5Mg	ZL201	S、J、R、K	T4	295	8	70	较高工作温度的零件(活塞、缸头),金属模样
		S、J、R、K	T5	335	4	90	
		S	T7	315	2	80	
ZAlCu5MgA	ZL201A	S、J、R、K	T5	390	8	100	

注:1. 铸造方法:S—砂型铸造;J—金属型铸造;R—熔模铸造;K—壳型铸造;B—变质处理。
2. 合金状态:F—铸态;T2—退火;T4—固溶处理加自然时效;T5—固溶处理加不完全人工时效;T6—固溶处理加完全人工时效;T7—固溶处理加稳定化处理。

铝硅合金具有优良的铸造性能,经过变质处理后,还具有良好的力学性能、物理性能和切削加工性能,是铸造铝合金中应用最广的品种,约占铸造铝合金总产量的 50% 以上。铝铜合金具有较高的室温和高温力学性能,但耐蚀性差,铸造性能差(流动性差、收缩大、形成缩孔和热裂的倾向大),故多作为耐热和高强度合金使用。铝镁合金密度小,耐蚀性好,力学性能高,但熔炼、铸造工艺比较复杂,铸造性能差,多用作耐蚀合金,也可作为发展高强度铝合金的基础。铝锌合金经自然时效可以获得较高的力学性能,铸造性能较好,但密度大,耐蚀性差,热裂倾向大,可用作汽车、拖拉机的发动机零件。

2. 铸造铝合金的生产特点

(1) 铝合金的熔炼 铝合金熔炼时易氧化而生成 Al_2O_3,其熔点为 2050℃,相对密度为 3.9~4.0,熔化搅拌时容易进入铝液,呈非金属夹渣。另外,铝合金熔炼时容易吸收氢气,使铸件产生针孔缺陷,降低铸件的气密性和力学性能。

为了减缓铝液的氧化和吸气,可向坩埚内加入 KCl、NaCl 等盐类作为熔剂,将铝液覆盖,与炉气隔离进行熔炼。为了驱除铝液中吸入的氢气,防止针孔的产生,在铝液出炉前应进行去气精炼。简便的方法是用钟罩向铝液中压入氯化锌($ZnCl_2$)、六氯乙烷(C_2Cl_6)等

氯盐或氯化物，反应后生成大量气泡，在气泡上浮过程中将铝液中的 H_2 及部分 Al_2O_3 夹杂物一起带出液面。

为了改善铝硅合金的力学性能，需要进行变质处理，以细化共晶硅或过共晶硅。为此，在浇注之前需向合金溶液中加入铝液重量的 2%～3% 的变质剂（如 NaF+NaCl 的混合物），使共晶硅由粗针变成细小点状，从而提高力学性能。

（2）铝合金的铸造工艺特点　铸造铝合金熔点低，流动性好，故可铸形状复杂的薄壁铸件。由于浇注温度低，选用一般天然细硅砂做型（芯）砂就可以满足耐火度的要求，并可使铸件表面光洁。对于铸造性能较差的铝铜、铝镁合金，要采取必要的工艺措施，如顺序凝固、冒口补缩等方能获得满意的结果。

由于铝合金导热快、易氧化和吸气，因此，对浇注系统的要求是充填时间短、铝液流动平稳，撇渣能力强。为此，常采用开放式浇注系统，并开多个内浇口，直浇口常用蛇形或鹅颈形等特殊形状，如图 5-10 所示。

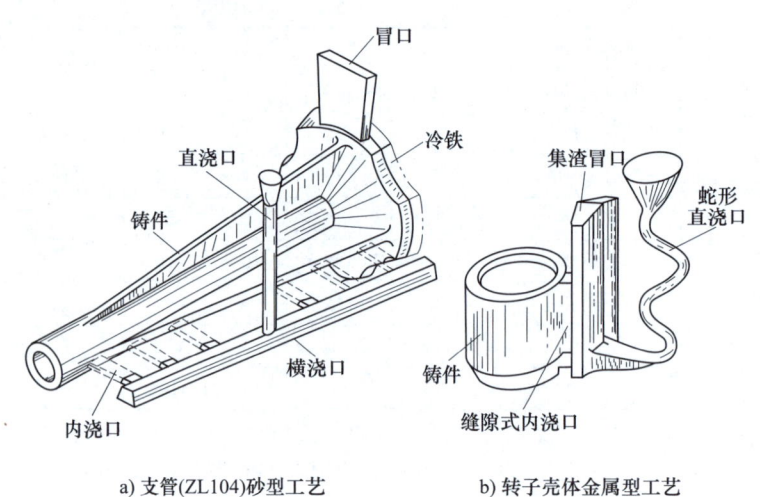

a) 支管(ZL104)砂型工艺　　b) 转子壳体金属型工艺

图 5-10　铝合金铸件的浇注系统

各种铸造方法都适用于铝合金铸件，当生产数量较少时，可用砂型铸造，大量生产的重要铸件，则采用特种铸造。

5.3.2　铜合金铸件的生产

纯铜又称为紫铜，相对密度为 8.93，是面心立方晶格，具有良好的塑性、导电性、导热性和耐蚀性，但其强度较低，不宜作为结构零件，而广泛用作导电材料、散热器、冷却器用材及液压器件中的垫片、导管等。

铜中加入适量合金元素后，可获得较高强度且具备一些其他性能的铜合金，从而适用于制造结构零件。铜合金分为黄铜和青铜两大类。

1. 铸造铜合金的类别和性能

黄铜是铜和锌的合金，分为普通黄铜和特殊黄铜两类。

普通黄铜是铜和锌的合金，其强度比纯铜高，塑性较好，耐蚀性也好，价格比纯铜和其他铜合金低，加工性能优良。随着含锌量增加，黄铜的强度和塑性显著提高，但超过 47%

之后其力学性能将显著下降，因此工业用黄铜的含锌量都不超过47%。

在普通黄铜中加入少量硅、锰、铝、铅等元素形成的铜合金称为特殊黄铜。特殊黄铜具有更好的力学性能、耐蚀性和抗磨性。

铜和锌以外的元素所组成的合金统称为青铜，其中铜锡合金称为锡青铜，铜铝合金称为铝青铜，铜铅合金称为铅青铜。为区别起见，不含锡的青铜统称为无锡青铜。

锡青铜是历史最悠久的铸造合金，其耐磨性和耐蚀性优于黄铜。锡青铜的线收缩率低，不易产生缩孔，但容易产生显微缩松。锡青铜中常加入锌、铅等元素，以提高铸件的致密性、耐磨性，并节省锡用量，降低成本，有时还加入磷以便脱氧。

铝青铜是最常用的无锡青铜，其耐磨性、耐蚀性和力学性能优良，但铸造性、导热性差，故仅用于重要的耐磨、耐蚀件。

表 5-6 列出了几种铸造铜合金的牌号、名称、室温力学性能及用途举例。

表 5-6 几种铸造铜合金的牌号、名称、室温力学性能及用途举例

牌号	名称	铸造方法	室温力学性能（≥）				用途举例
			R_m/MPa	$R_{p0.2}$/MPa	A(%)	HBW	
ZCuZn38	38 黄铜	S	295	95	30	60	轴承、衬套
		J	295	95	30	70	
ZCuZn31Al2	31-2 铝黄铜	S、R	295	—	12	80	海工装备及机械上的耐蚀件
		J	390	—	15	90	
ZCuSn10P1	10-1 锡青铜	S、R	220	130	3	80*	重要轴承、衬套、齿轮
		J	310	170	2	90*	
		Li	330	170	4	90*	
		La	360	170	6	90*	
ZCuAl9Mn2	9-2 铝青铜	S、R	390	150	20	85	重要用途的耐磨、耐蚀件，如齿轮、衬套
		J	440	160	20	95	

注：1. 铸造方法：S—砂型铸造；J—金属型铸造；La—连续铸造；Li—离心铸造；R—熔模铸造。
　　2. 有"*"符号的数据为参考值。

2. 铸造铜合金的生产特点

（1）铜合金的熔炼　铜合金在液态下极易氧化，形成的氧化物（Cu_2O）因溶解在铜内而使合金的性能下降。为防止氧化，熔炼青铜时，应以玻璃、硼砂作为熔剂覆盖，熔炼后期，用磷铜脱氧。熔炼黄铜时，由于合金本身含有的锌就能脱氧，所以在熔炼过程中不需另加熔剂和脱氧剂。

（2）铜合金的铸造工艺特点　各种成分的铜合金的结晶特征不同，铸造性能不同，铸造工艺特点也不同。

锡青铜的结晶温度范围很大，同时凝固区域很宽，流动性较差，易产生缩松，但其氧化倾向不大，是因为所含 Sn、Pb 等元素不易氧化。对壁厚较大的重要铸件（蜗轮、阀体等）必须严格采取顺序凝固，对形状复杂的薄壁件和一般壁厚件，若致密性允许降低，可采用同时凝固。对大、中型圆柱套类铸件，以采用顶注雨淋浇口为宜，如图 5-11 所示。

铝青铜含铝量较高，结晶温度范围很小，呈逐层凝固特征，故流动性较好，易形成集中

缩孔，且极易氧化。铸造时要考虑防止氧化夹杂和消除缩孔。浇注系统应具有很强的撇渣能力，如用带过滤网、集渣包的底注式浇口。为消除缩孔，需要使铸件顺序凝固。图 5-12 所示为铝青铜蜗轮铸造工艺，铸件周围及底面设置一定厚度冷铁，上部采用砂型大冒口。

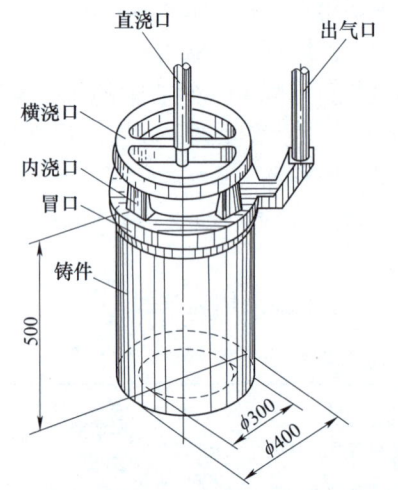

图 5-11　锡青铜中型铜套上的雨淋浇注系统

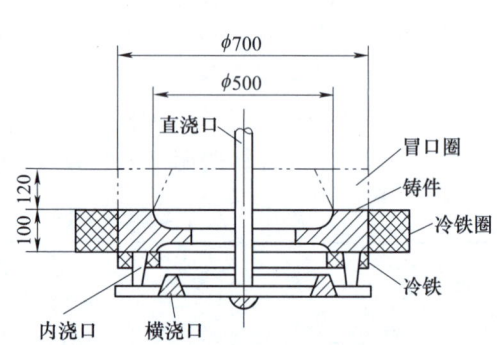

图 5-12　铝青铜蜗轮铸造工艺

硅黄铜的铸造性能介于锡青铜和铝青铜之间，是特殊黄铜中铸造性能最好的合金。图 5-13 所示为阀体顺序凝固工艺，一般用中注式浇注系统，暗冒口尺寸较小。

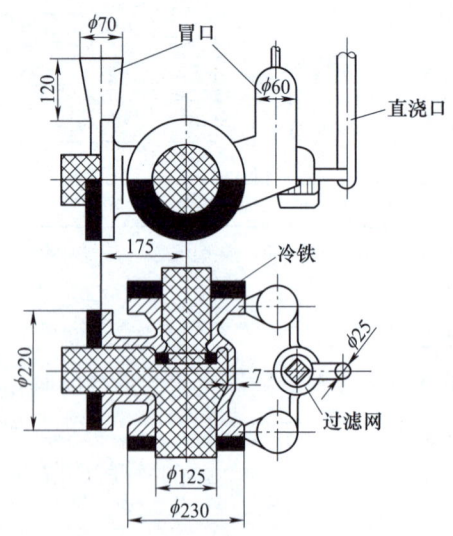

图 5-13　阀体顺序凝固工艺

复习思考题

5.1　什么是铸铁？与碳钢比较，铸铁的化学成分和显微组织上有何不同？

5.2　什么是石墨化？影响铸铁石墨化的主要因素是什么？为什么铸铁的牌号不用化学成分来表示？

5.3 HT100、HT150、HT200、HT300 的显微组织有何不同？为什么 HT150、HT200 灰铸铁应用最广？

5.4 孕育处理的实质是什么？孕育铸铁和普通灰铸铁在组织、性能和制造方法上有何差别？

5.5 为什么球墨铸铁的强度和塑性比灰铸铁高，而铸造性能比灰铸铁差？

5.6 为什么灰铸铁不能用热处理提高力学性能，而球墨铸铁可以呢？

5.7 蠕墨铸铁的显微组织和性能有何特点？是如何制造出来的？适用于何种铸件？

5.8 下列铸铁件宜采用何种铸铁？试选择铸铁牌号并说明理由。
缝纫机架、自来水三通、汽车发动机曲轴、气缸套、手轮、卧式车床床身。

5.9 铸钢的铸造性能怎样？铸造工艺上主要特点是什么？

5.10 铝合金的铸造性能怎样？铸造工艺上主要特点是什么？

5.11 铜合金的铸造性能怎样？铸造工艺上主要特点是什么？

5.12 铸造铝合金和铸造铜合金熔炼工艺特点是什么？各采取什么方法除气、除渣？

5.13 下列合金牌号是什么材料？后面的数字表示什么意思？
HT200、HT350、QT400-18、QT700-2、KTH300-06、KTZ700-02、ZG310-570、ZL104、ZL201、ZL301、ZL401。

第 6 章　砂型铸造

> **教学提示**：在铸造生产中，有多种生产方法，但最基本的生产方法是砂型铸造。本章主要内容有造型方法的选择、浇注位置和分型面的选择、铸造工艺参数的选择、铸件的结构设计等。在学习本章内容时，应与"机械制造工程实训"中实际操作的工艺相联系，理论联系实际。
>
> **教学要求**：了解常用的造型方法；掌握砂型铸造工艺及铸造工艺图的表示方法，并能正确选择铸造工艺参数；根据砂型铸造工艺特点，能够正确地设计铸件的结构。

砂型铸造适用于各种形状、大小、批量及各种合金铸件的生产，因而在铸造生产中应用最广。为了获得健全的铸件、减少制造铸型的工作量、降低铸件成本，必须合理地制定铸造工艺方案，并绘制出铸造工艺图。因此，本章围绕铸造工艺方案的制定，介绍有关造型方法的选择、浇注位置和分型面的选择、铸造工艺参数的选择等内容。

6.1　造型方法的选择

砂型铸造的基本工艺过程可归纳为如图 6-1 所示的框图。

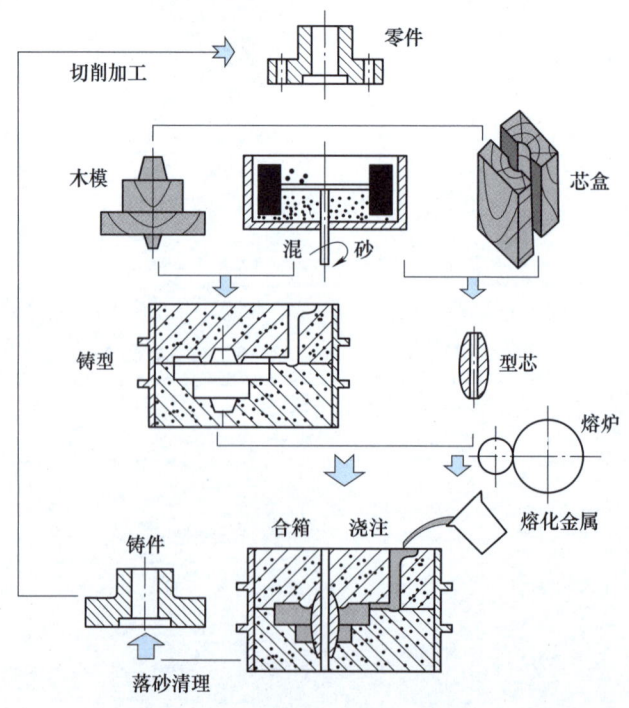

图 6-1　砂型铸造的基本工艺过程框图

在砂型铸造中铸型的制造是最重要的过程。其中，造型材料的配制、造型（芯）方法的确定、浇注系统的布置等是否合理，对铸件的质量和成本有着重要的影响。

6.1.1 常见的造型（芯）方法

在砂型铸造中，造型和造芯是最基本的工序。它们对铸件的质量、生产率和成本影响很大。根据造型生产方法的特点，通常将造型方法分为手工造型和机器造型两大类。表6-1列出了手工造型和机器造型的特点及应用范围。

表 6-1 手工造型和机器造型的特点及应用范围

造型方法	特 点	应用范围
手工造型	用手工或手动工具完成紧砂、起模、修型工序，其特点为：①操作灵活，可按铸件尺寸、形状、批量与现场生产条件灵活地选用具体的造型方法；②工艺适应性强；③生产准备时间短；④生产率低；⑤质量稳定性差，铸件尺寸精度、表面质量较差；⑥对工人技术要求高，劳动强度大	单件、小批量铸件或难以用造型机器生产的、形状复杂的大型铸件
机器造型	采用机器完成全部操作或至少完成紧砂操作的造型方法，其特点为效率高、铸型和铸件质量好，但投资较大	大量或成批生产的中小铸件

1. 手工造型

手工造型时紧砂和起模是用手工或手动工具来进行的，其操作灵活、适应性强、铸型成本低、生产准备时间短，但铸件质量较差、生产率低且劳动强度大。因此，它主要用于单件、小批生产。

在实际生产中，由于铸件的尺寸、形状、生产批量、铸件的使用要求以及生产条件的不同，手工造型有着各式各样的造型方法。合理地选择造型方法，对于获得合格铸件、减少制模和造型工作量、降低铸件成本和缩短生产周期都是非常重要的。表6-2列出了各种手工造型方法的特点及应用范围。

表 6-2 各种手工造型方法的特点及应用范围

分类	造型方法	特 点			应用范围
		模样结构和分型面	砂箱	操作	
按砂箱特征	两箱造型	各类模样，分型面为平面或曲面，可机器造型也可手工造型	两个砂箱	简单	较广
	三箱造型	铸件中间截面较两端小，使用两箱造型取不出模样，所以必须采用分开模，分型面一般为平面，有两个分型面，不能机器造型	三个砂箱	复杂	较广
按模样特征	整模造型	整体模，分型面为平面	两个砂箱	简单	较广
	分模造型	分开模，分型面多为平面	两到多箱	较简单	回转类铸件
	活块造型	模样上阻碍起模的部分需做成活块	两到多箱	较复杂	各种单件、小批量中小件
	挖砂造型	整体模，铸件的最大截面不在分型面处，需挖去阻碍起模的型砂才能取出模样，分型面一般为曲面	两到多箱	对工人的技能要求较高，复杂	单件、小批量中小件

(续)

分类	造型方法	特点			应用范围
		模样结构和分型面	砂箱	操作	
按模样特征	假箱造型	为免去挖砂操作,利用假箱来代替挖砂操作,分型面仍为曲面	两到多箱	较简单	成批生产的需挖砂件
	刮板造型	用和铸件截面相适应的木板代替模样,分型面为平面	两个砂箱	对工人的技能要求较高,复杂	大中型轮类、管类铸件单件、小批生产

2. 机器造型

机器造型是将加砂、紧砂和起模等工序用造型机来完成的造型方法,是大批、大量生产砂型的主要方法。机器造型能够显著提高劳动生产率,改善劳动条件,并提高铸件的尺寸精度、表面质量,使加工余量减小。机器造型按紧实方式的不同分为震压造型、微震压实造型、射压造型、抛砂造型等。

(1) 震压造型　震压造型机示意图如图 6-2 所示。它的紧砂原理是:多次使充满型砂的砂箱、振击活塞、振击气缸等抬起几十毫米后自由下落,撞击压实气缸,多次振击后砂箱下部型砂由于惯性力的作用而紧实,上部较松散的型砂再用压头压实。

这种方法所用机器结构简单、价格低廉、应用较普遍,但其噪声大;压实比压(砂型表面单位面积上所受的压实力)较低,为 0.15~0.4MPa;砂型紧实度不高;铸件质量和生产率不能满足日益增长的要求,因而出现了微震压实造型机。

(2) 微震压实造型　微震压实造型的紧砂原理是对型砂压实的同时进行微振。微振紧砂与振击紧砂不同之处在于振击气缸是向上运动撞击振击活塞的,振动频率较高(480~900 次/min),振幅较小(数毫米至数十毫米)。

微震压实造型机的工作过程如图 6-3 所示。图 6-3a 所示为压实工序。压缩空气由进气口 f 进入压实气缸内,推动压实活塞、工作台、模样和砂箱上升,型砂被压头压实。图 6-3b 所示为压实微震工序。压缩空气经孔 $a \to b \to c$ 到达工作台下部,使振击气缸(涂黑部分)连同弹簧一起下降一段距离 s 后,经排气孔 d 排走。此时振击气缸内气压很快下降,振击气缸在弹簧恢复力作用下向上运动,撞击工作台。进气口 b 又打开,重复微震。砂型紧实后固定不动,工作台下降时取出模样。

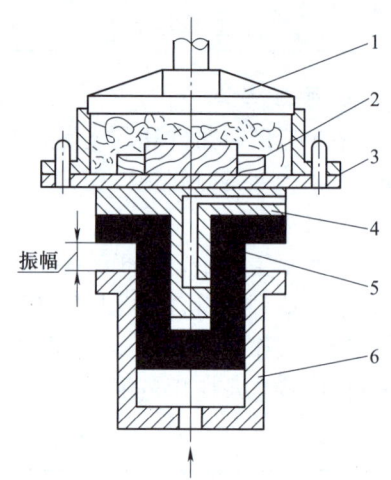

图 6-2　震压造型机示意图
1—压头　2—模样　3—砂箱
4—振击活塞　5—振击气缸
6—压实气缸

微震压实造型机的型砂紧实度的均匀性和型腔表面质量均优于震压造型机,且噪声较小。

(3) 射压造型　射压造型采用射砂和压实复合方法紧实型砂。图 6-4 所示为垂直分型无箱射压造型机的工作过程:型砂被压缩空气高速射入造型室内,再由液压系统进行高压压实,形成一个高强度带有左、右型腔的砂型块。然后,起出模板 1,推出合型,再起出模板 2,最后形成一串无砂箱的垂直分型的铸型,浇注可同时连续进行。

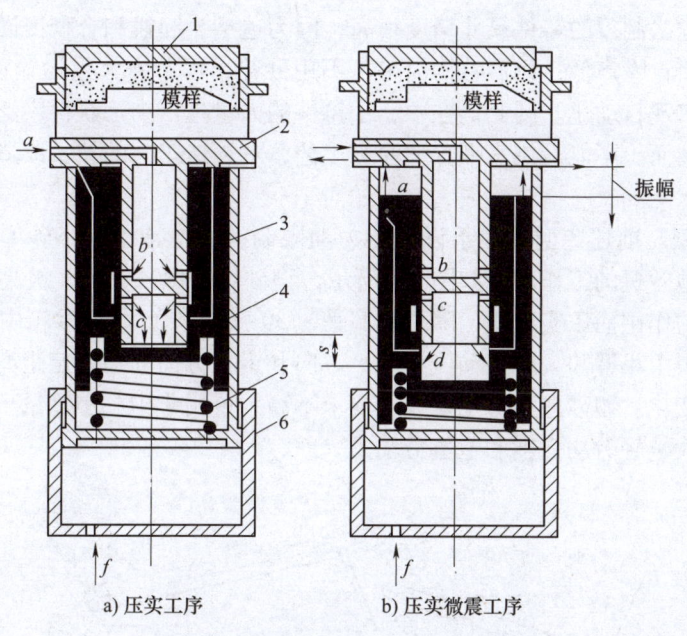

图 6-3 微震压实造型机的工作过程

1—压头 2—工作台振击活塞 3—振击气缸 4—压实活塞 5—弹簧 6—压实气缸

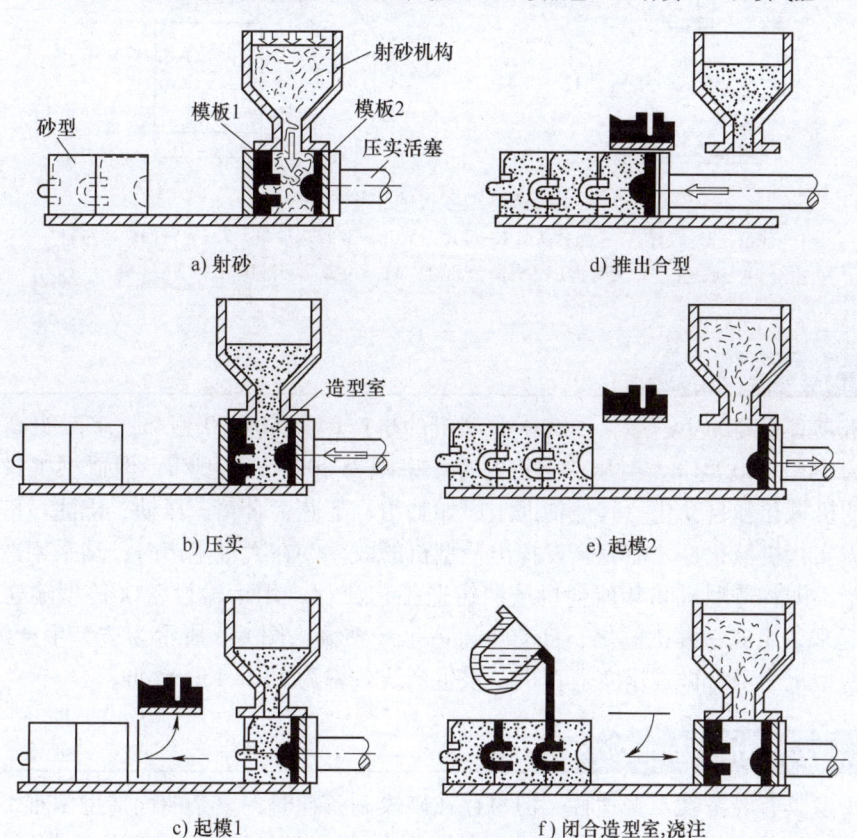

图 6-4 垂直分型无箱射压造型机的工作过程

用射压造型方法制得的铸件尺寸精度很高,因为造型、起模和合型由同一组导杆精确导向,不易产生错箱;噪声低;机器结构简单;不用砂箱,可节省大量运输设备和占地面积;生产率高,易于实现自动化。因此,在中、小铸件的大量生产中已获得广泛应用。它的主要缺点是垂直的分型面,不能沿用水平分型原有工艺,对铸造车间的技术改造带来困难;下芯较困难。

(4) 抛砂造型　前述造型机由于设备能力的限制,只能造中、小砂型,而制造大砂型可选用抛砂机。抛砂机的工作过程如图 6-5 所示,型砂送入抛砂头后,被高速旋转的叶片接住,由于离心力的作用而压实成团,随后被高速(30~60m/s)抛到砂箱中紧实。抛砂机结构较简单,抛砂头由小臂和大臂带动可在水平方向和铅垂方向移动一定距离,因此砂箱尺寸可在很大范围内变化。抛砂造型对工艺装备要求不高,可用于中、小批量生产,特别是对于大件造型,可大大减轻劳动强度和节省劳动力。

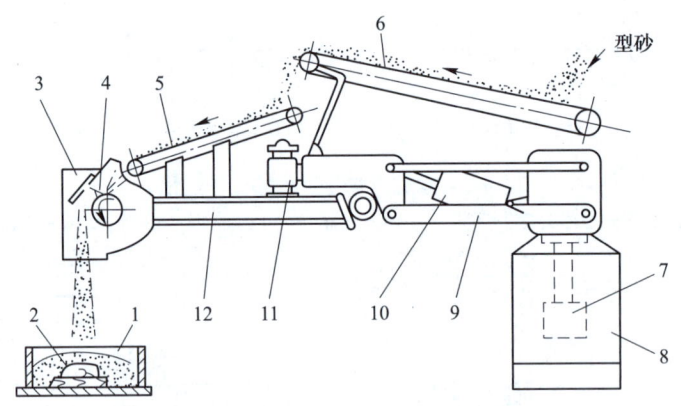

图 6-5　抛砂机的工作过程

1—砂箱　2—模样　3—抛砂头　4—叶片　5、6—胶带运输机　7—大臂回转液压缸
8—底座　9—大臂　10—升降液压缸　11—小臂回转液压缸　12—小臂

6.1.2　造型生产线

造型机具有很高的生产率,如震压造型机的生产率为 50~80 型/h,多触头高压造型机的生产率为 140~240 型/h,射压造型机的生产率则为 200~360 型/h。但造型机只能实现紧砂和起模的机械化和自动化,其他辅助工序如翻箱、下芯、合箱、压铁、浇注、落砂和砂箱运输等也需实行机械化,才能完全发挥出造型机的效率。在大量生产时,均采用造型生产线来组织生产,即将造型机和其他辅机按照铸造工艺流程,用运输设备(铸型输送机、辊道等)联系起来,组成一套机械化、自动化铸造生产系统。图 6-6 所示为造型生产线示意图,上、下箱造型机为两台微震压实造型机,该生产线效率为 130~150 型/h。

6.1.3　3D 打印铸造砂型

砂型铸造具有经济性与普适性,但也存在砂模制备耗时,复杂曲面造型困难,工作环境恶劣等问题。随着现代工业的迅猛发展,产品的交付周期越来越短,产品复杂度持续增加,传统砂型铸造已经无法满足市场对快速交付和高度复杂产品的需求。近年来,基于增材制造

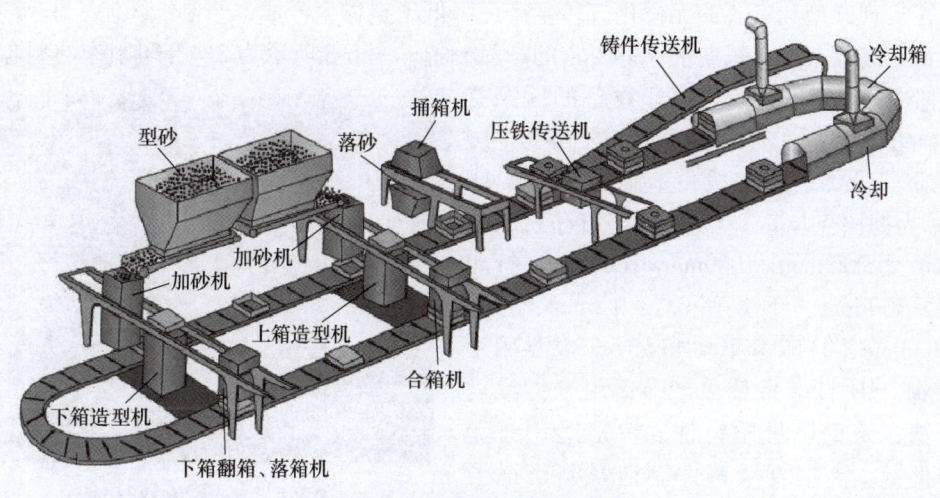

图 6-6 造型生产线示意图

思想发展而来的快速砂型制造技术——砂型 3D 打印（Three-Dimensional Printing, 3DP）已成为铸造界的研究热点，并逐步得到推广和应用。

3D 打印是基于离散-堆积原理，以零件三维数据为基础，通过软件与数控系统将专用的金属材料、非金属材料以及医用生物材料，按照挤压、烧结、熔融、光固化、喷射等方式逐层堆积，制造出实体物品的制造技术。

砂型 3D 打印的具体工艺过程为：将已混有固化剂的型砂通过铺粉器均匀地铺在工作台面上，完成铺砂过程；将砂型模型进行切片处理，计算机根据砂型模型的轮廓精准控制打印头中黏结剂（如呋喃树脂、硅胶等）的喷射速度及喷射量，将黏结剂喷射到铸造砂的粉末床上，待砂子固化后，打印台下降一个层面，重复往返，砂子层层进行堆积得到所需砂型模型（图 6-7）。

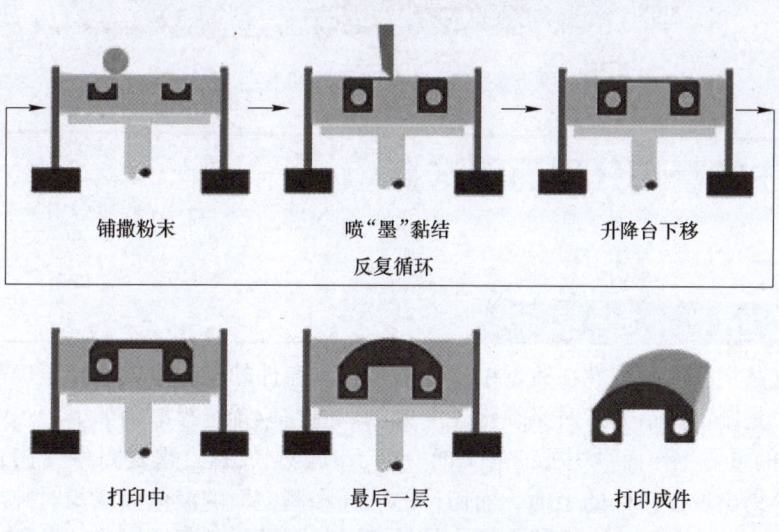

图 6-7 砂型 3D 打印工艺原理图

3D 打印实现了数字化型芯的生产，替代传统的芯盒、模具，从 CAD 数据直接打印砂型和型芯，实现砂型和型芯的无模化打印生产，降低了整体生产成本与制造风险，非常适用于中小批量、高复杂度、短期快速等要求的产品制造。图 6-8 所示为 3D 打印制作的型芯。

现阶段，生产砂型 3D 打印设备的厂家有德国 VoxeljeT 公司、美国的 ExOne 公司、中国的峰华卓立、共享装备股份有限公司等。图 6-9 所示为德国 VoxeljeT VX2000 型打印机，最大打印尺寸 2000mm×1000mm×1000mm，打印分辨率≥300dpi，打印层厚 0.2~0.5mm，打印精度±0.3mm，打印速率≤45s/层，主要用于砂型/型芯 3D 打印批量生产，适用于铝镁合金、铸铁、铸钢等材质铸件，特别适用于单件、小批量、高端复杂铸件制造及新产品开发，也可用于砂型 3D 打印黏结剂、固化剂和原砂等原材料开发及型砂性能研究。

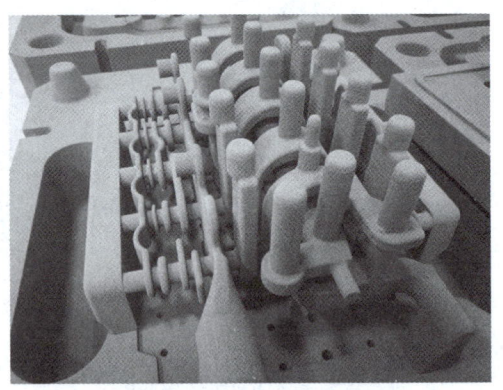

图 6-8　3D 打印制作的型芯

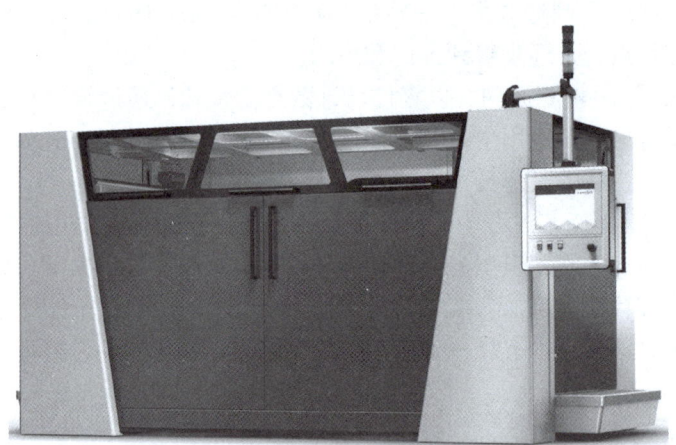

图 6-9　德国 VoxeljeT VX2000 型打印机

6.2　浇注位置和分型面的选择

6.2.1　浇注位置的选择原则

浇注位置是指浇注时铸件在铸型中所处的位置。铸件的浇注位置选择正确与否对铸件质量影响很大，是制定铸造方案时必须优先考虑的。浇注位置选择原则如下。

1) 铸件的重要工作面、主要的加工面应朝下或侧立放置。这是因为气孔、非金属夹杂物及缩孔等容易出现在铸件的上面，而铸件的底面和侧立面的液体金属相对纯净，凝固后的铸件表面比较光洁。另外，在液体金属充填铸型时，下面的凝固速度快，最先结晶的是靠近铸型底部的铸件，而且下部的金属是在较高的静压力作用下结晶的，所以铸件下部的基体晶粒细小、组织致密，质量优于上部。

例如：机床床身铸件，重要的工作面是导轨部分，其浇注位置应当是把导轨部分面放到最下面，如图 6-10 所示；图 6-11 所示为锥齿轮，因为轮齿部分的力学性能要求高，所以应将其放到下面；图 6-12 所示为内燃机气缸套，要求气缸套外圆部分的组织和力学性能均匀一致，故采用立浇方案，使其重要工作面和主要的加工面位于侧面。

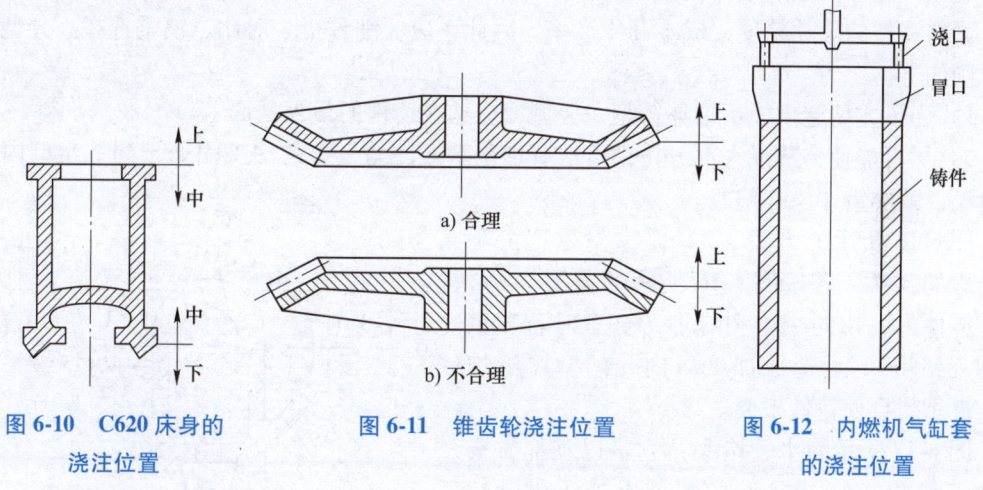

图 6-10　C620 床身的浇注位置　　图 6-11　锥齿轮浇注位置　　图 6-12　内燃机气缸套的浇注位置

2）铸件的大平面应朝下，以免形成夹渣和夹砂等缺陷。在浇注过程中，高温液体对铸型上表面有强烈的热辐射作用，可能会引起铸型型腔表面拱起或裂纹，使铸件表面产生夹砂等缺陷，平面越大越严重。因此，应使这种大平面朝下，如图 6-13 所示。

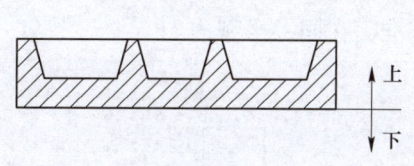

图 6-13　钳工平板的浇注位置

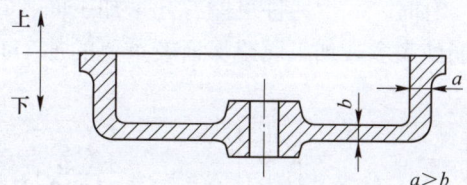

图 6-14　铝电动机端盖的浇注位置

3）应将铸件薄而大的平面放在下部、侧面或倾斜位置，以利于金属液填充铸型。在浇注薄壁件时，要求金属液到达薄壁处所经过的路程或所需的时间越短越好，以防止出现浇不足和冷隔等缺陷。图 6-14 所示为铝电动机端盖的浇注位置。

4）应将铸件的厚大部分放在上部或侧面，以获得组织致密、外形完整的铸件。对于体收缩较大的合金，或铸件厚薄不均匀而易形成缩孔和缩松的，或对质量要求较高的铸件，浇注位置的选择应有利于实现顺序凝固，应将铸件的厚大部分置于铸件最上方或侧面，以便安置冒口和最好地发挥冒口的补缩效果，实现自下而上的顺序凝固，如图 6-15 所示。

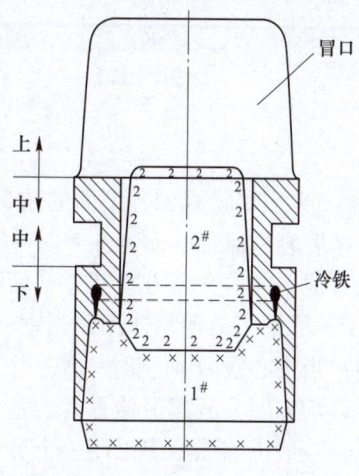

图 6-15　铸钢双排链轮的浇注位置

6.2.2 铸型分型面的选择原则

铸型分型面是指两半铸型相互接触的表面。

分型面一般在确定浇注位置后再选择，但分析各种分型面方案的优劣之后，可能需重新调整浇注位置。在生产中，浇注位置和分型面有时是同时确定的，分型面的优劣，在很大程度上影响铸件的尺寸精度、成本和生产率。因此，应仔细分析、对比、慎重选择。分型面选择原则如下。

1) 为了方便起模而不损坏铸型，分型面应选在铸件的最大截面上。

2) 尽可能使全部或大部分铸件，或者加工基准面与重要的加工面处于同一半型内以防止错型，减小铸件尺寸偏差。

图 6-16 所示的方案（2）是大量生产汽车后轮毂的实例。若按图 6-16 所示的方案（1），由于铸件内孔由两个半型成形，合型时若发生错型（错箱），会造成加工后内孔的壁厚不均匀，严重时会使铸件报废。

图 6-17 所示为水管堵头，它是以顶部方头为加工基准，在 $\phi46mm$ 的圆周上加工出管螺纹。若这两部分不对中，就会导致有的部位加工不到，而有的部位加工过深。因此，图 6-17c 所示方案较合理。

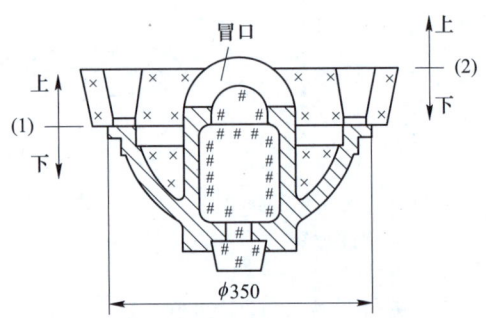

图 6-16 后轮毂的工艺方案

有时，一个铸件可能有几个加工面，它们不可能都和加工基准面放在同一半型内，这时只能使大多数加工面或保证较重要的加工面与加工基准面在同一半型内。

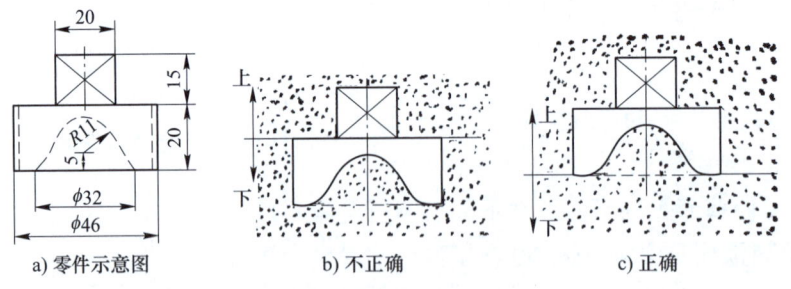

a) 零件示意图　　b) 不正确　　c) 正确

图 6-17 水管堵头的分型面

3) 应尽量减少分型面的数目。分型面少，砂箱的数量就少，铸件尺寸的偏差就小，铸件精度容易保证，而且生产率也较高。图 6-18a 所示为三通铸件，其内腔需采用型芯来形成，但不同的分型方案其分型面数量不同。当中心线 ab 垂直时，铸件有三个分型面，如图 6-18b 所示，需四箱造型；当中心线 cd 垂直时，有两个分型面，如图 6-18c 所示，需三箱造型；当中心线 ef 垂直时，仅一个分型面，如图 6-18d 所示，两箱造型即可，而且下芯、安放冒口均方便，故属最佳方案。

一般机器造型多采用一个分型面、两箱造型进行生产，在不便于起模的地方采用型芯而不采用多箱造型和活块。如图 6-19 所示。

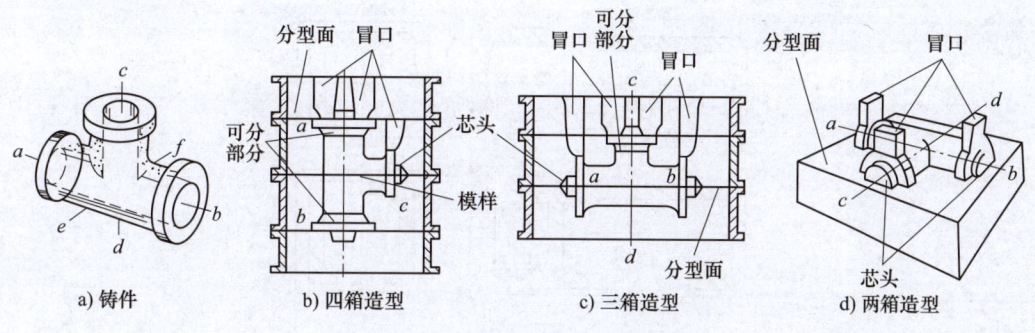

图 6-18 三通铸件的分型面选择

4) 分型面应尽量选用平面。平直分型面可简化造型过程和模板制造,易于保证铸件精度,如图 6-20 所示的起重臂铸件,如果选用如图 6-20a 所示的弯曲分型面,则须采用挖砂或假箱造型,不利于生产。正确的分型面方案如图 6-20b 所示,以平面为分型面。

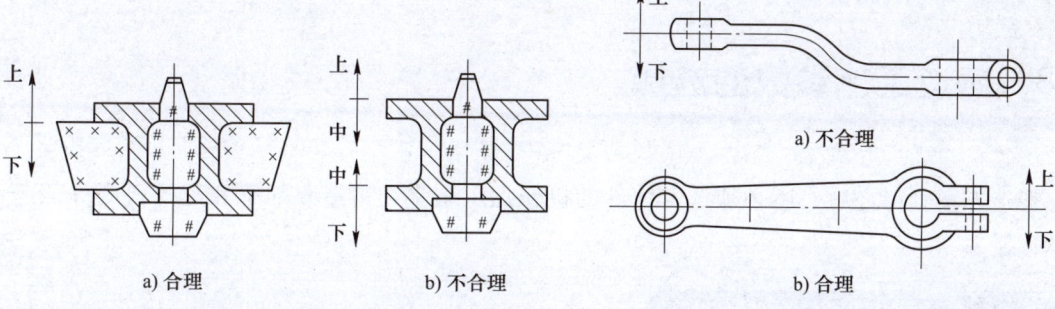

图 6-19　采用型芯而不采用多箱造型　　　　图 6-20　起重臂铸件的分型面选择

5) 分型面的选择应尽量减少型芯及活块的数量。这是为了使制模、制芯、造型和合箱等工序简化,以提高生产率和铸件的力学性能。图 6-21 所示为一接头铸件,若按图 6-21a 所示对称分型则必须制作水平型芯,但按图 6-21b 所示分型,内孔可以自带型芯,简化生产工艺,而且铸件披缝少,易清理,外形整齐美观。

6) 为便于造型、下芯、合箱及检验铸件壁厚,应尽量使型腔及主要型芯位于下箱,但下箱型腔也不宜过深,并力求避免使用吊芯和大的吊砂。

图 6-22 所示为机床支柱铸件的两个分型方案。可以看出,方案 a 与方案 b 同样也便于在下芯时检查铸件的壁厚,但方案 b 型腔及型芯大部分位于下箱,上箱型腔浅,且形状简单,这样可降低上箱高度,有利于起模及翻箱操作,因此,方案 b 是合理的。

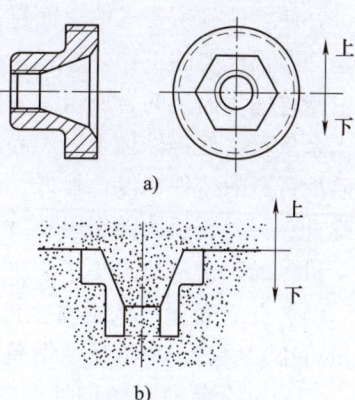

图 6-21　接头铸件分型面采用自带型芯代替型芯

选择分型面的上述诸原则,对于某个具体的铸件来说难以全面满足,有时甚至互相矛盾。因此,必须抓住主要矛盾、全面考虑,至于次要矛盾,则应从工艺措施上设法解决。例

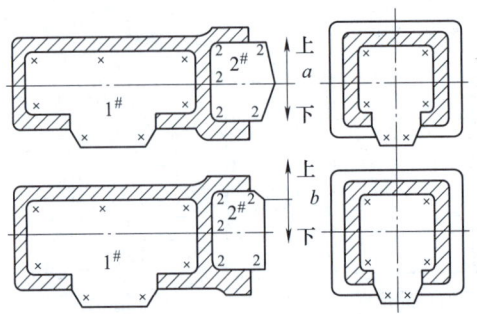

图 6-22 机床支柱铸件的两个分型方案

如，质量要求很高的铸件（如机床的床身、立柱、刀架、钳工划线平板等），应在满足浇注位置要求的前提下再考虑铸造工艺的简化。对于没有特殊质量要求的一般铸件，则以简化铸造工艺、提高经济效益为主要依据，不必过多地考虑铸件的浇注位置，仅对朝上的加工表面采用稍大的加工余量即可。

6.3 铸造工艺参数的选择

铸造方案确定之后，还必须选定铸件的机械加工余量、铸造收缩率和起模斜度等工艺参数。

6.3.1 机械加工余量和铸孔

机械加工余量是指在毛坯铸件上为了随后可用机械加工方法去除铸造对金属表面的影响，并使之达到所要求的表面特征和必要的尺寸精度而留出的金属余量。正确地确定加工余量是一项很重要的工作。加工余量过大不仅会增加金属材料的消耗和机械加工的工作量，而且由于铸件表面层的金属组织一般较为致密，故力学性能、耐压和耐蚀性都比较好，过大的加工余量就会使铸件加工后的表面质量下降。加工余量也不能太小，这是因为一方面目前普通砂型铸造的铸件精度比较低，而且有时铸件还会产生变形和表面缺陷，这就要靠加工余量来弥补；另外，因铸件表层硬度较高，如果加工余量过小，将加速切削刀具的磨损。

机械加工余量的大小，取决于下列因素。

（1）生产批量　大批量生产时，因采用机器造型，工艺装备齐全，铸件精度高，加工余量可小。反之，手工造型误差大，加工余量应加大。

（2）合金品种　铸钢件的表面粗糙，其加工余量应比铸铁件大；有色合金价格昂贵，而铸件表面较光洁，其加工余量应比铸铁件小。

（3）铸件尺寸　铸件越大，误差加大，其加工余量也应加大。

（4）加工面位置　浇注时，朝上的表面缺陷多，其加工余量应比底面和侧面大。

（5）加工面与基准面的距离　距离越大，误差也越大，加工余量也应加大。

依据 GB/T 6414—2017，铸件的机械加工余量的等级分为 10 级，分别为 A、B、…、J、K，其中灰铸铁砂型铸件要求的机械加工余量见表 6-3。

表 6-3　灰铸铁砂型铸件要求的机械加工余量　　　　　　（单位：mm）

铸件公称尺寸		手工造型 F~H	机器造型 E~G	铸件公称尺寸		手工造型 F~H	机器造型 E~G
大于	至			大于	至		
—	40	0.5~0.7	0.4~0.5	400	630	3.0~6.0	2.2~4.0
40	63	0.5~1.0	0.4~0.7	630	1000	3.5~7.0	2.5~5.0
63	100	1.0~2.0	0.7~1.4	1000	1600	4.0~8.0	2.8~5.5
100	160	1.5~3.0	1.1~2.2	1600	2500	4.5~9.0	3.2~6.0
160	250	2.0~4.0	1.4~2.8	2500	4000	5.0~10	3.5~7.0
250	400	2.5~5.0	1.8~3.5	4000	6300	5.5~11	4.0~8.0

铸件上的孔、槽是否需要铸出，不仅要考虑工艺上的可能性，而且应结合铸件的批量分析其必要性。一般说来，较大的孔、槽应当铸出，以减少机械加工余量和铸件上的热节。较小的孔、槽，特别是中心线位置有精度要求的孔，由于铸孔位置准确性差，其误差虽经扩孔也难纠正，因此，留待直接机械加工较为经济合理。

灰铸铁的最小铸孔（毛坯孔径）推荐如下：单件、小批生产 $\phi30\sim\phi50\mathrm{mm}$，成批生产 $\phi15\sim\phi30\mathrm{mm}$，大量生产 $\phi12\sim\phi15\mathrm{mm}$。零件图上不要求加工的孔、槽，无论大小均得铸出。

6.3.2　铸造收缩率

由于合金在冷却过程中要发生固态收缩（线收缩），这将使铸件各部分尺寸小于模样原来的尺寸，因此，为了使铸件冷却后的尺寸与铸件图示尺寸一致，则需要在模样或芯盒上加上其收缩的尺寸。加大的这部分尺寸为铸件的收缩量，一般用铸造收缩率表示，即

$$K = [(L_{模样} - L_{铸件})/L_{模样}] \times 100\%$$

式中　$L_{模样}$——模样尺寸；
　　　$L_{铸件}$——铸件尺寸。

在铸件的冷却过程中，其线收缩不仅受到铸型和型芯的机械阻碍，同时，还因为铸件壁厚的差异而导致冷却速度不均引起铸件各部分之间的相互制约。因此，铸件的铸造收缩率除因合金种类不同而不同外，还随铸件的形状、尺寸不同而不同。因此，要十分准确地给出铸造收缩率是很困难的。通常，灰铸铁的铸造收缩率为 0.7%~1.0%，铸造碳钢的铸造收缩率为 1.3%~2.0%，铸造锡青铜的铸造收缩率为 1.2%~1.4%，铝硅合金的铸造收缩率为 0.8%~1.2%。

6.3.3　起模斜度

为了在造型和制芯时便于起模而不致损坏砂型和砂芯，凡平行于起模方向的立壁，在制造模样时，必须留出一定的倾斜度，此斜度称为起模斜度，如图 6-23 所示。

起模斜度（α）的大小取决于垂直壁的高度、造型方法、模样材料等。垂直壁越高，斜度越小；机器造型应比手工造型斜度小，而木模应比金属模斜度大。为使型砂便于从模样内腔中脱出，铸件孔内壁的斜度应比外壁大。

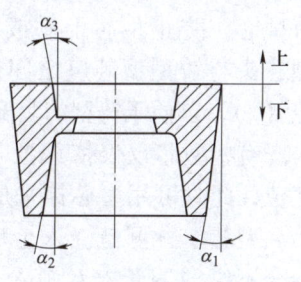

图 6-23　起模斜度

6.3.4 铸造圆角

制造模样和设计铸件时，结构体的连接和转角处都要做成圆弧过渡，称为铸造圆角。铸造圆角在造型和浇注时，可避免铸型尖角损坏而形成砂眼，也可防止铸件交角处黏砂或由于应力集中而产生裂纹。有时零件上并不需要圆角，为了铸造工艺的需要，也要做成圆角，但铸型分型面处则不宜做成圆角。

铸造圆角有内、外之分。铸造圆角的大小必须和铸件壁厚、表面的最小边尺寸和夹角的大小相适应。夹角为90°的铸造内圆角半径的部分数据见表6-4，详细材料可查阅有关铸造方面的手册。

表 6-4 铸造内圆角半径 R 值 （单位：mm）

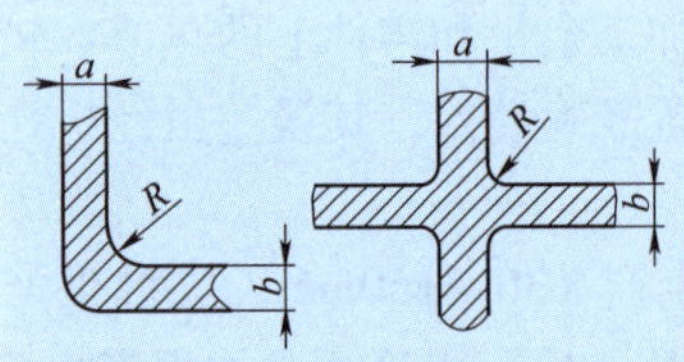 $(a+b)/2$	≤8	9~12	13~16	17~20	21~27	28~35	36~45	46~60
铸铁	4	6	6	8	10	12	16	20
铸钢	6	6	8	10	12	16	20	25

6.3.5 型芯头

型芯是依靠型芯头来定位和排气的。型芯头形状和尺寸对于型芯的装配工艺性和稳定性有很大的影响。型芯头可分为垂直芯头和水平芯头两大类，如图6-24所示。

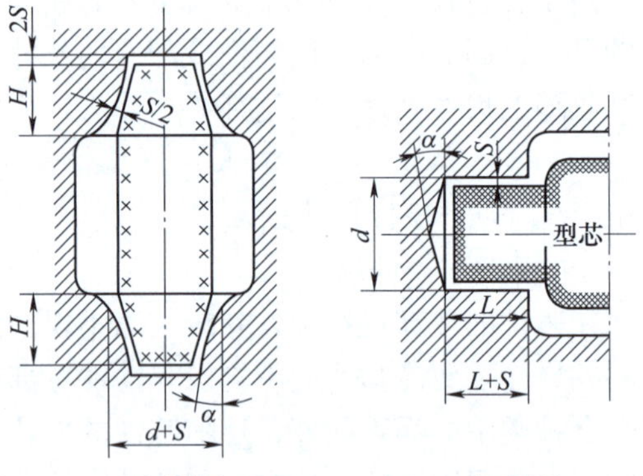

垂直型芯一般都有上下芯头，如图6-24a所示，但短而粗的型芯也可以不留出上芯头。芯头的高度 H 主要取决于型芯头的直径 d。芯头必须留有一定的斜度 α。下芯头斜度应小些（5°~10°），高度应大些，以便增强型芯的稳定性；而上芯头斜度应大些（6°~15°），高度应小些，以易于合箱。

水平芯头如图6-24b所示，其长度主要取决于型芯头的直径和型芯的长度。为便于下芯及合箱，铸型上的型芯座端部也应留有一定斜度 α。悬臂型芯头必须做得长而大，以平衡支持型芯，防止型芯下垂或被液体金属抬起。型芯头与铸型型芯座之间应留有1~4mm间隙（S），以便于铸型的装配。

有些型芯仅仅依靠型芯头尚难以牢固地定位，此时可用型芯撑来加固，如图6-25所示。型芯撑虽可与浇入金属相熔合，但常因熔合不牢或附近产生气孔使铸件发生渗漏。

a) 垂直芯头   b) 水平芯头

图 6-24 型芯头的构造

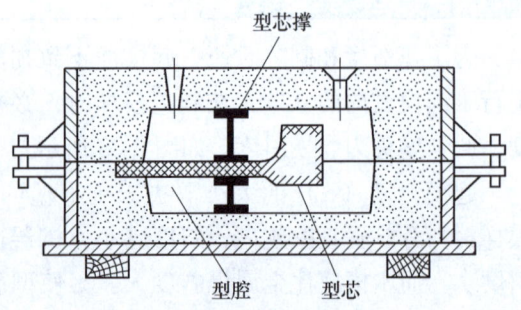

图 6-25 型芯撑的应用

同时，型芯撑还影响加工表面的表面质量。因此，有耐压要求的铸件和加工表面，通常不用型芯撑。

6.4 浇注系统、冒口和冷铁

6.4.1 浇注系统

浇注系统是指金属液流入铸型型腔的通道。浇注系统一般包括浇口杯（外浇口）、直浇道、横浇道和内浇道等，如图 6-26 所示。

浇注系统的作用是将金属液平稳地引入铸型，有利于挡渣和排气，并能控制铸件的凝固顺序。

（1）浇口杯 浇口杯主要的作用是方便浇注、缓和金属液对铸型的冲击，挡住部分熔渣杂质进入直浇道。小型铸件通常为漏斗状，较大型铸件通常为盆状。

（2）直浇道 直浇道主要用来调节金属液流入型腔的速度和对型腔的压力。直浇道越高，则金属液流入型腔的速度越快，对型腔产生的压力也越大。直浇道一般为上大下小的圆锥体。

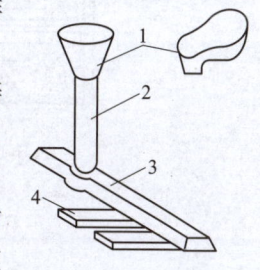

图 6-26 浇注系统的组成
1—浇口杯 2—直浇道
3—横浇道 4—内浇道

（3）横浇道 横浇道是将直浇道的金属液引入内浇道的水平通道，一般开在砂型的分型面上。由于横浇道是水平的，金属液较长距离的水平流动，使熔渣易于向上浮起。为加强挡渣作用，也可在横浇道内安放过滤网，或做成节流式，或在末端设集渣包。横浇道常用的截面形状为梯形、圆形及半圆形等。

（4）内浇道 内浇道的主要作用是控制金属液充填铸型的速度与方向，且控制铸件的冷却速度与凝固方式。它的截面形状有扁平梯形、三角形、方梯形及半圆形等，以扁平梯形为主。

目前，在铸造生产中常用的浇注系统有顶注式、底注式、中间注入式和分段注入式几种，如图 6-27 所示。

6.4.2 冒口和冷铁

在铸造工艺设计时，为防止铸件产生缩孔、缩松等铸造缺陷，保证铸件质量，除正确设计浇注系统外，还应在铸件的厚实部位设置冒口，并按顺序凝固原则使冒口最后凝固；而在铸件的厚薄交接处常常按同时凝固原则设置冷铁来加速冷却。

冒口的主要作用是在铸件凝固期间进行补缩，还可用于调节铸件各部分的冷却速度。生产中常根据铸件结构、合金种类等具体条件，选择不同的冒口种类。常用的冒口有明冒口和暗冒口，有时也可采用特种冒口，如大气压力冒口、发热冒口等，如图 6-28 所示。明冒口具有出气孔的作用，型腔内的气体在浇注过程中可通过明冒口逸出；同时，明冒口可作为浇满铸型的标记，还有聚集浮渣和浮砂的作用。暗冒口和特种冒口补缩效率比明冒口大。

冷铁的主要作用是：可以减少冒口的数量和尺寸，提高金属利用率；在铸件难以设置冒

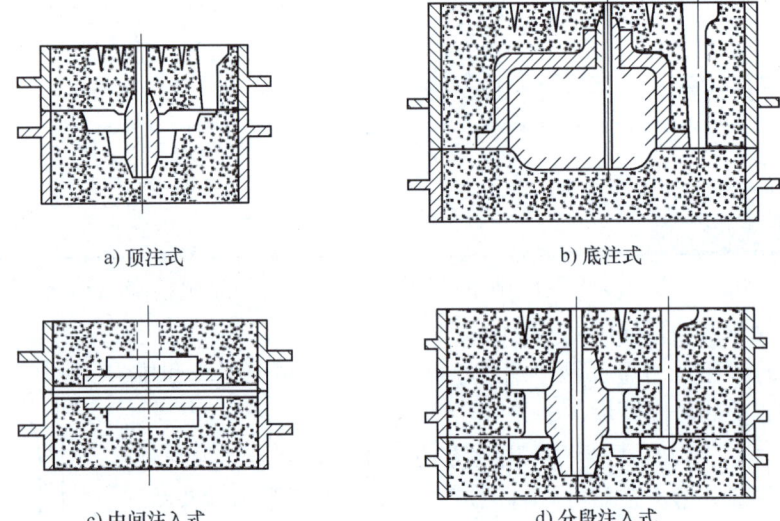

a) 顶注式　　b) 底注式　　c) 中间注入式　　d) 分段注入式

图 6-27　浇注系统的类型

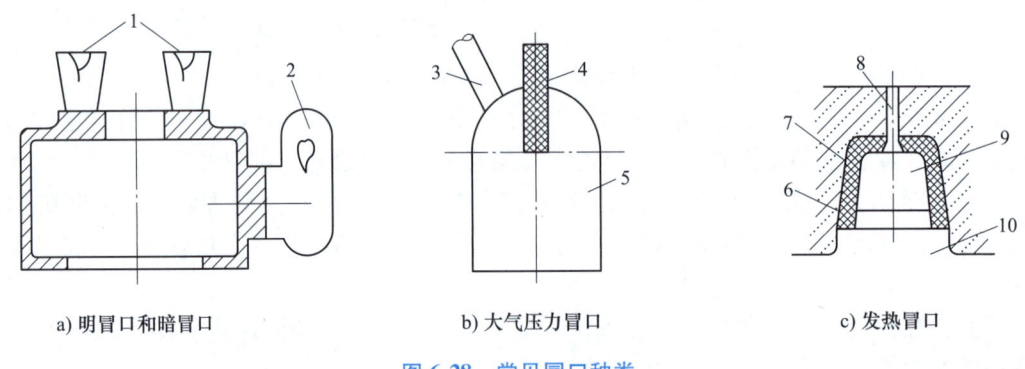

a) 明冒口和暗冒口　　b) 大气压力冒口　　c) 发热冒口

图 6-28　常见冒口种类

1—明冒口　2、5、9—暗冒口　3、8—出气孔　4—大气压型芯　6—砂圈　7—发热套　10—铸件

口的厚实部位，设置冷铁同样可防止产生缩孔和缩松；在铸件的适当部位安放冷铁可控制铸件的凝固顺序，增加冒口的有效补缩距离；使用冷铁可消除局部热应力，防止裂纹的产生。常用的冷铁有外冷铁和内冷铁两种，其形式如图 6-29 所示。

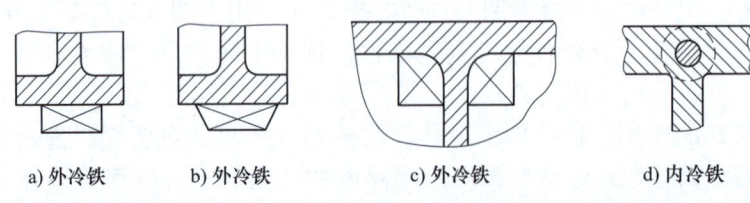

a) 外冷铁　　b) 外冷铁　　c) 外冷铁　　d) 内冷铁

图 6-29　常见冷铁形式

6.5 铸造工艺图及工艺分析举例

授课视频

6.5.1 铸造工艺图中工艺符号及其表示方法

铸造工艺图是在零件图上用各种工艺符号及参数表示出铸造工艺方案的图形,其中包括浇注位置,铸型分型面,型芯的数量、形状及其固定方法,要求的机械加工余量,铸造收缩率,浇注系统,起模斜度,冒口和冷铁的尺寸和布置等。铸造工艺图是指导模样(芯盒)设计、生产准备、铸型制造和铸件检验的基本工艺文件。依据铸造工艺图,结合所选定的造型方法,便可绘制出模样图及合型图。

铸造工艺图上分型面、分模面、机械加工余量、不铸出孔和槽、浇注系统等工艺符号的表示方法见表6-5。

表6-5 铸造工艺图中工艺符号及其表示方法

名称	工艺符号	说明
分型面		分型面用红色线表示,用红色箭头及红色字标明"上、下"箱或"上、中、下"箱
分模面		分模面用红色线表示,并在线的一端画"<"或">"(只表示模样分开的界线)
分型分模面		分型分模面用红色线表示
机械加工余量		机械加工余量用红色线表示,在加工符号附近注明机械加工余量数值。凡带斜度的机械加工余量应注明斜度

95

(续)

名称	工艺符号	说明
不铸出孔和槽		不铸出孔和槽用红线打叉
冒口		各种冒口均用红色线表示，注明斜度和各部分尺寸，并用序号 1#、2# 等区分
出气孔		出气孔用红色线表示，注明各部分尺寸
型芯编号、边界符号		型芯边界用蓝色线表示，型芯用阿拉伯数字 1#、2# 等标注，边界符号一般只在芯头及型芯交界处用与型芯号相同的小号数字表示，铁芯必须写出"铁芯"字样。如果能表达清楚，也可以不表明型芯边界
型芯撑		型芯撑用红色线表示，特殊结构的型芯撑写出"芯撑"字样
模样活块		模样活块用红色线表示，并在此线上画两条平行短线

(续)

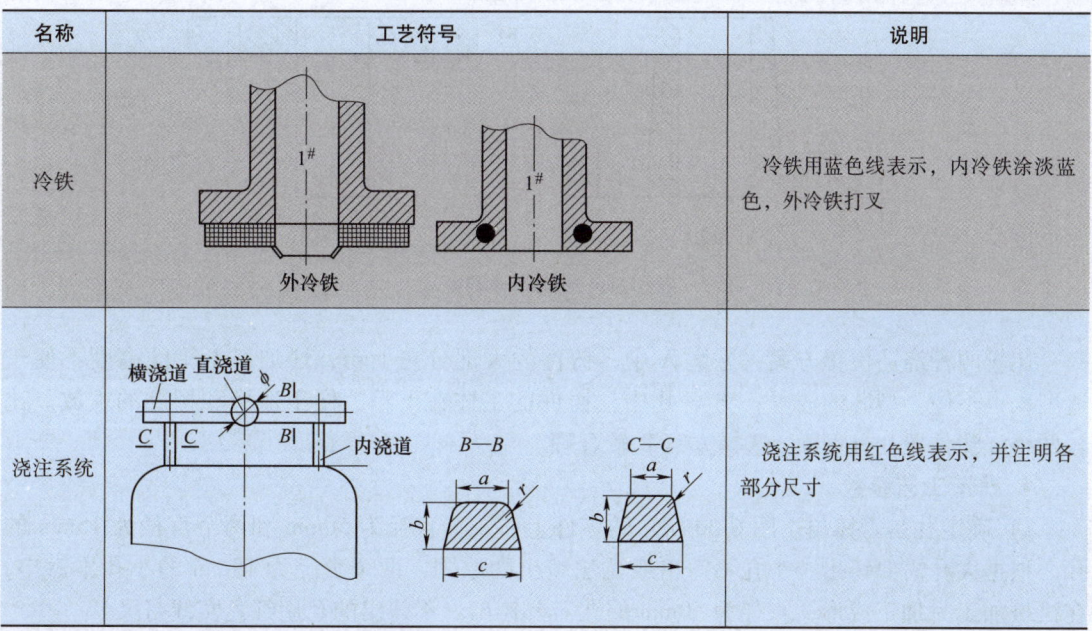

6.5.2 铸造工艺分析举例

在确定铸件的铸造工艺方案时，首先应了解合金品种、生产批量及铸件质量要求等，分析铸件结构以便确定铸件的浇注位置，分析铸件分型面的选择方案。在此基础上，依据选定的工艺参数，用红、蓝色笔在零件图上绘制铸造工艺图，为制造模样、编写铸造工艺卡等奠定基础。

图 6-30 所示为支座零件，按照铸造工艺设计的步骤，进行该零件的铸造工艺设计。该铸件材质为 HT200，大批量生产。

本工艺设计以定性描述为主，具体尺寸不详细标出。

1. 分析铸件质量要求和结构特点

图 6-30 所示支座零件，没有特殊质量要求的表面，在制定工艺方案时，不必考虑浇注位置要求，主要着眼于工艺上的简化。

支座结构较简单，支座中间部分为一带孔的圆柱体，圆柱体直径为 80mm、内孔直径为 50mm，底板凸台上有两个直径为 15mm 的孔。

2. 造型方法选择

根据铸件结构和生产批量，选择机器造型生产。

3. 浇注位置和分型面

根据零件图，可能的浇注位置如图 6-31 所示。

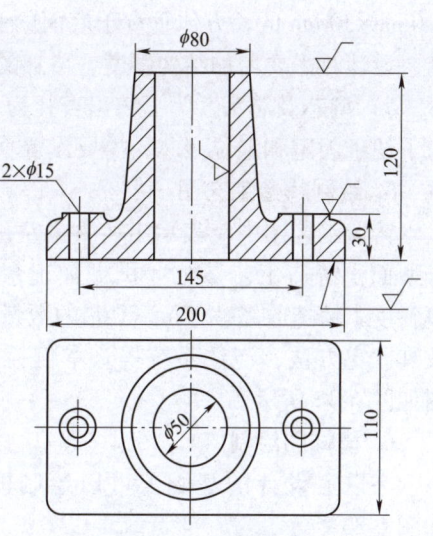

图 6-30 支座零件

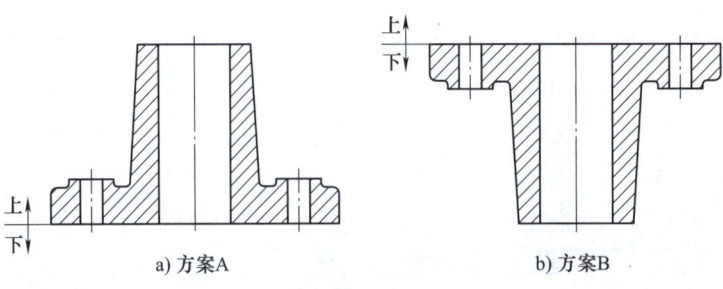

图 6-31 浇注位置的选择

比较两种浇注位置方案：方案 A 中，铸件的大部分在上箱，增加了上箱的高度不便于造型，也不便于型芯的放置；方案 B 中，铸件的主体在下箱，便于造型和型芯的安放。比较两种浇注位置和分型面，选择方案 B 较合理。

4. 铸造工艺参数

1）确定孔是否铸出。图 6-30 所示的零件上有一个直径为 50mm 和两个直径为 15mm 的孔。根据大孔需要铸出、小孔不铸出或无法铸出的原则，两个直径为 15mm 的小孔不铸出，在机械加工时加工成形，直径为 50mm 的孔需要铸出。不铸出的孔用红色实线打叉。

2）铸造收缩率。铸造收缩率取 0.8%。

3）机械加工余量。根据机械加工余量的确定原则，由于底面质量好于顶面，从底面到顶面的机械加工余量逐渐加大，大的铸件（或远离加工基准面的面）机械加工余量大，小的铸件（或离基准面近的加工面）机械加工余量小。参照表 6-3 选取各面机械加工余量如下：顶面为 4.0mm，底面为 3.0mm，侧面为 3.0mm。机械加工余量用实线画出轮廓。

4）起模斜度和结构斜度。图 6-30 中直径为 80mm 的圆柱体已有结构斜度，200mm×110mm×30mm 的长方体垂直于底面的侧面没有标注加工符号，属于非加工面，所以在进行工艺设计时需要增加结构斜度，增加的结构斜度构成零件的一部分。

5）型芯及芯头。为了铸出直径为 50mm 的孔，需要设置型芯，根据浇注和分型面位置，为了便于固定和定位型芯，需要设置垂直芯头。

5. 绘制铸造工艺图

铸造工艺图中应表示出铸件的浇注位置、分型面、铸造工艺参数（机械加工余量、起模斜度、铸造收缩率等）、型芯的数量、形状及其固定方法，浇注系统等。本例铸造工艺图如图 6-32 所示。

6. 模样图绘制

在以上设计的基础上可以绘制模样图，如图 6-33 所示。

7. 绘制合箱图

将上箱、下箱、型芯、浇注系统等组成一个完整铸型的操作过程称为合型，也称为合箱。铸造合箱图如图 6-34 所示。合箱是浇注前的最后一道工序，合箱时一定要全面检查砂型和型芯的质量，然后将型芯安放准确、牢

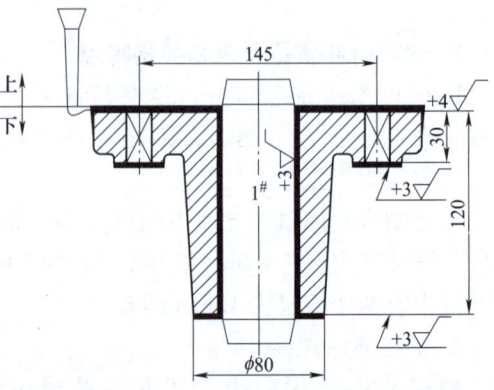

图 6-32 支座的铸造工艺图

固,最后合上箱。

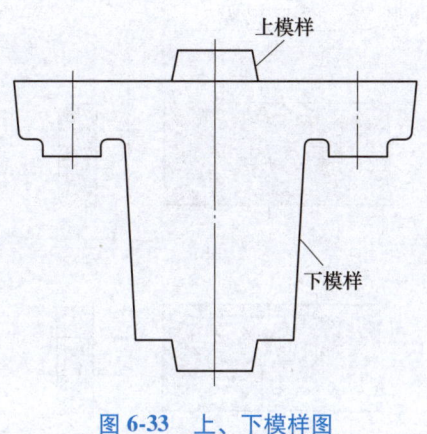

图 6-33 上、下模样图

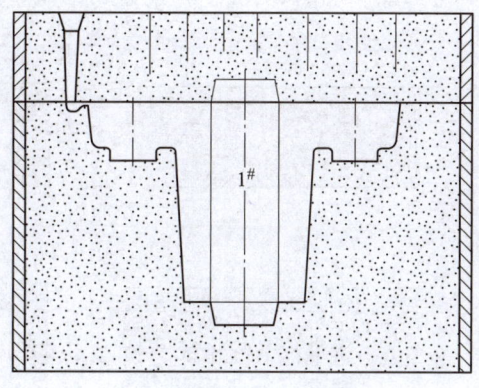

图 6-34 铸造合箱图

6.6 铸件的结构设计

在进行铸件结构设计时,除了要保证铸件的工作性能和力学性能要求外,还必须考虑铸造生产的工艺性,使合理的铸件结构与生产工艺相适应,以提高生产率和经济效益。为此,设计者必须了解铸造工艺的各个环节和合金的铸造性能要求,以便经济合理地生产铸件。

6.6.1 铸造工艺对铸件结构的要求

在满足零件工作要求的前提下,铸件的结构设计应尽量地使制模、造型、制芯、装配、合箱和清理等过程简化,以便保证铸件质量、节约工时、降低成本,并为铸件的机械化生产创造条件。因此在设计铸件的外形和内腔时,必须考虑以下几方面的问题。

1. 铸件的外形必须力求简单,造型方便

(1)避免外部侧凹 铸件在起模方向上若有侧凹,必须增加分型面的数量,这样不仅使砂箱数量和造型工时增加,也使铸件容易产生错型,影响铸件的外形和尺寸精度。图 6-35a 所示的端盖,由于上下法兰的存在,使铸件产生侧凹,形成两个分型面,所以必须采用三箱造型或增加环状外型芯,使造型工艺复杂。若改为如图 6-35b 所示的结构,去掉上部法兰,使铸件只有一个分型面,可采用两箱造型,这样可以显著提高造型效率。

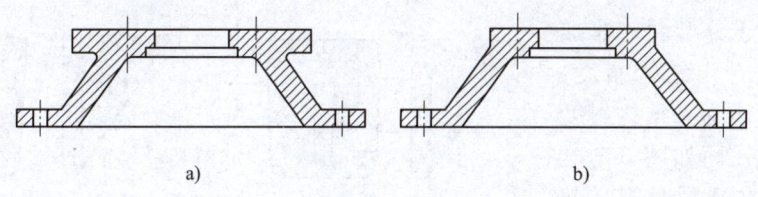

图 6-35 端盖的设计

(2)凸台、筋板的设计 设计铸件侧壁上的凸台、筋板时,要考虑到起模方便,尽量避免使用活块或外型芯。图 6-36a、b 所示凸台均妨碍起模，应将相近的凸台连成一体并延长到分型面，如图 6-36c、d 所示，就不需要活块和外型芯，便于起模。

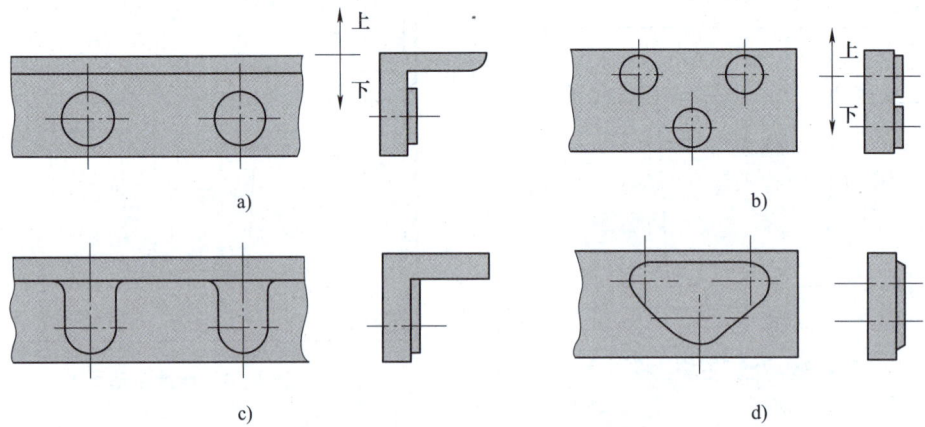

图 6-36　凸台的设计

（3）铸件分型面尽量平直，包括注意避免分型面上的圆角结构　分型面如果不平直，造型时必须采用挖砂或假箱造型，而这两种造型方法生产率低。图 6-37a 所示杠杆铸件的分型面不是平直的，改为如图 6-37b 所示结构，分型面变成平面，方便了制模和造型，分型面设计是合理的。如图 6-38a 所示，小支架铸件的分型面上有圆角结构，需采用挖砂或假箱造型，工序复杂，生产率低，成本高，应改为如图 6-38b 所示的结构。

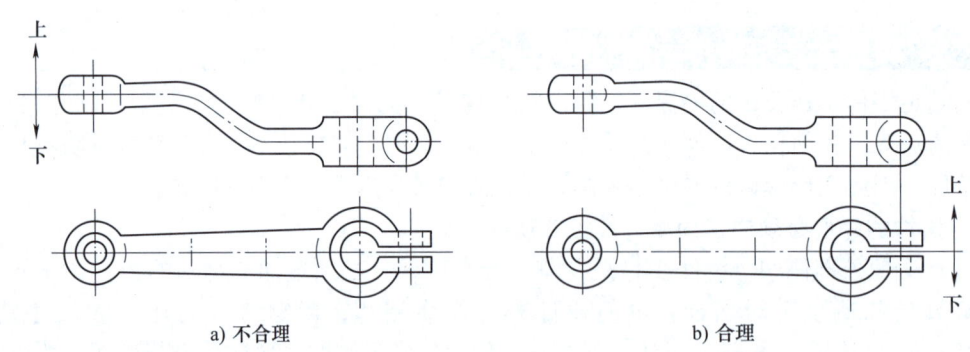

图 6-37　杠杆铸件结构

（4）铸件侧壁要有结构斜度　铸件垂直于分型面的非加工表面，应设计出结构斜度，图 6-39a、b 所示为无结构斜度的不合理结构，而如图 6-39c、d 所示结构，在造型时容易起模，不易损坏型腔。

铸件的结构斜度和起模斜

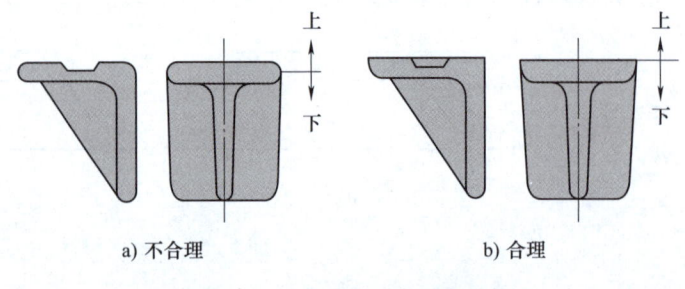

图 6-38　分型面上避免圆角结构

度不能混淆。结构斜度是在零件的非加工面上设置的,直接标注在零件图上,且斜度值较大。起模斜度是在零件的加工面上设置的,在绘制铸造工艺图或模样图时使用,切削加工时将被切除。

2. 合理设计铸件内腔

铸件的内腔通常由型芯形成,型芯处于高温金属液的包围之中,工作条件恶劣,极易产生各种铸造缺陷。故在铸件内腔的设计中,应尽可能地避免或减少型芯。

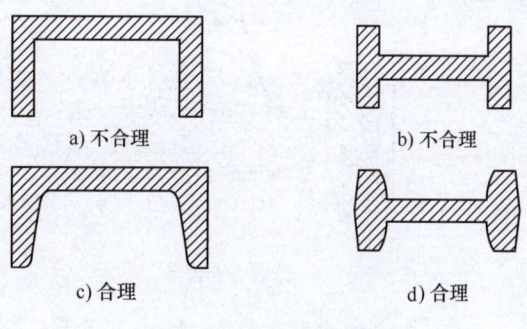

图 6-39 铸件结构斜度

(1) 尽量少用或不用型芯 图 6-40a 所示悬臂支架采用方形中空截面,为形成其内腔,必须采用悬臂型芯,型芯的固定、排气和出砂都很困难。若改为如图 6-40b 所示工字形开式截面,可省去型芯。图 6-41a 所示带有向内的凸缘,必须采用型芯形成内腔,若改为如图 6-41b 所示结构,则可通过自带型芯形成内腔,使工艺过程大大简化。

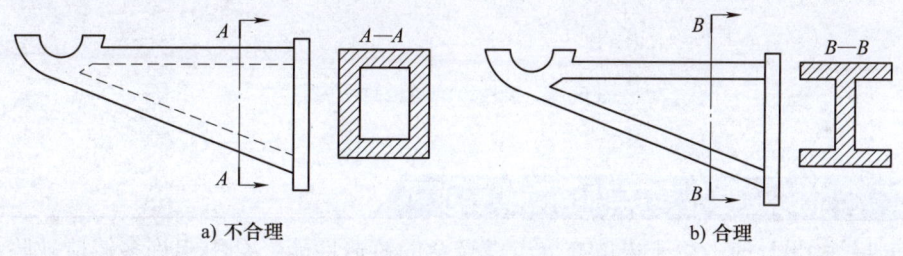

图 6-40 悬臂支架

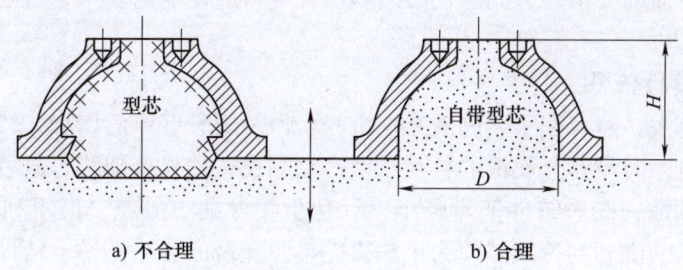

图 6-41 铸件不用型芯的内腔设计

(2) 应便于型芯的固定、排气、定位和清理 型芯在铸型中的支撑必须牢固,否则型芯经不住浇注时金属液的冲击会产生偏芯缺陷,造成废品。图 6-42a 所示轴承支架铸件的内腔需用两个型芯形成,其中大的型芯呈水平悬臂状,必须用型芯撑作为辅助支承,型芯撑容易导致铸造缺陷(如因型芯不稳而偏芯导致壁厚不均,因型芯撑处冷凝快而出现冷隔等),而且会因型芯不连通导致排气不畅、清砂不便。若改为如图 6-42b 所示的结构后,采用一个整体型芯,型芯安放稳固,装配简单,易于排气且清理方便。

(3) 应避免封闭内腔 图 6-43a 所示铸件为封闭空腔结构,其型芯安放困难、排气不畅、无法清砂、结构工艺性极差。若改为如图 6-43b 所示结构,上述问题迎刃而解,结构设计是合理的。

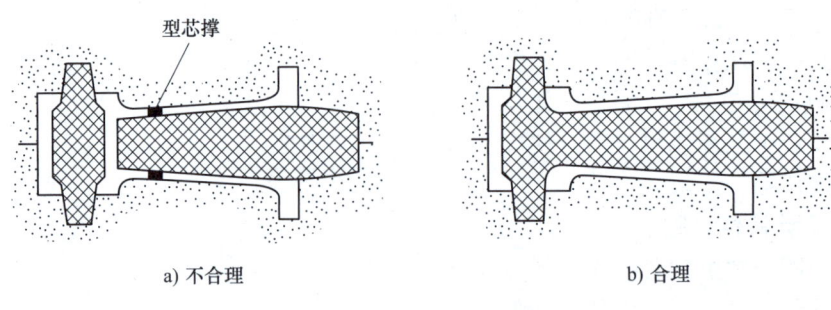

a) 不合理　　　　　　　　b) 合理

图 6-42　轴承支架铸件

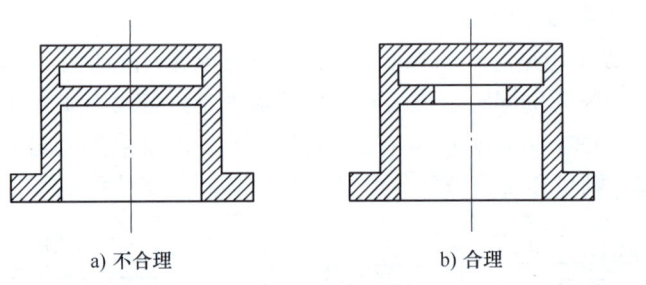

a) 不合理　　　　　　　　b) 合理

图 6-43　铸件结构避免封闭内腔

6.6.2　合金铸造性能对铸件结构的要求

在铸件结构设计时,由于未能充分考虑合金的铸造性能,会引起许多铸造缺陷。例如,缩孔、缩松、变形、裂纹、浇不足、冷隔、气孔和偏析等。因此,在设计铸件结构时,除了考虑造型工艺等方面的要求外,同时也必须满足合金铸造性能的要求,否则铸件质量就不能保证。

1. 合理设计铸件壁厚

铸件的壁厚越大,越有利于金属液充填型腔。但是随着壁厚的增加,铸件心部的晶粒越粗大,而且凝固收缩时没有金属液的补充,易产生缩孔、缩松等缺陷,故承载力并不随着壁厚的增加而成比例地提高。铸件壁厚减小,有利于获得细小晶粒,但不利于金属液充填型腔,容易产生冷隔、浇不到等缺陷。为了获得完整、光滑的合格铸件,铸件壁厚应大于该合金在一定铸造条件下所能得到的"最小壁厚"。表 6-6 列出了砂型铸造条件下铸件的最小壁厚。

表 6-6　砂型铸造条件下铸件的最小壁厚　　　　　　（单位：mm）

铸件尺寸	铸钢	灰铸铁	球墨铸铁	可锻铸铁	铝合金	铜合金
<200×200	5~8	3~5	4~6	3~5	3~3.5	3~5
200×200~500×500	10~12	4~10	8~12	6~8	4~6	6~8
>500×500	15~20	10~15	12~20	—	—	—

当铸件壁厚不能满足力学性能要求时,常采用带加强筋结构的铸件,而不是用单纯增加壁厚的方法,如图 6-44 所示。

2. 壁厚应尽可能均匀

铸件各部分壁厚若相差过大，将在局部厚壁处形成金属积聚的热节，导致铸件产生缩孔、缩松等缺陷；同时，不均匀的壁厚还将造成铸件各部分的冷却速度不同，冷却收缩时各部分相互阻碍，产生热应力，易使铸件薄弱部位产生变形和裂纹，如图 6-45

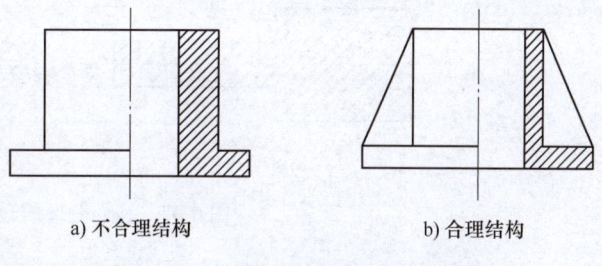

图 6-44 采用加强筋减小铸件的壁厚

所示。因此在设计铸件时，应力求做到壁厚均匀。壁厚均匀是指铸件的各部分具有冷却速度相近的壁厚，故内壁的厚度要比外壁的厚度小一些。

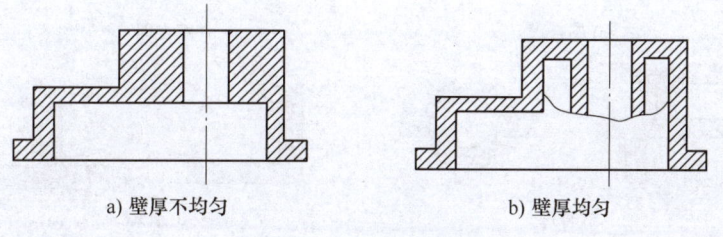

图 6-45 铸件的壁厚设计

3. 铸件壁的连接方式要合理

（1）铸件壁的转弯处应为圆角，可减少热节和缓和应力集中 直角转弯处易形成冲砂、砂眼等缺陷，同时也容易在尖锐的棱角部分形成结晶薄弱区。此外，直角处还因热量积聚较多（热节）容易形成缩孔、缩松，如图 6-46 所示。因此要合理地设计内圆角和外圆角。铸造圆角的大小应与铸件的壁厚相适应。

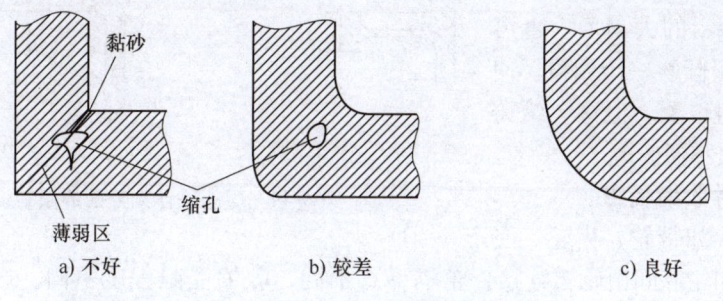

图 6-46 直角与圆角对铸件质量的影响

（2）不同壁厚之间要逐步过渡 铸件壁厚不同的部分进行连接时，应力求平缓过渡，避免截面突变，以减小应力集中，防止产生裂纹，如图 6-47 所示。

（3）连接处避免集中交叉和锐角 两个以上的壁连接处热量积聚较多，易形成热节，铸件容易形成缩孔，因此当铸件壁交叉时，中、小铸件采用交错接头，大型铸件采用环形接头，如图 6-48c 所示。当两壁必须锐角连接时，要采用如图 6-48d 所示的过渡形式。

4. 尽可能避免铸件上的大平面

铸件上的大平面不利于金属液的充填，易产生浇不到、冷隔等缺陷，而且大平面上方的

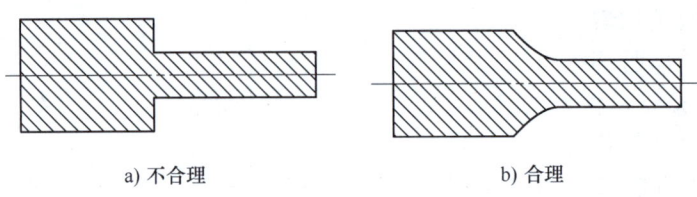

a) 不合理　　　　　　　　　b) 合理

图 6-47　铸件壁厚的过渡形式

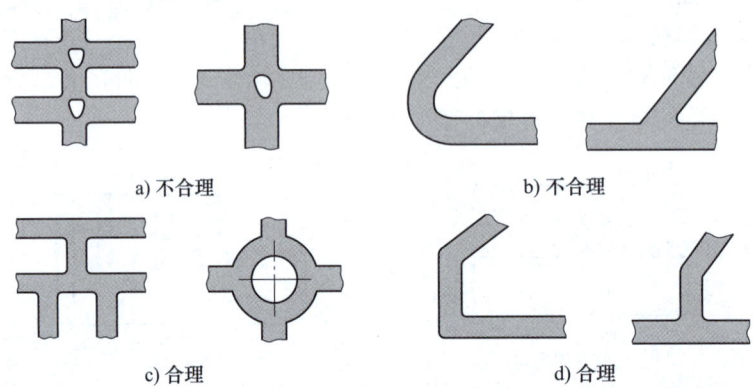

a) 不合理　　　　　　　　　b) 不合理

c) 合理　　　　　　　　　　d) 合理

图 6-48　壁间连接结构的对比

砂型受高温金属液的烘烤，容易掉砂而使铸件产生夹砂等缺陷；金属液中的气体、夹渣上浮滞留在上表面，产生气孔、渣孔。例如，将如图 6-49a 所示顶盖铸件的大平面改为如图 6-49b 所示的大斜面。也可在浇注时将铸型倾斜一个角度，使大平面处于倾斜位置，但这会给铸造工艺过程带来不便。

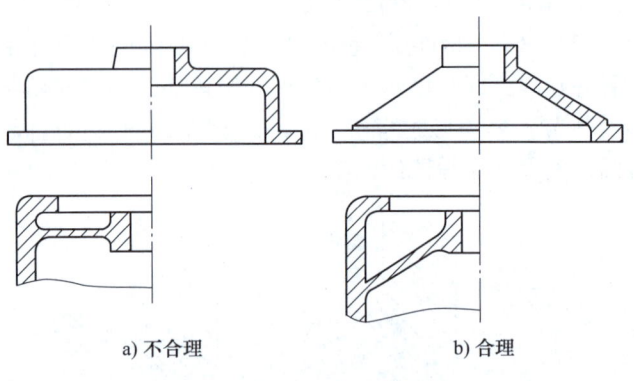

a) 不合理　　　　　　　　　b) 合理

图 6-49　顶盖铸件大平面的倾斜设计

5. 避免铸件收缩受阻

轮形铸件（如带轮、齿轮、飞轮等）的轮毂和轮缘间由轮辐连接，轮辐形式不同，收缩受阻程度不同，产生裂纹的倾向也不同。为防止轮形铸件产生裂纹，应尽可能采用能够减缓收缩受阻的轮辐形式。图 6-50a 所示为偶数对称直轮辐，当合金的收缩较大而轮毂、轮缘与轮辐的厚度差较大时，会因较大的收缩应力在轮辐与轮缘（或轮毂）连接处产生裂纹。若采用如图 6-50b 所示的奇数轮辐，则因每根轮辐的相对部位为轮缘，故收缩应力可通过轮缘的微量变形来缓解。若采用如图 6-50c 所示的弯曲轮辐，则收缩应力可通过轮辐自身的微量变形来缓解。

以上介绍的只是砂型铸造铸件结构设计的特点，在特种铸造方法中，应根据每种不同的铸造方法及其特点进行相应的铸件结构设计。

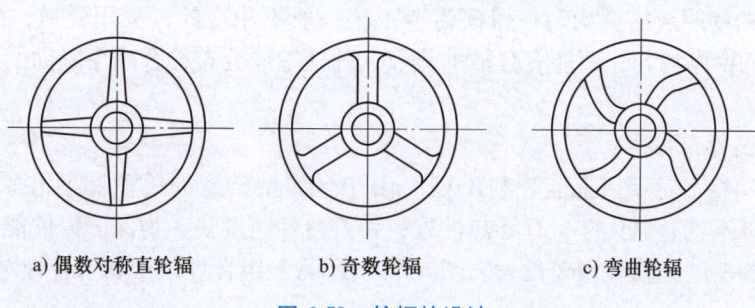

a) 偶数对称直轮辐　　　b) 奇数轮辐　　　c) 弯曲轮辐

图 6-50　轮辐的设计

6.6.3　不同铸造方法对铸件结构的要求

对于采用特种铸造方法生产的铸件，不同的铸造方法对铸件结构有着不同的要求，设计特种铸造生产的铸件结构时，除了考虑上述铸件结构的合理性和铸件结构的工艺性等一般原则外，还必须充分考虑不同特种铸造方法的特点所决定的一些特殊要求。

1. 熔模铸件

（1）便于蜡模的制造　图 6-51a 所示铸件的凸缘朝内，注蜡后无法从压型中取出型芯，使蜡模制造困难，而改成如图 6-51b 所示结构，把凸缘取消则可克服上述缺点。

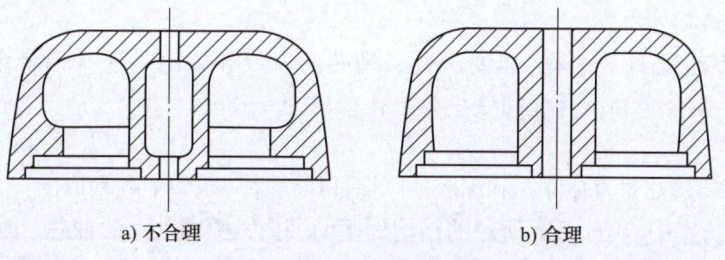

a) 不合理　　　　　　　b) 合理

图 6-51　便于抽出型芯的设计

（2）尽量避免大平面结构　由于熔模铸造的型壳高温强度较低，型壳易变形，而大面积平板型壳的变形尤为严重。故设计铸件结构时，应尽量避免采用大的平面。当功能所需必须有大的平面时，应在大平面上设计工艺孔或工艺筋，以增强型壳的刚度，如图 6-52 所示。

（3）铸件上的孔、槽不能太小和太深　过小或过深的孔、槽，使制壳时涂料和砂粒很难进入蜡模的孔洞内形成合适的型腔，同时也给铸件的清砂带来困难。一般铸孔直径大于 2mm（薄件壁厚>0.5mm）。

（4）铸件壁厚不可太薄　壁厚一般为 2~8mm。

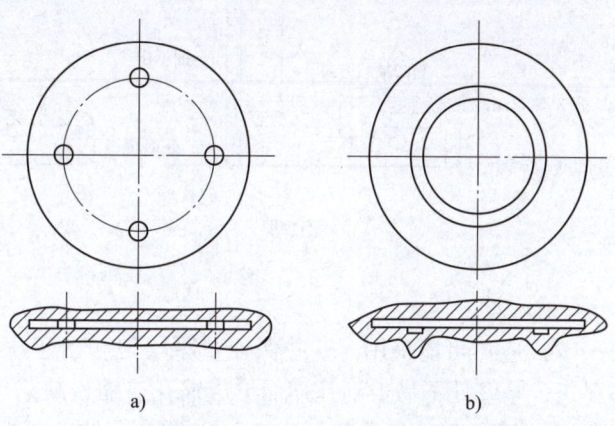

a)　　　　　　　　　b)

图 6-52　大平面上的工艺孔和工艺筋

(5) 铸件的壁厚应尽量均匀　熔模铸造工艺一般不用冷铁，少用冒口，多用直浇道补缩，故要求铸件壁厚均匀，不能有分散的热节，并使壁厚分布符合顺序凝固的要求，以便利用直浇道补缩。

2. 金属型铸件

(1) 铸件结构一定要保证能顺利出型　由于金属型铸造的铸型和型芯采用金属制作，故铸型和型芯都不具有退让性，且导热性好，铸件冷却速度快，为保证铸件能从铸型中顺利取出，铸件结构斜度应较砂型铸件大。图 6-53 所示为一组合理结构和不合理结构的示例。

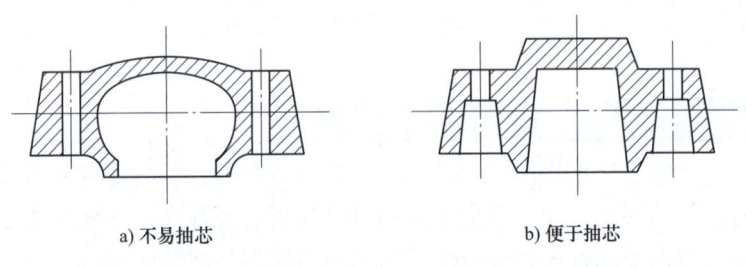

a) 不易抽芯　　　b) 便于抽芯

图 6-53　一组合理结构和不合理结构的示例

(2) 铸件壁厚要均匀　金属型导热快，为防止铸件出现浇不足、缩松、裂纹等缺陷，铸件壁厚要均匀，也不能过薄，如铝硅合金铸件的最小壁厚为 2～4 mm，铝镁合金铸件的最小壁厚为 3～5mm。

(3) 铸孔不能过小、过深，以便于金属型芯的安放和抽出　通常铝合金的最小铸出孔径为 8～10mm，镁合金和锌合金的最小铸出孔径为 6～8mm。

3. 压铸件

(1) 压铸件上应尽量避免侧凹和深腔，以保证压铸件从压型中顺利取出　在图 6-54 所示压铸件的两种设计方案中，图 6-54a 所示的结构因侧凹朝内，侧凹处无法抽芯，改为如图 6-54b 所示结构后，侧凹朝外，可按箭头方向抽出外型芯，这样铸件便可从压型中顺利取出。

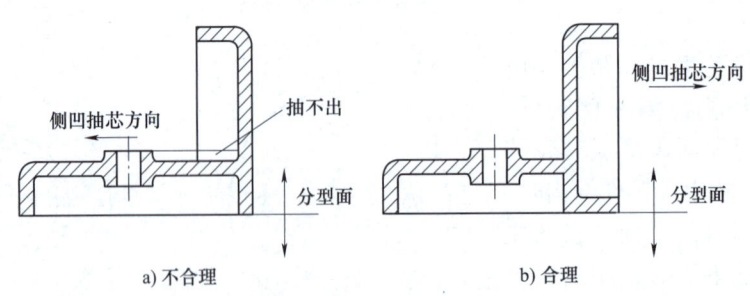

a) 不合理　　　b) 合理

图 6-54　压铸件的两种设计方案

(2) 应尽可能采用薄壁并保证壁厚均匀　由于压铸工艺的特点，金属浇注和冷却速度都很快，厚壁处不易得到补缩而形成缩孔、缩松缺陷。压铸件适宜的壁厚，锌合金的壁厚为 1～4mm，铝合金的壁厚为 1.5～5mm，铜合金的壁厚为 2～5mm。

(3) 合理采用镶嵌铸法　对于复杂而无法取芯的铸件或局部有特殊性能（如耐磨、导电、导磁和绝缘等）要求的铸件，可采用镶嵌铸法，把镶嵌件先放在压型内，然后和压铸件铸合在一起。为使镶嵌件在压铸件中连接可靠，应将镶嵌件镶入压铸件的部分制出凹槽、凸台或滚花等。

复习思考题

6.1 手工造型、机器造型各有什么优、缺点？适用范围是什么？

6.2 什么是浇注位置？选择浇注位置时应注意的原则有哪些？

6.3 什么是铸型分型面？确定分型面的原则有哪些？

6.4 浇注系统由哪几部分组成？它们各自有哪些作用？

6.5 什么是冒口？冒口的作用是什么？

6.6 什么是铸件的结构斜度，它与起模斜度有何不同？图 6-55 所示铸件的结构是否合理？应如何改正？

6.7 图 6-56 所示铸件有哪几种分型方案？请在图中用符号表示。在单件小批量和大批量生产中各应选择哪种方案？

6.8 试对图 6-57 所示轴座铸件，选择两个可能的分型面，用符号表示在图上，并比较其优缺点。然后按大批量生产纲领，绘制铸造工艺图。

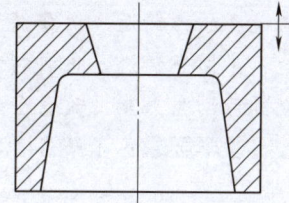

图 6-55 题 6.6 图

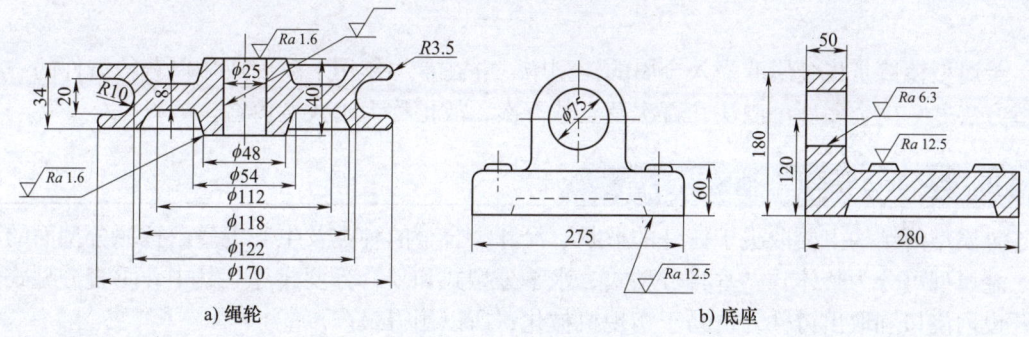

图 6-56 题 6.7 图

6.9 图 6-58 所示铸件结构有何缺点？如何改进？

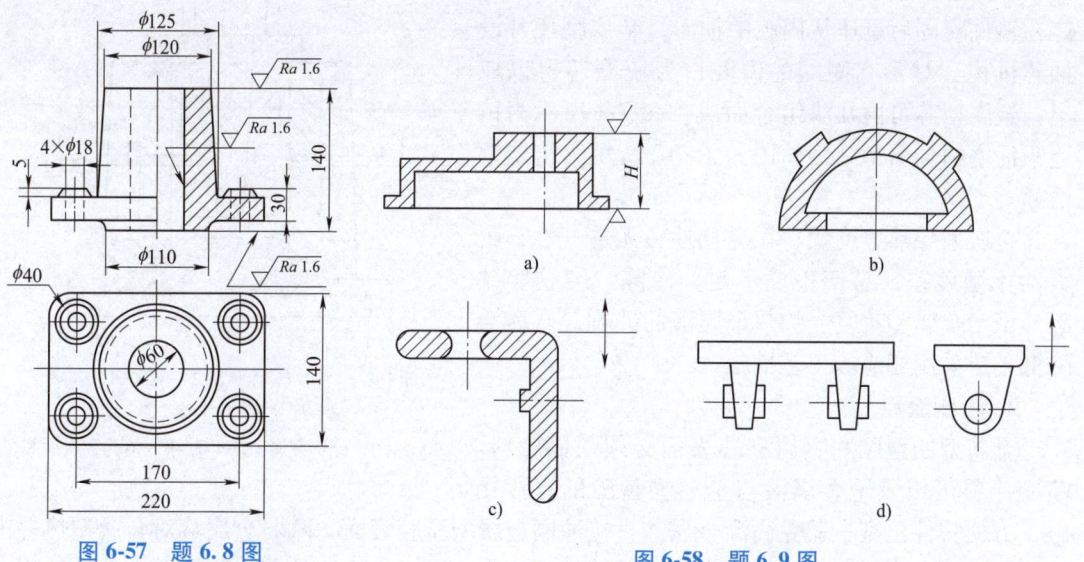

图 6-57 题 6.8 图 图 6-58 题 6.9 图

第 7 章　特种铸造

> **教学提示**：特种铸造是指与普通砂型铸造不同的其他铸造方法。本章重点介绍金属型铸造、压力铸造、低压铸造、离心铸造、熔模铸造、陶瓷型铸造、消失模铸造、挤压铸造、半固态铸造。每种特种铸造方法在提高铸件精度和降低表面粗糙度、改善合金性能、提高劳动生产率、改善劳动条件和降低铸件成本等方面，各有其优越之处。
>
> **教学要求**：了解各种特种铸造方法的工艺特点、应用范围。

7.1　金属型铸造

金属型铸造是将金属液浇入金属的铸型中，并在重力作用下凝固成形以获得铸件的一种铸造方法。一副金属型可浇注几百次及至数万次，故也称为永久型铸造。

7.1.1　金属型铸造的工艺过程

金属型的结构主要取决于铸件的形状、尺寸，合金的种类及生产批量。按照分型面的不同，金属型可分为整体式、垂直分型式、水平分型式和复合分型式等。其中，垂直分型式便于开设内浇口和取出铸件，也易于实现机械化，所以用得最广。

金属型一般用铸铁制成，也可采用铸钢。铸件的内腔可用金属型芯，也可用砂芯或其他材料来形成，其中金属型芯用于非铁金属件。为使金属型芯能在铸件凝固后迅速从内腔中抽出，金属型还常设抽芯机构。对于有侧凹的内腔，为使型芯得以取出，金属型芯可由几块组合而成。图 7-1 所示为铸造铝活塞的金属型结构简图。图 7-2 所示为铸造铝活塞。

金属型导热速度快、无退让性、无透气性，耐火性比型砂差，易产生浇不足、冷隔、裂纹等缺陷。由于金属型反复受灼热金属液的冲刷，寿命会降低，应采用相应的工艺措施。

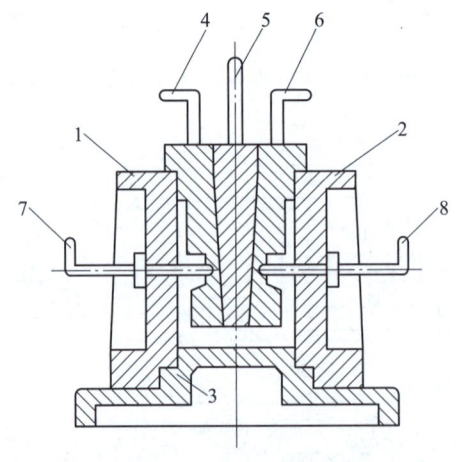

图 7-1　铸造铝活塞的金属型结构简图
1—左半型　2—右半型　3—底型
4、5、6—分块金属型芯　7、8—销孔金属型芯

1. 喷刷涂料

金属型的型腔和金属型芯表面必须喷刷涂料。喷刷涂料可以隔绝金属液与金属型型腔的直接接触，方便铸件出型；避免高温金属液直接冲刷金属型型腔表面，减弱金属液对金属型热冲击的作用，延长金属型的使用寿命；减缓铸件的冷却速度，防止铸件产生裂纹和白口等缺陷。

2. 金属型应保持合适的工作温度

通常铸铁件的预热温度为 250~350℃，有色合金铸件的预热温度为 100~250℃。预热的目的是为了减缓金属型对金属液的激冷作用，有利于充型，避免铸件产生浇不足、裂纹或白口等缺陷。同时，因减小浇入金属液与金属型的温差，可以提高金属型的寿命。

3. 控制出型时间

浇注后出型太晚，金属型会阻碍铸件收缩而使其产生裂纹，增大取件和抽出型芯的难度。但出型过早也会影响铸件成形，使铸件变形过大。通常出型时间为 10~60s。

图 7-2　铸造铝活塞

4. 浇注灰铸铁件要防止产生白口组织

灰铸铁件壁厚应大于 15mm。铁液中的碳、硅总的质量分数应高于 6%，涂料中应掺有硅铁粉，以使灰铸铁件表面的含硅量稍高而减弱白口倾向，灰铸铁件出型后应缓冷。对于已经产生白口组织的灰铸铁件要利用其自身余热及时进行退火处理。

7.1.2　金属型铸造的特点及适用范围

金属型铸造具有以下特点。

1）一型多铸，节省造型材料、设备及工时，生产率高，便于自动化生产。

2）金属型的导热系数和热容量大，浇入的金属液冷却速度快于砂型铸造，所得铸件组织致密，晶粒细小，力学性能优于砂型铸造。但它又使金属液较快地丧失了流动性，降低了金属液充型的能力。

3）铸件尺寸精度高，能获得较高尺寸精度（IT6~IT9 级）和较低表面粗糙度（Ra 值为 3.2~12.5μm）的铸件，并且质量稳定性好，废品率低，工艺出品率高。

4）金属型制造周期长、成本高、工艺要求严格，易出现大量同一缺陷的废品，多用于生产有色金属。

5）金属型无透气性，必须采取措施导出型腔中气体。

6）金属型无退让性，铸件凝固时易产生裂纹和变形，不适用于热裂倾向大的合金，同时铸件应尽早从金属型中取出。

受金属型寿命的限制，金属型铸造主要用于铝合金、镁合金、铜合金形状不太复杂的中小铸件的大批量生产，如铝活塞、气缸体、气缸盖、水泵壳体及铜合金轴瓦、轴套等。黑色金属类铸件只限于简单的中、小型铸铁件的生产。

7.2　压力铸造

压力铸造（简称为压铸）是将熔融的金属液在高压、高速条件下充型，并在高压下冷却凝固成形的精密铸造方法。压力铸造需要用压铸机和金属型进行生产。压铸所用的压射比压为 30~150MPa，金属液充满金属型的时间为 0.01~0.2s，所以高压和高速是压力铸造的重要特点。

7.2.1　压力铸造的工艺过程

压铸机是压铸生产的基本设备,根据压室工作条件的不同,压铸机可分为冷压室压铸机和热压室压铸机两类。热压室压铸机的压室与坩埚连成一体,而冷压室压铸机的压室是与坩埚分开的。冷压室压铸机又可分为立式和卧式两种,目前以卧式冷压室压铸机应用较多,其工作原理如图7-3所示。

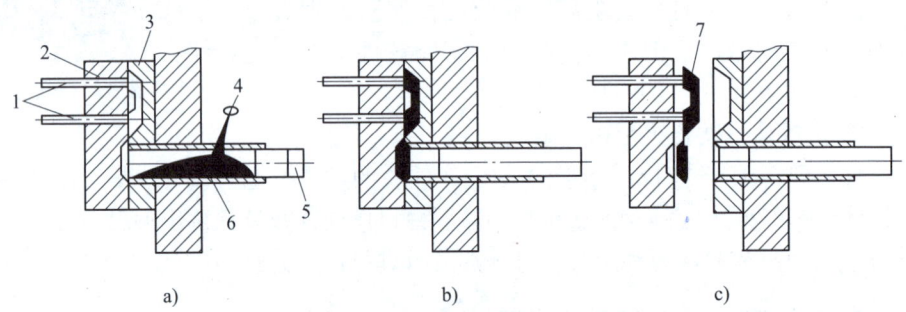

图7-3　卧式冷压室压铸机的工作原理
1—推杆　2—动型　3—定型　4—金属液　5—柱塞　6—压室　7—铸件

压铸所用的压型由定型和动型两部分组成,分别固定在压铸机的定模板和动模板上,动模板可做水平移动。动型与定型合型后,将定量金属液浇入压室,柱塞向前推进,金属液经浇道压入压型型腔中,经冷凝后开型,由推杆将铸件推出。冷压室压铸机可用于压铸熔点较高的有色金属,如铜、铝和镁合金等。

压型是压铸重要而关键的工艺装备,其结构复杂而精密。为承受高温、高速金属液的冲刷,必须选用专用的合金工具钢(如3Cr2W8V)来制造,并需严格热处理。压铸时,压型应保持120~280℃的工作温度,并喷刷涂料。

7.2.2　压力铸造的特点及适用范围

与其他铸造方法相比,压力铸造有其自身的特点。

1) 生产率极高。压铸生产易实现机械化和自动化操作,生产周期短,效率高,适用于大批量生产。在所有铸造方法中,压铸是生产率最高的一种方法。

2) 压铸件的尺寸精度及表面质量较其他铸造方法均高,尺寸公差等级可达IT11~IT13级,表面粗糙度Ra值可达$6.3~1.6\mu m$,可不经机械加工直接使用,而且互换性好。

3) 可以制造形状复杂、轮廓清晰、薄壁深腔的金属零件。熔融金属液在高压高速下保持好的流动性,因而能够获得其他工艺方法难以成形的金属零件。例如,锌合金压铸件最小壁厚可达0.3mm,最小铸出孔直径为0.7mm,可铸出螺纹最小螺距为0.75mm。

4) 压铸件组织致密,具有较高的强度和硬度。因为金属液是在高压下凝固的,又因充型时间很短,冷却速度极快,所以在压铸件上靠近表面的一层金属晶粒较细,组织致密,使表面硬度提高,并具有良好的耐磨性和耐蚀性。压铸件抗拉强度一般比砂型铸造提高25%~30%,但伸长率有所下降。表7-1列出了不同铸造方法时铝硅合金和镁合金的力学性能。

表 7-1　不同铸造方法时铝硅合金和镁合金的力学性能

合金	力学性能								
	压力铸造			金属型铸造			砂型铸造		
	抗拉强度 R_m/MPa	伸长率 (%)	硬度 HBW	抗拉强度 R_m/MPa	伸长率 (%)	硬度 HBW	抗拉强度 R_m/MPa	伸长率 (%)	硬度 HBW
铝硅合金	200~250	1.0~2.0	84	180~220	2.0~6.0	65	170~190	4.0~7.0	60
铝硅合金（铜的质量分数为0.8%）	200~230	0.5~1.0	85	180~220	2.0~3.0	60~70	170~190	2.0~3.0	65
镁合金（铝的质量分数为10%）	190	1.5	—	—	—	—	150~170	1.0~2.0	—

压力铸造虽是实现少、无屑加工非常有效的途径，但也存在一些不足，主要是：①压铸机费用高，压型制造成本高昂，工艺准备时间长，因此不适宜单件、小批量生产；②压铸高熔点合金（如铜、钢、铸铁）时，压型寿命低，难以适应；③由于压铸速度极高，型腔内气体很难排除，厚壁处的收缩也很难补缩，导致压铸件内部常有气孔和缩松等缺陷；④压铸件中气孔是在高压下形成的，热处理加热时孔内气体膨胀将导致铸件表面起泡，所以压铸件不能用热处理方法来提高性能，也不能在高温下工作。

近些年来，已研究出真空压铸、加氧压铸等新工艺，它们可减少铸件中的气孔、缩孔、缩松等缺陷，提高铸件力学性能。同时，由于压型材料的改善，黑色金属压力铸造也取得一定程度的发展。因此，压力铸造的使用范围在日益扩大。

压力铸造应用广泛，可用于生产锌合金、铝合金、镁合金和铜合金等铸件。目前，压力铸造已广泛应用在国民经济的各行业中，应用压铸件最多的是汽车、仪表和电子仪器工业。此外，在农业机械、国防工业、计算机、医疗器械等制造业中，压铸件也用得较多。图 7-4 所示为铝合金压铸件。

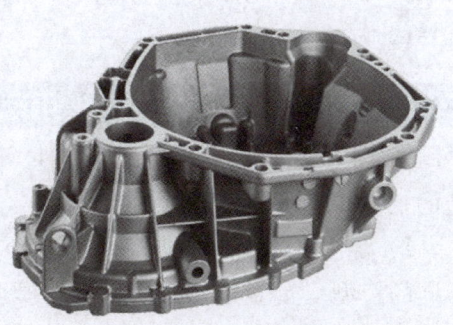

图 7-4　铝合金压铸件

7.3　低压铸造

低压铸造是介于金属型铸造和压力铸造之间的一种铸造方法。它是金属液在压力作用下自下而上充填型腔，并在压力下结晶形成铸件的工艺过程。由于所施加的压力较低（20~70kPa），所以称为低压铸造。

7.3.1　低压铸造的工艺过程

低压铸造装置如图 7-5 所示，其下部为一密闭的保温坩埚炉，用于储存熔炼好的金属液。坩埚炉的顶部紧固着铸型（通常为金属型），垂直的升液管使金属液与朝下的浇口相通。金属型在浇注之前必须预热到工作温度，并喷刷涂料。铸造时，先缓缓地向坩埚室内通入压缩空气，迫使金属液从升液管平稳上升。直到注满型腔，才使气压上升到规定的工作压力，使金属液在压力下结晶。当铸件凝固之后，使坩埚室与大气相通，由于撤去了压力，升液管和浇口中尚未凝固的金属液在重力作用下流回坩埚。最后，开启上型，取出铸件。

低压铸造时，铸件不需另设冒口，而由浇口兼起补缩作用。为使铸件实现自上而下的顺序凝固，浇口的截面尺寸必须足够大，且应开在铸件的厚壁处。选择合适的增压速度、工作压力及保持压力时间，对于保证铸件质量是非常重要的。

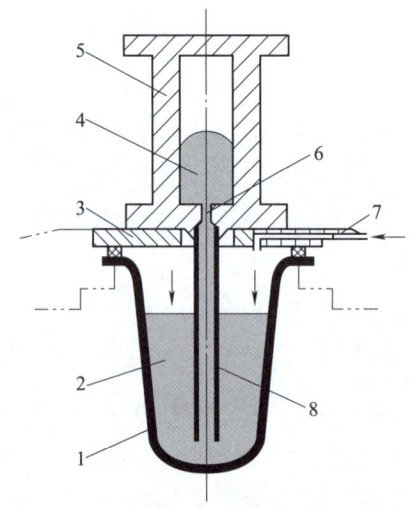

图 7-5　低压铸造装置

1—坩埚　2—金属液　3—密封盖　4—型腔　5—铸型　6—浇口　7—进气管　8—升液管

7.3.2　低压铸造的特点及适用范围

低压铸造方法易于获得优质铸件，并可弥补压力铸造的某些不足。其主要优点如下。

1）浇注时的压力和速度便于调节，故可适应各种不同的铸型（如金属型、砂型、熔模型壳等）。同时，充型平稳，对铸型的冲刷力小，气体较易排出。

2）便于实现顺序凝固，以防止缩孔和缩松，尤其能有效地克服铝合金的针孔缺陷。

3）铸件的表面质量高于金属型，可生产出壁厚为 1.5~2mm 薄壁铸件。

4）由于不用冒口，金属的利用率可提高到 90%~98%。

图 7-6　低压铸造水冷电动机壳体

5）设备费用远较压力铸造低、投资少。

低压铸造目前广泛应用于铝合金铸件的生产，如汽车发动机缸体、缸盖、活塞、轮毂、电动机壳体等。图 7-6 所示为低压铸造水冷电动机壳体。它还可用于铸造各种铜合金铸件以及球墨铸铁曲轴等。

7.4 离心铸造

离心铸造是将金属液浇入高速旋转的铸型中,使金属液在离心力作用下填充铸型并凝固成形的一种铸造方法。

7.4.1 离心铸造的工艺过程

离心铸造的铸型可以是金属型,也可以是砂型。为使铸型旋转,离心铸造必须在离心铸造机上进行。根据铸型旋转轴空间位置的不同,离心铸造机通常可分为立式和卧式两大类,如图7-7和图7-8所示。

在立式离心铸造机上,铸型是绕垂直轴旋转的。由于离心力和金属液本身重力共同作用,使铸件的自由表面(内表面)呈抛物面形状,造成铸件上薄下厚。显然,在其他条件不变的前提下,铸件的高度越大,壁厚的差别也越大,因此立式离心铸造主要用于高度小于直径的圆环类铸件。

在卧式离心铸造机上,铸型是绕水平轴旋转的。由于铸件各部分的冷却条件相近,故铸出的圆筒形铸件壁厚均匀,因此适用于生产长度较大的套筒、管类铸件。

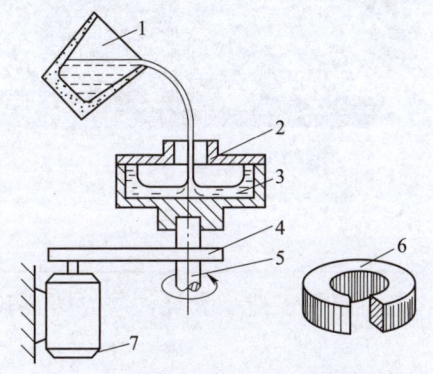

图7-7 立式离心铸造示意图
1—浇包 2—铸型 3—金属液 4—带轮和皮带
5—旋转轴 6—铸件 7—电动机

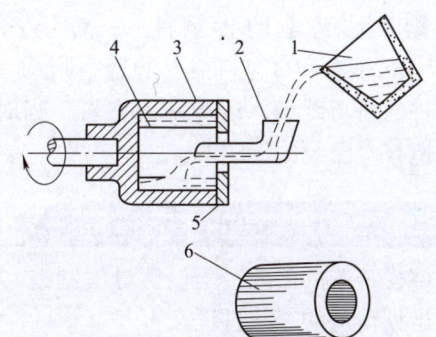

图7-8 卧式离心铸造示意图
1—浇包 2—浇注槽 3—铸型
4—金属液 5—端盖 6—铸件

7.4.2 离心铸造的特点及适用范围

离心铸造的特点如下。

1) 利用自由表面生产圆筒形或环形铸件时,可省去型芯和浇注系统,降低了铸件成本。

2) 由于旋转时金属液所产生的离心力作用,离心铸造可提高金属液充填铸型的能力,因此一些流动性较差的合金和薄壁铸件都可用离心铸造法生产。

3) 由于离心力的作用,改善了补缩条件,气体和非金属夹杂物也易于自金属液中排出,产生缩孔、缩松、气孔和夹杂等缺陷的概率较小。

4) 便于制造双金属铸件,如钢套镶铜轴承等,其结合面牢固,耐磨,又节约许多贵重金属材料。

离心铸造的不足之处是:①依靠自由表面所形成的内孔尺寸偏差大,而且内表面粗糙,如需切削加工,必须加大余量;②不适于密度偏析大的合金及轻合金铸件,如铝青铜、铝合金、镁合金等。

目前,离心铸造已广泛用于制造铸铁管、气缸套、铜套、双金属轴承、特殊钢的无缝管坯、造纸机滚筒等铸件的生产。

7.5 熔模铸造

熔模铸造是用易熔材料制成模样,然后用造型材料将其包住,经过硬化,再将模样熔失,从而获得无分型面的铸型。由于熔模广泛采用蜡质材料来制造,故又常把这种方法称为失蜡铸造。

早在战国以前,我国就出现了熔模铸造技术。1978年在湖北随州曾侯乙墓出土的战国早期用熔模法铸造的青铜件——曾侯乙尊盘(图7-9),是尊和尊盘口沿上的透空附饰。从附饰铸件的精巧纤细、玲珑剔透来看,当时的熔模铸造技术已经比较成熟了。

图7-9 曾侯乙尊盘

7.5.1 熔模铸造的工艺过程

熔模铸造的工艺过程包括母模制造、压型制造、蜡模组装、造型和浇注等。图7-10所示为熔模铸造的工艺过程。

(1) 母模制造 母模(图7-10a)是铸件的基本模样,多是用钢或黄铜经机械加工制成。它是用来制造易熔合金压型的。

(2) 压型制造 压型是用来制造单个蜡模的专用模具,如图7-10b所示。压型一般用钢、铜或铝经切削加工制成,这种压型的使用寿命长,制出的蜡模精度高,主要用于大批量或高精度铸件的生产。对于小批量生产,压型还可以采用易熔合金(Sn、Pb、Bi等组成的合金)、塑料或石膏直接向模样上浇注而成。

(3) 蜡模组装 制造蜡模的材料有石蜡、蜂蜡、硬脂酸和松香等,常采用的是50%石蜡和50%硬脂酸。将熔好的蜡料(图7-10c)挤入压型(图7-10d),冷凝后取出,修去毛刺,即得单个蜡模,如图7-10e所示。为一次能铸出多个铸件,还需将单个蜡模黏合到蜡质浇注系统上,制成蜡模组,如图7-10f所示。

(4) 型壳制造 型壳制造包括结壳、脱蜡、焙烧、造型等。

结壳是在蜡模上涂挂耐火涂料层,并使其成为具有一定强度的耐火型壳的过程。先用粘结剂(多硅溶胶或水玻璃)和石英粉配成涂料,将蜡模组浸挂涂料后,向其表面撒一层硅

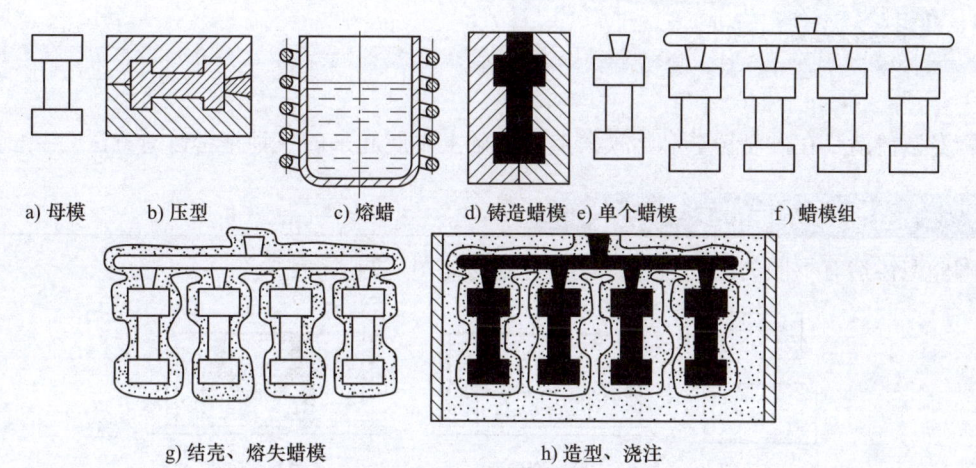

图 7-10 熔模铸造的工艺过程

砂,然后将黏附硅砂的蜡模组放入硬化剂(通常为氯化铵溶液)中,利用反应生成的硅酸溶胶将砂粒黏牢而硬化。如此重复涂挂 3~7 次,至结成 5~10mm 硬壳为止。

制好型壳后便可进行脱蜡。通常是将型壳浸泡在 85~95℃ 的热水中,蜡模熔化而脱出,型壳则形成了铸型空腔,如图 7-10g 所示。

为了进一步排除型壳中的水分、残蜡及其他杂质,在金属浇注之前,必须将型壳送入加热炉内加热到 850~950℃ 进行焙烧。经过焙烧,型壳强度增高,型腔更为干净。

为了提高型壳的强度,防止浇注时变形或破裂,有时还需进行造型。造型就是将型壳置于铁箱中,周围用干砂填紧。

(5) 金属的浇注 为了提高金属液的填充能力,防止浇不足缺陷,常在焙烧后趁热(600~700℃)进行浇注,如图 7-10h 所示。

7.5.2 熔模铸造的特点及适用范围

熔模铸造与其他铸造方法相比较有如下特点。

1) 铸件的精度高,表面光洁,且可浇注形状复杂件。例如,涡轮发动机的叶片,铸件精度已达无机械加工余量的要求。

2) 能够铸造各种合金铸件。从铜、铝等有色合金到各种合金钢均可铸造,尤其适用于那些高熔点合金及难切削加工合金的铸造,如耐热合金、磁钢等。

3) 生产批量不受限制,适合单件、小批量到大批量生产。但这种方法工序繁杂,生产周期较长(4~5 天),而且铸件不能太大和太长。熔模铸造件一般不超过 25kg。

熔模铸造最适合于高熔点合金精密铸件的成批、大量生产,主要用于形状复杂、难以切削加工零件的生产。目前,熔模铸造主要用于制造汽轮机、燃气轮机、涡轮发动机叶片和叶轮,已在汽车、机床、刀具、仪表、航空等制造业广泛应用,成为少、无屑加工工艺的重要方法。

7.6 陶瓷型铸造

陶瓷型铸造是在砂型铸造和熔模铸造的基础上发展起来的一种精密铸造方法。

7.6.1 陶瓷型铸造的工艺过程

陶瓷型铸造有不同的工艺过程，较为普遍的如图7-11所示。

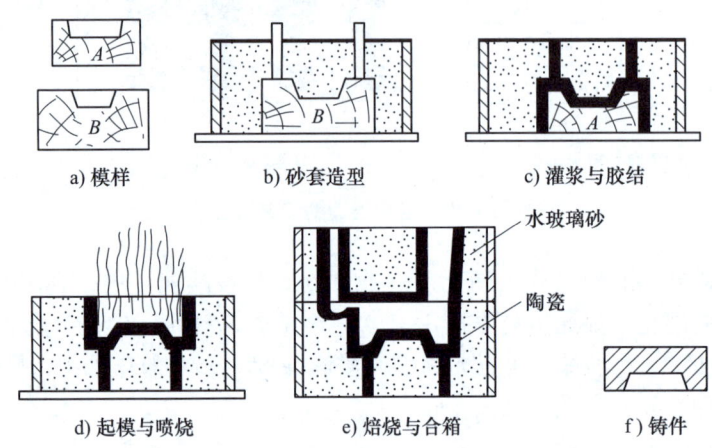

图 7-11 陶瓷型铸造工艺过程

(1) 砂套造型　为节省昂贵的陶瓷材料和提高铸型的透气性，通常先用水玻璃砂制出砂套（相当砂型铸造的背砂）。制造砂套的木模 B 比铸件的木模 A 应增大一个陶瓷料厚度，如图7-11a所示。砂套的制造方法与砂型铸造类同，如图7-11b所示。

(2) 灌浆与胶结　即制造陶瓷面层，其过程是将铸件木模固定于平板上，刷上分型剂，扣上砂套，将配制好的陶瓷浆由浇注口注满，如图7-11c所示，经数分钟后，陶瓷浆便开始胶结。陶瓷浆由耐火材料（如刚玉粉、铝矾土等）、黏结剂（硅酸乙酯水解液）、催化剂（如 $Ca(OH)_2 \cdot MgO$）、透气剂（过氧化氢）等组成。

(3) 起模与喷烧　灌浆 5~15min 后，趁浆料尚有一定弹性便可起出模样。为加速固化过程，必须用明火均匀地喷烧整个型腔，如图7-11d所示。

(4) 焙烧与合箱　陶瓷型要在浇注前加热到 350~550℃，焙烧 2~5h，以烧去残存的乙醇、水分等，并使铸型的强度进一步提高。

(5) 浇注　浇注温度可略高，以便获得轮廓清晰的铸件，如图7-11e所示。

7.6.2 陶瓷型铸造的特点及适用范围

1) 陶瓷型铸造具有熔模铸造的许多优点。因为在陶瓷层处于弹性状态下起模，同时，陶瓷型高温时变形小，故铸件的尺寸精度和表面粗糙度与熔模铸造相近。此外，陶瓷材料耐高温，故也可浇注高熔点合金。

2) 陶瓷型铸件的大小几乎不受限制，从几公斤到数吨，而熔模铸件最大仅几十公斤。

3）在单件、小批量生产条件下，需要的投资少、生产周期短，在一般铸造车间较易实现。

陶瓷型铸造的不足是：不适用于批量大、重量轻或形状复杂铸件的生产，且生产过程难以实现机械化和自动化。

目前陶瓷型铸造主要用于生产厚大的精密铸件，广泛用于铸造冲模、锻模、玻璃器皿模、压型、模板等，也可用于生产中型铸钢件。

7.7 消失模铸造

消失模铸造又称为汽化模铸造或实型铸造、无型腔铸造，是用泡沫塑料制成的模样制造铸型后，模样并不取出，浇注时在高温金属液的作用下，使模样汽化消失而获得铸件的方法。消失模铸造是在20世纪60年代出现的新技术，目前在先进工业化国家汽车制造业已用于大批量、自动化生产，因而在铸造业占有相当重要的地位。

7.7.1 消失模铸造的工艺过程

消失模铸造工艺包括模样制造、上涂料、填砂造型、浇注和落砂清理等工序，如图7-12所示。

1. 模样制造

泡沫塑料模的制造过程如下。

1）预发泡与熟化。采用发泡成形法制造模样前，要将EPS（可发性聚苯乙烯）原珠粒预发泡，使珠粒体积膨胀十几倍，以获得密度、粒度适当的珠粒。生产上常用的预发泡方法是蒸汽法。预发泡后的珠粒经干燥和停放一定时间（称为熟化），使颗粒稳定，强度提高。

2）模样成形。对单件、小批生产或大型铸件生产，可采用聚苯乙烯板材通过机械加工和胶接方法制造模样。对于大批量生产，则将预发泡珠粒充填于成形机的金属模具中加热（如通入蒸汽等），使珠粒进一步膨胀，表面熔融，相互黏结在一起，经过冷却后取出，形成模样，如图7-12a所示。

3）模样组合。为了制模方便，降低制模成本，多数模样需先分成几块制作，然后再胶接成一完整的模样，最后再将组合的模样和浇注系统模样胶接在一起，形成一个模样簇（图7-12b）。

2. 上涂料

泡沫塑料模样表面上两层涂料。第一层是表面光洁涂料，以填补泡沫塑料的表面粗糙及孔洞。第二层是耐火涂料，以防泡沫塑料模表面黏砂，提高模样刚度及强度，以及浇注时支撑干砂的作用。涂料多为水基涂料，以浸涂或浸涂加淋涂的方法进行。上涂料后需进行干燥。

3. 填砂造型

将模样簇放在砂箱内，分层填入不加黏结剂的干硅砂，同时，在振动台上进行振动紧砂，如图7-12c所示。

4. 浇注和落砂清理

在填砂振实后应在砂箱顶面覆盖塑料薄膜，并对砂箱抽负压（负压度为0.02~0.06MPa），然后浇注，如图7-12d所示。

铸件的落砂清理甚为简便。铸件凝固后，解除负压，将砂箱倾倒即可使干砂与铸件分离，如图7-12e所示。然后去除浇道、冒口，进行表面清理即可。

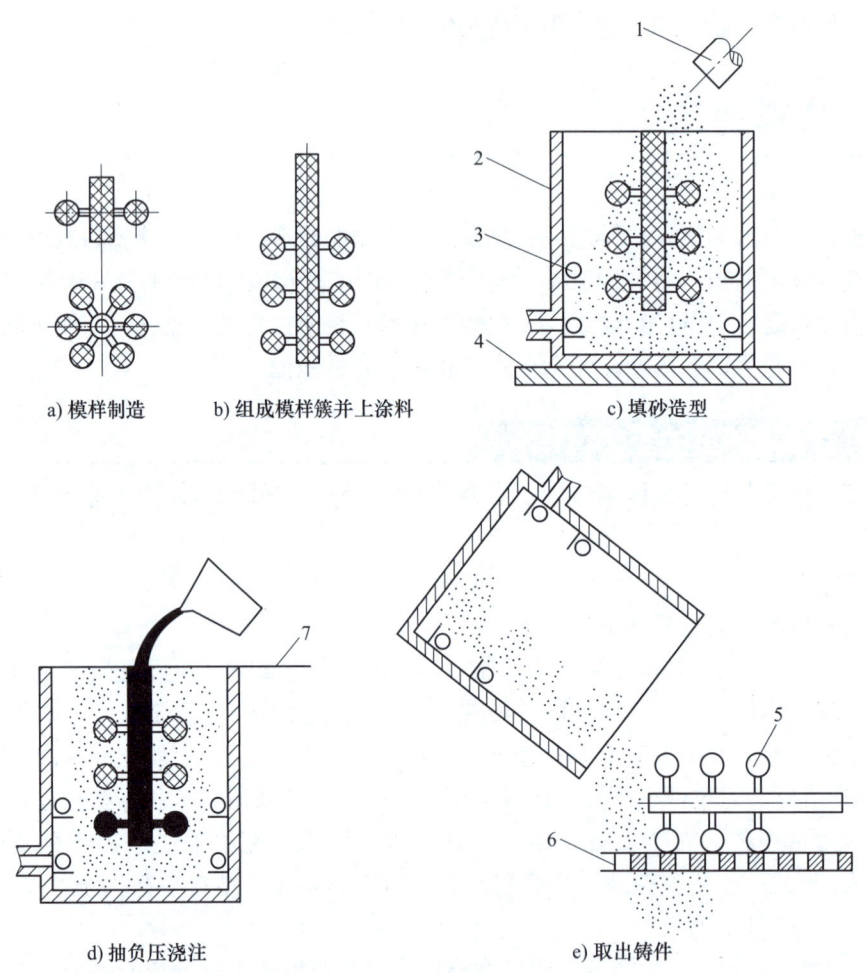

图7-12 消失模铸造的工艺过程

1—填砂导管 2—砂箱 3—抽气管 4—振动台 5—铸件 6—落砂栅格 7—塑料薄膜

7.7.2 消失模铸造的特点及适用范围

消失模铸造与传统的砂型铸造最大的区别在于采用泡沫塑料制造模样，采用无黏结剂的干砂来造型，模样不取出，铸型没有型腔、分型面和单独制作的型芯。由于这些差别使消失模铸造具有如下优越性。

1) 消失模铸件的尺寸精度高、表面粗糙度值低。

2) 增大了铸件结构设计的自由度。消失模铸造由于没有分型面，也不存在下芯、起模等问题，许多在普通砂型铸造中难以铸造的铸件结构在消失模铸造中不存在任何困难。

3）无须传统的混砂、制芯、造型等工艺及设备，故工艺过程简化，易实现机械化、自动化生产，设备投资较少，占地面积小。

4）减少了材料消耗，降低了成本。消失模铸造不用黏结剂，干砂造型，可节省大量黏结剂，旧砂可以回收利用。

消失模铸造的主要缺点是浇注时塑料模汽化有异味，对环境有污染，铸件容易出现与泡沫塑料高温热解有关的缺陷，如铸铁件容易产生皱皮、夹渣等缺陷。

消失模铸造的应用广泛，如单件、小批生产冶金、矿山、船舶、机床等一些大型铸件以及汽车、化工、锅炉等行业大型模具等。消失模铸造在汽车制造业中实现了大批量生产，典型的铸铁件有球墨铸铁轮毂、差速器壳、空心曲轴及灰铸铁发动机机座、排气管等；典型的铝合金铸件有发动机缸体、缸盖、进气管等。

7.8 挤压铸造

挤压铸造又称为液态金属模锻，是使金属液在较高的压力下充型、凝固并产生少量塑性变形，从而获得轮廓清晰、表面光洁、尺寸精确、晶粒细小、力学性能优良、加工余量少的产品的方法。

7.8.1 挤压铸造的工艺过程

挤压铸造的工艺过程可分为浇注前准备、浇注、合模加压和开模取件四个步骤，如图 7-13 所示。

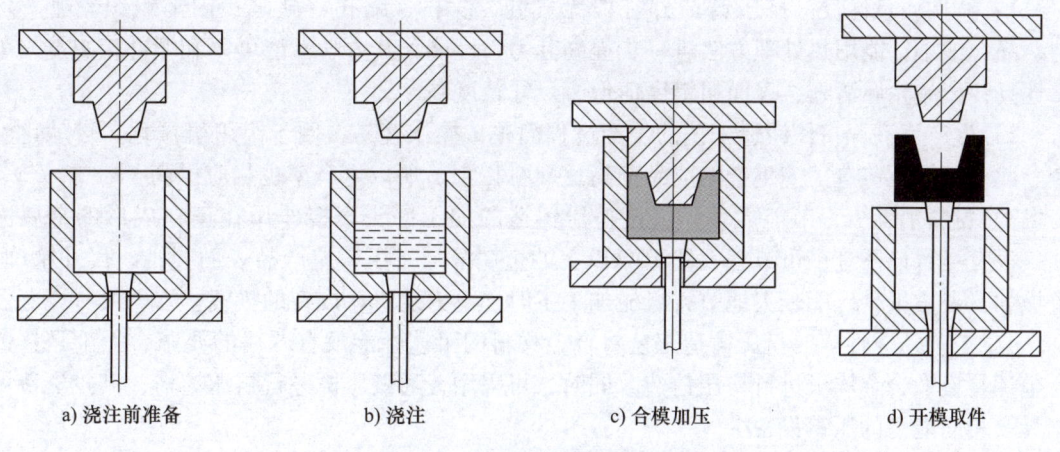

a) 浇注前准备　　b) 浇注　　c) 合模加压　　d) 开模取件

图 7-13　挤压铸造的工艺过程

（1）浇注前准备　浇注前需要使模具处于正确的安装位置，并把模具预热到合适的温度，在模具型腔表面均匀喷刷一层涂料。浇注准备期间，金属也需要在熔炼炉中正确熔炼成金属液。

（2）浇注　将定量的金属液快速浇入到铸型中。

（3）合模加压　模具闭合，金属液在冲头的压力作用下充满型腔，并在合适的压力下保持一定的时间，使金属液在高压下凝固。

（4）开模取件　待金属液完全凝固后，开模，取出铸件，并为下一个生产周期做准备。

挤压铸造按压力的传递方式和液流的充型方式不同，一般分为直接式和间接式两种，如图 7-14 所示。

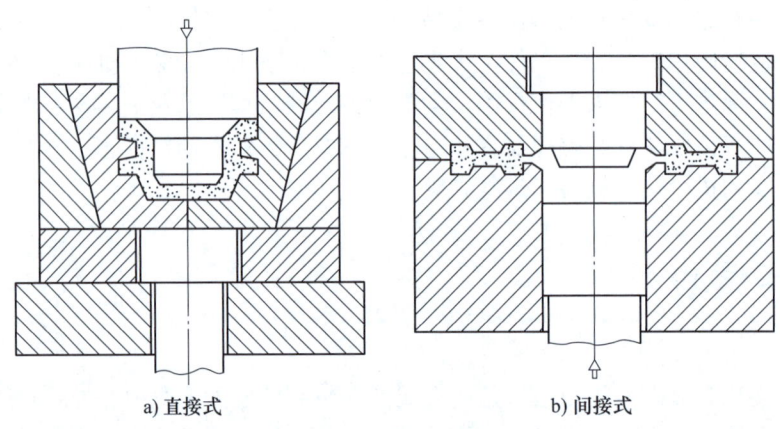

图 7-14　挤压铸造方式

7.8.2　挤压铸造的特点及适用范围

挤压铸造与压力铸造、低压铸造等一样，是一种加压的铸造工艺，但与其他几种加压铸造工艺又有明显的区别，主要具有如下特点。

1）铸件质量优良。挤压铸造件一般无气孔、缩松、缩孔等缺陷；内部组织紧密、均匀、晶粒细小；能用热处理方法进一步提高其力学性能，其力学性能可以和锻件相媲美，可靠性高；产品轮廓清晰、表面粗糙度值低、尺寸精度高。

2）生产率高。挤压铸造工艺的生产过程简单，操作容易，便于组织机械化、自动化生产。此外，挤压铸造工艺生产的成品率高达 90% 以上，所以生产率也相应提高。

3）材料消耗少，节能显著。直接挤压铸造的加压冲头直接作用在正在成形的金属液上，没有浇冒口系统，可节省大约 10% 以上的金属液。挤压铸造产品表面光洁、尺寸精确，机械加工余量很少，能较大地节省机械加工工时、电力及机床设备的投资。

4）工艺适应性广。挤压铸造工艺对合金材料的工艺性能没有严格的要求，无论是铸造合金还是液锻合金均可进行挤压铸造。同时，可采用普通液压机进行挤压铸造，其投资费用比具有相同能力的压铸设备少。

尽管当前挤压铸造工艺在模具材料、机理研究及专用设备等方面，还存在着不少问题，但它已在机电、汽车、船舶、五金工具、轻工、化工机械、航空、航天、军工等行业中得到了相当广泛的应用。特别对那些壁厚较大、性能要求较高、有耐渗漏要求的零件，采用挤压铸造工艺生产是较理想的方法。

图 7-15 所示为直接和间接式挤压铸造工艺生产的铸件。

a) 直接式

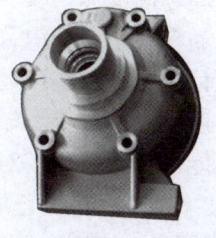

b) 间接式

图 7-15 直接和间接式挤压铸造工艺生产的铸件

7.9 半固态铸造

半固态铸造是金属液在凝固过程中，通过剧烈搅拌或对凝固过程的有效控制，抑制树枝晶生长或使生成的树枝晶发生破碎，形成细小的近球形初生相，并均匀悬浮在液相中的半固态浆料，再采用压铸、挤压、模锻等工艺进行加工成形的方法。

7.9.1 半固态铸造的工艺过程

半固态铸造主要分为流变铸造（Rheocasting）和触变铸造（Thixocasting）两大类。流变铸造是在金属凝固期间，对其进行搅拌，使浆料中形成具有球状晶组织的固相，然后像金属液压铸一样将半固态浆料直接注入模具型腔成形。流变铸造中使用的浆料虽然已经半固态化，黏度较大，但仍具有良好的流动性，可以保证铸件完整成形。

触变铸造则是对流变铸造的一种改良，它是将半固态坯料重新加热至液固两相区内某一温度，保持一定固、液相比例，然后再进行压铸成形。该方法将半固态坯料的制备与铸件的成形完全分开，便于组织自动化生产，因此在工程中应用较多。图 7-16 所示为半固态铸造的工艺过程。

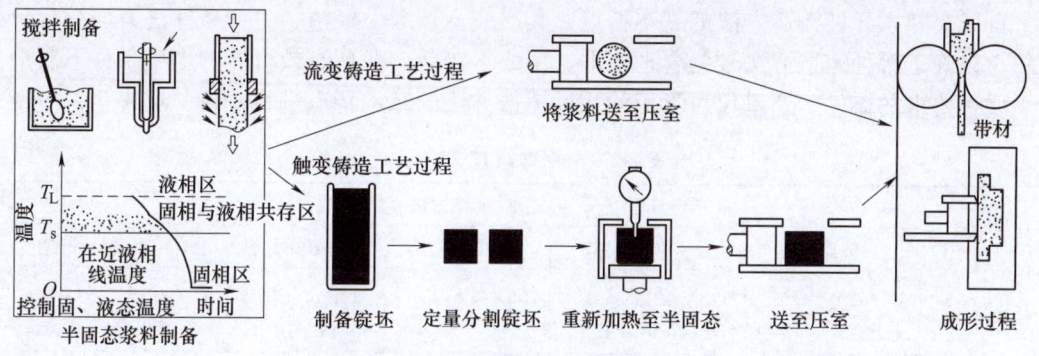

图 7-16 半固态铸造的工艺过程

7.9.2 半固态铸造的特点及适用范围

半固态铸造技术有如下特点。

1）金属液充型平稳，加工温度低，凝固时间短，生产率高。
2）铸件表面质量好，晶粒细小，组织致密，气孔和偏析少，力学性能与锻件相近。
3）凝固收缩小，尺寸精度高，可实现近净成形加工。
4）流动应力小，成形速度高，可成形较为复杂的零件。
5）变形抗力低，消耗能量小，减少了对模具的挤压作用，提高了模具寿命。

近年来，半固态铸造技术的工业应用已取得很大进展。世界上有许多国家都已开始了半固态铸造技术的研究和应用开发。半固态铸造技术已到了工业应用阶段。特别是半固态浆料与坯料的制备工艺及技术都有很大进展，使用电磁搅拌技术已能批量生产出半固态金属坯料，建成了半固态金属成形生产线，大批量生产出汽车和通信行业使用的铝合金半固态成形件，如图 7-17 和图 7-18 所示。

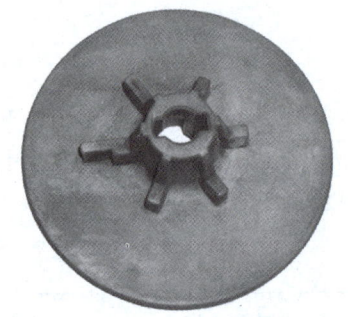

图 7-17　半固态铸造汽车制动器推盘

图 7-18　国产半固态铸造 5G 通信基站散热器

7.10　常用铸造方法的比较

各种铸造方法都有其优缺点及适用范围，不能认为某种方法最为完善。在选择铸造方法时，首先要熟悉各种铸造方法的基本特点，其次应从技术、经济、生产条件三方面综合分析比较，以确定哪种铸造方法较为合理，即选用成本较低，在现有或可能的生产条件下制造出合乎质量要求的铸件。这里仅对常用的几种铸造方法的基本特点进行比较，见表 7-2。

表 7-2　常用铸造方法的比较

比较项目	铸造方法				
	砂型铸造	熔模铸造	金属型铸造	压力铸造	低压铸造
适用金属	铸铁、铸钢、铸造有色合金等金属	任何金属，以铸钢为主	以有色合金为主	铝、锌、镁等低熔点合金	基本不限制，以有色金属为主
铸件大小	从几克到几百吨重的金属都可以生产	以小件为主，铸钢件一般不超过 25kg	以中、小铸件为主	主要用于小型铸件，铝合金铸件一般不超过 10kg	以中、小型铸件为主

(续)

比较项目	铸造方法				
	砂型铸造	熔模铸造	金属型铸造	压力铸造	低压铸造
最小壁厚	铸铁3mm,铸钢5mm	通常0.7mm	铝合金2mm,铸铁4mm	铝合金0.5mm,锌合金0.3mm	一般为2mm
表面质量	表面质量最差,表面粗糙度Ra值最高	表面质量较好,表面粗糙度Ra值为3.2~12.5μm	表面质量较好,表面粗糙度Ra值为3.2~12.5μm	表面质量好,表面粗糙度Ra值为1.6~6.3μm	表面质量好,表面粗糙度Ra值为1.6~12.5μm
内部质量	晶粒粗大	晶粒粗大	晶粒细小	晶粒细小,但铸件内部多有细小的气孔	晶粒细小,组织致密
机械加工余量	大	小或不加工	小	小或不加工	较小
生产批量	不限制	成批生产	大批、大量生产	大批、大量生产	成批生产
生产率	低、中	低、中	中、高	高	中

在适用合金种类方面,主要取决于铸型的耐热状况。砂型铸造所用硅砂耐火度达1700℃,比碳钢的浇注温度还高100~200℃,因此砂型铸造可用于铸钢、铸铁、有色合金等各种材料。熔模铸造的型壳是由耐火度更高的纯石英粉和硅砂制成,因此它还可以用于熔点更高的合金钢铸件。金属型铸造、压力铸造和低压铸造一般都使用金属铸型和金属型芯,即使表面刷上耐火涂料,铸型寿命也不高,因此,一般只用于有色合金铸件。

在适用铸件大小方面,主要与铸型尺寸、金属熔炉、起重设备的吨位等条件有关。砂型铸造限制较小,可铸造小、中、大件。熔模铸造由于难以用蜡料做出较大模样及受型壳强度和刚度所限,一般只适合生产小件。对于金属型铸造、压力铸造和低压铸造,由于制造大型金属铸型和金属型芯较困难及设备吨位的限制,一般用来生产中、小型铸件。

在铸件的尺寸精度和表面粗糙度方面,主要与铸型的精度与表面粗糙度有关。砂型铸件的尺寸精度最差,表面粗糙度Ra值最大。熔模铸造因压型加工得很精确、光洁,故蜡模也很精确,而且型壳是个无分型面的铸型,所以熔模铸件的尺寸精度很高,表面粗糙度Ra值很低。压力铸造由于压型加工得较准确,且在高压高速下成形,故压铸件的尺寸精度也很高,表面粗糙度Ra值很低。金属型铸造和低压铸造的金属铸型(型芯)不如压型精确、光洁,且是重力或低压下成形,铸件的尺寸精度和表面粗糙度都不如压铸件,但优于砂型铸件。

凡是采用砂型和砂芯生产铸件,可以做出形状很复杂的铸件。但是压力铸造采用结构复杂的压型也能生产出复杂形状的铸件,这只有在大量生产时才是合算的。因为压铸件节省大量切削加工工时,综合计算零件成本还是下降的。离心铸造较适用于管、套等这一类特定形状的铸件。

复习思考题

7.1 金属型铸造与砂型铸造相比,在生产方法、造型工艺和铸件结构方面有何特点?为什么金属型铸造未能广泛取代砂型铸造?

7.2 压力铸造工艺过程有何特点?它最适合于制造哪些铸件?

7.3 什么是离心铸造和低压铸造?它们的特点和适用范围如何?

7.4 试比较熔模铸造与陶瓷型铸造工艺过程?为何在模具制造中陶瓷型铸造更为重要?

7.5 消失模铸造的本质是什么?适用于哪些场合?

7.6 低压铸造的工作原理与压力铸造有何不同?为什么低压铸造发展较为迅速?为何铝合金较多采用低压铸造?

7.7 下列铸件在大批量生产时采用什么铸造方法为宜?
铝活塞、汽轮机叶片、车床床身、气缸套、摩托车气缸体、汽车发动机缸体、大口径铸铁污水管、大模数齿轮滚刀。

第3篇

金属压力加工

金属压力加工是指固态金属在外力作用下产生塑性变形，获得具有一定形状、尺寸和力学性能的原材料、毛坯或零件的生产方法，又称为金属塑性加工。压力加工包括轧制、挤压、拉拔、自由锻、模锻和板料冲压等。其中，轧制、挤压和拉拔主要用于生产型材、棒材、板材、带材和线材等，而自由锻、模锻和板料冲压又统称为锻压，主要用于生产毛坯或零件。

压力加工与其他加工方法相比，具有以下特点。

1）改善金属的组织、提高力学性能。金属压力加工能消除金属铸锭内部的气孔、缩松和树枝状晶等缺陷，且由于金属的塑性变形和再结晶，可使粗大晶粒细化，得到致密的金属组织，从而提高金属的力学性能。

2）材料的利用率高。金属塑性成形主要是靠金属内部组织相对位置的重新排列，而不需要切除金属，相对于切削加工来说，材料利用率较高。

3）较高的生产率。压力加工一般是利用压力机和模具进行成形加工的。例如，利用多工位冷墩工艺加工内六角螺钉，比用棒料切削加工工效提高约400倍以上。

4）毛坯或零件的精度较高。应用先进的技术和设备，可实现少或无屑加工。例如，精密锻造的锥齿轮齿形部分可不经切削加工直接使用，复杂曲面形状的叶片精密锻造后只需磨削便可达到所需精度。

5）压力加工所用的金属材料应具有良好的塑性，以便在外力作用下，能产生塑性变形而不破裂。常用的金属材料中，铸铁属脆性材料，塑性差，不能用于压力加工。钢、铜、铝及其合金等可以在冷态或热态下压力加工。

6）不适合成形形状较复杂的零件。压力加工是在固态下成形的，与铸造相比，金属的流动受到限制，一般需要采取加热等工艺措施才能实现。对制造形状复杂，特别是具有复杂内腔的零件或毛坯较困难。

由于上述特点，因此承受冲击或交变应力的重要零件（如机床主轴、齿轮、曲轴、连杆等），都应采用压力加工方法制造毛坯或零件。目前，压力加工在机械制造、军工、航空、轻工、家用电器等行业得到广泛应用。例如，2018年我国解决了深腔曲面件起皱与破裂并存的难题，国际上首次成形运载火箭大规格燃料贮箱薄壁整体箱底（图3a）；2019年我国利用环件轧制技术首次生产出直径为16m的大型航空环轧件（图3b）。

a) 火箭燃料贮箱箱底整体冲压成形

b) 直径为16m的国产大型航空环轧件

图3　压力加工应用

随着工业发展，近年来在压力加工生产方面出现了精密模锻、超塑性成形及高能率成形等许多新工艺和新技术，并得到迅速推广，使压力加工不仅可以生产毛坯，而且也可直接生产很多零件。

第 8 章　金属压力加工基础

> **教学提示**：金属材料经过压力加工之后，其内部组织发生很大变化，金属的性能得到改善和提高。为了正确选用金属压力加工方法、合理设计金属压力加工成形的零件，必须了解金属塑性变形的实质和组织变化规律。
>
> **教学要求**：了解金属塑性变形的有关理论基础，特别是塑性变形对金属组织和性能的影响；金属可锻性的影响因素等。

8.1　金属塑性变形的实质

授课视频

8.1.1　金属的变形

金属在外力作用下，其内部将产生应力。此应力迫使原子离开原来的平衡位置，从而改变了原子间的距离，使金属发生变形，并引起原子位能的提高，但处于高位能的原子具有返回原来低位能平衡位置的倾向。当除去外力后，应力消失，金属完全恢复原状的变形，称为弹性变形。当外力增大到使金属的内应力超过该金属的屈服强度时，即使作用在物体上的外力取消，金属的变形也不完全恢复，而产生一部分永久变形，称为塑性变形。

金属材料的塑性通常用断后伸长率 A 和断面收缩率 Z 来表示。A 或 Z 越大，则金属的塑性越好。良好的塑性是金属材料进行压力加工的前提条件。

8.1.2　塑性变形的实质

金属塑性变形的实质可用晶粒内部、晶粒间产生滑移和晶粒发生转动来解释。在常温和低温下单晶体的塑性变形主要是通过滑移、孪生等方式进行的。

1. 单晶体塑性变形

（1）滑移　单晶体的滑移变形是晶体在切应力作用下晶体的一部分相对于另一部分沿着一定晶面（称为滑移面）和晶向（称为滑移方向）发生相对滑动的结果，如图 8-1 所示。

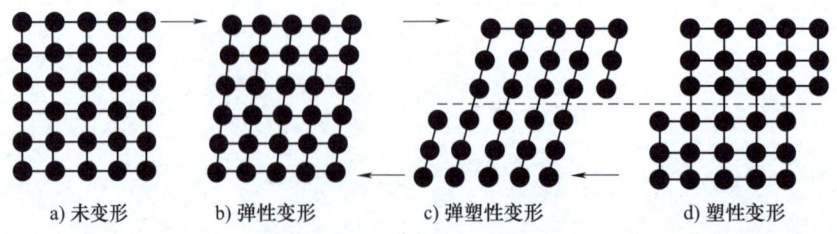

a) 未变形　　b) 弹性变形　　c) 弹塑性变形　　d) 塑性变形

图 8-1　单晶体滑移变形示意图

上述理论所描述的滑移运动，相当于滑移面上下两部分晶体彼此以刚性整体做相对运动。要实现这种滑移所需的外力要比实际测得的数据大几千倍，这说明实际晶体结构及其塑性变形并不完全如此。

近代物理学证明，实际晶体内部存在大量缺陷。其中，以位错（图8-2a）对金属塑性变形的影响最为明显。由于位错的存在，部分原子处于不稳定状态。在比理论值低得多的切应力作用下，处于高位能的原子很容易从一个相对平衡的位置上移动到另一个位置上（图8-2b），形成位错运动。位错运动的结果，就实现了整个晶体的塑性变形（图8-2c）。

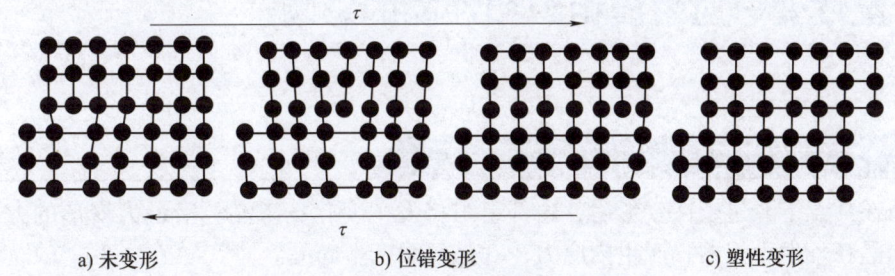

a) 未变形　　　　　b) 位错变形　　　　　c) 塑性变形

图8-2　位错运动引起塑性变形示意图

（2）孪生　孪生是在切应力的作用下，晶体的一部分相对于另一部分沿一定的晶面（称为孪生面）和晶向（称为孪生方向）产生一定角度的均匀切变过程。孪生变形使晶体内已变形部分与未变形部分以孪生面为分解面形成了镜面对称的位向关系，如图8-3所示。与滑移相比，产生孪生所需的切应力很高，因此，只有在滑移很难进行的条件下，晶体才发生孪生变形。孪生变形本身对晶体塑性变形的直接影响并不大，但可使其中某些原来处于不利滑移的位向转变为有利于发生滑移的位向，从而激发滑移变形的进一步进行，使金属的变形能力得到提高。

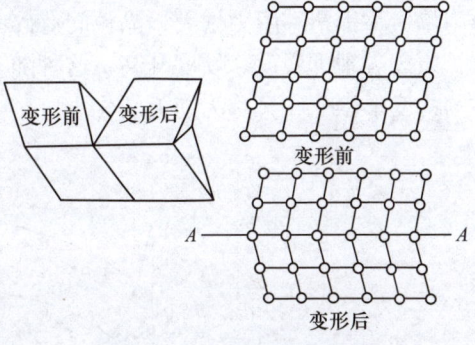

图8-3　孪生变形示意图

A—A—孪生面

2. 多晶体塑性变形

机械制造中使用的金属材料大多数是多晶体，多晶体是由许多小的单晶体——晶粒构成的，其变形抗力远远高于单晶体。多晶体塑性变形的基本方式仍然是滑移，但是由于多晶体中各个晶粒的空间取向互不相同以及晶界的存在，使多晶体的塑性变形过程比单晶体更为复杂。

多晶体塑性变形首先在取向最有利的晶粒中进行，随着滑移程度的增大，位错运动将受到晶界阻碍，使滑移不能直接延续到相邻晶粒。为了协调相邻晶粒之间的变形，使滑移能够继续进行，晶粒间将会发生相对移动和转动，因此多晶体的塑性变形既有晶内

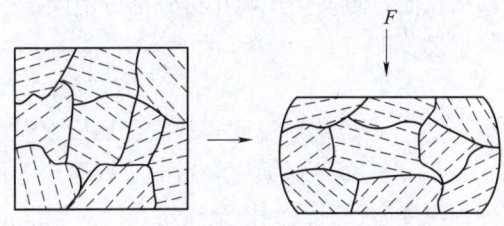

图8-4　多晶体塑性变形示意图

变形（滑移和孪生）又有晶粒间的滑移和转动（晶间变形），如图 8-4 所示。每个晶粒内部都存在许多滑移面，因此整块金属的变形量可以比较大。低温时，多晶体的晶间变形不可过大，否则将引起金属的破坏。

由此可知，金属内部有了应力就会发生弹性变形。应力增大到一定程度后使金属产生塑性变形。当外力去除后，弹性变形将恢复，称为"弹复"现象。这种现象对有些压力加工件的变形和工件质量有很大影响，必须采取工艺措施来保证产品的质量。

8.2 塑性变形对金属组织和性能的影响

8.2.1 金属的加工硬化与回复、再结晶

金属在常温下经过塑性变形后，内部组织将发生变化：①晶粒沿最大变形的方向伸长；②晶格与晶粒均发生扭曲，产生内应力；③晶粒间产生碎晶。

金属的力学性能随其内部组织的改变而发生明显变化。变形程度增大时，金属的强度及硬度升高，而塑性和韧性下降（图 8-5）。其原因是单晶体发生晶内滑移，使晶格扭曲，内应力增大，即滑移阻力增大；晶粒间有碎晶，使晶粒滑动阻力增大，结果使得进一步变形困难，宏观表现即强度、硬度升高。这种随变形程度增大，强度和硬度上升而塑性下降的现象称为冷变形强化，又称为加工硬化。

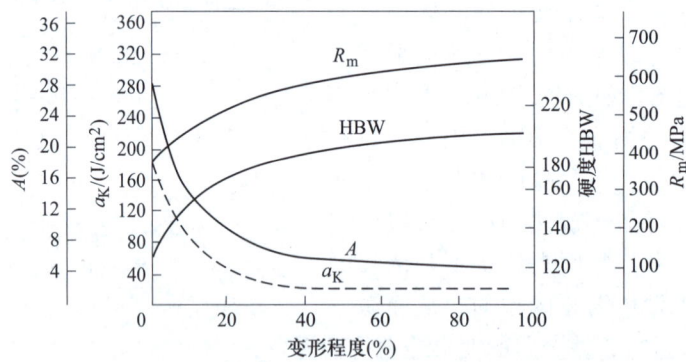

图 8-5 常温下塑性变形对低碳钢力学性能的影响

加工硬化是一种不稳定现象，具有自发地回复到稳定状态的倾向，但在室温下不易实现。当提高温度时，原子因获得热能，热运动加剧，使原子排列回复到正常状态，从而消除了晶格扭曲，致使加工硬化得到部分消除。这一过程称为回复（图 8-6b）。这时的温度称为回复温度，即

$$T_{回} = (0.25 \sim 0.3)T_{熔}$$

式中　$T_{回}$——以绝对温度表示的金属回复温度；

$T_{熔}$——以绝对温度表示的金属熔点温度。

当温度继续升高到该金属熔点绝对温度的 0.4 倍时，金属原子获得更多的热能，开始以某些碎晶或杂质为核心，按变形前的晶格结构结晶成新的晶粒，从而消除了全部冷变形强化

现象。这个过程称为再结晶（图 8-6c）。这时的温度称为再结晶温度，即

$$T_{再} = 0.4T_{熔}$$

式中　$T_{再}$——以绝对温度表示的金属再结晶温度。

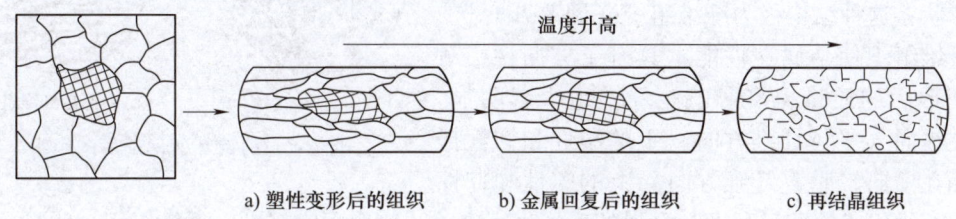

a) 塑性变形后的组织　　b) 金属回复后的组织　　c) 再结晶组织

图 8-6　金属的回复和再结晶示意图

利用金属的加工硬化可提高金属的强度和硬度，这是工业生产中强化金属材料的一种重要手段。但在压力加工生产中，加工硬化给金属继续进行塑性变形带来困难，应加以消除。在实际生产中，常采用加热的方法使金属发生再结晶，从而再次获得良好塑性。这种工艺操作称为再结晶退火。

当金属在大大高于再结晶的温度下受力变形时，加工硬化和再结晶过程同时存在。此时变形中的强化和硬化随即被再结晶过程所消除。

8.2.2　冷变形与热变形

由于金属在高温下强度、硬度低，而塑性、韧性高，因此在高温下对金属进行加工变形比在较低温度下容易，所以生产上便有冷、热加工之分。从金属学的观点看，冷加工与热加工的区别是以金属材料的再结晶温度为分界。

在再结晶温度以下的变形称为冷变形。变形过程中无再结晶现象，变形后的金属具有加工硬化现象，可获得较高的强度、硬度和低表面粗糙度值，但易发生破裂，变形程度一般不宜过大。

工业生产中的板料冲压、冷轧、冷拔、冷挤压都属于冷变形。因冷变形有加工硬化现象产生，故每次的冷变形程度不宜过大，否则，变形金属将产生断裂破坏。为防止加工硬化后的金属继续变形而产生断裂破坏现象，应在冷变形一定程度后，在中间安排再结晶退火，消除加工硬化现象，然后继续进行冷变形，直到所要求的变形程度。

在再结晶温度以上的变形称为热变形。热变形时加工硬化和再结晶现象会同时出现，不过加工硬化过程随时被再结晶过程消除，所以变形后具有再结晶组织，无加工硬化现象。

由于金属的热变形温度是在再结晶温度以上，使金属的屈服强度降低而塑性增加，能以较小的力和能量产生较大的变形而不发生破裂，同时又能获得具有高力学性能的细晶粒再结晶组织。因此，金属压力加工生产多采用热变形来进行。

8.2.3　纤维组织变化

金属压力加工生产采用的最初坯料是铸锭，其内部组织很不均匀，晶粒较粗大，并存在气孔、缩松、非金属夹杂物等缺陷。铸锭加热后经过压力加工，由于塑性变形及再结晶，从而改变了粗大、不均匀的铸态结构（图 8-7a），获得细化了的再结晶组织。同时可以将铸锭中的气孔、缩松等压合在一起，使金属更加致密，力学性能得到很大提高。

此外，铸锭在压力加工中产生塑性变形时，基体金属的晶粒形状和沿晶界分布的杂质形状都发生了变形，它们都将沿着变形方向被拉长，呈纤维形状，这种结构称为纤维组织（图 8-7b）。

纤维组织使金属在性能上具有了方向性，对金属变形后的质量也有影响。纤维组织越明显，金属在纵向（平行纤维方向）上的塑性和韧性提高，而在横向（垂直纤维方向）上的塑性和韧性降低。纤维组织的明显程度与金属的变形程度有关。压力加工过程中，常用锻造比（y）来表示变形程度。

a) 变形前原始组织　　b) 变形后纤维组织

图 8-7　铸锭热变形前后的组织

变形程度越大，纤维组织越明显。压力加工过程中，常用锻造比（y）来表示变形程度。

拔长时的锻造比为

$$y_{拔} = A_o/A$$

镦粗时的锻造比为

$$y_{镦} = H_o/H$$

式中　H_o、A_o——坯料变形前的高度和横截面积；
　　　H、A——坯料变形后的高度和横截面积。

纤维组织的稳定性很高，不能用热处理方法加以消除，只有经过压力加工使金属变形，才能改变其方向和形状。因此，为了获得具有最好力学性能的零件，在设计和制造零件时，都应使零件在工作中产生的最大正应力方向与纤维方向重合，最大切应力方向与纤维方向垂直。并使纤维分布与零件的轮廓相符合，尽量使纤维组织不被切断（表 8-1）。

表 8-1　45 钢经热变形后的力学性能与纤维方向关系

钢坯取样的方向	R_m /MPa	$R_{p0.2}$ /MPa	A（%）	Z（%）	a_K /(J/cm²)
纵向	715	470	17.5	62.8	50
横向	670	440	10.0	310	2.5

例如：当采用棒料直接经切削加工制造螺钉时，螺钉头部与杆部的纤维被切断，不能连贯起来，受力时产生的切应力顺着纤维方向，故螺钉的承载能力较弱（图 8-8a）；当采用同样棒料经局部镦粗方法制造螺钉时（图 8-8b），则纤维不被切断，连贯性好，纤维方向也较为有利，故螺钉质量较好。

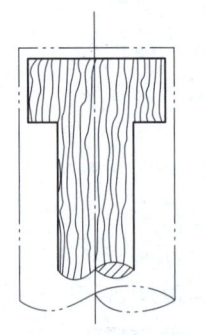 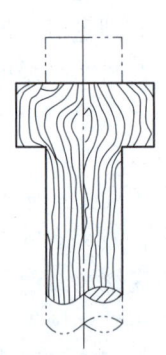

a) 切削加工制造的螺钉　　b) 局部镦粗制造的螺钉

图 8-8　不同工艺方法对纤维组织形状的影响

8.3　金属的可锻性

金属的可锻性是衡量材料在经受压力加工时获得优质制品难易程度的工艺性能。金属的可锻性好，表明该金属适合于采用压力加工成形；可锻性差，表明该金属不宜于选用压力加工成形。

可锻性常用金属的塑性和变形抗力来综合衡量。塑性越好，变形抗力越小，则金属的可锻性好。反之则差。变形抗力是指在压力加工过程中变形金属作用于施压工具表面单位面积上的压力。变形抗力越小，则变形中所消耗的能量也越少。

金属的可锻性取决于金属的本质（内因）和加工条件（外因）。

8.3.1 金属的本质

1. 化学成分的影响

不同化学成分的金属，其可锻性不同。一般情况下，纯金属的可锻性比合金好；碳钢的含碳量越低，可锻性越好；钢中含有形成碳化物的元素（如铬、钼、钨、钒等）时，其可锻性显著下降。

2. 金属组织的影响

金属内部的组织结构不同，可锻性有很大差别。纯金属及单一固溶体组成的合金（如奥氏体）的可锻性好；而碳化物（如渗碳体）的可锻性差；由多种性能不同的组织组成的合金，锻造时由于各组织的变形不均匀，容易导致裂纹，故可锻性差；铸态柱状组织和粗晶粒结构不如晶粒细小而又均匀的组织的可锻性好。

8.3.2 加工条件

1. 变形温度的影响

提高金属变形时的温度是改善金属可锻性的有效措施，并对生产率、产品质量及金属的有效利用等均有极大的影响。

金属在加热时，随温度的升高，金属原子的运动能力增强（热能增加，处于极为活泼的状态中），很容易进行滑移，因而塑性提高，变形抗力降低，可锻性明显改善，更加适宜进行压力加工。但温度过高，对钢而言，必将产生过热、过烧、脱碳和严重氧化等缺陷，甚至使锻件报废，所以应该严格控制锻造温度。

锻造温度范围是指始锻温度（开始锻造的温度）和终锻温度（停止锻造的温度）间的温度区间。锻造温度范围的确定以合金相图为依据。碳钢的锻造温度范围如图 8-9 所示，其始锻温度比 AE 线低 200℃ 左右，终锻温度为 800℃ 左右。终锻温度过低，金属的可锻性急剧变差，使加工难于进行，若强行锻造，将导致锻件破裂报废。

2. 变形速度的影响

变形速度是指单位时间的变形程度。它对可锻性的影响是矛盾的。一方面随着变形速度的增大，回复和再结晶速度来不及完全消除金

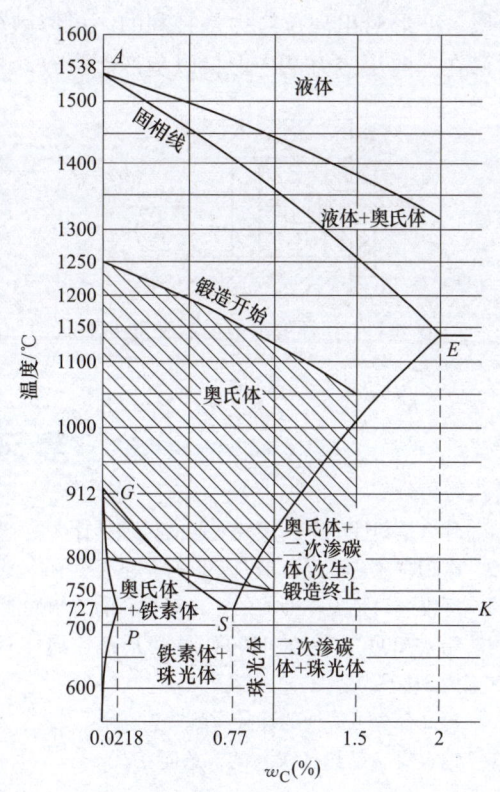

图 8-9 碳钢的锻造温度范围

属变形引起的冷变形强化。于是，残留的冷变形强化作用逐渐积累，使金属的塑性下降，变形抗力增大（图8-10所示 a 点以左），可锻性变差。另一方面，金属在变形过程中，消耗于塑性变形的能量有一部分转化为热能（称为热效应现象），改善变形条件。变形速度越大，热效应现象越明显，使金属的塑性提高、变形抗力下降（图8-10所示 a 点以右），可锻性变得更好。但这种热效应现象除在高速锤等设备的锻造中较明显外，一般压力加工的变形过程中，因变形速度低，不易出现。

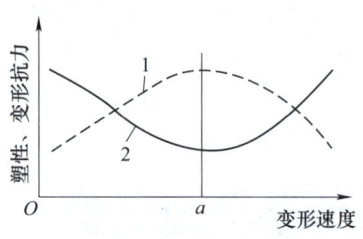

图 8-10　变形速度对塑性及变形抗力的影响
1—变形抗力变化曲线
2—塑性变化曲线

3. 应力状态的影响

金属在经受不同方法变形时，所产生的应力性质（压应力或拉应力）和大小是不同的。例如，挤压变形时（图8-11）为三向受压状态，而拉拔时（图8-12）则为两向受压、一向受拉的状态。

实践证明，三个方向的应力中，压应力的数目越多，则金属的塑性越好；拉应力的数目越多，则金属的塑性越差。拉应力使金属原子间距增大，尤其当金属的内部存在气孔、微裂纹等缺陷时，在拉应力作用下，缺陷处易产生应力集中，使裂纹扩展、甚至达到破坏报废的程度。压应力使金属内部原子间距离减小，不易使缺陷扩展，故金属的塑性会增高。但压应力使金属内部摩擦阻力增大，变形抗力也随之增大，所以拉拔加工比挤压加工省力。

因此，在选择具体加工方法时，应考虑应力状态对金属可锻性的影响。对于塑性较好的金属，变形时出现拉应力是有利的，可以减少变形能量的消耗。对于塑性较差的金属，则应尽量在三向压应力下变形，以免产生裂纹。

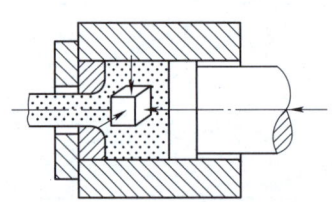

图 8-11　挤压变形时金属应力状态

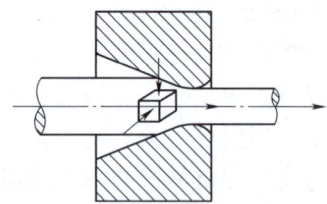

图 8-12　拉拔时金属应力状态

复习思考题

8.1　什么是塑性变形？塑性变形的机理是什么？

8.2　碳钢在锻造温度范围内变形时，是否会有冷变形强化现象？

8.3　纤维组织是怎样形成的？它对材料的力学性能有何影响？它的存在有何利弊？

8.4　铅在 20℃、钨在 1100℃ 时变形，各属于哪种变形？为什么（铅的熔点为 327℃、钨的熔点为 3380℃）？

8.5　提高合金可锻性的途径有哪些？

8.6　请解释"趁热打铁"的含意何在？

第 9 章　常用的锻造方法

> **教学提示**：锻造是毛坯成形的重要手段，尤其在工作条件复杂、力学性能要求高的重要结构零件的制造中，具有重要地位。锻造是使加热好的金属坯料，在外力的作用下发生塑性变形，通过控制金属的流动，使其成形为所需形状、尺寸和组织的方法。根据变形时金属流动的特点不同，锻造可以分为自由锻和模锻两大类。本章将分别介绍它们的成形过程、特点及锻件结构设计和工艺性等内容。
>
> **教学要求**：初步掌握自由锻和模锻的基本工序、特点及应用。能够根据自由锻和模锻设备、工具及工艺特点，合理地设计自由锻件和模锻件结构。

9.1　自由锻

用简单的通用性工具，或在锻造设备的上、下砧间直接使坯料变形而获得所需的锻件，这种方法称为自由锻。自由锻的特点是生产率低，加工余量大，金属的塑性流动不受限制，锻件的形状和尺寸由操作工的操作技术来保证。

自由锻分为手工自由锻和机器自由锻两种。目前，手工自由锻在小型锻件、单件生产及修配中尚有应用。在现代化的大生产中则广泛采用机器自由锻。

自由锻由于工具简单，通用性强，所以广泛用于锻造形状简单的单件、小批生产的锻件。在重型机械中，自由锻也是生产大型锻件的主要方法。

9.1.1　锻造坯料准备

1. 锻造用坯料

锻造中、小型锻件一般用圆形、方形等截面的型材，如方钢、圆钢、扁钢等。大型钢锻件多用钢锭或钢坯。锻造前要把选定的原材料用剪切、锯切、冷折、电火花线切割等方法切成所需的长度，然后加热锻造。

下坯料时除了根据锻件图计算锻件重量外，还要考虑加热烧损中的重量损失以及工艺结构上要去除的部分重量，如冲孔、切边等。根据坯料重量确定坯料尺寸时，还要考虑到锻造比的要求，并应该考虑变形工序对坯料尺寸的限制。

2. 坯料的加热

（1）加热目的　坯料加热的目的是为了提高金属的塑性，降低变形抗力，以改善金属的锻造性能，使之易于流动成形，并获得良好的锻后组织。加热对提高锻造生产率、保证锻件质量以及提高金属的利用率都有重要的影响。

（2）锻造温度　金属坯料是在一定的温度范围内进行锻造的。温度的控制对于锻造工艺非常重要。在保证坯料均匀热透的前提下，尽量缩短加热时间，以减少氧化和脱碳。

不同的金属，其锻造温度范围是不同的。几种常用金属的锻造温度范围见表9-1。

表 9-1　几种常用金属的锻造温度范围

金属种类	牌号	始锻温度/℃	终锻温度/℃
碳钢	15，25	1250	800
	40，45	1200	800
	T9A，T10	1100	770
合金结构钢	20Cr，40Cr	1200	800
	20CrMnTi	1200	800
	30Mn2	1200	800
合金工具钢	9SiCr	1100	800
	Cr12	1080	840
不锈钢	12Cr13，20Cr13	1150	750
纯铜	T1~T3	950	800
黄铜	H68	830	700
硬铝	2A01，2A11，2A12	470	380

（3）加热方法　根据坯料加热时所用热源不同，坯料加热方法可分为火焰加热与电加热两类。

火焰加热用的燃料有固体燃料（如煤、焦炭）、液体燃料（如重油、柴油）、气体燃料（如煤气）等。

火焰加热常用的设备有箱式炉和连续式加热炉。前者主要用于单件、小批生产，而成批、大量生产时多采用连续式加热炉。

电加热是通过把电能转变为热能来加热金属坯料的。电加热具有温度易于控制、加热质量好等优点，在现代化的工厂中广泛采用电加热方法。

常用的电加热方法有电阻加热、电接触加热以及电感应加热。

9.1.2　自由锻工序

根据工序的作用不同，自由锻的工序可分为基本工序，辅助工序和修整工序三大类。

（1）基本工序　基本工序是使金属坯料实现较大变形以获得锻件所需的基本形状和尺寸的工序，包括镦粗、拔长、冲孔、弯曲、错移、扭转和切割等。

1）镦粗。镦粗是使坯料高度减小、横截面积增大的锻造工序。它主要用于成形饼块类锻件、空心类锻件及某些重要的轴杆类锻件。

2）拔长。拔长是使坯料横截面积减小、长度增加的锻造工序。它主要用于轴类、杆类锻件的成形。为达到规定的锻造比和改变金属内部组织结构，锻制以钢锭为坯料的锻件时，拔长经常与镦粗交替反复使用。

3）冲孔。冲孔是在坯料上冲出通孔或不通孔的锻造工序。它主要用于带孔的饼块类锻件及长筒类锻件的成形。对圆环类锻件，在冲孔后还要进行扩孔。

4）弯曲。弯曲是使坯料轴线产生一定曲率的锻造工序。

5）错移。错移是将坯料的一部分相对另一部分错移开，但仍保持轴心平行的锻造工序。它是生产曲拐或曲轴必需的工序。

6) 扭转。扭转是将坯料的一部分相对另一部分绕其轴线旋转一定角度的锻造工序。

7) 切割。切割是将坯料分成几部分或部分地割开，或从坯料的外部割掉一部分，或从内部割出一部分的锻造工序。

（2）辅助工序　辅助工序是为了完成基本工序而使坯料预先产生少量局部变形的工序，如压肩、压钳口、钢锭倒棱等。

（3）修整工序　修整工序是用来精整锻件尺寸和形状，使锻件完全达到锻件图要求的工序，如滚圆、校直和平整端面等。

9.1.3 自由锻件分类及基本工序方案

自由锻件大致可分为六类，其形状特征及锻造工序见表9-2。

表9-2　自由锻件形状特征及锻造工序

锻件类别	形状特征	锻造工序
盘类锻件		镦粗（或拔长及镦粗）、冲孔
轴类锻件		拔长（或镦粗及拔长）、切肩和锻台阶
筒类锻件		镦粗（或拔长及镦粗）、冲孔、在心轴上拔长
环类锻件		镦粗（或拔长及镦粗）、冲孔、在心轴上扩孔
曲轴类锻件		拔长（或镦粗及拔长）、错移、锻台阶、扭转
弯曲类锻件		拔长、弯曲

9.2 模锻

授课视频

模锻是利用锻模使坯料变形而获得锻件的锻造方法。由于金属是在模膛内变形，其流动受到模壁的限制，因而模锻生产的锻件尺寸精确、表面光洁、加工余量较小、结构可以较复杂，而且生产率高。模锻生产广泛应用在机械制造业和国防工业中。

模锻可分为胎模锻和固定模锻两类。

9.2.1 胎模锻

胎模锻是在自由锻设备上使用可移动模具生产模锻件的一种方法。胎模不固定在锤头或砧座上，只是在使用时才放上去，它介于自由锻和模锻之间。

胎模成形工艺灵活，既可制坯，又可成形，既可整体成形，也可局部变形，不但能锻造形状简单的锻件，也可成形较为复杂形状的锻件等。

1. 胎模的种类

胎模的种类很多，主要有扣模、筒模及合模三种。

（1）扣模　扣模是用来对坯料进行全部或局部扣形，以生产长杆非回转体锻件，如图9-1所示。扣模也可以为合模锻造制坯。

（2）筒模　如图9-2所示，筒模主要用于锻造齿轮、法兰盘等盘类锻件。组合筒模由于有两个半模（增加一个分模面）的结构，可锻出形状更复杂的胎模锻件，扩大了胎模锻的应用范围。

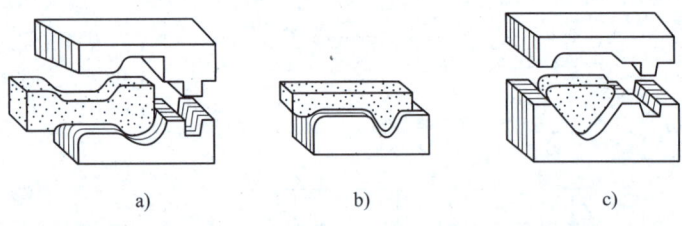

图 9-1　扣模

（3）合模　合模由上模和下模组成，并有导向结构，可锻制形状复杂、精度较高的非回转体锻件，如图9-3所示。

2. 胎模锻的工艺举例

1）锥齿轮坯的胎模锻过程如图9-4所示。其中图9-4a所示为锥齿轮坯。模锻时，下模放在下砧上，把加热好的坯料放入下模的模膛中，如图9-4b所示，然后如图9-4c所示将上模合上；锤击上模，使金属坯料充满模膛，如图9-4d所示，便获得锥齿轮坯。

2）图9-5所示为双联齿轮坯的胎模锻过程，其中图9-5a所示为双联齿轮坯。将加热好的坯料放入垫模内锻出上凸缘，如图9-5b所示，调头放入外垫模，再在坯料上套入可分式内垫环，经锻造便可成形，如图9-5c所示。

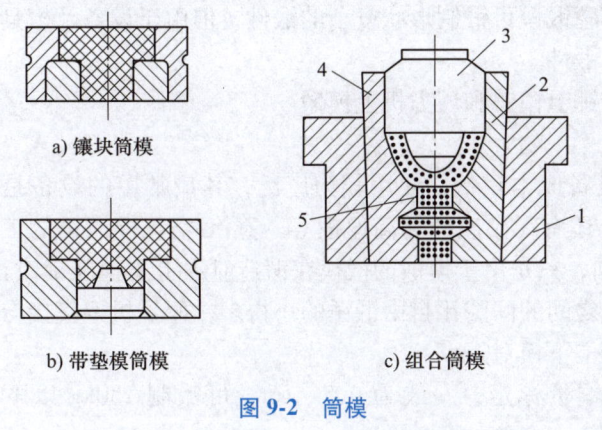

图 9-2 筒模　　　　　　　图 9-3 合模

1—筒模　2—右半模　3—冲头　4—左半模　5—锻件

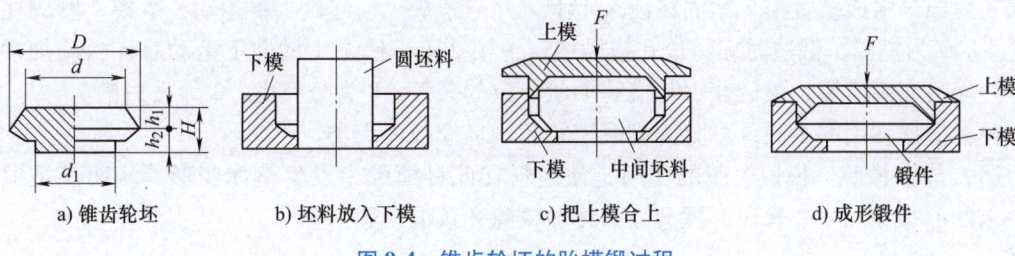

图 9-4 锥齿轮坯的胎模锻过程

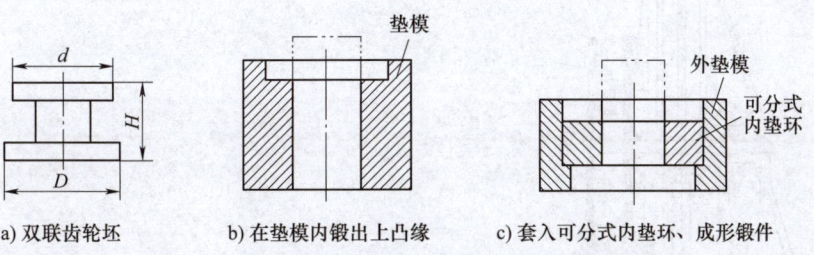

图 9-5 双联齿轮坯的胎模锻过程

胎模锻与自由锻相比，锻件尺寸精度有了一定的提高，表面粗糙度也有一定的改善，因而锻件加工余量减小，锻造生产率也有相应的提高。胎膜锻不需要采用昂贵的设备，但是可以扩大自由锻设备的应用范围，工艺操作灵活，可以局部成形，从而可以利用较小的设备锻造出较大的锻件。

胎膜结构简单，制造容易，周期短，可降低锻件成本，但由于需将胎模频繁地搬上取下，因而工人劳动强度大，并且胎膜容易损坏，生产率不高，故胎模锻仅限于小型锻件的中、小批量生产。

9.2.2 固定模锻

固定模锻时，上、下模是分别固定在锻压设备的锤头（或滑块）及下砧（或工作台）上的。由于所用设备的刚度好，导向精度较高，还有防止上、下模错移的装置等，所以锻件的精度及生产率进一步提高,采用多模膛锻模可锻制形状复杂的锻件,但由于设备及模具较昂贵,只适用于成批大量生产中、小型锻件。

固定模锻根据所用设备不同可分为锤上模锻和压力机上模锻。

1. 锤上模锻

锤上模锻是在模锻锤上进行,因设备成本较低,使用较为广泛,其最常用的设备是蒸汽-空气模锻锤,如图9-6所示。另外,还有无砧座锤和高速锤等。蒸汽-空气模锻锤的工作原理与自由锻用的蒸汽-空气锤基本相同,只是由于模锻的锻模在锻造时需上下模准确对正,精度要求较高,故模锻锤的锤头与导轨之间的间隙比自由锻锤的小得多,而且机架直接与砧座连接,这样使锤头运动精确,能保证上下模对正。

模锻锤的吨位以锤头落下部分的重量标定,一般为0.5~16t,可锻制150kg以下的锻件。

锤上模锻所用的锻模是由带有燕尾的上模和下模组成,如图9-7所示。锻模由上模2和下模4两部分组成。上模2紧固在锤头1上,并与锤头1一起做上下运动,下模4紧固在模垫5上。9为模膛,锻造时坯料放在模膛中,上模2随着锤头1的向下运动对坯料施加冲击力,使坯料充满模膛,最后获得与模膛形状一致的锻件。8为分模面,3为飞边槽。

模膛根据功用的不同,可分为模锻模膛和制坯模膛两大类。

(1)模锻模膛 模锻模膛的作用是使坯料在此种模膛中发生整体变形,从而满足锻件所要求的形状和尺寸。模锻模膛又分为终锻模膛和预锻模膛两种。

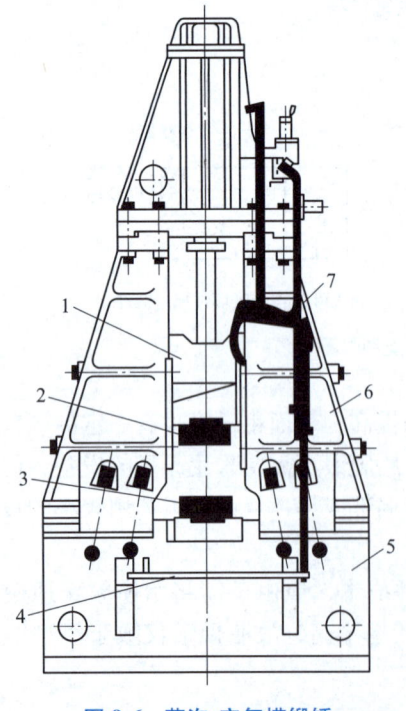

图9-6 蒸汽-空气模锻锤
1—锤头 2—上模 3—下模 4—踏杆
5—砧座 6—锤身 7—操纵机构

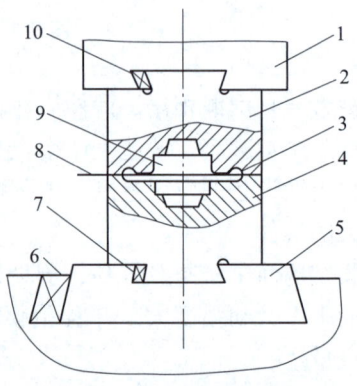

图9-7 锤上模锻所用的锻模
1—锤头 2—上模 3—飞边槽
4—下模 5—模垫 6、7、10—紧固楔铁 8—分模面 9—模膛

1)终锻模膛。终锻模膛的作用是使坯料最后变形到锻件所要求的形状和尺寸。因此,它的形状应和锻件的形状相同,但因锻件冷却时要收缩,故终锻模膛的尺寸应比锻件尺寸放大一个收缩量。钢锻件收缩量取1.5%。另外,沿模膛四周有飞边槽,用以增加金属从模膛中流出的阻力,促使金属充满模膛,同时容纳多余的金属。带孔的模锻件

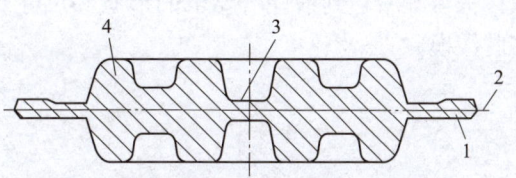

图 9-8 带有冲孔连皮及飞边的模锻件
1—飞边 2—分模面 3—冲孔连皮 4—锻件

在模锻时不能直接获得通孔,故在该部位留有一层较薄的金属,称为冲孔连皮(图 9-8)。把冲孔连皮和飞边冲掉后,才能得到有通孔的模锻件。

2)预锻模膛。预锻模膛的作用是使坯料变形到接近于锻件的形状和尺寸,这样在进行终锻时,金属容易填满模膛而获得锻件所需要的尺寸,同时减少终锻模膛的磨损,延长锻模的使用寿命。对于形状简单的锻件或批量不大时可不设预锻模膛。预锻模膛与终锻模膛的主要区别是,前者的圆角和斜度较大,没有飞边槽。

(2)制坯模膛 对于形状复杂的锻件,为了使坯料形状基本符合锻件形状,以便使金属能合理分布和很好地充满模膛,就必须预先在制坯模膛内制坯。制坯模膛有以下几种。

1)拔长模膛。拔长模膛用来减少坯料某部分的横截面积,以增加该部分的长度。拔长模膛分为开式和闭式两种,如图 9-9 所示。操作时坯料除送进外还需翻转。

2)滚压模膛。滚压模膛用来减少坯料某一部分的横截面积,以增加另一部分的横截面积,从而使金属按锻件形状来分布。滚压模膛分为开式和闭式两种,如图 9-10 所示。滚压操作时需不断翻转坯料,但不做送进运动。

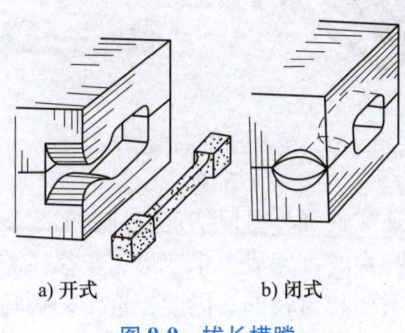

a)开式 b)闭式

图 9-9 拔长模膛

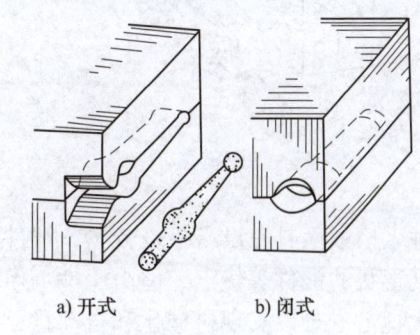

a)开式 b)闭式

图 9-10 滚压模膛

3)弯曲模膛。对于弯曲的杆类模锻件,需采用弯曲模膛来弯曲坯料,如图 9-11 所示。坯料可直接或先经其他制坯工序后放入弯曲模膛进行弯曲变形。弯曲后的坯料须翻转 90°再放入模锻模膛成形。

4)切断模膛。切断模膛在上模与下模的角部组成一对刃口,用来切断金属,如图 9-12 所示。

根据模锻件的复杂程度不同,以及实际生产需要,所需变形的模膛数量不等,可将锻模设计成单膛或多膛锻模。单膛锻模是在一副锻模上只具有终锻模膛。多膛锻模是在一副锻模上具有两个及以上模膛的锻模。形状复杂的锻件,需要经过几个模膛使坯料逐步变形,最后

在终锻模膛中达到锻件所要求的形状和尺寸。图9-13所示的弯曲连杆模锻件的锻模，即为多腔锻模。

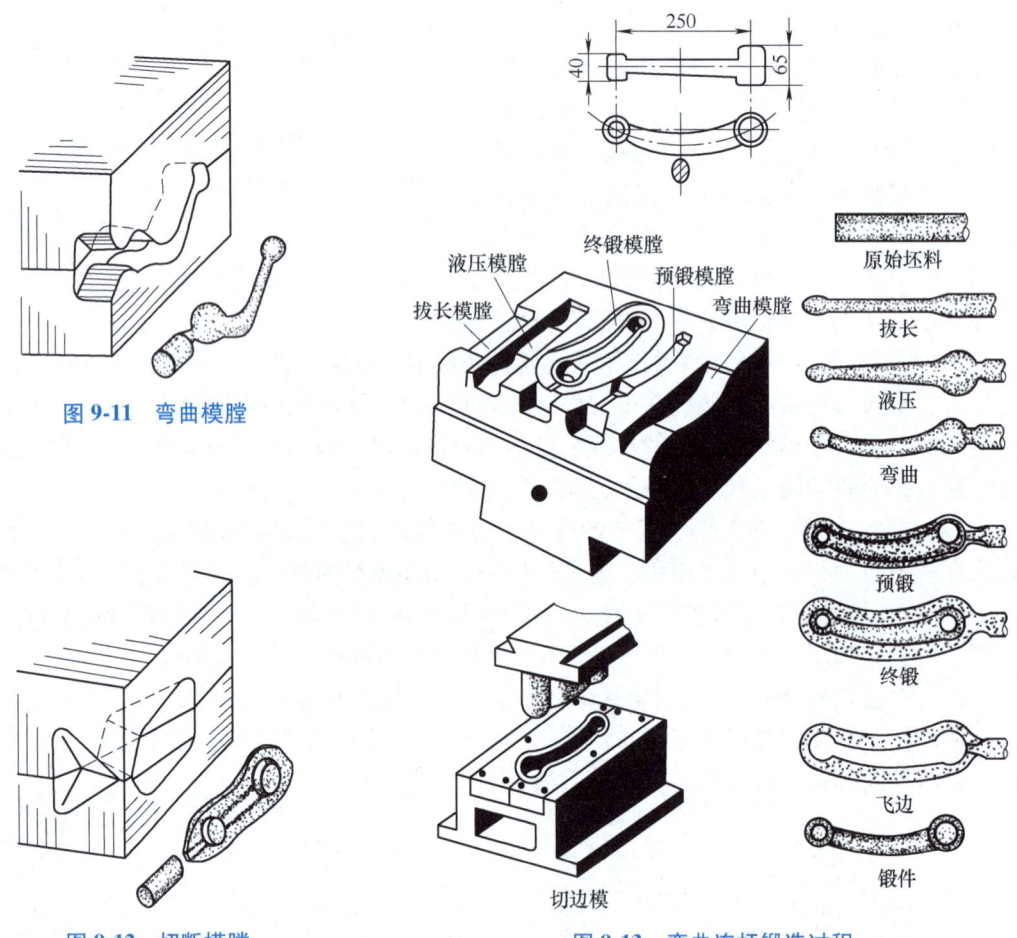

图9-11 弯曲模膛

图9-12 切断模膛

图9-13 弯曲连杆锻造过程

锤上模锻虽具有设备投资较少，锻件质量较好，适应性强，可以实现多种变形工步，锻制不同形状的锻件等优点，但由于锤上模锻振动大、噪声大，完成一个变形工步往往需要经过多次锤击，难以实现机械化和自动化，生产率在模锻中相对较低。因此，近年来大吨位模锻锤有逐步被压力机所代替的趋势。

2. 压力机上模锻

根据用于模锻生产的压力机类型不同，压力机上模锻可分为曲柄压力机上模锻、摩擦压力机上模锻等。

（1）曲柄压力机上模锻　曲柄压力机是采用曲柄连杆系统作为工作机构的压力机，其传动系统如图9-14所示。当离合器在接合状态时，电动机通过带轮经曲柄连杆机构使滑块做上下往复直线运动。当离合器在脱开状态时，带轮空转，制动器使滑块停在确定的位置。锻模分别安装在滑块和工作台上。下顶杆用来从模膛中推出锻件，实现自动取件。

曲柄压力机的吨位一般为2000~120000kN。与模锻锤相比，曲柄压力机有以下特点：

1）滑块行程固定，一次往复行程中即可完成一个工步的变形，且坯料内外几乎同时变形,提高了锻件质量。

2)曲柄压力机设有顶出装置,能使锻件自动脱模,故模锻斜度比锤上模锻小。

3)曲柄压力机对坯料所施加的作用力属于静压力,金属在模腔内流动速度慢,这对变形速度敏感的低塑性合金的锻造十分有利。

4)生产率高且无冲击和振动。

曲柄压力机上模锻优点很多,但因其设备复杂,造价昂贵,在生产规模不大的情况下采用曲柄压力机上模锻是不经济的。因此,曲柄压力机上模锻多采用多模腔模锻,并且不能进行拔长、滚压等制坯工序。曲柄压力机上模锻适用于大批、大量、尺寸要求精确的模锻件生产。

(2)摩擦压力机上模锻 摩擦压力机的传动系统如图 9-15 所示。锻模分别安装在滑块 7 和机座 9 上。滑块与螺杆 1 相连,沿导轨 8 上下滑动。螺杆穿过固定在机架上的螺母 2,螺杆 1 上固定着飞轮 3,下端用轴承与压力机滑块相连。主轴上装有两个圆轮 4,它由电动机 6 带动旋转,用操纵杆可使主轴沿轴向移动,这样就可使其中一个圆轮与飞轮的边缘靠紧而带动飞轮旋转,从而带动滑块在导轨中做上下运动。

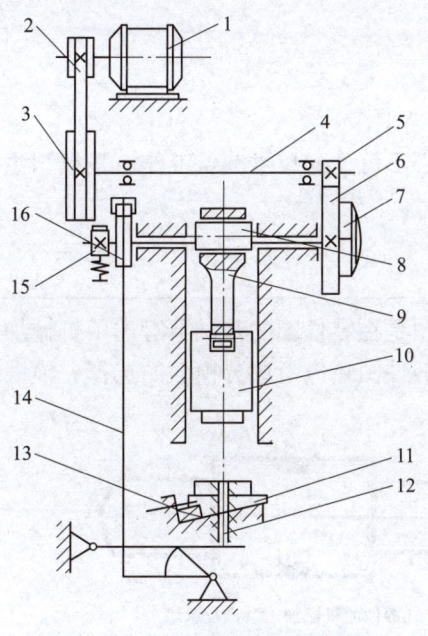

图 9-14 曲柄压力机的传动系统

1—电动机 2—小带轮 3—大带轮 4—传动轴 5—小齿轮
6—大齿轮 7—离合器 8—曲柄 9—连杆 10—滑块
11—楔形工作台 12—下顶杆 13—楔铁
14—顶料连杆 15—制动器 16—凸轮

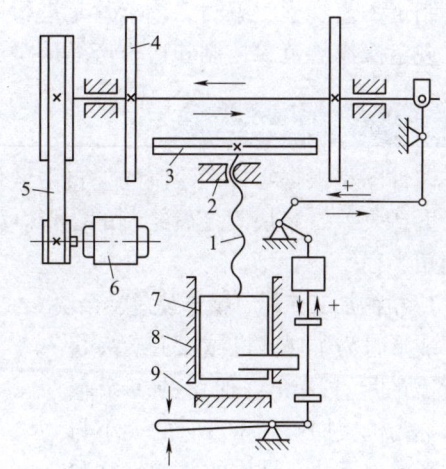

图 9-15 摩擦压力机的传动系统

1—螺杆 2—螺母 3—飞轮 4—圆轮 5—传动带
6—电动机 7—滑块 8—导轨 9—机座

在这类压力机上模锻,主要是靠飞轮、螺杆及滑块向下运动时积蓄的能量来实现。摩擦压力机的吨位一般为 1000~3500kN,最大吨位可达 10000kN。

在摩擦压力机工作过程中,滑块运动速度为 0.5~1.0m/s,具有一定的冲击作用,并且滑块行程可控,这与锻锤相似。坯料变形中抗力由机架承受,形成封闭力系,这又是压力机的特点。所以摩擦压力机具有锻锤和压力机的双重特性。

摩擦压力机上模锻的优点如下。

1) 摩擦压力机的滑块行程不固定,并具有一定的冲击作用,因而可实现轻打、重打,可在一个模膛内对金属进行多次锻击。这不仅能满足各种主要成形工序的要求,还可以进行弯曲、热压、精压、切飞边、冲连皮及校正等工序。

2) 由于滑块运动速度低,金属变形过程中的再结晶可以充分进行,因而特别适合于锻造低塑性合金钢和非铁金属(如铜合金)等。

3) 由于具有顶料装置,故可以采用整体式锻模,也可以采用特殊结构的组合式模具,使模具设计和制造简化,节约材料,降低成本。同时,可以锻制出形状更为复杂、余量和模锻斜度都较小的锻件。

摩擦压力机主要缺点是承受偏心载荷的能力差,通常只适用于单腔锻模进行模锻。对于形状复杂的锻件,需要在自由锻设备或其他设备上制坯。

摩擦压力机上模锻适合于中小型锻件的小批或中批生产,如铆钉、螺钉、螺母、配气阀、齿轮、三通阀等,广泛用于中小型锻造车间。

9.3 锻造工艺规程的制定

制定工艺规程、编写工艺卡片是进行锻造生产必不可少的技术准备工作,是组织生产过程、规定操作规范、控制和检查产品质量的依据。

9.3.1 绘制锻件图

锻件图是根据零件图绘制的。自由锻件的锻件图是在零件图的基础上考虑了机械加工余量、锻造公差、余块等之后绘制的图形。模锻件的锻件图还应考虑分模面的选择、模锻斜度和圆角半径等。

1. 机械加工余量、锻造公差、余块

成形时为了保证机械加工最终获得所需的尺寸而允许保留的多余金属,称为机械加工余量。它的大小与零件形状、尺寸、结构的复杂程度和锻造方法有关,具体数值可查表确定(参见 GB/T 21470—2008)。

零件的基本尺寸加上机械加工余量称为锻件的公称尺寸。锻件的实际尺寸与公称尺寸之间所允许的变动量称为锻造公差。它的数值按锻件形状、尺寸、锻造方法等因素查表确定(参见 GB/T 21470—2008)。

为了简化零件的形状和结构,

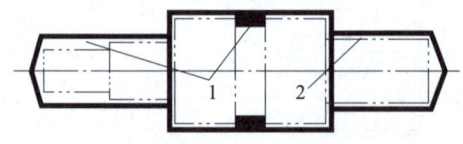

a) 锻件的机械加工余量及余块

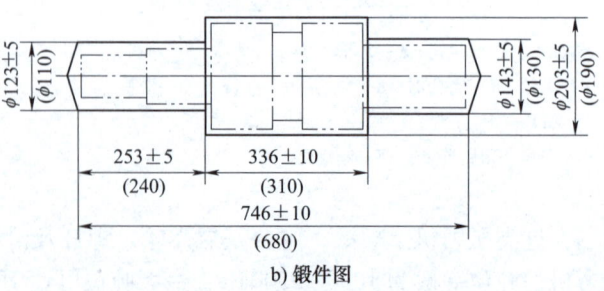

b) 锻件图

图 9-16 典型锻件图

1—余块 2—机械加工余量

便于锻造而增加的一部分金属，称为余块，如图9-16a所示。例如，消除零件上的键槽、环形沟槽或尺寸相差不大的台阶而增加的金属。

自由锻件的锻件图如图9-16b所示，图中细双点画线表示零件的轮廓，粗实线表示锻件外形。锻件的尺寸和公差标注在尺寸线上方，零件的尺寸加括号标注在尺寸线下方。

模锻件成形时，是在锻模的模腔中完成的，所以绘制模锻件的锻件图还需考虑分模面、模锻斜度、模锻圆角半径、连皮厚度等。

2. 分模面

分模面是上、下锻模的分界面。分模面可以是平面，也可以是曲面，其在锻件上的位置是否合适，关系到锻件成形和脱模、材料利用率以及锻模加工等一系列问题。选定分模面的原则如下：

1) 应保证模锻件能从模腔中取出。图9-17所示的轮形件，把分模面选定在 a—a 面时，已成形的模锻件就无法取出。一般情况，分模面应选在模锻件的最大截面处。

2) 分模面应选在能使模腔深度最浅的位置上，这样有利于金属充满模腔，便于取件，并有利于锻模的制造。图9-17所示的 b—b 面，就不适合作为分模面。

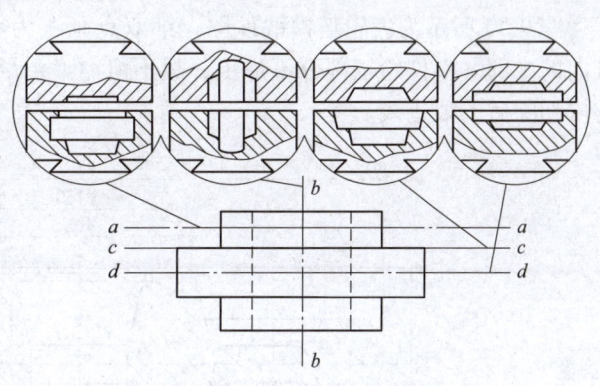

图9-17 分模面的选择比较

3) 选定的分模面应使零件上的余块最少。图9-17所示的 b—b 面被选作为分模面时，零件中的孔不能锻出来，既浪费金属，又增加机械加工的工作量，所以该面不宜选为分模面。

4) 应使上、下两模沿分模面的模腔轮廓一致，以便在安装锻模和生产中发现错模现象时，及时而方便地调整锻模位置。图9-17所示的 c—c 面若被选定为分模面，就不符合此原则。

5) 分模面最好是一个平面，以便于锻模的制造，并防止锻造过程中上、下锻模错动。

按上述原则综合分析，图9-17所示的 d—d 面是最合理的分模面。

3. 模锻斜度

为了使锻件易于从模腔中取出，锻件与模腔侧壁接触部分需带一定斜度，这一斜度称为模锻斜度，如图9-18所示。对于锤上模锻，模锻斜度一般为 3°~15°。模锻斜度与模腔深度和宽度有关。当模腔深度与宽度的比值（h/b）越大时，则取较大的斜度值。图9-18所示的 α_2 为内壁（即当锻件冷却时，锻件与模壁夹紧的表面）斜度，其值比外壁（即当锻件冷却时，锻件与模壁离开的表面）斜度 α_1 大 2°~5°。

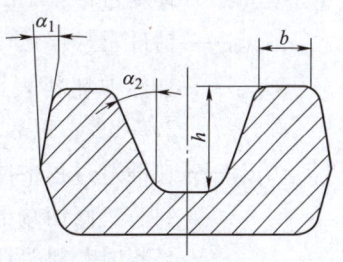

图9-18 模锻斜度

4. 圆角半径

在锻件上所有两平面的交角处均应做成圆角，如图9-19所示。圆角结构可增大锻件强度，模锻时金属易于流动而充满模膛，避免锻模上的内尖角处产生裂纹，减缓锻模外尖角处的磨损，从而提高锻模的使用寿命。模锻件外圆角半径 r 取 2~12mm，内圆角半径 R 比外圆角半径大 3~4 倍。模膛越深，圆角半径取值越大。

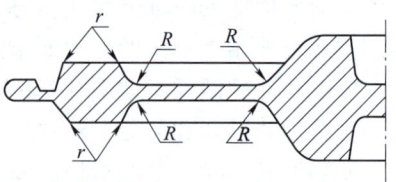

图 9-19　圆角半径
r—外圆角半径　R—内圆角半径

5. 连皮厚度

许多模锻件都具有孔形，当模锻件的孔径大于 25mm 时，应将该孔形锻出。由于模锻无法直接锻出通孔，需在该处留有较薄的金属，称为冲孔连皮（简称为连皮），如图 9-8 所示，其厚度依孔径而定。当孔径为 25~80mm 时，冲孔连皮的厚度取 4~8mm。

图 9-20 所示为齿轮坯模锻件图。细双点画线为零件轮廓外形，分模面选在模锻件水平方向的中部。零件轮辐部分不加工，故不留加工余量。图中内孔中部的两条水平直线为冲孔连皮切除后的痕迹线。

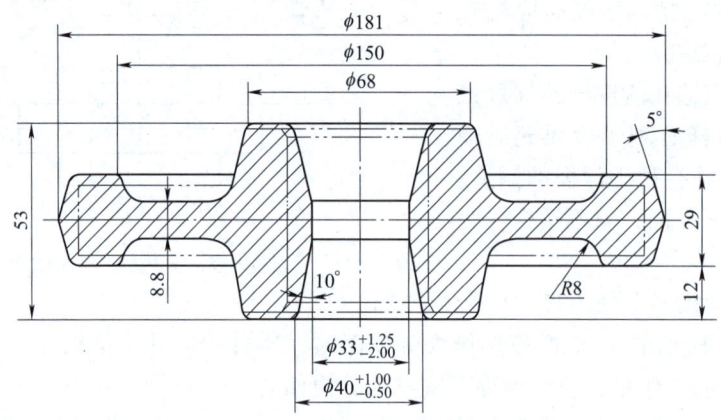

图 9-20　齿轮坯模锻件图

9.3.2　坯料重量和尺寸的确定

坯料重量可按下式计算，即

$$G_{坯料} = G_{锻件} + G_{烧损} + G_{料头}$$

式中　$G_{坯料}$——坯料重量；

$G_{锻件}$——锻件重量；

$G_{烧损}$——加热中坯料表面因氧化而烧损的重量（第一次加热取被加热金属重量的 2%~3%，以后各次加热的烧损重量取 1.5%~2.0%）；

$G_{料头}$——在锻造过程中冲掉或切掉的那部分金属的重量，如冲孔时坯料中部被冲落的料芯、修切端部切除的金属及模锻生产中连皮和飞边的重量等；采用钢锭做坯料时，料头还包括所切掉的钢锭头部和尾部金属的重量。

坯料的尺寸根据坯料重量和几何形状确定，还应考虑坯料在锻造中所必需的变形程度，即锻造比的问题。对于以钢锭作为坯料并采用拔长方法锻制的锻件，锻造比一般不小于 3。

9.3.3 锻造工序的确定

锻造工序都是根据工序特点和锻件类型来确定的。采用自由锻生产锻件时，其工序参阅表 9-2 选定。采用模锻方法生产模锻件时，其工序根据模锻件的形状和尺寸确定。

模锻件按形状和结构可分为两大类。

(1) 长轴类模锻件　模锻件的长度与宽度之比较大，如阶梯轴、曲轴、连杆、弯曲摇臂等（图 9-21）。此类模锻件在锻造过程中，锤击方向垂直于模锻件的轴线。终锻时，金属沿高度与宽度方向流动，而沿长度方向没有显著流动。因此，它常选用拔长、滚压、弯曲、预锻和终锻等工序。

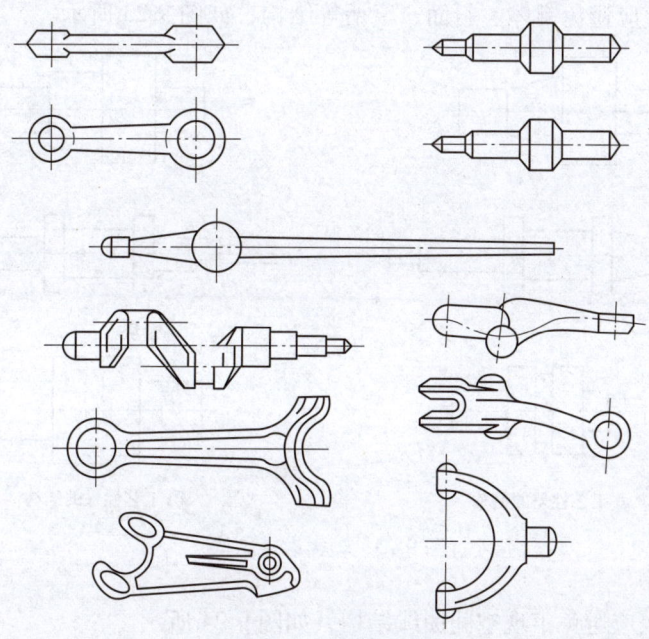

图 9-21　长轴类模锻件

(2) 短轴类模锻件　短轴类模锻件是在分模面上的投影为圆形或长度接近于宽度或直径的模锻件，如齿轮、法兰盘等（图 9-22）。此类模锻件在锻造过程中，锤击方向与坯料轴线相同。终锻时金属沿高度、宽度及长度方向均产生流动。因此，它常选用镦粗、预锻、终锻等工序。

无论用哪种方法进行锻造，都必须根据锻件重量、锻造方法等因素，选定相应的设备（如加热设备、锻造设备等）和确定锻后所必需的辅助工序（如校正、切飞边、冲连皮、清理、热处理等）。

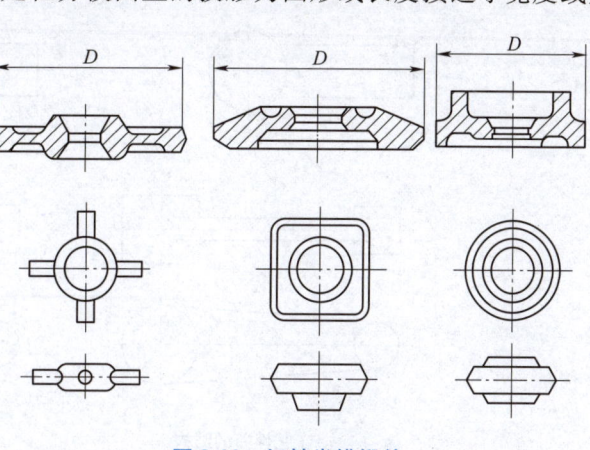

图 9-22　短轴类模锻件

9.4 锻件的结构工艺性

设计锻造成形的零件时，除应满足使用性能要求外，还必须考虑锻造工艺的特点，即锻造成形的零件结构要具有良好的工艺性。这样可使锻造成形方便，节约金属，保证质量和提高生产率。

9.4.1 自由锻件的结构工艺性

1) 自由锻件上应避免锥体、斜面、窄槽等结构，如图 9-23 所示。

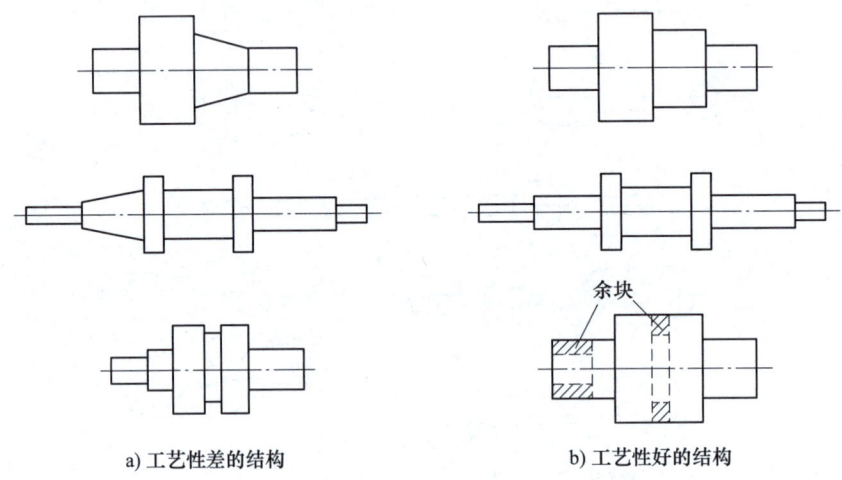

a) 工艺性差的结构　　　b) 工艺性好的结构

图 9-23　轴类锻件结构

2) 自由锻件上应避免出现空间曲线结构，如图 9-24 所示。

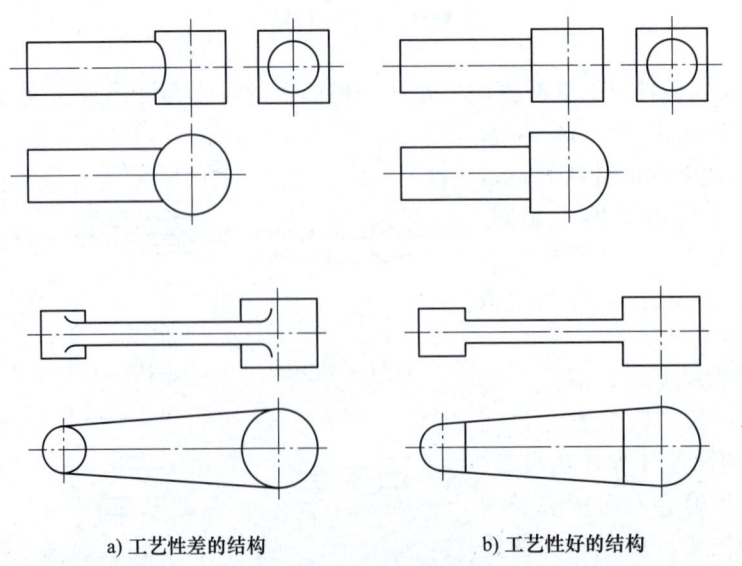

a) 工艺性差的结构　　　b) 工艺性好的结构

图 9-24　杆类锻件结构

3)自由锻件上不允许有筋板、凸台等结构,如图9-25所示。

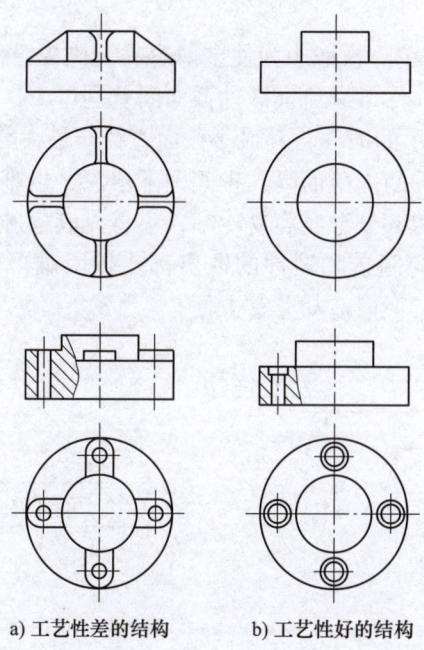

a) 工艺性差的结构　　　　b) 工艺性好的结构

图 9-25　盘类锻件结构

4)合理采用组合锻件,使成形方便,如图9-26所示。

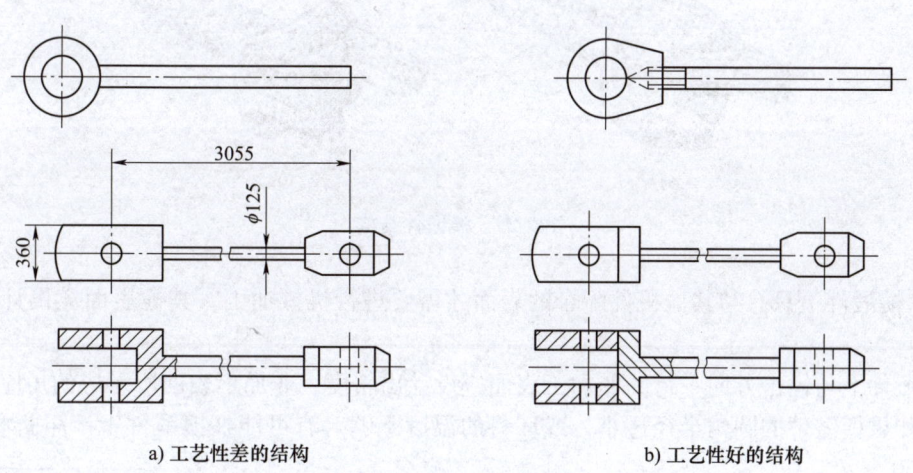

a) 工艺性差的结构　　　　b) 工艺性好的结构

图 9-26　组合锻件结构

9.4.2　模锻件的结构工艺性

由于模锻件是在锻模模膛中最终成形的,其成形条件比自由锻件优越,因此,模锻件的形状可以比自由锻件复杂。例如,可以允许有圆锥面、空间相贯曲线、合理的台阶、工字形截面等轮廓形状。但是模锻件的结构仍然受到模锻设备和工艺特点的限制,设计时应遵循以下几条原则。

1) 模锻件上必须有一个合理的分模面,以保证模锻成形后,模锻件能容易从模腔中取出。

2) 模锻件形状应力求简单。模锻中为使金属容易充满模腔和减少工序,模锻件的外形仍需力求简单、平直、对称。尽量避免模锻件截面间差别过大,或具有薄壁、高筋、凸起等难以成形的结构。图 9-27 所示的锻件,其最小截面直径与最大截面直径之比为 0.5,不宜采用模锻生产。此外,该锻件的凸缘薄而高,中间凹下很深,也难以用模锻方法成形。图 9-28 所示锻件扁而薄,模锻时薄的部分金属容易冷却,不易充满模腔。图 9-29a 所示的锻件上有一个高而薄的凸缘,使锻模的制造和锻件的取出都比较困难,如改为如图 9-29b 所示的结构,对零件的功用没有影响,但锻造却非常方便。

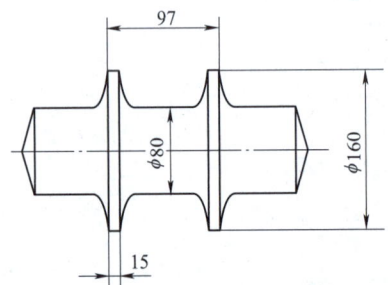

图 9-27 不宜采用模锻的结构 1

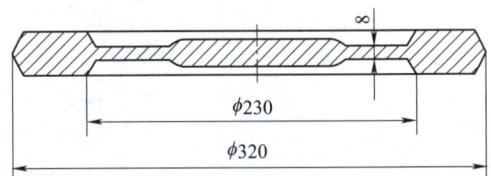

图 9-28 不宜采用模锻的结构 2

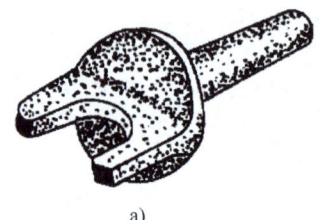
a)

b)

图 9-29 模锻件结构

3) 模锻件上只有与其他机件配合的表面才需要进行机械加工,其他表面应设计为非加工表面。

模锻件上与锤击方向平行的非加工表面应设计出斜度,非加工表面所形成的角应按圆角设计。如果模锻件的圆角半径过小,或坯料的温度不够,有可能在模锻件上产生折叠现象,如图 9-30 所示。

4) 模锻件应避免深孔或多孔结构。如图 9-31 所示,零件的轴孔(ϕ60mm)属深孔结构。该零件上又有四个非加工孔,不能锻出。故应将轮毂高度减小,ϕ40mm 的四个孔改用机械加工方法制出。

5) 模锻件的整体结构应力求简单。当整体结构在成形中需增加较多余块时,可采用组合工艺制作。图 9-32 所示的零件,先采用模锻

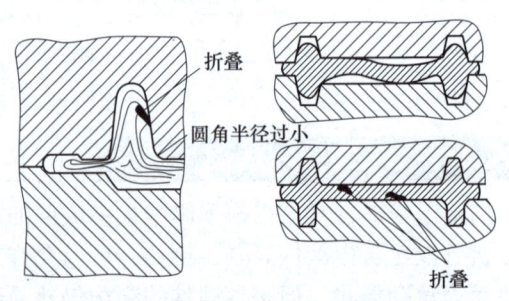

图 9-30 模锻件设计不合理产生折叠

方法单个成形,然后焊接成一个整体零件,从而简化模锻工艺。

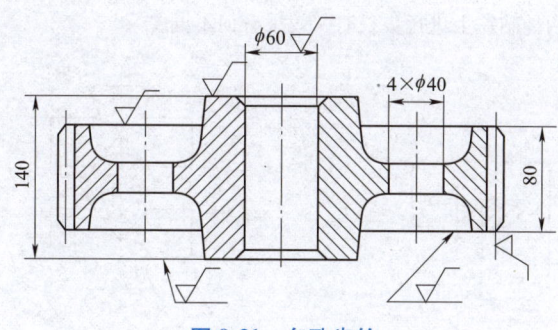

图 9-31　多孔齿轮

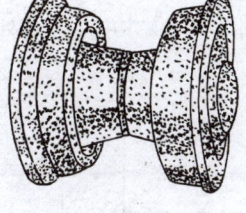

a) 模锻件　　　　　b) 焊合件

图 9-32　锻-焊结构模锻件

复习思考题

9.1　什么叫自由锻?它有何优缺点?适用于何种场合?

9.2　自由锻有哪几个基本工序?它们各有何特点?各适用于锻造哪类锻件?

9.3　塑性较差的金属,在平砧上镦粗时,表面容易开裂,如图 9-33 所示,试分析产生裂纹的原因及解决的主要办法。

9.4　塑性不太好的金属坯料在平砧上拔长时,表面容易开裂,如图 9-34 所示,试分析产生裂纹的原因及解决的主要办法。

9.5　拔长时,是否送进量越大,拔长效率越高?为什么?

9.6　加热时,若加热速度过快,坯料内会产生应力而引起裂纹。试分析产生裂纹的部位(是在表层还是内部),为什么?

9.7　为什么胎膜锻可以锻造出形状较为复杂的锻件?

9.8　锻件锻后冷却不当产生裂纹时,试分析裂纹所在的部位。

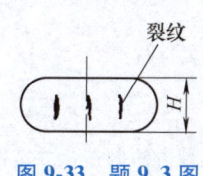

图 9-33　题 9.3 图

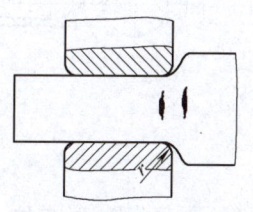

图 9-34　题 9.4 图

9.9 单件小批生产如图 9-35 所示带凸缘的锻件，绘制工序变形示意图说明其锻造工艺过程。

9.10 在如图 9-36 所示的两种砧铁上进行拔长时，效果有何不同？

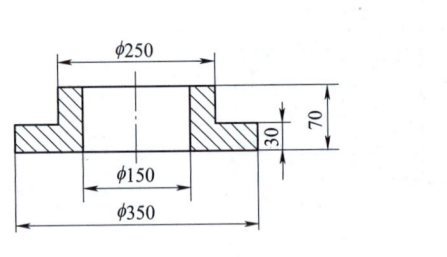

图 9-35 题 9.9 图

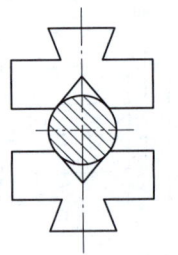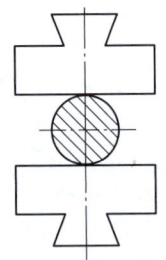

图 9-36 题 9.10 图

9.11 如何确定分模面的位置？为什么模锻生产中不能直接锻出通孔？

9.12 改正如图 9-37 所示模锻件结构的不合理处。

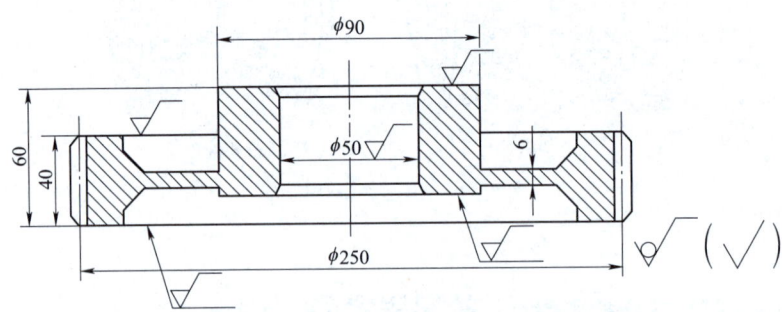

图 9-37 题 9.12 图

9.13 图 9-38 所示零件采用锤上模锻制造，请选择最合适的分模面位置。

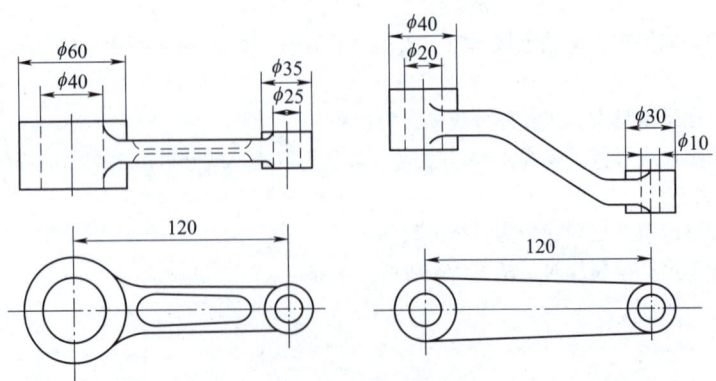

图 9-38 题 9.13 图

9.14 图 9-39 所示零件若分别为单件、小批、大批量生产时，应选用哪种方法制造？并定性地画出各种方法所需的锻件图。

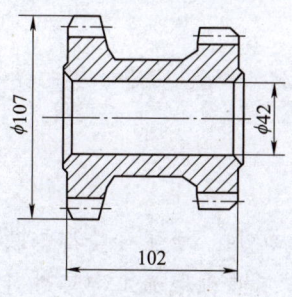 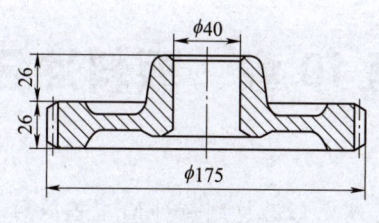 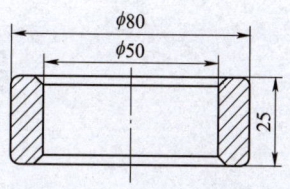

图 9-39　题 9.14 图

第 10 章　板料冲压

> **教学提示**：使板料经分离或变形而得到制件的工艺统称为冲压。冲压可获得形状复杂、尺寸精度高、表面质量好的冲压件。冲压件的互换性好，不经机械加工即可进行装配；冲压件刚度好、强度高、重量轻、材料消耗少；冲压操作简单，工艺过程便于实现机械化、自动化，生产率高，零件成本低。故冲压在航空、航天、兵工、汽车、拖拉机、电器、电子仪表以及生活日用品生产领域中占有极其重要的地位。但由于冲压模具制造较复杂，因此冲压只适用于大批量生产。
>
> **教学要求**：初步掌握分离工序和变形工序的种类、特点及应用；根据各种工序的特点，合理地选择冲压工艺参数，正确设计冲压件结构；了解常用冲压模具的结构、特点及工作原理。

板料冲压是压力加工的重要方法之一。厚度小于 4mm 的金属薄板通常是在常温下进行冲压，故称为冷冲压。只有当板料厚度超过 10mm 时，才采用热冲压。

板料冲压所用的原材料，特别是制造中空杯状和钩环状等成品时，必须具有足够的塑性。板料冲压常用的金属材料有低碳钢、铜合金、铝合金、镁合金及塑性好的合金钢等，也可对非金属材料如纸板、胶木、云母等进行切离。

冲压的设备主要有剪板机和压力机。剪板机用于冷剪板料，为冲压提供一定尺寸的条料。压力机则是冲压生产的主要设备。

板料冲压的基本工序有分离工序和变形（或成形）工序两大类。

10.1　分离工序

分离工序是使毛坯的一部分与另一部分相互分离的工序，如落料、冲孔、修整和切断等。

10.1.1　落料及冲孔

落料及冲孔工序统称为冲裁。落料、冲孔所用的冲模结构以及板料的变形过程均相同，只是冲裁目的不同：落料是为了制取工件的外形，冲下的部分为工件，带孔的部分为废料；冲孔则相反，是要制取工件上的孔，故冲下的部分为废料，带孔的部分为工件。例如，平垫圈由落料（外轮廓的获得）与冲孔（内圈的获取）两道工序组合完成。

1. 冲裁变形和分离过程

此过程分为弹性变形、塑性变形、断裂分离三个阶段，如图 10-1 所示。

（1）弹性变形阶段　如图 10-1a 所示，凸模（冲头）接触板料后，继续向下运动的初始阶段，使板料产生弹性压缩、拉伸与弯曲等成形，板料中的应力迅速增大，达到弹性极限。此时凸模略挤入板料，板料另一侧也略挤入凹模口。随着凸模继续压入，凸模周围的板料略有弯曲，凹模上的板料则向上翘。冲裁间隙越大，弯曲和上翘越明显。

（2）塑性变形阶段　如图10-1b所示，凸模继续向下运动，压力增加，板料中的应力值达到屈服强度时，进入塑性变形阶段。随着凸模的挤入，塑性变形程度逐渐增大，位于凸、凹模刃口处的板料硬化加剧，出现微裂纹。此阶段除剪切变形外，还存在弯曲和拉伸成形，冲裁间隙越大，弯曲和拉伸也越大。

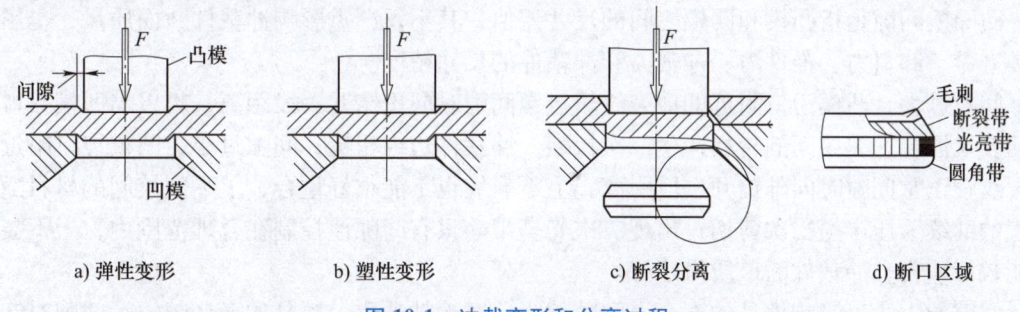

图10-1　冲裁变形和分离过程

（3）断裂分离阶段　如图10-1c所示，凸模继续向下运动，已形成的上、下微裂纹逐渐扩展，凸凹模间隙合适的时候，当上、下裂纹相遇重合时，板料被剪断分离。

板料分离后所形成的断口区域包括圆角带、光亮带、断裂带和毛刺四个部分，如图10-1d所示。其中光亮带尺寸准确，表面质量最好，断口其余部分的表面质量较差。

冲裁件断面质量的优劣，与冲模间隙、刃口锋利程度和材料排样方式密切相关。为了顺利完成冲裁过程，保证冲裁件的断面质量，要求凸模、凹模具有锋利的刃口以及合理的模具间隙。间隙过大或过小，均会影响冲裁件断面质量，甚至损坏冲模。

2. 冲裁件断面质量

冲裁件正常的断面特征如图10-2所示。它由圆角带a、光亮带b、断裂带c和毛刺d四个特征区组成。

（1）圆角带　该区域的形成主要是当凸模刃口刚压入板料时，刃口附近的材料产生弯曲和伸长变形，材料被带进模具间隙的结果。

（2）光亮带　该区域发生在塑性变形阶段，当刃口切入金属板料后，板料与模具侧面挤压而形成光亮垂直的断面。它通常占全断面的1/3~1/2。

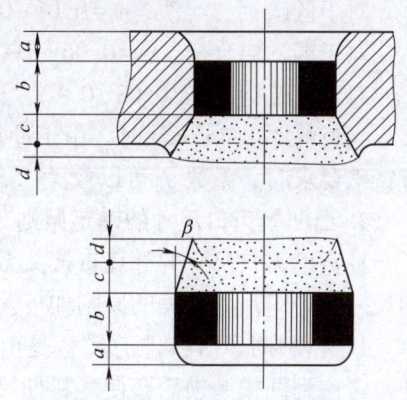

图10-2　冲裁件正常的断面特征

（3）断裂带　该区域是在断裂分离阶段形成，是由刃口处产生的微裂纹在拉应力的作用下，不断扩展而形成的。断裂带的断面粗糙，具有金属本色，且带有斜度。

（4）毛刺　毛刺的形成是由于在塑性变形阶段后期，凸模和凹模的刃口切入被加工板料一定深度时，刃口正面材料被压缩，刃尖部分是高静水压应力状态，使微裂纹的起点不会在刃尖处产生，而是在模具侧面距刃尖不远的地方产生，在拉应力的作用下，裂纹加长，材料断裂而产生毛刺。在普通冲裁中毛刺是不可避免的。

在四个特征区中，光亮带剪切面的质量最佳。各个部分在整个断面上所占的比例，随材料的性能、厚度、模具冲裁间隙、刃口状态及摩擦系数等条件的不同而变化。对于塑性较好的材料，冲裁时裂纹出现较迟，因而材料剪切的深度较大。所以得到的光亮带所占比例大、圆角大、穹曲大，断裂带较窄。对于塑性差的材料，当剪切开始不久材料便被拉裂，光亮带所占比例小、圆角小、穹曲小，而大部分是有斜度的粗糙断裂带。

3. 凸凹模间隙

凸凹模间隙是指凸模和凹模之间的尺寸差值，其不仅严重影响冲裁件断面质量，也影响模具寿命、卸料力、推件力、冲裁力和冲裁件的尺寸精度。

间隙过大，凸模刃口附近的剪裂纹较正常间隙时向里错开一段距离，难以与凹模刃口附近的裂纹汇合，裂纹间的材料产生二次拉裂，冲裁件边缘粗糙；间隙过小，凸模刃口附近的剪裂纹较正常间隙时向外错开一段距离，上下裂纹也不能很好重合，上下裂纹间的材料随着凸模的继续下压产生二次剪切，出现二次光亮带。只有间隙值控制在合理范围内，上下裂纹才能较好重合，冲裁件断口质量才好。

间隙的大小也影响模具的寿命。间隙越小，摩擦越严重，模具的寿命越短。间隙对卸料力、推件力也有明显的影响。间隙越大，卸料力、推件力越小。

因此，正确合理选用间隙值对冲裁生产至关重要。当冲裁件断面质量要求较高时，应选取较小的间隙值。当冲裁件断面质量无严格要求时，可适当加大间隙，以便提高冲模寿命。

单边间隙 c 的合理数值可按下述经验公式计算，即

$$c = m\delta$$

式中 δ——板料厚度（mm）；

m——与板料性能及厚度有关的系数。

在实际生产中，板料较薄时，m 可以选用如下数据。

对于低碳钢、纯铁，$m = 0.06 \sim 0.09$。

对于铜、铝合金，$m = 0.06 \sim 0.1$。

对于高碳钢，$m = 0.08 \sim 0.12$。

当板料厚度 $\delta > 3$mm 时，由于冲裁力较大，应适当把系数 m 放大。对冲裁件断面质量没有特殊要求时，系数 m 可以放大 1.5 倍。

4. 凸凹模刃口尺寸的确定原则

冲裁模刃口尺寸的计算直接关系到模具间隙和冲裁件的尺寸精度，是模具设计中最重要的尺寸。刃口尺寸计算的原则如下。

1）落料时，落料件的尺寸是由凹模刃口尺寸决定的，因此，应以落料凹模为设计基准。考虑到凹模磨损后会使落料件尺寸增大，为提高模具使用寿命，凹模刃口的公称尺寸应接近于落料件的下极限尺寸。凸模刃口的公称尺寸则等于凹模刃口的公称尺寸减去一个最小合理间隙值。

2）冲孔时，冲孔件的尺寸是由凸模刃口尺寸决定的，因此，应以冲孔凸模为设计基准。在使用过程中，由于磨损会使冲孔件尺寸减小，故凸模刃口的公称尺寸应接近于冲孔件的上极限尺寸。冲孔凹模刃口的公称尺寸应等于凸模刃口的公称尺寸加上一个最小合理间隙值。

3）凸、凹模的制造公差一般为冲裁件制造公差的 1/4~1/3。此外，当凸、凹模分别加工时，其制造公差之和应小于或等于最大与最小合理间隙之差的绝对值（即配合公差）。

5. 冲裁力的计算

冲裁时材料对凸模的最大抗力称为冲裁力。它是合理选用冲压设备和检验模具强度的一个重要依据，其大小与材质、板料厚度及冲裁件周边长度有关，另外，还与刃口的锋利程度相关。一般平刃冲模冲裁力的计算公式为

$$F_{冲} = KL\delta\tau_0 \quad 或 \quad F_{冲} \approx L\delta R_m$$

式中　　$F_{冲}$——冲裁力（N）；

　　　　L——冲裁件周边长度（mm）；

　　　　K——系数，常取 $K = 1.3$；

　　　　δ——板料厚度（mm）；

　　　　τ_0——材料的抗剪强度（MPa）；

　　　　R_m——材料的抗拉强度（MPa）。

6. 冲裁件的排样

冲裁件在板料或条料上的合理布置方法即排样。排样合理对材料的利用率、生产成本和产品质量均有较大影响。同一冲裁件采用四种不同的排样方式时材料消耗的对比情况，如图 10-3 所示。

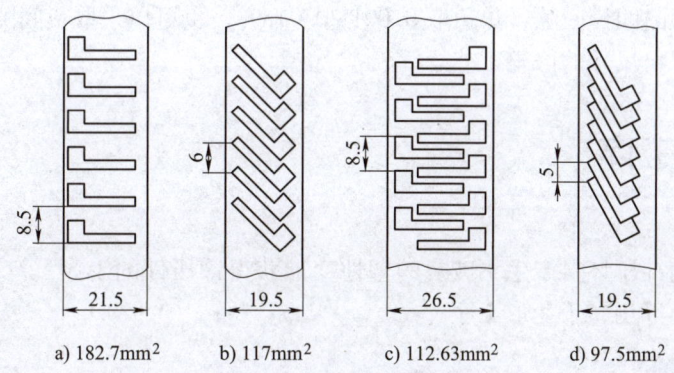

图 10-3　冲裁件排样

采用有搭边排样（图 10-4a）是在各个落料件之间均留有一定尺寸的搭边，其优点是毛刺小而且在同一个平面上，冲裁件尺寸准确、质量较高，模具寿命也较长，但材料利用率较低（大约为 77%）。采用无搭边排样（图 10-4b）是利用落料件形状的一个

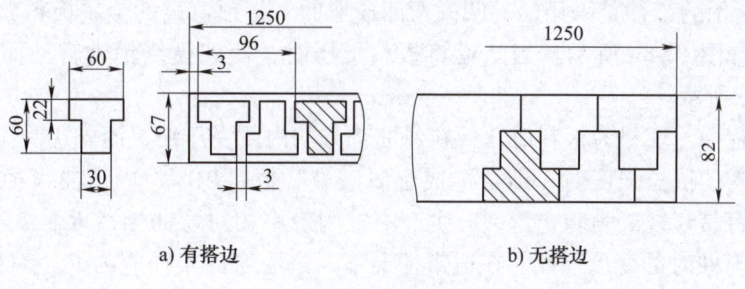

图 10-4　排样方法

边作为另一个落料件的边缘,其优点是可减少废料,降低成本,材料利用率很高(高达94%以上),但毛刺不在同一个平面上,冲裁件尺寸精度不高,一般只用于对冲裁件质量要求不高的场合。

10.1.2 修整

修整是利用修整模沿冲裁件外缘或内孔刮削一薄层金属,如图 10-5 所示,以切掉冲裁件上的断裂带和毛刺,从而提高冲裁件的尺寸精度(IT6~IT7),降低表面粗糙度值(Ra 值可达 0.8~1.6μm)。修整冲裁件的外形称为外缘修整,修整冲裁件的内孔称为内孔修整。

修整的机理与冲裁完全不同,而与切削加工相似。对于大间隙冲裁件,单边修整量一般为板料厚度的 10%;对于小间隙冲裁件,单边修整量在板料厚度的 8% 以下。当冲裁件的修整总量大于一次修整量时,或板料厚度大于 3mm 时,均需多次修整。

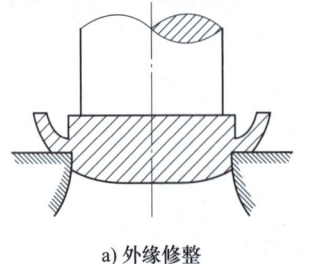 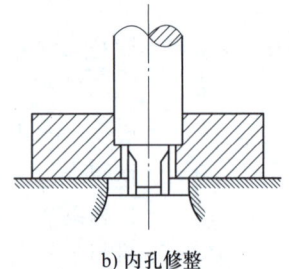

a) 外缘修整　　　　　　b) 内孔修整

图 10-5　修整工序

外缘修整模的凸凹模间隙,单边取 0.001~0.01mm,也可以采取负间隙修整,即凸模刃口尺寸大于凹模刃口尺寸的修整工艺。

10.2　变形工序

授课视频

变形工序是使冲压坯料产生不破裂的塑性变形获得冲压件的工序。弯曲、拉深、起伏、翻边与翻孔、胀形等均属于变形工序。

10.2.1　弯曲

弯曲是将坯料弯成具有一定角度和曲率的变形工序,如图 10-6 所示。

弯曲的坯料可以是板料、型材,也可以是棒料、管材。弯曲工序除了使用模具在普通压力机上进行外,还可以在其他专门的弯曲设备上进行。例如,在专用弯曲机上进行折弯或滚弯,在拉弯设备上进行拉弯等。各种常见弯曲件如图 10-7 所示。

图 10-8a 所示的工件是采用活动凹模弯曲成形的。将预弯过的金属板料放在可绕销轴转动的凹模上,如图 10-8b 所示。当凸模将板料下压时,使凹模绕销轴转动而完成工件的弯曲,如图 10-8c 所示。

在弯曲过程中,坯料为板料时,板料弯曲部分的内侧受压缩,而外层受拉伸。当外侧的拉应力超过板料的抗拉强度时,即会造成金属破裂。板料越厚,内弯曲半径 R 越小,则拉应力越大,越容易弯裂。为防止弯裂,生产中常用最小相对弯曲半径 R_{min}/δ(δ 为金属板料厚度)来限制弯曲时的变形程度。在通常情况下,最小弯曲半径应为 $R_{min}=(0.25~1)\delta$(δ 为金属板料厚度)。材料塑性好,则弯曲半径可小些。

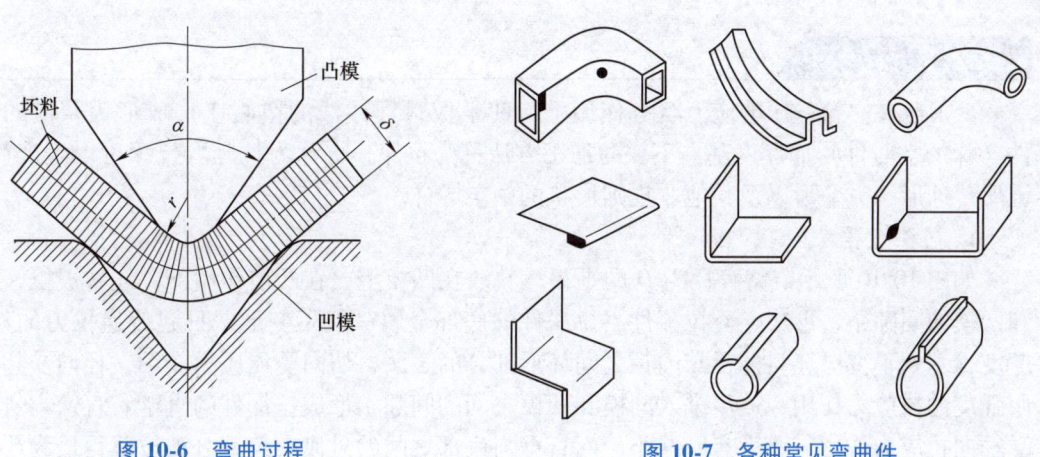

图 10-6 弯曲过程　　　图 10-7 各种常见弯曲件

弯曲时还应尽可能使弯曲线与板料纤维垂直（图10-9）。若弯曲线与纤维方向一致，则容易产生破裂，此时应增大弯曲半径。

在弯曲时，板料产生的变形由塑性变形和弹性变形两部分组成。外载荷去除后，塑性变形保留下来，弹性变形消失，使板料形状和尺寸发生与加载时变形方向相反的变化，从而消去一部分弯曲变形效果的现象，称为回弹。回弹使被弯曲的角度增大，一般回弹角为0°～10°。因此，在设计弯曲模时，必须使模具的角度比成品件角度小一个回弹角，以保证成品件的弯曲角度准确。

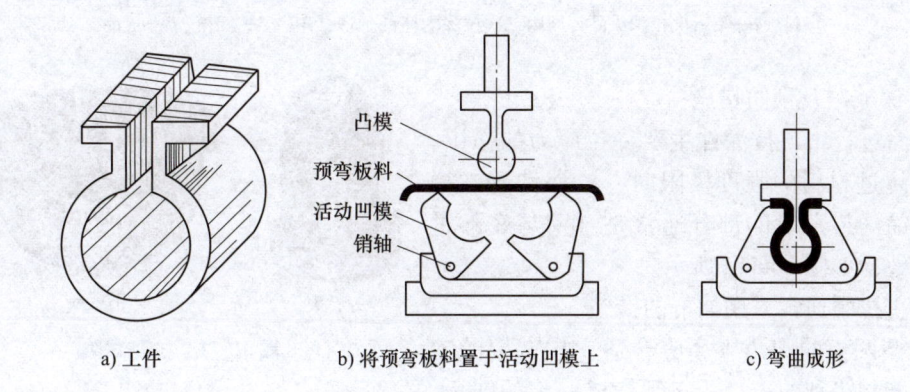

a) 工件　　b) 将预弯板料置于活动凹模上　　c) 弯曲成形

图 10-8 用活动凹模弯曲工件

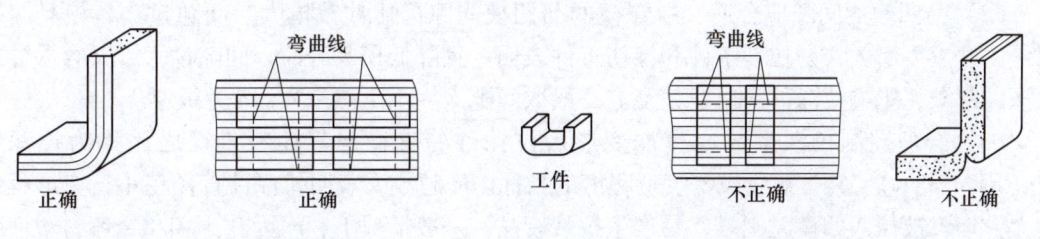

a) 弯曲线方向与纤维方向垂直　　b) 弯曲线方向与纤维方向平行

图 10-9 弯曲线方向与金属纤维方向的关系

10.2.2 拉深

变形区在一拉一压的应力状态作用下,使平板料(或浅的空心坯)成形为开口的空心件(深的空心件)而厚度基本不变的加工方法称为拉深,也称为拉延。拉深可以生产筒形、锥形、球形、方盒形以及其他非规则形状的中空零件。

1. 拉深过程

如图10-10所示,将直径为 D 的平板坯料放在凹模上,在凸模作用下,坯料被拉入凸模和凹模的间隙中,形成空心拉深件。拉深件的底部金属一般不变形,只起传递拉力的作用,厚度也基本不变。坯料外径与内径之间环形部分的金属,切向受压应力作用,径向受超过屈服强度的拉应力作用,逐步进入凸模和凹模之间的间隙,形成拉深件的直壁。直壁本身主要受轴向拉应力作用,厚度有所减小,而直壁与底部之间的过渡圆角部分被拉薄得最为严重。

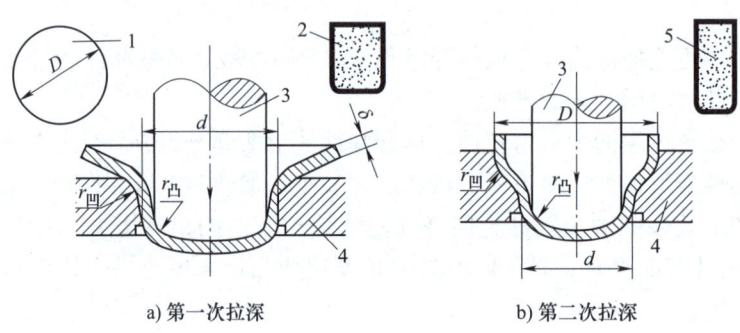

a) 第一次拉深　　　　b) 第二次拉深

图 10-10　拉深过程

1—坯料　2—第一次拉深成品,即第二次拉深的坯料　3—凸模　4—凹模　5—成品

2. 拉深缺陷及预防措施

在拉深过程中,拉深件主要受拉应力的作用。当拉应力超过材料的强度极限时,拉深件将被拉裂形成废品。最危险的部分通常是直壁与底部过渡的圆角处,如图10-11a所示。

为防止拉裂通常采用如下的措施。

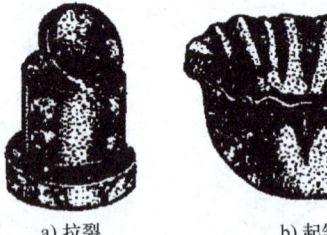

a) 拉裂　　b) 起皱

图 10-11　拉深缺陷

(1) 凸凹模的圆角半径应合适　拉深模的工作部分不能是锋利的刃口,必须做成一定的圆角。圆角半径过小时,则容易将板料拉裂。对于钢拉深件,取 $r_{凹}=10\delta$,$r_{凸}=(0.6\sim1)r_{凹}$。

(2) 凸凹模的间隙应合适　拉深模的凸凹模间隙远比冲裁模大。间隙过小,模具与拉深件的摩擦力增大,易拉裂工件和擦伤工件表面,且降低模具寿命;间隙过大,又容易导致拉深件起皱,影响拉深件的尺寸精度。一般取间隙 $Z=(1.1\sim1.2)\delta$,δ 为板厚。

(3) 合理控制拉深系数　拉深变形后拉深件的直径与其坯料直径之比称为拉深系数(用 m 表示)。它是衡量拉深变形程度的指标。m 越小,表明拉深件直径越小,变形程度越大,坯料被拉入凹模越困难,易产生拉裂废品。一般情况下,m 为 0.5~0.8,坯料塑性差取上限,坯料塑性好取下限。

如果拉深系数过小,不能一次拉深成形时,则可采用多次拉深工艺(图10-12)。但多次拉深过程中，容易产生加工硬化，使后续的拉深过程变得困难。为保证坯料具有足够的塑性，在一两次拉深后，应安排工序间的再结晶退火处理。另外，在多次拉深中，拉深系数应一次比一次略大一些，以确保拉深件的质量，使生产顺利进行。总拉深系数值等于各次拉深系数值的乘积。

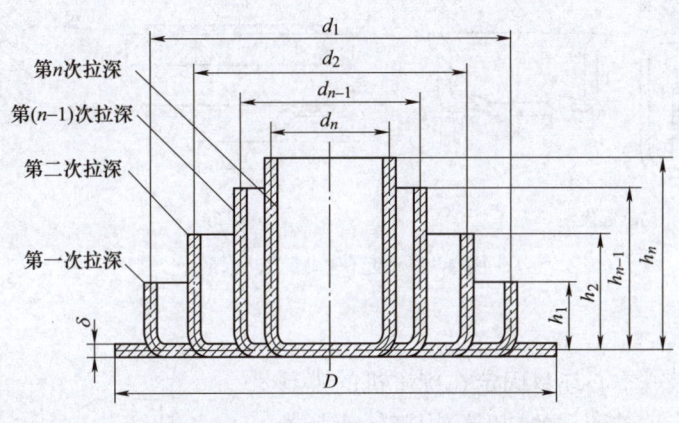

图 10-12　多次拉深圆筒直径的变化

（4）使用拉深润滑剂　拉深时涂敷润滑剂可减少摩擦，降低拉深件壁部的拉应力，减少模具的磨损。

拉深过程中的另一种常见缺陷是起皱，如图 10-11b 所示。这是当拉深变形区的坯料相对厚度较小时，在切向应力作用下，引起坯料失稳而形成折皱的现象。严重起皱使金属更难通过凸凹模间隙，坯料

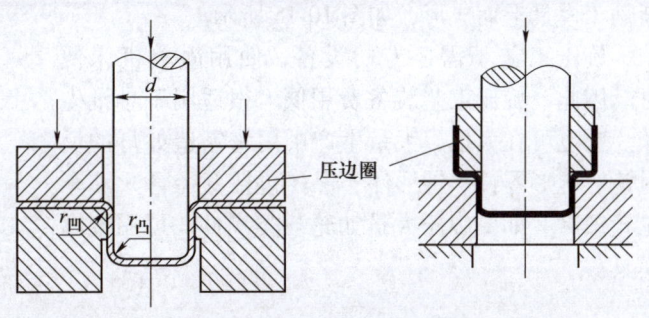

图 10-13　压边圈的应用

被拉裂而报废。轻微起皱时，金属勉强通过间隙，但也会在产品侧壁留下起皱痕迹，影响产品质量。为防止起皱，可采用设置压边圈来解决（图 10-13）。起皱现象与坯料的相对厚度（δ/D）和拉深系数有关。相对厚度越小或拉深系数越小，越容易起皱。

10.2.3　其他成形工序

1. 起伏

在板料或制品表面上通过局部变薄获得各种形状的凸起与凹陷的成形方法称为起伏，如图 10-14a 所示。

2. 翻边与翻孔

在成形板坯的边缘，沿一定的曲线翻出竖立边缘的成形方法称为翻边。翻孔是翻边的一种特殊形式，即在预先制好孔的半成品上冲制出竖直边缘的成形工序，如图 10-14b 所示。

3. 胀形

在管坯内部或在板坯一侧通以高压液体、气体或放入刚体瓣模，迫使管坯、板坯产生塑

性变形，以制成工件的冲压成形工艺。圆柱形空心毛坯的胀形如图 11-14c 所示。

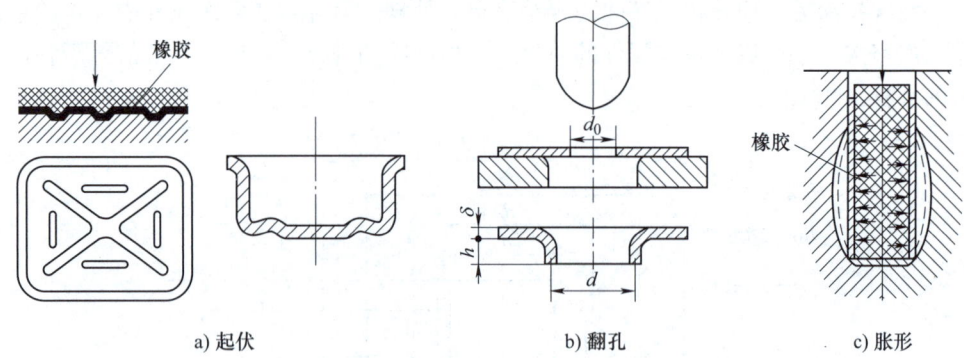

图 10-14 起伏、翻孔、胀形

4. 旋压

旋压是将平板或空心坯料固定在旋压机的模具上，在坯料随机床主轴转动的同时，用旋轮或赶棒加压于坯料，反复擀碾，使坯料产生塑性变形，逐渐贴于模具上而成形，如图 10-15 所示。

旋压工艺不需要专门设备，使用简单机床便可。因此，旋压工艺装备费用低，很适用于小批生产。它也可在大批、大量生产中用来制造如灯的反射镜、碗形零件、钟形件、管（包括变径管）和车轮轮毂等。如要旋压大量如轮毂类零件，可用金属模具。

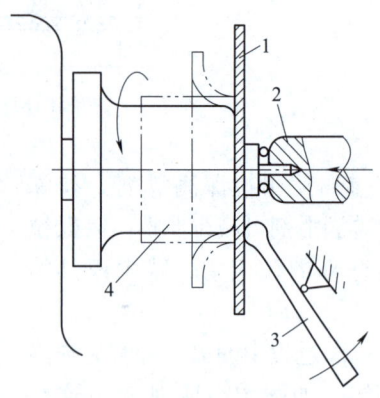

图 10-15 旋压工作原理
1—坯料 2—顶柱 3—赶棒 4—模具

10.3 冲压件的结构工艺性

冲压件的设计不仅应保证它具有良好的使用性能，而且应具有良好的结构工艺性。结构工艺性好的冲压件，生产时可以减少材料的消耗，延长冲压模具的使用寿命，提高生产率，降低生产成本及保证冲压件的质量。

冲压件的结构工艺性主要取决于冲压件的形状与尺寸、工艺设计、板厚、精度和表面质量等因素。

10.3.1 冲压件的形状与尺寸

1. 对冲裁件的要求

1）落料件的外形和冲孔件的孔形应力求简单、对称。尽可能采用圆形或矩形等规则形状，应避免如图 10-16 所示的长槽或细长悬臂结构，否则使模具制造困难，降低模具寿命。

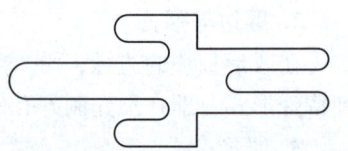

图 10-16 不合理的落料件外形

2) 设计合理的冲裁件外形，有利于材料利用率的提高。图 10-17a 所示的落料件，在保持三个圆孔中心距尺寸不变的条件下，改成如图 10-17b 所示的形状，材料的利用率则由 38%提高到 79%。

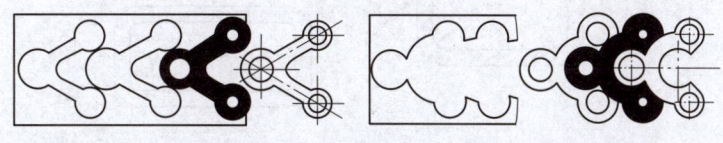

a) 原设计排样　　　　　　b) 改形后的排样

图 10-17　冲裁件结构设计优化

3) 冲裁件的结构尺寸（如孔径、孔距等）必须考虑材料的厚度。为保证冲裁件的质量，冲裁件上的孔径、孔距、孔边距与材料的厚度都必须满足一定关系，如图 10-18 所示。

4) 冲裁件的直边与直边（或直边与曲边）交接处，应采用圆弧过渡连接。采用圆弧过渡可以避免尖角处因应力集中而被冲模冲裂，也可以避免模具因尖角处应力集中而导致模具损坏。

2. 对弯曲件的要求

1) 对于弯曲件，形状应尽可能对称，弯曲半径不能小于材料许可的最小弯曲半径，并要考虑材料的纤维方向，以免成形过程中弯裂。

2) 弯曲边不能过短，否则难以弯成，应使弯曲边高度 $H>2\delta$，如图 10-19a 所示。若要求 H 很短，则必须压槽，或增加弯曲边高度，然后加工去掉。

3) 弯曲带孔件时，为避免孔的变形，L 应为 $(1.5\sim2)\delta$，如图 10-19b 所示。

若弯曲边过短时，可在弯曲线上冲工艺孔；如对零件孔的精度要求较高，为确保成形件质量，则应弯曲后再冲孔。

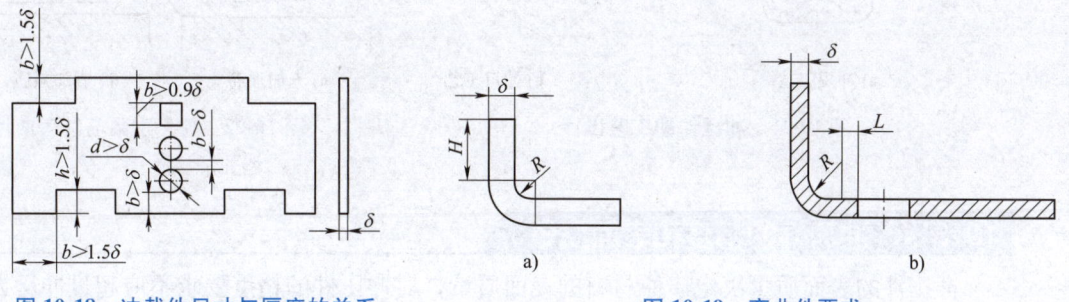

图 10-18　冲裁件尺寸与厚度的关系　　　　图 10-19　弯曲件要求

3. 对拉深件的要求

1) 拉深件外形应简单、对称，深度不宜过大。为防止拉深件在多次拉深的过程中产生加工硬化而导致塑性下降，其筒壁高最好小于筒径的 70%，以便能够一次成形。

2) 拉深件的圆角半径也应考虑板材厚度。如图 10-20 所示，拉深件的圆角半径应满足：$R_b>2\delta$，$R_d=(3\sim4)\delta$，$R=0.15H$。否则，半径过小必将增加拉深次数和整形工作，也增加模具数量，并容易产生废品和提高成本。

3) 拉深件的壁厚变薄量一般要求不超出拉深工艺壁厚变化的规律（最大变薄率约在 10%~18%）。

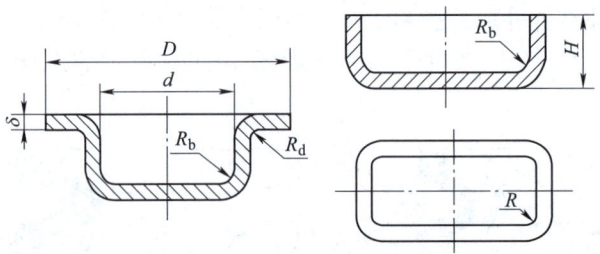

图 10-20 拉深件的圆角尺寸

10.3.2 冲压件的工艺设计

（1）冲焊工艺　对于复杂形状的冲压件，可分成几个简单的冲压件冲制，然后再焊成所需的零件，如图 10-21a 所示。

（2）冲口工艺　采用冲口工艺，可减少组合件数量、节省材料和简化工艺过程，如图 10-21b 所示。

10.3.3 冲压件的板厚

在保证零件刚度和强度的前提下，板厚应相对小一些，以减少对金属的损耗，对于弯曲件刚度不足的地方，也可以运用加强筋，以实现薄材料代替厚材料，如图 10-22 所示。

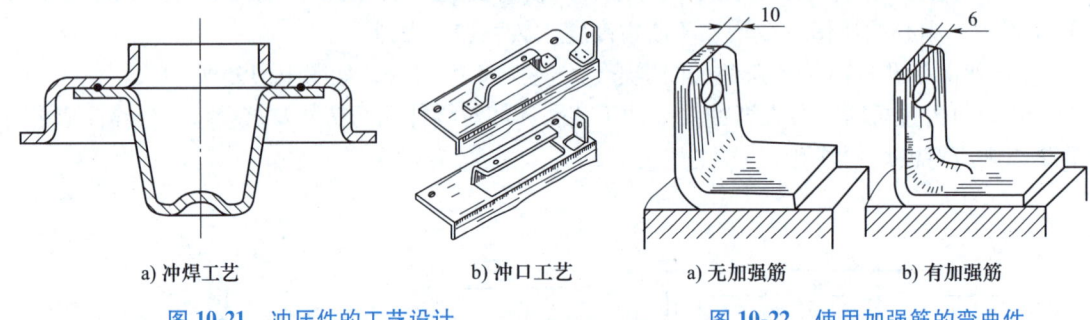

a) 冲焊工艺　　　　b) 冲口工艺　　　　a) 无加强筋　　　　b) 有加强筋

图 10-21 冲压件的工艺设计　　　　图 10-22 使用加强筋的弯曲件

10.3.4 冲压件的精度和表面质量

冲压件的表面质量决定于原材料的表面质量，对冲压件的精度要求不应超过冲压方法本身能达到的经济精度。落料件不超过 IT10，冲孔件不超过 IT9，弯曲件为 IT9～IT10，拉深件为 IT8。过高的要求需增加其他加工工序。同时，在情况允许下应尽量降低精度要求，以降低加工成本。

冲压件结构工艺设计是很重要的，合理的冲压件结构不但易于成形，还能保证冲压件质量，提高模具使用寿命，取得良好的经济效益。

10.4　冲压模具

冲压模具简称冲模，其结构是否合理对冲压件质量、冲压生产率及模具寿命等都有很大影响。冲模的种类很多,根据冲模在压力机滑块的一次行程中完成工序的性质,一般可分为简单模、连续模和复合模三类。

10.4.1 简单模

在压力机的一次行程中,只完成一道冲压工序的模具,称为简单模,如图 10-23 所示。凹模 8 用压板 9 固定在下模板 10 上,凸模 1 用压板 2 固定在上模板 3 上,上模板则通过模柄 4 与压力机的滑块连接。条料在凹模上方通过两个导板 6 限位送进,碰到定位销 7 为止。凸模冲下的零件(或废料)进入凹模孔落下,而条料则夹住凸模并随凸模一起回程向上运动。条料碰到卸料板 5 时被推下。

简单模制造容易,常用于形状简单工件的小批生产。形状复杂的工件可用多副简单模依次冲压成形。

10.4.2 连续模

在压力机的一次行程中,在模具的不同部位上同时完成数道冲压工序的模具,称为连续模。此种模具生产率高,易于实现自动化,但要求定位精度高,制造比较麻烦,成本较高,常用于大批量生产中。为了减小冲裁力,可将冲孔凸模比落料凸模缩短一个高度 H 值,如图 10-24 所示。

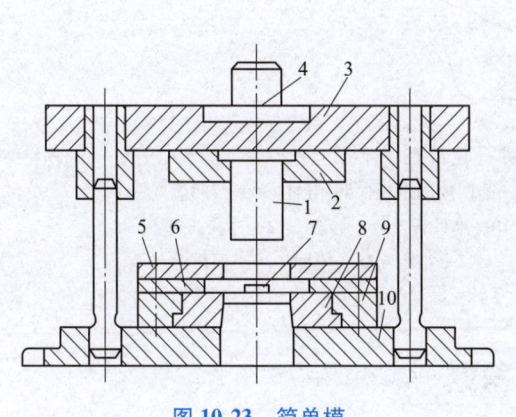

图 10-23 简单模

1—凸模 2、9—压板 3—上模板 4—模柄 5—卸料板 6—导板 7—定位销 8—凹模 10—下模板

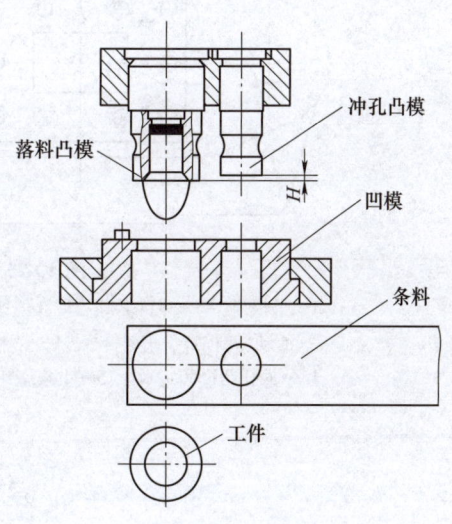

图 10-24 连续模

10.4.3 复合模

利用压力机的一次行程,在模具的同一位置完成两道或两道以上工序的模具,称为复合模,如图 10-25 所示。复合模结构上最大的特点是有一个凸凹模。此种模具能保证较高的零件精度、平整性及生产率,但制造复杂、成本高,常用于零件精度要求较高的成批大量生产中。

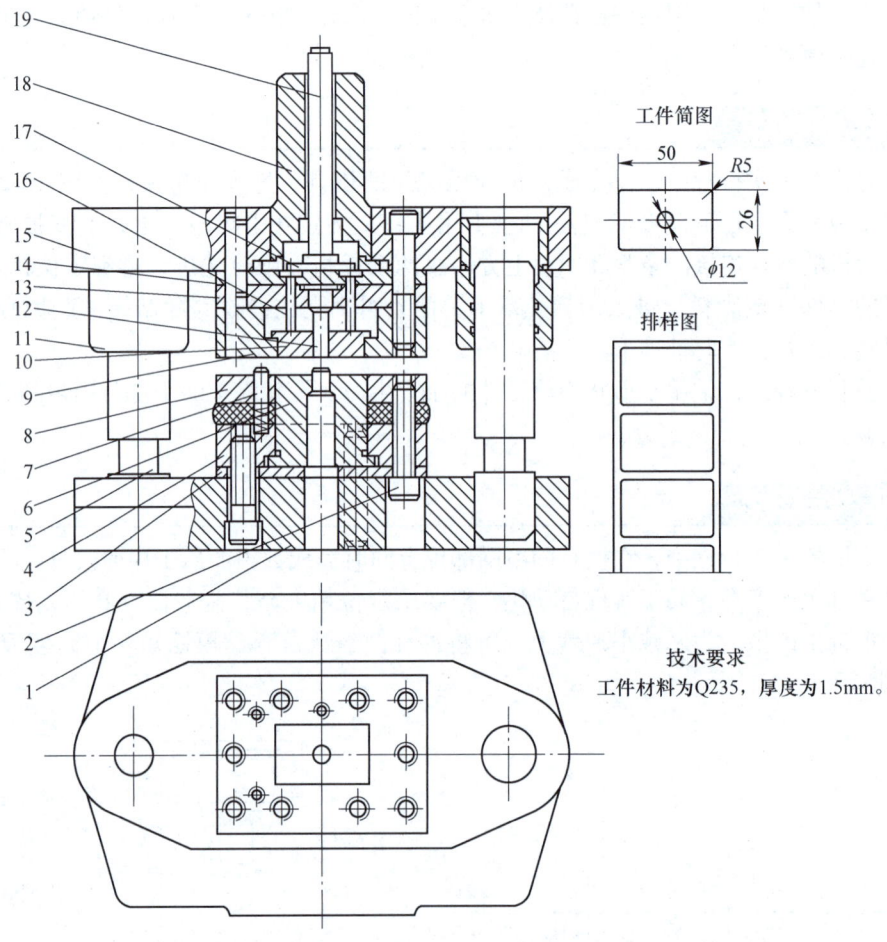

图 10-25 落料冲孔复合模

1—下模座 2—卸料螺钉 3、14—垫板 4—凸凹模固定板 5—导柱 6—凸凹模
7—活动导料销 8—卸料板 9—落料凹模 10—推件板 11—导套 12—冲孔凸模
13—冲孔凸模固定板 15—上模座 16—推杆 17—推板 18—模柄 19—顶料棒

复习思考题

10.1 冲压主要工序有哪几种？

10.2 板料冲压生产有何特点？应用范围如何？

10.3 材料的回弹现象对冲压生产有什么影响？

10.4 工件拉深时为什么会起皱？为什么会拉裂？采取什么措施来解决上述质量问题？

10.5 成批大量生产外径为 40mm、内径为 20mm、厚度为 2mm 的垫圈时，应选用何种模具结构能够很好地保证孔与外圆的同心度？

10.6 用 ϕ50mm 的冲孔模具来生产 ϕ50mm 的落料件，能否保证落料的精度？为什么？

10.7 用 ϕ250mm×1.5mm 的坯料能否一次拉深成直径为 ϕ50mm 的拉深件？应采取哪些措施才能保证正常生产？

10.8 翻边件的凸缘高度尺寸较大而一次翻边实现不了时，应采取什么措施？

10.9 成批大量生产如图 10-26 所示电动机定子、转子硅钢片,应当采用何种冲压工艺?若定子硅钢片、转子硅钢片的同轴度要求较高时,应采用何种冲压工艺?

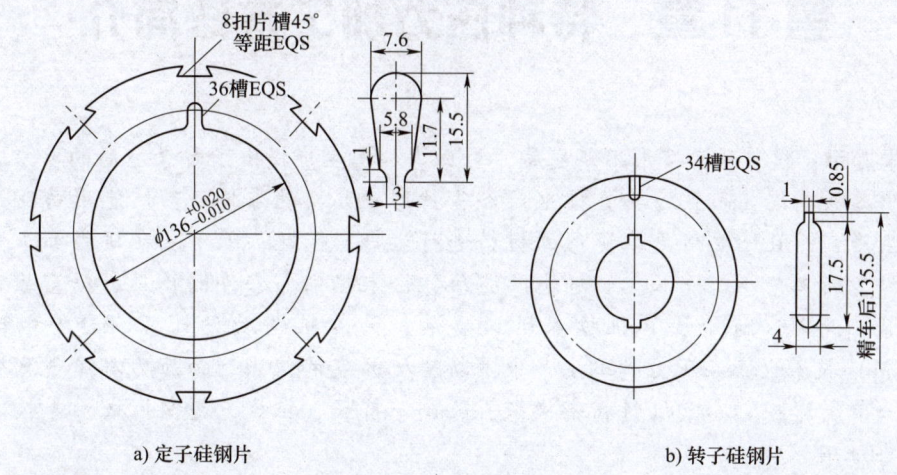

图 10-26 题 10.9 图

10.10 比较落料和拉深所用凸凹模结构及间隙有何不同?为什么?

第 11 章 特种压力加工方法简介

> **教学提示**：随着科学技术不断发展，对压力加工生产提出了越来越高的要求，不仅要生产出各种毛坯，而且还要直接生产出各种形状复杂的零件；不仅能用易变形的材料进行生产，而且还要用更难变形的材料进行生产。因此，近年来在压力加工生产中出现了许多新工艺、新技术，如超塑性成形、粉末热锻、零件的挤压、精密模锻、精密冲压等。此外，随着计算机技术迅速发展，计算机辅助设计（CAD）和辅助制造（CAM）技术也正在压力加工生产中不断地被开发和应用，为压力加工现代化生产开辟了一条新途径。本章仅对精密模锻、轧制、挤压、拉拔、超塑性成形等技术的应用做简要介绍。
>
> **教学要求**：了解特种压力加工方法、特点及应用范围。

11.1 精密模锻

精密模锻是提高锻件精度和表面质量的一种先进工艺。它能够锻造形状复杂、尺寸精度高的零件，如锥齿轮、叶片等。

精密模锻工艺需要先将原始坯料普通模锻成中间坯料，再对中间坯料进行严格清理，除去氧化皮或缺陷，最后采用无氧化或少氧化加热后精锻。它的主要工艺特点如下：

1) 使用普通的模锻设备进行锻造。一般需采用预（粗）锻和终（精）锻两套锻模，对形状简单的锻件也可用一套锻模。粗锻时应留 0.1~1.2mm 的精锻余量。

2) 原始坯料尺寸和重量要精确，否则会降低锻件精度和增大尺寸误差。

3) 精细清理坯料表面，除净氧化皮、脱碳层及其他缺陷等。

4) 采用无氧化或少氧化加热法，尽量减少坯料表面的氧化皮，为提高锻件精度和减小表面粗糙度值打好基础。

5) 模锻时要很好润滑和冷却锻模。

6) 模具精度对提高锻件精度影响很大，精锻模腔的精度一般要比锻件精度高两级，精锻模要有导柱、导套结构，以保证合模准确。为排除模腔中气体，减少金属流动阻力，容易充满模腔，在凹模上应开设排气孔。

7) 公差、余量约为普通锻件的 1/3，Ra 值为 0.8~3.2μm，尺寸公差等级为 IT12~IT15。

精密模锻分为热精锻、冷精锻、温精锻、复合精锻和等温精锻等。

目前，精密模锻主要应用在两个方面：一是精锻毛坯，即利用精锻工艺取代粗切削加工工序；二是精锻零件，即通过精密模锻直接获得成品零件。

11.2 高速锤锻造

高速锤锻造是利用高压气体（压力为14MPa的空气或氮气）在极短时间内突然膨胀，推动锤头和框架系统做高速相对运动，对坯料进行悬空对击的工艺方法。

高速锤打击速度高，约为20m/s（一般模锻锤为6~7m/s），坯料变形时间极短，为0.001~0.002s，因此变形热效应大，金属充型性能好，对形状复杂、有薄而高的筋等零件和低塑性、高强度以及难变形的材料都可锻造；由于悬空打击，因此传给地面振动小，但噪声大；与能量相当的模锻锤相比，高速锤重量轻、体积小、易制造；高速锤锻造采用少、无氧化加热，采用适宜的润滑剂，锻造时常是一次打击成形。

锻件尺寸公差等级为IT8~IT9，表面粗糙度 Ra 值为0.8~3.2μm，并可使纤维组织沿锻件外形合理分布，组织均匀致密，力学性能高。但高速锤锻造不能承受偏心打击，故仅适用于单模腔锻造对称的锻件，并且模具磨损快。

高速锤可进行精密模锻、热挤压，如弧齿锥齿轮和发动机支架的精密模锻、叶片的热挤压等。

11.3 径向锻造

径向锻造（旋转锻造）是在旋锻机上，使棒（管）料直径减小而长度增加的一种精锻工艺，类似于拔长工序。

如图11-1所示，将棒（管）料送入空心主轴的锤头之间，锤头可在空心主轴径向槽内自由滑动。空心主轴旋转时，安装在外环上的小滚柱不断撞击锤头，形成了对棒（管）料的打击。打击后锤头靠离心力又回到初始位置。锻造时棒（管）料可边旋转边轴向送进，故径向锻造的基本工序是多头螺旋式拔长。工艺上有多向锻打和脉冲锻打两个特征。多向锻打使坯料处于三向压应力状态，对提高塑性有利。因此，它不仅可锻造一般钢，还能锻造高强度、低塑性高合金钢。脉冲锻打频率高，单次变形量小，锻件精度高。

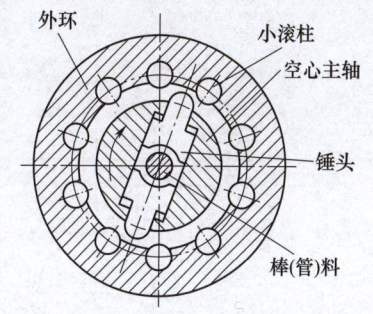

图 11-1 径向锻造

径向锻造可进行热锻、温锻和冷锻。热锻件尺寸公差等级为IT7~IT8，表面粗糙度 Ra 值为3.2~6.3μm；冷锻件尺寸公差等级为IT5~IT6，表面粗糙度 Ra 值为0.4~0.8μm。

径向锻造材料消耗低、自动化程度高、生产率高、劳动条件好、锤头形状简单、工艺适应性强，适用于各种批量生产，广泛用于锻造机床、汽车、拖拉机、飞机、坦克和其他机械上的实心台阶轴、锥度轴、空心轴和带膛线的枪筒、炮筒及其他内外径有特定形状要求的轴，还可用于锻造各种气瓶、薄壁筒形件的缩口、缩颈等。

11.4　多向模锻

多向模锻工艺集合了挤压工艺和模锻工艺的特点，其工作原理如图 11-2 所示。零件在多分模面的闭式模膛内成形。当轴向模（又称为阳模）闭合后（可以是不同方向的一个或多个），径向模（又称为阴模）先后或者同时对坯料施加压力，坯料受到三个方向的压应力，在此状态下，金属的塑性显著提高。

多向模锻成形工艺相对简单、成本低，通过现有的成形设备即可生产出大型致密零件，现已经成功应用于有色金属材料，如铝合金、镁合金和钛合金等的锻造。

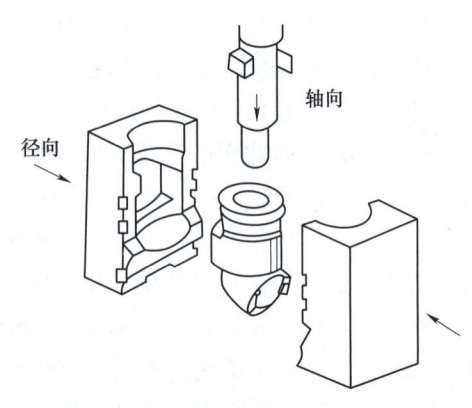

图 11-2　多向模锻工作原理图

11.5　轧制

如图 11-3 所示，坯料在回转轧辊的间隙中，靠摩擦力作用，连续进入轧辊而产生塑性变形的加工方法，称为轧制。

轧制除了生产板材、无缝管材（图 11-4）和型材（图 11-5）外，现已广泛用来生产各种零件。它具有生产率高、质量好、节约材料、成本低和力学性能好等优点。常用的零件轧制方法有以下几种。

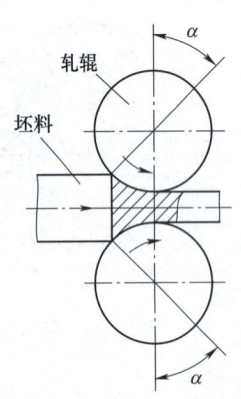

图 11-3　轧制示意图

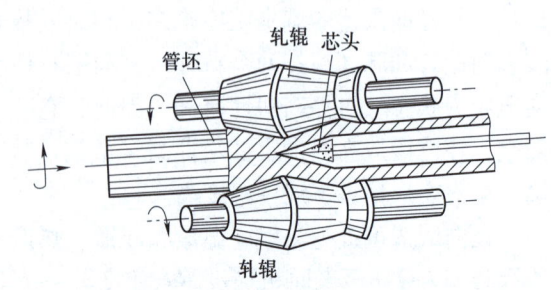

图 11-4　无缝管材轧制示意图

1. 辊锻

辊锻是将轧制工艺应用到锻造生产中的一种新工艺。它是使坯料通过装有扇形模块的一对旋转的轧辊时，受辗压而产生塑性变形的加工方法，如图 11-6 所示。当扇形模块分开时，将加热的坯料送至挡块处。轧辊转动，将坯料夹紧并压制成形。

辊锻既可作为模锻前的制坯工序，也可直接辊锻锻件，如扳手、链环、连杆和叶片等。叶片辊锻工艺和铣削工艺相比，材料利用率提高4倍，生产率提高2.5倍，而且质量也提高了。

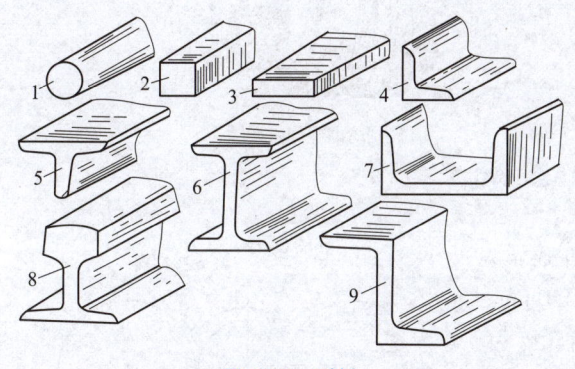

图 11-5　型材

1—圆钢　2—方钢　3—扁钢　4—角钢　5—T字钢
6—工字钢　7—槽钢　8—钢轨　9—Z字钢

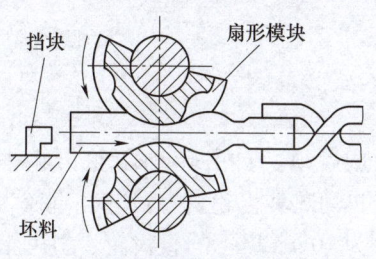

图 11-6　辊锻工作过程

2. 辗环轧制

辗环轧制又称为扩孔，是用来扩大环形坯料的内、外径，以获得各种环状零件的加工方法，如图 11-7 所示。加热后的坯料套在芯辊上，在摩擦力作用下，辗压辊带动坯料和芯辊一起旋转。随辗压辊下压，坯料内外径不断扩大，壁厚减薄。导向辊迫使坯料保持圆形，并使其旋转平稳。当坯料的外圈与信号辊接触时，信号辊先发出精辗信号，然后发出停辗信号。

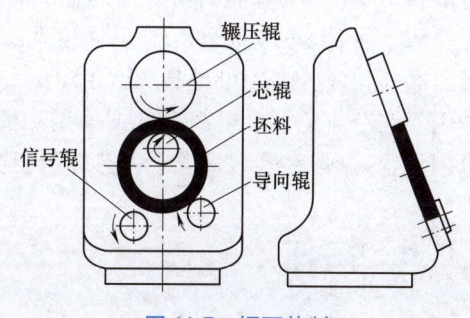

图 11-7　辗环轧制

用不同形状的轧辊可生产不同截面形状的环形件，如火车轮箍、齿圈、轴承套圈、起重机旋转轮圈等。辗环轧制生产率很高，广泛用于批量生产。扩孔件的外径为 40mm~5m，宽度为 20~180mm，重量可达 6t 或更大。

3. 斜轧

斜轧又称为螺旋斜轧。它是采用两个带有螺旋形槽的轧辊，互相交叉成一定角度，做同向旋转，使坯料既绕自身轴线转动又向前进，与此同时受压变形获得所需产品。

如图 11-8a 所示，斜轧钢球是棒料在轧辊间的螺旋形槽里受轧制，并被分离成单个球。轧制过程是连续的，轧辊每转一周即可轧制一个钢球。

斜轧还可轧制周期变截面型材（图 11-8b）、冷轧丝杠和自行车后闸壳以及直接热轧出带螺旋线的高速钢滚刀体等。

4. 热轧齿轮

热轧齿轮是一种少屑加工齿轮的新工艺，如图 11-9 所示。齿轮坯的表层由高频感应器加热至 1000~1050℃，然后将带齿的轧轮与齿轮坯对辗，并同时向齿轮坯做径向进给。在对辗过程中，轧轮逐渐压入齿轮坯，齿轮坯的部分金属被压成齿底，相邻部分金属被反挤而上

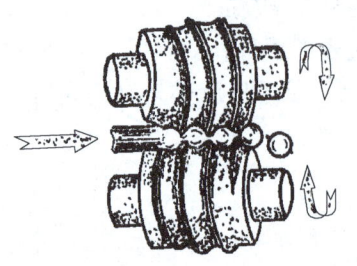 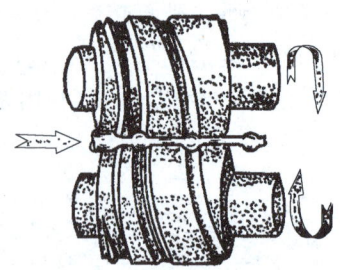

a) 轧制钢球　　　　　　　b) 轧制周期变截面型材

图 11-8　斜轧

升形成齿顶。自由转动的轮可辗平齿轮外表面。在半自动热轧齿轮机上可热轧直径为 175~350mm、模数为 10mm 以下的直齿轮、斜齿轮和锥齿轮。齿轮精度为 8~9 级，齿面表面粗糙度 Ra 值为 3.2μm。

与锻造和切削加工相比，热轧齿轮生产率高，可节省 18%~40% 金属材料，齿部金属的流线与齿廓一致，纤维组织完整，因而强度高、寿命长，其耐磨性和疲劳强度可提高 30%~50%。热轧齿轮

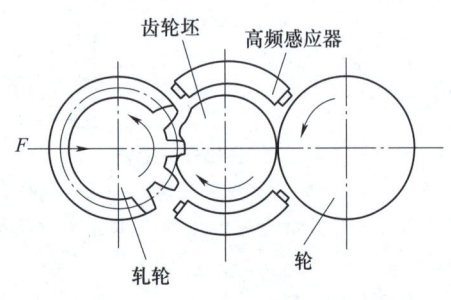

图 11-9　热轧齿轮示意图

适用于在专业化批量生产条件下采用。精度要求较低的齿轮，热轧后可直接使用（如割草机用齿轮）。但在多数情况下，热轧后还要进行冷精轧或切削加工，如磨齿、剃齿等。

11.6　挤压

挤压是将金属坯料放在挤压筒内，用强大压力从模孔中挤出使之产生塑性变形的加工方法。

在挤压过程中，金属坯料的截面依照模孔形状减小，而长度增加，如图 11-10 所示，从而得到各种形状复杂的等截面型材、毛坯或零件。这种成形方法具有下列特点。

1）挤压时金属坯料在三向受压状态下变形，可显著提高塑性。塑性好的材料（纯铁、低碳钢、铝和铜等）和塑性差的合金结构钢、不锈钢都可挤压成形。在一定变形量下，某些高碳钢、轴承钢，甚至高速钢也可挤压。

2）挤压时金属变形量大，可挤压出深孔、薄壁、细杆和异形截面等形状复杂的零件。

3）挤压件精度高，一般尺寸公差等级为 IT6~IT7，表面粗糙度 Ra 值为 0.4~3.2μm，可直接用于装配。

4）由于强烈的加工硬化和纤维组织连续地沿零

图 11-10　挤压产品截面形状

件外形分布，所以提高了挤压件的力学性能。

5）挤压操作简单，易于实现机械化和自动化，生产率比其他锻压和切削加工提高几倍甚至几十倍，材料利用率可达 70%~90%，降低了成本。

挤压按金属流动方向和凸模运动方向的关系，可分为以下四种。

1. 正挤压

如图 11-11a 所示，金属从凹模底部的模孔中流出，其方向与凸模的运动方向一致，可得到带有端头的杆类零件（螺钉、圆盘阀等）。如凸模前端有芯杆，如图 11-11b 所示，则可挤压出带有法兰的管类零件。

2. 反挤压

如图 11-11c 所示，金属流动方向与凸模运动方向相反。此时金属从凸、凹模间的环形间隙中流出。反挤压可生产管类零件，如软管的套管等。

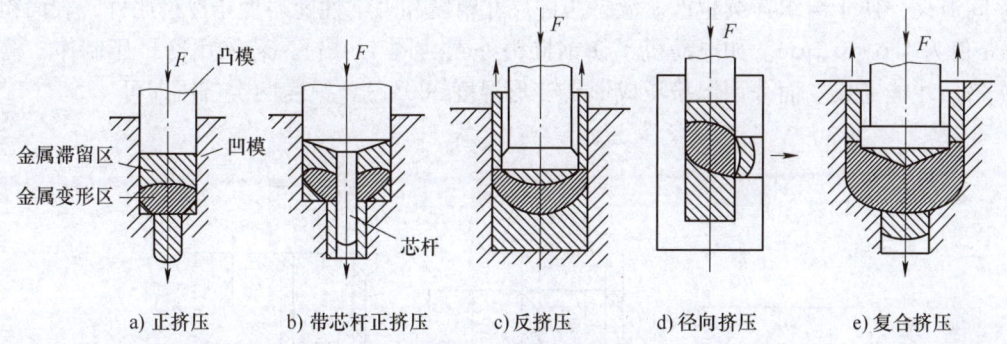

图 11-11 挤压方式

3. 径向挤压

如图 11-11d 所示，金属从凹模侧面的孔中流出。这种方法可挤压三通管、十字接头等零件。为便于取出挤压件，凹模由两个半模组成，即凹模有一个分模面。

4. 复合挤压

如图 11-11e 所示，其特点是金属同时向几个方向流动，可同时完成上述几个挤压过程。挤压时产生塑性变形的仅仅是坯料中的一部分，而不是全部。

按照金属坯料挤压时的温度不同，挤压又可分为以下三种。

1. 热挤压

挤压时，坯料变形的温度高于再结晶温度，与锻造温度相同。因温度高，变形抗力小，故每次变形程度较大。但挤压件尺寸精度低，表面粗糙。热挤压适用于挤压尺寸较大的毛坯和强度高的材料，如中碳钢、高碳钢、耐热钢和其他的合金钢等。

2. 冷挤压

冷挤压在室温下进行，变形抗力很大（变形金属内的压应力高达 2000~3000MPa），但制件表面光洁，并且因加工硬化，提高了强度。冷挤压件大多是塑性好的有色金属和低碳钢，一般尺寸都较小。冷挤压广泛用于加工机械零件、半成品或毛坯。图 11-12 所示的低碳钢底座，如用切削加工制造，则需车削、钻孔和铰孔等工序；如改用冷挤压后，将落料后的毛坯一次挤压成形，其尺寸精度即可达到技术要求，表面粗糙度 Ra 值为 0.4~0.8μm。

冷挤压过程中为降低挤压力，防止模具磨损和破坏，提高制件质量，除纯铝、纯铜外，若采用一般的表层涂油润滑方式，则润滑剂很容易被挤掉而不起作用。因此，大多数材料在挤压前要进行软化退火和磷化（碳钢）或氧化（铝、铜合金）处理，使坯料表面形成一层多孔的磷酸铁或氧化物薄膜，以储存润滑剂。多次挤压的零件还要进行中间退火。

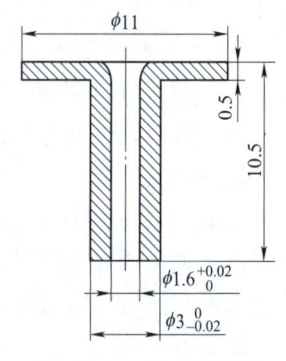

图 11-12　低碳钢底座

3. 温挤压

温挤压是将金属坯料加热到再结晶温度以下某个适当的温度（100~800℃）进行挤压，是介于冷、热挤压之间的一种挤压方法。与冷挤压相比，降低了变形抗力，增加了每个工序允许的变形程度，提高了模具寿命，并且不需要退火软化、磷化处理和工序间退火，便于组织连续生产。温挤压件尺寸精度和力学性能略低于冷挤压件，表面粗糙度 Ra 值为 $1.6 \sim 3.2 \mu m$。如电动机不锈钢接头外壳（图 11-13），若采用冷挤压制作，需经多次挤压才能完成。而采用温挤压成形（变形温度 300℃），只需两次挤压即可。

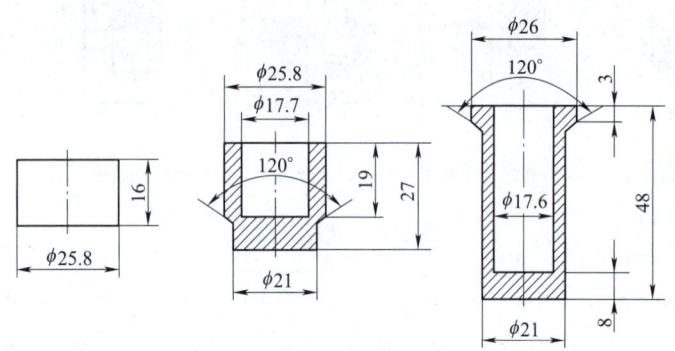

图 11-13　外壳温挤压过程

温挤压适用于挤压中、高碳钢或高强度合金钢。挤压可在专用挤压机上进行，也可在经适当改进后的通用曲柄压力机或摩擦压力机上进行。

11.7　拉拔

拉拔是将金属坯料从拉拔模的模孔中拉出而变形的加工方法，如图 11-14 所示。它一般在冷态下进行，故又称为冷拉。拉拔的原始坯料为轧制或挤压的棒（管）材。

拉拔模用工具钢、硬质合金或金刚石制成，金刚石拉拔模用于拉拔直径小于 0.2mm 的金属丝。

拉拔可加工各种钢和有色金属。拉拔产品很多，如直径为 0.002~5mm 的导线和特种型材，如图 11-15 所示。拉拔的钢管最大直径达 200mm，最小直径不到 1mm；钢棒料直径为 3~150mm。拉拔产品的尺寸精度高（直径为 1~1.6mm 的钢丝，公差只有 0.02mm），表面质量高，而且还可生产薄壁型材。

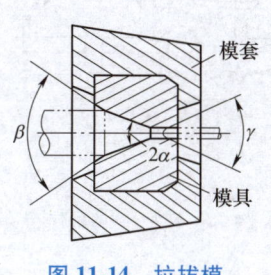

图 11-14 拉拔模

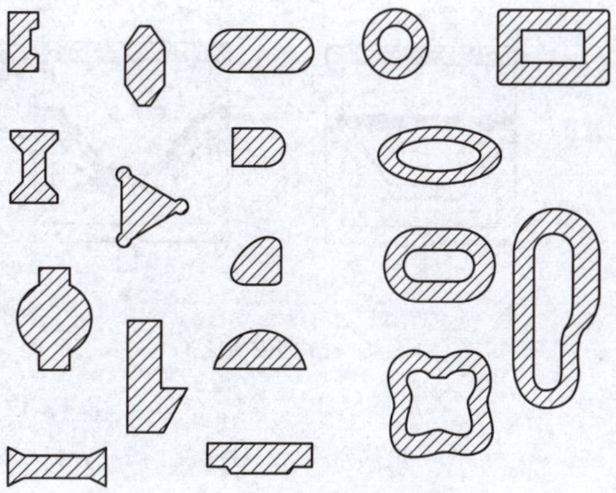

图 11-15 拉拔产品截面形状

11.8 超塑性成形

超塑性是指金属或合金在特定条件下，在极低的形变速率（$\varepsilon = 10^{-4} \sim 10^{-2} \mathrm{s}^{-1}$）、一定的变形温度（约为熔点的一半）和均匀的细晶粒度（晶粒平均直径为 $0.2 \sim 5 \mu m$）条件下，其相对断后伸长率 A 超过 100% 的特性，如钢超过 500%，纯钛超过 300%，锌铝合金超过 1000%。

超塑性状态下的金属在拉伸变形过程中不产生缩颈现象，变形应力可比常态下金属的变形应力降低百分之几十。因此，该金属极易成形，可采用多种工艺方法制出复杂零件。

板料冲压、板料气压成形和模锻等多种工艺方法都可以利用金属的超塑性成形加工出复杂零件。

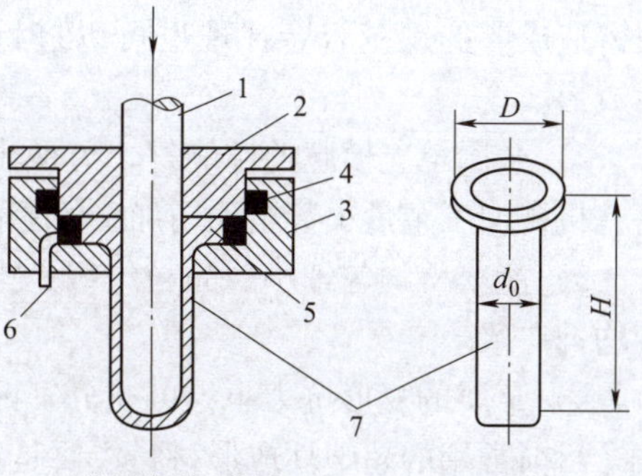

1. 板料冲压

如图 11-16 所示，工件直径较小，但高度很大。选用超塑性板料可以一次拉深成形，质量很好，工件性能无方向性。图 11-16a 所示为拉深成形示意图，图 11-16b 所示为工件。

图 11-16 超塑性板料拉深
1—冲头（凸模） 2—压板 3—凹模 4—电热元件 5—坯料 6—高压油孔 7—工件

2. 板料气压成形

超塑性金属板料放于模具中，把板料与模具一起加热到规定温度，向模具内充入压缩空气或抽出模具内的空气形成负压，板料将贴紧在凹模或凸模上，如图 11-17a 所示为凹模内成形，如图 11-17b 所示为凸模上成形，获得所需形状的工件。该方法可加工的板料厚度为 $0.4 \sim 4 \mathrm{mm}$。

3. 模锻

高温合金及钛合金在常态下塑性很差，变形抗力大，不均匀变形引起各向异性的敏感性

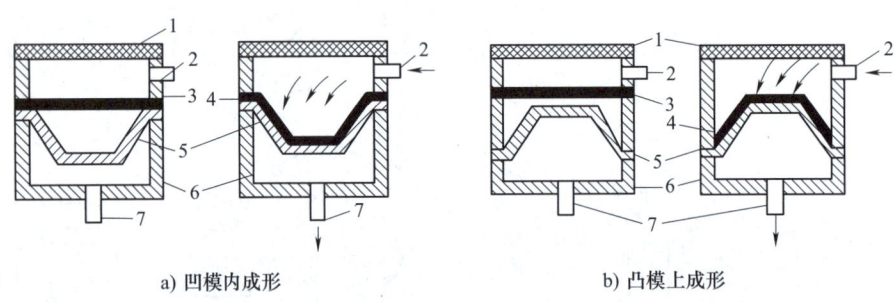

a) 凹模内成形　　　　　　　　　b) 凸模上成形

图 11-17　板料气压成形

1—电热元件　2—进气孔　3—板料　4—工件　5—凹（凸）模　6—模框　7—抽气孔

强，用通常的成形方法较难成形，材料损耗极大，致使产品成本很高。如果在超塑性状态下进行模锻，就可完全克服上述缺点，节约材料，降低成本。图 11-18 所示为超塑性成形的航空发动机钛合金风扇叶片。

超塑性模锻具有以下工艺特点。

1）扩大了可锻金属材料种类。如过去只能采用铸造成形的镍基合金，现也可以进行超塑性模锻成形。

2）金属填充模膛的性能好，可锻出尺寸精度高、机械加工余量小甚至不用加工的零件。

图 11-18　超塑性成形的航空发动机钛合金风扇叶片

3）能获得均匀细小的晶粒组织，零件力学性能均匀一致。

4）金属的变形抗力小，可充分发挥中、小设备的作用。

目前常用的超塑性成形材料主要是锌铝合金、铝基合金、钛合金及高温合金等。随着超塑性材料的日益发展，超塑性成形工艺的应用也将随之扩大，少、无屑成形将得到更大发展。

11.9　高能率成形

高能率成形是在极短的时间内（毫秒级）将化学能、电能、电磁能或机械能传递给被加工的金属材料，使之迅速成形的工艺。高能率成形速度快，可以使难变形的材料成形，加工时间短，加工精度高。高能率成形的加工形式有爆炸成形、电液成形和电磁成形等。

1. 爆炸成形

爆炸成形是利用炸药爆炸的化学能使金属材料快速成形的加工方法，适合于各种形状零件的成形。爆炸在 5~10s 内产生几百万兆帕压力的脉冲冲击波，坯料在 1~2s，甚至在毫秒或微秒量级时间内成形，如图 11-19 所示。

爆炸成形主要用于对板料进行剪切、拉深、冲孔、翻边、胀形、校形、弯曲、扩口、压印等加工，还可进行爆炸焊接、粉末压制及表面硬化等。例如：球形件可采用简单的边缘支撑，用圆形坯进行一次自由爆炸成形；油罐车的碟形封头可采用在水下小型爆炸成形。

2. 电液成形

由水中两电极间放电所产生的冲击波和液流冲击使金属成形的工艺称为电液成形。图 11-20 所示为电液成形原理图。高压直流电向电容器充电，电容器高压放电，在放电回路中形成强大的冲击电流，使电极周围介质中形成冲击波及液流波，并使金属板成形。

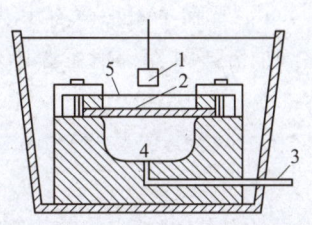

图 11-19　爆炸成形原理图
1—炸药　2—板料　3—出气口
4—凹模腔　5—压紧环

电液成形速度也接近于爆炸成形速度。电液成形适合于形状简单的中小型零件的成形，特别适合于细金属管胀形加工。

3. 电磁成形

电磁成形是利用电磁力加压成形的工艺，也是一种高能率成形的加工方法。电容器高压放电，使放电回路中产生很强的脉冲电流，由于放电回路阻抗很低，所以成形线圈中的脉冲电流在极短的时间内迅速变化，并在其周围空间形成一个强大的变化磁场。在变化磁场作用下，坯料内产生感应电流，形成磁场，并与成形线圈形成的磁场相互作用，电磁力使坯料产生塑性变形。图 11-21 所示为管子电磁成形示意图。成形线圈放在管子外面可使管子产生收缩；成形线圈放在管子内部可使管子胀形。

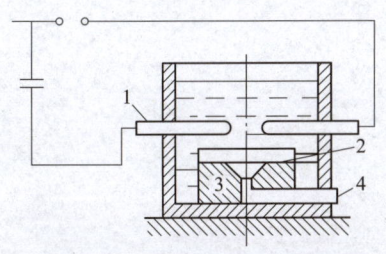

图 11-20　电液成形原理图
1—电极　2—板料　3—凹模　4—出气口

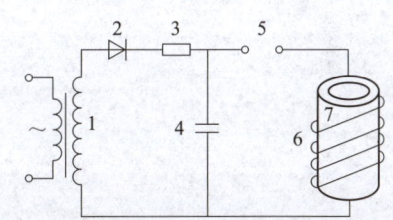

图 11-21　管子电磁成形示意图
1—升压变压器　2—整流器　3—限流电阻　4—电容器
5—辅助间隙　6—成形线圈　7—坯料

电磁成形常用于管材和板材的成形加工，如胀形、切断、冲孔、缩口、扩口等，还可用于完成连接的装配工序，如管-管、管-杆等的连接。电磁成形要求金属具有良好的导电性，如碳钢、铜、铝等。

高能率成形与常规成形方法相比，具有以下特点。

1) 模具简单。高能率成形为单模成形，甚至不用模具，因此节省模具材料，降低生产成本。

2) 零件精度高，表面质量好。高能率成形时，坯料变形不是由于刚体凸模的作用，而是在液体、气体等传力介质作用下以很高的速度贴模来实现的，坯料表面不受损伤并可提高变形均匀性，并且有效地减小零件回弹。

3) 可提高材料塑性变形能力。高能率成形时形成的高压冲击波对坯料的作用时间短，使其变形速度快，这样可提高材料塑性变形能力，从而成形塑性差的材料（如钛合金等）。

4)有利于实现复合工艺。一些用常规成形方法需多道工序才能成形的零件,采用高能率成形方法可在一道工序中完成,因此可有效缩短生产周期。

复习思考题

11.1　试述轧制、挤压、拉拔各自的特点,分别适用于生产哪类产品?

11.2　试述超塑性的概念及超塑性成形的方法。

11.3　高能率成形的各种方法有哪些共同特点?

11.4　展望金属压力加工发展趋势。

第4篇

焊 接

焊接是采用物理或化学的方法，使分离的材料产生原子或分子结合，形成具有一定性能要求的整体。焊接与胶接、机械连接等同属于材料连接技术。

人类历史上应用最早的焊接技术是钎焊。公元前 350 年罗马人开始用 Sn-Pb 合金连接 Pb 制水管或 Cu 制金属工具，我国在春秋中晚期开始采用 Sn 或 Sn-Pb 合金作为钎料。著名的秦兵马俑出土的铜车马采用了青铜铸焊技术（图 4a），焊接质量上乘。

现代意义的焊接技术出现在 19 世纪初的西方国家。1885 年俄罗斯人 Benardos 发明碳弧焊，1888 年俄罗斯人 Н. т. Славянов 发明金属电极电弧焊，1895 年法国人 Le Chatelier 获得了氧乙炔火焰焊的发明证书，从此焊接技术开始得到迅速发展，成为现代制造技术的重要组成部分。

当今，各种焊接工艺技术很多，采用了力、热、电、光、声及化学等一切可以利用的能源，实现材料的永久连接。焊接技术在现代工业生产中具有十分重要的作用。它是现代工业生产中用来制造各种金属结构和机械零件的主要工艺方法之一，在许多领域得到了广泛应用。例如，舰船的船体、高炉炉壳、建筑钢构、锅炉与压力容器、车厢及家用电器、汽车车身等工业产品的制造，都离不开焊接。焊接技术在制造大型结构件或复杂机器部件时，更显得优越。它可以用化大为小、化复杂为简单的办法来准备坯料，然后用逐一装配焊接的方法拼小成大，拼简单成复杂。例如，2008 年北京奥运会主会场——国家体育场（鸟巢）主体就采用了 100% 全焊钢结构，所有构件作用力全都由焊缝承担，这是其他工艺方法难以做到的，如图 4b 所示。

a) 秦铜车马

b) 国家体育场(鸟巢)钢结构焊接

图 4　焊接

在制造大型机器设备时，还可以采用铸-焊或锻-焊复合工艺。这样，只有小型铸、锻设备的工厂也可以生产出大型零部件。用焊接方法还可以制成双金属构件，如制造复合层容器，此外，还可以对不同材料进行焊接。总之，焊接方法的这些优越性，使其在现代工业中的应用日趋广泛。

近年来，重大工程和高端装备制造业的发展，推动了以高效电弧焊、激光复合焊、搅拌摩擦焊为代表的先进焊接技术的进步。新材料及新结构的应用也促进了钎焊、胶接等先进连接技术的发展，甚至催生了熔钎焊、点焊胶接、激光胶接等复合制造技术的发展。

第 12 章　焊接工艺基础

> **教学提示**：除了铸造、压力加工以外，焊接也是零件或毛坯成形的主要方法。焊接是借助金属原子的结合与扩散，使分离的两部分金属牢固地、永久地结合起来的工艺。熔焊的焊接过程是利用热源（如电弧热、气体火焰热、高能粒子束等）先将焊件局部加热到熔化状态，形成熔池，然后，随着热源向前移动，熔池液体金属冷却结晶，形成焊缝。熔焊的过程包含有加热、冶金和结晶过程，在这些过程中，会产生一系列变化，对焊接质量有较大的影响，如焊缝成分变化、焊接接头组织和性能变化以及焊接应力与变形的产生等。
>
> **教学要求**：较深刻地理解焊接工程的基本理论；对焊接接头的组织与性能、焊接应力与变形的形成过程有清楚认识；掌握防止和消除焊接变形的常用方法。

12.1　概述

焊接是通过加热或加压，或两者并用，并且用或不用填充材料，使焊件达到原子结合的一种加工方法。它是一种应用极为广泛的永久性连接方法。

12.1.1　焊接方法的分类

实现焊接的方法很多，通常可根据焊接接头的形成特点不同，把焊接的方法分为三类，即熔焊、压焊和钎焊。

(1) 熔焊　熔焊是一种将焊件接头部位加热至熔化状态，不加压力完成焊接过程的方法。采用局部加热方法，使焊件的焊接接头部位出现局部熔化，通常还须填充金属，共同构成熔池。熔池经冷却结晶后，形成牢固的原子间结合，使分离的焊件成为一体。熔焊的加热速度快，加热温度高，接头部位经历熔化和结晶过程。熔焊适合于各种金属和合金的焊接加工。常见的熔焊方法有焊条电弧焊、埋弧焊、气焊、电渣焊、等离子弧焊、电子束焊、激光焊等。

(2) 压焊　压焊是在焊接过程中必须对焊件施加压力（加热或不加热）以完成焊接的方法。在压力作用下，焊件的结合部位紧密接触，在无填充金属的条件下，依靠原子扩散或塑性变形及再结晶（或局部熔化与结晶），获得原子间的相互结合和永久性连接。因压焊焊接接头独特的形成特点，有时也称之为固相焊接。压焊适合于各种金属材料和部分非金属材料的焊接加工。常见的压焊方法有电阻焊、摩擦焊、扩散焊、高频焊等。

(3) 钎焊　钎焊是采用比母材熔点低的金属材料作为钎料，将焊件和钎料加热到高于钎料熔点、低于母材熔点的温度，利用液态钎料润湿母材，填充接头间隙并与母材相互扩散实现连接焊件的方法。钎焊过程的钎料熔化与凝固，形成一过渡连接层，故钎焊不仅适合于同种材料的焊接加工，也适合于异种金属或异类材料的焊接加工。

12.1.2 焊接方法的特点

焊接方法之所以得到广泛应用是因为这种加工方法有着其他加工方法不可替代的特点。焊接方法的主要特点如下。

（1）节省材料与减轻重量　焊接的金属结构件可比铆接节省材料 10%～25%，采用点焊的飞行器结构重量明显减轻，运载能力提高，油耗降低。

（2）可简化复杂零件和大型零件的制造　焊接方法灵活，可化大为小，以简拼繁，加工快，工时少，生产周期短。许多结构都以铸-焊、锻-焊形式组合，简化了加工工艺。

（3）适应性好　多样的焊接方法几乎可焊接所有的金属材料和部分非金属材料，可焊范围较广，而且连接性能较好，焊接接头可达到与焊件金属等强度或相应的特殊性能。

（4）能满足特殊连接要求　不同材料焊接到一起，能使零件的不同部分或不同位置具备不同的性能，达到使用要求，如防腐容器的双金属筒体焊接、钻头工作部分与柄的焊接、水轮机叶片耐磨表面堆焊等。

虽然焊接方法有很多优点，但焊接加工在应用中仍存在某些不足。例如，不同焊接方法的焊接性有较大差别，焊接接头的组织不均匀性，焊接热过程造成的结构应力与变形以及各种裂纹问题等，都有待进一步研究和完善。

12.1.3 焊接方法的应用

（1）制造金属结构件　焊接方法广泛用于各种金属结构的制造，如桥梁、船舶、压力容器、化工设备、机动车辆、矿山机械、发电设备及飞行器等。

（2）制造机器零件和工具　焊接件具有刚性好、改型快、周期短、成本低的优点，适合于单件或小批量生产各类机器零件和工具，如机床机架和床身、大型齿轮和飞轮、各种切削工具等。

（3）修复　采用焊接方法修复某些有缺陷、失去精度或有特殊要求的焊件，可延长其使用寿命，提高使用性能。目前，修复工程已成为机械制造领域不可缺少的重要组成部分。

近年来焊接技术发展迅速，新的焊接方法不断出现，而许多常用的焊接方法也由于应用了计算机等新技术，使其功能增强。焊接方法的精密化和智能化必将在未来的焊接生产中发挥强大的效力。

12.2 电弧焊工艺基础

授课视频

熔焊是最重要的焊接工艺方法，其中以电弧为加热热源的电弧焊是熔焊中最基本、应用最广泛的金属焊接方法。以下将以焊条电弧焊为核心，介绍焊接加工的一些基本概念和基本过程。

12.2.1 焊接电弧

焊接电弧是在具有一定电压的电极与焊件之间的气体介质中产生的强烈而持久的放电现

象，即在局部气体介质中有大量电子流通过的导电现象。

1. 电弧的产生与持续

引发焊接电弧时，由焊接电源提供一定的两极电压（图12-1），两极轻触，产生较大的短路电流，使接触点温度急剧升高，同时产生电子逸出和气体电离，阴极产生热电子发射；当两极分开时，在电场力作用下，自由电子高速飞出，撞击空隙间气体的原子和分子，使其部分电离。带电质点同时在电场力的作用下做定向运动，即自由电子和阴离子向阳极运动，阳离子向阴极运动。上述运动过程不断出现碰撞和复合，产生大量的光和热，构成焊接电弧的能量转换。

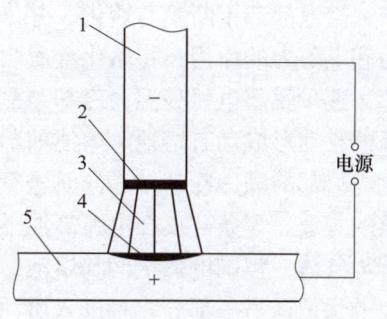

图 12-1 电弧的产生

1—焊条 2—阴极区 3—弧柱
4—阳极区 5—焊件

若要使电弧保持稳定，必须要提供并维持一定的电弧电压，同时要保证电弧空间的介质有足够的电离程度，并将电弧长度控制在一定范围内。具备上述条件的电弧可不间断地持续存在。

2. 电弧构造与电源

焊接电弧由阳极区、阴极区和弧柱组成（图12-1）。阳极区和阴极区在电弧长度方向上的尺寸均很小（$10^{-3} \sim 10^{-4}$ mm），故电弧长度可视为弧柱长度。阴极区发射电子，产生的热量约占总热量的36%，阳极区因阳极表面受到高速电子撞击，产生的热量稍高于阴极区，约占总热量的43%，弧柱产生的热量约占总热量的21%。各区的温度也有所不同，如用结构钢焊条焊接钢材时，阴极区平均温度为2400K，阳极区平均温度为2600K，弧柱中心区温度最高，约为6000~8000K。

由于阳极区和阴极区温度不同，故在使用直流电源时，正接和反接的效果不同。正接时（焊件接正极，焊条接负极），电弧热量相对集中于焊件，可加大熔深。反接时（焊件接负极，焊条接正极）则正好相反。当采用交流电源时，电流每秒钟正负变化达100次，所以两极加热条件一样，温度都在2500K左右。

为了适应电弧特性和满足电弧焊工艺要求，需要专门设计电源，这就是电弧焊电源即电弧焊机，它应满足焊接过程的下列要求。

1) 适当的空载电压以保证引弧。一般交流电弧焊机空载电压为60~80V，直流电弧焊机空载电压为50~70V。

2) 提供电弧工作电压，保证电弧稳定。电弧工作电压与电弧长度有关，一般情况下电弧工作电压在16~35V范围内。

3) 在焊接过程中，当电弧长度变化时，焊接电流能相应变化，即有自调节作用。

4) 焊接过程出现短路时，输出电压降为零，能提供并控制短路电流。

5) 能适应不同厚度、不同材料的焊接要求，电参数可在一定范围内调节。

12.2.2 电弧焊冶金过程及特点

1. 电弧焊冶金过程

图12-2所示为焊条电弧焊焊缝形成过程示意图。在电弧高温作用下，焊条和焊件同时发生局部熔化，形成熔池。熔化的填充金属呈球滴状过渡到熔池。电弧在沿焊接方向移动

中，熔池前部不断参与熔化，并依靠电弧吹力和电磁力的作用，将熔化金属吹向熔池后部，逐步脱离电弧高温而冷却结晶。所以电弧的移动形成动态熔池，熔池前部的加热熔化与后部的顺序冷却结晶同时进行，形成完整的焊缝。焊条药皮在电弧高温下一部分分解为气体，包围电弧空间和熔池，形成对熔池的保护；另一部分直接进入熔池，与熔池金属发生冶金反应，并形成熔渣而浮于焊缝表面，构成渣壳保护。

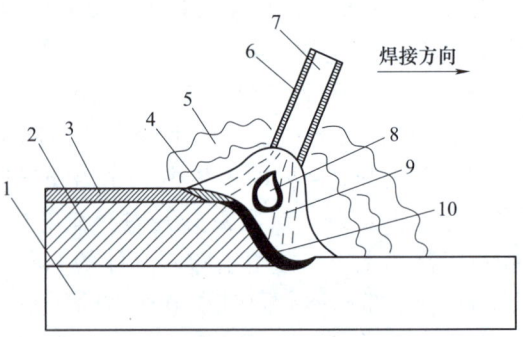

图 12-2　焊条电弧焊焊缝形成过程示意图
1—焊件　2—焊缝　3—渣壳　4—熔渣　5—气体
6—药皮　7—焊芯　8—熔滴　9—电弧　10—熔池

2. 电弧焊冶金特点

电弧焊过程的冶金反应实质上是金属在焊接条件下的一次再熔炼。以焊条电弧焊为例，焊接冶金反应有如下特点。

1）反应区温度高于一般的冶炼温度，熔化金属与熔渣的接触面积大，冶金反应激烈。电弧高温使弧柱区发生金属蒸发、气体高温分解、溶解、金属氧化还原等一系列反应，导致金属烧损或形成有害杂质。

2）熔池小而冷却速度快，液态金属存留时间短。焊接熔池体积小，在快速冷却状态下，液态金属只能存留几秒钟，各种冶金反应不充分，难以达到平衡状态。

3）冶炼条件差，有害气体容易进入熔池，形成氧化物、氮化物、气孔及杂质等缺陷，使焊缝金属的塑性、韧性显著下降。

因此，焊接前要对焊件进行清理，焊接过程中必须对熔池金属进行机械保护和冶金处理。机械保护就是利用熔渣、保护气体等机械方式把熔池和空气隔开；冶金处理是指向熔池中添加合金元素，改善焊缝金属的化学成分和组织。

12.2.3　焊条

1. 焊条的组成和作用

焊条电弧焊的焊条由两部分组成，中间是金属丝制成的焊芯，外部包覆着一定厚度的药皮，其结构如图 12-3 所示。

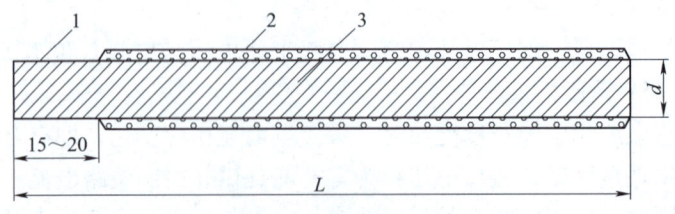

图 12-3　焊条纵截面
1—焊条夹持端　2—药皮　3—焊芯

（1）焊芯　焊芯是由专门冶炼的焊条钢经轧制和拉拔而成，其主要作用是作为电极和填充金属。通常结构钢焊条的含碳量较低。焊芯直径 d 一般为 1.6~8mm，焊芯长度 L 一般为 200~650mm。

(2) 药皮 药皮由多种矿物、铁合金、有机物和化工材料混合而成，其主要作用如下。
1) 提高电弧燃烧的稳定性。
2) 对焊接过程和焊缝起保护作用。
3) 控制焊缝金属的化学成分。

2. 焊条的类型

我国的焊条按用途分为十类，见表12-1。每种类型的焊条又因药皮类型不同，可具有不同的焊接工艺性能和不同的焊缝力学性能。表12-2列出了部分焊条药皮类型与适用电源。

表 12-1 焊条类别

焊条类别	代 号	
	拼音	汉字
结构钢焊条	J	结
钼及铬钼耐热钢焊条	R	热
不锈钢焊条	G	铬
	A	奥
堆焊焊条	D	堆
低温钢焊条	W	温
铸铁焊条	Z	铸
镍及镍合金焊条	Ni	镍
铜及铜合金焊条	T	铜
铝及铝合金焊条	L	铝
特殊用途焊条	TS	特殊

表 12-2 部分焊条药皮类型与适用电源

牌 号	药皮类型	适用电源	备 注
×× 0	不规定	不规定	酸性焊条
×× 1	氧化钛型	交直两用	
×× 2	氧化钛钙型	交直两用	
×× 3	钛钙型	交直两用	
×× 4	氧化铁型	交直两用	
×× 5	高纤维素型	交直两用	
×× 6	低氢钾型	交直两用	碱性焊条
×× 7	低氢钠型	直流专用	
×× 8	石墨型	交直两用	
×× 9	盐基型	直流专用	

根据 GB/T 5117—2012 规定，焊条型号的编制方法如下：用大写字母和四位数字表示，字母表示焊条类别；前两位数字表示熔敷金属抗拉强度的最小值，单位为 MPa；第三位和第四位数字的组合表示药皮类型、焊接位置及焊接电流类型。例如，焊条型号 E4303，按从左至右的顺序，E 表示焊条类别，43 表示熔敷金属抗拉强度的最小值为 430MPa，03 表示焊

条药皮为钛型、适用于全位置焊接、电流类型为交直两用。

常用结构钢焊条的牌号表示方法用字母 J 和三位数字表示。J 表示结构钢焊条，前两位数字表示熔敷金属抗拉强度的最小值，第三位数字表示药皮类型及采用电源。例如，焊条牌号 J507，按从左至右的顺序，J 表示焊条类别为结构钢焊条，50 表示熔敷金属抗拉强度的最小值为 500MPa，7 表示焊条药皮为低氢钠型、电流类型为直流电源。

表 12-3 列出了焊条型号与焊条牌号对照表。

表 12-3 焊条型号与焊条牌号对照表

焊条型号			焊条牌号			
焊条大类（按化学成分分类）			焊条大类（按用途分类）			
国家标准编号	名称	代号	类别	名称	代号字母	代号汉字
GB/T 5117—2012	碳钢焊条	E	一	结构钢焊条	J	结
GB/T 5117—2012	低合金钢焊条	E	一	结构钢焊条	J	结
			二	钼及铬钼耐热钢焊条	R	热
			三	低温钢焊条	W	温
GB/T 983—2012	不锈钢焊条	E	四	不锈钢焊条	G	铬
					A	奥
GB/T 984—2001	堆焊焊条	ED	五	堆焊焊条	D	堆
GB/T 10044—2006	铸铁焊条	EZ	六	铸铁焊条	Z	铸
—	—	—	七	镍及镍合金焊条	Ni	镍
GB/T 3670—1995	铜及铜合金焊条	TCu	八	铜及铜合金焊条	T	铜
GB/T 3669—2001	铝及铝合金焊条	TAl	九	铝及铝合金焊条	L	铝
—	—	—	十	特殊用途焊条	TS	特殊

3. 焊条的选用原则

各种类型的焊条均有一定的特性和用途，即使同一类别的焊条也会因药皮类型不同而在使用特性方面表现出差异。因此，从实际工程作业条件出发，正确选用焊条是完成焊接加工的重要环节。焊条的选择应考虑以下几个方面的因素。

（1）焊件的力学性能和化学成分　从满足强度要求出发，结合材料的焊接性，选择与被焊材料力学性能相适应的焊条。同时要注意使焊缝熔敷金属的化学成分与被焊材料相同或相接近。

（2）焊件的工作条件和使用性能　焊件如果在承受动载荷或冲击载荷条件下工作，则除应保证强度指标外，还应选择韧性和塑性较好的低氢型焊条。如果焊件在低温、高温、磨损或有腐蚀介质条件下工作，则应优先选择相应种类的焊条。

（3）焊件的结构特点　由于几何形状复杂或大厚度焊件的焊接加工易产生较大的应力而引起裂纹，因此宜选择抗裂性好、强度较高的焊条。对存在铁锈、油污和氧化物且不宜清除的位置宜选用酸性焊条。

（4）施工现场条件　受不同施工现场条件的限制，如野外作业、潮湿气候等，应在考虑焊条种类的同时，一并考虑作业条件与环境以及必要的辅助设备。

12.3 焊接接头组织与性能及改善方法

12.3.1 焊接接头组织与性能

电弧焊的热源高温集中熔化焊缝区的金属，并向焊件金属传导热量，必然引起焊缝及附近区域金属的组织和性能发生变化。图 12-4 所示为低碳钢焊接接头温度与组织变化。由于各点因与焊缝中心距离不同，所受的最高加热温度不同，相当于对焊接接头区域进行了一次不同规范的热处理，因此焊接接头的各部位会出现不同的组织转变和性能变化。

整个焊接接头由焊缝区、熔合区、热影响区构成。

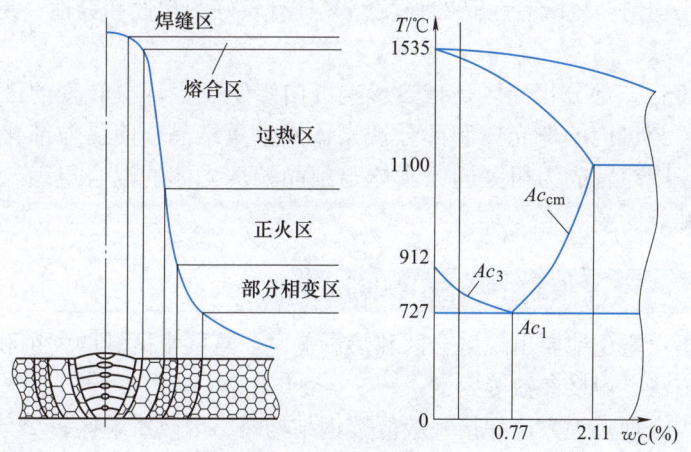

图 12-4 低碳钢焊接接头温度与组织变化

1. 焊缝区

焊缝区金属是由母材和焊条（丝）熔化形成的熔池经冷却结晶而成的。焊缝金属在结晶时，是以熔池和母材金属交界处的半熔化晶粒为晶核，向散热最快方向生长成为柱状晶粒，最后这些柱状晶粒在焊缝中心相接触而停止生长，呈柱状铸态组织。这种结晶过程使化学成分和杂质易在焊缝中心区产生偏析，引起焊缝金属力学性能下降。因此，应慎重选用焊条或其他焊接材料。

焊接时，熔池金属受电弧吹力和保护气体的吹动，熔池底壁柱状晶体的成长受到干扰，柱状晶体呈倾斜状，晶粒有所细化。同时由于焊接材料的渗合金作用，焊缝金属中锰、硅等合金元素含量可能比母材（即焊件）金属高，焊缝金属的力学性能一般不低于母材金属的力学性能。

2. 熔合区

熔合区是焊接接头中，焊缝金属向热影响区过渡的区域。该区很窄，两侧分别为经过完全熔化的焊缝区和完全不熔化的热影响区。熔合区的加热温度在合金的固-液相线之间。熔合区具有明显的化学不均匀性，从而引起组织不均匀，其组织特征为少量铸态组织和粗大的过热组织，因而塑性差，强度低，脆性大，易产生焊接裂纹和脆性断裂，是焊接接头最薄弱的环节之一。

3. 热影响区

热影响区是焊缝两侧因焊接热作用没有熔化但发生金相组织变化和力学性能变化的区域。根据热影响区内各点受热情况不同，热影响区可划分为过热区、正火区和部分相变区。

（1）过热区 过热区是指热影响区内具有过热组织或晶粒显著粗大的区域，其加热温度为 Ac_3 以上 100~200℃ 至固相线之间。该区内奥氏体晶粒急剧长大，形成过热组织，因此塑性和韧性差，是焊接热影响区内性能最差的区域。对易淬火硬化材料，此区的脆性会更大。

（2）正火区 正火区是指热影响区内相当于受到正火热处理的区域，其加热温度为 Ac_3 至 Ac_3 以上 100~200℃ 之间。加热时金属发生重结晶，转变为细小的奥氏体晶粒。冷却后得到均匀而细小的铁素体和珠光体组织，相当于热处理中的正火组织，所以通常称为正火区。由于该区晶粒细小均匀，故既有较高的强度，又具有较好的塑性和韧性，是焊接接头中综合力学性能最好的区域。

（3）部分相变区 部分相变区是指热影响区内组织发生部分转变的区域，其加热温度在 Ac_1 至 Ac_3 之间。该区内的珠光体和部分铁素体发生重结晶，使晶粒细化，而另一部分铁素体来不及转变，冷却后成为粗大的铁素体与细晶粒珠光体的混合组织。由于晶粒大小不一，故该区力学性能变差。

12.3.2　改善焊接接头组织与性能的方法

电弧焊方法不可避免地要出现熔合区和热影响区。这两个区域的大小和组织性能取决于焊接材料、焊接方法、焊接参数等因素。

用焊条电弧焊或埋弧焊方法焊接一般低碳钢结构时，因热影响区较窄，危害性较小，焊后不进行处理即可使用。但对重要的碳钢结构件、低合金钢结构件，则必须注意热影响区带来的不利影响。为消除其影响，一般采用焊后正火处理，使焊缝和焊接热影响区的组织转变成为均匀的细晶结构，以改善焊接接头的性能。

对焊后不能进行热处理的金属材料或构件，则只能通过正确选择焊接材料、焊接方法与焊接工艺来减少焊接热影响区的范围。例如：通过调整焊缝金属的化学成分以改善焊接接头的性能；尽量采用较小的焊接热输入（热源功率与焊接速度之比），以减小过热区的宽度，降低晶粒长大的程度。

12.4　焊接应力与变形

12.4.1　焊接应力的形成

焊接过程是一个极不平衡的热循环过程，即焊缝及其相邻区金属都要由室温被加热到很高温度（焊缝金属已处于液态），然后再快速冷却下来。由于在这个热循环过程中，焊件各部分的温度不同，随后的冷却速度也各不相同，因而焊件各部位在热胀冷缩和塑性变形的影响下，必将产生内应力、变形或裂纹。

焊缝是靠一个移动的点热源来加热的，随后逐次冷却下来所形成的。因而应力的形成、大小和分布状况较为复杂。图 12-5 所示为平板对接焊时焊接应力的分布状况。为简化问题，假定整条焊缝同时成形。

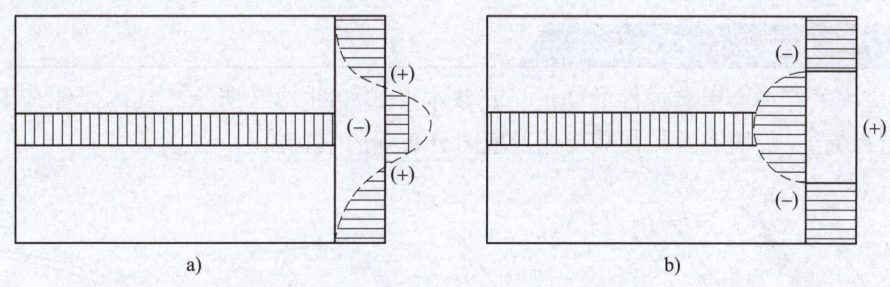

图 12-5 平板对接焊时焊接应力的分布状况

焊接时平板中心结合部位被加热，由于焊件未加热部分冷金属产生的约束，使焊缝区的自由膨胀受阻，焊缝区因膨胀受阻而产生压应力，同时产生压缩变形，而焊缝两侧则形成拉应力，如图 12-5a 所示。

焊后冷却时，由于焊缝区已产生的压缩变形无法恢复，处于高温的焊缝区在冷却过程中要不断收缩，而焊缝两侧仍维持原长度。因此，焊件各部分在收缩时互相牵制，焊缝区的收缩会受到两侧金属的阻碍，使焊缝区产生拉应力，两侧则受压应力，如图 12-5b 所示。

焊接应力的存在将影响焊件的使用性能，可使其承载能力大为降低，甚至在外载荷改变时出现脆断的危险后果。对于接触腐蚀性介质的焊件（如容器），由于应力腐蚀现象加剧，将减少焊件使用期限，甚至产生应力腐蚀裂纹而报废。

12.4.2 减小和消除焊接应力的措施

对于承载大的重要结构件，焊接应力必须加以防止和消除。减小和消除焊接应力可采取如下措施。

1) 在结构设计时，应选用塑性好的材料，要避免使焊缝密集交叉，避免使焊缝截面过大和焊缝过长。

2) 采用合理的焊接顺序，使焊缝能够自由地收缩，以减少应力。在图 12-6b 中，因先焊焊缝 1 导致对焊缝 2 的拘束度增加，而增大残余应力，使 A 区易产生裂纹。

3) 焊前对焊件预热，可以减弱焊件各部位间的温差，从而显著减小焊接应力。

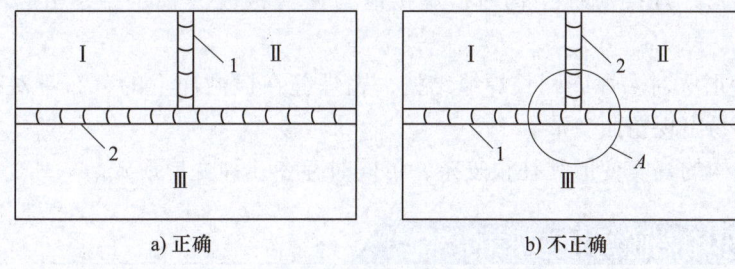

a) 正确   b) 不正确

图 12-6 焊接顺序对焊接应力的影响

1、2—焊缝

4) 当焊缝还处在较高温度时, 锤击焊缝使金属伸长, 也能减少焊接应力。

5) 当需较彻底地消除焊接应力时, 可采用焊后去应力退火方法来实现。此时需将焊件加热至 500~650℃, 保温后缓慢冷却至室温。

12.4.3 焊接变形的基本形式

焊接应力的存在会引起焊件的变形, 其基本形式如图 12-7 所示。具体焊件会出现哪种变形与焊件结构、焊缝布置、焊接工艺及应力分布等因素有关。

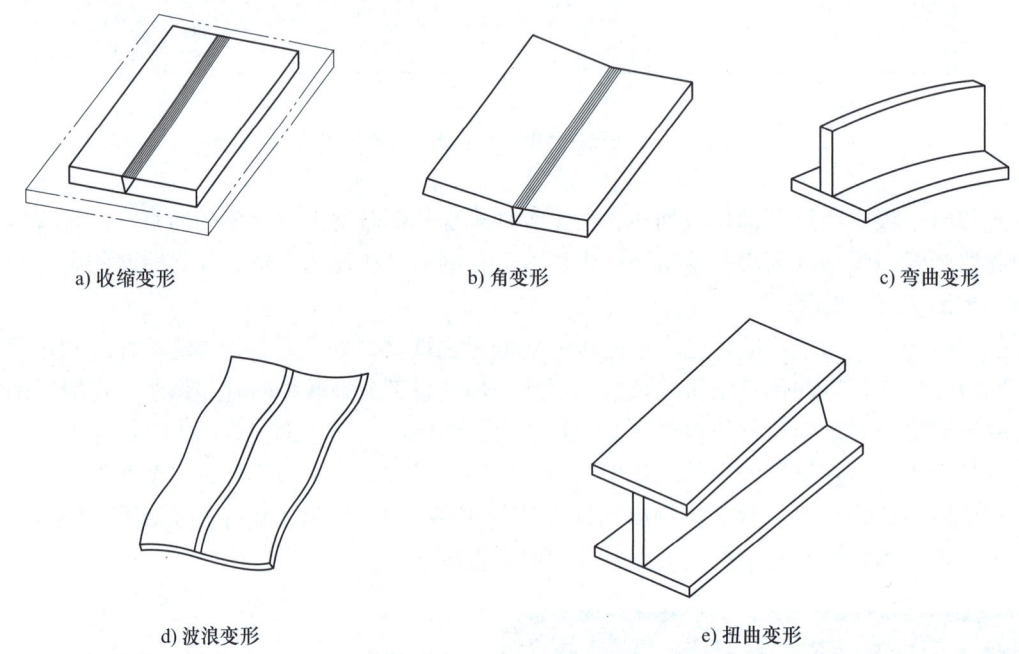

图 12-7 焊接变形的基本形式

（1）收缩变形　收缩变形是焊件整体尺寸的减小, 包括焊缝的纵向和横向收缩变形。

（2）角变形　当焊缝截面上下不对称或受热不均匀时, 焊缝因横向收缩上下不均匀, 引起角变形。V 形坡口的对接接头和角接接头易出现角变形。

（3）弯曲变形　由于焊缝在结构上不对称分布, 焊缝的纵向收缩不对称, 引起焊件向一侧弯曲, 形成弯曲变形。

（4）波浪变形　焊接薄板结构时, 焊接应力使薄板失去稳定性, 引起不规则的波浪变形。

（5）扭曲变形　对多焊缝和长焊缝结构, 因焊缝在横截面上的分布不对称或焊接工艺不合理等, 焊件易出现扭曲变形。

实际焊接结构的真实变形往往很复杂, 可同时存在几种变形形式。

12.4.4 减小和消除焊接变形的措施

焊接变形的存在改变了焊件的形状和尺寸, 过大的变形量将使焊件报废。因此, 必须加以防止和消除。焊件产生变形主要是由焊接应力所引起, 预防焊接应力的措施对防止焊接变形都是有效的。从控制焊接变形的角度出发，可以通过合理的结构设计和一些具体的工艺措施来减小和消除焊接变形。

1. 正确设计焊件的结构

当对焊件的变形有较高限定时，在结构设计中采用对称结构或大刚度结构、焊缝对称分布结构都可减小或不出现焊接变形。

2. 采用合理的焊接工艺

在结构设计合理的前提下，可采取如下工艺措施达到减小和消除焊接变形的目的。

（1）反变形法　预测焊后可能出现的变形大小和方向，焊前将焊件预先反方向变形，焊后可抵消发生的焊接变形，如图12-8所示。

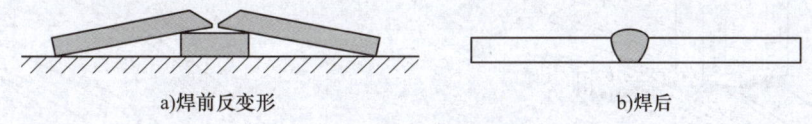

图12-8　平板对接的反变形

（2）刚性固定法　利用焊前装配使焊件的相对位置固定，用夹具强制性约束焊接变形。刚性固定法不适合焊接淬硬性较大的钢结构件和铸铁件，通常用于塑性好的小型焊件焊接。

（3）合理选择焊接顺序　正确选择焊接参数和焊接顺序，对减小焊接变形也很重要，这样可使温度分布更加均衡，开始焊接时产生的微量变形，可被后来焊接部位的变形所抵消。

图12-9所示为对称焊法，按图中数字顺序焊接，则后焊焊道产生的变形可抵消前焊焊道所产生的变形。图12-10所示结构为避免弯曲变形，采用合理安排焊接顺序的工艺措施，把可能出现的变形控制在最低程度。

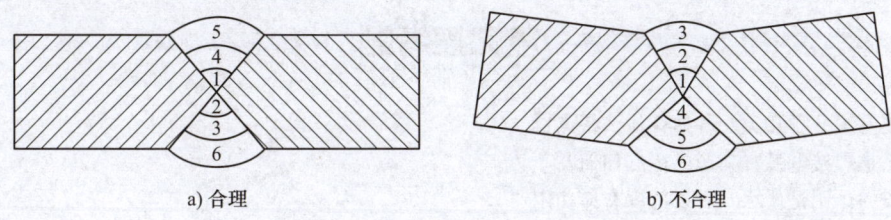

图12-9　对称焊法

（4）焊前预热和焊后缓冷　这是最常用、最有效的方法，其目的是减小焊缝区与其他部分的温差，使焊件较均匀地冷却，减小焊接应力和变形。通常在焊前将焊件预热到300℃以上再进行焊接，焊后要缓冷。

（5）焊后热处理　对重要结构件焊后应进行去应力退火，以降低应力，减小变形，提高承载能力。小型焊件可整体退火，大型焊件可进行局部退火。

3. 焊后矫形处理

当焊后的变形超出允许值时，必须进行焊后矫形。常用的

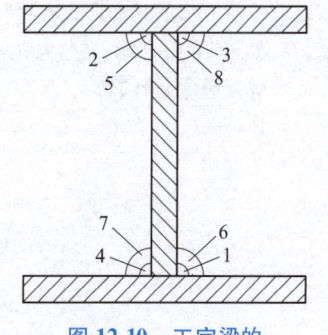

图12-10　工字梁的合理焊接顺序

矫形方法有机械矫形和火焰矫形。

（1）**机械矫形** 利用压力机、辗压机、矫直机或手工等方法，在机械外力的作用下，使变形焊件恢复到原形状和尺寸，如图 12-11 所示。机械矫形可利用机械外力所产生的变形，抵消焊接变形并降低内应力。对塑性差的材料不宜采用机械矫形。

（2）**火焰矫形** 采用氧乙炔火焰在焊件的适当部位加热，利用冷却收缩产生的新应力造成新变形，来克服和抵消原变形，如图 12-12 所示。火焰矫形可使焊件的形状恢复，但矫形后的焊件应力并未消失。对易淬硬材料和脆性材料不宜采用火焰矫形。

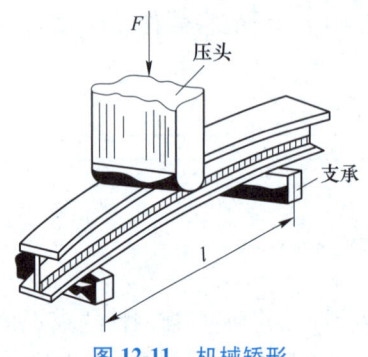

图 12-11 机械矫形

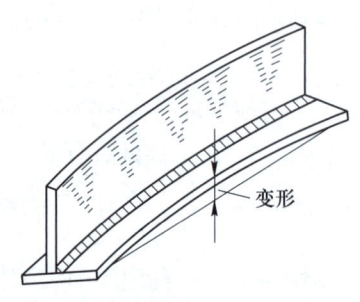

图 12-12 火焰矫形

焊接应力过大的严重后果是使焊件产生裂纹。焊接裂纹存在于焊缝或熔合区中，而且往往是内裂纹，危害极大。因此，对重要焊件，焊后应进行焊接接头的内部探伤检查。焊件产生裂纹也与焊接材料的成分（如硫、磷含量）、焊缝金属的结晶特点（结晶区间）及含氢量的多少有关。因此，焊接中应合理选材，采取措施减小应力，并应用合理的焊接工艺和焊接参数（如选用碱性焊条、小能量焊接、预热、合理的焊接顺序等）进行焊接，确保焊件质量。

复习思考题

12.1 焊接方法分哪几类？各具有什么特点？
12.2 什么是焊接电弧？其形成特点如何？
12.3 焊条的作用是什么？焊条药皮有何功用？
12.4 焊接接头分几个区？在焊接低碳钢时，其熔合区和热影响区的组织性能有何变化？
12.5 产生焊接应力与变形的原因是什么？焊接应力是否一定要消除？消除焊接应力的措施有哪些？
12.6 焊接变形的基本形式有哪些？如何防止和矫正焊接变形？
12.7 如图 12-13 所示，拼接大块钢板是否合理？为什么？为减小焊接应力与变形，应怎样改变？合理的焊接顺序是什么？

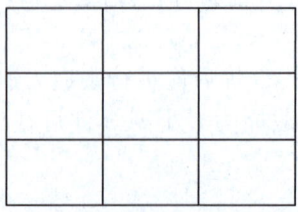

图 12-13 题 12.7 图

第 13 章 常用的焊接方法

教学提示：焊接方法的种类很多，各自的特点不同。选择合适的焊接方法，可以化大为小、化复杂为简单、拼小成大，还可以与铸、锻、冲压结合成复合工艺生产大型复杂件。目前，焊接方法主要用于制造金属构件，如锅炉、压力容器、管道、车辆、船舶、桥梁、飞机、火箭、起重机、海洋设备、冶金设备等。

教学要求：了解各种焊接工艺的特点及应用范围；掌握焊条电弧焊、埋弧焊及气体保护焊的焊接过程；为合理设计和选择焊接成形方法打下良好的基础。

13.1 焊条电弧焊

焊条电弧焊是用手工操纵焊条进行焊接的电弧焊方法。焊条电弧焊是迄今为止应用最为广泛的焊接方法，可在室内、室外、高空和各种方位进行，设备简单、维护容易、焊钳小、使用灵便。

1. 焊条电弧焊的焊接过程

焊条电弧焊的焊接过程如图 13-1 所示。焊接前，先将焊件和焊钳通过导线分别接到弧焊机输出端的两极，并用焊钳夹持焊条。焊接时，电弧在焊条与焊件之间燃烧，电弧热使焊件和焊芯共同熔化形成熔池，同时也使焊条的药皮熔化和分解。药皮熔化后与液态金属发生物理化学反应，所形成的熔渣不断从熔池中浮起；药皮受热分解产生大量的 CO_2、CO 和 H_2 等保护气体，围绕在电弧周围。熔渣和气体能防止空气中氧和氮的侵入，起保护熔化金属的作用。

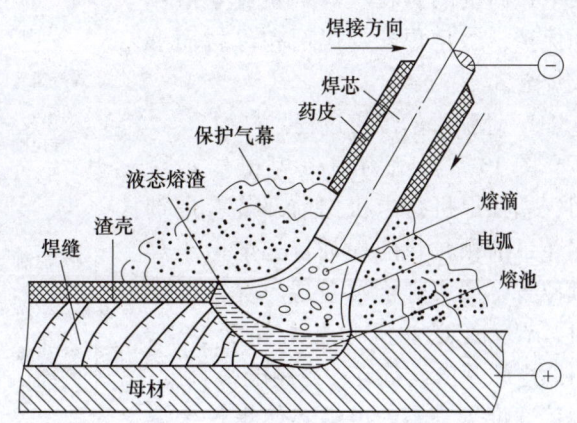

图 13-1 焊条电弧焊的焊接过程

随着焊条沿焊接方向向前移动，新的熔池不断产生，原先的熔池则不断冷却、凝固、形成焊缝，使分离的两个焊件连接在一起。覆盖在焊缝表面的熔渣也逐渐凝固成为固态渣壳。这层熔渣和渣壳对焊缝成形的好坏和减缓金属的冷却速度有着重要的作用。焊后用清渣锤把覆盖在焊缝上的渣壳清理干净，并检查焊接质量。

2. 焊条电弧焊的特点及应用

焊条电弧焊具有以下特点。

(1) 设备简单、价格便宜 焊条电弧焊使用的电弧焊机结构简单，只需配备简单的辅助工具，价格便宜，维护方便。

(2) 采用气体和熔渣联合保护 焊条药皮在熔化过程中产生一定量的气体和液态熔渣，不仅使熔池和电弧周围的空气隔绝，而且和熔化了的焊芯、母材发生一系列冶金反应，保证所形成焊缝的性能。

(3) 可焊金属材料范围广 焊条电弧焊广泛应用于低碳钢、低合金高强度结构钢、铸钢、铸铁和非铁金属的焊接。

(4) 操作灵活、适应性强 焊条电弧焊适用于各种厚度、各种结构和接头形式及空间位置的焊接。

焊条电弧焊的不足之处是：①对焊工操作技术要求高、劳动强度大；②生产率低；③不适用于易氧化的金属及薄板的焊接。

虽然焊条电弧焊的生产率不如机械化的电弧焊高，焊缝质量也不太稳定，但仍然是目前电弧焊中应用最普遍的方法，尤其适用于操作不便的场合和短小焊缝的焊接，如在修理工作中更为方便。

13.2 埋弧焊

埋弧焊是一种电弧在焊剂层下燃烧并进行焊接的电弧焊方法。它以金属焊丝和焊件之间燃烧的电弧热源产生热量，并以覆盖在电弧周围的颗粒状焊剂及其熔渣作为保护，熔化焊丝、焊剂和母材而形成焊缝。

1. 埋弧焊的焊接过程

图 13-2 所示为埋弧焊工作示意图。埋弧焊机行走机构前部装有焊剂漏斗，细颗粒状的焊剂首先铺撒于焊缝位置，形成焊剂覆盖层。焊接开始时，焊丝经送丝机构送入焊剂层下，引燃电弧并由设备自动控制电弧长度、焊接速度等参数。电弧热使焊件金属与焊丝熔化并形成熔池，部分焊剂熔化，由金属和焊剂的高温蒸发气体形成气泡，包围电弧并对熔池起保护作用。随着电弧的移动，熔池后部顺序凝固，形成焊缝，熔渣浮于焊缝表面，凝固后形成机械保护层。

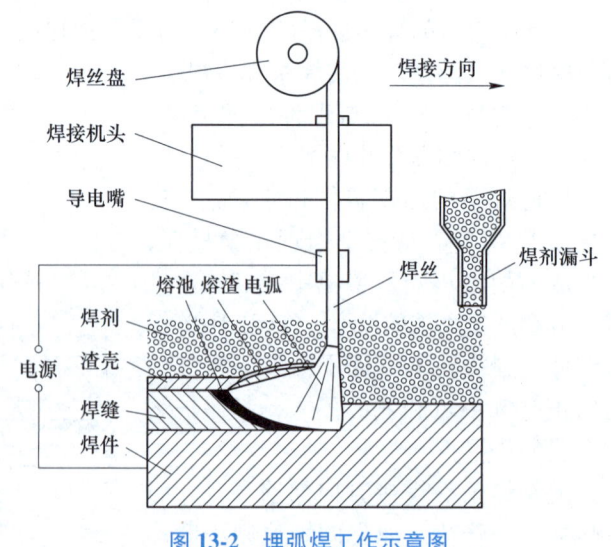

图 13-2 埋弧焊工作示意图

2. 埋弧焊工艺

埋弧焊要求更仔细地下料、准备坡口和装配。焊接前，应将焊缝两侧 50~60mm 内的一切污垢与铁锈除掉，以免产生气孔。

埋弧焊一般在平焊位置焊接，用以焊接对接和T形接头的长直线焊缝。当焊接厚度20mm以下焊件时，可以采用单面焊接。如果设计上有要求（如锅炉与容器），也可双面焊接。焊件厚度超过20mm时，可进行双面焊接，或采用开坡口单面焊接。

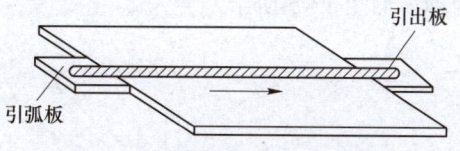

图 13-3　埋弧焊的引弧板与引出板

埋弧焊中由于引弧处和断弧处质量不易保证，焊前应在接缝两端焊上引弧板与引出板（图13-3），焊后再去掉。为了保持焊缝成形和防止烧穿，生产中常采用各种类型的焊剂垫和垫板，或者先用焊条电弧焊封底。

焊接筒体对接焊缝时（图13-4），焊件以一定的焊接速度旋转，焊丝位置不动。为防止熔池金属流失，焊丝位置应逆旋转方向偏离焊件中心线一定距离 a，其大小视筒体直径与焊接速度等而定。

3. 埋弧焊的特点及应用

（1）焊接生产率高　埋弧焊的电流可达到1000A以上，比焊条电弧焊高6~8倍，同时节省了更换焊条的时间，所以埋弧焊比焊条电弧焊提高生产率5~10倍。

（2）焊接质量高且稳定　埋弧焊焊剂供给充足，电弧区保护严密，熔池保持液态时间较长，冶金过程进行得较为完善，气体与杂质易于浮出。同时，焊接参数自动控制调整，焊接质量高且稳定，焊缝成形美观。

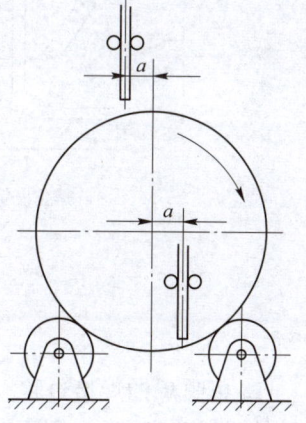

图 13-4　环缝埋弧焊示意图

（3）节省金属材料　埋弧焊热量集中，熔深大，20~25mm以下的焊件可不开坡口进行焊接，而且没有焊条头的浪费，飞溅很小，所以能节省大量金属材料。

（4）劳动条件较好　埋弧焊的非明弧操作和机械控制方式，减轻了体力劳动，避免了弧光伤害，减小了烟尘。

埋弧焊在焊接生产中已得到广泛应用，常用来焊接长的直线焊缝和较大直径的环形焊缝。当焊件厚度增加和批量生产时，其优点尤为显著。

但应用埋弧焊时，设备费用较高，工艺装备复杂，对接头加工与装配要求严格，只适用于批量生产长的直线焊缝与圆筒形件的纵、环焊缝。对狭窄位置的焊缝以及薄板的焊接，埋弧焊则受到一定限制。

13.3　气体保护焊

气体保护焊是指用外加气体作为电弧介质并保护电弧和焊接区的一种电弧焊方法。常见的气体保护焊有氩弧焊和 CO_2 气体保护焊。

13.3.1　氩弧焊

氩弧焊是以氩气作为保护气体的电弧焊方法。氩弧焊又分为熔化极氩弧焊和钨极氩弧焊两种，如图 13-5 所示。

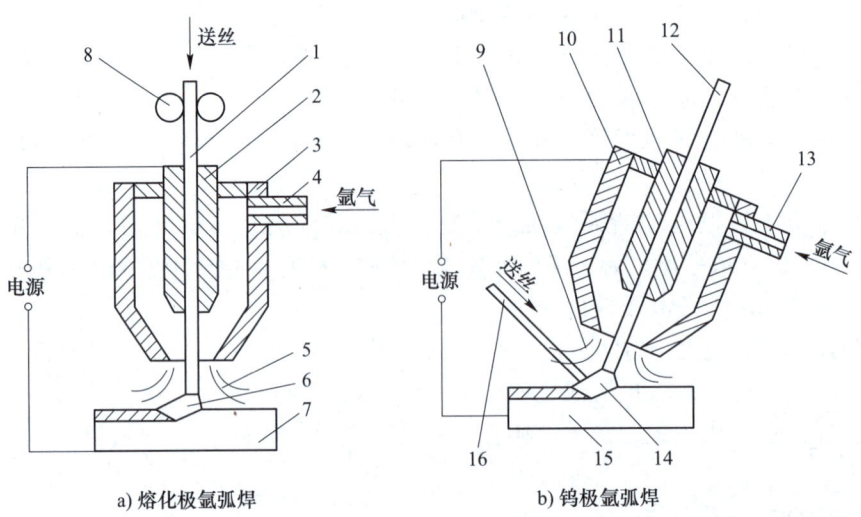

a) 熔化极氩弧焊 b) 钨极氩弧焊

图 13-5 氩弧焊示意图

1、16—焊丝 2、11—导电嘴 3、10—喷嘴 4、13—进气管 5、9—气流
6、14—电弧 7、15—焊件 8—送丝轮 12—钨棒

1. 氩弧焊的焊接过程

如图 13-5 所示，利用特制的焊炬，使氩气从焊炬端部喷嘴中排出，电弧在氩气保护下燃烧。

熔化极氩弧焊（简称为 MIG 焊）是以连续送进的焊丝作为电极，并经送丝机构从喷嘴中心位置送出，此时可用较大电流焊接厚度 25mm 以下的焊件。

钨极氩弧焊（简称为 TIG 焊）是以高熔点的钨棒作为电极，并固定于喷嘴中心位置。焊接时，钨棒不熔化，只起导电与产生电弧的作用，易于实现机械化和自动化焊接。但因电极所能通过的电流有限，所以只适合焊接厚度 6mm 以下的焊件。

当氩气中含有氧、氮、二氧化碳或水分时，会降低氩气的保护作用，并造成夹渣、气孔等缺陷。因此要求氩气纯度应大于 99.7%。由于氩气只起保护作用，焊接过程中没有冶金反应，所以焊接前必须把接头表面清理干净，否则杂质与氧化物会留在焊缝内，使焊缝质量显著下降。

2. 氩弧焊的特点及应用

氩弧焊主要有以下特点。

1）适用于焊接各类合金钢、易氧化的非铁金属及锆、钽、钼等稀有金属材料。

2）氩弧焊电弧稳定，飞溅小，焊缝致密，表面没有渣壳，成形美观。

3）电弧和熔池区受气流保护，明弧可见，便于操作，容易实现全位置自动焊接。

4）电弧在气流压缩下燃烧，热量集中，熔池较小，焊接速度较快，焊接热影响区较窄，因而焊件焊后变形小。

氩弧焊的不足之处是：氩气成本较高，保护气流易受环境因素干扰，只宜在室内作业。此外氩气没有脱氧、除氢作用，焊前清理要求严格。氩弧焊目前主要用于焊接铝、镁、钛及其合金，也用于焊接不锈钢、耐热钢和一部分重要的低合金钢焊件。

13.3.2 CO_2气体保护焊

CO_2气体保护焊是以不活泼的CO_2作为保护气体的气体保护焊方法，简称为CO_2焊。

1. CO_2气体保护焊的焊接过程

图13-6所示为CO_2气体保护焊示意图。CO_2气体保护焊的焊炬是特殊制造的，焊丝由送丝机构驱动，经焊炬导电嘴送出。CO_2气体以一定流量从焊炬端部排出，对电弧和焊接位置形成保护。

CO_2是氧化性气体，在电弧热作用下能分解为CO和O，使钢中的碳、锰、硅及其他合金元素烧损。为保证焊缝的合金成分，需采用含锰、硅较高的钢焊丝或含有相应合金元素的合金钢焊丝。例如，焊接低碳钢常选用H08MnSiA焊丝，焊接低合金钢则常选用H08Mn2SiA焊丝。

2. CO_2气体保护焊的特点及应用

CO_2气体保护焊主要有以下特点。

（1）成本低　因采用廉价易得的CO_2代替焊剂，焊接成本仅是埋弧焊和焊条电弧焊的40%左右。

（2）生产率高　由于焊丝送进是机械化或自动化进行，电流密度较大，电弧热量集中，熔深大，焊接速度较快。此外，焊后没有渣壳，节省了清渣时间，故其效率可比焊条电弧焊提高1~3倍。

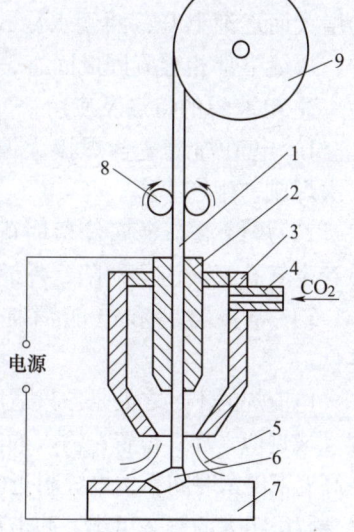

图13-6　CO_2气体保护焊示意图

1—焊丝　2—导电嘴　3—喷嘴
4—进气管　5—气流　6—电弧
7—焊件　8—送丝轮　9—焊丝盘

（3）操作性能好　CO_2气体保护焊是明弧焊，焊接中可清楚地看到焊接过程，容易发现问题，可及时调整处理。CO_2气体保护焊如同焊条电弧焊一样灵活，适合于各种位置的焊接。

（4）质量较好　由于电弧在气流压缩下燃烧，热量集中，因而焊接热影响区较小，变形和产生裂纹的倾向性小。

CO_2气体保护焊目前已广泛用于造船、火车、汽车、农业机械等工业部门，主要用于焊接30mm以下厚度的低碳钢和部分低合金钢焊件。

CO_2气体保护焊的不足之处是：CO_2气体的氧化性强，焊缝金属的合金元素烧损严重，而且飞溅大。氧化性保护气体不能用于易氧化的有色金属的焊接，因此，CO_2气体保护焊只适用于黑色金属（低碳钢和低合金结构钢）的焊接。

13.4　电渣焊

电渣焊是利用电流通过液体熔渣所生产的电阻热进行焊接的方法。根据使用的电极形状，可分为丝极电渣焊、板极电渣焊、熔嘴电渣焊等。

1. 电渣焊的焊接过程

图13-7所示为电渣焊示意图。开始焊接时，采用埋弧焊引弧方法，于引弧板处的焊剂

层下引燃电弧，并不断加入少量固体焊剂，利用电弧的热量使之熔化，形成液态熔渣。待熔渣达到一定深度时，增加焊丝的送进速度，并降低电压，使焊丝插入渣池，电弧熄灭，以电流通过熔渣所产生的电阻热作为热源，将填充金属和母材熔化。渣池随填充量的增大而逐渐上升，两侧水冷式滑块跟随提升，焊缝下部相继凝固成固态，形成焊缝。

2. 电渣焊的特点及应用

1）电渣焊最适合焊接大厚度焊件，可一次焊成，生产率高。

2）焊缝液态金属停留时间长，焊缝不易产生气孔、夹渣等缺陷，焊缝质量好。

3）焊接材料和电能消耗少，焊接成本低。

电渣焊的不足之处是：只适用于厚板和立焊（或近似立焊）位置；输入的热量大，接头在高温下停留时间长，焊缝附近容易过热，焊缝金属呈粗大的铸态组织，冲击韧性低，焊件在焊后一般需要进行正火和回火热处理。

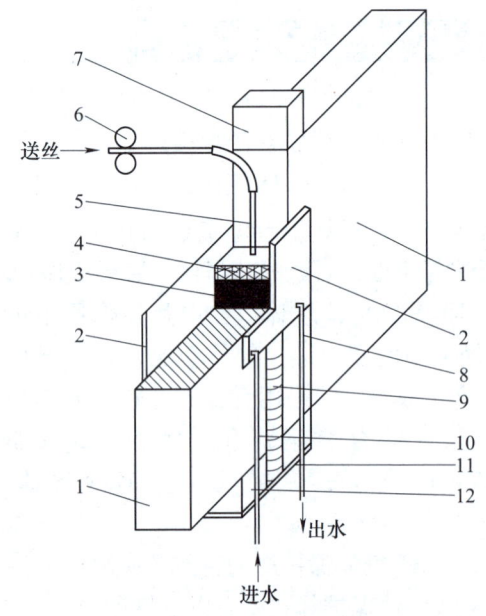

图 13-7 电渣焊示意图

1—焊件 2—滑块 3—熔池 4—渣池 5—焊丝
6—送丝轮 7—引出板 8—冷却出水管 9—焊缝
10—冷却进水管 11—引弧板 12—引入板

13.5 等离子弧焊与切割

借助水冷喷嘴等对电弧的拘束与压缩作用，获得较高能量密度的等离子弧进行焊接的方法，称为等离子弧焊。

一般电弧焊中的电弧，不受外界约束，称为自由电弧，电弧区内的气体尚未完全电离，能量也未高度集中起来。如果采用一些方法使自由电弧的弧柱受到压缩（称为压缩效应），弧柱中的气体就完全电离，产生温度比自由电弧高得多的等离子弧。

1. 等离子弧焊的焊接过程

等离子弧的形成如图 13-8 所示。在钨极和焊件之间加一较高电压，经高频振荡使气体电离形成电弧。此电弧在通过具有细孔道的喷嘴时，弧柱被强迫缩小，此作用称为机械压缩效应。

当通入一定压力和流量的等离子气（通常为氩气）时，等离子气冷气流均匀地包围着电弧，使弧柱外围受到强烈冷却，迫使带电粒子流（离子和电子）往弧柱中心集中，弧柱被进一步压缩。这种压缩作用称为热压缩效应。

带电粒子流在弧柱中的运动，可看成是电流在一束平行的"导线"内流过，其自身磁场所产生的电磁力，使这些"导线"互相吸引靠近，弧柱又进一步被压缩。这种压缩作用称为电磁收缩效应。

电弧在上述三种效应的作用下，被压缩得很细，使能量高度集中，弧柱内的气体完全电离为离子和电子，称为等离子弧，其温度可达到16000K以上。

等离子弧焊应使用专用的焊接设备和焊炬。焊炬的构造应保证在等离子弧周围再通以均匀的保护气体，以保护熔池和焊缝不受空气的有害作用。所以，等离子弧焊实质上是一种具有压缩效应的钨极气体保护焊。

按电流大小，等离子弧焊又可分为两类。

1）大电流等离子弧焊，即通常所称的等离子弧焊，用于焊接厚度在2.5mm以上的焊件。

2）微束等离子弧焊，即用小电流（通常小于30A）焊接厚度小于2.5mm的薄板。

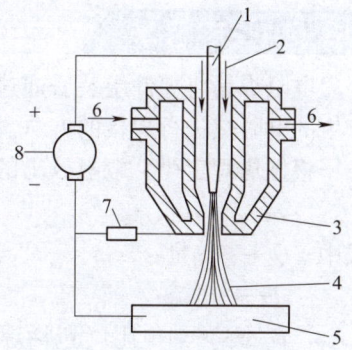

图13-8 等离子弧的形成

1—钨极　2—等离子气　3—喷嘴
4—等离子弧　5—焊件　6—冷却水
7—限流电阻　8—电源

2. 等离子弧焊的特点及应用

等离子弧焊除具有氩弧焊的优点外，还有以下特点。

1）等离子弧能量密度大，弧柱温度高，穿透能力强，因此焊接厚度为10~12mm的钢材可不开坡口，一次焊透双面成形。

2）等离子弧焊的焊接速度快，生产率高，焊后的焊缝宽度和高度较均匀一致，焊缝表面光洁。

3）当电流小到0.1A时，电弧仍能稳定燃烧，并保持良好的挺直度和方向性，故等离子弧焊可焊接很薄的箔材。

等离子弧焊已在生产中得到广泛应用，特别是在国防工业及尖端技术中用以焊接铜合金、合金钢、钨、钼、钴、钛等金属件。例如，钛合金导弹壳体、波纹管及膜盒、微型继电器、电容器的外壳封焊以及飞机上一些薄壁容器等均可用等离子弧焊。

等离子弧焊的缺点是设备比较复杂，气体消耗量大，只宜于在室内焊接。

等离子弧用于切割时，称为等离子弧切割。等离子弧切割是以高温高速的等离子弧为热源，将金属局部熔化并吹走，使金属达到分离目的的过程。等离子气一般用氮气，也可用氮氢混合气（氢的体积分数为10%~25%），不用保护气体。

与氧气切割比较，等离子弧切割速度高，热影响区及变形小，切口窄且光洁，可切割任何金属和非金属，包括氧气切割不能切割的金属，如不锈钢、耐热钢、钛、钼、铸铁、铜、铝及其合金等。

13.6 压焊

压焊是通过对焊接区域施加一定的压力来实现焊接的方法。

在施焊时，焊接区金属一般处于固相状态，依靠压力的作用（或伴随加热）产生塑性变形、再结晶和原子扩散而结合。压焊中压力对形成焊接接头起主要作用。加热可以提高金属的塑性，显著降低焊接所需压力，同时增加原子的活动能力和扩散速度，促进焊接过程进行。只有少数的压焊方法在焊接过程中可能出现局部熔化现象。

13.6.1 电阻焊

电阻焊是将焊件组装后通过对电极施加压力,利用电流通过接头的接触面及邻近区域所产生的电阻热进行焊接的方法。

根据焦耳定律,电阻放出的热量为

$$Q = I^2 R t$$

式中 　Q——热量;
　　　I——电流;
　　　R——产热电阻(包括焊件电阻和接触电阻);
　　　t——加热时间。

由于焊件之间的接触电阻很小,要在很短的通电时间内产生高热量只有采用大电流。从上式可见,电阻产生的总热量与电流的平方成正比,因此提高电流值则加热效果明显增强。电阻焊设备具有大电流(几千安到几十万安)、低电压(几伏到十几伏)、通电时间短而且控制精确的特征。

电阻焊方法的主要特点是焊接速度快、变形小、焊接生产率高、劳动条件好、操作易于实现机械化和自动化、不需要填充金属等;但电阻焊设备较复杂、耗电量大,对接头形式和可焊厚度有一定限制。

电阻焊分为点焊、缝焊和对焊三种形式。

1. 点焊

点焊示意图如图 13-9 所示。点焊是焊件装配成搭接接头,并压紧在两电极之间,利用电阻热熔化母材金属以形成焊点的电阻焊方法。由于焊件间接触面处电阻较大,因此产生的热量最多,会出现局部熔化现象,熔化区周围金属达到塑性状态,封闭熔化区。冷却时在电极压力作用下结晶,获得组织致密的焊点。

点焊主要适用于薄板搭接接头,可焊材料多为低碳钢、不锈钢、铜合金和铝合金等。点焊方法广泛应用于飞行器、车辆、各种罩壳、电子仪表和日常生活用品的制造中。

2. 缝焊

缝焊示意图如图 13-10 所示。缝焊是焊件装配成搭接接头并置于两滚轮电极之间,滚轮加压焊件并转动,连续或断续送电,形成一条连续焊缝的电阻焊方法。由此可见,缝焊的原

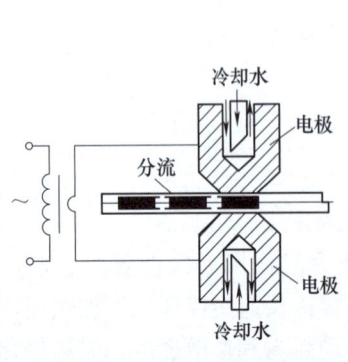

图 13-9　点焊示意图

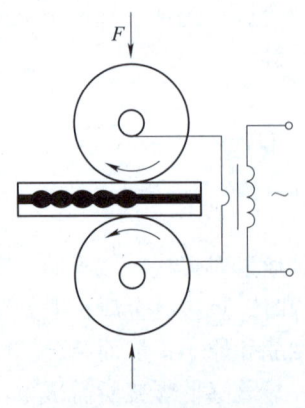

图 13-10　缝焊示意图

理和焊接过程与点焊极为相似，两者的不同仅在于缝焊用滚轮及连续滚动代替了点焊电极。缝焊的焊缝可视为点焊焊点的连续叠加。

缝焊主要用于薄板、密封性容器的焊接。该方法广泛应用于汽车油箱、化工器皿及某些密封性中空结构的制造中，可焊材料范围与点焊相同。

3. 对焊

对焊示意图如图 13-11 所示。焊件以对接形式放置，利用电阻热在焊件的整个接触面上加热。温度达到一定值后，加大压力，使接触面紧密接触并造成塑性变形，依靠再结晶过程和原子的扩散实现连接。

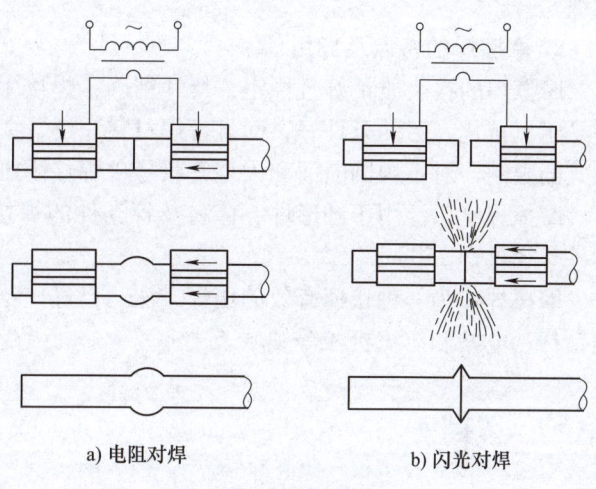

图 13-11　对焊示意图

根据工艺过程的不同，对焊分为电阻对焊和闪光对焊。

（1）电阻对焊　焊件装配成对接接头，使其端面紧密接触，利用电阻热加热至塑性状态，然后迅速施加顶压力完成焊接的方法称为电阻对焊。

（2）闪光对焊　焊件装配成对接接头，接通电源，并使其端面逐渐移近达到局部接触，利用电阻热加热这些接触点（产生闪光），使端面金属熔化，直至端部在一定深度范围内达到预定温度时，迅速施加顶压力完成焊接的方法称为闪光对焊。闪光对焊又可分为连续闪光焊和预热闪光焊。

与电阻对焊相比，闪光对焊不仅热量集中，热影响区小，而且接头焊接质量高，在许多情况下替代了电阻对焊。

对焊方法适用于焊接各种轴类零件、圆形或矩形截面零件、中空零件以及异种金属材料零件。

13.6.2　摩擦焊

摩擦焊是利用焊件表面相互摩擦所产生的热，使端面达到热塑性状态，然后迅速顶压，完成焊接的一种压焊方法。

1. 摩擦焊的焊接过程

图 13-12 所示为摩擦焊原理图。焊件 1 夹持在可旋转的夹头上，焊件 2 夹持在可沿轴向往复移动并能加压的夹头上。焊接开始时，焊件 1 高速旋转，焊件 2 向焊件 1 移动并开始接触，摩擦表面消耗的机械能转换为热能，接头温度升高，并达到一定的温度（热塑性状态）。此时焊件 1 停止转动，同时在焊件 2 的一端施加压紧力，则接头部位出现塑性变形。在压力下冷却后，获得致密的接头

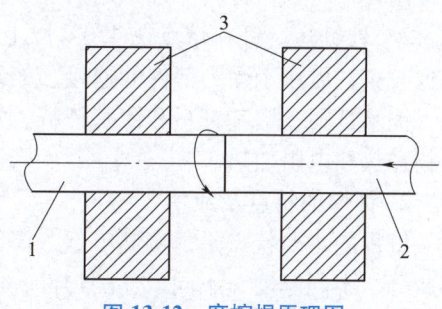

图 13-12　摩擦焊原理图
1、2—焊件　3—夹具

组织。

2. 摩擦焊的特点及应用

摩擦焊的接头质量好且稳定，尺寸精确，焊接生产率高，接头的焊前准备要求不高，设备易于机械化，劳动条件好，而且可焊材料广泛，尤其适合异种材料焊接，但是受旋转加热方式的限制，对不规则断面和大型管状零件焊接困难。

摩擦焊已广泛用于圆形件、棒料及管类件的焊接，可焊实心件的直径为 2～100mm，管类件外径可达 150mm。

摩擦焊作为一种快速有效的压焊方法，已经广泛应用于刀具生产以及汽车、拖拉机、石油钻杆、电站和纺织机械等领域。

13.7 钎焊

钎焊与其他焊接方法的根本区别是焊接过程中焊件不发生熔化，而依靠熔点低于焊件的钎料熔化、填充来完成连接。

1. 钎焊的焊接过程

图 13-13 所示为钎料的填充过程。钎焊时接头部位的钎料熔化，通过毛细作用被吸入搭接间隙中，液态钎料与焊件金属发生相互扩散，一方面钎料组分向焊件材料内扩散，同时焊件材料的原子也向钎料中扩散，两者之间形成过渡层。冷却后钎料将分离的焊件连接起来，构成焊缝。

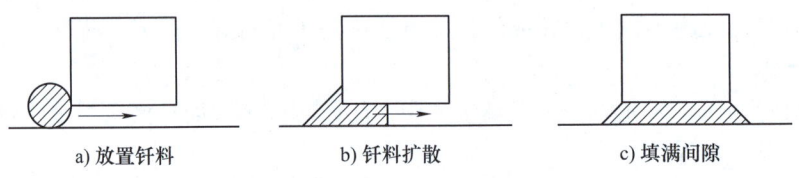

图 13-13 钎料的填充过程

通常按照钎料的熔点不同，将钎焊分为软钎焊和硬钎焊。

1) 软钎焊。钎料的熔点低于 450℃ 的钎焊为软钎焊。软钎焊的接头强度低，只适用于受力很小且工作温度低的焊件，如电器产品、电子导线、导电接头、低温热交换器等。软钎焊常用钎料为锡铅钎料，最常用的加热方法为烙铁加热。

2) 硬钎焊。钎料熔点在 450℃ 以上的钎焊为硬钎焊。硬钎焊的接头强度较高，工作温度也较高，可用于受力部件的连接，如天线、雷达、自行车架等。硬钎焊常用钎料为银基钎料、铜基钎料、铝基钎料和镍基钎料。常用的加热方法为火焰加热、炉内加热、盐浴加热、高频加热和电阻加热。

2. 钎焊的特点及应用

钎焊的主要特点是焊接温度低，焊件的组织性能变化小，焊接变形小。钎焊可以焊接不同成分、不同厚度、不同尺寸的焊件，而且焊缝尺寸精确，一般无须焊后加工。但由于钎焊接头的结合强度低于熔焊和压焊，而且焊前的清理和焊缝装配要求高，因此，钎焊不适合于一般钢结构件及重载、动载零件的焊接。

钎焊主要用于制造精密仪表、电气部件、异种金属构件以及某些复杂薄板结构（如夹层结构、蜂窝结构等），还用于各类导线与硬质合金刀具。

复习思考题

13.1 和焊条电弧焊相比，埋弧焊有什么特点？
13.2 气体保护焊与埋弧焊相比，有什么特点？
13.3 氩弧焊和 CO_2 气体保护焊相比，有何异同？各自的应用范围如何？
13.4 电渣焊和埋弧焊的焊接过程有何区别？它们各有什么特点？应用范围如何？
13.5 电阻焊与电渣焊相比，有何不同？
13.6 钎焊和熔焊相比，有何不同？钎料的作用是什么？
13.7 摩擦焊的应用范围如何？
13.8 等离子弧如何获得？等离子弧焊有何特点？
13.9 等离子弧切割与一般氧气切割有何区别？

第 14 章　常用金属材料的焊接

教学提示：金属材料很多，但每种金属因自身的特点，在焊接过程中会表现出不同的特性，通常用金属的焊接性来评价其焊接加工的难易程度。金属的焊接性既是设计焊接结构时选用材料、预防应力变形等因素时必须考虑的问题，又是工艺人员确定焊接方法、制订焊接工艺时的重要依据。影响焊接性的因素很多，如母材的化学成分、板厚、焊件形式、焊接方法及其工艺条件等。其中最基本的因素是母材的化学成分。金属的焊接性并不是固定不变的，由于新的焊接方法和工艺的出现，原来不能或不易焊的金属也可成为能焊或易焊的金属。

教学要求：了解常用金属材料的焊接性及焊接特点；能够根据材料的特性正确选择焊接方法；掌握对焊接性差的材料在焊接时可采取的措施。

14.1　金属材料的焊接性

授课视频

原则上，各种金属都能进行焊接，但金属本身固有的基本性能，还不能直接表明它在焊接时会出现什么问题，以及焊接接头性能是否能够满足使用要求，所以，金属材料需用焊接性来衡量其对焊接的适应性。

14.1.1　金属材料焊接性的概念

金属材料的焊接性是指在限定的施工条件下，焊接成按规定设计要求的构件，并满足预定服役要求的能力。即金属材料在一定焊接工艺条件下，表现出来的焊接难易程度，也是指金属材料对焊接加工的适应性。

金属材料的焊接性不是一成不变的，同一种金属材料，采用不同的焊接方法、焊接材料及焊接工艺（包括预热和热处理等），其焊接性可能有很大差别。例如，化学活泼性极强的钛焊接时比较困难，曾一度认为钛的焊接性很不好，但自氩弧焊的应用比较成熟以后，钛及其合金的焊接结构已在航空等工业部门广泛应用。

焊接性包括两个方面：一是工艺焊接性，主要是指焊接接头产生工艺缺陷的倾向，尤其是出现各种裂纹的可能性；二是使用焊接性，主要是指焊接接头在使用中的可靠性，包括焊接接头的力学性能及其他特殊性能（如耐热性、耐蚀性等）。金属材料这方面的焊接性可通过估算和试验方法来确定。

根据目前的焊接技术水平，工业上应用的绝大多数金属材料都是可焊的，只是焊接时的难易程度不同而已。当采用新的材料制作焊接结构时，了解及评价新材料的焊接性，是产品设计、施工准备及正确制订焊接工艺的重要依据。

14.1.2 金属材料焊接性的评定

各种钢是焊接加工的重要材料。钢的焊接性可以通过焊接性试验来评定，也可以通过钢的化学成分来间接评定。

1. 试验法

试验法是将被焊金属材料做成一定形状和尺寸的试样，在规定工艺条件下施焊，然后鉴定产生缺陷（如裂纹）倾向的程度，或者鉴定接头是否满足使用性能（如力学性能）的要求。常用的试验法有刚性固定焊接试验法、斜 Y 形坡口试验法（小铁研法）、十字接头试验法等。

2. 碳当量法

碳当量法是依据钢材中化学成分对焊接热影响区淬硬性的影响程度，来评估钢材焊接时可能产生裂纹和硬化倾向的计算方法。在钢材的化学成分中，影响最大的是碳，其次是锰、铬、钼、钒等。把钢中合金元素（包括碳）的含量按其对焊接性的影响程度换算成碳的相当含量，其总和称为碳当量，用 w_{CE} 来表示，可作为评定钢材焊接性的一种参考指标。

国际焊接学会推荐的碳钢和低合金结构钢用的计算碳当量的经验公式为

$$w_{CE} = w_C + \frac{w_{Mn}}{6} + \frac{w_{Cr} + w_{Mo} + w_V}{5} + \frac{w_{Ni} + w_{Cu}}{15}$$

式中，各元素的含量都取其成分范围的上限。经验证明，碳当量越高，钢材焊接性就越差。

1) 当 $w_{CE} < 0.4\%$ 时，钢材热影响区淬硬和冷裂的倾向不明显，焊接性优良，焊接时一般不需预热。但对于厚大件或在低温下焊接，也应考虑预热。

2) 当 $w_{CE} = 0.4\% \sim 0.6\%$ 时，钢材的淬硬和冷裂倾向逐渐增大，焊接性较差，焊接时需要采取适当的预热、缓冷等工艺措施，焊后进行热处理等。

3) 当 $w_{CE} > 0.6\%$ 时，钢材淬硬和冷裂的倾向很大，焊接性很差，需采用较高的预热温度和严格的工艺措施才能保证焊接质量。

3. 冷裂纹敏感系数法

碳当量只考虑了钢材化学成分对焊接性的影响，而没有考虑板厚、焊缝含氢量等重要因素的影响。通过对数百种钢的大量试验，得出钢材焊接时冷裂纹敏感系数 P_c 的计算公式为

$$P_c = w_C + \frac{w_{Si}}{30} + \frac{w_{Mn}}{20} + \frac{w_{Cu}}{20} + \frac{w_{Ni}}{60} + \frac{w_{Cr}}{20} + \frac{w_{Mo}}{15} + \frac{w_V}{10} + 5w_B + \frac{h}{600} \times 100\% + \frac{H}{60} \times 100\%$$

式中 h——板厚（mm）；

H——焊缝金属中扩散氢含量（$cm^3/100g$）。

当冷裂纹敏感系数较高时，可以用提高预热温度的方法降低裂纹敏感性。通过 Y 形坡口对接裂纹试验得出防止裂纹的最低预热温度 t_p（℃）的公式为

$$t_p = 1440P_c - 392$$

所求出的防止裂纹的预热温度，在多数情况下是比较安全的。

各种金属材料的焊接性见表 14-1。

表 14-1　各种金属材料的焊接性

金属材料	焊接方法 熔焊							压焊					钎焊
	焊条电弧焊	埋弧焊	CO_2气体保护焊	氩弧焊	电渣焊	气焊	电子束焊	点焊、缝焊	对焊	摩擦焊	超声波焊	爆炸焊	
铸铁	A	C	C	B	B	A	B	D	D	D	D	D	C
铸钢	A	A	A	A	A	A	A	D	B	B	C	D	B
低碳钢	A	A	A	A	A	A	A	A	A	A	B	A	A
低合金钢	A	A	A	A	A	B	A	A	A	A	B	A	A
高碳钢	A	B	B	B	A	B	A	B	A	A	C	B	C
不锈钢	A	B	B	A	A	A	A	A	A	A	B	A	A
耐热合金	A	B	C	A	D	B	A	B	C	D	C	A	A
高镍合金	A	B	C	A	D	A	A	A	C	C	C	A	A
铜合金	A	C	C	A	D	B	C	B	C	A	A	A	A
铝	C	C	D	A	D	B	C	A	A	B	A	A	B
硬铝	D	D	D	B	D	C	A	A	A	B	A	A	C
镁及镁合金	D	D	D	A	D	D	B	A	B	D	A	A	C
钛及钛合金	D	D	D	A	D	D	A	B	C	B	A	A	B
锆	D	D	D	A	D	D	A	C	C	D	A	A	C
钼	D	D	D	D	D	D	A	D	C	D	A	A	C

注：A—焊接性良好；B—焊接性较好；C—焊接性较差；D—焊接性不好。

14.2　碳钢的焊接

碳钢焊接性的好坏，主要表现在产生裂纹和气孔的难易程度上。钢的化学成分，特别是碳的含量，决定钢材的焊接性。碳钢的焊接性随着钢中含碳量的增大，焊接性逐渐变差。

14.2.1　低碳钢焊接

低碳钢的焊接性是最好的，用任一种焊接方法，即使用最普通的焊接工艺都能获得优质焊接接头。焊接时的填充金属可根据等强度原则选用，即应使焊缝强度等于或接近母材强度。只有在下列情况下需采取相应措施。

1）在 0℃ 以下的低温环境中焊接厚件时，应预热焊件。
2）焊件厚度超过 50mm 时，应进行焊后热处理。
3）电渣焊件焊后应正火以细化热影响区晶粒。

低碳钢最常用的焊接方法是焊条电弧焊、埋弧焊、电渣焊、气体保护焊和电阻焊等。

低碳钢用焊条电弧焊时，一般采用 J422 焊条或 J427 焊条；用埋弧焊时，一般采用

H08A 或 H08MnA 焊丝配合 HJ431 焊剂。

低碳钢钎焊可用锡铅、黄铜、银基钎料等，可适用于所有钎焊方法。

14.2.2 中碳钢焊接

中碳钢焊接主要是在铸、锻毛坯的组合件以及补焊中应用。随着含碳量的增加，钢的焊接性由良好降至中等，焊缝中易产生热裂，热影响区则易产生淬硬组织（马氏体），甚至导致冷裂。

中碳钢主要采用焊条电弧焊和气体保护焊，焊接时应设法减小焊件各部分之间的温差以降低焊后冷却速度，还应尽量减小母材在焊缝中的比例以降低焊缝中的含碳量。为此，应采取以下措施。

（1）焊前预热 平均碳的质量分数低于 0.45% 的钢预热至 150~250℃；平均碳的质量分数高于 0.45% 的钢或厚度较大时，可预热到 250~350℃。

（2）开坡口进行多层焊 采取细焊条小电流焊接，可减小母材的熔化深度。在操作上还应力求减慢热影响区的冷却速度。

（3）焊条电弧焊时最好采用低氢型焊条 如允许焊缝不与母材等强度，可采用强度等级低的焊条。当焊件不允许预热时，可采用奥氏体不锈钢焊条，因其塑性好可避免裂纹。

14.2.3 高碳钢焊接

高碳钢碳的质量分数大于 0.60%，含碳量高，导热性差，塑性差，热影响区淬硬倾向以及焊缝产生裂纹、气孔的倾向严重，焊接性很差。高碳钢一般不用于焊接结构，只用于修补。

焊接高碳钢采取措施大致与中碳钢相似，但预热温度更高，选用 J857 和 J857Cr 焊条，焊后要立即进行去应力退火。常采用焊条电弧焊或气体保护焊进行修补工作。它的焊接特点与中碳钢的焊接基本相同，但焊接性更差，焊前应进行更高温度的预热（如用奥氏体不锈钢焊条可不预热）。刚度大的焊件焊接过程中还应保持这个预热温度，并在焊后缓冷。

14.3 合金结构钢的焊接

用于机械制造的合金结构钢零件（包括调质钢、渗碳钢），一般都采用轧制或锻制的毛坯，焊接结构较少。如需焊接，因其焊接性与中碳钢相似，所以用于保证焊接质量的工艺措施与焊接中碳钢基本相同。

在焊接结构中，用得最多的是低合金高强度结构钢，主要用于制造压力容器、锅炉、桥梁、船舶、车辆、起重机等。

低合金高强度结构钢一般采用焊条电弧焊和埋弧焊，厚板可用电渣焊，也可采用气体保护焊，屈服强度较低的钢材可以用 CO_2 气体保护焊，而屈服强度大于 500MPa 的高强钢，宜用氩弧焊。

低合金高强度结构钢焊接具有以下特点。

（1）热影响区的淬硬倾向 低合金高强度结构钢焊接时，热影响区可能产生淬硬组织，淬硬程度与钢材的化学成分和强度级别有关。钢中含碳及合金元素越多，钢材强度级别越高，则焊后热影响区的淬硬倾向越大。例如，Q355M、Q390M 等钢材的淬硬倾向很小，其焊接性与一般低碳钢基本一样；Q500M、Q620M 等钢材的淬硬倾向增加，热影响区容易产生马氏体组织，硬度明显增高、塑性和韧度则下降。

（2）焊接接头的裂纹倾向 随着钢材强度级别的提高，产生冷裂纹的倾向也加剧。影响冷裂纹的因素主要有三个方面：一是焊缝及热影响区的含氢量；二是热影响区的淬硬程度；三是焊接接头的应力大小。对于热裂纹，由于我国低合金钢系统的碳的质量分数低，且大部分含有一定的锰，对脱硫有利，因此产生热裂纹的倾向不大。

根据低合金高强度结构钢的焊接特点，生产中可分别采取以下措施进行焊接。对于强度级别较低的钢材，在常温下焊接时与对待低碳钢基本一样。在低温或在大刚度、大厚度构件上进行小焊脚、短焊缝焊接时，应防止出现淬硬组织，要适当增大焊接电流、减慢焊接速度、选用抗裂性强的低氢型焊条，必要时需采用预热措施。对锅炉、受压容器等重要构件，当厚度大于 20mm 时，焊后必须进行退火处理，以消除内应力。对于强度级别高的低合金钢件，焊前一般均需预热。焊接时，应调整焊接参数，以控制热影响区的冷却速度不宜过快。焊后还应进行热处理，以消除内应力。不能立即热处理时，可先进行消氢处理，即焊后立即将焊件加热到 200～350℃，保温 2～6h，以加速氢扩散逸出，防止产生因氢引起的冷裂纹。

钎焊低合金高强度结构钢时，为不使焊件因退火而软化，钎焊温度不应高于 700℃。钎焊后要进行热处理。对于不能热处理的焊件，最好用含有银、铜、镉、镍的钎料，钎焊温度控制在 600℃左右。

14.4 铸铁的补焊

铸铁是机械制造业中应用最广泛的一种材料。在生产中常会遇到由于铸造缺陷或在使用时损坏而不能使用的铸铁件，如能将它们进行补焊后再使用，在经济上有很重要的意义。

铸铁的焊接性差，由于焊接时碳、硅等元素易烧损，且冷却速度较大，因而常使焊缝中的碳全部形成 Fe_3C 而成为白口组织，尤其是半熔化区最易形成白口，使得切削加工困难。因此，对焊后需进行机械加工的工件是不允许产生白口组织的。又由于铸铁的塑性极差，抗拉强度较低，当焊接时因局部快速加热和冷却，造成较大内应力，就易造成裂纹，而且当接头处产生白口组织时，因其硬而脆，冷却时收缩率又比基体金属大得多，更促使焊缝金属在冷却时产生裂纹。

14.4.1 铸铁的补焊方法

铸铁含碳量高，组织不均匀，塑性很低，属于焊接性很差的材料。因此，不应用铸铁设计和制造焊接构件。目前，铸铁的焊接主要是补焊工作。

1. 铸铁的焊接特点

（1）熔合区易产生白口组织 由于焊接时为局部加热，焊后铸铁件上的补焊区冷却速度远比铸造成形时快得多，因此很容易形成白口组织，其硬度很高，焊后很难进行机械加工。

（2）易产生裂纹　铸铁强度低，塑性差。当焊接应力较大时，就会在焊缝及热影响区内产生裂纹，甚至使焊缝整体断裂。此外，当采用非铸铁组织的焊条或焊丝冷焊铸铁件时，铸铁因碳及硫、磷杂质含量高，基体材料过多熔入焊缝中，易产生裂纹。

（3）易产生气孔　铸铁含碳量高，焊接时易生成 CO 和 CO_2 气体，铸铁凝固时由液态转变为固态所经过的时间很短，熔池中的气体来不及逸出而形成气孔。

此外，铸铁的流动性好，立焊时熔池金属容易流失，所以一般只应进行平焊。

2. 铸铁的焊接方法

根据铸铁的焊接特点，采用气焊、焊条电弧焊（个别大件可采用电渣焊）进行补焊较为适宜。按焊前是否预热，铸铁的补焊可分为热焊法和冷焊法两大类。

（1）热焊法　热焊法是将铸铁件整体或局部缓慢预热到 600~700℃，焊接中保持 400℃以上，焊后缓慢冷却。这种方法应力小，不易产生裂纹，可防止出现白口组织和产生气孔，但成本较高，生产率低，劳动条件差。

常用的方法是气焊和焊条电弧焊。气焊时采用含硅量高的铸铁焊条作为填充金属，并要用气焊熔剂去除氧化物，通常用的气焊熔剂是 CJ201 或硼砂。气焊适用于补焊中小型薄壁件。焊条电弧焊时，采用铸铁作为焊芯的铸铁焊条 Z248 或钢芯石墨化铸铁焊条 Z208。焊条电弧焊主要用于补焊厚度较大（>10mm）的铸铁件。

热焊法一般仅用于焊后要求机械加工或形状复杂的重要铸铁件，如机床导轨、主轴箱、汽车的气缸体等。

热焊法成本高，工艺复杂，生产周期长，因此尽量少用。

（2）冷焊法　冷焊法是补焊前不对铸铁件预热或在低于 400℃的温度下预热的补焊方法。常用焊条电弧焊进行铸铁冷焊，依靠焊条来调整焊缝的化学成分，防止白口组织和裂纹。焊接时应尽量用小电流、短电弧、窄焊缝、分段焊等工艺，焊后立即用锤轻击焊缝，以松弛焊接应力，待冷却后再继续焊接。

铸铁冷焊用焊条有钢芯铸铁焊条、镍基铸铁焊条、铜基铸铁焊条和铸铁芯铸铁焊条。它们都具有良好的抗裂性，焊后也能进行加工，并且价格也较便宜，故多用于一般灰铸铁件的补焊中。

冷焊法生产率高，成本低，劳动条件好，尤其是不受焊缝位置的限制，故应用广泛。

综上所述，铸铁的补焊应根据铸铁件结构和缺陷情况以及使用与加工的要求，选择较为合适的工艺与焊接材料。对于薄壁小件的缺陷，一般采用气焊，用气焊火焰局部预热，减少应力，可取得较好效果。对加工后出现的小气孔、浇不足或小裂纹件，如受力不大，也可采用黄铜钎焊修复。

14.4.2　铸铁补焊时产生白口的原因及防止措施

铸铁补焊时，往往会在焊缝和母材交界的熔合线处生成一层白口铸铁，严重时会使整个焊缝断面白口化，其硬度可高达 600HBW，极难进行机械加工。

产生白口的原因：一方面由于焊缝的冷却速度快，特别是在熔合线附近处的焊缝金属是冷却最快的地方；另一方面是焊条选择不当，使焊缝中的石墨化元素含量不足。

防止白口的措施有以下几种。

（1）减缓冷却速度　延长熔合区处于红热状态时间，使石墨化充分进行。具体措施是焊前对焊件进行预热和焊后保温缓冷。

（2）增加有利于石墨化元素的含量　铸铁中常存的 C、Si、Mn、S、P 元素中，C 和 Si 是强烈的石墨化元素，只有当 C 和 Si 含量达到一定值时，在适当冷却速度配合下，才能使焊缝获得灰铸铁组织。因此，选择含碳、硅量较高的材料是防止产生白口的常见方法之一。

（3）采用异种材料焊接　采用镍基、铜基、钢基焊缝的焊接材料，使焊缝不是铸铁组织，因而从根本上避免了白口组织的产生。

14.5　有色金属的焊接

有色金属在机械、化工、原子能、航空、航天、发电等工业部门的应用越来越广。有色金属的焊接技术也随之获得迅速发展。

有色金属及其合金的焊接要比钢的焊接困难得多。本节仅以铝、铜及其合金为例加以说明。

14.5.1　铝及铝合金的焊接

1. 铝及铝合金的焊接性

要进行焊接的铝及铝合金主要有工业纯铝、不能热处理强化的铝合金（铝锰合金、铝镁合金）和能热处理强化的铝合金（铝铜镁合金、铝锌镁合金等）。铝及铝合金的焊接性总的来说比较差，其原因如下。

（1）氧化和夹渣　因为铝和氧的亲和力很大，极易氧化生成 Al_2O_3 膜（厚度为 0.1~0.2mm），其熔点为 2050℃，组织致密，在 700℃ 左右仍覆盖于金属表面，严重阻碍母材的熔化与熔合，而且 Al_2O_3 密度大，不易浮出熔池，从而形成焊缝夹渣。

（2）变形和裂纹　因为铝的线膨胀系数和导热系数大，焊接时产生的应力也较大，易产生变形，若有低熔点共晶物存在，则会产生裂纹。

（3）气孔　铝在液态时极易吸收大量的氢气，而固态时几乎不溶解氢，因此，绝大多数溶于液态铝中的氢在熔池结晶时要逸出，如来不及排出则形成气孔。

（4）塌陷和烧穿　铝在高温时的强度和塑性都很低，焊接时会引起焊缝塌陷，如措施不当，甚至造成烧穿。

另外，铝及铝合金由固态变液态时无颜色变化，故难掌握加热温度。

2. 铝及铝合金的焊接方法

铝及铝合金的焊接方法与其焊接性有很大的关系。工业纯铝及大部分防锈铝的焊接性较好，能热处理强化的铝合金的焊接性较差。焊接方法目前以氩弧焊应用最广，电阻焊（点焊、缝焊）应用也较多，有时也用钎焊。气焊在薄件及要求不高的焊件中仍在采用，而焊条电弧焊则较难控制质量。

（1）氩弧焊　氩弧焊是焊接铝及铝合金较为理想的焊接方法。由于氩气保护效果良好，能去除氧化膜，因此，焊接质量优良，焊接变形小，成形美观，耐蚀性好，用于焊接质量要求高的焊件。厚度小于 8mm 的铝及铝合金的焊件采用钨极氩弧焊；厚度在 8mm 以上的采用熔化极氩弧焊。氩弧焊所用的焊丝成分应与焊件成分相同或相近。焊前焊件和焊丝必须严格清洗和干燥。

（2）电阻焊　电阻焊焊接铝及铝合金时，应采用大电流，短时间通电。

（3）气焊　气焊可焊接对质量要求不高的纯铝和不能热处理强化的铝合金。一般采用中性焰，同时必须采用气焊熔剂 CJ401 以去除氧化物和杂质。通常用于焊接薄板（厚度为 0.5~2mm）构件和补焊铝铸件。母材为纯铝、Al-Mn、Al-Mg、Al-Cu-Mg 和 Al-Zn-Mg 合金时，可以采用成分相同的焊丝，甚至可从母材上切下窄条作为填充金属；对于热处理强化的铝合金，为防止热裂纹，可采用铝硅合金焊丝 HS311。

（4）钎焊　钎焊要选用合适的钎剂，钎焊最好在 400℃ 以上或 300℃ 以下进行，以防焊件在 300~400℃ 之间发生退火软化现象，同时要选用合适的钎料。

无论采用哪种焊接方法来焊接铝及铝合金，焊前都必须清理焊件接头处和焊丝表面的氧化膜及油污等；焊后也要对焊件进行清理，以防止熔剂、焊渣对焊件的腐蚀。

14.5.2　铜及铜合金的焊接

1. 铜及铜合金的焊接性

工业上常用的铜及铜合金有纯铜、无氧铜、黄铜和青铜等。铜及铜合金的焊接性较差，主要表现如下。

（1）导热性强，难熔合　铜及某些铜合金的导热系数大，比铁大 7~11 倍，焊接时热量很易传导出去，致使母材和填充金属难以熔合。因此焊接时要使用大功率热源，通常在焊前和焊接中要进行预热。

（2）易变形　铜及多数铜合金的线膨胀系数大，凝固时易产生较大的收缩应力，同时因铜的导热性强而造成热影响区宽，使焊接应力大且焊件变形严重。

（3）易产生热裂纹　铜在高温时极易氧化而形成 Cu_2O，它与铜作用又形成脆性低熔点共晶体（Cu_2O+Cu）分布于晶界上，易产生热裂纹。

（4）易形成气孔　铜在液态下可溶解大量的氢气，凝固时溶解度显著减小，若气体来不及逸出，就在焊缝中形成气孔。此外，熔池中的 Cu_2O 遇氢后反应生成水汽也易引起气孔。

（5）强度、耐蚀性下降　铜合金中的合金元素（如锌、锡、铅、铝等）易氧化和蒸发，使焊缝的强度和耐蚀性下降。

另外，焊接纯铜时，接头导电性下降；焊接黄铜时还有锌的烧损蒸发，对人体有害，要加强通风等措施。

2. 铜及铜合金的焊接方法

铜及铜合金可用氩弧焊、气焊、钎焊等方法来焊接。

（1）氩弧焊　氩弧焊是保证纯铜和青铜焊接质量的有效方法，其接头性能好，飞溅少，成形美观。焊接时可用特制的含硅、锰等脱氧元素的纯铜焊丝，如 HS201、HS202 直接进行焊接；若用一般的纯铜焊丝或从焊件上剪下来的条料作为焊丝，则必须使用熔剂来溶解氧化铜和氧化亚铜，以保证焊接质量。

（2）气焊　气焊纯铜或青铜时应采用中性焰，所用焊丝及熔剂与氩弧焊相同。焊接黄铜常用气焊，这不仅因为气焊温度低，锌的蒸发较少，并且由于可采用轻微的氧化焰和含硅的焊丝以及用硼酸与硼砂配制的熔剂相配合，使熔池表面形成一层致密的氧化硅薄膜，保护效果强，焊接质量高。

（3）钎焊　铜及除铝青铜外的铜合金都较容易钎焊，常用铜基、银基、锡基钎料。

14.6　焊接缺陷与检验

焊接检验是检查和评价焊接产品质量的专门学科，是焊接结构制造所必不可少的重要环节。焊接检验内容贯穿于从图样设计到产品制出的整个生产过程之中。

14.6.1　焊缝常见缺陷

焊接产品的制造过程要经历从原材料选择、焊前准备到焊接加工等多种工序和环节，各种因素都会使焊接结构中出现不同的焊接缺陷，影响焊接质量。常见缺陷（图 14-1）及其产生原因如下。

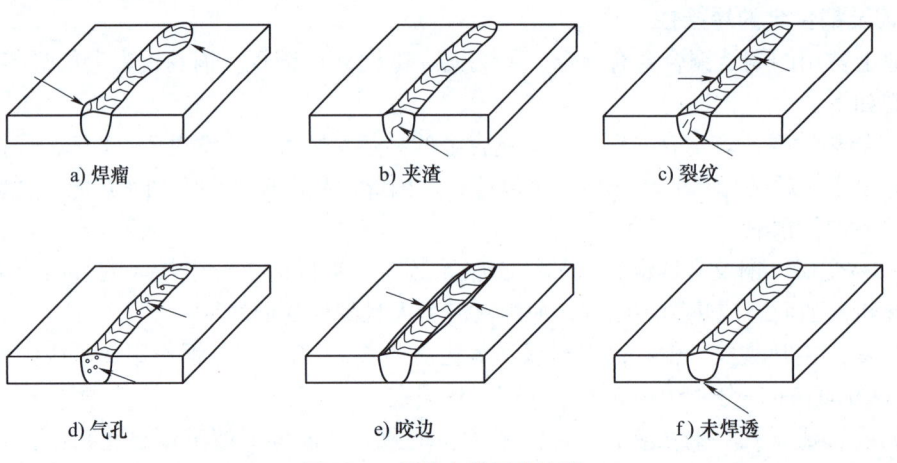

图 14-1　焊缝中常见的缺陷

（1）焊瘤　焊瘤多由焊条熔化速度太快、电弧过长、电流过大、焊接速度太慢、运条不当等原因造成。

（2）夹渣　夹渣由施焊中未搅拌熔池、焊件不洁、电流过小、分层焊时未除焊渣等原因造成。

（3）裂纹　裂纹多由焊接结构不合理、焊接过程不当、焊缝冷却太快、焊件中含 C、S、P 高等原因造成。

（4）气孔　气孔多由焊件不洁、焊条潮湿、电弧过长、焊接速度太快、电流过大、焊件中含 C 高等原因造成。

（5）咬边　咬边多由电流过大、运条不当、电弧过长、焊条角度不对等原因造成。

（6）未焊透　未焊透由电流过小、焊接速度太快、焊件不洁、焊条未对准焊缝、坡口开得太小等原因造成。

14.6.2 焊接检验过程

1. 焊前检验

焊前检验的主要内容包括原材料检验和焊接结构鉴定。原材料检验内容为焊件金属质量检验，焊丝、焊条及其他焊接材料的质量检验。焊接结构鉴定内容为审查结构的可检验性以及适当的探伤空间位置和探测面状态等。

2. 生产过程检验

生产过程检验是针对制造过程各工序的完成质量进行跟踪检查，内容包括焊接参数检验（如焊接电流、焊接速度等）、结构装配检验和焊缝尺寸检验。目前生产过程检验已成为产品质量管理的重要环节。

3. 焊后检验

焊后检验是对焊接质量的综合评定，尤其是对有特殊性能要求的产品，焊后检验成为决定其能否投入使用的关键。焊后检验的内容主要包括焊缝的外观检查、焊缝密封性检验和焊缝内部缺陷检验。

14.6.3 焊接接头检验方法

1. 破坏检验

破坏检验是从焊件或试件上切取试样，或以产品（或模拟体）的整体破坏做试验，以检查其各种力学性能的试验法。破坏检验的目的是考查焊接接头部位的组织和性能是否符合设计要求，在工作载荷下的力学行为以及焊接加工条件所能获得的接头使用性能。常用的破坏检验方法包括焊缝金属化学成分及金相组织检验、焊缝及接头力学性能试验等。

2. 非破坏检验

非破坏检验是利用不同的物理方法，在不破坏焊接结构和焊接接头状态的条件下，直接检查和评定焊接质量。非破坏检验的目的是根据产品使用要求，检查焊接接头部位是否有影响使用性能的缺陷，并对缺陷的大小、种类、位置做出准确判断。常用的非破坏检验方法包括外观检查、密封性检验和无损探伤等。

14.6.4 常用非破坏检验方法

1. 外观检查

工业生产中常用的外观检查方法中，除用眼睛或低倍放大镜观察焊缝表面缺陷外，较多采用下列方法。

（1）着色探伤　利用渗透性很强的有色油液喷到焊缝位置，去除油液后，用显微剂可显示出带有色彩的缺陷形状图像，从而判断缺陷的位置和严重程度。

（2）荧光探伤　将焊缝位置涂上荧光油液，停留5~10min，去除油液后，再涂以氧化镁粉。将多余氧化镁粉去除后，用紫外线照射，可看到缺陷处的荧光物质发光，由此确定缺陷种类和大小。

（3）磁粉探伤　利用在强磁场中，铁磁性材料表层缺陷产生的漏磁场吸附磁粉的现象而进行的无损检验。通过强磁场使焊件磁化，在焊件表面均匀撒上磁粉，有缺陷的位置会出现磁粉聚集现象，从而可找到缺陷位置。

2. 密封性检验

密封性检验是指用液体或气体来检查焊缝区有无漏水、漏气和渗油、漏油等现象的检验方法。

（1）煤油试验　煤油的渗透性很强，可透过极小的贯穿性缺陷。将煤油涂在焊缝一侧，在另一侧涂白粉水溶液并使其干燥。当煤油透过后，在白粉处显示明显的油斑，可确定贯穿性缺陷的位置和大小。

（2）水压试验　将焊接容器灌满水，排尽空气，用水压泵加入静水压力并维持一定的时间，观察焊缝位置是否有泄漏，并确定缺陷位置。

（3）气密性检验　将压缩空气（或氨、氦、氟利昂、卤素气体等）压入焊接容器，利用容器内外气体的压力差检查有无泄漏。可充气并加压到规定试验压力，保压一定时间，观察压力表数值是否下降，并用肥皂水在焊缝处寻找和确定漏气部位的位置。

3. 无损探伤

常用的无损探伤方法主要有以下几种。

（1）声发射探伤　固体材料在外力作用下的变形和破坏会发出声波，通过声换能器可以检验出发声位置，确定缺陷部位。声发射探伤利用了声发射现象，对载荷作用下的焊件进行动态检测，可了解缺陷的形成过程和使用条件下的发展趋势。

（2）超声波探伤　它是利用超声波探测材料内部缺陷的无损检验方法。超声波在固体介质中传播时，介质变换的界面处会使超声波产生部分反射波束，根据反射波的脉冲可判断内部缺陷位置。

（3）激光全息探伤　激光全息照相可得到被摄物体的空间像，固体物质受外力作用时，物质内部缺陷会在所对应的表面处产生微小的相对位移，与无缺陷处形成差异。将受力和不受力时的全息图像在同一激光照射下建立成像，可以看到缺陷位置的波纹图样变化，从而判断出缺陷大小和位置。

复习思考题

14.1　何为金属的焊接性？合金钢的焊接性如何评定？

14.2　普通低合金钢焊接的主要问题是什么？焊接时应采取哪些措施？

14.3　铸铁补焊的主要问题是什么？铸铁热焊和冷焊各有何优缺点？

14.4　现有直径为 500mm 的铸铁带轮，铸造后出现图 14-2 所示的断裂现象。曾先后用 E4303（J422）焊条和钢芯铸铁焊条进行电弧焊冷补焊，但焊后再次断裂，试分析其原因。请问采用什么方法能保证焊后不断裂，并可进行切削加工？

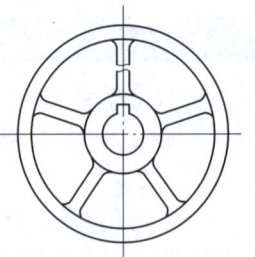

图 14-2　题 14.4 图

14.5　铜、铝及其合金焊接常用哪些焊接方法？哪种方法最好？为什么？

14.6　制造下列焊件应分别采用哪种焊接方法？采取哪些工艺措施？

　1）壁厚为 50mm、材料为 Q355 的压力容器。

　2）壁厚为 20mm、材料为 ZG270-500 的大型柴油机缸体。

　3）壁厚为 10mm、材料为 1Cr18Ni9Ti 的管道。

　4）壁厚为 1mm、材料为 20 钢的容器。

14.7　焊接缺陷的检验方法有哪些？超声波探伤检验有什么特点？

第 15 章　焊接结构与工艺设计

教学提示：在焊接结构设计时，既要考虑结构强度、工作条件和使用性能的要求，还需考虑焊接过程的特点和焊接过程自身带来的问题，以便在工艺上采取必要的措施，在设计上遵循一定的原则，从而能制造出符合质量要求的焊件。本章重点说明后一方面的问题，并在此基础上归纳出一些设计工艺性的原则和方法。

教学要求：了解常见的焊接接头结构形式，合理地选择焊接材料和焊接方法，掌握焊件结构工艺设计的基本原则。

15.1　焊接工艺规范

1. 分析工作条件并提出性能要求

首先要根据焊接结构本身的情况及其工作条件进行分析，了解它在什么状况下工作。例如，载荷的大小、性质与分布，使用温度，环境状况，使用的期限及工作可靠性要求等。

根据上述情况对焊接结构提出性能要求，包括强度、刚度、塑性、韧性等力学指标及耐蚀性等物理化学性能指标。

2. 提出设计方案和优化设计

由焊接结构的性能要求，提出多种设计方案，进行分析对比，确定出合理的最优方案。在设计时应熟悉有关产品结构的国家技术标准与规程；掌握焊接结构的工艺性；选择焊接结构件的材料；确定焊接方法；进行焊接接头工艺设计。设计时，还应考虑到制造单位的质量管理水平、产品检验技术等有关问题，这样才能设计出生产方便、质量优良、成本低廉的焊接结构。

3. 按照设计内容分步进行设计

焊接结构设计的主要内容和顺序如下。

1）选择焊接结构材料（母材）。
2）确定焊接方法及焊接材料。
3）确定焊接接头及坡口形式。
4）合理布置焊缝位置。
5）制订简明的焊接工艺。

15.2　焊接结构材料与焊接方法选择

15.2.1　焊接结构材料选择

焊接结构材料的选择应注意下列问题。

1) 在满足使用性能要求的前提下,尽量选用焊接性好的材料,尽可能避免选用异种材料或不同成分的材料。

对钢材的焊接性而言,一般要求抗裂性要好,因此材料在焊接时要求淬硬程度低、冷裂倾向小,从而在成分上希望材料的碳的质量分数要小。

对于以刚度和稳定性要求为主的各种焊接结构,如大型管道、塔架、支承箱体等,由于成分对材料的刚性影响较小,因此应尽可能选用焊接性最优的材料,通常选择w_C<0.25%的碳素结构钢或优质碳素结构钢,或者选用w_C<0.20%(w_{CE}<0.4%)的低合金结构钢。对于以强度和韧性要求为主的焊接结构,如机器中的受力机械零件,结构装置以及容器、桥梁、船体等,应选择焊接性良好、强度级别又较高的材料,如中、高强度级别的低合金结构钢。

一般来说w_C>0.5%的碳素结构钢或优质碳素结构钢,或w_C>0.4%(w_{CE}>0.4%~0.6%)的合金钢,焊接性不好,尽量不予选择,如果实际需要使用,有必要采用相应的工艺措施,以获得优质的焊缝质量。

2) 选择焊接结构材料要注重材料的冶金质量。材料的冶金质量包括冶炼时脱氧完全程度,杂质的数量、大小及分布状况等。镇静钢脱氧完全、组织致密,重要的焊接结构应选用这种钢材。沸腾钢含氧量较高,冲击韧度较低,性能不均匀,焊接时易产生裂纹,厚板焊接时还可能产生层状撕裂,不可用于制造承受动载荷或低温工作的重要焊接结构,但可用于一般焊接结构。

3) 异种钢材或异种金属的焊接,须特别注意它们的焊接性,要尽量选择化学成分、物理性能相近的材料。焊接的特点之一是可按工作需要在不同部位选用不同强度和性能的材料拼焊。在锻件、铸件与型材的复合结构中,必须考虑两种材料的焊接性。对于异种金属材料的焊接,更应考虑它们的焊接性。

我国低合金钢体系内的钢种,化学成分与物理性能比较相近,相互焊接时一般困难不大。低碳钢或低合金钢和其他钢种焊接,则焊接性有一定差异,一般要求焊接接头强度不低于被焊钢材强度较低者,可按焊接性较差的钢种设计工艺、采取相应措施进行焊接,如采取预热或焊后热处理,选择合适的焊接材料。对于异种金属焊接,很难能用熔焊的方法获得满意的接头,应尽量少用。

4) 优先选择型材,以减少焊缝数量,简化焊接工艺,增加焊件强度和刚度。

5) 合理选择焊接结构材料供应时的尺寸、形状规格,以便下料、套料,减少边角余料的损失和减少拼料时的焊缝数量。

15.2.2 焊接方法选择

设计焊接结构时,在选定结构材料后就应考虑用什么焊接方法进行生产,以保证获得优良的焊接接头,并有较高的生产率。

焊接方法的选择是根据材料的焊接性、焊件厚度、生产率要求、各种焊接方法的适用范围和现场条件来综合考虑的。

低碳钢用各种焊接方法焊接性都很好,如焊件板厚为中等厚度(10~20mm),则采用焊条电弧焊、埋弧焊、气体保护焊均可施焊,但氩弧焊成本较高,一般情况下不采用氩弧焊;如焊件为长直焊缝或圆周焊缝,生产批量也较大,可选用埋弧焊;如焊件为单件生产或焊缝短而处于不同空间位置,则采用焊条电弧焊最为方便;如焊件是薄板轻型结构,无密封要求,则采用点焊生产率较高;如有密封要求,可采用缝焊;如焊件为 35mm 以上厚板的重要结构,条件允许可采用电渣焊。

焊接合金钢,不锈钢等重要焊件,则应采用氩弧焊以保证焊接质量。焊接铝合金结构件时,因焊接性不好,最好采用氩弧焊来保证接头质量;如果铝合金焊件的生产批量不大或是单件生产,现场又无氩弧焊机,也可以采用气焊。焊接稀有金属或高熔点金属的特殊构件,则采用等离子弧焊、真空电子束焊或脉冲氩弧焊;如果是微型箔件,则应采用微束等离子弧焊或脉冲激光点焊。

在工业生产中,往往遇到异种金属焊接结构,它不仅能满足不同工作条件对材质提出的不同的要求(如耐高温、耐腐蚀、耐磨损等),而且还能节约高合金钢、铜、钛等金属和降低成本。对异种金属焊接方法的选择可视具体情况而定。例如,用焊条电弧焊对异种钢焊接应用最广。熔化极气体保护焊由于采用高合金钢焊丝、电阻大、熔点低,采用小电流焊接时也能对异种钢进行焊接,得到满意的效果。例如,铜及铜合金与钢的焊接,在铜及铜合金上或在钢上或同时堆焊过渡层(纯镍),然后进行焊条电弧焊或埋弧焊或气体保护焊均可得到高质量接头。铝与钢的焊接只能采用压焊的方法。

15.3 焊接接头的工艺设计

授课视频

焊接接头是组成焊接结构的一个关键部分,它的性能直接关系焊接结构的可靠性。

15.3.1 焊接接头设计

焊接接头的基本形式有对接、搭接、角接和 T 形接等,如图 15-1 所示。

对接接头受力均匀,应力集中较小,易保证焊接质量,静载和疲劳强度都比较高,并且节约材料,但对下料尺寸精度要求较高。一般应尽量选用对接接头,如锅炉、压力容器等结构受力焊缝常用对接接头。

搭接接头受力复杂,接头处产生附加弯矩,材料耗损大,不需要坡口,下料尺寸精度要求低,可用于受力不大的平面连接,如厂房屋架、桥梁、起重机吊臂等桁架结构,多用搭接接头。

T 形接头和角接接头受力复杂,与搭接接头一样易产生焊接缺陷。

焊接接头形式应该根据焊接结构的某些因素具体确定,如焊接结构的形状、厚度、焊缝部位、强度要求、焊接方法及工艺、材料焊接性能、焊后变形、坡口加工等因素。焊接接头形式的确定,还要保证焊接质量并能使成本降低。焊接接头形式的确定与焊接方法的关系很大。

焊条电弧焊可采用对接、搭接、T 形接、角接四种接头形式。

埋弧焊采用的形式与焊条电弧焊基本相同。

电渣焊的接头可采用对接、T 形接、角接形式,常用对接形式。

点焊与缝焊只能用搭接形式。

钎焊常用搭接形式。

薄板可采用气焊或钨极氩弧焊，为了避免烧穿或节省填充焊丝，可采用卷边接头。

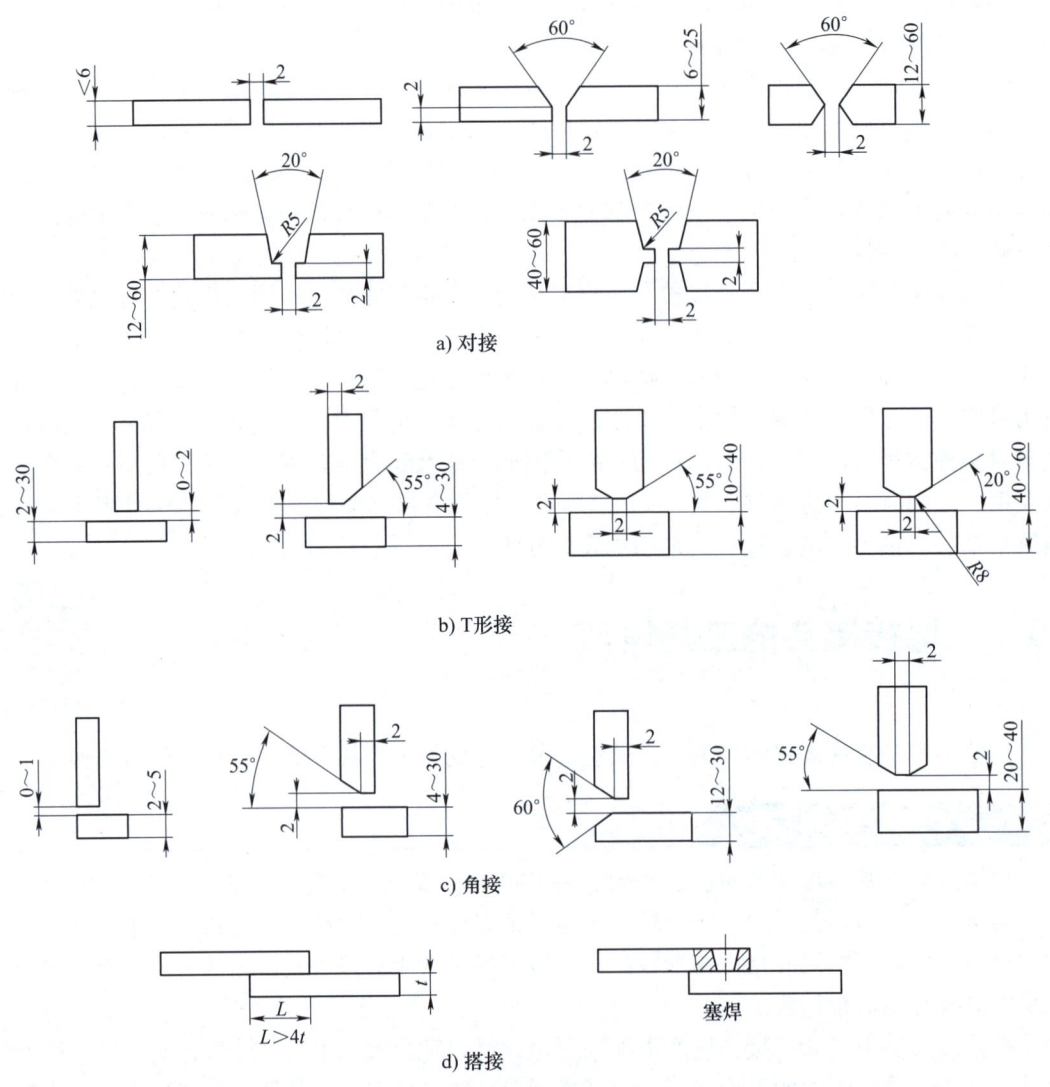

图 15-1 焊条电弧焊接头形式

采用对接接头时，厚度小于 6mm 以下一般为 I 形坡口（即对接处留适当间隙）。当板厚较大时，为了保证焊透，需在接头处预制各种坡口。焊条电弧焊的基本坡口形式有 I 形、V 形、双 V 形、U 形、双 U 形。V 形和 U 形坡口可单向焊接，焊接性较好，但角变形较大，消耗焊条多；双 V 形和双 U 形坡口需两面施焊，受热均匀，变形较小，焊条消耗少；U 形和双 U 形坡口较 V 形和双 V 形坡口易焊透，消耗焊条少，但形状复杂，加工困难，成本高，一般在重要厚板结构中采用。

为了在焊接时使接头两侧加热均匀，避免变形，要求接头处加工成相同或相近的尺寸（图 15-2）。

不同厚度金属材料对接时允许的厚度差见表 15-1。

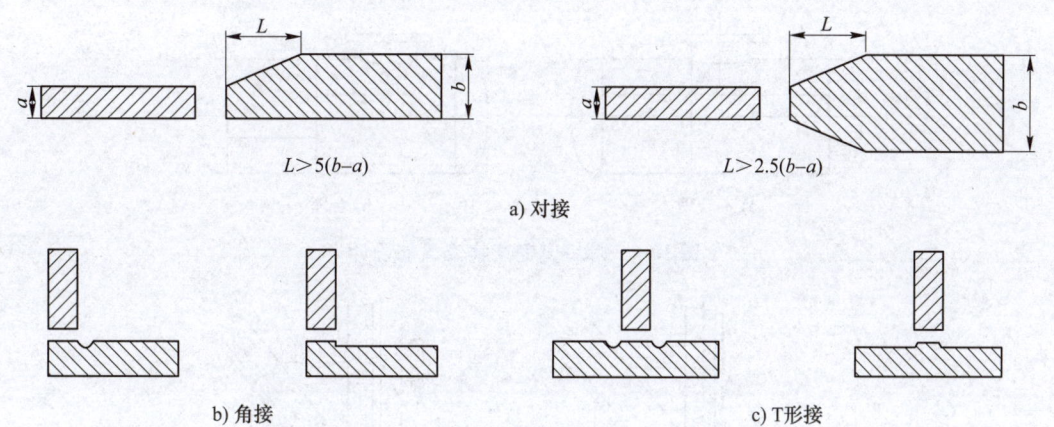

图 15-2 不同厚度材料焊接接头的过渡形式

表 15-1 不同厚度金属材料对接时允许的厚度差

较薄板的厚度/mm	2~5	6~8	9~11	≥12
允许的厚度差 $(\delta_1-\delta)$/mm	1	2	3	4

15.3.2 焊缝的布置

焊缝布置的合理与否是焊接结构接头设计的关键。它与产品质量、成本、生产率及工人的劳动条件有着密切的关系。一般焊缝的布置遵循如下原则。

1. 焊缝应尽可能分散布置

焊缝分布过于密集或交叉，会造成金属过热，加大热影响区，使接头组织粗大。因此，两条相邻焊缝的距离一般要求大于 3 倍板厚且不小于 100mm。焊缝的布置如图 15-3~图 15-5 所示。

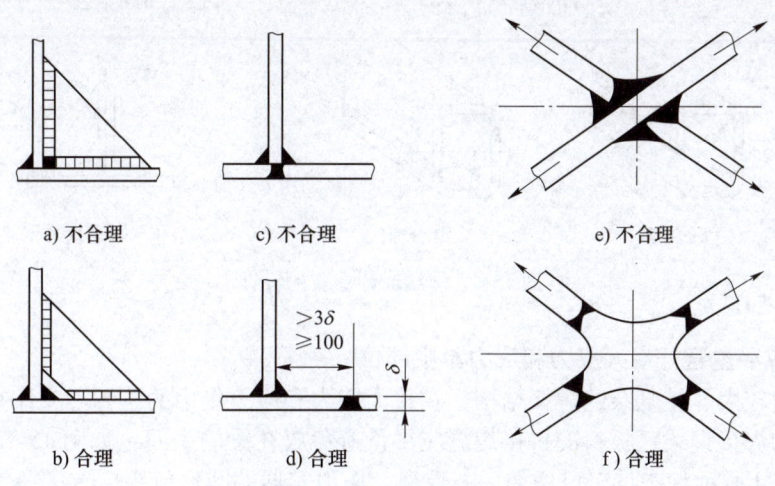

图 15-3 焊缝分散布置的设计

a) 不合理　　b) 合理

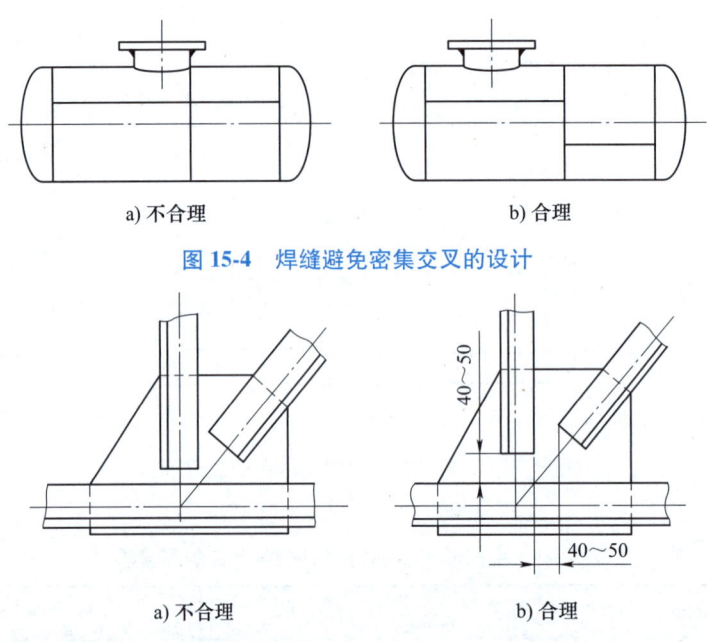

图 15-4　焊缝避免密集交叉的设计

a) 不合理　　b) 合理

图 15-5　焊缝避免过分集中的设计

2. 焊缝应尽可能对称布置

焊缝对称布置可减小焊接变形。图 15-6a、b 所示的焊件，焊缝位置偏离截面中心，并在同一侧，由于焊缝的收缩，会造成较大的弯曲变形。图 15-6c ~ e 所示的焊件，焊缝位置分布对称，焊后不会发生明显的变形。

a) 不合理　　b) 不合理

c) 合理　　d) 合理　　e) 合理

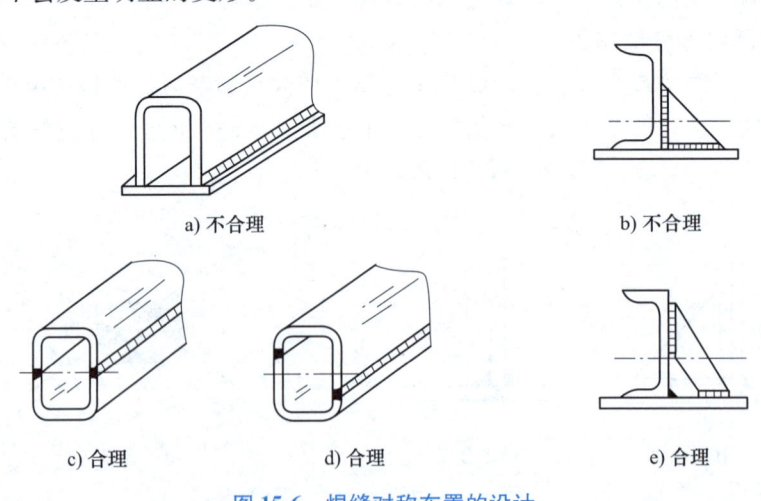

图 15-6　焊缝对称布置的设计

3. 焊缝应尽量避开最大应力和应力集中部位

对于受力较大、较复杂的焊接结构，在最大应力和应力集中的位置不应该布置焊缝。例如，大跨度的焊接钢梁，板料的拼接焊缝应尽量避免放在梁的中间，如图 15-7a 所示状态应改为如图 15-7d 所示状态，宁可增加一条焊缝。压力容器的凸形封头应有一段直壁，使焊缝避开应力集中的转角位置，如图 15-7b 所示状态应改为如图 15-7e 所示状态，其直壁长度应大于25mm。在构件截面有急剧变化的位置，或尖锐棱角部位，易产生应力集中，不应在该处布置焊缝，如果结构要求必须在该处设置焊缝，则应使该处接触面积尽可能一致，如图15-7c所示状态应改为如图15-7f所示状态。

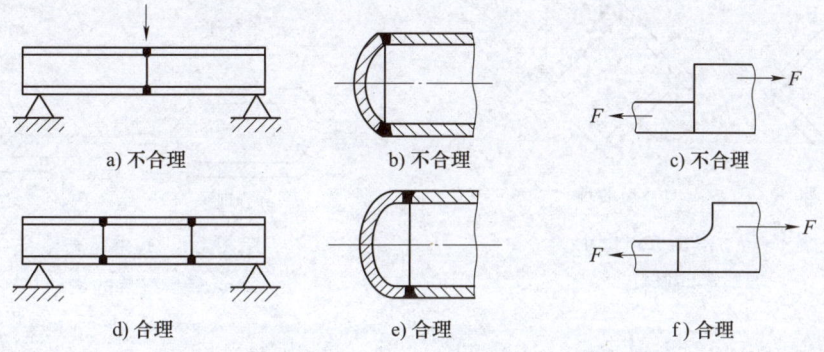

图15-7　焊缝避开最大应力和应力集中部位的设计

4. 焊缝应尽量避开机械加工表面

有些焊接结构上有要求较高的加工表面，为使加工精度不受影响，焊缝应尽可能离加工面远一些或避开加工表面，如图15-8所示。

5. 焊缝位置应便于焊接操作

布置焊缝时，要考虑到有足够的操作空间。图15-9a～c所示的内侧焊缝，焊接时焊条无法伸入。若必须焊接，只能将焊条弯曲，但操作者的视线被遮挡，极易造成缺陷。因此应改为如图15-9d～f所示的设计。埋弧焊结构要考虑接头处在施焊中存放焊剂和熔池的保持问题，如图15-10所示。点焊与缝焊应考虑电极伸入的方便性，如图15-11所示。

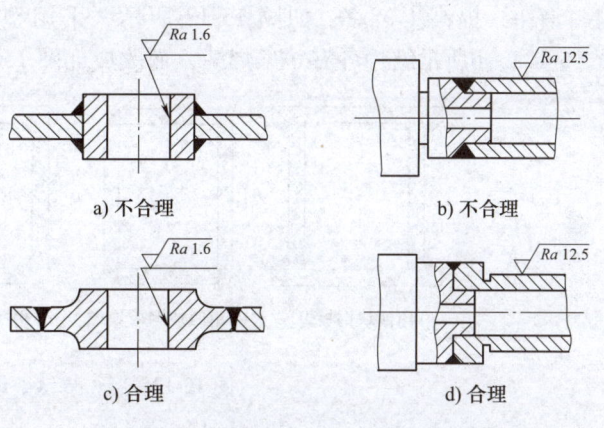

图15-8　焊缝避开机械加工表面的设计

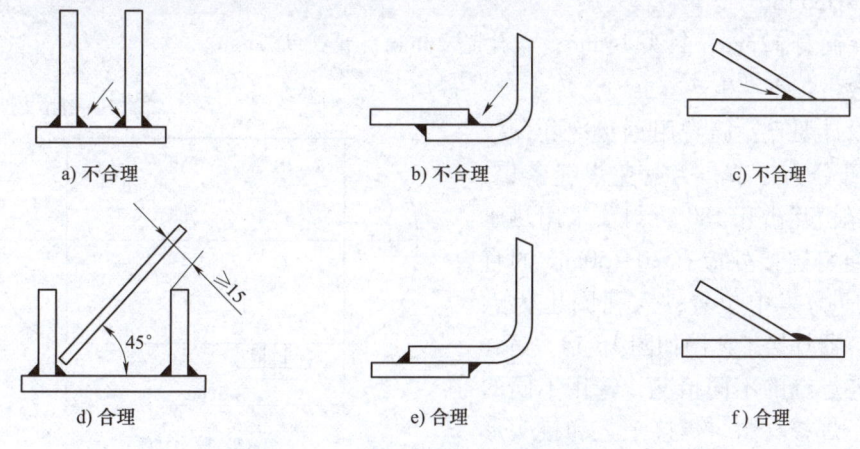

图15-9　焊缝位置便于电弧焊的设计

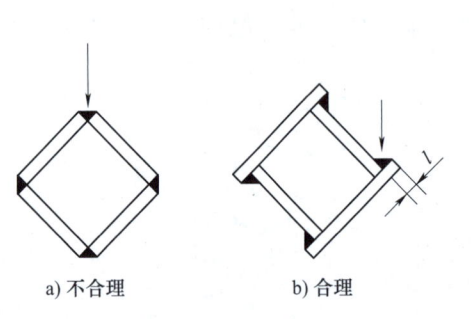

图 15-10 焊缝位置便于
埋弧焊的设计

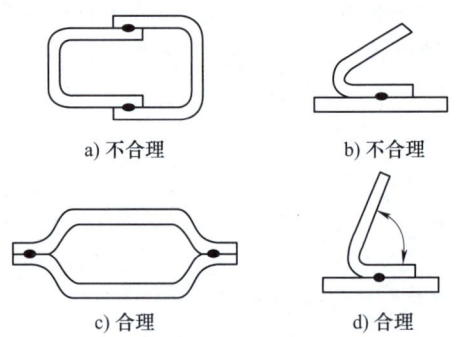

图 15-11 焊缝位置便于
点焊与缝焊的设计

6. 尽量减少焊缝长度和数量

减少焊缝长度和数量不仅可减少焊接热输入量、减少焊接应力和变形，而且可减少焊接材料消耗，提高生产率。如图 15-12 所示，采用型钢和冲压件减少焊缝数量的设计。如图 15-12a、b 所示结构各有 4 条焊缝，而改成如图 15-12c、d 所示结构后仅有两条焊缝。

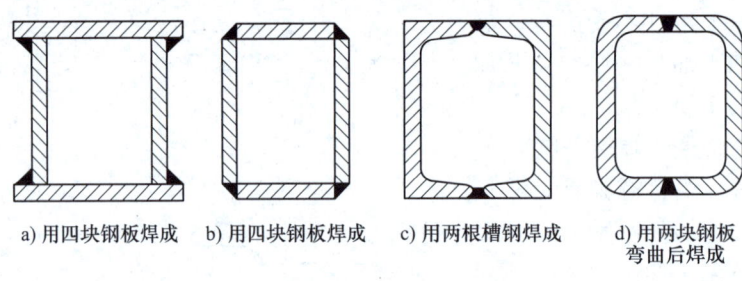

图 15-12 减少焊缝数量的设计

15.3.3 焊接结构工艺性实例

结构名称：中压容器（图 15-13）。

材料：Q355B。

板厚：筒身 12mm；封头 14mm；入孔圈 20mm；管接头 7mm。

生产数量：小批生产。

工艺设计要点：筒身用钢板冷卷，按实际尺寸可分为三节，为避免焊缝密集，筒身纵焊缝相互错开 180°；封头采用热压成形，与筒身连接处应有 30～50mm 的直段以避开应力集中位置；入孔圈也为卷制，中压容器焊接工艺图如图 15-14 所示。

根据各焊缝的不同情况，选用不同的焊接方法、焊接材料、焊接工艺和接头形式，见表 15-2。

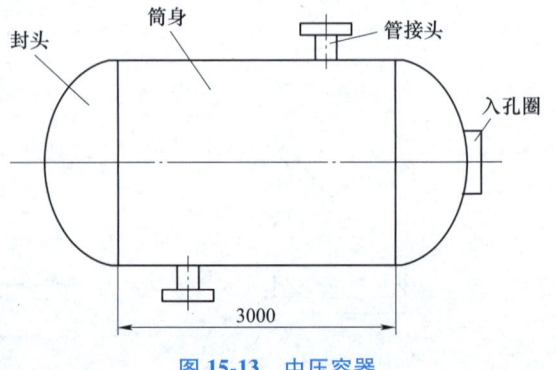

图 15-13 中压容器

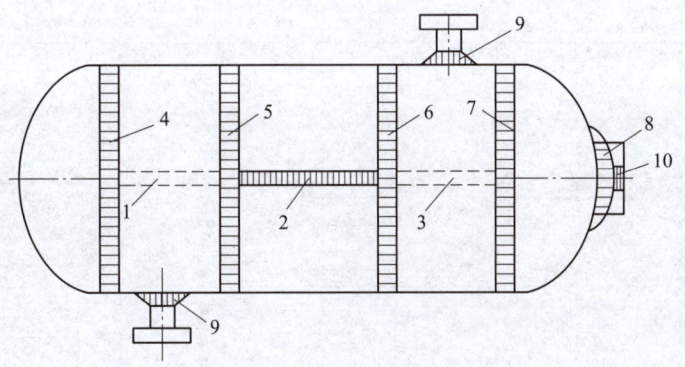

图 15-14 中压容器焊接工艺图

表 15-2 中压容器焊接工艺设计

序号	焊缝名称	焊接方法与焊接工艺	焊 接 材 料
1	筒身纵焊缝 1、2、3	因容器质量要求高,且为小批生产,采用埋弧焊双面焊,先内后外,不开坡口 材料 Q355B 应在室内焊接	焊丝:H08MnA 焊剂:431
2	筒身环焊缝 4、5、6、7	采用埋弧焊双面焊,顺序焊焊缝 4、5、6,先内后外,不开坡口。焊缝 7 装配后先在内部用焊条电弧焊封底,再用埋弧焊焊外环焊缝	焊丝:H08MnA 焊剂:431 焊条:J507
3	管接头焊缝 9	管壁 7mm,焊条电弧焊双面焊,装配后焊接角焊缝,不开坡口	焊条:J507
4	入孔圈纵焊缝 10	板厚 20mm,焊缝短(100mm),焊条电弧焊,平焊位置,V 形坡口	焊条:J507
5	入孔圈环焊缝 8	处于立焊位置的圆角焊缝,采用焊条电弧焊,单面坡口,双面焊	焊条:J507

15.4 焊接结构工艺图

焊接结构工艺图是指使用国家标准中规定的有关焊缝的图形、符号、画法、标注等表达设计人员关于焊缝的设计思想,并能被他人正确理解的焊接结构图样。

为了使焊接结构图样清晰,并减轻绘图工作量,一般采用图示法及一些符号对焊缝进行标注,见表 15-3。

在需要确切说明焊缝的某些特征时,要用补充符号。常见的补充符号及标注实例见表 15-4。

表 15-3　焊缝图示法及其标注

名称	符号	示意图	图示法	标注方法
I 形焊缝	‖		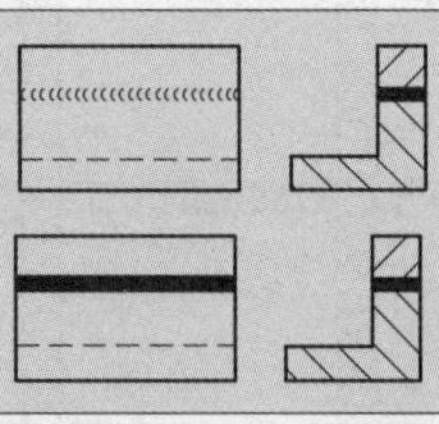	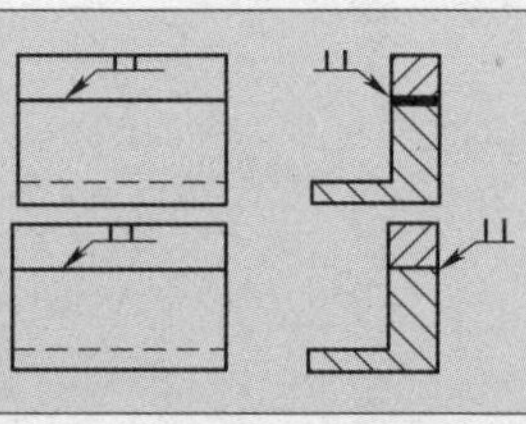
V 形焊缝	∨		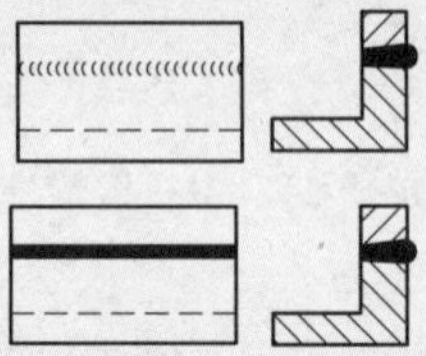	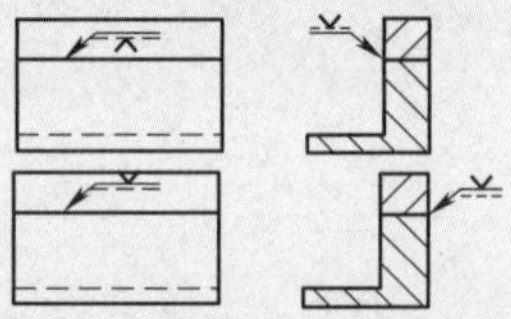
角焊缝	△		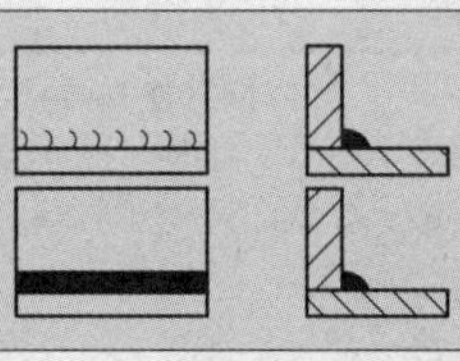	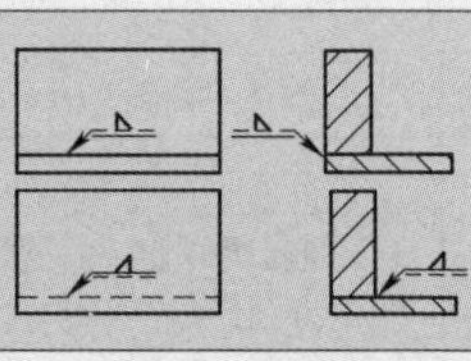
点焊缝	○		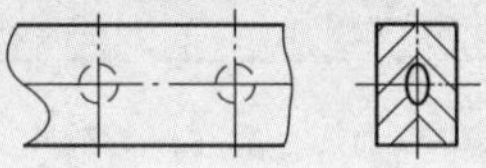	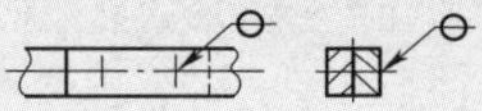

表 15-4　常见的补充符号及标注实例

名称	符号	形式及标注实例	说　明
平面	—	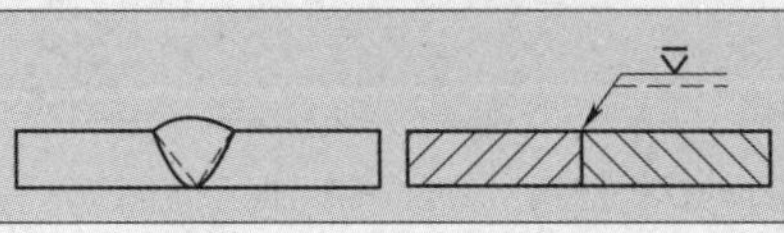	表示 V 形对接焊缝表面齐整
凹面	 ⌣	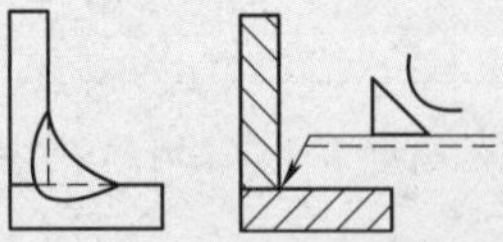	表示角焊缝表面凹陷
凸面	 ⌢	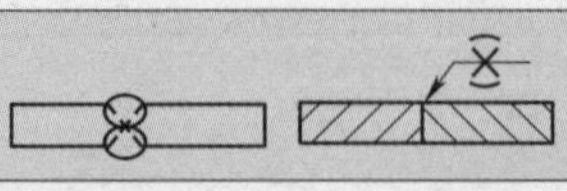	表示 X 形对接焊缝表面凸起
三面焊缝	⊏	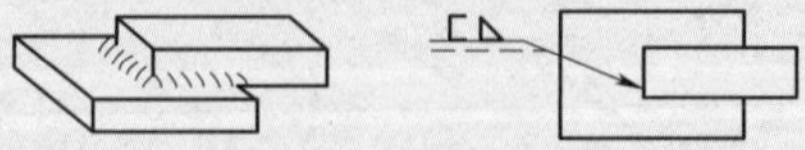	工件三边焊接，开口方向与工件实际方向一致
周围焊缝	 ○	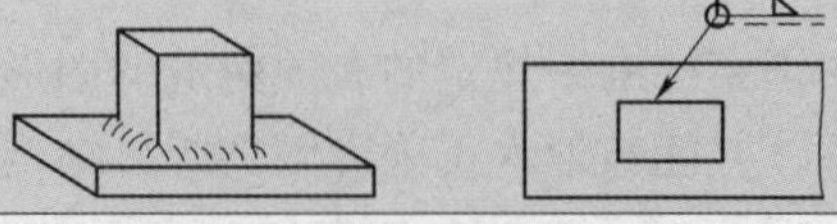	表示在现场沿工件周边焊接
现场焊缝	 ▶		
尾部	<	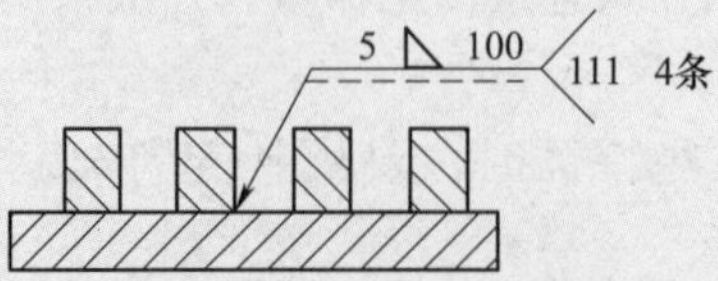 5 △ 100 ＼111 4条	角焊缝焊脚尺寸为 5mm，焊缝长度为 100mm，用焊条电弧焊焊接，共 4 条焊缝

指引线采用细实线绘制,一般是由带有箭头的指引线(箭头线)和两条基准线(一条为实线,一条为虚线)组成,如图 15-15 所示。

焊缝尺寸一般不标注,如设计或生产需要注明焊缝尺寸时才标注。常用的焊缝尺寸符号见表 15-5。

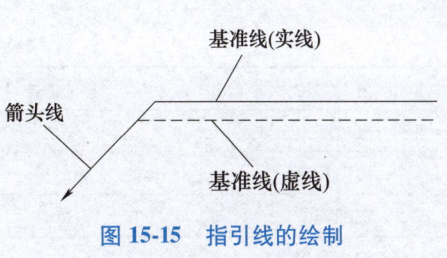

图 15-15 指引线的绘制

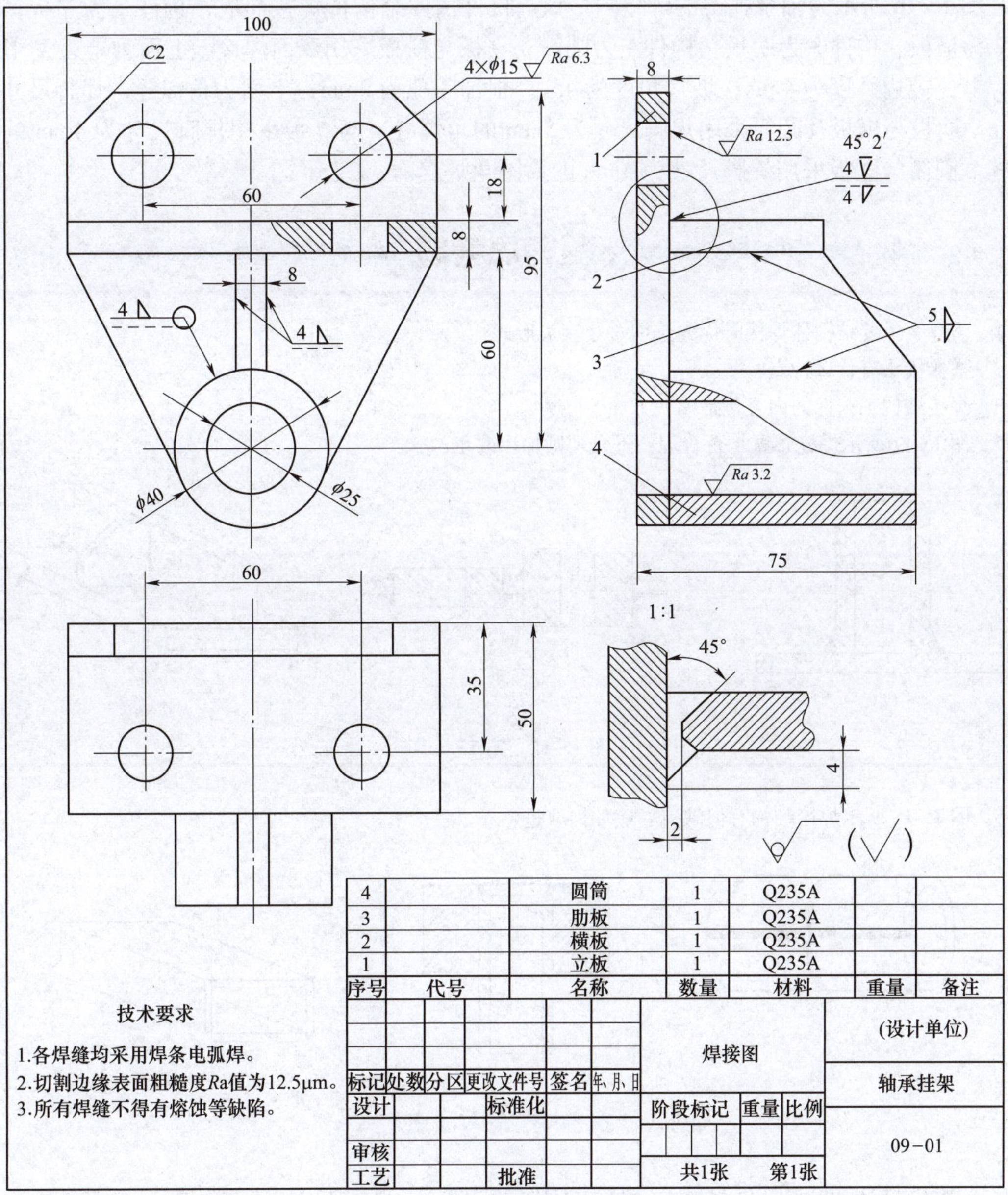

图 15-16 轴承挂架的焊接图

表 15-5　常用的焊缝尺寸符号

名　称	符　号	名　称	符　号
板材厚度	δ	焊缝间距	e
坡口角度	α	焊脚尺寸	K
根部间隙	b	焊点直径	d
钝边高度	p	焊缝宽度	c
焊缝长度	l	焊缝余高	h

图 15-16 所示为轴承挂架的焊接图。该焊接件由四个构件焊接而成，构件 1 为立板，构件 2 为横板，构件 3 为肋板，构件 4 为圆筒。立板与横板采用双面焊接，上面为单边 V 形平面焊缝，钝边高度为 4mm，坡口角度为 45°，根部间隙为 2mm；下面为角焊缝，焊脚尺寸为 4mm。肋板与横板及圆筒采用焊脚尺寸为 5mm 的角焊缝，与立板采用焊脚尺寸为 4mm 的角焊缝。圆筒与立板采用焊脚尺寸为 4mm 的周围角焊缝。

复习思考题

15.1　为什么重要结构件焊接时优先选用对接接头形式？

15.2　搭接接头有什么特点？

15.3　焊接结构工艺性的内容包括哪些方面？

15.4　图 15-17 所示焊缝布置是否合理？不合理则加以改正。

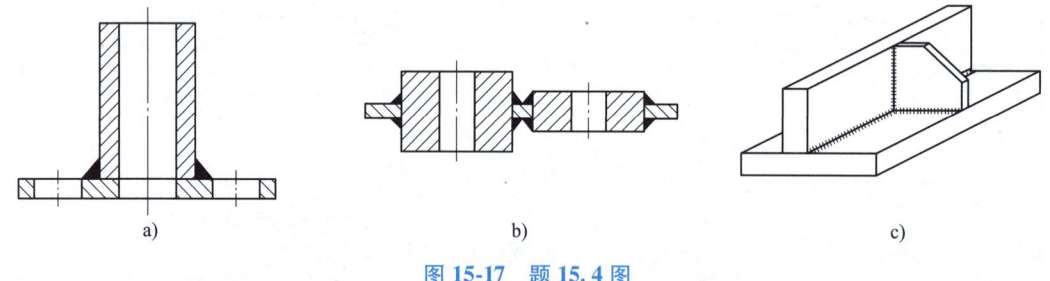

图 15-17　题 15.4 图

15.5　图 15-18 所示焊接结构有何缺点？应如何改进？

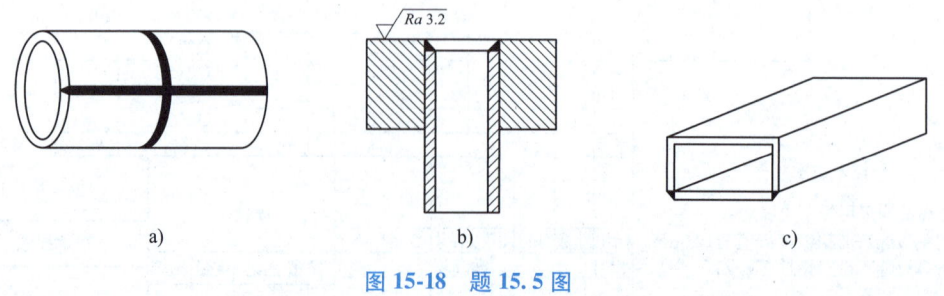

图 15-18　题 15.5 图

15.6　焊接梁结构与尺寸如图 15-19 所示，材料为 Q235，成批生产，现有钢板最大长度为 2500mm，试确定：

1）腹板、翼板接缝位置。

2）各条焊缝的焊接方法和焊接材料。
3）各条焊缝的接头和坡口形式。
4）各条焊缝的焊接顺序。

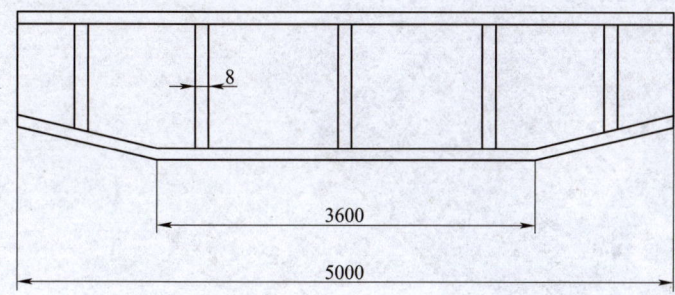
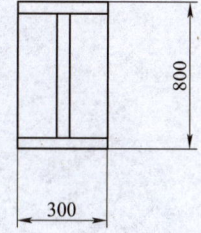

图 15-19　题 15.6 图

第5篇

新型金属热加工工艺

随着科学技术的进步和产品复杂程度的增长，现代工业对于金属制备工艺提出了更高的要求。因此萌生和发展起来一批新型金属热加工工艺，其中以粉末冶金工艺和增材制造工艺应用最为广泛。

粉末冶金是一种以金属粉末为原料，经压制和烧结制成各种制品的加工方法，如图5a所示。粉末冶金具有独特的化学组成和力学、物理性能，而这些性能是用传统的熔铸方法无法获得的。运用粉末冶金技术可以直接制成多孔、半致密或全致密材料和制品，如含油轴承、齿轮、凸轮、导杆、刀具等，是一种少、无屑工艺。粉末冶金技术已被广泛应用于交通、机械、电子、航空航天、兵器、生物、新能源、信息和核工业等领域，成为新材料科学中最具发展活力的分支之一。

增材制造技术是基于离散-堆积原理，由零件三维数据驱动，采用材料逐层累加的方法制造实体零件的快速成形技术。增材制造尤其适合于航空航天产品中的零部件单件、小批量的制造，具有成本低和效率高的优点。北京航空航天大学使用大型金属构件激光增材制造（即3D打印）技术研制了钛合金构件飞机机身整体加强框（图5b），目前已成功应用于国产大飞机C919上。

a) 粉末冶金齿轮

b) 钛合金构件飞机机身整体加强框

图5　新型加工工艺成品

第 16 章　粉末冶金加工方法

教学提示：粉末冶金起源于远古时代，制造铁的第一种方法实质上采用的就是粉末冶金方法，这是由于在生产过程中金属并没有达到熔化，在原始的炉子里用焦炭还原铁矿，得到由分散的铁块烧结成的海绵铁，然后将海绵铁进行锻打，制成各种器械与兵器。在 20 世纪 30 年代，金属粉末冶金材料在工业中得到了广泛应用。由于采用了金属粉末冶金制取减摩材料、摩擦材料、过滤器、磁性材料、触头材料、切削刀具、结构材料以及其他材料，从而保证了许多技术领域取得巨大的进展。近年来，金属粉末冶金材料在原子能和火箭技术方面也得到了广泛应用。本章仅对热等静压和放电等离子烧结两种典型粉末冶金加工方法做简要介绍。

教学要求：了解粉末冶金加工方法的基本原理和工艺特点。

16.1　概述

粉末冶金（Powder Metallurgy）是制取金属粉末或用金属粉末（或金属粉末与非金属粉末的混合物）作为原料，经过成形和烧结，制备金属材料、复合材料以及各种类型制品的工业技术。粉末冶金生产工艺的本质性优势是，具有零件最终成形能力和材料利用率高。

粉末冶金工艺的基本工序如下。

（1）原料粉末的制备　现有的制粉方法大体可分为两类：机械法和物理化学法。机械法可分为机械粉碎及雾化法；物理化学法又分为电解法、还原法、化合法、还原-化合法、气相沉积法、液相沉积法等。其中应用最为广泛的是还原法、雾化法和电解法。

（2）粉末成形为所需形状的坯块　成形的目的是制得一定形状和尺寸的坯块，并使其具有一定的密度和强度。成形的方法基本上分为加压成形和无压成形。加压成形中应用最多的是模压成形，此外还可使用 3D 打印技术进行坯块的制作。

（3）坯块的烧结　烧结是粉末冶金工艺中的关键性工序。成形后的坯块通过烧结使其得到所要求的最终物理、力学性能。烧结又分为单元系烧结和多元系烧结。对于单元系和多元系的固相烧结，烧结温度比所用的金属及合金的熔点低；对于多元系的液相烧结，烧结温度一般比其中难熔成分的熔点低，而高于易熔成分的熔点。除普通烧结外，还有松装烧结、熔浸法、热压法等特殊的烧结工艺。

（4）产品的后序处理　烧结后的处理，可以根据产品要求的不同，采取多种方式，如精整、浸油、机械加工、热处理及电镀等。此外，近年来一些新工艺（如轧制、锻造）也应用于粉末冶金材料烧结后的加工，取得较理想的效果。

它的主要工艺特点如下。

1）粉末冶金技术可以最大限度地减少合金成分偏聚，消除粗大、不均匀的铸造组织。

2) 可以实现多种材料的复合,充分发挥各组元材料各自的特性,是一种低成本生产高性能金属基和陶瓷复合材料的工艺技术。

3) 可以制备非晶、微晶、准晶、纳米晶和超饱和固溶体等一系列高性能非平衡材料,这些材料具有优异的电学、磁学、光学和力学性能。

4) 可以实现近净成形和自动化批量生产,从而可以有效地降低生产的资源和能源消耗。

5) 可以充分利用矿石、尾矿、炼钢污泥、轧钢铁鳞、回收废旧金属作为原料,是一种可有效进行材料再生和综合利用的新技术。

粉末冶金按加热方式的不同主要可以分为热等静压、放电等离子烧结等。

16.2 热等静压

热等静压(Hot Isostatic Pressing,HIP)成形技术利用高温高压结合模具控形技术可实现材料微观组织与性能调控、复杂几何形状零件成形一体化,可直接获得力学性能与锻件相当、尺寸精度达到精密铸件水平的零件,是一种十分适合于TiAl合金零件成形的技术。热等静压工艺将制品放置到密闭的容器中,向制品施加各向同等的压力,同时施以高温,在高温高压的作用下,使粉末直接烧结成形的粉末冶金工艺(图16-1)。热等静压是一种集高温、高压于一体的工艺生产技术,加热温度通常为1000~2000℃,粉末通常被装入包套中(类似模具作用),包套可以采用金属或陶瓷制作(低碳钢、Ni、Mo等),加压介质通常选用氮气、氩气等气体,工作压力可达200MPa。

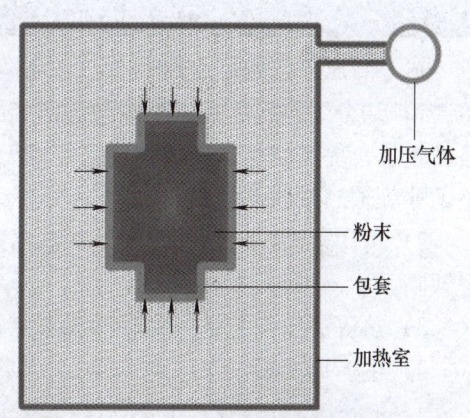

图16-1 热等静压工艺原理图

16.2.1 热等静压的工艺原理

在高温高压作用下,热等静压炉内的包套软化并收缩,挤压内部粉末使其与包套一起运动。高温高压作用下的粉末致密化过程与一般无压烧结或常温压制有很大差异,其致密化过程大致分为以下几个阶段。

(1) 颗粒靠近及重排阶段 在加热加压开始之前,松散颗粒之间存在大量孔隙,同时由于颗粒形状不规则及表面凹凸不平,它们之间多呈点状接触,所以与一个颗粒直接接触的其他颗粒数量很少。当外界施加压力时,粉末开始平移或转动而相互靠近,从而使粉末空隙大大减少,相对密度迅速提高。

(2) 塑性变形阶段 第一阶段的致密化使粉末密度大大提升,颗粒之间的接触面积增大,颗粒之间相互抵触或相互楔住。随着压力继续增大或温度升高,粉末颗粒流动的临界切应力降低,颗粒将以滑移方式产生塑性变形。

(3) 扩散蠕变阶段 颗粒发生大量塑性流动后,粉末相对密度接近理论密度值。这时，颗粒连成一片整体，残留的气孔已经不再连通，而是弥散分布在粉末基体之中，好像悬浮在固体中的气泡。此时致密化过程主要由单个原子或空穴的扩散蠕变来完成，因此整个粉末的致密化过程缓慢下来，最后趋近于最大密度值。

值得注意的是上述三个阶段并不是截然分开的，在热等静压过程中它们往往同时起作用，只是在不同的阶段，由不同的致密化过程起主导作用。粉末致密化过程如图 16-2 所示。

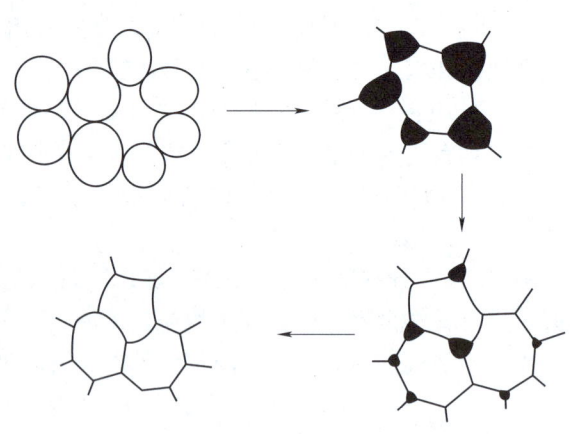

图 16-2 粉末致密化过程

16.2.2 热等静压的特点及应用

热等静压工艺的特点如下。

1) 结合了热压法和无压烧结法两者的优点，不仅能像热压烧结那样提高致密度，抑制晶粒生长，提高制品性能，而且还能像无压烧结法那样制造出形状十分复杂的产品，并且避免了非等轴晶系的晶粒取向。

2) 可用于已经历过无压烧结的制品进行后处理，用以进一步提高制品致密度和消除有害缺陷。

3) 热等静压工艺是一种近净成形工艺，可降低原材料的损耗。

4) 生产周期短、工序少。

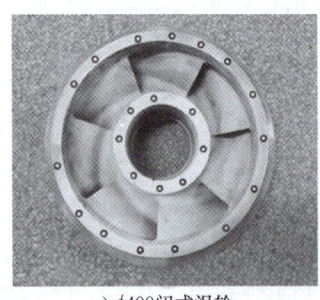  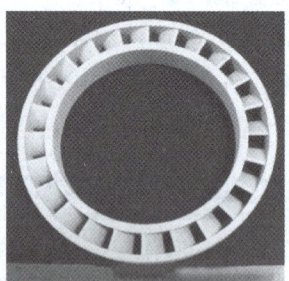

a) φ400闭式涡轮　　b) φ200闭式涡轮　　c) 叶盘

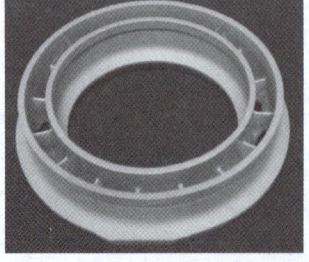 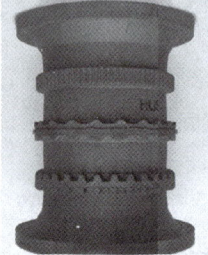

d) 单层机匣　　e) 多层机匣

图 16-3 热等静压成形的复杂零件

如图16-3所示，热等静压工艺主要应用包括改善金属材料的组织结构、生产近净形金属零件、陶瓷粉末固结、修复铸件缺陷等。

热等静压已成功地用于多种结构陶瓷，如氧化锆陶瓷、氧化铝陶瓷等的烧结或后处理。

16.3 放电等离子烧结

放电等离子烧结（Spark Plasma Sintering，SPS）工艺是将金属等粉末装入石墨等材质制成的模具内，利用上、下压头及通电电极将特定烧结电源和压制压力施加于烧结粉末，经放电活化、热塑变形和冷却完成制取高性能材料的一种新的粉末冶金烧结技术。

16.3.1 放电等离子烧结的工艺原理

如图16-4所示为放电等离子烧结工艺原理图。放电等离子烧结与热压有相似之处，但加热方式完全不同，它是一种利用通-断直流脉冲电流直接烧结的加压烧结法。通-断直流脉冲电流的主要作用是产生放电等离子体、放电冲击压力、焦耳热和电场扩散作用。在放电等离子烧结过程中，电极通入直流脉冲电流时瞬间产生的放电等离子体，使烧结体内部各个颗粒均匀的产生焦耳热并使颗粒表面活化。与自身加热反应合成法和微波烧结法类似，放电等离子烧结是有效利用粉末内部的自身发热作用而进行烧结的。

放电等离子烧结过程可以看作是颗粒放电、导电加热和加压综合作用的结果。除加热和加压这两个促进烧结的因素外，颗粒间的有效放电可产生局部高温，可以使表面局部熔化、表面物质剥落；高温等离子的溅射和放电冲击清除了粉末颗粒表面杂质（如去除表面氧化物等）和吸附的气体。电场的作用则是加快扩散过程。

放电等离子烧结是利用放电等离子体进行烧结的。等离子体是电离气体，由大量正负带电粒子和中性粒子组成，并表现出集体行为的一种准中性气体。等离子体是解离的高温导电气体，可提供反应活性高的状态。等离子体温度为4000~10999℃，其气态分子和原子处在高度活化状态，而且等离子气体内离子化程度很高，这些性质使得等离子体成为一种非常重要的材料制备和加工技术。

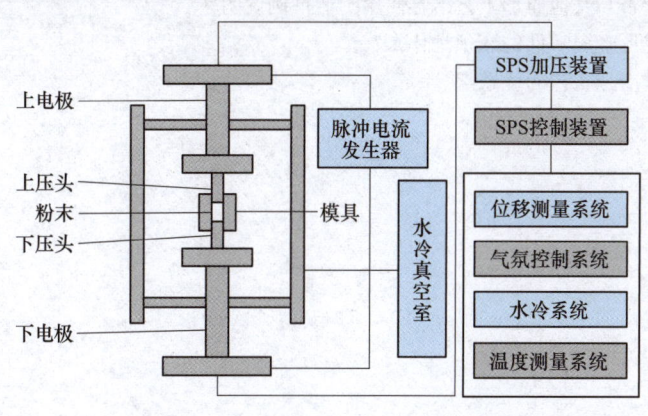

图16-4 放电等离子烧结工艺原理图

16.3.2 放电等离子烧结的特点及应用

放电等离子烧结是制备功能材料的一种全新技术。它具有升温速度快、烧结时间短、组织结构可控、节能环保等鲜明特点,可用来制备金属材料、陶瓷材料、复合材料,也可用来制备纳米块体材料、非晶块体材料、功能梯度材料等。其中研究最多的是功能材料,包括热电材料、磁性材料、功能梯度材料、复合功能材料和纳米功能材料等。对放电等离子烧结制备非晶合金、形状记忆合金、金刚石等也取得了较好的结果。图 16-5 所示为放电等离子烧结成形的航空发动机零件。

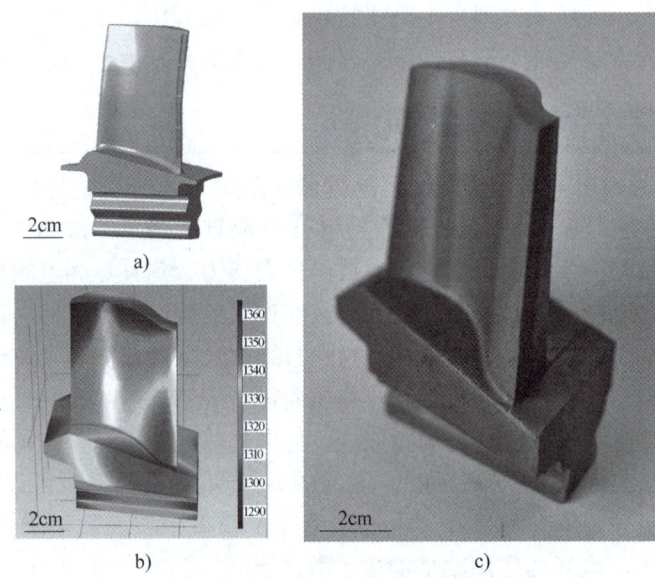

图 16-5 放电等离子烧结成形的航空发动机零件

复习思考题

16.1 热等静压技术能否与其他成形工艺结合使用?请举例说明。
16.2 粉末冶金工艺成形金属零件的瓶颈是什么?
16.3 试对比两种粉末冶金工艺的优缺点。

第 17 章　金属增材制造加工方法

> **教学提示**：增材制造（Additive Manufacturing，AM）的历史基础几乎可以追溯到 150 年前，当时人们利用二维图层叠加来成形三维的地形图。20 世纪 60 年代和 70 年代的研究工作验证了第一批现代 AM 工艺，包括 20 世纪 60 年代末的光聚合技术、1972 年的粉末熔融工艺以及 1979 年的薄片叠层技术。到 20 世纪 80 年代和 90 年代初，AM 相关专利和学术出版物的数量明显增多，出现了很多创新的 AM 技术，如 3D 打印技术（3DP）、光固化（SLA）技术、熔融沉积技术（FDM）、电弧增材制造（WAAM）、激光烧结技术（SLS）以及激光近净成形（LENS）等。20 世纪 90 年代和 21 世纪是 AM 的增长期。电子束熔化（EBM）等新技术实现了商业化，而现有技术得到了改进。本章主要介绍几种金属增材制造工艺。
>
> **教学要求**：了解不同金属增材制造工艺的基本原理和工艺特点。

17.1　概述

增材制造（Additive Manufacturing，AM）属于一种新型制造技术。该技术将三维 CAD 模型分层切片，得到二维片层数据，采用离散材料（液体、粉末、丝等）逐层累加制造实体零件。相对于传统机械加工、模具成形等加工方法，增材制造是一种"自下而上"的制造过程，在材料加工方式上有本质区别。增材制造技术理论上可成形任意复杂结构，因此可将传统的面向制造工艺的零部件设计变为面向性能的全新设计，被称为当今制造业的一场革命。

增材制造技术的特点如下。

1）适合复杂结构的快速制造。从原理而言，只要在计算机上设计出结构模型，就可以在无须刀具、模具及复杂工艺条件下快速地将"设计"变为"现实"，实现"所见即所得"的快速成形思路。

2）适合个性化定制。与传统大规模批量生产需要大量工艺技术准备和工装、设备等制造资源相比，增材制造在快速生产和灵活性方面极具优势。从设计到制造，中间环节少、工艺流程短，特别适合个性化定制、小批量生产以及产品定型前的验证性制造。

3）适合于高附加值、短流程产品的制造。增材制造原材料的制造、增材制造过程均非常昂贵，因此目前还不适用于大规模生产。然而对于高附加值、短流程产品，如航空航天、珠宝加工等，增材制造技术具有巨大的优势和潜力。

金属增材制造技术的热源类型主要有三大类：电弧、激光和电子束。本章分别以电弧增材制造、激光选区熔化、激光近净成形和电子束选区熔化为代表性工艺分别进行介绍。

17.2 电弧增材制造

电弧增材制造（Wire and Arc Additive Manufacture，WAAM）以电弧为载能束，采用逐层堆焊的方式制造金属实体构件。该技术主要基于 TIG、MIG、SAW 等焊接技术发展而来，成形零件由全焊缝构成，化学成分均匀、致密度高，开放的成形环境对成形件尺寸无限制，成形速率可达每小时几十千克，但电弧增材制造的零件表面波动较大，成形件表面质量较低，一般需要二次表面机械加工，相比激光、电子束增材制造，电弧增材制造技术的主要应用目标是大尺寸复杂构件的低成本、高效快速近净成形。

17.2.1 电弧增材制造的工艺原理

电弧增材制造是数字化连续堆焊成形过程，其基本成形硬件系统应包括成形热源、送丝系统及运动执行机构，如图 17-1 所示。电弧增材制造三维实体零件依赖于逐点控制的熔池在线、面、体的重复再现，若从载能束的特征考虑，其电弧越稳定越有利于成形过程控制，即成形形貌的连续一致性。因此，电弧稳定、无飞溅的非熔化极气体保护焊（TIG）和基于熔化极惰性/活性气体保护焊（MIG/MAG）开发出冷金属过渡（Cold MetAl Transfer，CMT）技术成为目前主要使用的热源提供方式。

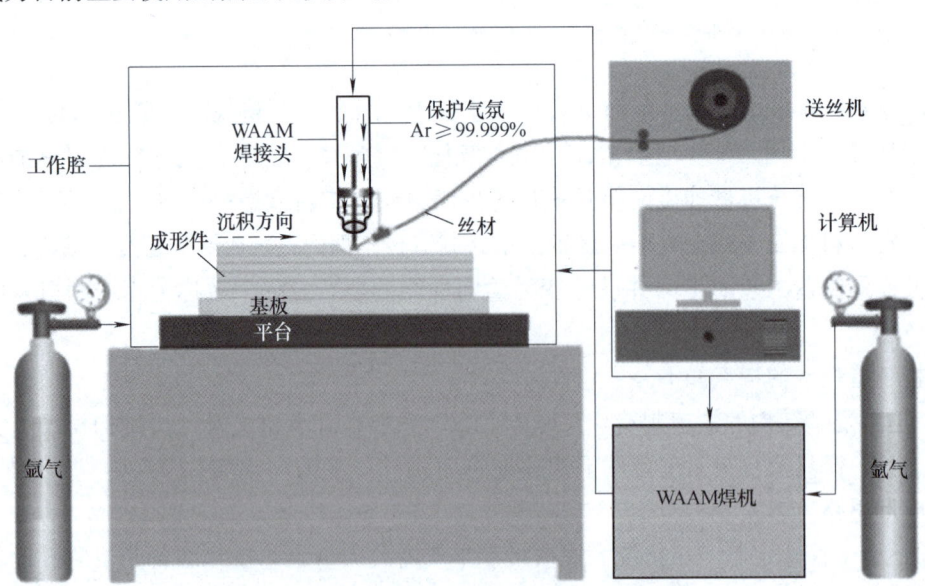

图 17-1 电弧增材制造工艺原理图

17.2.2 电弧增材制造的特点及应用

该技术成为增材制造技术直接成形金属零部件的一个重要发展方向是因为该技术成本低，成形效率高，设备简单，采用常用的弧焊设备配合控制 3D 成形轨迹的一些必要系统就能完成增材成形，并且所成形的金属零部件与传统锻件相比，其材料利用率高，致密度更好，力学性能更优，对于贵重的航空零件尤其适用，而与激光或者电子束熔积成形相比，又具有成形效率高、设备投入少等优势，所以备受诸多研究者们的青睐，适用于大尺寸复杂构件低成本、高效快速近净成形，如图17-2所示。

然而，由于电弧增材制造载能束具有热流密度低、加热半径大、热源强度高等特征，成形过程中往复移动的瞬时点热源与成形环境强烈相互作用，其热边界条件具有非线性时变特征，故成形过程稳定性控制是获得连续一致成形形貌的难点，尤其对大尺寸构件而言，热积累引起的环境变量变化更显著，达到定态熔池需要更长的过渡时间。针对热积累导致的环境变化，如何实现过程稳定性控制以保证成形尺寸精度是现阶段电弧增材制造的研究热点。基于视觉传感系统的焊接质量在线监测与控制技术也被移植应用于该领域，并取得了一定成果。

图 17-2 WAAM 制备的金属零部件

17.3 激光选区熔化

授课视频

激光选区熔化（Selective Laser Melting，SLM）是一种典型的粉末床熔融激光增材制造工艺，该技术通过逐层连续的选择性熔化金属粉末层以制备具有复杂几何形状的近乎完全致密的金属部件。该过程是利用激光与粉体之间的相互作用形成的，包括能量传递和物态变化等一系列物理化学过程,其思想来源于 SLS 技术并在其基础上得以发展,但它克服了 SLS 技术间接制造金属零部件的复杂工艺难题。

17.3.1 激光选区熔化的工艺原理

SLM 技术基于离散堆积制造原理,通过计算机将零件三维 CAD 模型转化为 STL 文件,并沿 Z 方向分层切片,再导入 SLM 设备中;然后利用高能量激光束的热作用,根据零件的各层截面信息,选择性地将粉末材料熔化并层层堆积,最终成形出零件原型或功能零件。激光选区熔化工艺原理图如图 17-3 所示,其基本制造过程如下。

1)设计建造零件 CAD 模型。
2)将模型转化为 STL 文件(即将零件模型以一系列三角形来拟合)。
3)将 STL 文件进行横截面切片分割。
4)激光根据零件截面信息逐层烧结粉末,分层制造零件。
5)对零件进行清粉等后处理。

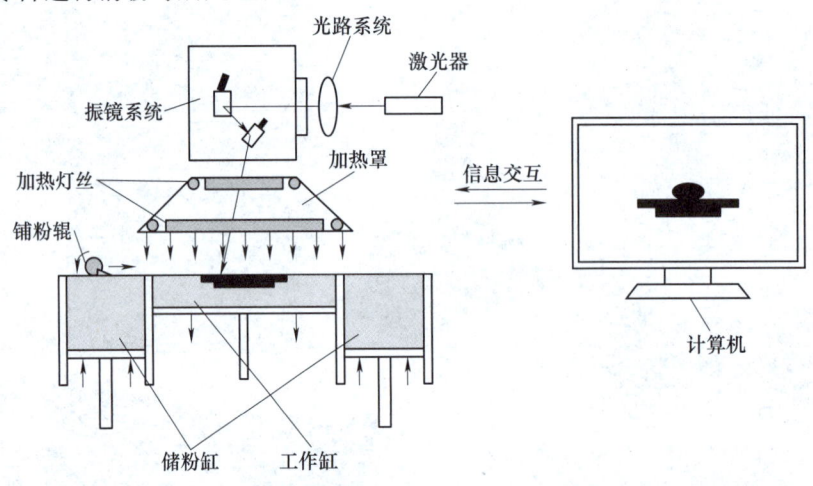

图 17-3 激光选区熔化工艺原理图

17.3.2 激光选区熔化的特点及应用

激光选区熔化的工艺特点如下。

(1)成形材料广泛 从理论上讲,任何金属粉末都可以被高能束的激光束熔化,故只要将金属材料制备成金属粉末,就可以通过 SLM 技术直接成形具有一定功能的金属零部件。

(2)晶粒细小,组织均匀 在 SLM 成形过程中,高能激光将金属粉末快速熔化形成一个个小的熔池,快速冷却抑制了晶粒的长大及合金元素的偏析,导致金属基体中固溶的合金元素无法析出而均匀地分布在基体中,从而获得了晶粒细小,组织均匀的微观结构。

(3)力学性能优异 金属制件的力学性能是由其内部组织决定的,晶粒越细小,其综合力学性能一般就越好。相比较铸造、锻造而言,SLM 制件是利用高能束的激光选择性地熔化金属粉末,其激光光斑小、能量密度高,制件内部缺陷少。制件的内部组织是在快速熔化/凝固的条件下形成的,显微组织往往具有晶粒尺寸小、组织细化、增强相弥散分布等优点,从而使制件表现出特殊优良的综合力学性能,通常情况下其大部分力学性能指标都优于同种材质的锻件性能。以制造的316L不锈钢材料为例，其最高抗拉强度达到1100MPa，远远高于316L不锈钢锻件的水平。

（4）致密度高　SLM过程中金属粉末被完全融化而达到一个液态平衡，能够最大限度地排除气孔、夹杂等缺陷，快速冷却能够将这一平衡保持到固相，大大提高了金属零件的致密度，理论上可以达到全致密。

（5）成形精度高　激光束光斑小，能量密度高，全程由计算机系统控制成形路径，成形制件尺寸精度高，表面粗糙度值低，只需经过简单的后处理就可直接使用。

由于较其他工艺在成形复杂结构、零件精度、表面质量等方面更具优势，激光选区熔化工艺在整体化航空航天复杂零件（图17-4）、个性化生物医疗器件（图17-5）以及具有复杂内流道的模具镶块等领域具有广泛的应用前景。

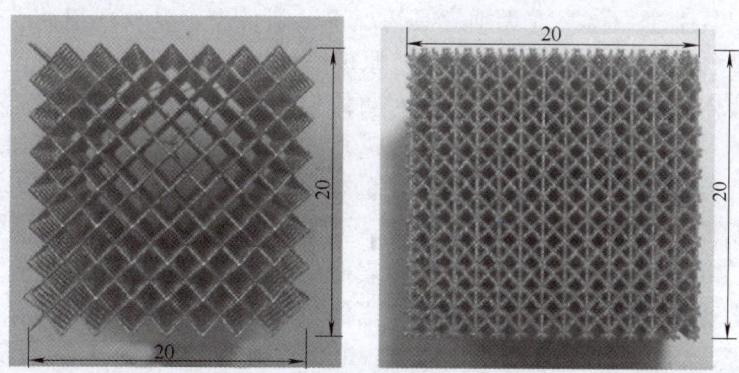

图17-4　SLM制造的复杂空间多孔零件

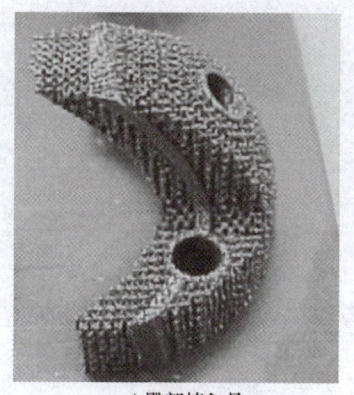 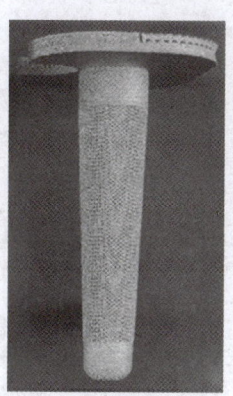 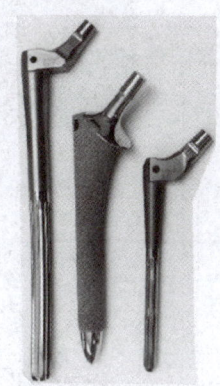

a) 臀部植入骨　　　　　　　b) 膝部胫骨干　　　　　　　c) 股骨髋部

图17-5　SLM制造的个性化多孔骨植入体

17.4　激光近净成形

激光近净成形（Laser Engineered Net Shaping，LENS）技术是在激光熔覆工艺基础上产生的一种激光增材制造技术，其思想最早是在1979年由美国联合技术研究中心（United Technologies Research Center，UTRC）的BrowncO等人提出的。20世纪80年代末，在美国能源部的资助下，Sandia国家实验室、Los Alamos国家实验室和Michigan大学率先展开了金属零件直接成形技术的相关研究。在20世纪90年代初，随着计算机技术的飞速发展、AM技术的不断成熟，LENS技术成为了激光加工领域的研究热点，进入高速发展时期。

17.4.1 激光近净成形的工艺原理

LENS技术是以激光作为热源，以预置或同步送粉（丝）为成形材料，在AM技术的基础上融合激光熔覆技术而形成的先进制造技术。该技术集计算机、数控、激光熔覆、增材制造、材料科学于一体，在无须模具情况下，制备出不受材料限制、致密度高、力学性能优良的金属零件。激光近净成形工艺原理图如图17-6所示，先由计算机或反求技术生成零件的实体模型，按照一定的厚度对实体模型进行切片处理，使复杂的三维实体零件离散为二维平面，获取各二维平面信息进行数据处理并加入合适的加工参数，将其转化为计算机数控机床（CNC）工作台运动的轨迹信息，以此来驱动激光工作头和工作台运动。在激光工作头和工作台运动过程中，金属粉末通过送粉装置和喷嘴送到激光所形成的熔池中，熔化的金属粉末沉积在基体表面凝固后形成沉积层，激光束相对金属基体做平面扫描运动，从而在金属基体上按扫描路径逐点、逐线熔覆出具有一定宽度和高度的连续金属带，成形一层后在垂直方向做一个相对运动，接着成形后续层，如此循环，最后构成整个金属零件。

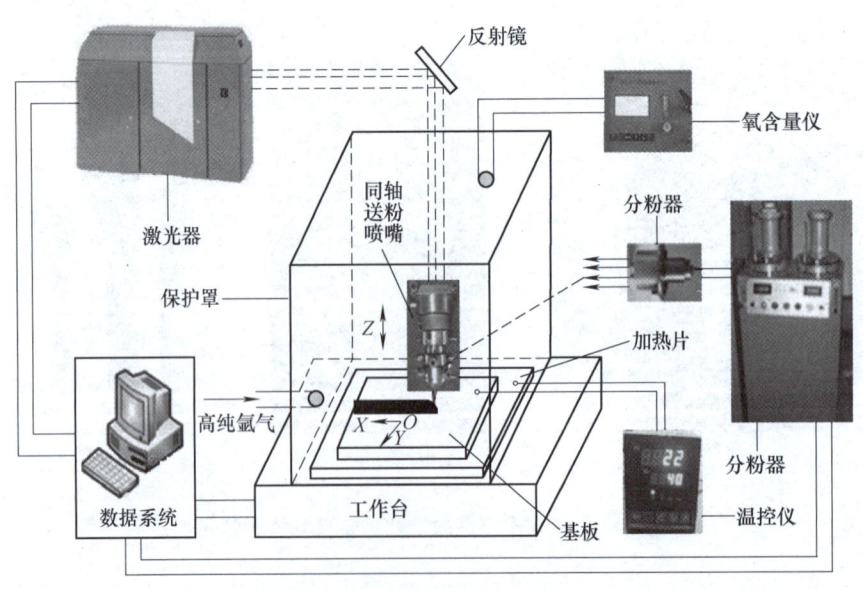

图17-6　激光近净成形工艺原理图

17.4.2 激光近净成形的特点及应用

激光近净成形的特点如下。

1）可直接制造结构复杂的金属功能零件或模具，特别适用于成形垂直或接近垂直的薄壁类零件。

2）可加工的金属材料范围广泛并能实现异种材料零件的制造，可适应多种金属材料的成形，并可实现非均质、功能梯度材料的零件制造。该工艺在制造功能梯度材料方面具有独特优势，有广阔的发展前景。通过调节送粉装置、逐渐改变粉末成分，可在同一零件的不同位置实现材料成分的连续变化，因此，LENS 在加工异种材料（如功能梯度材料）方面具有独特的优势。

3）可方便加工熔点高、难加工的材料。LENS 的实质是在计算机控制下金属熔体的三维堆积成形。与 SLM 不同的是，金属粉末在喷嘴中就已处于加热熔融状态，故其特别适用于高熔点金属的激光增材制造。

4）制件力学性能好，几乎可达完全致密。金属粉末在高能激光作用下快速熔化并凝固，显微组织十分细小且均匀，一般不会出现传统铸造和锻造中的宏观组织缺陷，因此具有良好的力学性能。同时，由于金属粉末完全熔化再凝固，组织几乎完全致密。

5）可对零件进行修复和再制造，延长零件的生命周期。由于 LENS 对成形的位置并不像 SLM 那样局限在基板之上，它拥有更大的灵活性，因此可以在任意复杂曲面上进行金属材料堆积，从而可以对零件实现修复，弥补零件出现的缺陷，从而延长零件的生命周期。

图 17-7　由 LENS 工艺制造的金属模具样件

激光近净成形可应用于快速制模、增材修复和功能梯度材料的制备。图 17-7 所示为由 LENS 工艺制造的金属模具样件，其中的三角形孔洞即为随形冷却流道，之所以流道不是圆形或方形结构，是因为成形受到了三轴 CNC 平台的限制，不过这种非圆形和方形结构更容易在冷却液中产生紊流，可以提高传热效率。此外，激光近净成形也用于制备各类零件，如图 17-8 所示。

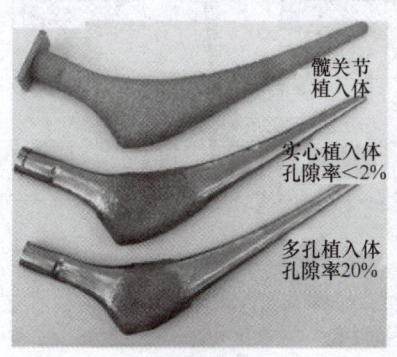

a）髋关节植入体

b）涡轮叶片

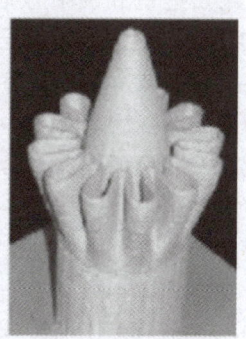

c）燃气轮机喷嘴

图 17-8　LENS 制备的典型零件

17.5 电子束选区熔化

电子束选区熔化（Selective Electron Beam Melting，SEBM）技术是 20 世纪 90 年代中期发展起来的一类新型增材制造技术。它利用高能电子束作为热源，在真空条件下将金属粉末完全熔化后快速冷却并凝固成形，其具有能量利用率高、无反射、功率密度高、扫描速度快、真空环境无污染、低残余应力等优点。相对于激光及等离子束增材制造技术，SEBM 技术出现较晚，1995 年，美国麻省理工学院提出利用电子束作为能量源将金属熔化进行增材制造的设想。随后于 2001 年，瑞典 Arcam 公司在粉末床上将电子束作为能量源，申请了国际专利 WO01/81031，并在 2002 年制造出 SEBM 技术的原型机 Beta，2003 年推出了全球第一台真正意义上的商品化 SEBM 设备 EBM-S12，随后又陆续推出了 A1、A2、A2X、A2XX、Q10、Q20 等不同型号的 SEBM 设备。目前，Arcam 公司商品化 SEBM 成形设备最大成形尺寸为 200mm×200mm×350mm 或 φ350mm×380mm，铺粉厚度从 100μm 减小至现在的 50~70μm，电子枪功率为 3kW，电子束聚焦尺寸为 200μm，最大跳扫速度为 8000m/s，熔化扫描速度为 10~100m/s，零件成形精度为 ±0.3mm。

17.5.1 电子束选区熔化的工艺原理

SEBM 技术是利用高能电子束将金属粉体熔化并迅速冷却的过程。该过程是利用电子束与粉体之间的相互作用形成的，包括能量传递、物态变化等一系列物理化学过程。以瑞典 Arcam 公司 A1 型电子束选区熔化设备为例。图 17-9 所示为 Arcam 公司 A1 型电子束选区熔化设备示意图。从图中可以看出，成形 Ti-6Al-4V 合金的基本过程如下：首先将成形基板平放于粉床上，铺粉耙将供粉缸中的金属粉末均匀地铺放于成形基板上（第一层），电子束由电子枪发射出，经过聚焦透镜和反射板后投射到粉末层上，根据零件 CAD 模型设定的第一层截面轮廓信息有选择地烧结粉层某一区域，以形成零件一个水平方向的二维截面；随后成形缸活塞下降一定距离，供粉缸活塞上升相同距离，铺粉耙再次将第二层粉末铺平，电子束开始依照零件第二层 CAD 信息扫描烧结粉末；如此反复逐层叠加，直至零件制造完毕。

在零件的成形过程中，成形腔内保持约 10^{-5}mbar㊀ 的真空度，良好的真空环境保护了合金稳定的化学成分并避免了合金在高温下的氧化。成形区

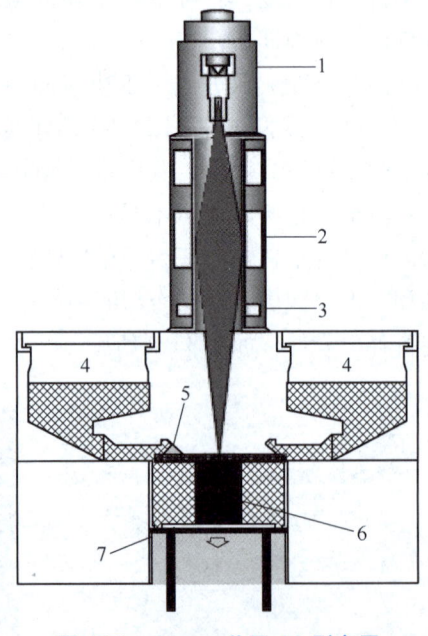

图 17-9 Arcam 公司 A1 型电子束选区熔化设备示意图
1—电子枪 2—聚焦透镜 3—反射板 4—供粉缸 5—铺粉耙 6—零件 7—成形基板

㊀ 1mbar=100Pa。

域采用约 10^{-3} mbar 的惰性保护气体氦，对零件进行冷却并保持热稳定，避免了电子束在真空环境下的散射，同时也是快速加工和减少合金元素蒸发的保障。

17.5.2 电子束选区熔化的特点及应用

SEBM 技术的工艺特点：成形零件的致密度要比激光选区熔化加工的高，电子束的能量利用率高，可成形难熔材料；高真空保护使产品成分更加纯净，性能有保证；电磁扫描偏转无惯性，可通过高速扫描预热，零件热应力小；可实现多束加工，成形效率高。最大的不足是装备需要严格的真空环境，电子束成本较高。另外，电子束聚斑效果较激光略差，导致零件的加工精度和表面质量略差。

电子束与激光相比，存在一个比较特殊的问题即"粉末溃散"现象，其原因是电子束具有较大动能，当电子高速轰击金属原子使之加热、升温时，电子的部分动能也直接转化为粉末微粒的动能，当粉末的流动性较好时，粉末颗粒会被电子束"推开"，形成"溃散"现象。防止"溃散"的基本原则是提高粉床的稳定性，克服电子束的"推力"。目前采用的四项主要措施是：降低粉末的流动性、对粉末进行预热、对成形基板进行预热和优化电子束扫描方式。

SEBM 技术最适合应用的领域主要包括航空航天（高复杂度结构、极小批量，如图 17-10 所示）、医疗（生物特征、个性化需求，如图 17-11 所示）、工业品的原型制作（极小批量、对导入快速性要求高）、模具（极小批量、提升新品开发速度）。

a)

b)

图 17-10　SEBM 成形的航空航天发动机叶轮与尾椎

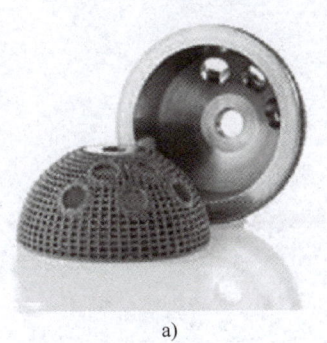
a)

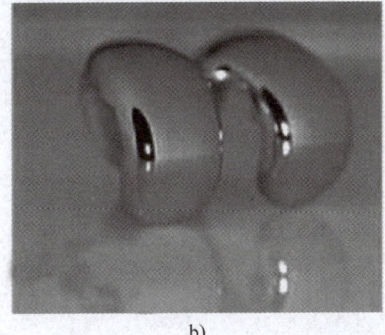
b)

c)

图 17-11　Arcam 公司利用 SEBM 技术制造的具有骨小梁结构的髋臼杯

复习思考题

17.1 影响 SLM 成形件表面质量的因素有哪些？如何判断 SLM 成形件表面质量的好坏？

17.2 与粉末激光选区熔化技术相比，激光近净成形技术的特点有何不同？

17.3 电子束选区熔化工艺与激光选区熔化工艺的区别在哪里？各有何特点？

17.4 电子束选区熔化技术可以应用在除航空航天和生物医疗外哪些领域或哪些特殊零部件的制造？

17.5 金属增材制造技术的瓶颈是什么？

第6篇

金属切削加工

切削加工是使用切削工具（包括刀具、磨具和磨料），在工具和工件的相对运动中，把工件上多余的材料层切除，使工件获得规定的几何参数（形状、尺寸、位置）和表面质量的加工方法。切削加工可分为机械加工和钳工两部分。

机械加工是通过工人操纵机床来完成切削加工的，主要加工方法有车、钻、刨、铣、磨及齿轮加工（图6a）等，所用机床相应为车床、钻床、刨床、铣床、磨床及齿轮加工机床等。

钳工一般是通过工人手持工具来进行切削加工的。钳工常用的加工方法有錾、锯、锉、刮、研、钻孔、铰孔、攻螺纹和套螺纹等。为了减轻劳动强度和提高生产率，钳工中的某些工作已逐渐被机械加工代替，实现了机械化。但是在某些场合下，钳工仍有许多独到之处，如模具修配、机床导轨面刮研、重要零部件的细微调整等。例如，国产ARJ21新支线飞机及新一代大飞机C919的项目研制中，钳工在零件生产、技术攻关、产品装配方面都做出了重大贡献，如图6b所示。

由于现代机器的精度和性能都要求较高，因而对组成机器的大部分零件的加工质量也相应地提出了较高的要求。为了满足这些要求，目前绝大多数零件的质量还要靠切削加工的方法来保证。因此，如何正确地进行切削加工以保证产品质量、提高生产率和降低成本，就有着重要的意义。

a) 齿轮的机械加工

b) 飞机铆装钳工

图6　金属切削加工

第 18 章　金属切削加工基础知识

> **教学提示**：金属切削加工虽有多种不同的形式，但在很多方面，如切削运动、切削工具以及切削过程的物理实质等方面都有着共同的现象和规律。这些现象和规律是学习各种切削加工方法的共同基础。
>
> **教学要求**：了解切削运动及切削要素；掌握刀具合理几何参数对切削加工过程的影响；理解金属切削过程；了解影响已加工表面质量、切削力、切削热、切削温度、刀具磨损、刀具寿命的因素。

18.1　切削运动及切削要素

18.1.1　零件表面的形成及切削运动

各种机器零件的形状虽多，但分析起来，主要是由平面、外圆面（包括圆锥面）、内圆面（即孔）及成形面所组成的。因此，只要能对这几种典型表面进行加工，就能完成所有机器零件的加工。

外圆面和内圆面（孔）是指以某一直线为母线，以圆为运动轨迹做旋转运动时所形成的表面。

平面是指以一直线为母线，以另一直线为轨迹做平移运动所形成的表面。

成形面是指以曲线为母线，以圆或直线为轨迹做旋转或平移运动所形成的表面。若想完成上述表面的加工，机床与工件之间必须做相对运动。

上述几种表面可分别用如图 18-1 所示的相应的加工方法来获得。由图可知，要对这些表面进行加工，刀具与工件之间必须有一定的相对运动，即切削运动。

切削运动包括主运动（图 18-1 中Ⅰ）和进给运动（图 18-1 中Ⅱ）。主运动使刀具和工件之间产生相对运动，促使刀具前刀面接近工件而实现切削。主运动的速度最高，消耗功率最大。进给运动使刀具与工件之间产生附加的相对运动，与主运动配合，即可连续地切除切屑，获得具有所需几何特性的已加工表面。各种切削加工方法（如车、钻、刨、磨和齿轮加工等）都是为了加工某种表面而发展起来的，因此也都有其特定的切削运动。如图 18-1 所示，切削运动有旋转的，也有直线的；有连续的，也有间歇的。

切削时，实际的切削运动是一个合成运动（图 18-2），其方向是由合成切削速度角 η 确定的。

18.1.2　切削用量

切削用量用来衡量切削运动量的大小。在一般的切削加工中，切削用量包括切削速度、进给量和背吃刀量三要素。

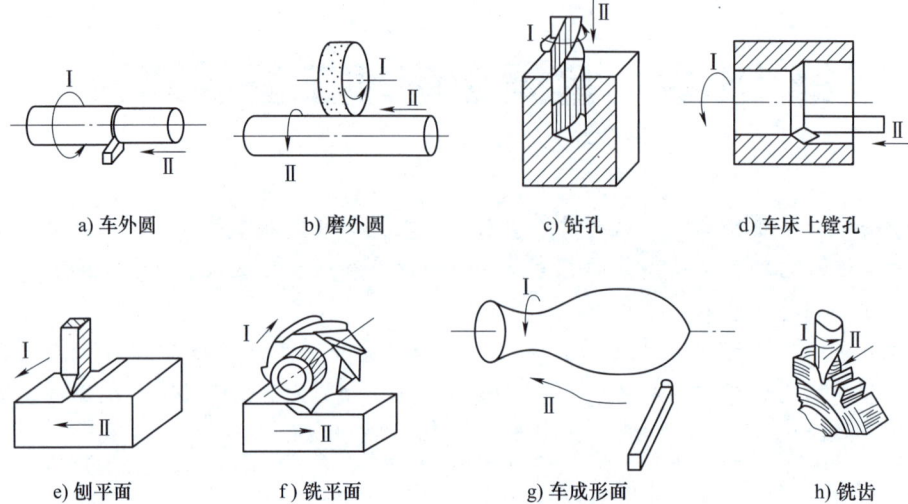

图 18-1 零件不同表面加工时的切削运动

Ⅰ—主运动　Ⅱ—进给运动

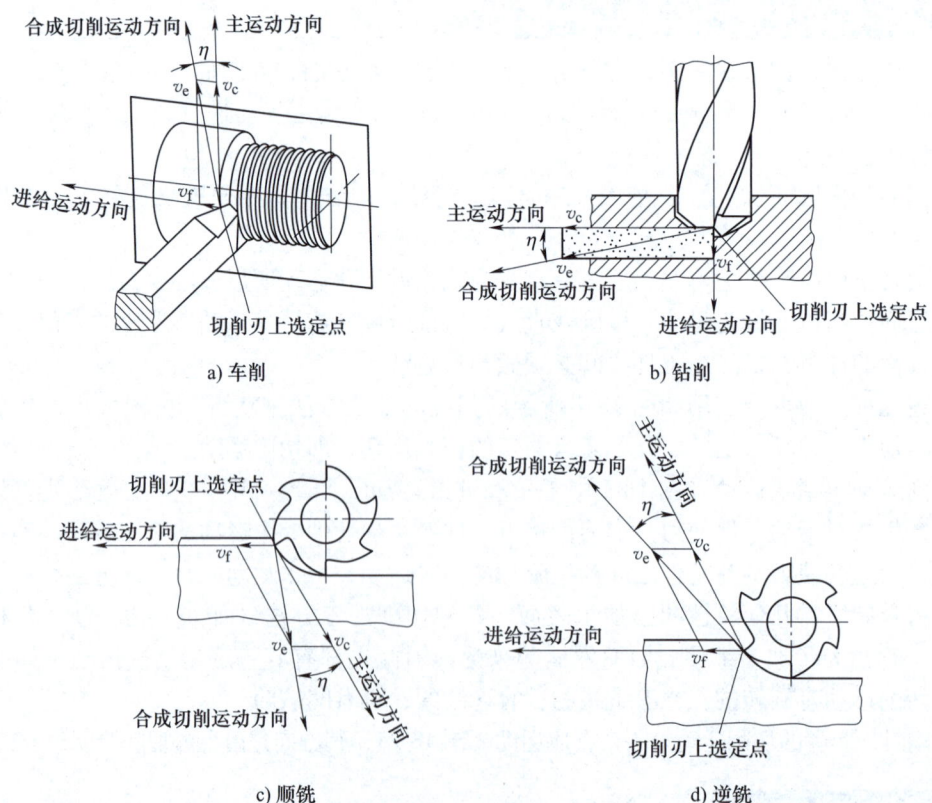

图 18-2 切削运动

1. 切削速度 v_c

切削刃上选定点相对于工件主运动的瞬时速度称为切削速度，以 v_c 表示，单位为 m/s 或 m/min。

若主运动为旋转运动，切削速度一般为其最大线速度，v_c 按下式计算，即

$$v_c = \frac{\pi d n}{1000}$$

式中　　d——工件或刀具的直径（mm）；

　　　　n——工件或刀具的转速（r/s 或 r/min）。

若主运动为往复直线运动（如刨削、插削等），则常以其平均速度为切削速度，v_c 按下式计算，即

$$v_c = \frac{2L n_r}{1000}$$

式中　　L——往复行程长度（mm）；

　　　　n_r——主运动每秒或每分钟的往复次数。

2. 进给量

刀具在进给运动方向上相对工件的位移量称为进给量。不同的加工方法，由于所用刀具和切削运动形式不同，进给量的表述和度量方法也不相同。

用单齿刀具（如车刀、刨刀等）加工时，进给量常用刀具或工件每转或每行程，刀具在进给运动方向上相对工件的位移量来度量，称为每转进给量或每行程进给量，以 f 表示，单位为 mm/r 或 mm/st（图 18-3）。

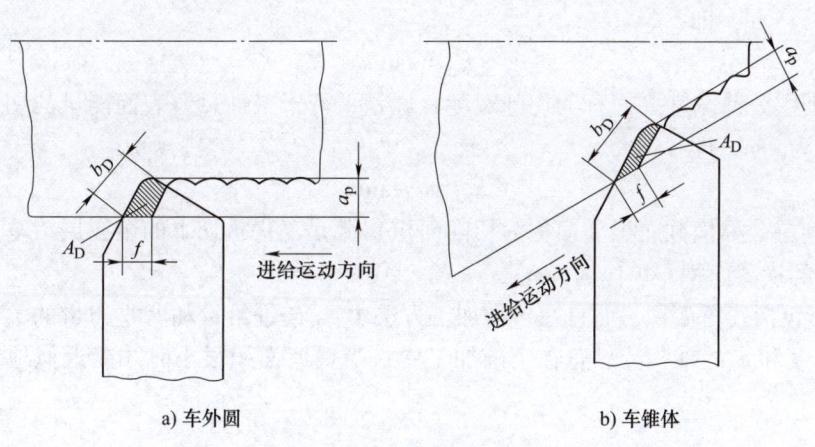

a) 车外圆　　　　　　　　　　b) 车锥体

图 18-3　车削时进给量

用多齿刀具（如铣刀、钻头等）加工时，进给运动的瞬时速度称为进给速度，以 v_f 表示，单位为 mm/s 或 mm/min。刀具每转或每行程中每齿相对工件在进给运动方向上的位移量，称为每齿进给量，以 f_z 表示，单位为 mm/z。

f_z、f、v_f 之间有如下关系，即

$$v_f = f n = f_z z n$$

式中　　n——刀具或工件转速（r/s 或 r/min）；

z——刀具的齿数。

3. 背吃刀量 a_p

在通过切削刃上选定点并垂直于该点主运动方向的切削层尺寸平面中,垂直于进给运动方向测量的切削层尺寸,称为背吃刀量,以 a_p 表示(图 18-4),单位为 mm。车外圆时,a_p 可用下式计算,即

$$a_p = \frac{d_w - d_m}{2}$$

式中 d_w——工件待加工表面直径(mm);

       d_m——工件已加工表面直径(mm)。

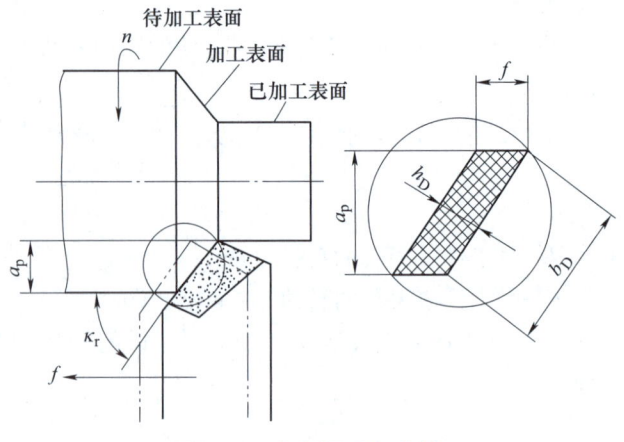

图 18-4 切削层几何参数

18.1.3 切削层几何参数

通常规定切削层是指在切削过程中,由刀具切削部分的一个单一动作(如车削时工件转一圈,车刀主切削刃移动一段距离)所切除的工件材料层,如图 18-4 所示。切削层几何参数用来表述切削层的形状和尺寸,包括切削宽度、切削厚度和切削面积。

1)切削层公称厚度(简称为切削厚度)h_D 是垂直于工件过渡表面测量的切削层横截面尺寸,单位为 mm,即

$$h_D = f\sin k_r$$

2)切削层公称宽度(简称为切削宽度)b_D 是平行于工件过渡表面测量的切削层横截面尺寸,单位为 mm,即

$$b_D = a_p/\sin k_r$$

3)切削层公称横截面积(简称为切削面积)A_D 是工件被切下的金属层沿垂直于主运动方向所截取的横截面积,单位为 mm^2。

因 A_D 不包括残留面积,而且在各种加工方法中 A_D 与进给量和背吃刀量的关系不同,所以 A_D 不等于 f 和 a_p 的乘积。只有在车削加工中,当残留面积很小时才能近似地认为它们相等,即

$$A_D \approx fa_p$$

18.2 刀具材料及结构

授课视频

在切削过程中,直接完成切削工作的是刀具。无论哪种刀具,一般都由切削部分和夹持部分组成。夹持部分是用来将刀具夹持在机床上的部分,要求它能保证刀具正确的工作位置,传递所需要的运动和动力,并且夹固可靠,装卸方便。切削部分是刀具上直接参加切削工作的部分,刀具切削性能的优劣,取决于切削部分的材料、角度和结构。

18.2.1 刀具材料

刀具材料一般是指刀具切削部分的材料，其性能是影响加工表面质量、切削效果、刀具寿命和加工成本的重要因素。

1. 对刀具材料的基本要求

在金属切削过程中，刀具切削部分承受很大切削力和剧烈摩擦，并产生很高的切削温度；在断续切削工作时，刀具将受到冲击和产生振动，引起切削温度的波动。为此，刀具材料应具备下列基本性能。

（1）高的硬度和耐磨性　硬度是刀具材料应具备的基本特性。刀具要从工件上切下切屑，其硬度必须比工件的硬度大，切削金属所用刀具切削刃的硬度，一般都要求在 60HRC 以上。耐磨性是材料抵抗磨损的能力。一般来说，刀具材料的硬度越高，耐磨性就越好。组织中硬质点（碳化物、氮化物等）的硬度越高，数量越多，颗粒越小，分布越均匀，则耐磨性就越高。

（2）足够的强度和韧性　要使刀具在承受很大压力和冲击、振动的条件下工作，而不产生崩刃和折断，刀具材料就必须具有足够的强度和韧性。

（3）高的耐热性和化学稳定性　耐热性是衡量刀具材料切削性能的主要标志。它是指刀具材料在高温下保持硬度、耐磨性、强度和韧性的性能。耐热性越好，刀具材料的高温硬度越高，则刀具的切削性能越好，允许的切削速度也越高。

化学稳定性是指刀具材料在高温条件下不易与工件材料和周围介质发生化学反应的能力，包括抗氧化和抗黏结能力。化学稳定性越高，刀具磨损越慢。耐热性和化学稳定性是衡量刀具切削性能的主要指标。

（4）良好的工艺性　在满足以上性能要求时，应尽可能采用资源丰富、价格低廉且具有良好的可加工性、较好的热处理性和较好焊接性的刀具材料。

2. 常用的刀具材料

目前，在切削加工中常用的刀具材料有非合金工具钢（即碳素工具钢）、合金工具钢、高速钢、硬质合金及陶瓷材料等。

非合金工具钢是含碳量较高的优质钢（碳的质量分数为 0.7%~1.2%，如 T10A 等），淬火后硬度较高、价廉，但耐热性较差（表 18-1）。在非合金工具钢中加入少量的 Cr、W、Mn、Si 等元素，形成合金工具钢（如 9SiCr 等），可适当减少热处理变形和提高耐热性。由于这两种刀具材料的耐热性较低，常用来制造一些切削速度不高的手工工具，如锉刀、锯条、铰刀等，较少用于制造其他刀具。目前生产中应用最广的刀具材料是高速钢和硬质合金，而陶瓷刀具主要用于精加工。

（1）高速钢　高速钢是含 W、Cr、V 等合金元素较多的合金工具钢。它的耐热性、硬度和耐磨性虽低于硬质合金，但强度和韧度却高于硬质合金（表 18-1），工艺性较硬质合金好，而且价格也比硬质合金低。普通高速钢如 W18Cr4V 是国内使用最为普遍的刀具材料，广泛地用于制造形状较为复杂的各种刀具，如麻花钻、铣刀、拉刀、齿轮刀具和其他成形刀具等。

（2）硬质合金　硬质合金是以高硬度、高熔点的金属碳化物（WC、TiC 等）作为基体，

表 18-1 常用刀具材料的基本性能

刀具材料	代表牌号	硬度 HRA (HRC)	抗弯强度 σ_{bb} /GPa	冲击韧度 a_K /(kJ/m²)	耐热性 /℃	切削速度之比
非合金工具钢	T10A	81~83（60~64）	2.45~2.75	—	≈200	0.2~0.4
合金工具钢	9SiCr	81~83.5（60~64）	2.45~2.75	—	200~300	0.5~0.6
高速钢	W18Cr4V	82~87（62~69）	2.94~3.33	176~314	540~650	1.0
	W6Mo5Cr4V2Al	（67~69）	2.84~3.82	225~294	540~650	
硬质合金	K01（YG3）	≥92.3	≥1.35	19.2~39.2	≈900	≈4
	K20（YG6）	≥91.0	≥1.55		800~900	
	K30（YG8）	≥89.5	≥1.65		≈800	
	P01（YT30）	≥92.3	≥0.07	2.9~6.8	≈1000	≈4.4
	P10（YT15）	≥91.7	≥1.20		900~1000	
	P30（YT5）	≥90.2	≥1.55		≈900	
陶瓷	Al_2O_3 系 LT35	93.5~94.5	0.9~1.1	—	>1200	≈10
	Si_3N_4 系 HDM2	≈93	≈0.98			

注：硬质合金牌号中括号外为 GB/T 18376.1—2008 规定的牌号，括号内为 YS/T 400—1994 规定的牌号。

以金属 Co 等作为黏结剂，用粉末冶金的方法制成的一种合金。它的硬度高，耐磨性好，耐热性高，允许的切削速度比高速钢高数倍，但其强度和韧度均较高速钢低（表 18-1），工艺性也不如高速钢。因此，硬质合金常制成各种形式的刀片，焊接或机械夹固在车刀、刨刀、面铣刀等的刀柄（刀体）上使用。国产的硬质合金一般分为两大类：一类是由 WC 和 Co 组成的钨钴类（K 类）；一类是由 WC、TiC 和 Co 组成的钨钛钴类（P 类）。

K 类硬质合金塑性较好，但切削塑性材料时，耐磨性较差，因此它适用于加工铸铁、青铜等脆性材料。常用的牌号有 K01、K20、K30 等，其中数字表示 Co 含量的百分率。Co 的含量低者，较脆、较耐磨。

P 类硬质合金比 K 类硬质合金硬度高、耐热性好，并且在切削塑性材料时较耐磨，但韧度较小，适用于加工钢件。常用的牌号有 P01、P10、P30 等，其中数字表示 TiC 含量的百分率。

（3）陶瓷材料 目前世界上生产的陶瓷刀具材料大致可分为氧化铝（Al_2O_3）系和氮化硅（Si_3N_4）系两大类，而且大部分属于前者。陶瓷刀片的硬度高，耐磨性好，耐热性高（表 18-1），允许用较高的切削速度，加之 Al_2O_3 的价格低廉，原料丰富，因此很有发展前途。但陶瓷材料性脆怕冲击，切削时容易崩刃，所以如何提高其抗弯强度已成为各国研究工作的重点。近年来，各国已先后研究成功"金属陶瓷"。例如，我国制成的 SG4、DT35、HDM6、P2、T2 等牌号的金属陶瓷材料，其成分除 Al_2O_3 外，还含有各种金属元素，抗弯强度比普通陶瓷刀片要高。

3. 其他新型刀具材料简介

随着科学技术和工业的发展，出现了一些高强度、高硬度的难加工材料，需要性能更好的刀具，所以国内外对新型刀具材料进行了大量的研究和探索。

（1）高速钢的改进 为了提高高速钢的硬度和耐热性，可在高速钢中增添新的元素。例如，我国制成的铝高速钢，即增添了 Al 等元素，它的硬度达到 70HRC，耐热性超过

600℃，属于高性能高速钢，又称为超高速钢。也可以用粉末冶金法细化晶粒，消除碳化物的偏析，致使韧度大、硬度高，热处理时变形小，适用于制造各种高精度的刀具。

（2）硬质合金的改进　硬质合金的缺点是强度和韧度低，对冲击和振动敏感。改进的方法是增添合金元素和细化晶粒，如加入碳化钽（TAC）或碳化铌（NbC）形成万能型硬质合金 YW1 和 YW2，既适用于加工铸铁等脆性材料，又适用于加工钢等塑性材料。

近年来还发展了涂层刀片，就是在韧度较好的硬质合金（K 类）基体表面，涂敷约 5μm 厚的一层 TiC 或 TiN（氮化钛）或两者的复合，以提高其表层的耐磨性。

（3）人造金刚石　人造金刚石硬度极高（接近 10000HV，而硬质合金仅达 1000～2000HV），耐热性为 700～800℃。聚晶金刚石大颗粒可制成一般切削工具，单晶微粒主要制成砂轮。金刚石除可以加工高硬度而且耐磨的硬质合金、陶瓷、玻璃等外，还可以加工有色金属及其合金，但不宜于加工铁族金属，这是由于铁和碳原子的亲和力较强，易产生黏结作用加快刀具磨损。

（4）立方氮化硼（CBN）　立方氮化硼是人工合成的又一种高硬度材料，硬度（7300～9000HV）仅次于金刚石，但它的耐热性和化学稳定性都大大高于金刚石，能耐 1300～1500℃的高温，并且与铁族金属的亲和力小。因此，它的切削性能好，不但适用于非铁族难加工材料的加工，也适用于铁族材料的加工。

CBN 和金刚石刀具脆性大，故使用时机床刚性要好，主要用于连续切削，尽量避免冲击和振动。

18.2.2　刀具几何参数

切削刀具的种类虽然很多，但它们切削部分的结构要素和几何角度有着许多共同的特征。各种多齿刀具或复杂刀具，就其一个刀齿而言，都相当于一把车刀的刀头。下面从车刀入手，进行分析和研究。

1. 车刀切削部分的组成

车刀的切削部分是由三面、两刃、一尖所组成，如图 18-5 所示。

（1）前刀面　切削时，刀具上切屑流过的表面。

（2）主后刀面　切削时，与工件加工表面相对的表面。

（3）副后刀面　切削时，与工件已加工表面相对的表面。

（4）主切削刃　前刀面与主后刀面的交线。它可以是直线或曲线，担负着主要的切削工作。

（5）副切削刃　前刀面与副后刀面的交线，一般只担负少量的切削工作。

（6）刀尖　主切削刃与副切削刃的相交部分。实际刀具的刀尖并非绝对尖锐，而是一小段曲线或直线，分别称为修圆刀尖和倒角刀尖。

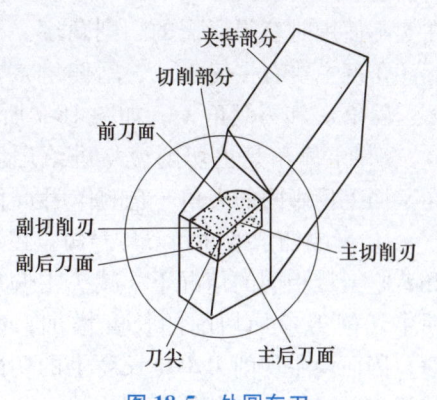

图 18-5　外圆车刀

2. 车刀切削部分的主要角度

刀具要从工件上切除余量，就必须使它的切削部分具有一定的切削角度。为定义、规定不同角度，适应刀具在设计、制造及工作时的多种需要，需选定适当组合的基准坐标平面作为参考系。其中用于定义刀具设计、制造、刃磨和测量时几何参数的参考系，称为刀具静止参考系；用于规定刀具进行切削加工时几何参数的参考系，称为刀具工作参考系。工作参考系与静止参考系的区别在于用实际的合成运动方向取代假定主运动方向，用实际的进给运动方向取代假定进给运动方向。

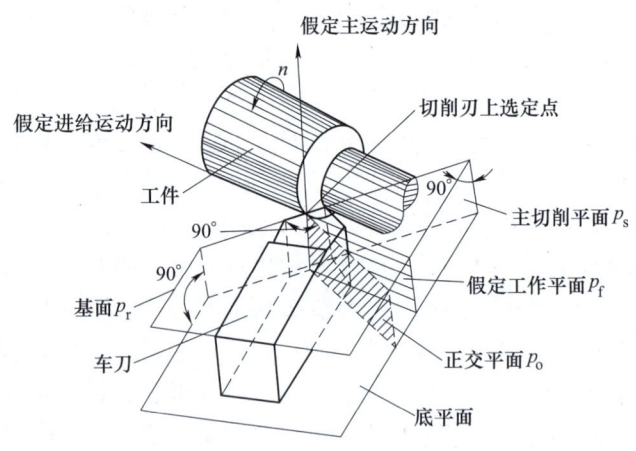

图 18-6　刀具静止参考系的平面

（1）刀具静止参考系　它主要包括基面、切削平面、正交平面和假定工作平面等，如图 18-6 所示。

1）基面。过切削刃上选定点，垂直于该点假定主运动方向的平面，以 p_r 表示。

2）切削平面。过切削刃上选定点，与切削刃相切并垂直于基面的平面，主切削平面以 p_s 表示，副切削平面以 p_s' 表示。

3）正交平面。过切削刃上选定点，并同时垂直于基面和切削平面的平面，以 p_o 表示。

4）假定工作平面。过切削刃上选定点，垂直于基面并平行于假定进给运动方向的平面，以 p_f 表示。

（2）车刀的标注角度　刀具的标注角度是指刀具设计图样上标注出的角度。它是刀具制造、刃磨和测量的依据，并能保证刀具在实际使用时获得所需的切削角度。车刀的标注角度主要有主偏角 κ_r、副偏角 κ_r'、前角 γ_o、后角 α_o 和刃倾角 λ_s，如图 18-7 所示。

1）主偏角是主切削刃与进给运动方向在基面上投影间的夹角。它的作用如下。

① 影响切削条件和刀具寿命。在进给量和背吃刀量相同的情况下，减少主偏角可以使主切削刃参加切削的长度增加，切屑变薄，因而使主切削刃单位长度上的切削载荷减轻，同时增大了散热面积，从而使切削条件得到改善，刀具寿命提高，如图 18-8 所示。

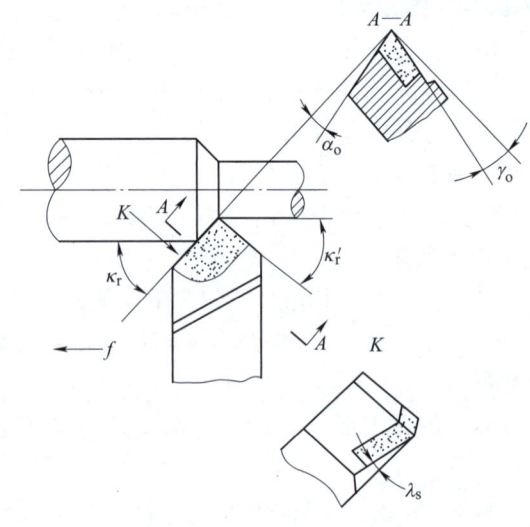

图 18-7　车刀的主要角度

② 影响切削分力的大小。在切削力同样大小的情况下，减小主偏角会使径向分力 F_p 增大，如图 18-9 所示。因此，当加工刚性较弱的工件（如细长轴）时，为避免工件变形和振动，应选用较大的主偏角（如采用偏刀）。

车刀常用的主偏角有 45°、60°、75°、90° 等。主偏角 κ_r 应根据系统刚性、加工材料和加工表面形状来选择。系统刚性好时，κ_r取45°或60°；系统刚性差时，κ_r取75°或90°；加工高强度、高硬度材料而系统刚性好时，κ_r取15°~30°；车阶梯轴时，κ_r取90°或93°；车外圆带倒角时，κ_r取45°。

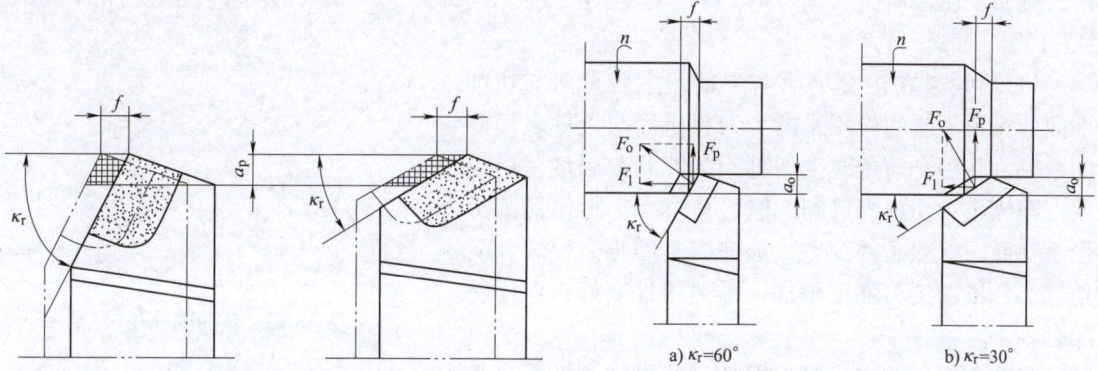

图 18-8 主偏角对切削层参数的影响

图 18-9 主偏角对切削分力的影响

2）副偏角是副切削刃与进给运动方向在基面上投影间的夹角。它的作用是影响已加工表面的粗糙度。切削时由于副偏角和进给量的存在，切削层的面积未能全部切去，总有一部分残留在已加工表面上，称为残留面积。在背吃刀量、进给量和主偏角相同的情况下，减少副偏角可使残留面积减小，表面粗糙度值降低，如图18-10所示。

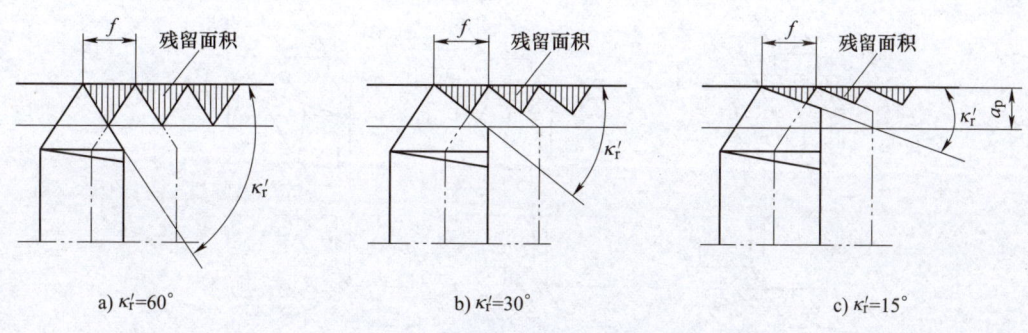

图 18-10 副偏角对残留面积的影响

3）前角是在正交平面内测量的前刀面与基面的夹角，表示前刀面的倾斜程度。根据前刀面和基面相对位置的不同，又分别规定为正前角、零前角和负前角，如图18-11所示。它的作用如下。

① 影响切屑的变形程度。当取较大的前角时，切削刃锋利，可减少切屑的变形，使切削轻快，降低切削力和切削温度。

② 影响切削刃强度。前角过大时，切削刃和刀头强度较弱，散热面积减少，切削温度升高，将使刀具磨损加快，刀具寿命下降，甚至崩刃损坏。若取较小的前角，虽然切削刃和刀头较强固，散热条

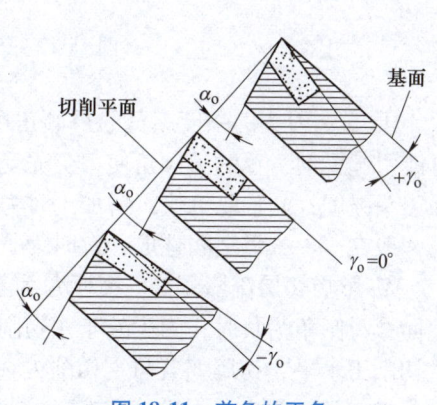

图 18-11 前角的正负

件和受力状况也较好，但切削刃变钝，对切削加工也不利，如图 18-12 所示。

因此，要根据工件材料、刀具材料和加工性质来选择前角的大小。当工件材料塑性大、强度和硬度低，或刀具材料的强度和韧性好，或精加工时，取大的前角；反之，取较小的前角。例如：用硬质合金车刀切削结构钢件，前角可取 10°～20°；切削灰铸铁件时可取 5°～15°。

4) 后角是在正交平面内测量的主后刀面与切削平面的夹角。它的作用是减少刀具后面与工件表面间的摩擦，并配合前角改变切削刃的锋利与强度。后角大，摩擦小，切削刃锋利。但后角过大，将使切削刃强度降低，散热条件变差，加速刀具磨损。反之，后角过小，虽切削刃强度增加，散热条件变好，但摩擦加剧。

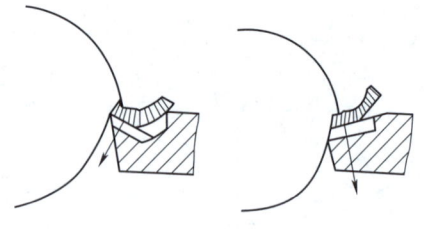

图 18-12 前角的作用

因此，后角的大小可根据加工的种类和性质来选择。例如，粗加工或工件材料较硬时，要求切削刃强固，后角取较小值（6°～8°）。反之，对切削刃强度要求不高，主要希望减小摩擦和已加工表面的粗糙度值，可取稍大的值（8°～12°）。

5) 刃倾角是在主切削平面中测量的主切削刃与基面间的夹角。与前角类似，刃倾角也有正、负和零值之分（图 18-13）。它的作用如下。

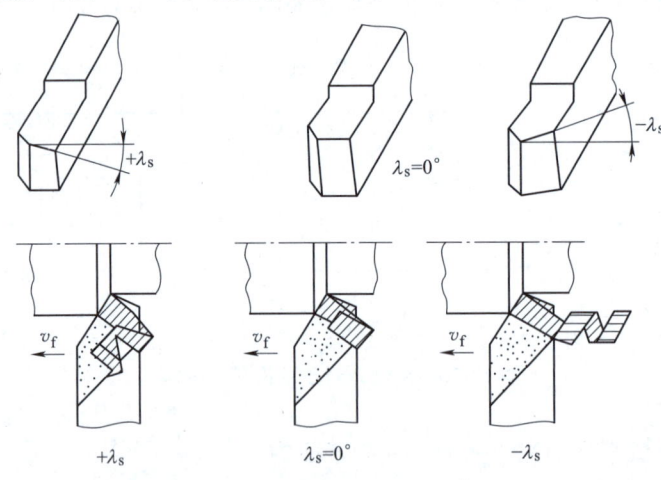

图 18-13 刃倾角及其对排屑方向的影响

① 影响刀头的强度。负的刃倾角可起到增强刀头强度的作用，但会使背向力增大，有可能引起振动；正的刃倾角使刀尖先受到撞击，因此刀具容易损坏。因此，粗加工时为了增强刀头强度，λ_s 常取负值；精加工时为了保护已加工表面，λ_s 常取正值或零值。车刀的刃倾角一般在 −5°～+5°之间选取。有时为了提高刀具耐冲击的能力，λ_s 可取较大的负值。

② 影响切屑流出方向。刃倾角为正时，刀尖处于主切削刃的最高点，切屑流向待加工表面；刃倾角为负时，刀尖处于主切削刃的最低点，切屑流向已加工表面；刃倾角为零时，主切削刃水平，切屑朝着与主切削刃垂直的方向流动。

在实际生产中，先进生产者通过改变车刀的几何参数，创造了不少先进车刀。例如，高速车削细长轴的银白屑车刀，表面粗糙度 Ra 值可达 $1.6~3.2\mu m$，切削效率比一般外圆车刀提高两倍以上。银白屑车刀的几何形状如图 18-14 所示。该车刀采用了 90°主偏角、大前角（15°~30°）、正的刃倾角（3°）、主切削刃磨有 0.1~0.15mm 的倒棱。这种车刀，在粗车和半精车时可以采用较大的切削用量；当采用高速小进给量时，也适用于精加工。

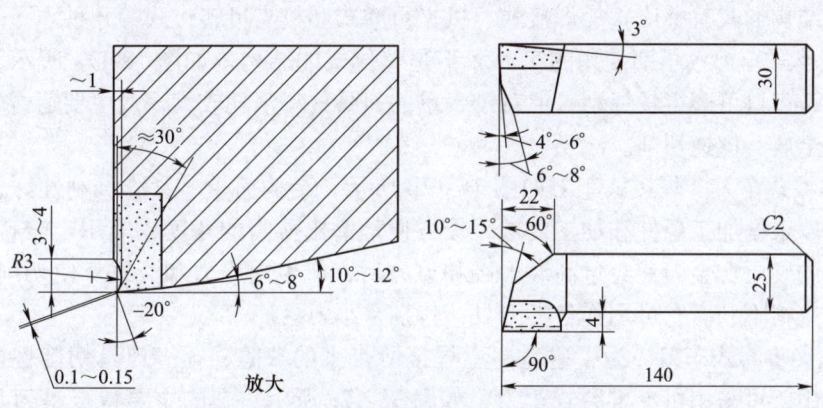

图 18-14 银白屑车刀的几何形状

（3）刀具的工作角度　刀具的工作角度是指在工作参考系中定义的刀具角度。刀具工作角度考虑了合成运动和刀具安装条件的影响。一般情况下，进给运动对合成运动的影响可忽略，并在正常安装条件下，如车刀刀尖与工件回转轴线等高、刀柄纵向轴线垂直于进给方向等。这时，车刀的工作角度近似于静止参考系中的角度。但在切断、车螺纹及车非圆柱表面时，就要考虑进给运动的影响。

如图 18-15 所示，车外圆时，若刀尖高于工件的回转轴线，则工作前角 $\gamma_{oe}>\gamma_o$，而工作后角 $\alpha_{oe}<\alpha_o$；反之，若刀尖低于工件的回转轴线，则 $\gamma_{oe}<\gamma_o$，$\alpha_{oe}>\alpha_o$。当车刀刀柄的纵向轴线与进给方向不垂直时，将会引起主偏角和副偏角的变化，如图 18-16 所示。

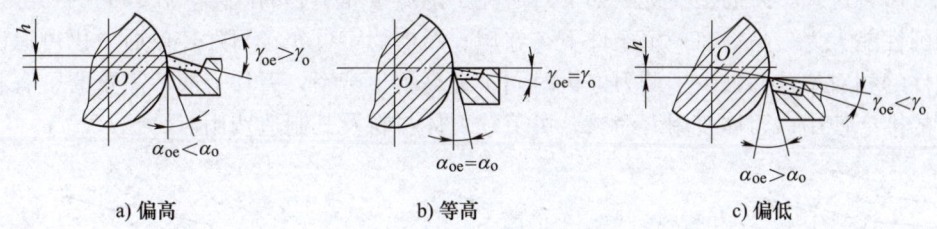

a) 偏高　　　b) 等高　　　c) 偏低

图 18-15 车刀安装高度对前角和后角的影响

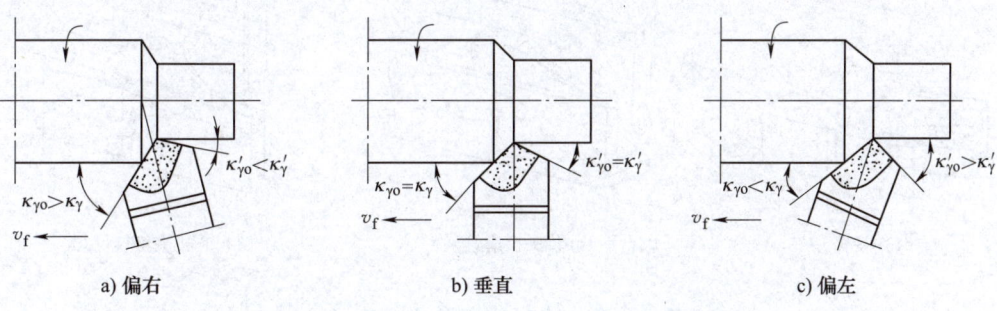

a) 偏右　　　b) 垂直　　　c) 偏左

图 18-16 车刀安装偏斜对主偏角和副偏角的影响

18.2.3　刀具结构

刀具的结构形式对刀具的切削性能、切削加工的生产率和经济效益有着重要的影响。下面仍以车刀为例，说明刀具结构的演变和改进。

车刀的结构形式有整体式、焊接式、机夹重磨式和机夹可转位式等几种。

（1）整体式车刀　早期使用的车刀多半是整体式的结构，如图18-17a所示，一般使用高速钢制造，刃口可磨得较锋利，但对于贵重的刀具材料消耗较大，故主要适合于小型车床或加工非铁金属、低速切削。

（2）焊接式车刀　焊接式车刀如图18-17b所示，结构简单、紧凑、刚性好，而且灵活性较大，可以根据加工条件和加工要求，较方便地磨出所需的角度，应用十分普遍。然而，焊接式车刀的硬质合金刀片经过高温焊接和刃磨后，产生内应力和裂纹，使切削性能下降，对提高生产率很不利。它可用作各类刀具，特别是小刀具。

（3）机夹重磨式车刀　为了避免高温焊接所带来的缺陷，提高刀具切削性能，并使刀柄能多次使用，可采用机夹重磨式车刀，如图18-17c所示。它的主要特点是刀片与刀柄是两个可拆开的独立元件，工作时靠夹紧元件把它们紧固在一起。它可用作外圆、端面、镗孔、切断、螺纹车刀等。

（4）机夹可转位式车刀　近年来，随着自动机床、数控机床和机械加工自动线的发展，无论焊接式车刀还是机夹重磨式车刀，由于换刀、调刀等造成停机时间损失，都不能适应需要，因此研制了机夹可转位式车刀（曾称为机夹不重磨车刀），如图18-17d所示。

机夹可转位式车刀是将压制有一定几何参数的多边形刀片，用机械夹固的方法装夹在标准的刀体上。使用时，刀片上一个切削刃用钝后，只需松开夹紧机构将刀片转位换成另一个新的切削刃，便可继续切削。机夹可转位式车刀由刀体、刀片、刀垫及夹紧机构等组成。

机夹可转位式车刀的主要优点如下：避免了因焊接而引起的缺陷，在相同的切削条件下刀具切削性能大为提高；在一定条件下，卷屑、断屑稳定可靠；刀片转位后，仍可保证切削刃与工件的相对位置，减少了调刀停机时间，提高了生产率；刀片一般不需重磨，有利于涂层刀片的推广使用；刀体使用寿命长，可节约刀体材料及其制造费用。

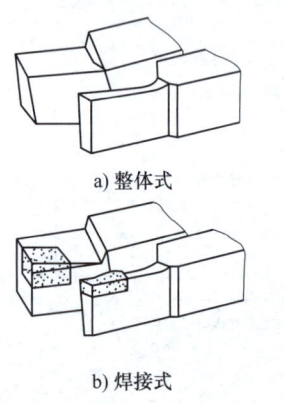
a) 整体式
b) 焊接式

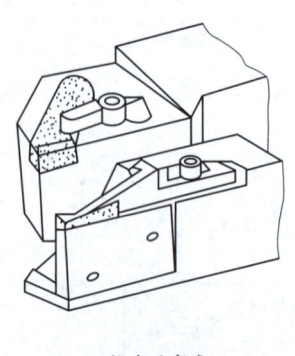
c) 机夹重磨式

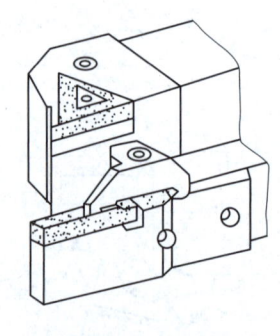
d) 机夹可转位式

图 18-17　车刀结构

18.3 金属切削过程

金属切削过程的研究，对于切削加工技术的发展和进步，保证加工质量，降低生产成本，提高生产率，都有着十分重要的意义。切削过程中的许多物理现象，如切削力、切削热、刀具磨损以及加工表面质量等，都是以切屑形成过程为基础的，而生产实践中出现的许多问题，如振动、卷屑和断屑等，都同切削过程有着密切的关系。这些现象和规律，在本书仅做简单的分析和讨论。

18.3.1 切屑形成过程及切屑种类

1. 切屑形成过程

金属的切削过程实际上与金属的挤压过程很相似。切削塑性金属时，材料受到刀具的作用后，开始产生弹性变形。随着刀具继续切入，金属内部的应力、应变继续加大。当应力达到材料的屈服强度时，产生塑性变形。刀具再继续前进，应力进而达到材料的断裂强度，金属材料被挤裂，并沿着刀具的前刀面流出而成为切屑。

经过塑性变形的切屑，其厚度 h_{ch} 大于切削层公称厚度 h_D，而长度 l_{ch} 小于切削层公称长度 l_D（图18-18），这种现象称为切屑收缩，切屑厚度与切削层公称厚度之比称为切屑厚度压缩比，以 Λ_h 表示。由定义可知

$$\Lambda_h = \frac{h_{ch}}{h_D}$$

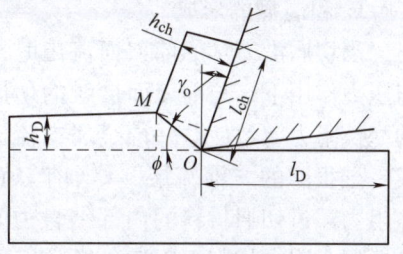

图 18-18　切屑收缩

在一般情况下，$\Lambda_h > 1$。

切屑厚度压缩比反映了切削过程中切屑变形程度的大小，对切削力、切削温度和表面粗糙度有重要影响。在其他条件不变时，切屑厚度压缩比越大，切削力越大，切削温度越高，表面越粗糙。因此，在加工过程中，可根据具体情况采取相应的措施，来减小变形程度，改善切削过程。例如，在中速或低速切削时，可增大前角以减小变形，或对工件进行适当的热处理，以降低材料的塑性，使变形减小等。

2. 切屑的种类

由于工件材料的塑性不同、刀具的前角不同或采用不同的切削用量等，会形成不同类型的切屑，并对切削加工产生不同的影响。常见的切屑有如下几种（图18-19）。

（1）带状切屑　在用大前角的刀具、较高的切削速度和较小的进给量切削塑性材料时，容易得到带状切屑（图18-19a）。形成带状切屑时，切削力较平稳，加工表面较光洁，但切屑连续不断，不太安全或

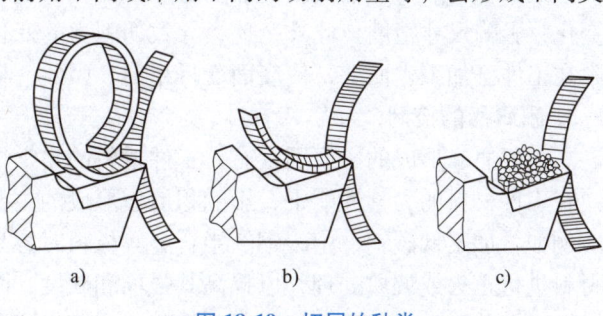

图 18-19　切屑的种类

可能刮伤已加工表面,因此要采取断屑措施。

（2）节状切屑　在采用较低的切削速度和较大的进给量粗加工中等硬度的钢材时,容易得到节状切屑（图 18-19b）。形成这种切屑时,金属材料经过弹性变形、塑性变形、挤裂和切离等阶段,是典型的切削过程。由于切削力波动较大,工件表面较粗糙。

（3）崩碎切屑　在切削铸铁和黄铜等脆性材料时,切削层金属发生弹性变形以后,一般不经过塑性变形就突然崩落,形成不规则的碎块状屑片,即为崩碎切屑（图 18-19c）。产生崩碎切屑时,切削热和切削力都集中在主切削刃和刀尖附近,刀尖容易磨损,并容易产生振动,影响表面质量。

切屑的形状可以随切削条件的不同而改变。在生产中,常根据具体情况采取不同的措施来得到需要的切屑,以保证切削加工的顺利进行。例如,加大前角、提高切削速度或减小进给量,可将节状切屑转变成带状切屑,使加工的表面较为光洁。

18.3.2　积屑瘤

在一定范围的切削速度下切削塑性金属时,常发现在刀具前刀面靠近切削刃的部位黏附着一小块很硬的金属,这就是积屑瘤,或称为刀瘤,如图 18-20 所示。

1. 积屑瘤的形成

当切屑沿刀具的前刀面流出时,在一定的温度与压力作用下,与前刀面接触的切屑底层受到很大的摩擦阻力,致使这一层金属的流出速度减慢,形成一层很薄的"滞流层"。当前刀面对滞流层的摩擦阻力超过切屑材料的内部结合力时,就会有一部分金属黏附在切削刃附近,形成积屑瘤。

积屑瘤形成后不断长大,达到一定高度又会破裂,而被切屑带走或嵌附在工件表面上。上述过程是反复进行的。

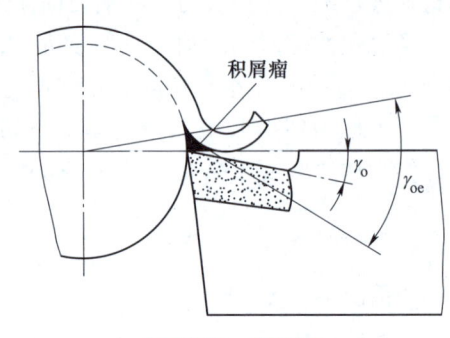

图 18-20　积屑瘤

2. 积屑瘤对切削加工的影响

在形成积屑瘤的过程中,金属材料因塑性变形而被强化。因此,积屑瘤的硬度比工件材料的硬度高,能代替切削刃进行切削,起到保护切削刃的作用。同时,由于积屑瘤的存在,增大了刀具实际工作前角（图 18-20）,使切削轻快。所以,粗加工时希望产生积屑瘤。

但是,积屑瘤的顶端伸出切削刃之外,而且在不断地产生和脱落,使切削层公称厚度不断变化,影响尺寸精度。此外,还会导致切削力的变化,引起振动,并会有一些积屑瘤碎片黏附在工件已加工表面上,使表面变得粗糙。因此,精加工时应尽量避免积屑瘤产生。

3. 积屑瘤的控制

影响积屑瘤形成的主要因素有:工件材料的力学性能、切削速度和冷却润滑条件等。

在工件材料的力学性能中,影响积屑瘤形成的主要是塑性。塑性越大,越容易形成积屑瘤。例如,加工低碳钢、中碳钢、铝合金等材料时容易产生积屑瘤。要避免积屑瘤,可将工件材料进行正火或调质处理,以提高其强度和硬度,降低塑性。

在对某些工件材料进行切削时,切削速度是影响积屑瘤的主要因素。切削速度是通过切削温度和摩擦来影响的。例如,加工中碳钢工件,当切削速度很低（<5m/min）时,切削

温度较低，切屑内部结合力较大，前刀面与切屑间的摩擦小，积屑瘤不易形成；当切削速度增大（5~50m/min）时，切削温度升高，摩擦加大，则易于形成积屑瘤；切削速度很高（>100m/min）时，切削温度较高，摩擦较小，则无积屑瘤形成。

因此，一般精车、精铣采用高速切削，而拉削、铰削和宽刀精刨时，则采用低速切削，以避免形成积屑瘤。选用适当的切削液，可有效地降低切削温度，减少摩擦，也是减少或避免积屑瘤的重要措施之一。

18.3.3 切削力和切削功率

切削力是切削加工过程中的重要问题之一。它影响零件的加工精度、表面粗糙度和生产率。切削力过大时，会使工件变形，从而影响工件的加工精度，在机床-工件-刀具系统的刚度不够时，切削力还会引起振动，使工件表面粗糙。切削力太大还可能造成打刀、闷车、损坏机床、顶跑工件等生产事故。因此，生产中往往要求考虑切削力的大小和方向，并采取措施加以控制。

1. 总切削力的构成与分解

刀具在切削工件时，必须克服材料的变形抗力，克服刀具与工件及刀具与切屑之间的摩擦力，才能切下切屑。这些抗力构成了实际的切削力。

在切削过程中，切削力使工艺系统（机床-工件-刀具）变形，影响加工精度。切削力还直接影响切削热的产生，并进一步影响刀具磨损和已加工表面的质量。切削力又是设计和使用机床、刀具、夹具的重要依据。

在实际加工中，总切削力的方向和大小都不易直接测定，也没有直接测定它的必要。为了适应设计和工艺分析的需要，一般不是直接研究总切削力，而是研究它在一定方向上的分力。以车削外圆为例，总切削力 F 一般分解为以下三个互相垂直的分力（图18-21）。

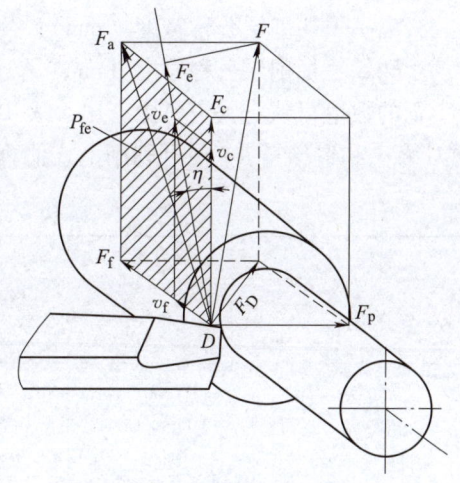

图18-21 车削外圆时力的分解

（1）切削力 F_c　总切削力 F 在主运动方向上的分力，大小占总切削力的80%~90%。F_c 消耗的功率最多，约占总功率的90%以上，是计算机床动力、主传动系统零件和刀具强度及刚度的主要依据。当 F_c 过大时，可能使刀具损坏或使机床发生闷车现象。

（2）进给力 F_f　总切削力 F 在进给运动方向上的分力，是设计和校验进给机构所必需的数据。进给力也做功，但只占总功率的1%~5%。

（3）背向力 F_p　总切削力 F 在垂直于假定工作平面方向上的分力。因为切削时这个方向上的运动速度为零，所以 F_p 不消耗功率。但它一般作用在工件刚度较弱的方向上，容易使工件变形，甚至可能产生振动，影响工件的加工精度。因此，应当设法减小或消除 F_p 的影响。例如，车削细长轴时，常采用主偏角 $\kappa_r = 90°$ 的车刀，就是为了减小背向力。

如图18-21所示，这三个切削分力与总切削力 F 有如下关系，即

$$F = \sqrt{F_c^2 + F_f^2 + F_p^2}$$

2. 切削力的估算

切削力的大小是由很多因素决定的，如工件材料、切削用量、刀具角度、切削液和刀具材料等。在一般情况下，对切削力影响比较大的是工件材料和切削用量。

切削力的大小可用经验公式来计算。经验公式是建立在试验基础上的，并综合了影响切削力的各个因素。例如，车削外圆时，计算 F_c 的经验公式如下：

$$F_c = C_{Fc} a_p^{x_{Fc}} f^{y_{Fc}} K_{Fc}$$

式中　C_{Fc}——与工件材料、刀具材料及切削条件等有关的系数；
　　　a_p——背吃刀量（mm）；
　　　f——进给量（mm/r）；
　　x_{Fc}、y_{Fc}——指数；
　　　K_{Fc}——切削条件不同时的修正系数。

经验公式中的系数和指数，可从有关资料（如《切削用量手册》等）中查出。例如，用 $\gamma_o = 15°$、$\kappa_r = 75°$ 的硬质合金车刀车削结构钢件外圆时，$C_{Fc} = 1609$，$x_{Fc} = 1$，$y_{Fc} = 0.84$。指数 x_{Fc} 比 y_{Fc} 大，说明背吃刀量 a_p 对 F_c 的影响比进给量 f 对 F_c 的影响大。

在生产中，常用切削层单位面积切削力 k_c 来估算切削力 F_c 的大小。因为 k_c 是切削力 F_c 与切削层公称横截面积 A_D 之比，所以

$$F_c = k_c A_D = k_c b_D h_D \approx k_c a_p f$$

式中　k_c——切削层单位面积切削力（MPa）；
　　　b_D——切削层公称宽度（mm）；
　　　h_D——切削层公称厚度（mm）。

k_c 的数值可从有关资料中查出，表 18-2 列出了几种常用材料的 k_c 值。若已知实际的背吃刀量 a_p 和进给量 f，便可利用上式估算出切削力 F_c。

表 18-2　几种常用材料的 k_c 值

材料	牌号	制造、热处理状态	硬度 HBW	k_c/MPa
结构钢	45（40Cr）	热轧或正火	187（212）	1962
		调质	229（285）	2305
灰铸铁	HT200	退火	170	1118
铅黄铜	HPb59-1	热轧	78	736
硬铝合金	2Al2	淬火及时效	107	834

3. 切削功率

切削功率 P_m 应是三个切削分力消耗功率的总和，但背向力 F_p 消耗的功率为零，进给力 F_f 消耗的功率很小，一般可忽略不计。因此，切削功率 P_m 可用下式计算，即

$$P_m = 10^{-3} F_c v_c$$

式中　F_c——切削力（N）；
　　　v_c——切削速度（m/s）。

机床电动机的功率 P_E 可用下式计算，即

$$P_E = P_m/\eta$$

式中 η——机床传动效率,一般取 0.75~0.85。

18.3.4 切削热和切削温度

1. 切削热的产生、传出及对加工的影响

在切削过程中,由于绝大部分的切削功都转变成热量,所以有大量的热产生,这些热称为切削热。切削热的主要来源有三种,如图18-22所示。

1) 切屑变形所产生的热量,是切削热的主要来源。

2) 切屑与刀具前刀面之间的摩擦所产生的热量。

3) 工件与刀具后刀面之间的摩擦所产生的热量。

随着刀具材料、工件材料、切削条件的不同,三个热源的发热量也不相同。

切削热产生以后,由切屑、工件、刀具及周围的介质(如空气)传出。各部分传出的比例取决于工件材料、切削速度、刀具材料及刀具几何形状等。试验结果表明,车削时的切削热主要是由切屑传出的。

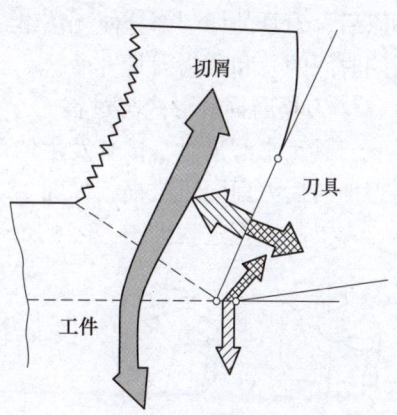

图 18-22 切削热的来源

用高速钢车刀及与之相适应的切削速度切削钢料时,切削热传出的比例是:切屑传出的热为 50%~86%;工件传出的热为 10%~40%;刀具传出的热为 3%~9%;周围介质传出的热约为 1%。

传入切屑及介质中的热量越多,对加工越有利。

传入刀具的热量虽不是很多,但由于刀具切削部分体积很小,因此刀具的温度可达到很高(高速切削时可达到 1000℃ 以上)。温度升高以后,会加速刀具的磨损。

传入工件的热,可能使工件变形,产生形状和尺寸误差。

在切削加工中,如何设法减少切削热的产生、改善散热条件以及减少高温对刀具和工件的不良影响,有着重大的意义。

2. 切削温度及其影响因素

切削温度一般是指切削区的平均温度。切削温度的高低,除了用仪器进行测定外,还可以通过观察切屑的颜色大致估计出来。例如,切削碳钢时,随着切削温度的升高,切屑的颜色也发生相应变化:淡黄色约 200℃,蓝色约 320℃。

切削温度的高低取决于切削热的产生和传出情况。它受切削用量、工件材料、刀具材料及几何形状等因素的影响。

切削速度增加时,单位时间产生的切削热随之增加,对温度的影响最大。进给量和背吃刀量增加时,切削力增大,摩擦也增大,所以切削热会增加。但是在切削面积相同的条件下,增加进给量与增加背吃刀量相比,后者可使切削温度低些。原因是当增加背吃刀量时,切削刃参加切削的长度随之增加,这将有利于热的传出。

工件材料的强度及硬度越高,切削中消耗的功越大,产生的切削热越多。切削钢时发热多,切削铸铁时发热少,因为钢在切削时产生塑性变形所需的功大。

导热性好的工件材料和刀具材料,可以降低切削温度。主偏角减小时,切削刃参加切削的长度增加,传热条件好,可降低切削温度。前角的大小直接影响切削过程中的变形和摩擦,前角大时,产生的切削热少,切削温度低。但当前角过大时,会使刀具的传热条件变差,反而不利于切削温度的降低。

18.3.5 刀具磨损和刀具寿命

一把刀具使用一段时间以后,它的切削刃变钝,以致无法再使用。对于可重磨刀具,经过重新刃磨以后,切削刃恢复锋利,仍可继续使用。这样经过使用-磨钝-刃磨锋利若干个循环以后,刀具的切削部分便无法继续使用,而完全报废。刀具从开始切削到完全报废,实际切削时间的总和称为刀具寿命。

1. 刀具磨损的形式与过程

刀具正常磨损时,按其发生的部位不同可分为三种形式,即后刀面磨损、前刀面磨损、前刀面与后刀面同时磨损,如图 18-23 所示。

刀具的磨损过程如图 18-24 所示,可分为三个阶段。

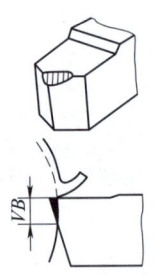
a) 后刀面磨损

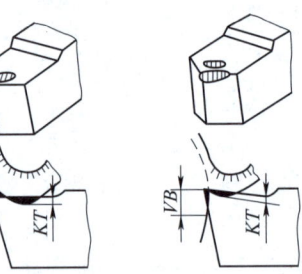
b) 前刀面磨损 c) 前刀面与后刀面同时磨损

图 18-23 刀具磨损的形式

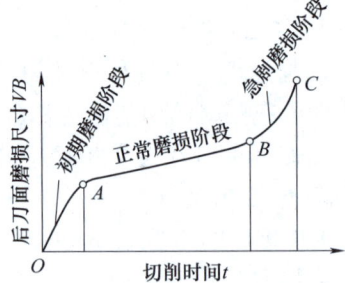

图 18-24 刀具的磨损过程

第一阶段(OA 段)称为初期磨损阶段;第二阶段(AB 段)称为正常磨损阶段;第三阶段(BC 段)称为急剧磨损阶段。

经验表明,在刀具正常磨损阶段的后期、急剧磨损阶段之前,换刀重磨为最好。这样既可保证加工质量又能充分利用刀具材料。

2. 影响刀具磨损的因素

如前所述,增大切削用量时切削温度随之增高,将加速刀具磨损。在切削用量中,切削速度对刀具磨损的影响最大。

此外,刀具材料、刀具几何形状、工件材料以及是否使用切削液等,也都会影响刀具的磨损。例如:耐热性好的刀具材料,就不易磨损;适当加大刀具前角,由于减小了切削力,可减少刀具的磨损。

3. 刀具寿命

刀具的磨损限度,通常用后刀面的磨损程度作为标准。但是,生产中不可能用经常测量后刀面磨损的方法,来判断刀具是否已经达到允许的磨损限度,而常是按刀具进行切削的时间来判断。刃磨后的刀具自开始切削直到磨损量达到磨钝标准所经历的实际切削时间,称为刀具寿命,以 T 表示。

在粗加工时,多以切削时间(min)表示刀具寿命。例如,目前硬质合金焊接车刀的寿命大致为 60min，高速钢钻头的寿命为 80~120min，硬质合金面铣刀的寿命为 120~180 min，齿轮刀具的寿命为 200~300min。

在精加工时，常以走刀次数或加工零件个数表示刀具的寿命。

18.4 切削加工技术经济简析

技术与经济是社会进行物质生产不可缺少的两个方面。它们虽然是两个不同的范畴，但在实际生产中它们是密切联系、互相制约和互相促进的。经济的需要是技术进步的动力和方向，而技术进步又是推动经济发展的重要条件和手段。因此，在研究某个技术方案时，不仅要从技术上评价它的效果，而且还要从经济上评价它的效果，也就是要求尽量做到既在技术上先进，又在经济上合理。

评价不同方案的技术经济效果时，首先应确定评价依据和标准，也就是要利用一系列的技术经济指标。

18.4.1 切削加工主要技术经济指标

某方案的技术经济效果可用下式概括地描述，即

$$E = \frac{V}{C}$$

式中　E——技术经济效果；

　　　V——输出的使用价值，也称为效益；

　　　C——输入的劳动耗费。

劳动耗费是指生产过程中消耗与占用的劳动量、材料、动力、工具和设备等，这些往往以货币的形式表示，称为费用消耗。

使用价值是指生产活动创造出来的劳动成果，包括质量和数量两个方面。

人们在技术发展和生产活动中，都要力争取得最好的技术经济效果，即要尽量做到：使用价值一定，劳动耗费最小，或劳动耗费一定，使用价值最大。

全面地分析指标体系是一个较为复杂的问题，需要时可查阅"技术经济分析"有关资料，下面仅简要介绍切削加工的几个主要技术经济指标，即产品质量、生产率和经济性。

1. 产品质量

零件经切削加工后的质量包括精度和表面质量。

（1）精度　精度是指零件在加工之后，其尺寸、形状等参数的实际数值同它们绝对准确的各个理论参数相符合的程度。符合程度越高，即偏差（加工误差）越小，则加工精度越高。

1）尺寸精度。尺寸精度是指表面本身的尺寸精度（如圆柱面的直径）和表面间的尺寸精度（如孔间距离等）。尺寸精度的高低，用尺寸公差的大小来表示。

国家标准 GB/T 1800.1—2020 规定，标准公差分成 20 级，即 IT01、IT0 和 IT1~IT18，IT 表示标准公差。数字越大，精度越低。IT1~IT13 用于配合尺寸，其余用于非配合尺寸。

2）形状精度。形状精度是指零件表面与理想表面之间在形状上接近的程度，如圆柱面的圆柱度、圆度，平面的平面度等。

3）位置精度。位置精度是指表面、轴线或对称平面之间的实际位置与理想位置接近的程度，如两圆柱面间的同轴度，两平面间的平行度或垂直度等。

应当指出，由于在加工过程中有各种因素影响加工精度，即使是同一加工方法，在不同的条件下所能达到的精度也不同。甚至在相同条件下采用同一种方法，如果多费一些工时、细心地完成每一动作，也能提高它的加工精度。但这样做又降低了生产率，增加了生产成本，因而是不经济的。所以，通常所说的某加工方法所达到的精度，是指在正常操作情况下所达到的精度，称为经济精度。

设计零件时，首先应根据零件尺寸的重要性来决定选用哪一级精度。其次还应考虑本企业的设备条件和加工费用的高低。总之，选择精度的原则是在保证能达到技术要求的前提下，选用较低的公差等级。

（2）表面质量　已加工表面质量包括表面结构、表层加工硬化的程度和深度、表层残余应力的性质和大小。

1）表面结构。表面结构主要是指零件表面的微观几何特性。它是因获得表面的工艺所形成的。无论用何种加工方法加工，零件表面总会遗留下微细的凸凹不平的加工痕迹，出现交错起伏的峰谷现象，粗加工后的表面用眼就能看到，精加工后的表面用放大镜或显微镜也能观察到。

表面结构与零件的配合性质、耐磨性和耐蚀性等有着密切的关系。它影响机器或仪器的使用性能和寿命。为了保证零件的使用性能，要规定对零件表面结构的要求，GB/T 3505—2009 规定用零件的表面轮廓参数来评定表面结构。表 18-3 列出了轮廓算术平均偏差 Ra 值。

表 18-3　轮廓算术平均偏差 Ra 值

Ra 值/μm ≤	100	50	25	12.5	6.3	3.2	1.6	0.8	0.4	0.2	0.1	0.05	0.025	0.012

在一般情况下，零件表面的尺寸精度要求越高，其形状和位置精度要求越高，表面粗糙度值越小。但有些零件的表面，出于外观或清洁的考虑，要求光亮，而其精度不一定要求高，如机床手柄、面板等。

2）已加工表面的加工硬化和残余应力。在切削过程中，由于前刀面的推挤以及后刀面的挤压与摩擦，工件已加工表面层的晶粒发生很大的变形，致使其硬度比原来工件材料的硬度有显著提高，这种现象称为加工硬化。切削加工所造成的加工硬化，常常伴随着表面裂纹，因而降低了零件的疲劳强度和耐磨性。另一方面，硬化层的存在加速了后续加工中刀具的磨损。

经切削加工后的表面，由于切削时力和热的作用，在一定深度的表层金属里，常常存在着残余应力和裂纹。这会影响零件表面质量和使用性能。若各部分的残余应力分布不均匀，还会使零件发生变形，影响尺寸和几何精度。这一点对刚度比较差的细长或扁薄零件影响更大。

因此，对于重要的零件，除限制表面粗糙度外，还要控制其表层加工硬化的程度和深度以及表层残余应力的性质（拉应力还是压应力）和大小。而对于一般的零件，则主要规定其表面粗糙度的数值范围。

2. 生产率

在切削加工中,常以单位时间内生产的零件数量来表示生产率,即

$$R_0 = \frac{1}{t_w}$$

式中 R_0——生产率;
t_w——生产 1 个零件所需的总时间(s)。

在机床上加工 1 个零件,所用的总时间包括三个部分,即

$$t_w = t_m + t_c + t_o$$

式中 t_m——基本工艺时间,即加工 1 个零件所需的总切削时间,也称为机动时间(s);
t_c——辅助时间,即除总切削时间之外,与加工直接有关的时间,其是工人为了完成切削加工而消耗于各种操作上的时间(s),如调整机床、空移刀具、装卸或刃磨刀具、安装和找正工件、检验等时间;
t_o——其他时间,即除总切削时间之外,与加工没有直接关系的时间(s),包括擦拭机床、清扫切屑及自然需要的时间等。

所以,生产率又可表示为

$$R_0 = \frac{1}{t_m + t_c + t_o}$$

由上式可知,提高切削加工的生产率,实际就是设法减少零件加工的基本工艺时间、辅助时间及其他时间。

以车削外圆为例(图 18-25),基本工艺时间可用下式计算,即

$$t_m = \frac{lh}{nfa_p} = \frac{\pi d_w lh}{1000 v_c f a_p}$$

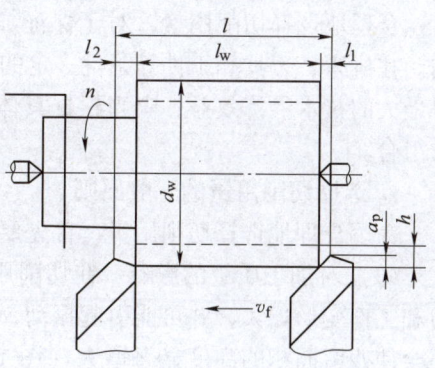

图 18-25 车削外圆时基本工艺时间的计算

式中 l——车刀行程长度(mm),并有 $l = l_w$(被加工外圆面长度)$+ l_1$(切入长度)$+ l_2$(切出长度);
d_w——工件待加工表面直径(mm);
h——外圆面半径的加工余量(mm);
v_c——切削速度(m/s);
f——进给量(mm/r);
a_p——背吃刀量(mm);
n——工件转速(r/s)。

综合上述分析,提高生产率的主要途径如下。

1)在可能的条件下,采用先进的毛坯制造工艺和方法,减小加工余量。

2)合理地选择切削用量,粗加工时可采用强力切削(f 和 a_p 较大),精加工时可采用高速切削。

3)在可能的条件下,采用先进的和自动化程度较高的工、夹、量具。

4)在可能的条件下,采用先进的机床设备及自动化控制系统,如在大批大量生产中采

用自动机床，多品种、小批量生产中采用数控机床、计算机辅助制造等。

3. 经济性

在制定切削加工方案时，应使产品在保证其使用要求的前提下制造成本最低。产品的制造成本是指费用消耗的总和。它包括毛坯或原材料费用、生产工人工资、机床设备的折旧和调整费用、工夹量具的折旧和修理费用、车间经费和企业管理费用等。若将毛坯成本除外，每个零件切削加工的费用可用下式计算，即

$$C_\mathrm{w} = t_\mathrm{w} M + \frac{t_\mathrm{m}}{T} C_\mathrm{t} = (t_\mathrm{m} + t_\mathrm{c} + t_\mathrm{o}) M + \frac{t_\mathrm{m}}{T} C_\mathrm{t}$$

式中　C_w——每个零件切削加工的费用；

　　　M——单位时间分担的全厂开支，包括工人工资、设备和工具的折旧及管理费用等；

　　　T——刀具寿命；

　　　C_t——刀具刃磨一次的费用。

由上式可知，零件切削加工的成本，包括工时成本和刀具成本两部分，并且受基本工艺时间、辅助时间、其他时间及刀具寿命的影响。若要降低零件切削加工的成本，除节约全厂开支、降低刀具成本外，还要设法减少 t_m、t_c 和 t_o 并保证一定的刀具寿命 T。

切削加工最优的技术经济效果是指在可能的条件下，以最低的成本高效率地加工出质量合格的零件。要达到这一目标，涉及的问题比较多，也很复杂，本节仅讨论几个与金属切削过程有密切关系的问题——切削用量、切削液和材料的切削加工性等。

18.4.2　切削用量的合理选择

合理地选择切削用量，对于保证加工质量、提高生产率和降低加工成本有着重要的影响。在机床、刀具和工件等条件一定的情况下，切削用量的选择具有较大的灵活性。为了取得最大的技术经济效益，应当根据具体的加工条件确定切削用量三要素（a_p、f、v_c）合理的组合。

1. 选择切削用量的一般原则

为了合理地选择切削用量，首先要了解它们对切削加工的影响。

（1）对加工质量的影响　在切削用量三要素中，背吃刀量和进给量增大，都会使切削力和工件变形增大，并可能引起振动，降低加工精度和增大表面粗糙度 Ra 值。进给量增大还会使残留面积的高度显著增大（图 18-26），表面更加粗糙。切削速度增大时，切削力减小，并可减小或避免积屑瘤，有利于加工质量的提高。

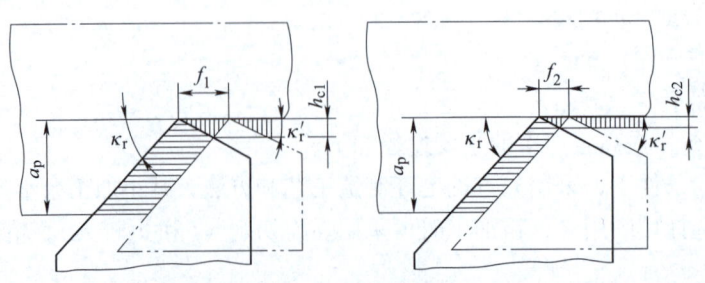

图 18-26　进给量对残留面积的影响

（2）对生产率的影响　由前面计算基本工艺时间的公式可知，切削用量三要素 v_c、f 和 a_p 对 t_m 的影响是相同的，但它们对辅助时间的影响却大不相同。用试验的方法可以求出刀具寿命与切削用量之间关系的经验公式。例如，用硬质合金车刀车削中碳钢时，刀具寿命

$$T = \frac{C_T}{v_c^5 f^{2.25} a_p^{0.75}}$$　（当 $f > 0.75\text{mm/r}$ 时）

式中　C_T——系数。

由上式可知，在切削用量中，切削速度对刀具寿命的影响最大，进给量次之，背吃刀量的影响最小。也就是说，当提高切削速度时，刀具寿命降低的程度比增大同样倍数的进给量或背吃刀量时大得多。由于刀具寿命降低，势必增加换刀或磨刀的次数，增加辅助时间，从而降低生产率。

综上所述，粗加工时，从提高生产率的角度出发，一般取较大的背吃刀量和进给量，切削速度并不太高。精加工时，主要考虑加工质量，常选用较小的背吃刀量和进给量，较高的切削速度，只有在受到刀具等工艺条件限制不宜采用高速切削时才选用较低的切削速度。例如，用高速钢铰刀铰孔，切削速度受刀具材料耐热性的限制，并为了避免积屑瘤的影响，采用较低的切削速度。

2. 切削用量的选择

综合切削用量三要素对刀具寿命、生产率和加工质量的影响，选择切削用量的顺序应为：首先选尽可能大的背吃刀量 a_p，其次选尽可能大的进给量 f，最后选尽可能大的切削速度 v_c。

（1）背吃刀量的选择　背吃刀量要尽可能选得大些，不论是粗加工还是精加工，最好一次走刀能把该工序的加工余量切完。若因加工余量太大，一次走刀切除会使切削力太大，机床功率不足，刀具强度不够或产生振动，可将加工余量分为两次或多次切完。这时也应将第一次走刀的背吃刀量取得尽量大些，其后的背吃刀量取得相对小些。

（2）进给量的选择　粗加工时，一般对工件已加工表面质量要求不太高，进给量主要受机床、刀具和工件所能承受的切削力的限制。这是因为，当选定背吃刀量后，进给量的数值将直接影响切削力的大小。而精加工时，一般背吃刀量较小，切削力不大，限制进给量的因素主要是工件表面粗糙度要求较高。

（3）切削速度的选择　在背吃刀量和进给量选定后，可根据合理的刀具寿命，用计算法或查表法选择切削速度。粗加工时，由于切削力一般较大，切削速度主要受机床功率的限制。当依据刀具寿命选定的切削速度使切削功率超过机床许用值时，应适当降低切削速度。精加工时，切削力较小，切削速度主要受刀具寿命的限制。

在实际生产中，进给量、切削速度的数值，可从切削用量手册等资料中查出。

18.4.3　切削液的选择

用改变外界条件来影响和改善切削过程，是提高产品质量和生产率的有效措施之一，其中应用最广泛的是合理选择和使用切削液。

1. 切削液的作用和种类

切削液主要通过冷却和润滑作用来改善切削过程。它一方面吸收并带走大量切削热，起到冷却作用；另一方面它能渗入到刀具与工件和切屑的接触表面，形成润滑膜，有效地减小

摩擦。因此，合理地选择切削液可以降低切削力和切削温度，提高刀具寿命和加工质量。

常用的切削液有以下两大类。

（1）水基切削液　这类切削液比热容大，流动性好，主要起冷却作用，也有一定的润滑作用，如水溶液（肥皂水、苏打水等）、乳化液等。为了防止机床和工件生锈，常加入一定量的防锈剂。

（2）油基切削液　油基切削液又称为切削油，主要成分是矿物油，少数采用动植物油或复合油。这类切削液比热容小，流动性差，主要起润滑作用，也有一定的冷却作用。

为了改善切削液的性能，除防锈剂外，还常在切削液中加入油性添加剂、极压添加剂、防霉添加剂、抗泡沫添加剂和乳化剂等。

2. 切削液的选择和使用

切削液的品种很多，性能各异，通常应根据加工性质、工件材料和刀具材料等来选择合适的切削液。

粗加工时，主要要求冷却，也希望降低一些切削力及切削功率，一般应选用冷却作用较好的切削液，如低浓度的乳化液等。精加工时，主要希望提高表面质量和减少刀具磨损，应选用润滑作用较好的切削液，如高浓度的乳化液或切削油等。

加工一般钢材时，通常选用乳化液或硫化切削油。加工铜合金和有色金属时，不宜采用含硫化油的切削液，以免腐蚀工件。加工铸铁、青铜、黄铜等脆性材料时，为了避免崩碎的切屑进入机床运动部件，一般不用切削液。但在低速精加工（如宽刀精刨、精铰等）中，为了提高表面质量，可用煤油作为切削液。

高速钢刀具的耐热性较低，为了提高刀具寿命，应根据加工的性质和工件材料选用合适的切削液。硬质合金刀具由于耐热性和耐磨性较好，一般不用切削液。如果要用，必须连续地、充分地供给，切不可断断续续，以免硬质合金刀片因骤冷骤热而开裂。

切削液的使用，目前以浇注法最为普遍。在使用中应注意把切削液尽量注射到切削区，仅仅浇注到刀具上是不恰当的。为了提高其使用效果，可以采用喷雾冷却法或内冷却法。

18.4.4　材料切削加工性的改善

1. 材料切削加工性的概念和衡量指标

切削加工性是指材料被切削加工的难易程度。它具有一定的相对性。某种材料切削加工性的好坏往往是相对于另一种材料来说的。具体的加工条件和要求不同，加工的难易程度也有很大的差异。因此，在不同的情况下要用不同的指标来衡量材料的切削加工性。常用的指标主要有如下几个。

（1）一定刀具寿命下的切削速度 v_T　切削速度 v_T 即为刀具寿命为 $T(\min)$ 时切削某种材料所允许的切削速度。v_T 越高，材料的切削加工性越好。若取 $T=60\min$，则 v_T 可写为 v_{60}。

（2）相对加工性 K_R　相对加工性 K_R 即各种材料的 v_{60} 与 45 钢（正火）的 v_{60} 的比值。由于把后者的 v_{60} 作为比较的基准，故写为 $(v_{60})_j$，于是

$$K_R = v_{60}/(v_{60})_j$$

常用材料的相对加工性可分为 8 级（表 18-4）。凡 $K_R>1$ 的材料，其切削加工性比 45 钢（正火）好，反之较差。

表 18-4　材料相对加工性分级

加工性等级	名 称 及 种 类		相对加工性 K_R	代 表 性 材 料
1	很容易切削材料	一般有色金属	>3.0	5-5-5 铜铅合金、9-4 铝铜合金、铝镁合金
2	容易切削材料	易切削钢	2.5~3.0	15Cr 退火　R_m = 380~450MPa
				自动机用钢　R_m = 400~500MPa
3		较易切削钢	1.6~2.5	30 钢正火　R_m = 450~560MPa
4	普通材料	一般钢及铸铁	1.0~1.6	45 钢、灰铸铁
5		稍难切削材料	0.65~1.0	2Cr13 调质　R_m = 850MPa
				85 钢　R_m = 900MPa
6	难切削材料	较难切削材料	0.5~0.65	45Cr 调质　R_m = 1050MPa
				65Mn 调质　R_m = 950~1000MPa
7		难切削材料	0.15~0.5	50CrV 调质、1Cr18Ni9Ti、某些钛合金
8		很难切削材料	<0.15	某些钛合金，铸造镍基高温合金

（3）已加工表面质量　凡较容易获得好的表面质量的材料，其切削加工性较好；反之则较差。精加工时，常以此为衡量指标。

（4）切屑控制或断屑的难易　凡切屑较容易控制或易于断屑的材料，其切削加工性较好；反之较差。在自动机床或自动线上加工时，常以此为衡量指标。

（5）切削力　在相同的切削条件下，凡切削力较小的材料，其切削加工性较好；反之较差。在粗加工中，当机床刚度或动力不足时，常以此为衡量指标。

v_T 和 K_R 是最常用的切削加工性指标，对于不同的加工条件都能适用。

2. 改善材料切削加工性的主要途径

材料的使用要求经常与其切削加工性发生矛盾。加工部门应与设计部门和冶金部门密切配合，在保证零件使用性能的前提下，通过各种途径来改善材料的切削加工性。

直接影响材料切削加工性的主要因素是其物理、力学性能。若材料的强度和硬度高，则切削力大，切削温度高，刀具磨损快，切削加工性较差。若材料的塑性高，则不易获得好的表面质量，断屑困难，切削加工性较差。若材料的导热性差，切削热不易散失，切削温度高，其切削加工性也不好。

通过适当的热处理，可以改变材料的力学性能，从而达到改善其切削加工性的目的。例如，对高碳钢进行球化退火可以降低硬度，对低碳钢进行正火可以降低塑性，都能够改善切削加工性。又如，铸铁件在切削加工前进行退火可降低表层硬度，特别是白口铸铁，在 950~1000℃ 的温度下长时间退火，变成可锻铸铁，能使切削加工较易进行。

改变材料的力学性能，还可以用其他辅助性的加工，如低碳钢经过冷拔可降低其塑性，也能改善材料的切削加工性。

适当调整材料的化学成分也可以改善其切削加工性。例如，在钢中适当添加某些元素，如硫、铅等，可使其切削加工性得到显著改善，这样的钢称为易切削钢。需要说明的是，只有在满足零件对材料性能要求的前提下，才能这样做。

复习思考题

18.1　试说明下列加工方法的主运动和进给运动。
　　①车端面；②在车床上钻孔；③在车床上镗孔；④在钻床上钻孔；⑤在镗床上镗孔；⑥在牛头刨床上刨平面；⑦在龙门刨床上刨平面；⑧在铣床上铣平面；⑨在平面磨床上磨平面；⑩在内圆磨床上磨孔。

18.2　对刀具材料的性能有哪些基本要求？

18.3　高速钢和硬质合金在性能上的主要区别是什么？各适合制造何种刀具？

18.4　简述车刀前角、后角、主偏角、副偏角和刃倾角的作用。

18.5　机夹可转位式车刀有哪些优点？

18.6　什么是积屑瘤，它是如何形成的？对切削加工有哪些影响？

18.7　试分析车外圆时各切削分力的作用和影响？

18.8　切削热对切削加工有什么影响？

18.9　什么是刀具寿命？粗、精加工时各以什么来表示刀具寿命？

18.10　什么是技术经济效果？切削加工的技术经济指标主要有哪几个？

18.11　简述切削用量选择的原则。

18.12　切削液的主要作用是什么？常根据哪些主要因素选用切削液？

18.13　什么是材料的切削加工性？其衡量指标主要有哪几个？各适用于何种场合？

第 19 章　常用切削加工方法及其选择

教学提示：金属切削是金属成形工艺中的材料去除及成形方法，在机械制造中占重要的地位。金属切削工艺是工件和刀具相互作用的过程，刀具从待加工工件上切除多余的金属，并在保证生产率和加工成本的前提下，工件获得符合设计和加工要求的几何精度、尺寸精度及表面质量。金属切削加工方法有很多，通常按切削机床的种类分为车削、铣削、钻削、镗削、拉削和磨削等。由于所用机床和刀具不同，切削运动形式各异，所以它们有着各自不同的工艺特点及实际工程应用。

教学要求：了解金属切削机床的基本知识；了解各种不同机械加工的工艺特点和应用范围；掌握车削、铣削和磨削的基本方法和工艺特点；了解钻削、镗削、刨削、拉削的基本方法和工艺特点；能根据零件的基本表面特征，合理分析并正确选择加工方法；了解螺纹表面和齿轮表面的常见加工方法。

19.1　机床的基础知识

19.1.1　切削机床的类型

金属切削机床是切削加工的主要设备。机床的种类很多，分为非数控机床（传统机床）和数控机床两大类。国家制定的金属切削机床型号编制方法（详见 GB/T 15375—2008）中将机床分为 11 类，见表 19-1。

表 19-1　金属切削机床类别的代号

类别	车床	钻床	镗床	磨床	齿轮加工机床	螺纹加工机床	铣床	刨插床	拉床	锯床	其他机床
代号	C	Z	T	M	Y	S	X	B	L	G	Q
读音	车	钻	镗	磨	牙	丝	铣	刨	拉	割	其

按机床其他特征分类的方法还有很多。根据加工工件的质量和尺寸的不同，分为仪表机床、中小机床、大型机床、重型机床和超重型机床；按机床的工艺范围分为通用机床、专门化机床和专用机床；按自动化程度的不同，分为普通机床、万能机床、半自动机床、自动机床、数控机床和仿形机床；按机床布局分为卧式机床、立式机床、龙门机床、马鞍机床和落地机床；按加工精度的不同，同类机床可分为普通精度机床、精密级机床和高精度机床。

19.1.2　机床的传动

机床的原动力一般是来自电动机，但是机床的主运动和进给运动却要求具有不同的速度和运动形式（如旋转运动或直线运动），为此机床需要各种形式的传动。机床的传动有机械传动、液压传动、气动传动、电气传动等多种形式，这里主要介绍机械传动。

1. 机床机械传动的主要组成部分

1）定比传动机构，即具有固定传动比或固定传动关系的传动机构。
2）变速机构，即改变机床部件运动速度的机构。
3）换向机构，即变换机床部件运动方向的机构。
4）操纵机构，即实现机床运动部件变速、换向、起动、停止、制动及调整的机构。
5）箱体及其他装置，即用来支撑、连接、精确定位各机构、润滑与密封等的装置。

2. 机床常用的传动方式

机床上有用来传递运动和动力的各种传动部件，其传动方式多样，常用的传动方式如下。

（1）带传动　带传动是利用带与带轮间的摩擦作用进行动力和运动的传递。常用的带传动有平带传动、V 带传动（图 19-1）、多楔带传动和同步带传动等。带传动的传动比 i（从动件与主动件的运动速度之比）为主动带轮与从动带轮的直径之比，带传动中转速 n 与直径 d 成反比。

$$i = n_2/n_1 = d_1/d_2$$

式中　n_1、n_2——主动带轮、从动带轮的转速（r/min）；
　　　d_1、d_2——主动带轮、从动带轮的直径（mm）。

带传动的特点是传动平稳，结构简单，制造、维护方便，过载时会打滑，可保护设备不受损坏；但传动效率低，除同步带传动外不能保证准确的传动比。

（2）齿轮传动　齿轮传动是利用齿轮齿间啮合力进行动力与运动的传递。常用的齿轮有直齿圆柱齿轮、斜齿圆柱齿轮、人字齿圆柱齿轮、圆弧齿圆柱齿轮。齿轮传动（图 19-2）的传动比为主动齿轮与从动齿轮的齿数之比，齿轮传动中转速 n 与齿数 z 成反比。

$$i = n_2/n_1 = z_1/z_2$$

式中　z_1、z_2——主动齿轮、从动齿轮的齿数；
　　　n_1、n_2——主动齿轮、从动齿轮的转速（r/mm）。

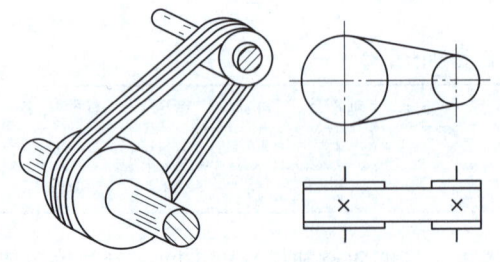

图 19-1　V 带传动及其简图

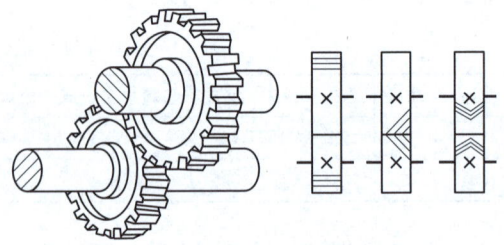

图 19-2　齿轮传动及其简图

齿轮传动的特点是结构紧凑，传动比准确，传动效率高，传递转矩大；但线速度不能过高，制造精度不高时传动不平稳、有噪声和振动产生。

（3）蜗杆传动　蜗杆传动中只能蜗杆带动蜗轮，不能逆转。蜗杆传动（图 19-3）的传动比为蜗杆的头数 z_1 与蜗轮的齿数 z_2 之比。

$$i = n_2/n_1 = z_1/z_2$$

式中　z_1——蜗杆的头数；

z_2——蜗轮的齿数；

n_1、n_2——蜗杆、蜗轮的转速（r/mm）。

蜗杆传动的特点是结构紧凑、传动平稳、噪声小，可获得较大的降速比，但需要有良好的润滑条件。

(4) 齿轮齿条传动　如图19-4所示，齿轮齿条传动可将直线运动与旋转运动互相转变。齿条移动的速度（mm/s）为

$$v = pzn/60 = \pi mzn/60$$

式中　z——齿轮的齿数；

p——齿条的齿距（mm），$p = \pi m$；

n——齿轮的转速（r/min）；

m——齿轮、齿条的模数（mm）。

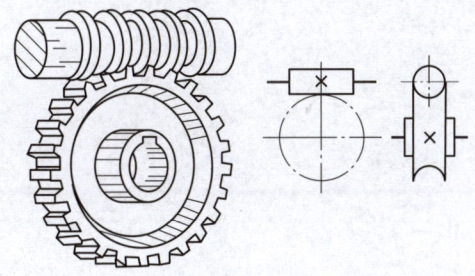

图19-3　蜗杆传动及其简图

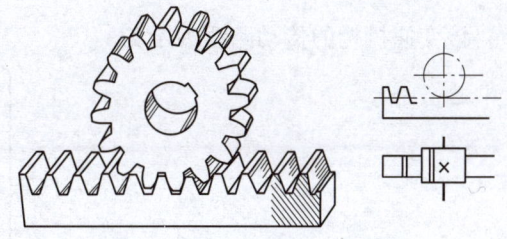

图19-4　齿轮齿条传动及其简图

齿轮齿条传动的特点与齿轮传动的特点基本相同。

(5) 螺旋传动　螺旋传动的实际形式为螺杆传动，也称为丝杠传动（图19-5），一般是将旋转运动转变成直线运动的传动。丝杠沿其轴线的相对移动速度（mm/s）为

$$v = z_1 np/60$$

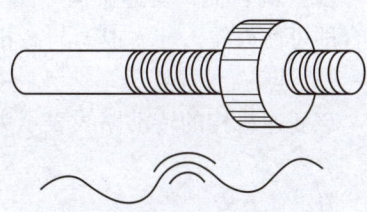

图19-5　螺旋传动及其简图

式中　z_1——螺杆的头数；

p——螺杆的螺距（mm）；

n——螺杆的转速（r/min）。

螺旋传动的特点是传动平稳、噪声小、传动精度较高，但传动效率较低。

3. 传动链及其传动比

传动链就是在动力源和运动执行机构之间、执行件与执行件之间，由若干传动副按一定的次序组合而成的传动关系。

传动链的传动关系可用传动简图表示，图19-6所示为执行件与执行件之间的传动链：运动自转速为n_1的轴Ⅰ，经带轮d_1、传动带和带轮d_2传至轴Ⅱ；再经圆柱齿轮1、2传到轴Ⅲ；经锥齿轮3、4传到轴Ⅳ；经圆柱齿轮5、6传到轴Ⅴ，最后经蜗杆及蜗轮7传到轴Ⅵ。

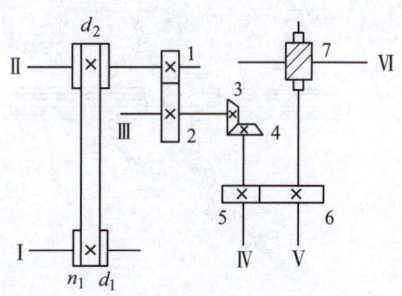

图19-6　执行件与执行件之间的传动链

传动链的传动比为传动链中各传动副传动比的乘积，即
$$i = i_1 i_2 i_3 \cdots i_n$$
式中 i_1、i_2、i_3、…、i_n——传动链中相应各传动副的传动比。

若已知图 19-6 中各个带轮的直径分别为 d_1、d_2，各个齿轮（蜗轮）的齿数分别为 z_1、z_2、z_3、z_4、z_5、z_6、z_7，蜗杆的头数为 z_8，则轴Ⅵ的转速 $n_{\text{Ⅵ}}$ 为

$$n_{\text{Ⅵ}} = n_1 i = n_1 i_1 i_2 i_3 i_4 i_5 = n_1 \frac{d_1}{d_2} \frac{z_1}{z_2} \frac{z_3}{z_4} \frac{z_5}{z_6} \frac{z_8}{z_7}$$

4. 机床常用的变速机构

机床的变速机构主要为保证加工时能获得不同的切削速度。最常用的变速机构如下。

（1）滑移齿轮变速机构 图 19-7 所示为装有三联滑移齿轮的变速机构，通过齿轮 z_1 与 z_2、z_3 与 z_4、z_5 与 z_6 相啮合使轴Ⅱ得到三种转速，其传动比分别为

$$i_1 = z_1/z_2, \quad i_2 = z_3/z_4, \quad i_3 = z_5/z_6$$

该变速机构的传动路线表示为

$$-\text{Ⅰ}-\begin{Bmatrix} \dfrac{z_1}{z_2} \\ \dfrac{z_3}{z_4} \\ \dfrac{z_5}{z_6} \end{Bmatrix}-\text{Ⅱ}-$$

（2）离合器式变速机构 图 19-8 所示为牙嵌离合器式变速机构，通过控制离合器爪的开合即可使齿轮 z_1 与 z_2 或 z_3 与 z_4 相啮合，使轴Ⅱ得到两种不同的转速，其传动比分别为

$$i_1 = z_1/z_2, \quad i_2 = z_3/z_4$$

该变速机构的传动路线表示为

$$-\text{Ⅰ}-\begin{Bmatrix} \dfrac{z_1}{z_2} \\ \dfrac{z_3}{z_4} \end{Bmatrix}-\text{Ⅱ}-$$

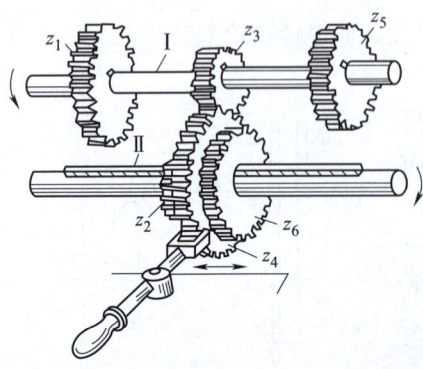

图 19-7 装有三联滑移齿轮的变速机构

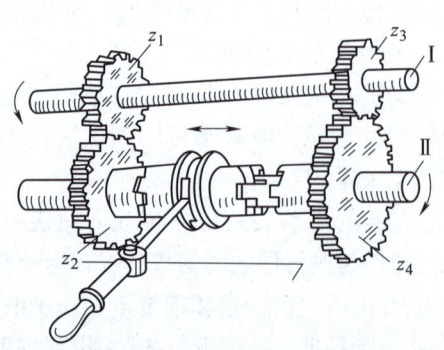

图 19-8 牙嵌离合器式变速机构

19.2 常见的切削加工方法

19.2.1 车削加工

在车床上使用车刀对工件进行的切削加工(车削),是轴类、套类和盘类零件回转表面加工的主要工序。车削加工的尺寸公差等级一般为 IT7~IT11 级,甚至可达 IT6 级,表面粗糙度 Ra 值可达 $0.8~12.5\mu m$。

1. 车削的工艺特点

1)易于保证加工面间的位置精度。工件一次装夹就可完成外圆表面、内孔及端面的加工,依靠机床的精度保证回转面之间的同轴度以及轴线与端面之间的垂直度。另外,对于以中心孔定位的轴类零件,虽经过了多次装夹,但所加工的表面其回转轴线始终是两中心孔的连线,因而能够保证相应表面间的位置精度。

2)切削过程比较平稳。一般情况下车削过程是连续进行的,区别于铣削和刨削在一次走刀过程中,刀齿有多次切入和切出,产生冲击影响切削过程。车削时当刀具几何形状、背吃刀量和进给量一定时,切削层的截面尺寸是不变的。因此,车削时切削力基本上不发生变化,车削过程比铣削和刨削平稳。又由于车削的主运动为工件的回转运动,避免了惯性力和冲击力的影响,所以车削允许采用较大的切削用量进行高速切削或强力切削,有助于提高生产率。

3)适用于有色金属零件的精加工。某些有色金属零件,如铝及铝合金等,因材料本身的硬度较低,塑性较好,用砂轮磨削时,软的磨屑易堵塞砂轮,难以得到很光洁的表面。因此,当有色金属零件表面粗糙度 Ra 值要求较小时,不宜采用磨削加工,适合采用车削或铣削等切削加工。采用金刚石刀具在车床上以很小的背吃刀量($a_p<0.15mm$)和进给量($f<0.1mm/r$)以及很高的切削速度($v_c \approx 300m/min$)进行精细车削,尺寸公差等级可达 IT5~IT6 级,表面粗糙度 Ra 值可达 $0.1~0.4\mu m$。

4)刀具简单。车刀是刀具中最简单的一种,制造、刃磨和安装均较方便,这就便于根据具体加工要求,选用合理的刀具角度。因此,车削的适应性较广,并且有利于保证加工质量和提高生产率的提高。

2. 车削的应用

车削常用于车内外圆柱面、圆锥面、环槽及成形回转面,可以车端面和车螺纹、切断及钻孔、扩孔、铰孔、镗孔和滚花等,如图 19-9 所示。

在单件、小批生产中,各种轴、圆盘和套类零件多选用卧式车床或数控车床加工;直径大而长度短(长径比 $L/D \approx 0.3~0.8$)的重型零件,多选用立式车床加工。对具有内孔及螺纹的中小型轴和套类零件,成批生产应选用转塔车床加工。大批、大量生产小型零件,如螺栓、螺母、管接头、轴套类等,多选用半自动和自动车床加工。

车削常用来加工单一轴线的零件,如直轴和一般盘、套类零件等。若改变工件的安装位置或将车床适当改装,还可以加工多轴线的零件(如曲轴、偏心轮等)或盘形凸轮。图 19-10 所示为车削曲轴和偏心轮工件的安装示意图。

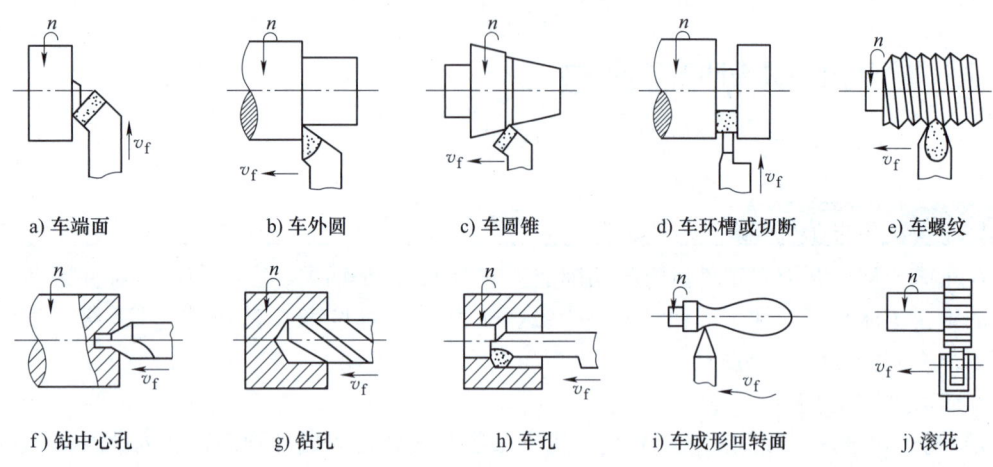

图 19-9 车削加工

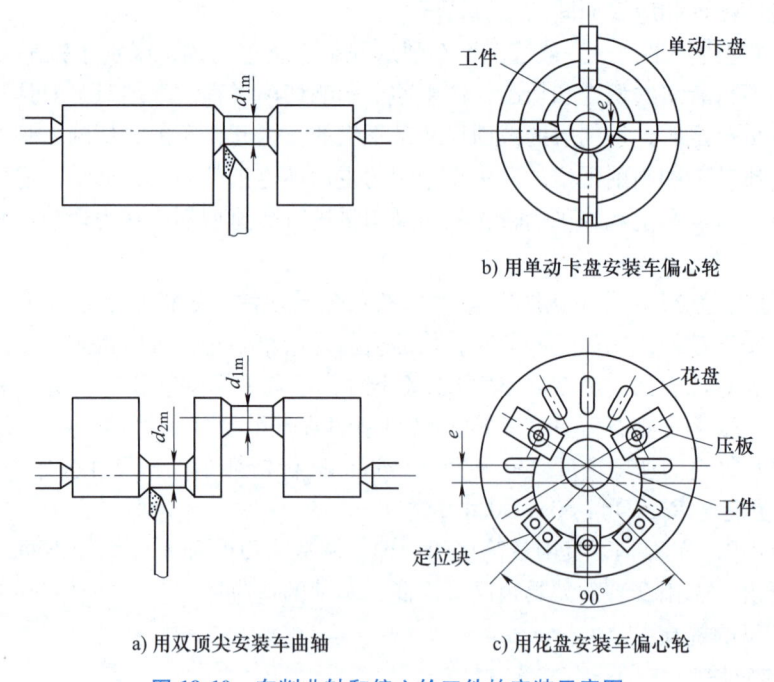

图 19-10 车削曲轴和偏心轮工件的安装示意图

19.2.2 铣削加工

铣削是在铣床上利用铣刀的旋转做主运动、工件的移动做进给运动来切削工件的加工方法。铣削的尺寸公差等级可达 IT8~IT9 级，表面粗糙度 Ra 值可达 $1.6 \sim 6.3 \mu m$。

1. 铣削方式

铣削平面时，可以采用端铣法，也可以采用周铣法；同一种铣削方法，可采用顺铣或逆铣。在选用铣削方式时，要充分注意它们各自的特点和适用场合，以便保证加工质量和提高生产率。

1) 周铣法。用圆柱铣刀的圆周刀齿加工平面，称为周铣法，周铣可分为逆铣和顺铣（图 19-11）。在切削部位刀齿的旋转方向和工件的进给方向相反时，为逆铣；相同时，为顺铣。

逆铣时，每个刀齿的切削层厚度是从零增大到最大值。由于铣刀刃口处总有圆弧存在，而不是绝对尖锐的，所以在刀齿接触工件的初期，不能切入工件，而是在工件表面上挤压、滑行，使刀齿与工件之间的摩擦加大，加速刀具磨损，同时也使表面质量下降。顺铣时，每个刀齿的切削层厚度是由最大减小到零，从而避免了上述缺点。

逆铣时，铣削力上抬工件；而顺铣时，铣削力将工件压向工作台，减少了工件振动的可能性，尤其铣削薄而长的工件时，更为有利。

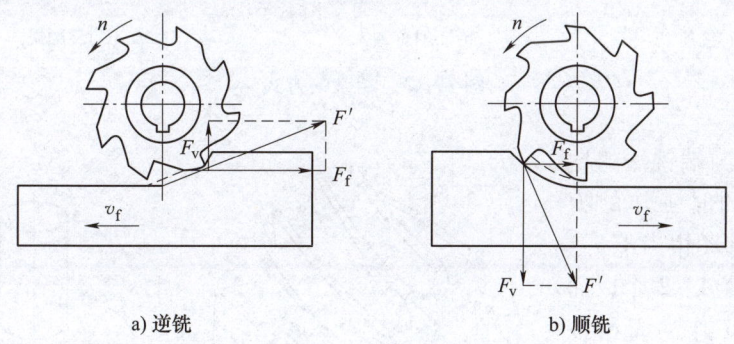

图 19-11 逆铣和顺铣

综上可知，从提高刀具寿命和工件表面质量、增加工件夹持的稳定性等观点出发，一般以采用顺铣法为宜。但是，顺铣时忽大忽小的水平分力 F_f 与工件的进给方向是相同的，工作台丝杠与螺母之间一般都存在间隙（图 19-12），间隙在进给方向的前方。由于 F_f 的作用，就会使工件连同工作台和丝杠一起，向前窜动，造成进给量突然增大，甚至引起打刀。而逆铣时，水平分力 F_f 与进给方向相反，铣削过程中工作台丝杠始终压向螺母，不致因为间隙的存在而引起工件窜动。目前，一般铣床尚没有消除工作台丝杠与螺母之间间隙的机构，所以，在生产中仍多采用逆铣法。

另外，当铣削带有黑皮的表面时，如铸件或锻件表面的粗加工，若用顺铣法，因刀齿首先接触黑皮，将加剧刀齿的磨损，所以也应采用逆铣法。

2) 端铣法。用面铣刀的端面刀齿加工平面，称为端铣法。根据铣刀和工件相对位置的

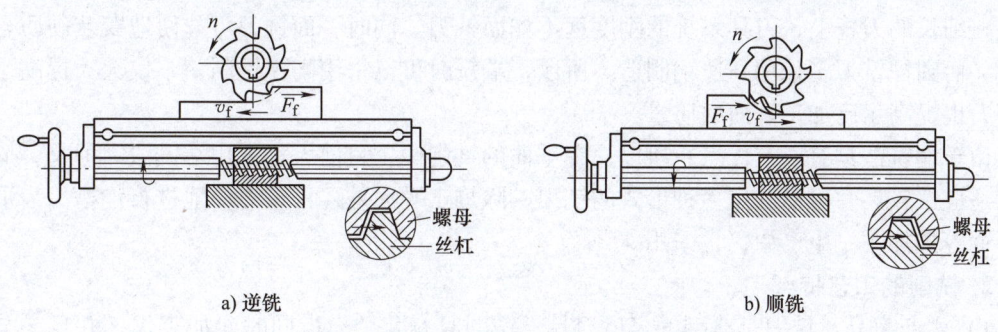

图 19-12 逆铣和顺铣时丝杠螺母间隙

不同，端铣法可以分为对称铣削法和不对称铣削法（图19-13）。

端铣法可以通过调整铣刀和工件的相对位置，调节刀齿切入和切出时的切削层厚度，从而达到改善铣削过程的目的。

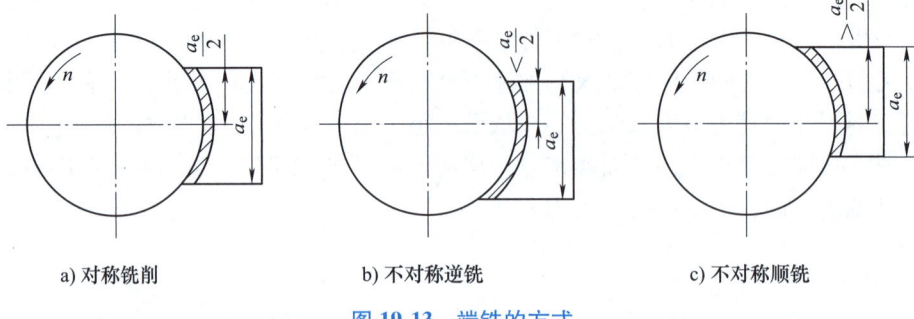

a) 对称铣削　　　　b) 不对称逆铣　　　　c) 不对称顺铣

图 19-13　端铣的方式

3）周铣法与端铣法的比较。周铣时，同时工作的刀齿数与加工余量（相当于 a_e）有关，一般仅有 1~2 个，而端铣时，同时工作的刀齿数与被加工表面的宽度（也相当于 a_e）有关，而与加工余量（相当于背吃刀量 a_p）无关，即使在精铣时，也有较多的刀齿同时工作，因此，端铣的切削过程比周铣时平稳，有利于提高加工质量，如图 19-14 所示。

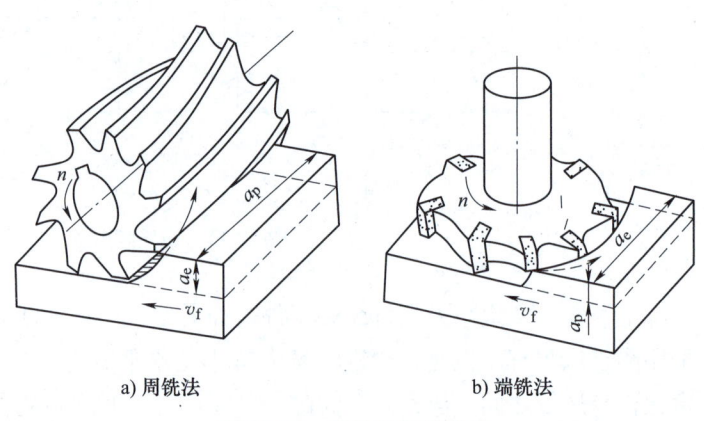

a) 周铣法　　　　b) 端铣法

图 19-14　周铣法和端铣法

面铣刀的刀齿切入和切出工件时，虽然切削层厚度较小，但不像周铣时切削层厚度变为零，从而改善了刀具后刀面与工件的摩擦状况，提高了刀具寿命，并可减小表面粗糙度值。此外，端铣时还可利用修光刀齿修光已加工表面，因此端铣可达到较小的表面粗糙度值。

面铣刀直接安装在铣床的主轴端部，悬伸长度较小，刀具系统的刚度较好，而圆柱铣刀安装在细长的刀杆上，刀具系统的刚度远不如面铣刀。同时，面铣刀可方便地镶装硬质合金刀片，而圆柱铣刀多采用高速钢制造。所以，端铣时可以采用高速铣削，不仅大大提高了生产率，也提高了已加工表面的质量。

由于端铣法具有以上优点，所以，在平面的铣削中，目前大都采用端铣法。但是，周铣法的适应性较广，可以利用多种形式的铣刀，除加工平面外还可较方便地进行沟槽、齿形和成形面等的加工，生产中仍常采用。

2. 铣削的工艺特点

1）生产率高。铣刀是典型的多齿刀具，铣削时有几个刀齿同时参加工作，并且参与切削的切削刃较长；铣削的主运动是铣刀的旋转，有利于高速铣削。因此，铣削的生产率比刨削高。

2）容易产生振动。铣刀的刀齿切入和切出时产生冲击,并可能引起同时工作刀齿数的增减。在切削过程中每个刀齿的切削层厚度随刀齿位置的不同而变化,引起切削层横截面积变化。因此,在铣削过程中铣削力是变化的,切削过程不平稳,容易产生振动,这就限制了铣削加工质量和生产率的进一步提高。

3）刀齿散热条件好。铣刀刀齿在切离工件的一段时间内,可以得到一定的冷却,散热条件较好。但是,切入和切出时热和力的冲击将加速刀具的磨损,甚至可能引起硬质合金刀片的碎裂。

3. 铣削的应用

铣削的形式很多,铣刀的类型和形状更是多种多样,再配上分度头、圆形工作台等的应用,扩大了铣削加工的适用范围(图19-15)。铣削主要用来加工平面(包括水平面、垂直面和斜面)、沟槽、成形面和切断等。

在单件、小批生产中,加工小、中型工件多用升降台式铣床(卧式和立式两种),加工中、大型工件时可以采用龙门铣床。龙门铣床与龙门刨床相似,有3~4个可同时工作的铣头,生产率高,广泛应用于成批和大量生产中。

直角沟槽可以在卧式铣床上用三面刃铣刀加工,也可以在立式铣床上用立铣刀加工。角度沟槽用相应的角度铣刀在卧式铣床上加工,T形槽和燕尾槽常用带柄的专用槽铣刀在立式铣床上加工。在卧式铣床上还可以用成形铣刀加工成形面和用锯片铣刀切断。

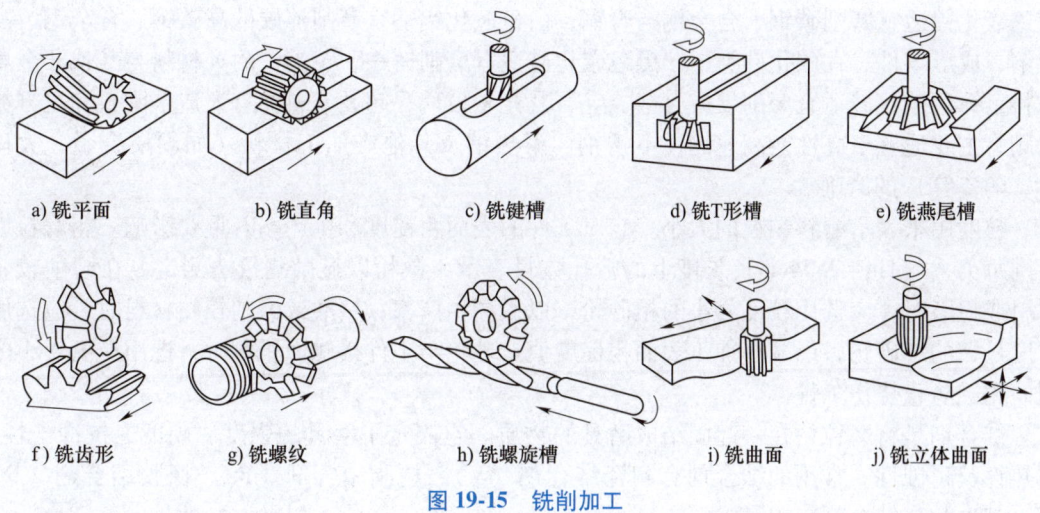

图 19-15　铣削加工

19.2.3　磨削加工

磨削是用磨具以较高的线速度对工件表面进行切削加工的方法,是一种精度高、表面粗糙度值低的精加工方法。磨削能加工一般的金属材料(碳钢、铸铁)和高硬度材料(淬火钢、硬质合金)。磨削的尺寸公差等级可达IT5~IT6级,表面粗糙度Ra值可达$0.1~0.8\mu m$。

1. 砂轮的组成

在磨削过程中,磨具以砂轮为主,砂轮可以看作是具有很多微小粒齿(即磨粒)的铣刀，磨粒对工件的作用包括滑擦、耕犁和形成切屑3个阶段（图19-16），磨粒刚与工件接触时，切削厚度小，磨粒只是在工件上滑擦，工件接触面上只有弹性变形和少量摩擦热；随着切削厚度逐渐加大，磨粒挤压切入工件表层（形似耕犁），使工件表面产生塑性变形出现沟痕，并产生大量的摩擦热；当切削厚度增加到某一临界值时，磨粒前面的材料层产生明显的剪切滑移，形成切屑。

砂轮是磨削的刀具。它是由磨料加结合剂烧制而成的多孔隙物体（图19-17）。砂轮的特性取决于磨料、粒度、结合剂、硬度、组织、形状和尺寸及制造工艺等。

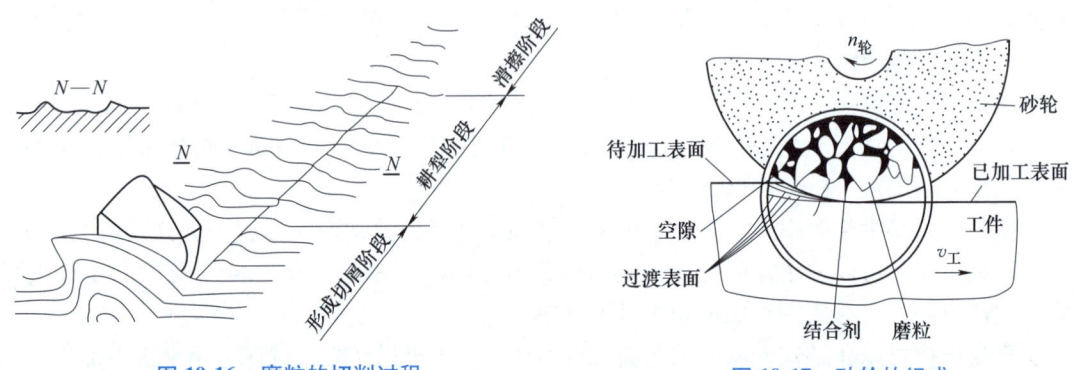

图19-16 磨粒的切削过程　　　　图19-17 砂轮的组成

磨料是砂轮的主要成分，常用的磨料有刚玉类、碳化硅类及超硬磨料类。在刚玉类中，棕色氧化铝适宜磨削碳钢、合金钢与青铜，白色氧化铝适宜磨削淬硬的高碳钢、合金钢、高速钢、成形零件；在碳化硅类中，黑色碳化硅适宜磨削铸铁、黄铜、耐火材料与其他非金属材料，绿色碳化硅适宜磨削硬质合金、宝石及光学玻璃；超硬磨料类有人造金刚石和立方氮化硼，主要适宜于高性能高速钢、不锈钢、耐热钢及其他难加工材料（如硬质合金、大理石、陶瓷等）的磨削。

粒度用来表示磨料颗粒的大小。它对工件的表面粗糙度和生产率有重要影响。粗磨粒以筛网每英寸（$1\text{in} = 2.54\text{cm}$）长度上的筛孔数目表示，微粉以显微测量法测定。在磨削较软材料或粗磨时，应选用粒度号小的粗砂轮，以提高生产率；精磨或磨削较硬材料时，应选用粒度号大的细砂轮，以减小加工表面粗糙度值。砂轮与工件接触面积大时，选用粒度号小的粗砂轮，防止烧伤工件。

结合剂是将磨粒粘在一起固结成磨具的物质。它决定了磨具的强度、硬度、抗冲击性、耐热性及耐蚀性。常用的结合剂有陶瓷结合剂（V）、树脂结合剂（B）、橡胶结合剂（R）等，其中陶瓷结合剂应用最多。

砂轮硬度是指砂轮表面的磨粒在外力作用下脱落的难易程度。它反映了磨粒固结的牢固程度。一般磨削硬材料工件，或砂轮与工件接触面较大，或导热性差的工件时，应选择较软的砂轮，而硬砂轮适宜磨削软材料工件、精磨和成形磨。

砂轮的组织是指磨粒、结合剂、气孔三者之间的体积比例。它表示了砂轮的疏密程度。组织疏松的砂轮容屑、容空气及切削液的空间大，能改善切削条件，但使砂轮外形不易保持，且会增大磨削粗糙度，所以应根据具体情况选择相应的组织。

为适应零件不同表面形状、尺寸的加工，砂轮常制成各种形状（图19-18所示为国产砂轮的形状）和尺寸。

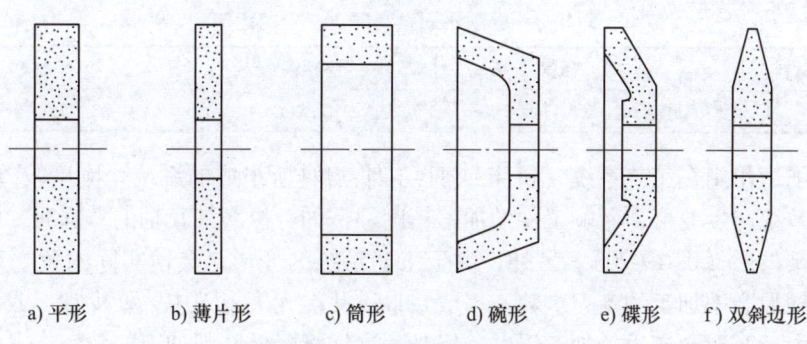

图 19-18 国产砂轮的形状

砂轮工作一段时间后，会因切屑的堵塞及磨粒脱落的随机性而失去外形精度，需用金刚石对砂轮进行修整。

2. 磨削的工艺特点

1）精度高、表面粗糙度值小。磨削时，砂轮表面有极多的切削刃，并且刃口圆弧半径 R_n 较小。例如，粒度为 46# 的白刚玉磨粒，$R_n \approx 0.006 \sim 0.012$ mm，而一般车刀和铣刀的 $R_n \approx 0.012 \sim 0.032$ mm。磨粒上较锋利的切削刃，能够切下一层很薄的金属，切削厚度可以小到微米级，这是精密加工必须具备的条件之一。一般切削刀具的刃口圆弧半径虽也可磨得小些，但不耐用，不能或难以进行经济的、稳定的精密加工。

磨削所用的磨床比一般切削加工机床精度高，刚度及稳定性较好，并且具有微量进给的机构（表 19-2），可以进行微量切削，从而保证了精密加工的实现。

表 19-2 不同机床微量进给机构的分度值

机床名称	立式铣床	车床	平面磨床	外圆磨床	精密外圆磨床	内圆磨床
分度值/mm	0.05	0.02	0.01	0.005	0.002	0.002

磨削时，切削速度很高，如普通外圆磨削 $v_c \approx 30 \sim 35$ m/s，高速磨削 $v_c > 50$ m/s。当磨粒以很高的切削速度从工件表面切过时，同时有很多切削刃进行切削，每个切削刃仅从工件上切下极少量的金属，残留面积高度很小，有利于形成光洁的表面。

因此，磨削可以达到高的尺寸精度和小的表面粗糙度值。

2）砂轮有自锐作用。在磨削过程中，砂轮的自锐作用是其他切削刀具所没有的，即当磨粒的锋刃磨钝后，磨粒在增大切削力的作用下自行破碎或脱落，从而产生新的锋刃继续进行工作，始终保持砂轮锋利状态的性能。一般刀具的切削刃，如果磨钝或损坏，则切削不能继续进行，必须换刀或重磨。而砂轮由于本身的自锐性，使得磨粒能够以较锋利的刃口对工件进行切削。在实际生产中，有时就利用这一原理进行强力连续磨削，以提高磨削加工的生产率。

3）背向磨削力 F_p 较大。与车外圆时总切削力的分解类似，磨外圆时总磨削力 F 也可以分解为三个互相垂直的分力（图 19-19），其中 F_c 称为磨削力，F_p 称为背向磨削力，F_f 称为进给磨削力。在一般切削加工中，磨削力 F_c 较大。而在磨削时，由于背吃刀量较小，砂轮与工件表面接触的宽度较大，致使背向磨削力 F_p 大于磨削力 F_c。一般情况下，$F_p \approx (1.5 \sim 3) F_c$。工件材料的塑性越差，$F_p/F_c$ 的比值越大（表 19-3）。

表 19-3　磨削不同材料时 F_p/F_c 的比值

工件材料	碳钢	淬硬钢	铸铁
F_p/F_c	1.6~1.8	1.9~2.6	2.7~3.2

背向磨削力作用在工艺系统（机床-夹具-工件-刀具所组成的系统）刚度较差的方向上，容易使工艺系统产生变形，影响工件的加工精度。例如，纵磨细长轴的外圆时，由于工件的弯曲而产生腰鼓形（图 19-20）。另外，由于工艺系统的变形，会使实际的背吃刀量比名义值小，这将增加磨削加工的走刀次数。一般在最后几次光磨走刀中，要少吃刀或不吃刀，以便逐步消除由于变形而产生的加工误差。但是，这样将降低磨削加工的效率。

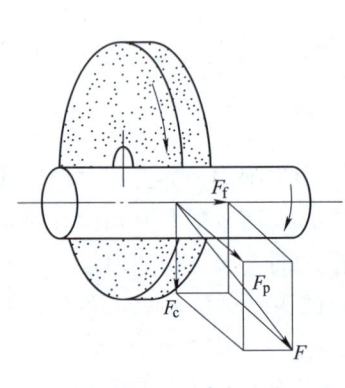

图 19-19　磨削力

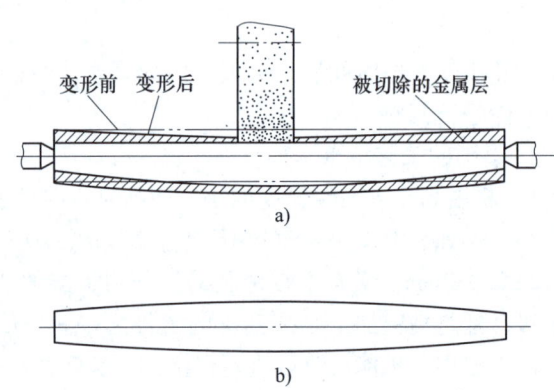

图 19-20　背向磨削力所引起的加工误差

4）磨削温度高。磨削时的切削速度为一般切削加工的 10~20 倍。在这样高的切削速度下，加上磨粒多为负前角切削，挤压和摩擦较严重，消耗功率大，产生的切削热多。又因为砂轮本身的传热性很差，大量的磨削热在短时间内传散不出去，在磨削区形成瞬时高温，有时高达 800~1000℃。

高的磨削温度容易烧伤工件表面，使淬火钢件表面退火，硬度降低。即使由于切削液的浇注可能发生二次淬火，但会在工件表层产生拉应力及微裂纹，降低工件的表面质量和使用寿命。高温下，工件材料将变软而容易堵塞砂轮，这不仅影响砂轮的寿命，也影响工件的表面质量。

因此，在磨削过程中，应采用大量的切削液。磨削时加注切削液，除了冷却和润滑作用之外，还可以起到冲洗砂轮的作用。切削液将细碎的切屑以及碎裂或脱落的磨粒冲走，避免砂轮堵塞，可有效地提高工件的表面质量和砂轮的寿命。

磨削钢件时，广泛应用的切削液是苏打水或乳化液。磨削铸铁、青铜等脆性材料时，一般不加切削液，而用吸尘器清除尘屑。

3. 磨削的应用

磨削过去一般常用于半精加工和精加工，随着机械制造业的发展，磨床、砂轮、磨削工艺和冷却技术等都有了较大的改进，磨削已能经济地、高效地切除大量金属，又由于日益广泛地采用精密铸造、模锻、精密冷轧等先进的毛坯制造工艺，毛坯的加工余量较小，可不经车削、铣削等粗加工，直接利用磨削加工，达到较高的精度和表面质量要求。因此，磨削加工获得了越来越广泛的应用和迅速的发展，目前，在工业发达国家中磨床占机床总数的

30%~40%，经预测，磨床在机床中所占比例呈上升趋势。

磨削可以加工的工件材料范围很广，既可以加工铸铁、碳钢、合金钢等一般结构材料，也能够加工高硬度的淬硬钢、硬质合金、陶瓷和玻璃等难切削的材料。但是，磨削不宜精加工塑性较好的有色金属工件。

磨削可以加工外圆面、内孔、平面、成形面、螺纹和齿轮齿形等各种各样的表面，还常用于各种刀具的刃磨，如图 19-21 所示。

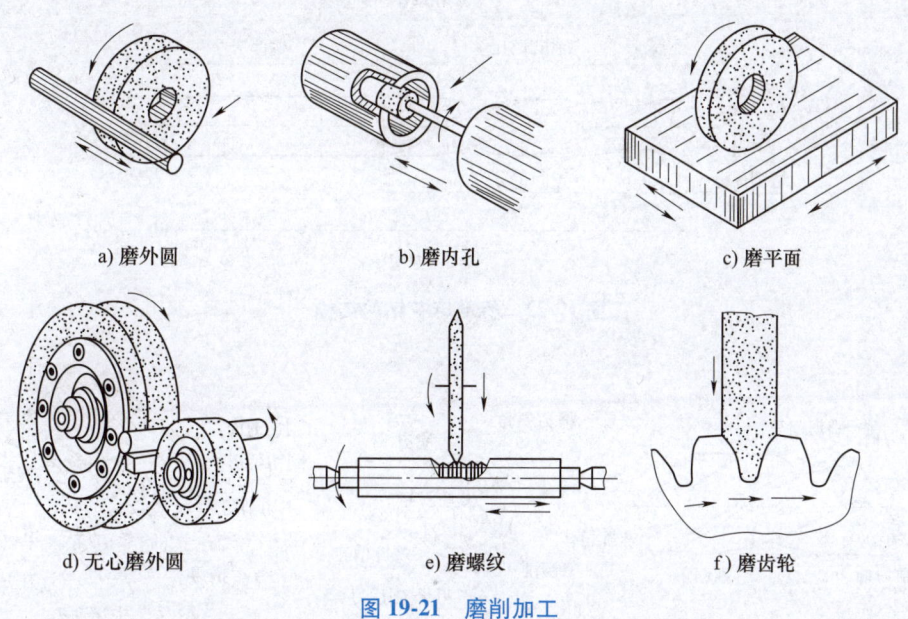

a) 磨外圆　　　　b) 磨内孔　　　　c) 磨平面

d) 无心磨外圆　　e) 磨螺纹　　　　f) 磨齿轮

图 19-21　磨削加工

19.2.4　钻削加工

孔是组成零件的基本几何元素之一，钻削和镗削都是加工孔的常用方法。

钻孔时，钻头的旋转运动是主运动，钻头的轴向移动是进给运动。

1. 钻头的结构

钻孔一般使用麻花钻，钻头直径一般不大于 80mm，其结构如图 19-22 所示。柄部是钻头的夹持部分，并用来传递转矩。钻头柄部有直柄和锥柄两种，前者用于小直径钻头，后者用于大直径钻头。工作部分由导向部分和切削部分构成，导向部分包括两条对称的螺旋槽和较窄的刃带，螺旋槽的作用是形成切削刃，并且起排屑和输送切削液的作用；刃带与工件孔壁接触，起导向和修光孔壁的作用。

切削部分担负着主要切削工作。钻头有两条主切削刃、两条副切削刃和一条横刃，如图 19-23 所示。螺旋槽表面为钻头的前刀面，切削部分顶端的锥曲面为后刀面；刃带为副后刀面；横刃是两主后刀面的交线。切削刃承担切削工作，其夹角为 118°；横刃起辅助切削和定心作用，但会大大增加钻削时的进给力。

2. 钻削的工艺特点

钻削时，钻头工作部分处在已加工表面的包围中，因而引起一些特殊问题。例如，钻头的刚度和强度、容屑和排屑、导向和冷却润滑等。工艺特点如下。

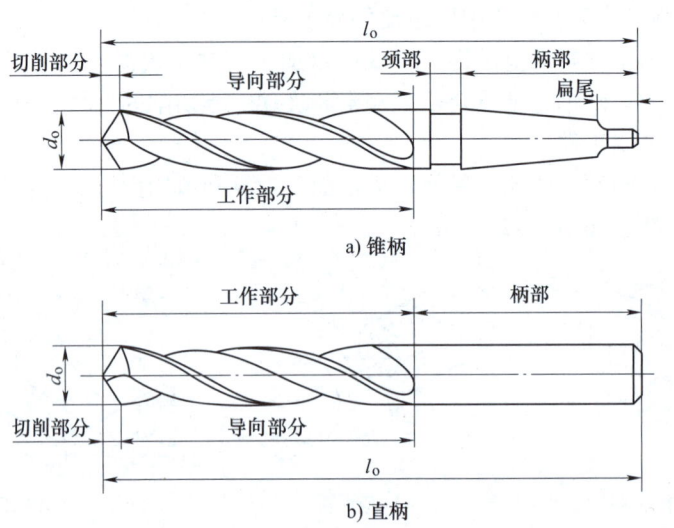

图 19-22　标准麻花钻的结构

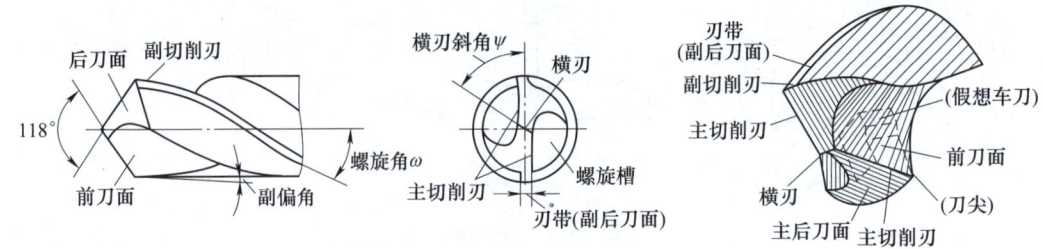

图 19-23　钻头的切削部分

1) 容易产生"引偏"。"引偏"是指加工时由于钻头弯曲而引起孔径扩大、孔不圆（图 19-24a）或孔的轴线歪斜（图 19-24b）等。钻孔时产生"引偏"，主要是因为：

① 麻花钻直径和长度受所加工孔的限制，一般呈细长状，刚性较差。为形成切削刃和容纳切屑，必须做出两条较深的螺旋槽，致使钻心变细，进一步削弱了钻头的刚性。

② 为减少导向部分与已加工孔壁的摩擦，钻头仅有两条很窄的棱边与孔壁接触，接触刚度和导向作用也很差。

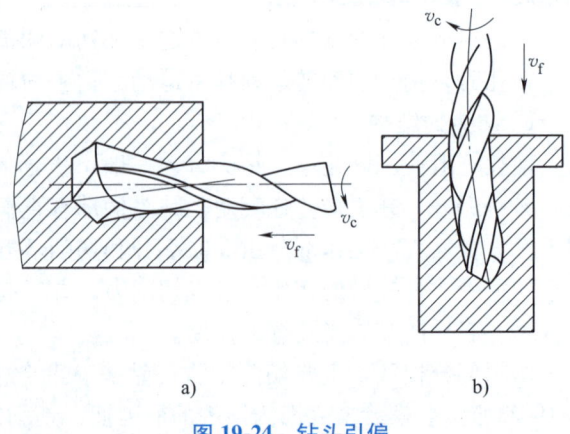

图 19-24　钻头引偏

③ 钻头横刃处的前角具有很大的负值，切削条件极差，实际上不是在切削，而是挤刮金属，加上由钻头横刃产生的进给力很大，稍有偏斜，将产生较大的附加力矩，使钻头弯曲。

因此，在钻削力的作用下，刚性很差且导向性不好的钻头，很容易弯曲，致使钻出的孔产生"引偏"，降低孔的加工精度，甚至造成废品。在实际加工中，常采用如下措施来减少"引偏"。

① 预钻锥形定心坑，如图19-25a所示。首先用小顶角（90°~100°）大直径短麻花钻，预先钻一个锥形坑，然后再用所需的钻头钻孔。由于预钻时钻头刚性好，锥形坑不易偏，以后再用所需的钻头钻孔时，这个坑就可以起定心作用。

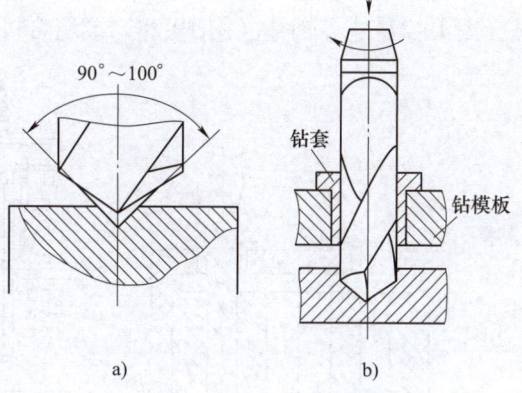

图 19-25 减少"引偏"的措施

② 用钻套为钻头导向，如图19-25b所示，这样可以减少钻孔开始时的"引偏"，特别是在斜面或曲面上钻孔时，更为必要。

③ 刃磨时，应尽量把钻头的两个主切削刃磨得对称一致，使两主切削刃的径向切削力互相抵消，从而减少钻头的"引偏"。

2）排屑困难。钻孔时，由于切屑较宽，容屑槽尺寸又受到限制，因而在排屑过程中往往与孔壁发生较大的摩擦，挤压、拉毛和刮伤已加工表面，降低表面质量。有时切屑可能阻塞在钻头的容屑槽里，卡死钻头，甚至将钻头扭断。因此，排屑问题成为钻孔时要妥善解决的重要问题之一。尤其是用标准麻花钻加工较深的孔时，要反复多次把钻头退出排屑，很麻烦。为了改善排屑条件，可在钻头上修磨出分屑槽（图19-26），将宽的切屑分成窄条，以利于排屑。当钻深孔（孔深与孔径比>5~10）时，应采用合适的深孔钻进行加工。

3）切削热不易传散。由于钻削是一种半封闭式的切削，钻削时所产生的热量，虽然也由切屑、工件、刀具和周围介质传出，但它们之间的比例却和车削大不相同。例如，用标准麻花钻不加切削液钻钢料时，工件吸收的热量约占52.5%，钻头约占14.5%，切屑约占28%，介质约占5%。

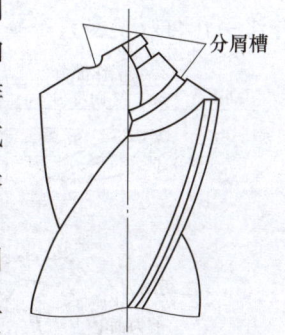

图 19-26 分屑槽

钻削时，大量高温切屑不能及时排出，切削液难以注入到切削区，切屑、刀具与工件之间的摩擦很大。因此，切削温度较高，致使刀具磨损加剧，这就限制了钻削用量和生产率的提高。

3. 钻削的应用

在各类机器零件上经常需要进行钻孔，因此钻削的应用还是很广泛的。但是，由于钻削的精度较低，表面较粗糙，一般加工尺寸公差等级在IT10级以下，表面粗糙度Ra值大于12.5μm，生产率也比较低。因此，钻孔主要用于粗加工，如精度和粗糙度要求不高的螺钉孔、油孔和螺纹底孔等。但精度和粗糙度要求较高的孔，也要以钻孔作为预加工工序。

在单件、小批生产中，中小型工件上的小孔（一般$D<13mm$）常用台式钻床加工，中小型工件上直径较大的孔（一般$D<50mm$）常用立式钻床加工；大中型工件上的孔应采用摇臂钻床加工；回转体工件上的孔多在车床上加工。

在成批和大量生产中，为了保证加工精度，提高生产率和降低加工成本，广泛使用钻模（图 19-27）、多轴钻（图 19-28）或组合机床（图 19-29）进行孔的加工。

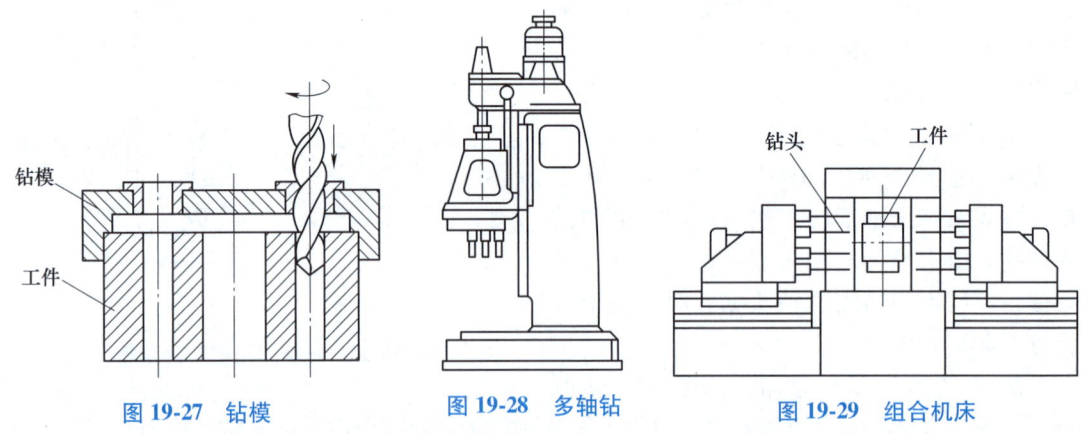

图 19-27　钻模　　　　图 19-28　多轴钻　　　　图 19-29　组合机床

精度高、表面粗糙度值小的中小直径孔（$D<50$ mm），在钻削之后，常需要采用扩孔和铰孔进行半精加工和精加工。

（1）扩孔　扩孔是用扩孔钻（图 19-30）对工件上已有的孔进行扩大加工（图 19-31）。扩孔时的背吃刀量 $a_p=(d_m-d_w)/2$ 比钻孔时（$a_p=d_m/2$）小得多，因而刀具的结构和切削条件比钻孔时好得多，主要原因如下。

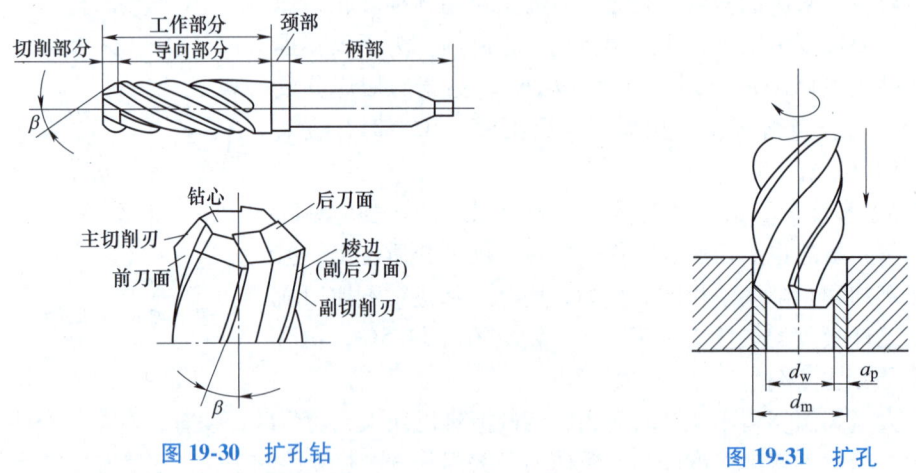

图 19-30　扩孔钻　　　　图 19-31　扩孔

1）切削刃不必自外圆延续到中心，避免了横刃和由横刃所引起的一些不良影响。

2）切屑窄，易排出，不易擦伤已加工表面。同时容屑槽也可做得较小较浅，从而可以加粗钻心，大大提高扩孔钻的刚度，有利于加大切削用量和改善加工质量。

3）刀齿多（3~4 个），导向作用好，切削平稳，生产率高。

由于上述原因，扩孔的加工质量比钻孔高，一般加工尺寸公差等级可达 IT9~IT10 级，表面粗糙度 Ra 值可达 3.2~6.3 μm。

考虑到扩孔比钻孔有较多的优越性，在钻直径较大的孔（一般 $D\geqslant30$ mm）时，可先用小钻头（直径为孔径的 0.5~0.7）预钻孔，然后再用原尺寸的大钻头扩孔。实践表明，这样虽分两次钻孔，但其生产率也比用大钻头一次钻出时高。若用扩孔钻扩孔，则效率将更高，精度也比较高。

扩孔常作为孔的半精加工，当孔的精度和表面粗糙度要求再高时，则要采用铰孔。

(2) 铰孔　铰孔是用铰刀从工件孔壁上切除微量金属层，以提高其尺寸精度和降低表面粗糙度的加工方法。由于铰刀的切削刃数量多、切削余量小、切削阻力小、导向性好、刚性好，因此其加工出的尺寸公差等级可达 IT6~IT8 级、表面粗糙度 Ra 值可达 $0.4~1.6\mu m$。

铰孔加工质量较高的原因，除了具有上述扩孔的优点之外，还由于铰刀结构和切削条件比扩孔更为优越，主要原因如下。

1) 铰刀具有修光部分（图 19-32），其作用是校准孔径、修光孔壁，从而进一步提高了孔的加工质量。

2) 铰孔的余量小（粗铰为 0.15~0.35mm，精铰为 0.05~0.15mm），切削力较小；铰孔的切削速度一般较低（v_c = 1.5~10m/min），产生的切削热较少。因此，工件

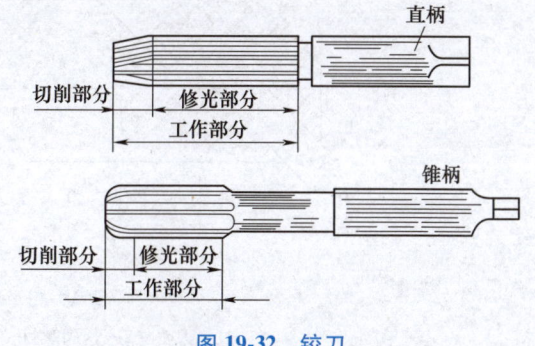

图 19-32　铰刀

的受力变形和受热变形较小，加之低速切削，可避免积屑瘤的不利影响，使得铰孔质量比较高。

铰孔有机铰和手铰两种。对于手铰刀，为了减少进给力，并获得较好的导向，应取较小的主偏角 κ_r（κ_r = 0.5°~1.5°）。对于机铰刀，为了缩短机动时间及防止振动，κ_r 可取得大些，加工钢时 κ_r = 15°，加工铸铁时 κ_r = 3°~5°。所以手铰刀的工作部分比机铰刀长得多。由于手铰切削速度更低，并且没有机床振动的影响，主偏角又小，使切屑极薄，所以加工质量比机铰高。

机铰时，为了获得较小的表面粗糙度值，必须避免积屑瘤的产生，因此应采取较低的切削速度。另外，切削速度高，切削热会引起工件变形从而影响加工质量。

铰孔的生产率较高，费用低，所以在精加工中得到广泛应用。但铰孔适应性较差，一把铰刀只能用于一种尺寸的孔，对于非标准尺寸的孔、台阶孔和不通孔不适用于铰孔加工。

麻花钻、扩孔钻和铰刀都是标准刀具，市场上比较容易买到。对于中等尺寸以下较精密的孔，在单件小批乃至大批量生产中，钻、扩、铰都是经常采用的典型工艺。

钻、扩、铰只能保证孔本身的精度，而不易保证孔与孔之间的尺寸精度及位置精度。为了解决这一问题，可以利用夹具（如钻模）进行加工，或者采用镗孔。

19.2.5　镗削加工

镗孔是用镗刀在镗床、车床或铣床上对预制孔进行加工的一种工艺。在车床上镗孔时，工件的旋转做主运动，刀具的移动做进给运动，它适用于加工与外圆表面有同轴度要求的孔；在镗床上镗孔时，刀具的旋转做主运动，刀具或工件的移动做纵向进给运动。镗孔加工的精度非常高，精镗孔的尺寸公差等级可达 IT7~IT8 级，表面粗糙度 Ra 值可达 0.8~1.6μm，通常可将孔径尺寸公差控制在 0.01mm 以内。

1. 镗刀的结构

根据刀具结构的不同,镗削用镗刀可分为单刃镗刀和多刃镗刀。

单刃镗刀刀头的结构与车刀类似,使用时,用紧固螺钉将其装夹在镗杆上,其中图 19-33a 所示为不通孔镗刀,刀头倾斜安装;图 19-33b 所示为通孔镗刀,刀头垂直于镗杆轴线安装。

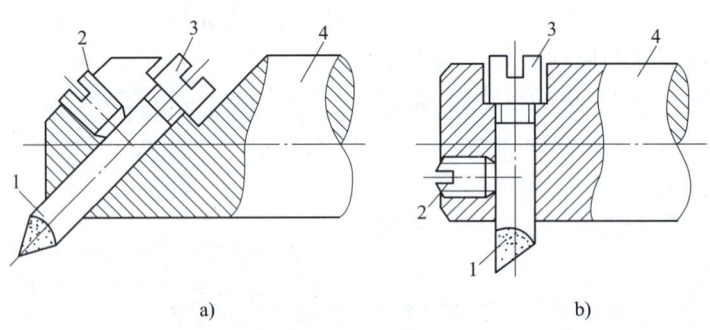

图 19-33 单刃镗刀

1—刀头 2—紧固螺钉 3—调节螺钉 4—镗杆

在多刃镗刀中,有一种可调节的浮动镗刀(图 19-34)。调节镗刀片的尺寸时,先松开螺钉 1,再旋螺钉 2,将刀齿 3 的径向尺寸调好后,拧紧螺钉 1、2 把刀齿 3 固定。镗孔时,镗刀片不是固定在镗杆上,而是插在镗杆的长方孔中,并能在垂直于镗杆轴线的方向上自由滑动,由两个对称的切削刃产生的切削力,自动平衡其位置。

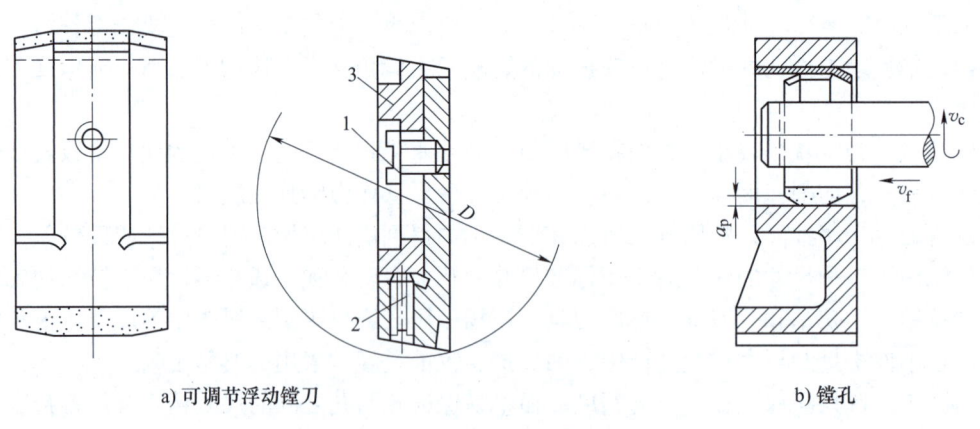

a) 可调节浮动镗刀   b) 镗孔

图 19-34 可调节的浮动镗刀及镗孔

1、2—螺钉 3—刀齿

2. 镗削的工艺特点

镗削根据所选用镗刀的结构和工作条件不同,其工艺特点也有一定差异。单刃镗刀镗孔具有以下特点。

1)适应性较广,灵活性较大。单刃镗刀结构简单、使用方便,既可粗加工,也可半精加工或精加工。一把镗刀可加工直径不同的孔,孔的尺寸主要由操作者来保证,而不像钻孔、扩孔或铰孔那样,是由刀具本身尺寸保证的,因此它对工人技术水平的依赖性也较大。

由于镗床的功能较多，可以方便地保证孔与孔的平行度、垂直度和同轴度以及中心距尺寸精度的要求。镗床上镗孔如图 19-35 所示。

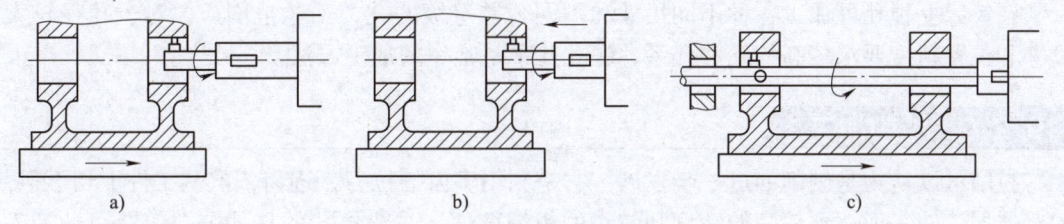

图 19-35　镗床上镗孔

2）可以校正原有孔的轴线歪斜或位置偏差。由于镗孔质量主要取决于机床精度和工人的技术水平，所以预加工孔如轴线歪斜或有不大的位置偏差，利用单刃镗刀镗孔可予以校正。这一点，若用扩孔或铰孔是不易达到的。

3）生产率较低。单刃镗刀的刚度比较低，为了减少镗孔时镗刀的变形和振动，不得不采用较小的切削用量，加之仅有一个主切削刃参加工作，所以生产率比扩孔或铰孔低。

多刃镗刀镗孔具有以下特点。

1）加工质量较高。由于镗刀片在加工过程中的浮动，可抵偿刀具安装误差或镗杆偏摆所引起的不良影响，提高了孔的加工精度。较宽的修光刃可修光孔壁，减小表面粗糙度值。但是，它与铰孔类似，不能校正原有孔的轴线歪斜或位置偏差。

2）生产率较高。浮动镗刀片有两个主切削刃同时切削，并且操作简便。

3）刀具成本较单刃镗刀高。浮动镗刀片结构比单刃镗刀复杂，刃磨费时。

3. 镗削的应用

单刃镗刀镗孔比较适用于单件小批生产；浮动镗刀片镗孔主要用于批量生产、精加工箱体类零件上直径较大的孔。另外，在卧式镗床上利用不同的刀具和附件，还可以进行钻孔、车端面、铣平面或车螺纹等（图 19-36）。

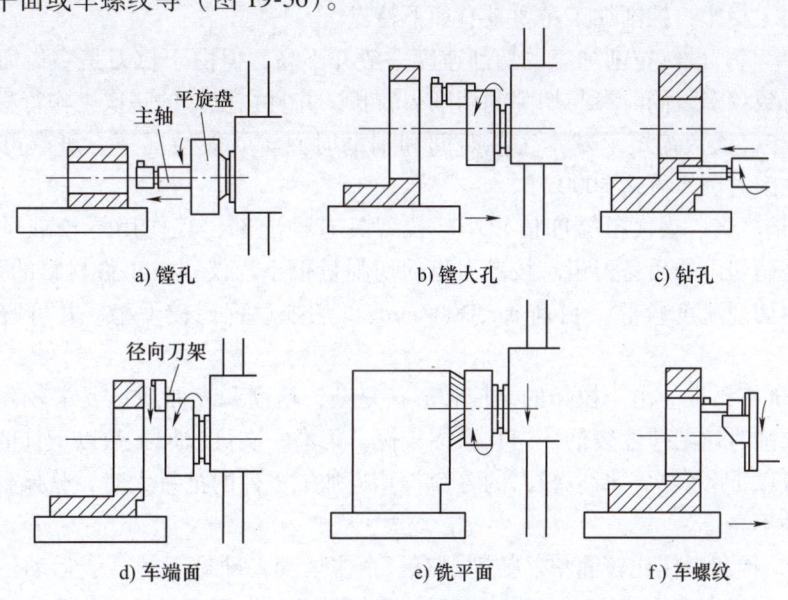

图 19-36　卧式镗床的应用

镗孔和钻-扩-铰工艺相比，孔径尺寸不受刀具尺寸的限制，且单刃镗刀镗孔具有较强的形状位置误差修正能力。

在镗床上镗孔可加工各种不同尺寸和不同公差等级的孔，工艺范围广，对于孔径较大、尺寸和位置精度要求较高的孔和孔系，镗孔几乎是唯一的加工方法。

19.2.6 拉削加工

拉削可以认为是刨削的进一步发展。它是利用多齿的拉刀，逐齿依次从工件上切下很薄的金属层，使表面达到较高的精度和较小的粗糙度值。一般拉孔的尺寸公差等级可达 IT7～IT9 级，表面粗糙度 Ra 值可达 $0.8 \sim 1.6 \mu m$。

1. 拉刀的结构

内孔拉刀（图 19-37）的结构一般有：头部，用来装夹拉刀并传递动力；颈部，是打标记的地方；过渡锥部，使拉刀导入工件孔中；前导部，起定位作用；切削部（几何参数有齿升量、齿距、刃带宽度、前角、后角），担负切削工作，包括粗切齿、过渡齿与精切齿三部分；校准部，用来校准和刮光已加工表面；后导部，在拉削即将结束时继续支承工件，以防因工件下垂而损坏刀齿、碰伤已加工表面；尾部，当拉刀又长又重时而增设的支承点，它支承在可与拉刀一起移动的滑动托架上。

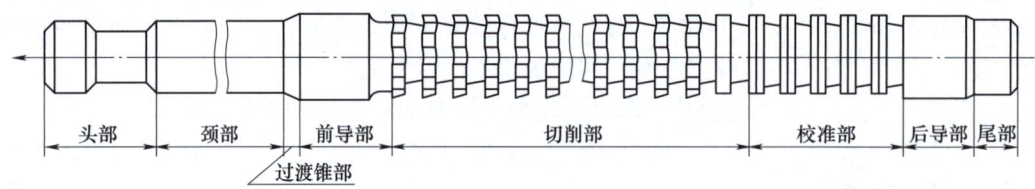

图 19-37 内孔拉刀

2. 拉削的工艺特点

与其他加工相比，拉削加工主要具有如下特点。

1）生产率高。虽然拉削加工的切削速度一般并不高，但由于拉刀是多齿刀具，同时参加工作的刀齿数较多，同时参与切削的切削刃较长，并且在拉刀的一次工作行程中能够完成粗-半精-精加工，大大缩短了基本工艺时间和辅助时间。一般情况下，班产可达 100～800 件，而自动拉削时班产可达 3000 件。

2）加工精度高、表面粗糙度值较小。拉刀具有校准部，其作用是校准尺寸，修光表面，并可作为精切齿的后备刀齿。校准刀齿的切削量很小，仅切去工件材料的弹性恢复量。另外，拉削的切削速度较低（目前 $v_c < 18 m/min$），切削过程比较平稳，并可避免积屑瘤的产生。

3）拉刀价格昂贵。由于拉刀的结构和形状复杂，精度和表面质量要求较高，故制造成本很高。但拉削时切削速度较低，刀具磨损较慢，刃磨一次可以加工数以千计的工件，加之一把拉刀又可以重磨多次，所以拉刀的寿命长。当加工零件的批量大时，分摊到每个零件上的刀具成本并不高。

4）拉床结构和操作比较简单。拉削只有一个主运动，即拉刀的直线运动。进给运动是靠拉刀的后一个刀齿高出前一个刀齿来实现的，相邻刀齿的高出量称为齿升量 f_z。

3. 拉削的应用

拉削的加工范围较广（图 19-38），可加工各种形状的通孔，还可加工多种形状的沟槽、T 形槽、燕尾槽和涡轮盘上的榫槽等，也可加工平面、成形面、外齿轮和叶片的榫头等。

拉削加工主要适用于成批和大量生产，尤其适用于在大量生产中加工比较大的复合型面，如发动机的气缸体等。在单件、小批生产中，对于某些精度要求较高、形状特殊的成形表面，用其他方法加工很困难时，也有采用拉削加工的。但对于不通孔、深孔、阶梯孔及有障碍的外表面，则不能用拉削加工。

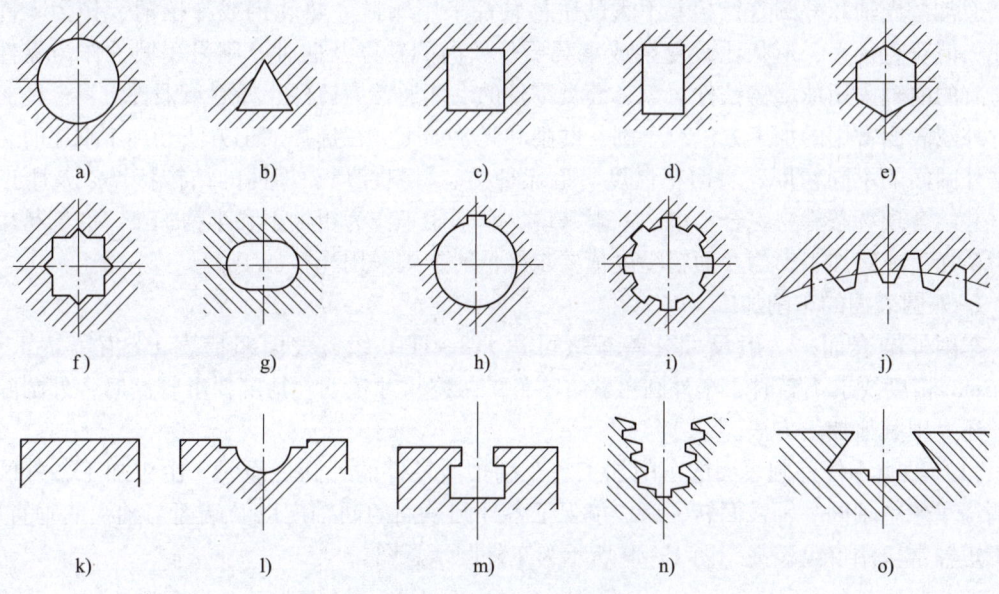

图 19-38 拉削加工的各种表面

19.3 切削加工方法的选择

授课视频

尽管机械零件的结构形状各异，但归纳起来都是由一些最基本的几何形状（外圆面、孔、平面、成形面、螺纹表面和齿轮表面等）所组成，零件不同的表面需要采用不同的加工设备和加工方法。对于有一定技术要求的表面，通常都不能只用一种方法采用一次加工达到图样的要求。因此，对零件常见的基本表面加工进行分析就显得非常重要。

19.3.1 外圆表面的加工

具有外圆表面特征的零件主要有轴类零件、盘类零件和套类零件。轴类零件按其结构形状的不同，可分为光轴、阶梯轴、空心轴和异形轴（包括曲轴、凸轮轴、十字轴和偏心轴等）。

轴类零件外圆表面的技术要求，除尺寸精度、表面粗糙度外，还有形状精度和位置精度的要求。特别是对有配合要求的外圆表面，其加工精度要求较高、表面粗糙度值要求较低。例如，汽车、拖拉机和柴油机的曲轴，主轴颈的尺寸公差等级一般为 IT7 级，表面粗糙度

Ra 值为 0.4~0.8μm。

盘类零件的特征是径向尺寸比轴向尺寸大很多，最大外圆直径与内圆直径相差较大，端面面积较大等，如法兰盘、带轮和飞轮等。盘类零件除要求尺寸精度和表面粗糙度外，还有同轴度的要求，同时端面与轴线的垂直度要求较高。

套类零件的内外圆直径相差较小，壁厚往往比较薄。常见套类零件主要有钻套、轴承衬套、气缸套和油缸等。套类零件的技术要求除尺寸精度及表面粗糙度外，主要对内外圆的同轴度要求较高。

通常，光轴和外圆直径相差不大的阶梯轴都采用棒料（热轧钢或冷拉钢）作为零件的毛坯；但对直径大、形状比较复杂或承载要求较高的轴以及曲轴，则采用锻件作为零件毛坯，有的曲轴采用球墨铸铁件。盘、套类零件的毛坯通常为铸件、棒料或锻件。

外圆表面常用的加工方法有车削、磨削和光整加工。在选择加工方法和加工顺序时，应根据外圆面的不同精度、表面粗糙度、毛坯种类、材料性质、零件的结构特点以及生产类型，并结合现场条件来综合考虑。一般来说，车削用来作为粗加工和半精加工，磨削是用来作为精加工或终加工。当表面粗糙度值要求极低时，则采用光整加工。

1. 外圆表面的车削加工

车削外圆表面，一般尺寸公差等级可达 IT8~IT10 级，表面粗糙度 Ra 值可达 1.6~6.3μm。精度要求不高时，车外圆可获得零件的最终尺寸精度。精度要求较高时，外圆除车削外还要用其他加工方法。

（1）轴类零件外圆表面的车削加工　车削轴类零件的外圆表面时，由于加工各外圆表面围绕车床主轴同一轴线回转，所以能保证各外圆表面的同轴度以及端面与轴线的垂直度。加工短轴常仅用卡盘装夹，图 19-39 所示为车外圆示意图。

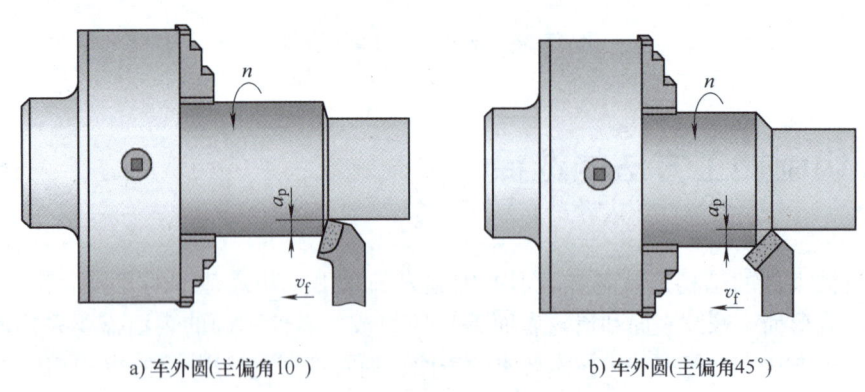

a) 车外圆(主偏角10°)　　　　b) 车外圆(主偏角45°)

图 19-39　车外圆示意图

加工长径比为 $L/D \geqslant 20$ 的细长轴时，由于工件的刚性很差，受径向切削力的作用，容易产生弯曲变形和振动，因而会降低加工精度和造成表面粗糙。为了提高加工精度和质量，常采取以下措施。

1）用中心架或跟刀架作为辅助支承，以提高工件的刚度。中心架多用于加工阶梯轴，跟刀架多用于车削细长的光轴。

2）加大车刀的主偏角以减小车削时的背向力。在车削细长轴的工程实践中，通常采用 90°和 75°的偏刀。

3) 选择切削用量时,要考虑到细长轴刚性差这一特点,使用主偏角为90°或75°车刀,减小轴的切削力,可采用增加走刀次数的办法来减小每次的切削深度,以降低切削力。一般走刀次数以3~4次较为合适。

4) 使用冷却液,防止和减少工件的热变形及其因轴向伸长而引起的弯曲,并能提高刀具的寿命,因而能提高工件的加工精度和质量。

在单件、小批生产时,轴类零件的外圆车削是在卧式车床上进行的;在成批、大量生产中,广泛使用高生产率的多刀半自动车床或自动车床等。

曲轴和凸轮轴等零件的外圆表面的车削,在批量较大的情况下,应选择在专用的曲轴和凸轮轴车床上进行加工。

(2) 盘、套类零件外圆表面的车削加工　车削盘、套类零件的外圆表面常用卡盘装夹。加工盘、套类零件所要考虑的主要问题是保证外圆与孔轴线的同轴度以及端面对孔轴线的垂直度的技术要求。因此,在精车时,尽可能把有位置精度要求的外圆、内孔和端面在一次安装中全部加工完。若有位置精度要求的表面不能在一次安装中完成加工时,通常先把孔加工出来,然后以孔定位,安装在心轴上,再加工外圆和端面。

盘、套类零件成批、大量生产时,可用生产率高的转塔车床、半自动车床加工,如在卡盘多刀半自动车床上加工齿轮坯、轴承环和法兰盘等,生产效率比卧式车床高3~5倍。

大型盘类或环类零件可在立式车床上加工。这类零件在立式车床上加工,工件的安装、调整方便,切削平稳。立式车床上的立柱、横梁上都装有刀架,可以同时进行加工,车削外圆、内圆和端面等。

2. 外圆表面的磨削加工

磨削是外圆表面精加工的主要方法,加工尺寸公差等级可达IT6级,表面粗糙度Ra值可达$0.2~0.8\mu m$。当采用精密磨削、超精密磨削及镜面磨削加工时,则Ra值可达$0.01~0.1\mu m$。虽然外圆车削经粗车、半精车、精车和精细车,尺寸公差可达到IT6~IT7级,表面粗糙度Ra值可达$0.4~0.8\mu m$,但对工人的操作水平要求高,而且费工时,往往不如采用粗车-半精车-磨削的加工方案经济合理。磨削可以加工淬火钢、未淬火钢及铸铁等材料,淬火钢等硬质材料只能用磨削进行精加工。

外圆表面的磨削加工,可采用的方法如下。

(1) 外圆磨削　外圆磨削通常在外圆磨床上进行。外圆磨削可采用纵磨法、横磨法、综合磨法和深磨法,也可在无心磨床上进行,称为无心外圆磨削法。

(2) 高速磨削　高速磨削是使用高强度砂轮,磨削砂轮线速度从一般的30m/s提高到50m/s以上,可以提高生产率。另外,高速磨削随着切屑变薄和磨削力的减小,加工精度和表面质量较高。

(3) 低粗糙度磨削　使工件表面获得粗糙度Ra值为$0.01~0.1\mu m$的磨削工艺,通常称为低粗糙度磨削。低粗糙度磨削包括精密磨削、超精密磨削和镜面磨削。一般能获得表面粗糙度Ra值为$0.04~0.1\mu m$的磨削称为精密磨削;能获得表面粗糙度Ra值为$0.02~0.04\mu m$的磨削称为超精密磨削;能获得表面粗糙度Ra值为$0.01\mu m$的磨削称为镜面磨削。

3. 外圆表面的光整加工

外圆表面光整加工的主要作用是为了改善零件的表面质量。有些光整加工还可以提高零件的尺寸精度和形状精度。

(1) 研磨　研磨是在磨具和工件之间置以研磨剂，并使磨具和工件产生复杂的相对运动，磨料从工件上切除很薄金属的光整加工过程。工件在研磨前需进行半精磨或精磨，研磨后可达 IT5 级或更高的精度，表面粗糙度 Ra 值可达 $0.01 \sim 0.1 \mu m$。研磨可提高工件的几何形状精度，但不能提高工件表面的相互位置精度。

磨具的材料应稍软于工件的材料，以便磨料在研磨过程中嵌入磨具表面，从而对工件表面进行擦磨。磨具可根据研磨工件的硬度，选铸铁、铜、铝或硬木等材料制造，如在研磨钢件时常选用铸铁做磨具。研磨有手工研磨和机械研磨，前者用于单件小批生产，后者用于大批量生产。

(2) 超级光磨　超级光磨是用磨粒极细的磨条对工件表面进行的一种光整加工方法，也称为超精加工。超级光磨适用于轴类零件圆柱表面的光整加工，可以获得表面粗糙度 Ra 值为 $0.008 \sim 0.1 \mu m$ 和良好的表面质量，但不能提高工件的形状精度和位置精度。

(3) 抛光　工件经过抛光表面粗糙度 Ra 值可达 $0.01 \sim 0.02 \mu m$，从而显出光泽的表面，但切除金属不均匀，工件尺寸精度不易控制。因此，抛光主要用于加工精度要求不高而表面粗糙度值极低的零件，以提高零件的疲劳强度和耐蚀性，同时也可改善外观光泽。抛光还可以用于电镀前的准备工序。

目前一般工厂中多采用手工抛光，因此生产率较低，而且劳动条件差。近几年来液体磨抛光、电抛光等新工艺方法已用于生产，可望进一步改善劳动条件和提高生产率。

4. 外圆表面的技术要求

外圆表面的技术要求，通常可以分为如下 5 个方面。

(1) 尺寸精度　轴类零件的支承轴颈一般与轴承配合，是轴类零件的主要表面。它影响轴的旋转精度与工作状态，通常对其尺寸精度要求较高，公差等级为 IT5~IT7 级；装配传动件的轴颈尺寸精度要求低一些，公差等级为 IT6~IT9 级。

(2) 形状精度　轴类零件的形状精度主要是指支承轴颈的圆度、圆柱度和轴线的直线度，因为外面表面的形状误差直接影响着与之配合的零件的接触质量和回转精度，因此一般必须将形状误差限制在尺寸公差范围内。对精度要求较高的轴，应在图样上标注其形状公差。

(3) 位置精度　轴类零件的位置精度主要包括外圆表面的同轴度、圆跳动及端面对外圆表面轴线的垂直度等。对于普通精度的轴类零件，配合外圆表面对支承外圆表面的径向圆跳动公差要求一般为 $0.01 \sim 0.03 mm$，高精度轴为 $0.001 \sim 0.005 mm$。对于套筒类零件，外圆表面常常与内孔有同轴度的要求，一般为 $0.01 \sim 0.03 mm$。

(4) 表面粗糙度　外圆表面的粗糙度主要是由该表面的工作性质、配合类型、转速和尺寸公差等级决定。对于轴类零件，一般与传动件相配合的轴颈的表面粗糙度 Ra 值为 $2.5 \sim 6.3 \mu m$；与轴承相配合的支承轴颈的表面粗糙度 Ra 值为 $0.16 \sim 0.63 \mu m$；而非配合的外圆表面 Ra 值一般为 $3.2 \sim 12.5 \mu m$。

(5) 热处理　轴的质量除了与所选钢材种类有关外，还与热处理有关。为了改善其切削加工性能或提高综合力学性能及使用寿命等，一般进行正火、调质、淬火、表面淬火及表面氮化等热处理。例如，对于轴用 45 钢，在粗加工之前通常进行正火处理，而调质处理通常安排在粗加工之后。

5. 外圆表面的加工方案分析

外圆表面的加工方案应根据零件的材料、结构特点和主要技术要求等确定。即使是对于同一零件上的外圆表面，也往往存在不同精度的要求，需要根据具体的生产条件，合理选择相应的加工方案。图 19-40 所示为外圆表面的加工方案。

外圆表面的典型加工方案如下。

1) 粗车（IT11~IT12 级，Ra 值为 12.5~50μm）。它适用于加工除淬火钢以外的各种金属材料，当要求外圆表面精度低和表面较粗糙时，只粗车一次就可达到要求。

2) 粗车-半精车（IT9~IT10 级，Ra 值为 3.2~6.3μm）。对于中等精度的未淬火钢件和铸铁件的外圆表面，采用此方案。

3) 粗车-半精车-磨削（IT7~IT8 级，Ra 值为 0.8~1.6μm）。此方案最适用于加工精度要求稍高的淬火钢件或未淬火钢件以及铸铁件的外圆表面。

4) 粗车-半精车-粗磨-精磨（IT6 级，Ra 值为 0.2~0.4μm）。此方案的适用范围与方案 3 相同，只是外圆表面的精度更高，表面粗糙度值要求更低，须将磨削分为粗磨和精磨两次加工来达到要求。例如，CA6140 主轴的外圆表面常采用此加工方案。

5) 粗车-半精车-粗磨-精磨-研磨（超级光磨或抛光），（IT5~IT6 级，Ra 值为 0.008~0.1μm）。此方案可获得很高的加工精度和很低的表面粗糙度值。对于汽车、拖拉机和柴油机的曲轴，根据精度和表面粗糙度的要求，曲轴的轴颈可采用精磨作为最后加工工序。在实际生产中，在满足精度和表面粗糙度要求的基础上，为了提高曲轴轴颈的耐磨性和疲劳强度，使轴颈表面产生不重合的网状磨纹（不要形成环状网纹和磨沟），常以超级光磨或抛光作为轴颈的最后加工工艺。因此，轴颈表面的加工顺序为：粗车（半精车）-精车-粗磨（半精磨）-精磨-超级光磨（抛光）。

6) 粗车-半精车-精车（IT7~IT8 级，Ra 值为 0.8~1.6μm）-精细车（IT5~IT6 级，Ra

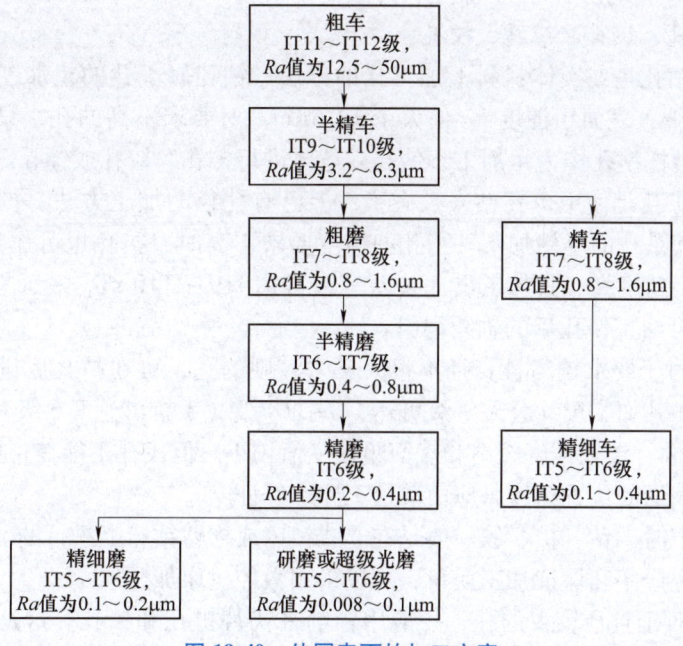

图 19-40 外圆表面的加工方案

值为 0.1~0.4μm）。此方案主要用于有色金属的精加工。因为有色金属韧性很大，磨削时容易堵塞砂轮，所以常用精车和精细车代替砂轮磨削。

当毛坯质量较高，如精密铸造和精密锻造的工件，可不经粗车工序。对于不易磨削的重型工件，如重型机器上大直径的轴颈，常采用精车。

19.3.2 孔的加工

孔是圆盘、套筒类和支架、箱体类零件的主要组成表面，也是组成零件的基本表面之一。零件表面通常有多种类型的孔，常见的孔有以下几种。

（1）紧固孔　这类孔有螺钉、螺栓孔以及其他非配合的油孔和气孔等。它们的精度要求不高，一般都在 IT11~IT12 级。

（2）回转体类零件上的孔　属于这类的有套筒、法兰盘及齿轮等零件上的孔。通常除孔本身的精度和表面粗糙度要求外，还有孔与外圆表面有一定的同轴度或与端面的垂直度要求等。

（3）箱体类零件上的重要孔　这类孔有箱体上的轴孔等。这些孔的尺寸精度要求较高（IT7 级或更高），同时孔与孔之间构成了"孔系"，并有一定的位置精度要求，如平行度、垂直度、同轴度等。

（4）深孔　一般孔深与孔径之比大于 5 的孔称为深孔，如气缸体深油道孔。深孔加工比其他孔的加工更为困难。

（5）圆锥孔　例如，车床主轴前端的锥孔以及装配用的定位销孔等。

孔和外圆都是回转表面，但与外圆相比，孔的加工条件较差，如加工孔所用的刀具尺寸（直径和长度）受到被加工孔本身尺寸的限制，会影响刀具的刚度。另外，排屑、散热、冷却和润滑等都较为困难，所以对相同精度的孔和外圆，前者加工较为困难，而且带孔零件的结构也较复杂，所以孔的加工方案也较外圆要复杂。

1. 钻孔、扩孔、铰孔、镗孔、拉孔

（1）钻孔　钻孔是在实体材料上加工孔的方法。钻孔属于孔的粗加工，加工尺寸公差等级在 IT10 级以下，表面粗糙度 Ra 值大于 12.5μm。对要求不高的孔，只钻孔即可。若孔的要求较高，则常把钻孔作为粗加工，钻孔后还要进行扩孔、铰孔或镗孔等加工。

（2）扩孔　扩孔是使用扩孔钻来扩大工件上已有孔径的加工方法。扩孔常作为精加工前的准备工序，其是孔的半精加工。当孔的精度要求不高时，扩孔也可作为孔的最后加工。扩孔比钻孔的加工精度高，其加工尺寸公差等级可达 IT9~IT10 级，表面粗糙度 Ra 值可达 3.2~6.3μm，并可纠正钻孔后的轴线偏斜。

（3）铰孔　对于要求较高且直径不很大又未淬硬的孔，可在扩孔后进行铰孔。铰孔所用的刀具是铰刀，其加工尺寸公差等级可达 IT7~IT8 级（手铰可达 IT6 级），表面粗糙度 Ra 值可达 0.4~1.6μm。铰孔精度较高和表面粗糙度值较小。但铰孔不能校正原孔的轴线偏斜，因此，孔和其他表面的位置精度，应由前道工序来保证。

单件小批生产时，钻、扩、铰一般是在立式钻床或摇臂钻床上进行的。这样的加工生产率低。为了提高生产率和保证加工质量，可以采用数控机床加工。

（4）镗孔　对于直径较大的孔，一般用镗削来代替扩孔和铰孔。这是因为镗刀结构简单，价格比扩孔钻和铰刀便宜得多，而且镗刀比大直径的扩孔钻和铰刀轻便。另外，镗刀的回转半径可以根据被加工的孔径进行任意调节。对直径较大的孔以及内成形表面、孔内有环槽等，镗削是唯一的加工方法。

但对直径较小的孔，特别是当孔的直径小于 30mm 时，扩孔和铰孔要比镗孔更为经济。因为在这种情况下，扩孔和铰孔由于生产率提高而取得的经济效果，超过了刀具成本所付出的代价。

镗孔加工的精度非常高，精镗孔的尺寸公差等级可达 IT7~IT8 级，表面粗糙度 Ra 值为 $0.8~1.6\mu m$，通常可将孔径尺寸公差控制在 0.01mm 以内。

(5) 拉孔　拉孔是在拉床上用拉刀对已有的孔进行精加工的一种加工方法。加工尺寸公差等级一般能达到 IT7 级，表面粗糙度 Ra 值可达 $0.8~1.6\mu m$。但由于拉刀结构复杂，制造麻烦，价格较贵，所以拉孔适用于大量生产。

拉削一般加工孔的范围为 10~75mm。但不能拉台阶孔，不通孔，孔深不宜超过孔径的 3~4 倍。因为孔径太大则拉削力大，孔径太小则拉刀刚性差，热处理容易变形。若拉削的孔太深，每个刀齿切下的切屑体积很大，容屑槽容纳不下，如增大容屑槽，又会削弱拉刀强度。

2. 磨孔

在磨床上磨内孔远不如外圆磨削应用那么普遍，其原因如下。

1）磨孔用的砂轮直径小（为孔径的 0.6~0.9 倍），砂轮磨损快，需要修正和更换，因而增加了辅助时间。

2）砂轮直径小而且受到机床主轴转速的限制，通常很难达到正常的磨削速度（约为 30m/s）。由于磨削速度低，所以磨孔的表面质量不易提高。

3）磨内孔时，由于砂轮轴细，而且是悬臂安装，所以刚性差，影响了磨孔的质量和生产率。

磨孔主要用于加工淬硬工件、精度要求较高和表面粗糙度值较低的通孔、不通孔或带断续表面的孔（如带有键槽的孔）等。

3. 孔的光整加工

为了进一步提高孔的精度，得到更低的表面粗糙度值，通常在精加工之后还要采用研磨、珩磨等光整加工方法。

(1) 研磨　孔的研磨和外圆研磨一样，也是用磨具和工件的相对运动，利用其间的研磨剂磨去工件表面很薄的一层余量（0.01~0.03mm）来进行光整加工。

研磨孔的加工尺寸公差等级可达 IT6~IT7 级，但不能提高位置精度，表面粗糙度 Ra 值可达 $0.01~0.1\mu m$。特别是两个零件的表面要求良好密合时，采用配研是一种最有利的加工方法。孔的研磨虽然生产率低，但不需要特殊的设备和复杂的工具，所以在单件小批生产中仍占有一定的地位。而在大批量生产中，研磨常被珩磨等加工方法所代替。

(2) 珩磨　珩磨是用磨粒很细的磨条（也称为油石）来进行加工的，多用于圆柱孔的加工。

珩磨头工作时有两种运动，即旋转运动和轴向往复运动。为了使整个工件表面能均匀的加工到，磨条在孔的两端都要露出约 25mm 的越程。

珩磨后孔的尺寸公差等级可达 IT6~IT7 级，表面粗糙度 Ra 值可达 $0.01~0.1\mu m$，同时可获得准确的几何形状。珩磨可以达到很高的精度和很低的表面粗糙度值。珩磨的生产率和加工质量都高，但不宜加工铜、铝等塑性好的有色金属。珩磨常用于加工直径为 5~500mm 并经过精加工后的内孔，而且能加工深孔。

珩磨在汽车、拖拉机、柴油机制造中广泛应用于下列零件的光整加工：发动机的缸孔、缸套孔及主轴承孔、连杆的大头孔和各种液压装置的铸铁套和钢套的孔。

4. 孔的技术要求

孔的技术要求通常可以分为如下 3 个方面。

（1）本身精度　它包括孔径和长度的尺寸精度，孔的形状精度（如圆度、圆柱度及轴线的直线度等）。

（2）位置精度　它包括孔与孔或孔与外圆面的同轴度；孔与孔或孔与其他表面之间的尺寸精度、平行度、垂直度及角度等。

（3）表面质量　它包括表面粗糙度和表层物理力学性能要求等。

5. 孔的加工方案分析

孔的加工方法较多，主要有钻、扩、铰、镗、拉、磨、珩等。加工方法的选择要根据毛坯的材料及制造方法、零件结构特点（零件形状的复杂程度、孔的尺寸）、孔的技术要求及生产规模等因素而定。

孔的加工方案如图 19-41 所示。在实体材料上加工中小孔，由钻孔开始。对未淬硬孔，当孔的尺寸公差等级为 IT6~IT9 级，表面粗糙度 Ra 值为 0.2~1.6μm，孔径小于 30mm 时，钻-扩-铰是常用的典型加工方案。若加工孔尺寸公差等级为 IT8 级，当孔径小于 20mm 时，采用钻孔后直接铰孔。若加工孔的尺寸公差等级为 IT7 级，当孔径小于 12mm 时，采用钻孔后两次铰孔。在铸（锻）件上，铸出或锻出的大中型孔由扩孔或粗镗开始，当孔径大于 80mm 时，一般都采用镗削加工。

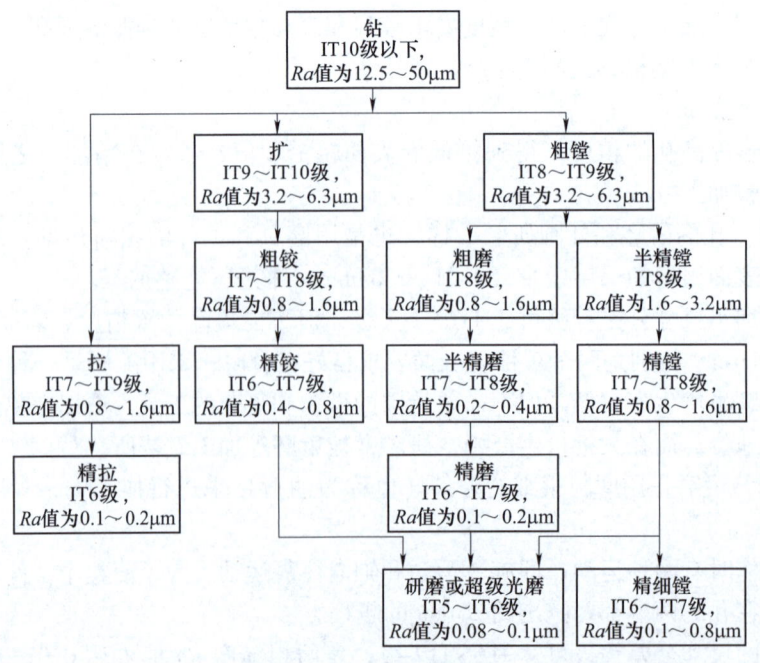

图 19-41　孔的加工方案

淬硬孔精加工用磨削。珩磨用于直径较大孔的光整加工，研磨用于直径较小孔的光整加工。由于拉刀制造成本高，只有在大批量生产且孔的精度要求又较高时才采用拉削的方法。

19.3.3 平面的加工

平面是基体类零件（如箱体、支架、床身、工作台等）的主要组成表面，同时也是回转类零件的重要表面之一（如端面、台肩面等）。平面按其作用的不同，可分为非结合平面、结合平面、导向平面及其量具的测量平面。零件上常见的直槽、T形槽、V形槽、燕尾槽、平键槽均可以看作是平面的不同组合。平面的技术要求包括3个方面。

1) 平面的形状精度（如直线度和平面度等）。
2) 平面的位置精度（如平行度和垂直度等）。
3) 表面质量（如表面粗糙度、表层硬度、残余应力、显微组织等）。

1. 平面的车削加工

回转体类零件，如轴、套筒、圆盘类零件上的端面，一般都采用车削加工。图 19-42 所示为车削平面。大型圆盘类零件的平面可在立式车床上加工。箱体零件上孔的端面往往要求与孔的轴线垂直，可在镗床上一次安装加工出孔和端面。

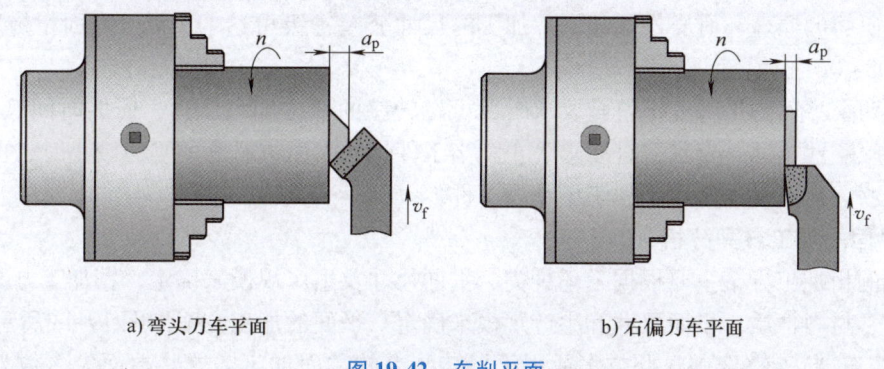

a) 弯头刀车平面　　　　b) 右偏刀车平面

图 19-42　车削平面

车削平面时，一般尺寸公差等级可达 IT8~IT10 级，表面粗糙度 Ra 值可达 $1.6~6.3\mu m$。在卧式车床上车平面容易产生凹面或凸面，其主要原因是进给方向与主轴回转轴线不垂直。

2. 平面的铣削和刨削加工

铣削和刨削是平面加工的两种基本方法。用于铣削和刨削加工的机床、刀具和切削方式等区别较大，因此它们的工艺特点有较大的差别。一般情况下，铣削的生产率明显高于刨削。由于刨刀结构简单，刨床便宜，调整简便，所以刨削在单件小批生产中具有较好的经济效益。在大批量生产中，因刨削生产率较低，所以常采用铣削加工。

铣削和刨削的加工质量相近。一般经粗、精两道工序后，加工的尺寸公差等级可达 IT8~IT10 级，表面粗糙度 Ra 值可达 $1.6~6.3\mu m$。

铣削和刨削虽然都是以平面和沟槽为主的加工方法，但由于铣削的主运动是回转运动，铣刀类型多，铣床上的附件也较多，特别是分度头的应用，使铣削方式机动灵活，适应性强，加工范围比刨削广泛，在许多方面是刨削所无法代替的。

3. 平面的拉削加工

拉削平面是一种高效率的加工方法，在汽车、拖拉机制造业中应用广泛，如发动机气缸体和连杆的平面都采用拉削加工。

拉削除了加工单一表面外，还常用来加工组合表面。拉削加工简便、快捷而且可靠。

拉削平面的尺寸公差等级可达 IT6~IT7 级，表面粗糙度 Ra 值可达 $0.2~0.8\mu m$，主要用于零件的大批量生产。

4. 平面的磨削加工

平面磨削方式有两种：一种是用砂轮的圆周磨削平面，称为周磨；另一种是用砂轮的端面磨削平面，称为端磨。

周磨的特点是砂轮和工件的接触面积小，发热少，排屑和冷却情况良好，因此可以获得较高的精度和较低的表面粗糙度值，但磨削效率低，适用于加工质量要求较高的工件。

端磨的特点是磨头为立式安装，轴向受力，刚性好，可以采用较大的磨削用量，磨削面积大，生产率高，但由于砂轮和工件的接触面积大，散热和冷却困难，另外由于砂轮端面各点的圆周速度不同，砂轮的磨损不均匀，所以加工精度和表面质量较周磨低。端磨适用于加工精度和表面质量要求不高的工件，也可以代替铣削进行粗加工，如连杆的两端面、活塞环的两端面的粗加工。

5. 平面研磨

平面研磨的原理和研磨外圆相同，加工的尺寸公差等级可达 IT5 级，表面粗糙度 Ra 值可达 $0.008~0.1\mu m$。

如果两个平面的平行度不符合要求时，可在较厚的部位加大压力，研磨时间延长一些，便可多去除一些金属，直到符合要求为止。当工件尺寸大而被研磨的平面较小时，可手持磨具进行研磨。研磨平面多用于加工中小型工件。

6. 平面的加工方案分析

平面的粗加工方案主要根据毛坯种类、平面尺寸及生产规模来确定；精加工方案则根据精度要求、材料性质、平面尺寸和生产规模来确定。平面的加工方案如图 19-43 所示。

1）粗车-半精车-磨削。此方案适用于旋转体上的端面加工，这些端面大多数与零件的外圆或孔有垂直度要求。对已淬硬或高精度的端面需进行磨削的终加工。

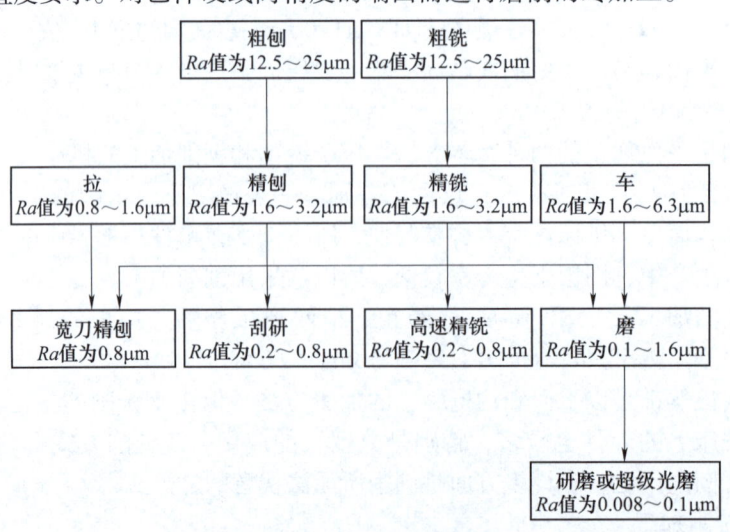

图 19-43 平面的加工方案

2）粗刨（或粗铣）-精刨（或精铣）。此方案适用于箱体及机架类零件上固定连接平面的加工。对窄长平面（如机床导轨）选用刨削有较高的生产率；对宽度较大的平面选用铣削方法具有更高的生产率。

3）粗刨（或粗铣）-精刨（或精铣）-精磨。此方案适用于精度及表面质量要求较高的滑动平面或淬火钢件上的平面。

4）初磨-粗磨-精磨。此方案适用于精密毛坯件的加工或用于难加工材料的加工，如连杆大小头的端面，在大量生产时，常采用这种加工方案。

5）粗铣-精铣-高速精铣。此方案适用于加工韧性大的有色金属。

6）拉削平面。此方案适用于大批量生产精度较高、表面粗糙度值较低而面积又不大的平面。由于拉削时拉削力较大，因而只能加工刚性较大的工件。

刮研是在保证接合表面或滑动表面达到良好接触以及达到正确的几何形状，所采用的一种光整加工方法。它适用于单件、小批生产及修理工作中加工表面粗糙度值低、形状精度要求较高的平面。刮研是手工操作，劳动强度大，在大量生产中常被磨削和宽刀精刨所代替。

19.3.4 成形面的加工

组成机械零件的表面除了常见的外圆、内圆、平面外，有些零件还具有形状复杂的表面。这些就是成形面，主要是指各种非圆形曲面，有回转体成形面（如机床手柄）、直线成形面（如凸轮）、立体成形面（如汽轮机叶片）等。

与其他表面类似，成形面的技术要求包括尺寸精度、形状精度和表面质量等。成形面往往是为了实现特定功能而专门设计的，因此其表面形状的要求是十分重要的。加工时，刀具的切削刃形状和切削运动，应首先满足表面形状的要求。

成形面的切削加工方法按加工原理不同分为成形刀具法、运动轨迹法及成形刀具与运动轨迹复合成形法。

1. 成形刀具法加工成形面

此法是使用成形刀具加工成形面，在车、铣、刨、拉、磨等加工中都可应用，所用刀具为成形车刀、成形铣刀、成形刨刀、成形拉刀、成形砂轮等。成形刀具有与工件成形面相应的形状和尺寸的主切削刃。此法的共同特点是操作简单，生产率高。由于成形刀具的设计、制造比一般刀具复杂，需要较长的生产准备周期和较高的费用，一般应用于较大批量生产

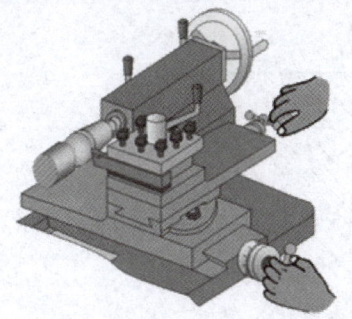
a) 双手控制中、小刀架的手柄进行车削成形面

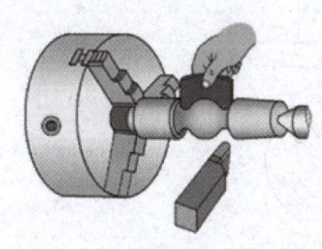
b) 用样板度量

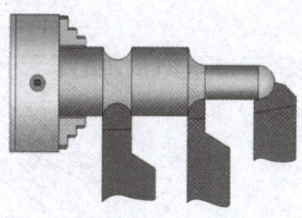
c) 车成形面

图 19-44　用成形车刀车成形面

中。图19-44所示为用成形车刀车成形面；图19-45所示为用成形铣刀铣凸圆弧面；图19-46所示为用成形砂轮磨成形面；图19-47所示为用成形砂轮磨外球面。

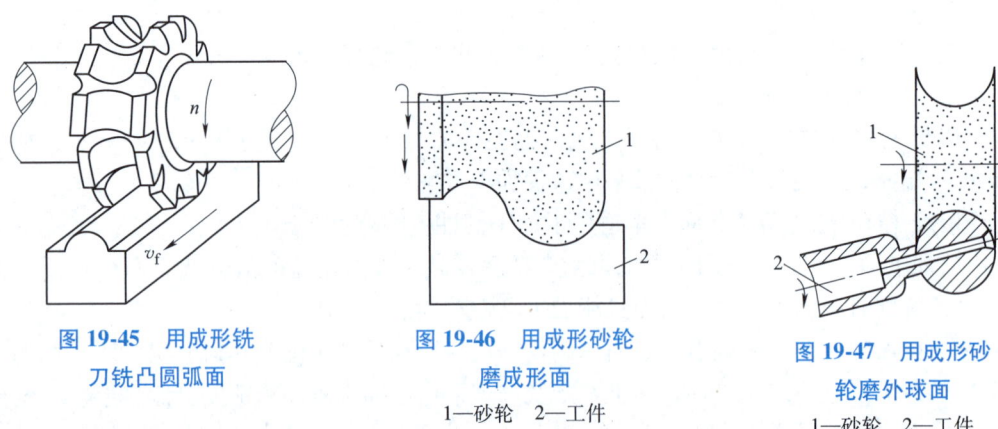

图19-45 用成形铣刀铣凸圆弧面

图19-46 用成形砂轮磨成形面
1—砂轮 2—工件

图19-47 用成形砂轮磨外球面
1—砂轮 2—工件

2. 运动轨迹法加工成形面

用此法加工出的成形面不是由刀具主切削刃形状、尺寸决定，而是由刀具与工件相对运动的轨迹形成。属于此加工类型的有以下三种方法。

（1）划线或样板加工　此法是在通用机床上，由人工控制刀具或工件的纵、横向进给，按事先在工件上划好的加工表面轮廓线或样板模线进行加工。与其他加工方法相比较，此法较难保证加工精度，生产率低，工人劳动强度大，并需由技术熟练的工人操作，但此法不需要专门设计、制造成形刀具和靠模，灵活性大，用于单件、小批量加工。

1）铣削。外球面的铣削如图19-48所示，铣削头结构简单，操作方便，生产率高，刀尖易损；内球面的铣削如图19-49所示，生产率高，表面粗糙度值低。

2）车削。外球面的车削如图19-50所示，加工精度低，生产率较高，适合于大批量生产；内球面的车削如图19-51所示，球面直径不宜过小。

3）磨削。外球面的磨削如图19-52a、b所示，加工精度高，表面粗糙度值低，生产率低，适合于小批生产；内球面的磨削如图19-52c所示，加工精度高，表面粗糙度值低，适合于在球磨机上磨直径大、深度小的零件。

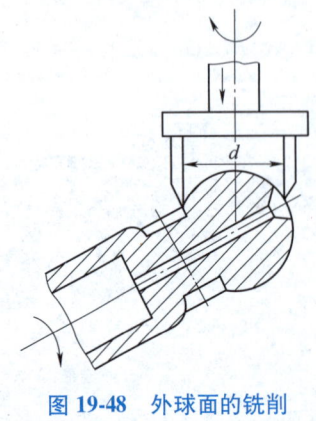

图19-48 外球面的铣削

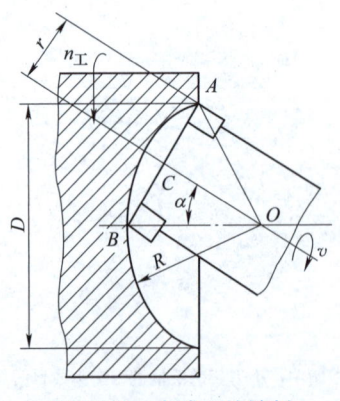

图19-49 内球面的铣削

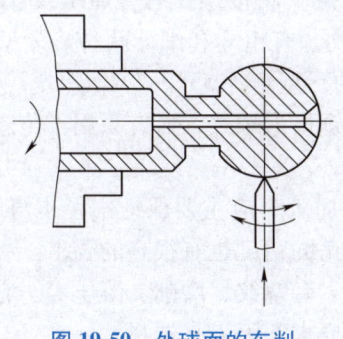
图 19-50 外球面的车削

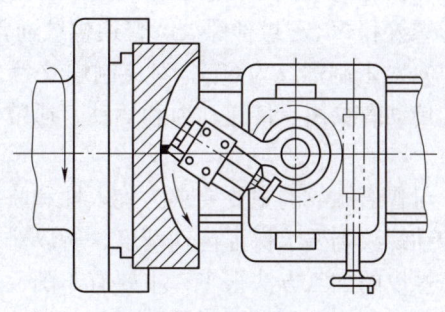
图 19-51 内球面的车削

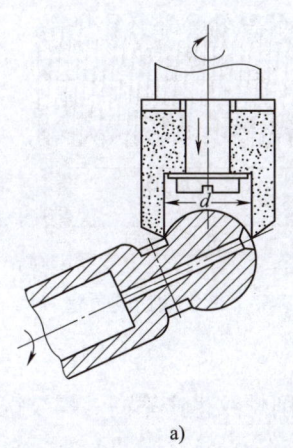
a)

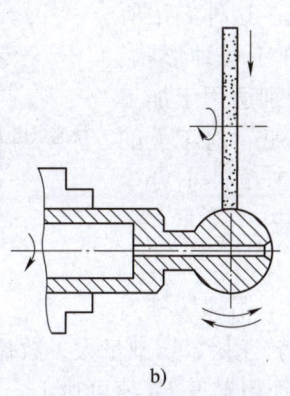
b)

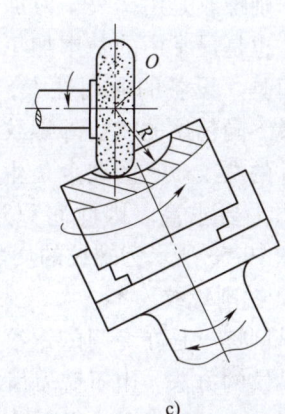
c)

图 19-52 球面的磨削

（2）靠模法加工　此法是由靠模装置控制普通刀具或工件按靠模工作面曲线运动，使之加工出所需要的形状和尺寸。可在普通机床上加靠模装置进行加工，也可在专门的仿形机床上进行加工，前者使用通用机床，但加工质量和生产率不如后者。无论是前者还是后者，加工前都需要根据工件形状和尺寸要求设计制造专用靠模，需要较长的生产准备时间和较高的费用，加工精度由靠模决定，故适用于较大尺寸成形面的较大批量加工。

（3）程序控制法加工　此法是在数控机床上，由控制系统按输入的程序进行自动加工完成所需成形面。由于改变加工成形面形状、尺寸只需改变输入的程序即可，因此与靠模法相比生产准备时间短，费用低，灵活性大。但机床费用高，技术复杂，适用于加工对象更换频繁、成形面复杂的中小批量加工。

3. 成形刀具与运动轨迹复合成形法

此法加工的成形面是由刀具的形状与工件、刀具间相对运动轨迹复合而成，如展成法加工齿轮中的插齿加工，不仅插齿刀的齿形要符合相应模数齿轮的齿形，而且插齿刀与工件间还必须强制保持一定的转动速比关系，才能加工出所需要的齿轮齿形。

19.3.5 螺纹的加工

螺纹一般分为联接螺纹和传动螺纹。

联接螺纹用于零件间的固定联接，螺纹截面呈三角形。联接螺纹有普通螺纹、55°非密封管螺纹和55°密封管螺纹。普通螺纹通常称为紧固螺纹，有粗牙和细牙两种。牙型角（即顶角）对米制螺纹为60°，对英制螺纹为55°。管螺纹的牙型角为55°。

传动螺纹用于传递动力和运动，通常为梯形螺纹和锯齿形螺纹，后者只用于传递单方向动力。

对普通螺纹的主要要求为旋入性和联接的可靠性。加工时应主要保证中径本身的精度。对传动螺纹则要求保证传动精度，所以对螺距和牙型半角的精度也有很高的要求。

螺纹的加工方法很多，主要有车削、铣削、攻螺纹、套螺纹、磨削、滚压等。它们各有不同的特点，必须根据零件的形状、尺寸、产量及技术要求等因素来选择。

1. 车削螺纹

车削螺纹是用螺纹车刀加工螺纹的传统加工方法，也是最常用的基本加工方法。这种方法所用的刀具、设备的通用性大，可加工各种形状、尺寸及不同精度的内、外螺纹，特别适用于加工大尺寸的螺纹。它的缺点是生产率低，对工人的技术水平要求高。因此它只适用于单件小批生产。图19-53所示为螺纹的切削过程。

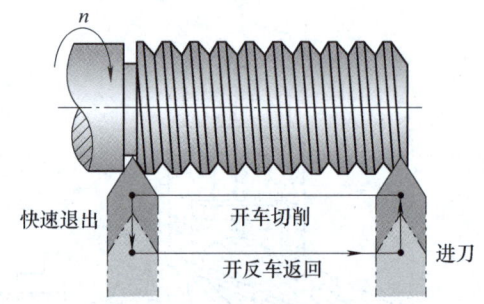

图19-53 螺纹的切削过程

2. 铣削螺纹

铣削螺纹是在专门的螺纹铣床上用螺纹铣刀加工螺纹的方法。由于铣刀齿多、转速快、切削量大，故比车削螺纹生产率高。螺纹铣削的加工尺寸公差等级可达IT7级，表面粗糙度Ra值可达$1.6\mu m$。

铣削螺纹按所用铣刀不同分为以下两种。

（1）盘状螺纹铣刀铣削螺纹　如图19-54所示，安装铣刀和工件时，铣刀轴线与工件轴线必须成一定角度（螺纹升角）。盘状螺纹铣刀铣削螺纹主要用于精度不太高的较大螺距的长螺纹的终加工和较精密螺纹的预加工。

（2）梳状螺纹铣刀铣削螺纹　梳状螺纹铣刀的刀齿是环形的，在铣刀上开有直槽或斜槽，形成切削刃。用梳状螺纹铣刀铣削螺纹，是在半自动螺纹铣床上进行的。工件装夹在机床的顶尖上或卡盘内，铣刀轴线和工件轴线平行，如图19-55所示。加工时铣刀快速移近工件，然后转入工作进给，在铣刀全长上刀齿同时参加切削工作。工件转一周的同时，铣刀应

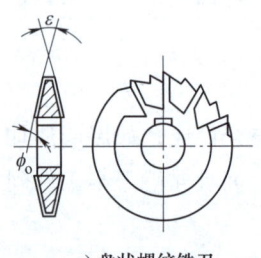
a) 盘状螺纹铣刀

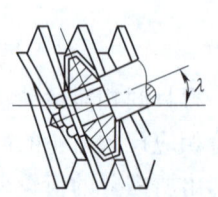
b) 铣刀的安装图

图19-54 盘状螺纹铣刀铣削螺纹

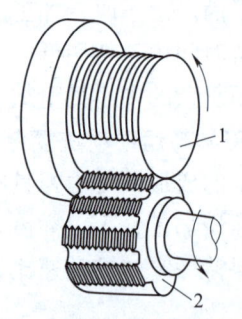

图19-55 梳状螺纹铣刀铣削螺纹
1—工件　2—梳状螺纹铣刀

沿轴线移动一个螺距。考虑到切入深度，加工时工件需要旋转一周多一点，即铣刀轴向移动一个螺距多一点，即可切出全部螺纹。然后铣刀快速退回到原位。

用梳状螺纹铣刀铣削螺纹与普通车削螺纹相比较，由于机动时间和辅助时间少，所以生产率高。机床是半自动的，操作工人可以管理多台机床。由于机床操作简单，对操作工人技术水平要求也不高。

但铣刀环形刀齿与工件螺旋线方向不一致，铣削时产生干涉现象，引起齿形误差，影响螺纹的加工精度。该齿形误差与螺纹升角的大小有关。螺纹升角越小，齿形误差也越小。因此，用梳状螺纹铣刀铣削螺纹，适用于加工直径大而螺距小的细牙普通螺纹。此外，当铣刀轴向进给量与铣刀刀齿齿距不符合时，工件旋转一周后不能衔接上，在螺纹的表面上留下衔接刀痕，也影响加工精度。一般加工精度为螺纹公差等级的IT7~IT8级。同时，因加工是断续切削，容易产生振动，所以加工表面粗糙度值也较高，一般 Ra 值为 $3.2~6.3\mu m$。

盘状螺纹铣刀主要用于铣削丝杠、蜗杆等工件上的梯形外螺纹。梳状螺纹铣刀用于铣削内、外普通螺纹和锥螺纹。由于是用多刃铣刀铣削、其工作部分的长度又大于被加工螺纹的长度，故工件只需要旋转 1.25~1.5r 就可加工完成，生产率很高，适用于成批生产。

3. 丝锥、板牙加工螺纹

用丝锥加工内螺纹称为攻螺纹。丝锥结构如图 19-56 所示。从外形看丝锥似纵向开有沟槽（形成切削刃和容屑槽）、头部带有锥度（切削部分）的螺杆。攻螺纹前需按要求尺寸加工出螺纹底孔。板牙是加工或校正外螺纹用的刃具，其结构如图 19-57 所示。板牙外形像钻有三个孔（形成切削刃和容屑槽）的螺母，且孔的端部具有 30°~60°锥角，以起到切削前引导定位作用。用板牙加工螺纹又称为套螺纹。

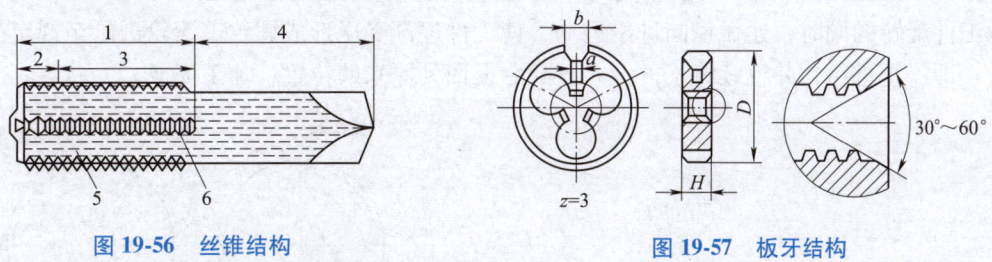

图 19-56　丝锥结构　　　　　　　　　图 19-57　板牙结构
1—工作部分　2—切削部分　3—定径部分
4—柄部　5—容屑槽　6—切削刃

用板牙、丝锥加工螺纹，可以在车床上进行也可以在钻床上进行。它的特点是操作简单，生产率高，加工费用低，但其加工精度不太高，攻螺纹为 IT6~IT8 级，套螺纹为 IT7~IT8 级，表面粗糙度 Ra 值为 $1.6~6.3\mu m$，适用于各种批量加工公称直径小于 16mm 的标准螺纹和较大批量加工非标准螺纹（需专门设计制造丝锥或板牙）。

4. 磨削螺纹

对于要求热处理的精密螺纹，需经磨削加工，才能保证螺纹的质量，如图 19-58 所示。最常见的是用单片砂轮进行磨削。单片砂轮磨削，砂轮按工件的螺纹旋向倾斜一个升角。磨削时，砂轮以 20~40m/s 的速度做高速旋转，工件除以 0.004~0.006m/s 的速度做圆周进给外，还以每转一周移动一个螺距的速度做轴向移动。一般需要走刀 4~15 次，最后需要进行

1~2次空刀光磨。

与其他加工方法相比，磨削螺纹加工精度高，表面粗糙度值低，还能加工淬过火硬度高的螺纹，并能校正淬火后的变形，对直径较小的工件，可在热处理后直接磨出螺纹。

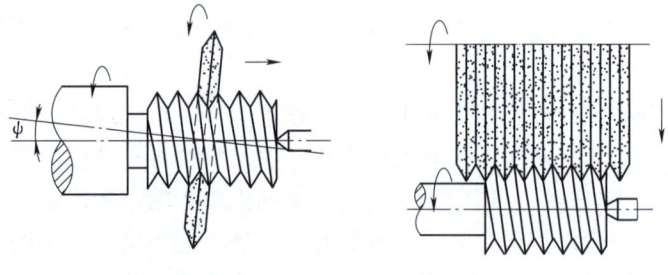

a) 单片砂轮磨削螺纹　　　b) 多片组合砂轮磨削螺纹

图 19-58　磨削螺纹的方法

5. 滚压螺纹

螺纹的滚压加工是在室温条件下，利用金属的塑性变形的一种无屑加工方法。

（1）搓丝板滚压　搓丝板由动板（上搓板）和静板（下搓板）所组成，如图 19-59 所示。工作时，动板由机床移动块带动做直线往复运动，静板固定在机床的支座上。工件在两块板之间被挤压与滚动，当动板行程结束时，搓丝板上凸出的螺纹逐渐压入工件表面，形成螺纹自动落下。

（2）滚丝轮滚压　滚丝轮是成对使用的，安装在机床的两个互相平行的轴上，如图 19-60 所示。工作时，两滚轮同向等速旋转，则工件放在两滚轮之间的支架上，滚轮在带动工件旋转的同时，还做径向进给运动，使工件逐渐受压形成螺纹。滚轮进给至规定的尺寸后，即停止进给，并继续将工件滚光。随后退回到原来的位置，加工完成。

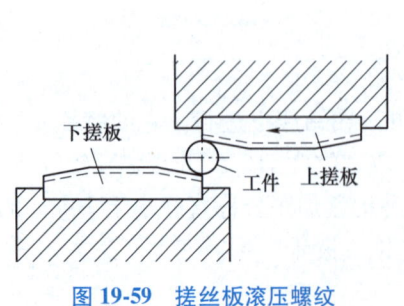

图 19-59　搓丝板滚压螺纹

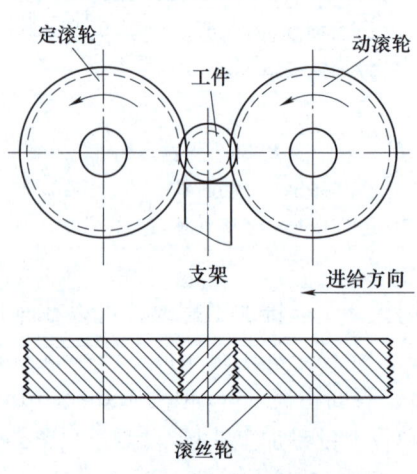

图 19-60　滚丝轮滚压螺纹

上述两种方式比较，搓丝比滚丝的生产率高，但滚丝压力小。另外，滚丝轮的工作表面经过热处理后可以在螺纹磨床上进行精磨，而搓丝板经过热处理后加工则比较困难，所以滚丝比搓丝所加工的螺纹精度高，表面粗糙度值低。搓丝螺纹精度可达螺纹公差等级的 6 级，

表面粗糙度 Ra 值可达 $0.8\sim1.6\mu m$。滚丝螺纹精度可达螺纹公差等级的 4~5 级，表面粗糙度 Ra 值可达 $0.2\sim0.4\mu m$。

19.3.6　齿轮齿形的加工

齿轮是现代机器中常用的一种零件，主要用来传递动力和运动。各种机器和仪器的工作精度、稳定性、寿命、噪声和效率，都与其齿轮传动的质量密切相关，并主要取决于齿轮的加工和安装精度。齿轮的种类很多，常用的有圆柱齿轮，锥齿轮以及蜗轮等，圆柱齿轮应用最广。

国家标准（GB/T 10095.1—2008）对单个渐开线圆柱齿轮规定了 13 个精度等级，精度等级由高到低依次为 0、1、2、3、…、12 级。目前齿轮齿形加工最高只能达到 3 级，6~8 级称为中精度等级（最常用）。

齿轮齿形的加工大部分是在专用的齿轮加工机床上进行的。在一般的滚齿机或插齿机上加工出来的齿轮，精度为 7~8 级，而在齿轮精加工机床上加工出来的齿轮，精度可达 6 级以上。最常用的齿轮精度等级是 6~9 级。表 19-4 列出了常用精度等级齿轮的应用范围。

表 19-4　常用精度等级齿轮的应用范围

精度等级	圆周速度/(m/s)		齿面粗糙度 Ra 值/μm	应 用 范 围
	直齿	斜齿		
6 级	<15	<25	0.4~0.8	用于高速传动齿轮，要求噪声小、寿命长，如航空和汽车中的高速齿轮 用于一般分度机构上的齿轮
7 级	<10	<18	0.8	用于一般机械中主要的传动齿轮，如标准系列减速器中的齿轮，航空、汽车和机床中的齿轮
8 级	<6	<10	3.2	用于一般机械中次要的传动齿轮，如航空和汽车拖拉机中不重要的齿轮、起重机中的齿轮、农用机械中的重要齿轮
9 级	<3	<5	6.3	用于低速重载机械中的传动齿轮

齿轮齿形的加工，按齿形的形成原理可分为两种类型。

（1）成形法（也称为仿形法）　采用与被切齿轮齿槽形状完全相同的成形刀具，直接切出齿形的加工方法称为成形法，如铣齿等。图 19-61 所示为铣削直齿圆柱齿轮。

（2）展成法（也称为范成法或包络法）　利用一对渐开线齿轮或齿轮齿条相互啮合运动的原理来加工齿形的方法称为展成法。展成法加工有滚齿和插齿两种。

齿轮坯的加工是按生产批量大小决定的，单件小批生产用车削加工；在大批大量生产中，对于中小尺寸齿轮坯，则按钻孔-拉孔-多刀车削方式加工。

齿轮材料及所用的热处理方法，对其制造工艺过程有很大的影响。按齿轮材料及所用的热处理的情况有如下几种。

1）未经热处理的原钢（包括调质热处理后切制的）、铸铁、有色金属、胶木和塑料等。

2）整体加热或表面淬火的 40Cr、45 钢等。

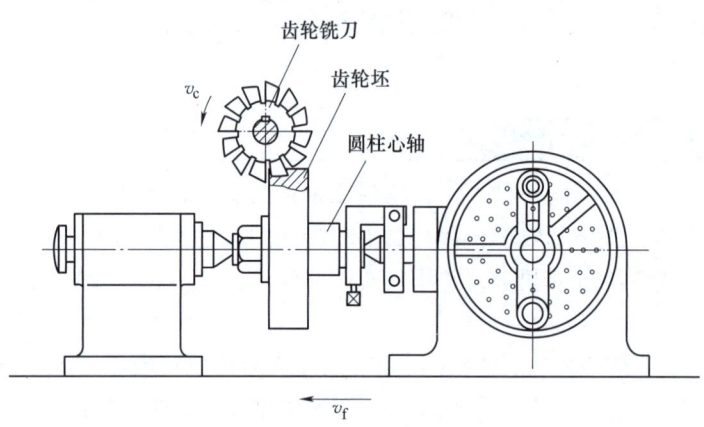

图 19-61 铣削直齿圆柱齿轮

3）渗碳后淬火的 20Cr、18CrNiMo 等。

所有传递动力的齿轮均需进行热处理。

1. 滚齿加工

在滚齿机上使用滚齿刀加工齿轮，如图 19-62 所示。滚齿刀从外观上看好像一个蜗杆，在垂直于螺旋线的方向上（或在轴向上）开有很多条沟槽，以形成很多排切削刃。从沟槽的垂直方向看去，滚齿刀的刀齿断面形状像齿条一样。因此滚齿刀可以看成是由很多排齿条装成的。这些齿条的齿形，由于是在螺旋表面上，所以各排之间彼此错开一个距离。这样，滚齿刀旋转相当于齿条在移动。像齿条与齿轮啮合一样，这个移动着的齿条，其模数、齿形角等都与被加工的齿轮相同。因此它能与正在旋转的被加工齿轮相啮合而将齿轮加工出来。

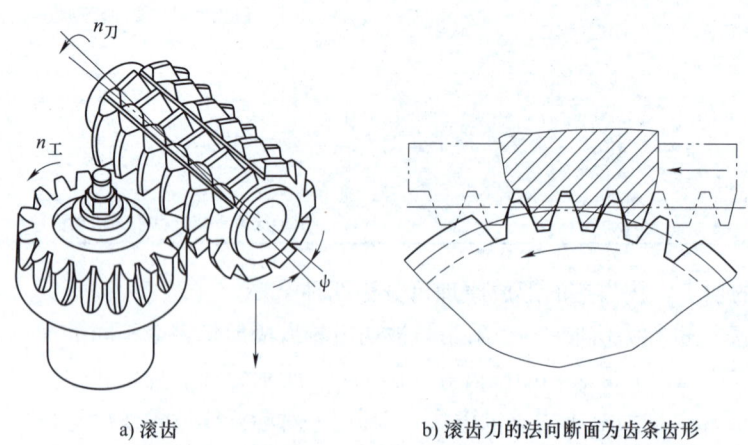

a) 滚齿　　　　b) 滚齿刀的法向断面为齿条齿形

图 19-62 滚齿加工原理

由于齿条可以与模数和它相同的任何齿数的渐开线齿轮正确啮合，所以，一种模数只需要制造一把滚齿刀，就可以加工出任何齿数的正确齿形。

2. 插齿加工

插齿过程相当于一对圆柱齿轮做啮合运动，其中一个齿轮是工件，另一个齿轮是在每一个齿上磨出前角和后角，这个具有切削刃的齿轮称为插齿刀，如图 19-63 所示。切削时插齿刀做上下往复运动，从工件上切除切屑。当插削圆柱直齿轮时，插齿机必须有以下几个运动。

（1）切削运动　插齿刀的上下往复运动称为切削运动。

（2）周向进给运动　周向进给运动是分齿运动过程中插齿刀每往复一次其分度圆周所转过的弧长。

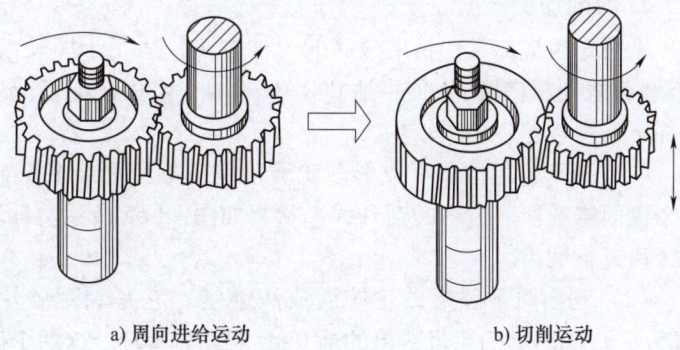

a）周向进给运动　　　b）切削运动

图 19-63　插齿加工原理

（3）分齿运动　分齿运动是形成工件渐开线齿廓所必需的运动，即插齿刀与工件保持一定的速比关系。

（4）径向进给运动　插齿刀相对工件做径向进给（切入）运动。

（5）退刀运动　为了避免插齿刀刮伤已加工的工件表面，在插齿刀空回行程时，插齿刀相对于工件还必须有一个让刀动作，称为退刀运动。

3. 剃齿加工

剃齿是精加工未淬火齿轮的一种方法。经剃齿加工的齿轮，精度可达到 6~7 级，齿面表面粗糙度 Ra 值可达 $0.2~0.8\mu m$。剃齿时，剃齿刀与工件是一对无侧隙的螺旋齿轮啮合，盘形剃齿刀可看成是一个高精度的螺旋齿轮，在齿面上沿渐开线方向上做出许多槽，以形成切削刃，如图 19-64a 所示。

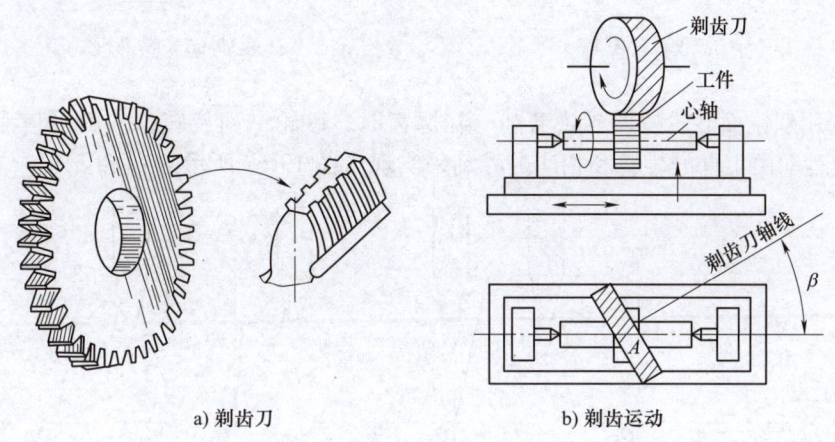

a）剃齿刀　　　b）剃齿运动

图 19-64　剃齿刀与剃齿运动

剃齿时，将经过粗加工的齿轮装夹在心轴上，并安装在机床工作台上的两顶尖间，剃齿刀装在机床主轴上，如图 19-64b 所示。剃齿刀和工件相交成一角度，带动工件旋转，两者之间没有强制的展成运动，根据螺旋齿轮啮合特点，剃齿刀和工件在接触点的速度方向不一致，使工件的齿侧面沿剃齿刀齿侧面滑移，即在刀具和工件啮合齿面间沿螺旋线的切线方向产生相对滑动速度，这个相对滑动速度就是切削速度。在剃齿过程中，剃齿刀还要时而正转，时而反转，以剃削轮齿的两个侧面。

4. 磨削加工

磨齿是齿形加工中精度最高的一种方法，适用于淬硬齿轮的精加工，其精度可达 IT4～IT6 级，表面粗糙度 Ra 值可达 $0.2~0.8\mu m$。磨齿按加工原理分为成形法和展成法两类，前者加工精度较差，应用较少。

（1）成形砂轮磨削　成形砂轮磨削是依靠渐开线成形砂轮来加工齿轮的齿形，砂轮的两个侧面修成所磨齿轮的渐开线形状，如图 19-65 所示。砂轮对已经滚齿或插齿加工的齿轮逐个齿进行磨齿。

（2）利用两个碟形砂轮按展成法磨削　它是利用砂轮的窄边（工作棱边，其宽度为 0.05mm）同时磨削轮齿两侧的渐开线（图 19-66）。这两个砂轮的工作棱边就形成了"假想齿条"的两个对应齿面。砂轮的倾斜角就构成了"假想齿条"的压力角。

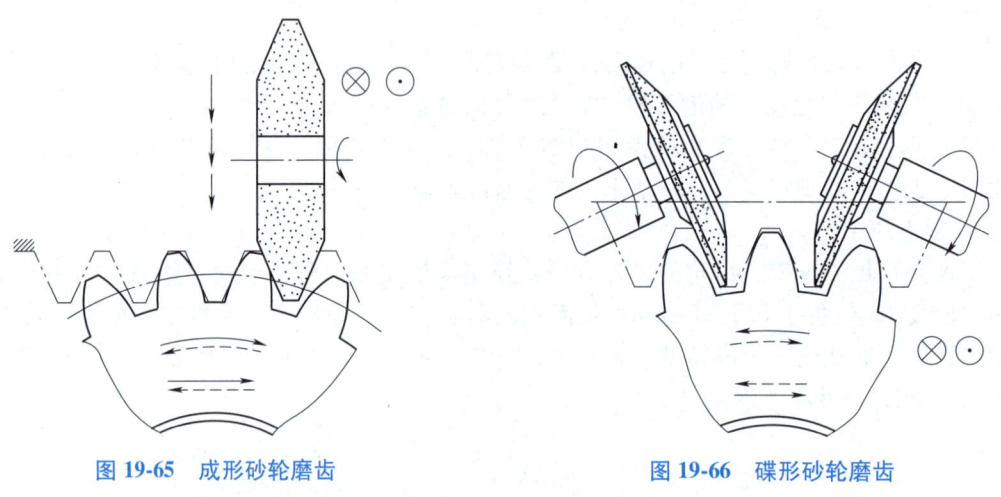

图 19-65　成形砂轮磨齿　　　　　图 19-66　碟形砂轮磨齿

（3）利用双锥面砂轮按展成法磨削　在磨齿时，砂轮一面旋转，一面沿齿面快速往复运动。展成运动由工件的旋转和相应的移动来实现（图 19-67 所示的 ω 和 v）。

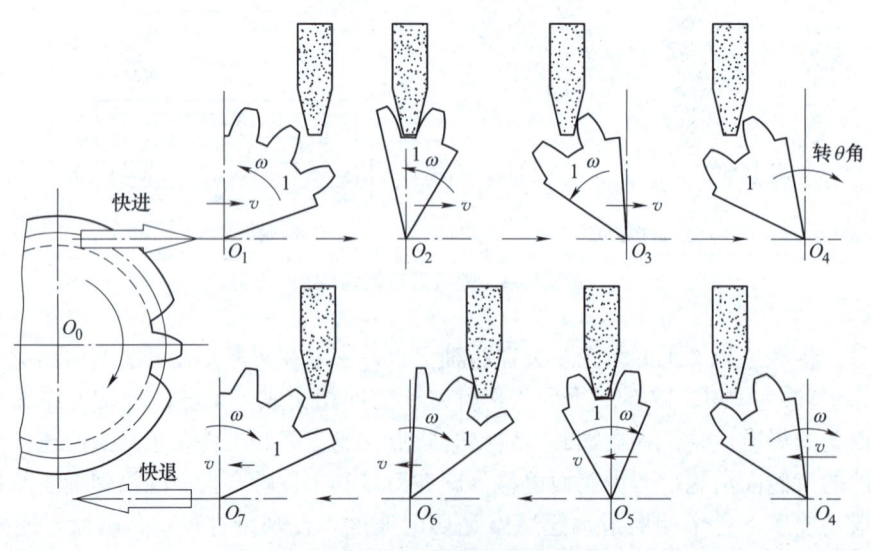

图 19-67　双锥面砂轮磨齿

5. 研齿加工

研齿在研齿机上进行，其加工原理如图 19-68 所示。被研齿轮安装在 3 个研轮中间，并相互啮合，在啮合的齿面加入研磨剂，电动机驱动被研齿轮，带动三个略带负载（或轻微制动状态）的研轮，做无间隙的自由啮合运动。若被研齿轮为直齿轮，则三个研轮中要有两个螺旋齿轮，一个直齿轮。由于直齿轮与螺旋齿轮啮合时，齿面产生相对滑动，加上研磨剂的作用，在齿面产生极轻微的切削，以降低齿面粗糙度。在研齿过程中，为了能研磨全齿宽，被研齿轮除旋转外，还应轴向短距离移动。研磨一定时间后，改变被研齿轮的转向，研磨齿的另一侧面。

研齿一般只能降低齿面粗糙度（包括去除热处理后的氧化皮），Ra 值为 $0.2\sim1.6\mu m$，不能提高齿形精度，其齿形精度主要取决于研齿前齿轮的加工精度。

研齿机结构简单，操作方便。研齿主要用于没有磨齿机、珩齿机或不便磨齿、珩齿（如大型齿轮）的淬硬齿轮的精加工。在实际生产中，如果没有研齿机，对淬硬后的齿轮可采用一种简易的研齿方法，将被研齿轮按工作状态装配好，在齿面间放入研磨剂，运行磨合一段时间，然后拆卸清洗即可。

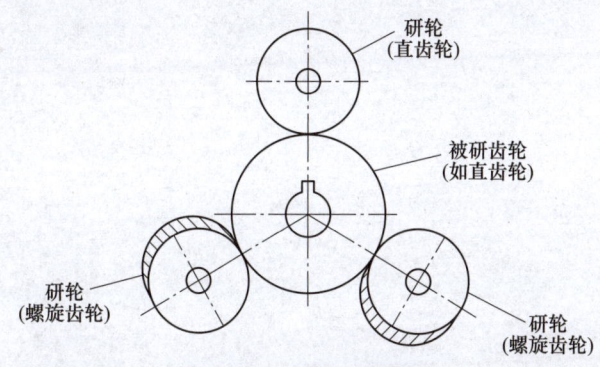

图 19-68　研齿加工原理

复习思考题

19.1　一般情况下，车削的切削过程为什么比刨削、铣削等平稳？对加工有何影响？

19.2　什么是钻孔时的"引偏"？试举出几种减小"引偏"的措施。

19.3　扩孔和铰孔为什么能达到较高的精度和较低的表面粗糙度值？

19.4　镗孔与钻、扩、铰孔比较，有何特点？

19.5　一般情况下，刨削的生产率为什么比铣削低？

19.6　拉削加工有哪些特点？适用于何种场合？

19.7　用周铣法铣平面时，从理论上分析，顺铣比逆铣有哪些优点？在实际生产中，目前多采用哪种铣削方式？为什么？

19.8　在成批和大量生产中，铣削平面常采用端铣法还是周铣法？为什么？

19.9　铣削为什么比其他加工容易产生振动？

19.10　既然砂轮在磨削过程中有自锐作用，为什么还要进行修整？

19.11　磨削为什么能够达到较高的精度和较低的表面粗糙度值？

19.12 加注切削液，对于磨削比对一般切削加工更为重要，为什么？

19.13 磨孔远不如磨外圆应用广泛，为什么？

19.14 简述外圆表面车削的工艺特点及应用条件。

19.15 外圆表面磨削方式有哪些？各自特点及应用范围是什么？

19.16 试分析下列零件外圆表面的加工方案。

1）纯铜小轴，ϕ20h7，Ra 值为 0.8μm。

2）45 钢轴，ϕ50h6，Ra 值为 0.2μm，表面淬火 40~50HRC。

19.17 车床镗孔和镗床镗孔各用于什么情况下？

19.18 下列零件上的孔，用何种方案加工比较合理？

1）单件小批量生产，铸铁齿轮上的孔，ϕ20H7，Ra 值为 1.6μm。

2）大批量生产，铸铁齿轮上的孔，ϕ50H7，Ra 值为 0.8μm。

3）高速钢三面刃铣刀上的孔，ϕ27H6，Ra 值为 0.2μm。

4）变速箱箱体（HT150）上传动轴的轴承孔，ϕ62J7，Ra 值为 0.8μm。

19.19 机床工作台上的 T 形槽可选用哪些方法加工？

19.20 简述各种齿轮加工方法的原理、工艺特点和应用范围。

19.21 螺纹加工有哪些主要方法？

第 20 章　特种加工方法

> **教学提示**：随着产品向高精度、高熔点、高速度、大功率、小型化等方向发展，出现了高硬度、高强度、高韧性、高脆性的金属和非金属材料，采用一般机械加工方法有时难以加工这些材料，特种加工就是在这种背景下发展起来的。特种加工是指除了只单独利用机械能进行加工以外的所有加工方法的总和。本章主要介绍电火花加工、电火花线切割加工、电解加工、激光加工、超声波加工、电子束加工、离子束加工这几种常见的特种加工方法。
>
> **教学要求**：了解各种特种加工方法的工作原理、特点及应用。

随着科学技术的发展，在一些尖端科学技术部门和新兴的工业领域中，如原子能工业、航天工业、喷气发动机工业、现代电子工业和轻工业等，越来越多地使用具有各种特殊物理、力学性能的新材料，如高强度、高硬度、高熔点、高脆性、高黏性、磁性材料等，有的硬度已经接近甚至超过现有刀具材料的硬度，如硬质合金和人造金刚石等，使常规的机械加工无法进行。同时，在现代的机械制造中，有些零件的加工尺寸极其微小，有些零件的加工形状特别复杂，有些零件对加工的表面质量有特殊严格的要求，也是常规的机械加工方法难以完成的。例如，化学纤维喷丝头，其材料为硬质难熔金属，要在直径 $\phi 100mm$ 的喷头上打 1 万多个孔径只有 $\phi 0.06mm$ 的小孔，若采用常规的钻孔方法，加工十分困难。因此，除需进一步发展和完善机械加工方法外，近几十年人们不断开拓新的加工领域，并逐步形成了今天的特种加工。

20.1　特种加工方法的特点及分类

特种加工方法主要是相对于常规的机械加工方法而言的。特种加工实质上是指直接利用电能、光能、声能、化学能及电化学能来进行材料去除加工的总称。它的种类很多，目前在生产中应用较多的主要有电火花加工、电解加工，其次是超声波加工、激光加工、电子束加工和等离子射流加工，此外还有化学加工、微波加工等。

特种加工的材料去除原理完全不同于常规的切削方法，加工中工件和所用的工具不受显著的切削力作用，其工具的硬度也不必大于工件的硬度，因而能够解决常规切削方法所难以解决的加工问题。特种加工主要用于难切削材料的加工、微细加工、特殊复杂形状的加工以及高精度和特殊表面质量要求的加工等。实践表明：越是用常规切削方法难以完成的加工，特种加工越能显示其优越性和经济性。特种加工已经成为机械制造中不可缺少的加工方法，并为新产品的设计打破了许多受加工手段限制的禁区，为新材料的研制提供了很好的应用基础。随着科学技术的发展，在未来的机械制造中，特种加工的应用范围将更为广泛。

本章将对几种主要的特种加工方法的基本原理和应用做简要的介绍。表 20-1 列出了常用特种加工方法的分类。

表 20-1 常用特种加工方法的分类

特种加工方法		能量来源及形式	作用原理	英文缩写
电火花加工	电火花（成形）加工	电能、热能	熔化、汽化	EDM
	电火花线切割加工	电能、热能	熔化、汽化	WEDM
电化学加工	电解加工	电化学能	金属离子阳极溶解	ECM
	电解磨削	电化学能、机械能	阳极溶解、磨削	EGM
	电解研磨	电化学能、机械能	阳极溶解、研磨	ECH
	电铸	电化学能	金属离子阴极沉积	EFM
	电镀	电化学能	金属离子阴极沉积	EPM
超声波加工	打孔、切割、雕刻	声能、机械能	磨料高频撞击	USM
激光加工	激光打孔、切割	光能、热能	熔化、汽化	LBM
	激光处理、表面改性	光能、热能	熔化、相变	LBT
	激光打标记	光能、热能	熔化、汽化	LBM
电子束加工	打孔、切割	电能、热能	熔化、汽化	EBM
离子束加工	蚀刻、镀敷、注入	电能、动能	正离子撞击	IBM
等离子弧加工	切割（喷涂）	电能、热能	熔化、汽化（涂敷）	PAM
化学加工	化学铣削	化学能	腐蚀	CHM
	化学抛光	化学能	腐蚀	CHP
	光刻	光能、化学能	光化学腐蚀	PCM

20.2 电火花加工

20.2.1 电火花加工的基本原理

在日常生活中使用电闸开关时，常会看到电火花，它使开关接触部分的金属产生烧损，出现缺口或凹坑，这种现象称为电腐蚀，这是有害的。但在一定条件下，却可以使工件经过电腐蚀以后，达到一定精度的尺寸形状，满足加工的技术要求。电火花加工就是利用脉冲放电对导电材料的腐蚀现象去除部分材料，以达到加工目的的一种加工方法，又称为放电加工或电蚀加工。

电火花加工的基本原理如图 20-1 所示。在充满液体介质（常用煤油或变压器油）的工具电极和工件之间的很小间隙（一般为 0.01~0.02mm）间，施加脉冲电压，于是间隙中就产生很强的脉冲电场，使两极间的液体介质按脉冲电压的频率不断被电离击穿，产生脉冲放电。由于放电的时间很短，并且发生在放电区的小点上，所以能量高度集中，放电区的温度高达 10000~12000℃，使工件上的这一小部分金属材料被迅速熔化和汽化。由于熔化和汽化的速度很高，故带有爆炸性质。在爆炸力的作用下，熔化了的金属微粒被迅速抛出，经液体介质冷却、凝固并从间隙中冲走。每次放电后，在工件表面上形成一个小圆坑。放电过程多次重复进行，大量小圆坑重叠在工件上，材料被蚀除。随着工具电极的不断进给，工具电极的形状尺寸就被精确地复印在工件上，达到尺寸加工的目的。

在电火花加工过程中，不仅工件被蚀除，工具电极（常用铸铁、黄铜或石墨与铜的混合物制成）也同样遭到蚀除，但两极的蚀除速度是不一样的。加工时要根据具体条件合理选择极性，将工件接在蚀除量大的一极，工具电极接在蚀除量小的一极。因此，电火花加工的电源应选择直流脉冲电源。在一般情况下，当电源为高频时，工件接正极（称为正极性加工），当电源为低频时，工件接负极（称为负极性加工）；当用钢作为工具电极时，不管电源脉冲频率的高低，工件一律接负极。

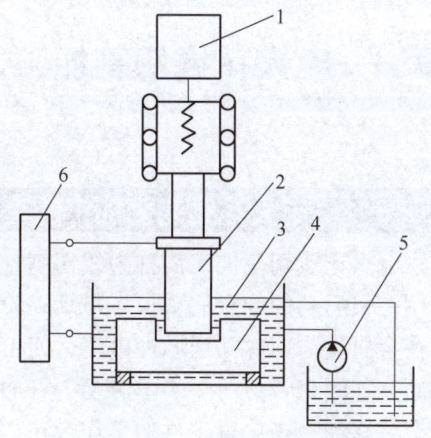

图 20-1　电火花加工的基本原理
1—自动进给调节装置　2—工具电极　3—工作液
4—工件　5—工作液泵　6—脉冲电源

20.2.2　电火花加工的特点及应用

电火花加工是靠局部电热效应实现加工的，它具有以下几个特点。

1）加工时无显著切削力，适用于加工小孔、薄壁、窄槽及各种复杂的型孔、型腔和曲线孔等，也适用于精密微细加工；不受加工材料硬度的限制，可以加工任何硬、脆、韧、软的导电材料。

2）当脉冲电源的脉冲宽度（每次脉冲的放电时间）不大时，对整个工件而言，几乎不受热影响。因此，工件的热影响层很薄，有利于提高表面质量，也可加工热敏感性很强的材料。

3）脉冲参数可以任意调节，加工中只要更换工具电极或采用阶梯形工具电极，就可以在同一台机床上通过改变电规准（指脉冲宽度、电流、电压）连续进行粗、半精和精加工。当工具电极伸入工件中加工时，其顶端和侧面都发生放电，使得工件孔的尺寸略大于工具电极，而且被加工孔呈上大下小的锥度。为此，在加工孔时，所选用的工具电极尺寸必需考虑到上述尺寸扩大量。

4）由于直接使用电能加工，便于实现加工的自动化。

5）电火花加工的加工速度、精度、表面粗糙度及工具电极的损耗等与许多因素有关，包括脉冲电源的脉冲宽度、单个脉冲容量、电极的极性、电极的材料、工作液成分及排屑条件等。通常，放电过程越短，贮存能量越大，则放电的电蚀作用越大，生产率越高；反之则生产率越低。另外，降低表面粗糙度与提高生产率是相互矛盾的，若降低一级表面粗糙度，加工速度要成倍甚至十倍地下降，尤其在精加工时更为明显。

电火花加工具有许多传统切削加工方法无法比拟的优点，其应用领域广泛。穿孔是电火花加工中应用最广的一种，常用来加工冲模、拉丝模、喷嘴、喷丝孔等。电火花可用于加工型腔，包括锻模、压铸模、挤压模和塑料模等型腔加工及整体式叶轮、叶片等曲面零件的加工。

20.3 电火花线切割加工

20.3.1 电火花线切割加工的基本原理

电火花线切割加工简称为线切割。它不是靠成形的工具电极将形状复印在工件上,而是利用一根运动的细金属丝($\phi 0.02 \sim \phi 0.3$mm 的钼丝、钨钼丝或黄铜丝等)作为工具电极,并在金属丝与工件间通脉冲电流,使工件产生电蚀而进行切割加工。电火花线切割加工的基本原理如图 20-2 所示,钼丝 4 穿过工件 2 上预先钻好的小孔,经导向轮 5 由储丝筒 7 带动往复交替移动。当放置工件的工作台在 x、y 两坐标方向上按一定轨迹运动时,工件被切割成所需要的形状。工作台运动轨迹是计算机程序控制。

线切割机床按电极丝运动的速度,可分为高速走丝和低速走丝。电极丝运动速度为 $7 \sim 10$m/s 的为高速走丝,一般走丝速度在 0.2m/s 以下的为低速走丝。国内现有的线切割机床大多为前者,国外的产品和国内近些年开发的线切割机床大多为后者。高低走丝线切割机床的主要区别见表 20-2。高速走丝线切割机床加工时,电极丝做往返高速轴向移动。电极丝绕在储丝筒上,储丝筒由电动机带动正反向旋转,经过导向轮将电极丝送出,到放电间隙放电后,再绕回到储丝筒上。

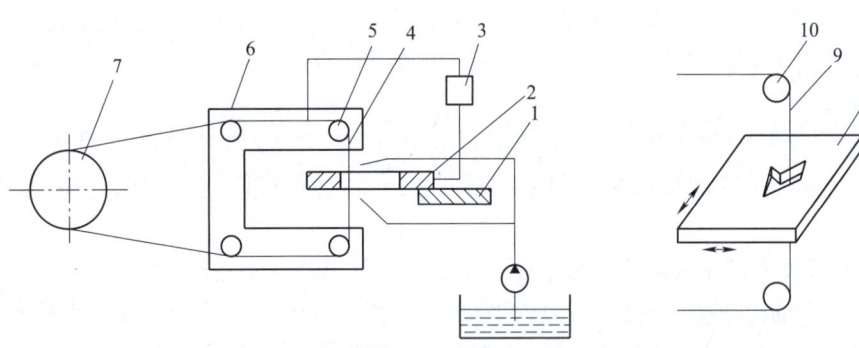

a) 电火花线切割装置　　　　　　　　b) 电火花线切割工艺

图 20-2　电火花线切割加工的基本原理

1—绝缘底板　2、8—工件　3—脉冲电源　4、9—钼丝　5、10—导向轮　6—支架　7—储丝筒

表 20-2　高低走丝线切割机床的主要区别

走丝速度	走丝方向	工作液	电极丝材料	最大切割速度 /mm·min^{-1}	表面粗糙度 Ra 值/μm	加工精度 /mm	最大切割厚度 /mm
高速	往复	线切割乳化液、水基工作液	钼、钨钼合金	260	1.25~2.5	±0.01	钢:500 铜:610
低速	单向	去离子水	黄铜、铜、钨、钼	218	0.32~0.8	±0.003	450

20.3.2 电火花线切割加工的特点及应用

1) 与电火花加工相比,线切割不需专门的工具电极,节约了电极设计、制造费用,缩短了生产准备时间。

2) 作为工具电极的金属丝在加工中不断移动,使金属丝损耗较少,加工精度高,尺寸精度一般为 0.01~0.02mm。

3) 由于加工表面的几何轮廓由 CNC 控制的运动获得,容易获得复杂的平面形状。

4) 线切割广泛用于加工各种硬质合金和淬硬钢的冲模、样板、各种形状复杂的板状细小零件、窄缝、栅网等,并可将许多同样零件叠起来加工,能获得一致的尺寸。

5) 不同工件只需要编制不同程序,易实现自动化加工。

6) 不能加工不通孔类零件表面和阶梯形表面(立体形状表面)。

20.4 电解加工

电化学腐蚀现象在日常生活中很常见。例如,钢铁会生锈,"铁锈"就是电化学腐蚀的产物,如果遇上盐水,腐蚀就会更加严重。显然,日常生活中的这种腐蚀是有害的。但这一规律在一定条件下可以变害为利,为生产服务。电化学加工就是利用这种原理发展起来的。目前它已广泛用于工业生产中,最常用的有电解加工、电化学抛光、电解磨削、电镀等。

20.4.1 电解加工的基本原理

电解加工是利用金属在电解液中可以产生阳极溶解的电化学原理,对金属材料进行成形加工的一种方法。图 20-3 所示为电解加工的基本原理。在接直流电源正极的工件和接直流

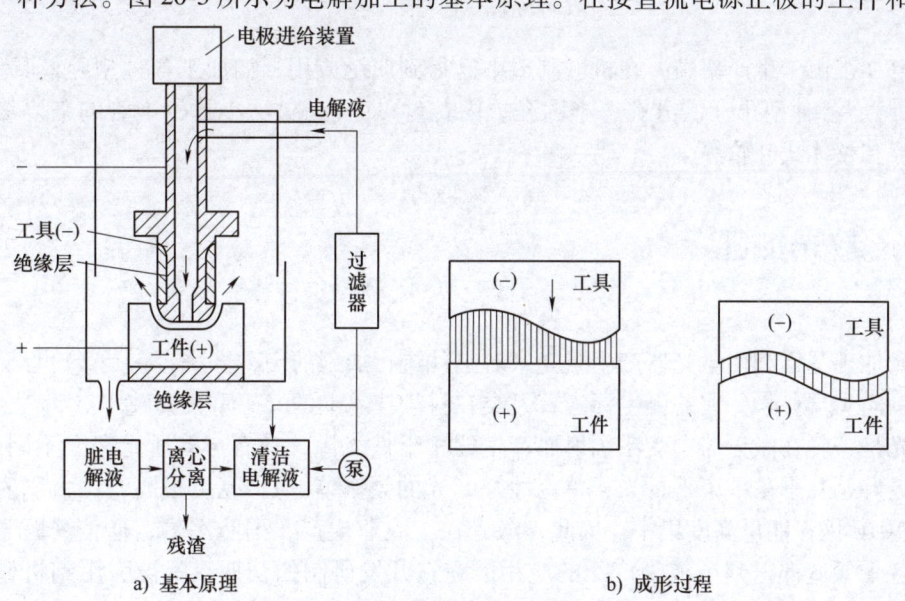

图 20-3 电解加工的基本原理

电源负极的工具之间保持一定的间隙（0.1~0.8mm），具有一定压力（0.5~2.5MPa）的电解液（通常为10%~20%的氯化钠溶液）从两极间隙中高速（5~60m/s）流过。接通电源后，电解液在低电压（5~20V）、大电流（1000~2000A）作用下使作为阳极的工件发生溶解。加工开始时，工具的某些凸出部位比其他部位更靠近工件，此处所通过的电流密度较大，工件的这些部位比其他部位更快的溶解。随着工件表面的溶解，工具不断向工件进给，电解产物不断被高速流动的电解液带走，经过一段时间后，工件表面与工具表面基本吻合。此时，工具与工件相应表面的各处间隙均匀，工件相应表面开始均匀地溶解，直至达到要求的尺寸形状。

20.4.2 电解加工的特点及应用

电解加工的应用范围和发展速度仅次于电火花加工，它的主要特点如下。

1）不受材料硬度的限制，能加工任何高硬度、高强度、高韧性的导电材料，并能以简单的进给运动一次加工出形状复杂的型面或型腔。

2）加工中无机械切削力和切削热，加工表面无冷硬层、残余应力和毛刺，能获得较低的表面粗糙度值，一般 Ra 值为 $0.2~0.8\mu m$。

3）生产率高，是特种加工中材料去除速度最快的方法之一。以锻模加工为例，电解加工比一般机械切削加工的生产率要高 3~10 倍。特别是在批量生产中，它有更大的经济效益。

4）工具无损耗。

5）加工精度不太高。由于影响电解加工精度的因素较多，故难于实现高精度稳定加工。通常都用它完成粗加工或半精加工。

6）电解液腐蚀机床，容易污染环境。

7）电解液过滤、循环装置庞大，并且需设置在单独的房间里，占地面积大，造价昂贵。

电解加工由于生产率高，在机械制造中已得到广泛应用，如加工各种型腔模具（锻模、压铸模等）、各种型孔（六方孔、半圆孔、内花键、内齿等）、小孔枪炮管的来复线、汽轮机的叶片和整体式叶轮等。

20.5 激光加工

激光加工是指利用激光器产生激光来对工件进行加工的一种方法。它是 20 世纪 60 年代出现的一门尖端科学。它的诞生标志着人类在科学技术上的又一重大突破。

激光是一种在激光器中受激辐射而产生的相干性光源，具有与普通光完全不同的特性：方向性极好，几乎是一束平行光；单色性好（光的频率单一）；亮度极高，比太阳表面亮度还要高 1010 倍；能量高度集中。因此，激光在工农业生产、国防军事、通信、医学、科学研究等各个领域都得到了极为广泛的应用。在它开发研制的初期，就被引用到机械制造领域，用来对硬质、难熔的材料打孔、切割、焊接等。初期它主要用于微细加工，目前已发展到大尺寸和厚材料的加工，其应用已越来越广泛。

20.5.1 激光加工的基本原理

由于激光的方向性好，发散角很小，通过透镜聚焦后，可以得到直径极小（微米级）的光斑。再加上它的单色性好，波长极为一致，亮度极高，所以光斑处的能量极高，能量密度可达 $10^8 \sim 10^{10}\,\text{W}/\text{cm}^2$，温度可达上万摄氏度，从而能在千分之几秒甚至更短的时间熔化和汽化任何材料。因此，可利用激光进行各种材料（金属和非金属）的打孔、切割等加工。

激光器是激光加工装置的重要组成部分。它的任务是产生激光束。根据产生激光的工作物质，可将激光器分为四类：气体激光器（如二氧化碳激光器等）；固体激光器（如红宝石激光器等）；液体激光器（如二氯氧化硒激光器等）；半导体激光器（如电子束激励激光器等）。目前应用较多的是固体激光器，其中的红宝石激光器发展最早。它是固体激光器中为数不多的能够发出可见激光的一种。由于对它研究较透彻，制造工艺也较成熟且发出的激光是可见的红光，故是较为典型的激光器。

图 20-4 所示为固体激光器加工简图。当工作物质（红宝石棒等）受到光泵（脉冲氙灯等）的激发后，吸收特定波长的光，在一定条件下可形成工作物质中亚稳态粒子数大于低能级粒子数的状态，这种现象称为粒子数反转。此时一旦有少量激发粒子自发辐射发出光子，即可感应所有其他激发粒子产生受激辐射跃迁，造成光放大，并通过谐振腔的反馈作用产生振荡，由谐振腔一端输出激光。通过透镜将激光束聚焦到待加工表面，就可以进行打孔、切割等各种加工。

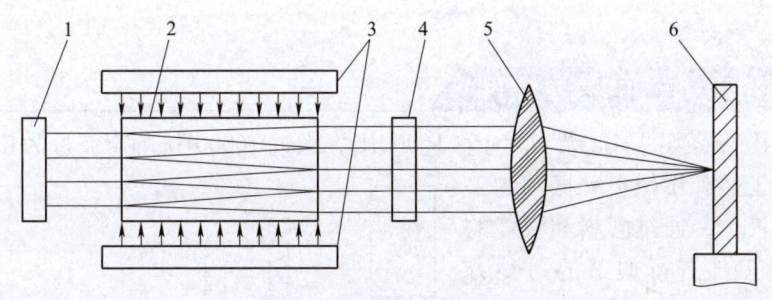

图 20-4　固体激光器加工简图

1—全反射镜　2—激光工作物质　3—激励能源　4—部分反射镜　5—透镜　6—工件

20.5.2 激光加工的特点及应用

1) 激光加工几乎可以加工一切金属和非金属材料，如硬质合金、不锈钢、陶瓷、玻璃、金刚石及宝石等。

2) 激光加工是目前微细加工领域中可以实现的最微细的加工方法之一。激光聚焦后的焦点直径理论上可小至 $\phi 0.001\,\text{mm}$ 以下，实际上可以实现 $\phi 0.01\,\text{mm}$ 左右的小孔加工和窄缝切割。加工孔的深径比可达 50~100，还可加工异形孔。

3) 激光加工的加工效率高。打一个孔只需 0.001s，易于实现自动化生产和流水作业。例如，宝石轴承的打孔，用 3 台激光打孔机可代替 25 台钻床 50 个人的工作量，大大地提高了生产率，减轻了工人的劳动强度，而且质量也比机械加工好。采用激光可对许多材料进行高效率的切割加工。切割速度一般超过机械切割。

4）激光加工是非接触加工，不需要用刀具，工件无受力变形，工件热变形很小，加工中污染少，并能透过空气、惰性气体和透明体对工件进行加工。

目前，激光加工已广泛应用于激光打孔、激光切割、激光焊接、激光表面淬火等场合。激光打孔多用于加工金刚石拉丝模，钟表宝石轴承、化纤喷丝头等零件的小孔及非金属材料的打孔等。激光焊接为高熔点及氧化迅速的材料连接提供了手段，它甚至可以焊接异种材料，包括金属与非金属的焊接，并能透过玻璃对真空管内的零件进行焊接。激光表面淬火能实现工件表层的极快速加热，内部受热极少，热影响区小，工件不产生热变形，特别适用于对齿轮等形状复杂的零件进行表面淬火，如应用于自动生产线上对齿轮进行表面淬火。

激光在机械制造中还有许多其他的应用，如激光快速制造、激光涂覆、精密测量等。今后，随着激光加工技术的发展，其应用将更为广泛。

20.6 超声波加工

超声波在工业、农业、国防、医学等方面的用途都是比较广泛的。在工业上它可以用来探测零件的内部缺陷、测量尺寸、清洗一般方法不易清洗的机件、细化金属晶粒、焊接不易焊接的材料（如铝）等。近年来还应用它来加工一般不易机械加工的材料及形状复杂的小型精密零件等。

20.6.1 超声波加工的基本原理

人耳能直接感受到的声波频率为 16~16000Hz，超过 16000Hz 的声波称为超声波。

超声波加工是利用超声频振动的工具冲击磨料和液体，通过磨料和液体的综合作用，对工件进行加工的一种方法，其基本原理如图 20-5 所示。

由超声波发生器 1 产生 20000Hz 以上的超声频电振荡，通过换能器 2 由磁致伸缩效应将其转变为超声频机械振动。但这种振动的振幅很小，不超过 0.005~0.01mm，而超声波加工所必需的振幅为 0.01~0.1mm，因此需再通过振幅扩大器 3 将其振幅扩大。振幅扩大器是一根锥形或阶梯形的棒。它之所以能扩大振幅，是因为随着棒的截面积逐渐减小，各截面上的振动能量密度逐渐增大，振幅也就逐渐增大。这种锥形扩大棒可将振幅扩大 5~10 倍。加工时，工具 4 固定在振幅扩大器的端头，并以一定的静压力

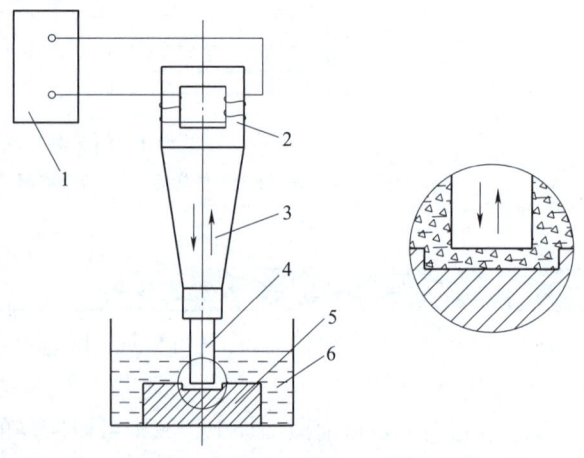

图 20-5 超声波加工的基本原理
1—超声波发生器 2—换能器 3—振幅扩大器
4—工具 5—工件 6—悬浮液

压在工件 5 上,在工具与工件之间不断注入悬浮液 6(磨料与水或煤油的混合物)。这样,振幅扩大器驱动工具做超声频振动,超声频振动的工具撞击处于被加工表面上的磨料,通过磨料的作用把工件加工区域的材料粉碎成很细的微粒,从工件表面上脱落下来。同时磨料还以高速、高频研磨被加工表面。除了磨粒的高频撞击和抛磨作用以外,悬浮液受工具端部的超声频振动作用而产生高频、交变的液压正负冲击波。正冲击波迫使悬浮液钻入被加工材料的微细裂纹处,加强了机械的破坏作用。负冲击波造成局部真空,形成液体空腔,而当液体空腔闭合时又产生很强的爆裂现象,强化了加工过程。随着悬浮液的循环流动,被粉碎下来的材料由悬浮液带走,使用过的磨料也不断被更新,工具不断进给,使加工继续进行,从而在工件上逐步被加工出与工具断面形状相似的孔穴。

在超声波加工中,工具和悬浮液组成了加工的"刀具"。工具的材料常用 45 钢,工具的振动频率通常选择在 16~30kHz。磨料一般采用碳化硅和刚玉,但加工硬质合金用碳化硼,加工金刚石用金刚砂粉。

20.6.2 超声波加工的特点及应用

1)超声波加工主要适用于加工各种不导电的硬脆材料。对于脆性越高的材料,切削的效率越高,如玻璃、陶瓷、宝石、金刚石等;对于导电的硬质金属材料,如淬硬钢、硬质合金等虽可进行加工,但生产率低;对于脆性较低而韧性较高的材料,如钢、铜、铝等,其切削效率较差;而对于橡胶,则根本无法加工。

2)超声波加工的工件表面质量较好,一般尺寸精度可达 0.01~0.05mm,表面粗糙度 Ra 值可达 0.1~0.4μm。

3)由于工具通常不需要旋转,因此易于加工出各种复杂的型孔(孔的直径范围为 0.1~90mm,深度可达 100mm 以上)、型腔和成形表面。采用中空形状工具,可以实现各种形状的套料。由于工具对加工材料的宏观作用小,切削热少,也适合加工薄片、薄壁零件等。

目前,在各工业部门中,超声波加工主要用于硬、脆材料的孔、套料、切割、雕刻以及研磨金刚石拉丝模等。此外,在加工难切硬质金属材料及贵重脆性材料时,常将超声振动与其他加工方法(如切削加工和电加工等)配合进行复合加工,如超声车削、超声磨削、超声电解加工、超声线切割等。这对提高生产率、降低表面粗糙度值都有较好的效果。

20.7 电子束加工

电子束加工是利用能量密度很高的高速电子束的冲击动能转化为热能来使工件材料熔化、汽化而去除材料的加工方法。

20.7.1 电子束加工的基本原理

电子束加工的基本原理如图 20-6 所示。在真空下,聚焦后的高能量密度(10^6~10^9W/cm²)电子束,以极高的速度射击到工件表面极小的面积上,在极短的时间(几分之一微秒），其能量的大部分转化为热能，使被冲击部分的工件材料达数千摄氏度的高温，从而引起相应部位工件材料的熔化和汽化，被抽真空系统抽走。电子束加工装置主要由电子枪系统、抽真空系统、控制系统和电源等部分组成。电子枪系统包括电子发射阴极、控制栅极和加速阳极等部分，用来发射高速电子流并对其进行初步聚焦；抽真空系统用来保证在电子束加工时装置内达到 $1.33\times10^{-4}\sim1.33\times10^{-2}$Pa 的真空度。因为只有在高真空时，电子才能高速运动；控制系统包括束流聚焦控制（提高电子束的能量密度，使电子束聚焦成很小的束流）、束流位置控制（使电子束按照加工轨迹的需要做相应的偏转）、束流强度控制（使电子束得到更大的运动速度）以及工作台位移控制。

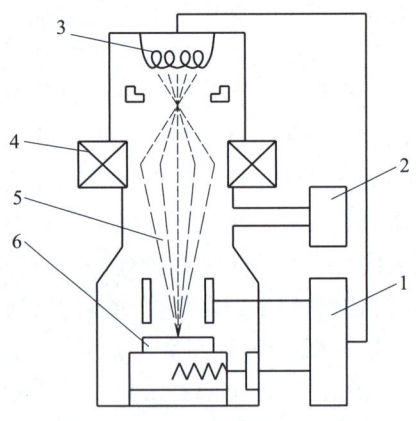

图 20-6 电子束加工的基本原理

1—电源及控制系统　2—抽真空系统　3—电子枪系统　4—聚焦系统　5—电子束　6—工件

20.7.2　电子束加工的特点及应用

1）电子束可以极细微地聚焦，最细聚焦直径达到 $0.1\mu m$，所以加工面积很小，可以进行微细加工，如加工微孔、窄缝、半导体集成电路等。

2）能量密度高，蒸发去除材料，是非接触式加工，无机械力，工件不易产生宏观的应力及变形，对脆性、韧性、导体、非导体及半导体材料都可加工。

3）生产率高。对于 2.5mm 厚度的钢板加工直径 0.4mm 的孔，可达 50 个/s。

4）控制容易。可以通过电场或磁场对电子束的强度、位置、聚焦等直接进行控制，整个加工系统易实现自动化。

5）加工在真空室中进行，故无杂质渗入，表面高温时也不易氧化，特别适用于加工易氧化的金属材料以及纯度要求极高的半导体材料。

6）电子束加工可用于高速打孔。提高电子束能量密度，使材料熔化和汽化，可进行打孔、切割等加工。加工各种材料上的小孔、深孔，最小加工直径可达 0.003mm，最大深径比可达 10，速度可达 3000~50000 个/s。对人造革、塑料等打细孔后可增加透气性。

7）电子束加工可用于各种型孔、复杂型面的切割，切口宽度 $3\sim6\mu m$，控制磁场强度和电子速度可以加工曲面、曲槽、弯孔等。

8）焊接。精加工后精密焊，焊接强度高于本体，缝深而窄，可对难熔金属、异种金属进行焊接。

9）热处理。如果只能材料局部加热，就可进行电子束热处理。电热转换率可高达90%，比激光热处理（7%~10%）高得多；熔化置入新合金可对零件改性。

10）光刻。利用较低能量密度的电子束轰击高分子材料会产生化学变化的原理，可进行电子束光刻加工，即电子束曝光，图形分辨率高达 $0.25\mu m$，而可见光曝光大于 $1\mu m$。

20.8　离子束加工

离子束加工是依靠高速离子束的微观机械撞击使工件材料产生溅射而去除材料的加工方法。

20.8.1 离子束加工的基本原理

图 20-7 所示为离子束加工的基本原理。首先把氩（Ar）、氪（Kr）、氙（Xe）等惰性气体注入低真空（约 1Pa）的电离室中，用高频放电、电弧放电、等离子体放电或电子轰击等方法使其电离成等离子体，接着用加速电极将离子呈束状拉出并使之加速，然后离子束进入高真空（10^{-4}Pa）的加工室，并用静电透镜聚成细束向工件表面冲击，从工件表面打出原子或分子，从而达到溅射去除加工的目的。

从电离室引出的离子流若不聚焦成束状，而是使它大体均匀地投射到大面积的工件表面上，若采取掩膜等措施，也可对工件表面进行微细的溅射去除加工。离子束溅射去除加工的机理不同于电子束加工，它是一种无热加工。离子与工件材料原子之间的碰撞接近于弹性碰撞。在碰撞过程中，离子所具有的能量传递给材料的原子、分子，其中一部分能量使工件材料产生溅射、抛出，其余能量转化为材料晶格的振动能。

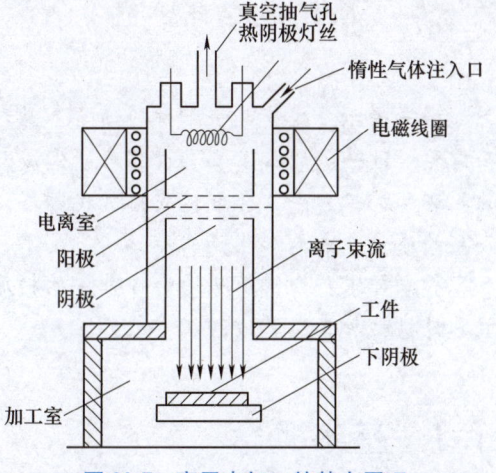

图 20-7 离子束加工的基本原理

20.8.2 离子束加工的特点及应用

1) 离子束光斑直径可以聚焦到 1μm 以内，离子束流密度和离子的能量可以精确控制，并且可以通过离子光学系统进行扫描，因此能够进行微细加工，并能精密地控制加工效果。

2) 离子束加工是在真空中进行的，污染少，特别适合于易氧化的金属、合金和半导体材料的加工。

3) 离子撞击工件表面只产生微观的作用力，宏观上作用力很小。因此加工应力很小，工件不变形，适合于脆性、半导体和高分子材料的加工。离子束溅射去除加工，可以对材料实现纳米级加工，直至分子级、原子级加工，可以将材料的原子一层一层地去除，尺寸精度和表面粗糙度可以达到极限的程度。

4) 离子束加工主要用于精微的穿孔、蚀刻、切割、研磨和抛光，如集成电路、声表面器件、磁泡器件、超导器件、光电器件、光集成器件等微电子器件的图形蚀刻，石英晶体振荡器、压电传感器等的减薄，金刚石触针的成形，非球面透镜的加工等。

复习思考题

20.1　电火花加工的基本原理是什么？说明其特点和适用场合。
20.2　电火花线切割加工的基本原理是什么？说明其特点和适用场合。
20.3　电解加工的基本原理是什么？说明其特点和适用场合。
20.4　超声波加工的基本原理是什么？说明其特点和适用场合。
20.5　激光加工的基本原理是什么？说明其特点和适用场合。
20.6　电子束加工的基本原理是什么？说明其特点和适用场合。
20.7　离子束加工的基本原理是什么？说明其特点和适用场合。

第 21 章　机械加工工艺的基本知识

教学提示：生产某一零件，通常不是在某一台机床上用某一种加工方法就能完成的，而需要经过一定的加工工艺过程才能完成。根据零件的具体要求和设备等情况，选择合适的毛坯和加工方法，合理地安排加工顺序，正确制订零件机械加工工艺过程，将直接影响产品的质量、成本和生产率。

教学要求：能够正确地选择零件的材质，合理地安排加工顺序和加工方法，正确地制订零件机械加工工艺过程。

21.1　基本概念

21.1.1　生产过程和工艺过程

1. 生产过程

一台机器往往由几十个甚至上千个零件组成，其生产过程相当复杂。生产过程是指产品由原材料到成品之间的各个相互联系的劳动过程的总和。它包括原材料的运输和保管、生产的准备、毛坯的制造、零件的各种加工过程（如机械加工、焊接、热处理和其他表面处理等）、部件的装配和机器的总装、产品的检验和调试、成品的喷漆和包装等。

为了降低机器的生产成本，一台机器的生产，往往由许多工厂联合完成，这有利于零部件的标准化和组织专业化生产。

一个工厂的生产过程，又可分为各个车间的生产过程。一个车间生产的成品，往往是其他车间的原材料。例如，铸造和锻造车间的成品（铸件和锻件）是机械加工车间的"毛坯"，机械加工车间的成品，又是装配车间的"原材料"。

2. 工艺过程

工艺过程是生产过程中最主要的一部分过程。它是与改变材料（毛坯）或零件的尺寸、形状、相互位置和材料性质直接有关的那部分生产过程。因此，工艺过程又可具体地分为铸造、锻造、冲压、焊接、机械加工、热处理、电镀、装配等。本章内容是介绍机械加工工艺过程的基本概念。

采用机械加工的方法，直接改变毛坯的形状、尺寸和表面质量，使之成为产品零件的过程称为机械加工工艺过程。

机械加工工艺过程是由一系列的工序、安装、工位、工步和走刀等组合而成。

（1）工序　它是工艺过程的基本单元，又是生产管理和经济核算的基本依据。工序是指一个（一组）工人，在一台机床（或其他设备及工作地）上，对一个（或同时对几个）工件所连续完成的那部分工艺过程。区分工序的主要依据是工作地（或设备）是否变动。

零件加工的工作地变动后,即构成另一工序。例如,图 21-1 所示的阶梯轴,当加工数量较少时,其加工工艺及工序划分见表 21-1。

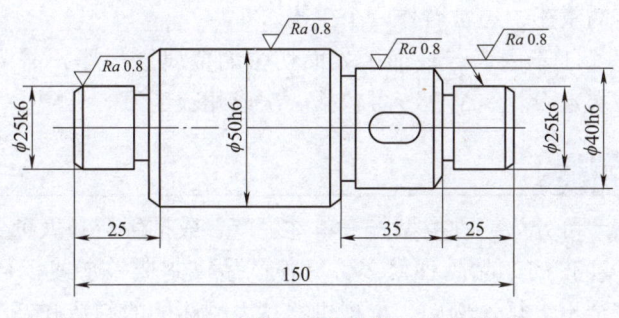

图 21-1　阶梯轴

表 21-1　阶梯轴加工工艺过程（单件小批生产）

工序号	工序内容	设备
1	车端面、钻中心孔、车全部外圆、切槽与倒角	车床
2	铣键槽、去毛刺	铣床
3	磨外圆	外圆磨床

（2）安装　在同一道工序中,工件在加工之前,在机床或夹具上首先对刀具应占有某一正确位置（定位）,然后再予以夹紧。一次装夹时所完成的那部分加工过程称为安装。在一个工序内,工件的加工可能只需要一次安装,也可能需要几次安装。例如,表 21-1 中的工序 1,仅对车端面和钻中心孔而言,工件需调头进行两次安装才能完成,而在表 21-2 中的工序 1,需一次安装即可。工件在加工中应尽量减少安装次数,因为多一次安装就多一次误差,而且还增加了安装工件的辅助时间。

表 21-2　阶梯轴加工工艺过程（大批生产）

工序号	工序内容	设备
1	铣端面、钻中心孔	专用机床
2	车外圆、切槽与倒角	车床
3	铣键槽	铣床
4	去毛刺	钳工
5	磨外圆	外圆磨床

（3）工位　为了减少工件安装的次数,常采用各种回转工作台、回转夹具或移位夹具,使工件在一次安装中先后处于几个不同的位置进行加工。此时,工件在机床上占据的每一个位置所完成的那一部分加工过程称为工位。

（4）工步　工步是指工件在一个工序内,一次安装中,当加工表面、切削工具和切削用量中的转速与进给量均不变条件下所完成的那部分工艺过程。一个工序可包括几个工步,也可以只包括一个工步。例如,在表 21-2 中的工序 2,包括有粗、精车各外圆表面及切槽等工步,而工序 3 当采用键槽铣刀铣键槽时,就只有一个工步。

构成工步的任一因素（加工表面、刀具或切削用量）改变后，一般即变为另一工步。但是，对于那些在一次安装中连续进行的若干相同的工步，如在同一个工件上钻削四个对称孔，为简化工序内容的叙述，通常看作一个工步。

(5) 走刀　在一个工步内，若被加工表面切去的金属层很厚，需要分几次切削，则每进行一次切削就是一次走刀。一个工步可包括一次或几次走刀。

21.1.2　生产类型

机械制造业的生产可分为三种类型——单件生产、成批生产和大量生产。

(1) 单件生产　生产的产品品种繁多，每种产品仅制造一个或少数几个，在一个工作地很少重复，甚至完全不重复。例如，重型机器、大型船舶的制造和新产品的试制属于这种生产类型。

(2) 成批生产　生产的产品品种较多，每种产品均有一定的数量，工作地分期分批地轮流进行生产。例如，通用机床和液压传动装置的制造属于这种生产类型。

同一产品（或零件）每批投入生产的数量称为批量。根据产品的特征和批量的大小，成批生产可分为小批生产、中批生产和大批生产。小批生产工艺过程的特点和单件生产相似，两者常常相提并论。中批生产工艺过程的特点介于单件生产和大量生产之间。大批生产工艺过程的特点和大量生产相似。

(3) 大量生产　产品的产量大、品种少，大多数工作地长期重复地进行某一零件的某一工序的加工。例如，汽车、拖拉机和轴承等的制造属于这种生产类型。

生产类型的划分主要取决于生产量的大小和产品复杂程度及大小。表 21-3 所列的生产类型可供确定生产类型时参考。

表 21-3　生产类型

生产类型	同类零件的年产量（件）		
	重型（零件重>200kg）	中型（零件重 100~200kg）	轻型（零件重<100kg）
单件生产	<5	<20	<100
小批生产	5~100	20~200	100~500
中批生产	100~300	200~500	500~5000
大批生产	300~1000	500~5000	5000~50000
大量生产	>1000	>5000	>50000

生产类型不同，产品制造的工艺方法、所用设备和工艺装备以及生产的组织均不相同。大批量生产采用高生产率的工艺及设备，经济效益好，单件、小批生产常采用通用设备及工装，生产率低，经济效果较差。各种生产类型的工艺特征见表 21-4。

表 21-4　各种生产类型的工艺特征

特　点	类　型		
	单件生产	成批生产	大量生产
毛坯的制造方法及机械加工余量	铸件用木模手工造型，锻件用自由锻。毛坯精度低，机械加工余量大	部分铸件用金属模，部分锻件用模锻。毛坯精度、机械加工余量中等	铸件广泛采用金属模、锻件广泛采用模段以及其他高生产率的毛坯制造方法。毛坯精度高，机械加工余量小

（续）

特 点	类 型		
	单件生产	成批生产	大量生产
机床设备及其布置形式	采用通用机床。机床按类别和规格大小采用"机群式"排列布置	采用部分通用机床和部分高生产率机床。机床按加工零件类别分工段排列布置	广泛采用高生产率的专用机床及自动机床。机床设备按流水线形式排列布置
夹具	多用标准附件，很少采用专用夹具，靠划线及试切法达到加工精度	广泛采用夹具，部分靠划线达到加工精度	广泛采用高生产率夹具、靠模夹具及调整法达到加工精度
刀具与量具	采用通用刀具与万能量具	较多采用专用刀具及专用量具	广泛采用高生产率刀具和量具
对工人的要求	需要技术熟练的工人	需要一定技术熟练程度的工人	对操作工人的技术要求较低，对调整工人的技术要求高
工艺文件	有简单的工艺路线卡	有工艺规程，对关键零件有详细的工艺规程	有详细的工艺文件
生产率	低	中	高
成本	高	中	低

21.1.3 制定零件机械加工工艺规程的原则、内容及步骤

1. 工艺规程的作用

工艺规程是将零件机械加工工艺过程的有关内容用文件的形式写出来。

工艺规程是指导生产的主要技术文件，也是生产组织和管理工作的基本依据，还是设计新建或扩建企业的基础。因此，工艺规程是机械制造企业最主要的技术文件之一。

2. 制定工艺规程的原则

制定工艺规程的原则是，在一定的生产条件下，以最少的劳动消耗和最低的费用，按计划规定的时间，可靠地加工出符合图样及技术要求的零件。工艺规程首先要保证产品质量，同时要争取最好的经济效益。在制定工艺规程时还应注意技术上的先进性、经济上的合理性和要有良好的劳动条件。

3. 制定工艺规程的内容及步骤

制定零件机械加工工艺规程的主要步骤大致如下。

1）零件图的研究与工艺分析。零件图是制定工艺规程最主要的原始资料。首先必须深入了解零件的功用和结构特点，同时应着重分析零件的技术要求和结构工艺性。在对零件的审查中，若有不合理的设计应同有关设计者共同研究，按规定手续进行必要修改。

2）确定生产类型。

3）确定毛坯的种类和尺寸。

4）选择定位基准和主要表面加工方法。

5）拟定零件加工的工艺路线。

6）确定各工序尺寸及公差。

7）确定各工序的设备、刀具、夹具、量具和其他辅助工具。
8）确定切削用量和工时定额。
9）确定各主要工序的技术要求及检验方法。
10）填写工艺文件。

21.2 毛坯选择的一般原则

  毛坯的选择主要包括毛坯的材料、类型和生产方法的选择。制定工艺规程时，正确地选择毛坯有着重大的技术经济意义。毛坯种类的选择，不仅影响着毛坯制造的工艺、设备及制造费用，而且对零件机械加工工艺、设备和工具的消耗以及工时定额都有很大的影响。为正确选择毛坯，常需要毛坯制造和机械加工两方面工艺人员的紧密配合，以兼顾冷、热加工两方面的要求。
  作为一个从事机械设计与制造的工程技术人员，如何合理地选择和使用材料是一项十分重要的工作，不仅要保证零件在工作时具有良好的功能，使零件经久耐用，而且要求材料有较好的工艺性和经济性，以便提高生产率，降低成本。本节简要介绍机械零件选材的一般原则。

21.2.1 使用性能原则

  在选择材料时，必须根据零件在整机中的作用、零件的尺寸、形状以及受力情况，提出零件材料应具备的主要力学性能指标。零件的工作环境是复杂的，故应注意以下三点。

1. 零件使用条件与失效形式分析

（1）零件使用条件　零件使用条件应根据产品的功能和零件在产品中的作用进行分析。

1）受力状况，包括应力种类（拉伸、压缩、弯曲、扭转、剪切等）和大小、载荷性质（静载荷、冲击载荷、变动载荷等）和分布状况及其他（摩擦、振动等）条件。
2）环境状况，包括温度和介质等。
3）特殊要求，如导电性能、绝缘性能、磁性能、热胀性能、导热性能、外观等。

选择材料时一定要将上述条件考虑周全，并且找出材料所需要的主要使用性能。

（2）零件失效形式分析　机械零件在使用过程中会因某种性能不足而出现相应形式的失效。因此可根据零件的失效形式，分析起主导作用的使用性能，并以此作为选材的主要依据。例如，长期以来，人们认为发动机曲轴的主要使用性能是高的冲击抗力和耐磨性，但失效分析结果证明，曲轴破坏主要是疲劳失效，所以，以疲劳强度为主要设计依据，其质量和寿命有很大提高。

2. 确定使用性能指标和数值

  通过分析零件使用条件和失效形式，确定零件对使用性能的要求后，必须进一步转化为实验室性能指标和数值，这是选材极其重要的步骤。

3. 根据力学性能选材时应注意的问题

  零件所要求的力学性能指标和数值确定下来之后便可进行选材。由于适当的强化方法可充分发挥材料的性能潜力，所以选材应把材料与强化手段紧密结合起来综合考虑，而且还要注意下列问题。

(1) 学会正确使用手册和有关资料 选材时查手册是十分自然的事情,但必须注意手册中数据测定条件等的局限性。

(2) 正确使用硬度指标 设计中,常用硬度作为控制材料性能的指标。在零件图等技术文件中,常以硬度来表明对零件的力学性能要求。但硬度指标也有其局限性。因此,在设计中提出硬度值的同时,应对其热处理工艺(特别是强化工艺)做出明确规定,而对于某些重要零件还应明确规定其他力学性能要求。

(3) 强度与韧性应合理配合 对受力的零件、构件选用材料时,首先要看强度能否满足使用要求。为防止零件在使用过程中发生脆性断裂,还要考虑塑性和冲击韧度。例如,断面有变化并有缺口的零件,承受冲击的零件,大尺寸零件、构件等,应适当降低强度、硬度要求,相应提高塑性、韧性。

21.2.2 工艺性能原则

零件都是由不同的工程材料经过一定的加工制造而形成的。因此,材料的工艺性能,即加工成合格零件的难易程度,显然也是选材必须考虑的主要问题。选材中,同使用性能相比较,工艺性能处于次要地位,但在某些情况下(如大量生产),工艺性能就可能成为选材考虑的主要依据,如选用易切削钢等。

用金属材料制造零件的基本加工方法,通常有下列 4 种:铸造、压力加工、焊接和机械(切削)加工。热处理是作为改善加工性能和使零件得到所要求性能的工序。材料的工艺性能好坏对零件的加工生产有直接的影响。材料的主要工艺性能包括铸造性能、压力加工性能、焊接性能、切削加工性能和热处理性能等。从工艺性能出发,如果设计的零件是铸件,最好选用共晶成分及其附近的合金;若设计的是锻件、冲压件,最好选择固溶体的合金;如果设计的是焊接结构,则不应选用铸铁,最适宜的材料是低碳钢、低合金钢,而铜合金、铝合金的焊接性能都不好。在机械制造生产中,绝大部分的零件都要经过切削加工。因此,材料的切削加工性能的好坏,对提高产品质量和生产率、降低成本都具有重要意义。为了便于切削,一般希望钢铁材料的硬度控制在 170~230HBW 之间。一般来说,碳钢的锻造、切削加工等工艺性能较好,其力学性能可以满足一般零件工作条件的要求,因此碳钢的用途较广,但它的强度还不够高,淬透性差。所以,制造大截面、形状复杂和高强度的淬火零件,常选用合金钢,因为合金钢淬透性好,强度高,但合金钢的锻造、切削加工等工艺性能较差。

21.2.3 经济性原则

在机械设计和生产过程中,一般在满足使用性能和工艺性能的条件下,经济性也是选材必须考虑的主要因素。选材时应注意以下几点。

1. 尽量节省材料及降低其加工成本

在满足零件对使用性能与工艺性能要求的前提下,能用铸铁不用钢,能用非合金钢不用合金钢,能用硅锰钢不用铬镍钢,能用型材不用锻件、加工件,并且尽量用加工性能好的材料,能正火使用的零件就不必调质处理。材料来源要广,尽量采用符合我国资源情况的材料,如含铝超硬高速钢(W6Mo5Cr4V2Al)具有与含钴高速钢(W18Cr4V2Co8)相似的性能,但价格便宜。

2. 用非金属材料代替金属材料

非金属材料的资源丰富，性能也在不断提高，应用范围不断扩大，尤其是发展较快的聚合物具有很多优异的性能，在某些场合可代替金属材料，既改善了使用性能，又可降低制造成本和使用维护费用。

3. 零件的总成本

零件的总成本包括原材料价格、零件的加工制造费用、管理费用、试验研究费和维修费等。选材时不能一味追求原材料低价而忽视影响总成本的其他各项指标。

21.2.4 毛坯的种类

机械加工中常见的毛坯有下列几种。

1. 铸件

形状复杂的毛坯，宜采用铸造制造。目前生产中的铸件大多采用砂型铸造，少数尺寸较小的优质铸件采用特种铸造（如金属型铸造、熔模铸造、离心铸造和压力铸造等）。

砂型铸造的铸件，当采用手工造型时，因铸型误差大，铸件的精度低，加工表面的机械加工余量相应也比较大，生产率也较低，适用于单件小批量生产。当大批量生产时，广泛采用金属模机器造型，但设备费用较高，而且铸件的重量受到限制，一般多用于中小尺寸的铸件。砂型铸造铸件的材料不受限制，铸铁应用最广，铸钢和有色金属铸件也有一定的应用。

金属型铸造的铸件，比砂型铸造的铸件精度高，表面质量和力学性能好，生产率较高，但需要一套专用的金属型，适用于大批量生产中尺寸不大、结构不太复杂的有色金属铸件（如发动机中的铝活塞等）。

离心铸造的铸件，因金属组织致密、力学性能较好、外圆精度及表面质量均好，但内孔精度差，需留出较大的机械加工余量，适用于黑色金属及铜合金的旋转体铸件（如套筒、管子和法兰盘等）。由于铸造时需要特殊设备，故产量大时才比较经济。

压力铸造的铸件质量高，公差等级为IT10～IT12级，表面粗糙度 Ra 值可达 1.6～$6.3\mu m$，机械加工时，只需进行精加工，因而节省很多金属。同时，铸件的结构可以较复杂，铸件上的各种孔、螺纹、文字及花纹图案均可铸出。但压力铸造需要一套昂贵的设备和铸型（模具），故目前主要用于量大、形状复杂、尺寸较小、重量不大的有色金属铸件的生产中。

2. 锻件

锻件有自由锻件和模锻件两种。

自由锻件的尺寸精度低，机械加工余量大，生产率不高且结构简单，但锻造时不需要专用模具，适用于单件、小批量以及大型锻件的生产。

模锻件的精度、表面质量比自由锻件好，锻件形状也可复杂一些，机械加工余量较小，适用于产量较大的中小型锻件。

3. 型材

机械制造中的型材按截面形状可分为圆钢、方钢、六角钢、扁钢、角钢，槽钢和其他特殊截面的型材。型材有热轧和冷拉两类：热轧型材尺寸较大，精度较低，多用于一般零件的毛坯；冷拉型材尺寸较小，精度较高，多用于毛坯精度要求较高的中小型零件，易实现自动送料，适宜于自动机械加工。冷拉型材价格较贵，多用于批量较大的生产。

4. 组合毛坯

将铸件、锻件、型材或经局部机械加工的半成品组合在一起，也可作为机械加工的毛坯，组合的方法一般是焊接。例如：有些形状复杂的中小件，可用板材经冲压后焊成毛坯，利用一些大型机床先将板材或型材切下后焊接成毛坯；有些件先粗加工后再焊接成毛坯，如大型曲轴，先分段锻出各曲拐，并将各曲拐粗加工，然后将各曲拐按规定的分布角度连接成整体毛坯，再进行精加工。

21.2.5 毛坯种类的选择

毛坯选择有两种不同的方向，一种是使毛坯的形状和尺寸尽量与零件接近，零件制造的大部分劳动量用于毛坯，机械加工多为精加工，劳动量和费用都比较少；另一种是毛坯的形状及尺寸与零件相差较大，机械加工切除较多材料，其劳动量和费用也较大。为节约能源与金属材料，随着毛坯制造专业化生产的发展，毛坯制造应逐步沿着前一种方向发展。

毛坯选择应除满足一般原则外，还要全面考虑下列一些因素的影响。

1. 生产批量的大小

生产批量是选择毛坯的重要条件。当生产批量很大时，宜采用精度和生产率较高的毛坯制造方法，使毛坯的形状和尺寸尽量与成品接近，减少机械加工劳动量，如精密铸造、模锻等。这样用于毛坯制造比较高的设备及装备费用，可以由材料消耗的减少和机械加工费用的降低来补偿。反之则应采用普通的毛坯制造方法，如自由锻造锻件和手工造型铸件等。

2. 零件材料和力学性能

零件材料和力学性能也是选择毛坯的重要依据。当采用铸铁材料时，一定是铸造毛坯。形状复杂的钢质箱体、机架、大齿轮等，通常用铸造毛坯。需要较高强度的重要钢质零件，不论结构形状简单或复杂，均不宜直接选取轧制型材，而应选用锻件。

3. 满足材料的工艺要求

零件的选材与毛坯的选择有着密切的关系，零件材料的工艺性能直接影响毛坯生产方法的选择。按工艺方法的不同，金属材料可分为铸造合金和压力加工合金两大类。各种材料与毛坯生产方法的关系见表 21-5，表中"○"表示各种材料适宜或可以采用的毛坯生产方法。

表 21-5 各种材料与毛坯生产方法的关系

材料	砂型铸造	金属型铸造	压力铸造	熔模铸造	锻造	冲压	粉末冶金	焊接	挤压	冷拉	备注
低碳钢	○			○	○	○	○	○	○	○	
中碳钢	○				○			○		○	
高碳钢	○			○	○		○	○			
灰铸铁	○	○						○			
铝合金	○	○	○		○	○		○	○	○	
铜合金	○	○	○		○	○		○	○	○	
不锈钢	○			○	○	○		○		○	
工具钢和模具钢	○				○						
塑料								○	○		压制及吹塑
橡胶									○		可压制

4. 零件的结构形状与外形尺寸

零件的形状尺寸在很大程度上决定了采用某种毛坯生产方法的可能性和经济性。例如，结构复杂的零件宜采用铸件毛坯；大型轴类零件宜采用自由锻件；各种阶梯轴，如各台阶直径相差不大且强度要求不高，可直接选取圆棒料，如各台阶直径相差较大，为节约材料和减少机械加工的劳动量，则宜选择锻件毛坯；套类零件（如气缸套）宜采用离心铸造的毛坯；重型复杂零件宜采用组合毛坯；一些非旋转体的板条形钢质零件，一般多为锻件。

5. 现有生产条件

选择毛坯时，还要考虑毛坯车间的实际设备条件、工艺水平和传统生产习惯。可能时应积极组织外部协作，从整体上取得较好的经济效益。

6. 降低生产成本

零件的制造成本包括所消耗的材料费用，燃料、动力费，工资，设备、工艺装备的折旧费和修理费，废品损失费以及其他辅助费用等。在选择毛坯的类型及生产方法时，通常是在满足零件使用要求和工艺性要求的前提下，对几个可供选择的方案从经济上进行分析比较，从中选择总成本较低的方案。

毛坯的生产成本与批量的大小关系极大。当零件的批量很大时，应采用高生产率的毛坯生产方法，如冲压、模锻、压力铸造等。虽然模具费用高、设备复杂，但批量越大，单件产品分摊的模具费用就越少，成本就相应下降。当零件的批量小时，则应采用自由锻、砂型铸造等毛坯生产方法。某种连杆毛坯的三种生产方法（自由锻、铸造和模锻）的毛坯生产成本和生产批量之间的关系如图 21-2 所示。图中，三条线的交点 A、B、C 分别表示采用这三种毛坯生产方法的经济批量的临界值。当批量小于 A 点的件数（11 件）时，自由锻比铸造经济；当批量大于 11 件时，每件铸造毛坯的费用由于分摊而减小，铸造就比较合理。模锻与铸造的成本曲线相交于 C 点（393 件），说明批量超过 393 件时，以模锻最经济。

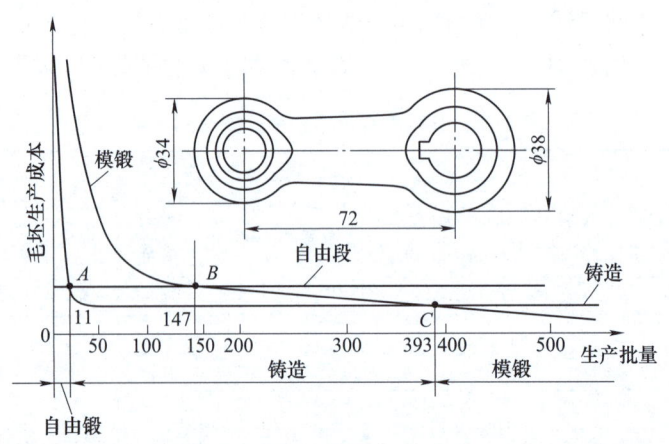

图 21-2　连杆毛坯的生产成本和生产批量之间的关系

分析毛坯生产方法的经济性时，不能单纯考虑毛坯的生产成本，还要比较毛坯的材料利用率和后续的机械加工成本，从而选用使零件总制造成本最低的最佳毛坯生产方法。这就要求在选择毛坯的生产方法时，必须注意毛坯制造技术的发展状况，大力采用新技术、新工艺。

21.3 工件的安装与定位

21.3.1 工件的安装方式

在机床上对某一工件进行切削加工,首先要将此工件安装在机床上,使其被加工表面与刀具或机床主轴之间有一个正确的相对位置,并且夹紧固定,使它保持此位置,然后才能进行加工。为了达到此目的,可以采用以下方法。

(1) 直接安装 将工件装在机床上,然后按工件某一(或某些)表面或按工件表面上事先划好的线,用划针或其他量具进行找正,即进行调整直到工件在机床上处于所要求的正确位置为止。

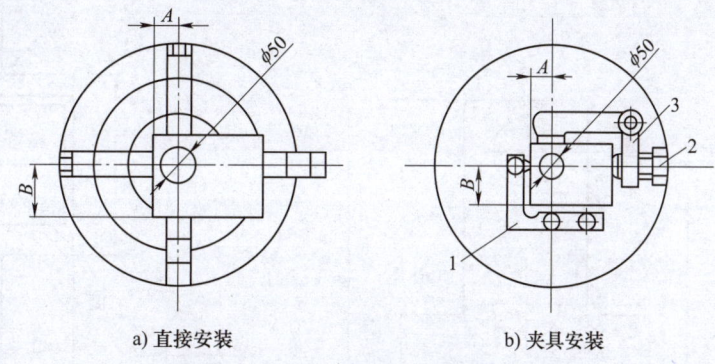

图 21-3 两类安装方式

1—支承板 2—拧紧螺钉 3—杠杆式压板

如图 21-3a 所示,为了使被加工孔 $\phi 50\text{mm}$ 的中心位置准确,可逐个调整单动卡盘的四个卡爪,以保证尺寸 A 和 B,然后予以夹紧。

(2) 夹具安装 事先在机床上安装一个附加装置即夹具。将工件放在夹具上,使它的某些表面与夹具上某些元件的表面接触,然后将工件夹紧。这样就可以迅速和方便地使工件在机床上处于所要求的正确位置,如图 21-3b 所示。

21.3.2 基准及其选择

在零件和部件的设计、制造和装配过程中,必须根据一些指定的点、线或面来确定另一些点、线或面的位置,这些作为根据的点、线或面称为基准。

1. 基准的分类

按其作用不同,基准可分为:

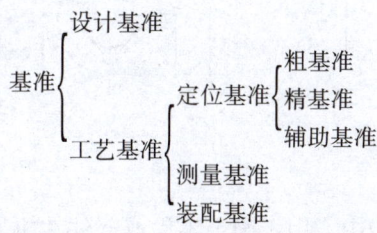

(1) 设计基准 在零件图样上用于标注尺寸和表面相互位置关系的基准,称为设计基准。例如,图 21-4 所示双孔机架表面 1、孔 2 的设计基准是孔 3 的中心线。

(2) 工艺基准 在加工零件和装配机器的过程中所使用的基准,称为工艺基准。根据用途不同，工艺基准又分为定位基准、测量基准和装配基准。

1）定位基准。在加工过程中，用于确定工件在机床或夹具上正确位置的基准称为定位基准。例如，精车图21-5所示齿轮的大外圆 C 和大端面 B 时，为了保证它们对孔轴线 A 的圆跳动要求，工件以精加工后的孔定位安装在锥度心轴上，孔的轴线 A 即为定位基准。在零件制造过程中，定位基准尤为重要。

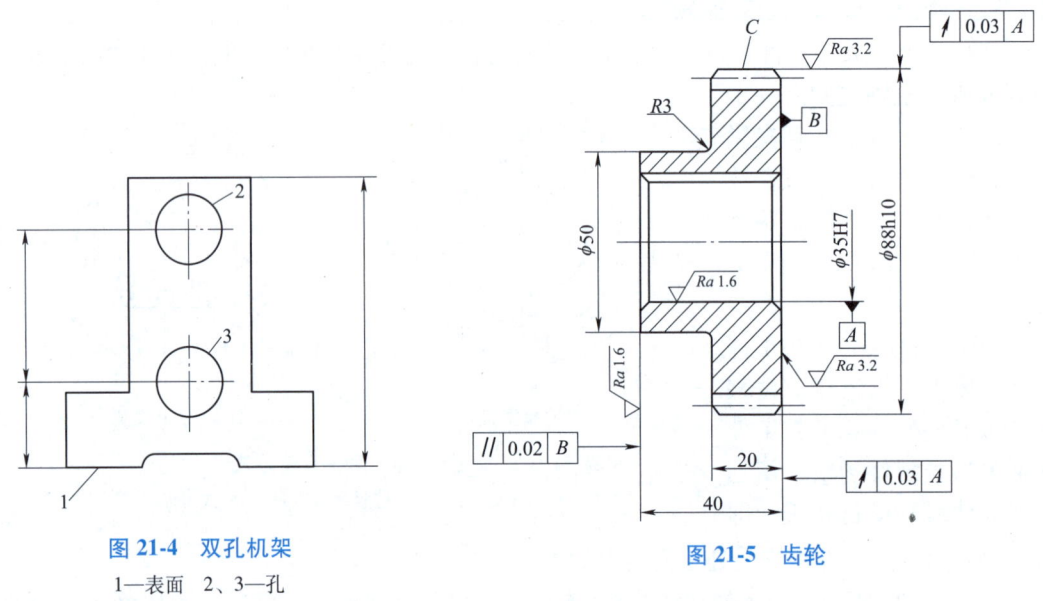

图 21-4　双孔机架
1—表面　2、3—孔

图 21-5　齿轮

2）测量基准。用于测量已加工表面的尺寸及各表面之间位置精度的基准称为测量基准。如图21-6所示，在偏摆仪上利用锥度心轴检验齿轮坯外圆和两个端面相对孔轴线的圆跳动时，孔的轴线即为测量基准。图21-7所示为各种基准之间的关系。

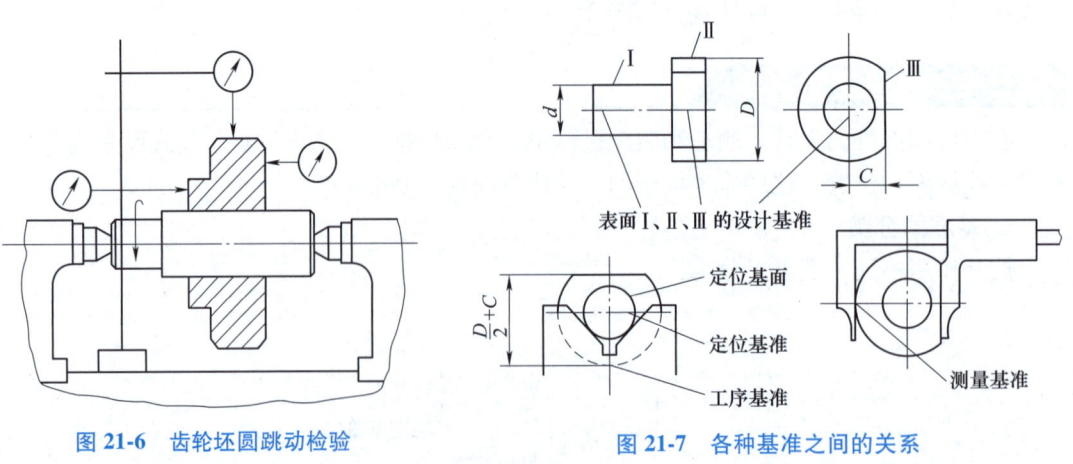

图 21-6　齿轮坯圆跳动检验

图 21-7　各种基准之间的关系

3）装配基准。在机器装配中，用于确定零件或部件在机器中正确位置的基准称为装配基准。例如，图21-8所示支架，基准平面 B 安装在基座上，用以确定孔 C 的轴线位置，则平面 B 为装配基准。

2. 定位基准的选择原则

在考虑工件定位时,首先是选择定位基准。因为它对保证加工精度、安排加工顺序和提高生产率有着重要的影响。

(1) 粗基准的选择原则 将第一道加工工序所采用的毛坯表面作为定位的基准,称为粗基准。如果粗基准选择得不合理,会增加安装次数,增加不必要的毛坯余量,也会使加工不方便,降低加工精度,甚至会使装夹不正确造成废品。因此,在设计工艺过程时,必须对粗基准的选择进行分析和比较。在长期的生产实践中,对于粗基准的选择已总结出一些基本原则。

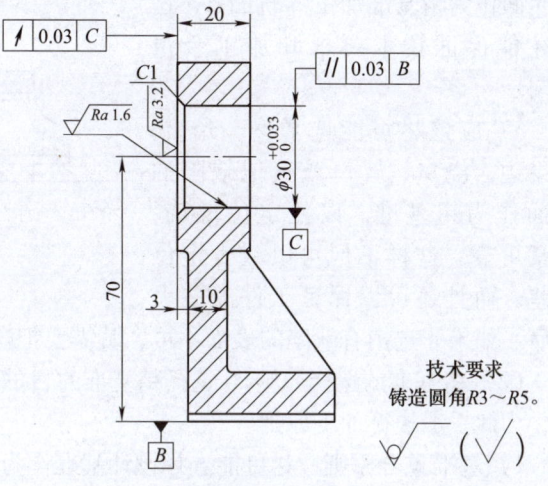

图 21-8 支架

1) 粗基准只能使用一次,以后就应该用经过加工的表面作为定位基准。因为粗基准本身是未经过加工的毛坯表面,其尺寸精度低,表面粗糙。如果第二次安装再以粗基准定位,就不能保证工件与刀具的相对位置在两次安装中前后一致。

2) 若工件上要求保证加工表面与某一不加工表面之间的相互位置精度,则应选此不加工表面作为粗基准。如果工件上有很多不加工的表面,则应以其中与加工表面相互位置精度较高的表面作为粗基准,以保证这些不加工表面与加工表面之间的相互位置变动最小。如图 21-9 所示,以不需加工的外圆面作为粗基准,可以在一次安装中把绝大部分表面加工出来,并保证外圆与内孔同轴以及端面与孔轴线垂直。

3) 选择加工余量最小的表面作为粗基准。如图 21-10 所示,自由锻件毛坯大外圆 A 加工余量小,小外圆 B 加工余量大,且 A、B 的轴线偏差较大。若以 A 作为粗基准车削外圆 B,则在调头车削外圆 A 时,可使 A 得到足够而均匀的加工余量。反之若以 B 作为粗基准,则外圆 A 可能因加工余量过小而车不圆,有可能因加工余量不足而使工件报废。

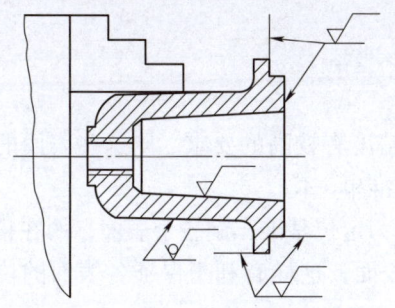

图 21-9 用不加工表面作为粗基准

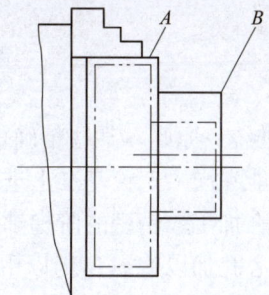

图 21-10 用加工余量最小的表面作为粗基准

4) 若必须首先保证工件某重要表面的加工余量均匀,则应选该表面作为粗基准。图 21-11 所示为机床床身的加工,由于床身导轨面的耐磨性要好,而且金相组织要均匀,是一个重要的工作面,所以必须选择导轨面 A 作为粗基准来加工床脚底面 B,然后翻转再以床脚底面作为精基准加工导轨面 A，这样才能保证技术要求和加工余量均匀。

5) 应该尽可能选平整、光洁、无飞边、浇口、冒口或其他缺陷的表面作为粗基准，以便定位准确、夹紧可靠。这样不但可以减少定位误差，而且还可以保证工件的装夹可靠。如果非选用有缺陷的表面不可，就需要把这些表面加以修整后再使用。

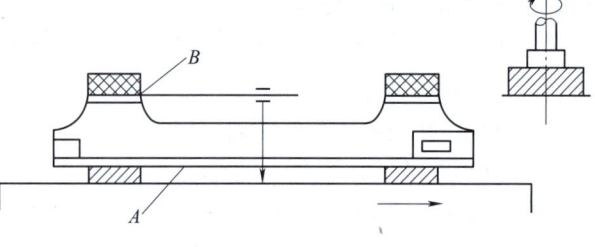

图 21-11　机床床身的加工

(2) 精基准的选择原则　选择精基准的目的是使装夹方便、正确可靠，以保证加工精度。为此一般遵循如下原则。

1) 基准重合原则。尽可能选择设计基准作为定位基准，这样可以避免因定位基准不与设计基准重合而引起的基准不重合误差。

例如，成批生产如图 21-12a 所示零件，A、B 两面已加工，现需铣平面 C。如图 21-12b 所示，选用 A 面作为定位基准，则定位基准与设计基准不重合，尺寸（20±0.15）mm 只能间接地通过控制尺寸 A 来掌握，故该尺寸的精度决定于尺寸 A 和尺寸（50±0.24）mm。若选用 B 面作为定位基准，如图 21-12c 所示，即基准重合，尺寸（20±0.15）mm 是直接得到的，与尺寸 A 及尺寸 50mm 的上下极限偏差无关。故采用基准重合的原则，有利于保证加工精度。

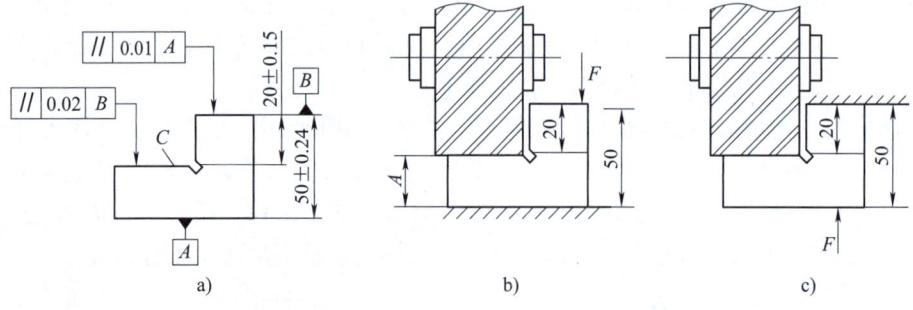

图 21-12　基准重合与不重合

2) 基准统一原则。某些精确表面，其相互位置精度有较高的要求，则这些表面的精加工工序最好能在同一定位基准上进行，即尽可能使基准单一化。

例如，在加工较精密的阶梯轴时，往往以中心孔为定位基准车削各个表面，而在精加工之前再将中心孔加以修研，仍以中心孔定位磨削各表面，这样有利于保证各表面的位置精度（同轴度、垂直度等）。

又如齿轮加工时，齿轮的内、外圆表面的设计基准都是孔的轴线，它的轴向尺寸的设计基准是某一端面。因此，选用此端面和孔作为单一基准，来加工其他各表面，这样能很好地保证各端面平行度要求和内、外圆同轴度要求。

3) 互为基准原则。齿轮的加工，当用高频淬火把齿面淬硬后需再进行磨齿。因其硬化层较薄，磨削余量应小而且均匀，因此往往先以齿面为基准磨内孔，然后再以内孔为定位基准磨齿面，以保证齿面加工余量的均匀。

4) 自为基准原则。对于某些精加工或光整加工，要求加工余量小而且均匀，可用被加工面本身作为定位基准，如手工铰孔、拉孔、无心磨外圆、珩磨以及在单动卡盘上用"校正法"加工内孔或外圆。

（3）辅助基准　辅助基准是精基准中的一种特例，专为加工时的定位目的而加工出来的表面，在零件装配和机器以后运转中无任何用处。例如，轴类零件外圆加工所使用的两端面中心孔就是辅助基准，它在零件工作和装配时均无作用，仅作为加工定位用。

在实际工作中，定位基准的选择要完全符合上述所有原则，有时是不可能的，因此应根据具体情况进行分析，选出最有利的定位基准。

21.3.3　工件的定位原理

一个物体在空间如果不限制其相对位置，它可以向空间的任何方向移动和转动。为了便于研究物体在空间的运动规律，把物体放在三个互相垂直的坐标轴中来讨论。物体在空间对于三个互相垂直的坐标轴（x、y、z）来说，有六个可能运动的情况，即六个自由度。

工件在定位以前，也像一个物体在空间的情况一样，具有六个自由度，即沿 x、y、z 三个轴方向的移动（用 $\vec{x}$、$\vec{y}$、$\vec{z}$ 来表示）以及绕 x、y、z 三个轴的转动（用 $\hat{x}$、$\hat{y}$、$\hat{z}$ 来表示）。

要使工件在空间处于相对固定不变的位置，就必须限制其六个自由度，如图 21-13 所示。用相当于六个支承点的定位元件与工件的定位基准面"接触"来限制工件的六个自由度，即

xOy 面（底面，即主要定位面），它限制了 $\vec{x}$、$\vec{y}$、$\vec{z}$ 三个自由度（相当于有三个定位支承点）。

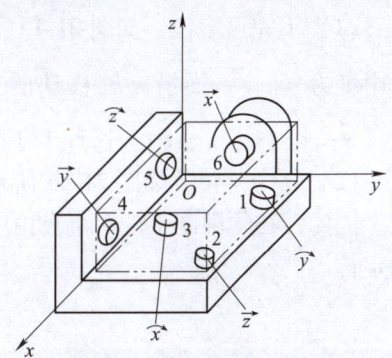

图 21-13　六点定位原理

xOz 面（侧面，即导向定位面），它限制了 $\vec{z}$、$\hat{y}$ 两个自由度（相当于有两个定位支承点）。

yOz 面（端面，即防转定位面），它限制了 $\hat{x}$ 一个自由度（相当于有一个定位支承点）。

把定位元件抽象地转化成为相应的定位支承点，来分析其限制工件在空间的自由度时，要注意下面两点。

1) 定位支承点限制工件自由度的作用，可以这样来理解：定位支承点与工件的定位基准始终保持紧贴接触，若两者脱离，就表示定位支承点失去了限制工件自由度的作用，也即失去定位作用。

2) 在分析定位支承点起定位作用时，不考虑力的影响。因此，在分析六点定位时，就不能认为它还有相反六个方向运动的可能性。这里一定要分清"定位"和"夹紧"这两个概念。

"定位"只是使工件在夹具中得到相对确定位置，而不是指工件在受到使工件脱离支承点的外力时不能运动，而要使工件相对于刀具的位置不变，则还须"夹紧"。但也不能认为

工件夹紧后不动了，就等于它的六点定位了。因此"定位"和"夹紧"是两回事，不能混淆。

在生产中，工件的定位是否都要限制六个自由度呢？不一定。这要根据工件的具体加工要求而定，一般只要相应地限制那些对加工精度有影响的自由度就行了，这样可以简化夹具的结构。

现以图 21-14 所示的例子来说明这个问题。在平面磨床磨一板状工件的上平面，要求保证厚度 A，工件在平面磨床的磁性工作台上被吸住，从定位观点来看，相当于用三个定位支承点，限制了工件三个自由度，即 $\vec{z}$、$\overset{\frown}{x}$、$\overset{\frown}{y}$，剩下三个自由度 $\vec{x}$、$\vec{y}$、$\overset{\frown}{z}$ 未加以限制，因为这对保证厚度尺寸 A 毫无影响。工件一旦被磁性工作台牢牢吸住（被夹紧）后，便在任何方向都不能运动了，但工件的 $\vec{x}$、$\vec{y}$、$\overset{\frown}{z}$ 三个自由度仍未被限制。

因此，工件的定位原理就是根据工件的加工要求，用定位元件来限制影响加工精度的自由度，从而使工件对于刀具获得正确的位置。

工件定位有以下四种情况。

（1）不完全定位　如图 21-15 所示，影响尺寸 A 的自由度为 $\vec{z}$、$\overset{\frown}{x}$、$\overset{\frown}{y}$，影响尺寸 B 的自由度为 $\vec{y}$、$\overset{\frown}{z}$，而沿 x 轴移动的自由度 $\vec{x}$ 就不必限制了，因此该工件限制了五个自由度（$\vec{x}$、$\vec{y}$、$\overset{\frown}{y}$、$\overset{\frown}{z}$、$\overset{\frown}{z}$）。这种少于限制六个自由度而使工件正确定位称为不完全定位。

（2）完全定位　如图 21-16 所示，工件除了有尺寸 A 和 B 的要求外，还有尺寸 C 的要求。因此，必须限制工件六个自由度才能满足加工要求。这种限制六个自由度的方法称为完全定位。

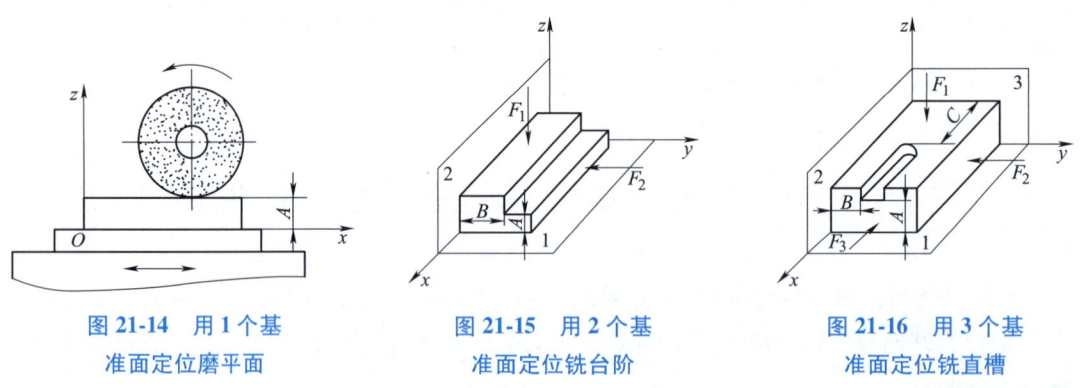

图 21-14　用 1 个基准面定位磨平面

图 21-15　用 2 个基准面定位铣台阶

图 21-16　用 3 个基准面定位铣直槽

（3）欠定位　根据加工要求，工件在夹具中应该限制的自由度而没有得到限制，称为欠定位。欠定位是不允许的，因为欠定位保证不了加工要求。

图 21-17 所示为加工连杆大头孔的情况，其大头孔轴线应与小头孔轴线相互平行，并与端面垂直且在连杆杆身对称中心线上。大、小头孔的中心距也有严格要求。根据这些技术要求，如果把图 21-17 所示的挡销 3 和长销 2 或短销 4 取消，则连杆在夹具中得不到正确的定位，并且要求的加工精度不能保证，这是不允许的。

（4）过定位　一个自由度同时由两个或两个以上的定位元件来限制，称为过定位。如图 21-17a、b 所示，长销 2 限制了 $\vec{x}$、$\vec{y}$、$\overset{\frown}{x}$、$\overset{\frown}{y}$ 四个自由度，支承板 1 限制了 $\overset{\frown}{x}$、$\overset{\frown}{y}$、$\vec{z}$ 三

个自由度,其中 $\vec{x}$、$\vec{y}$ 被两个定位元件重复限制,这就产生过定位。当工件小头孔与端面有较大垂直度误差时,夹紧力将使连杆变形,或长销弯曲,如图 21-17c 所示,造成连杆加工误差。若采用图 21-17d 所示方案,即将长销改为短销,就不会产生过定位。

过定位是否采用,需要具体分析。当过定位导致工件或定位元件变形影响加工精度时,应严禁采用。当过定位不影响工件的正确位置,对提高加工精度有利时,也可采用。

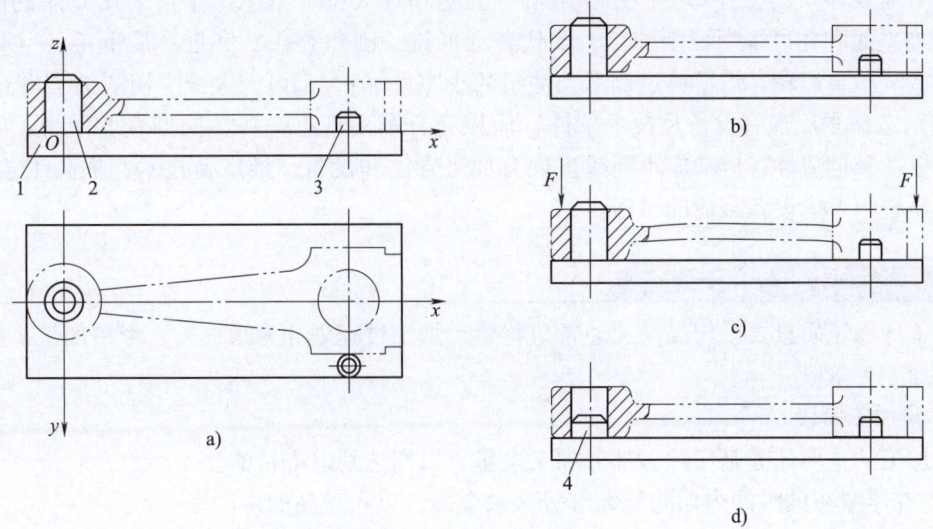

图 21-17 加工连杆大头孔的情况
1—支承板 2—长销 3—挡销 4—短销

21.4 工艺路线的拟定

授课视频

工艺路线的拟定是制定工艺规程的总体布局,其主要任务是选择各个表面的加工方法及加工方案,确定各个表面的加工顺序以及整个工艺过程中工序数目的多少等。

21.4.1 加工方法的选择

根据工件各个加工表面的技术要求,来确定其加工方法及加工次数。使工件表面达到同样质量要求的加工方法有多种,因而在选择从粗到精各加工方法及其步骤时,要综合考虑各方面工艺因素的影响。例如:

(1) 各种加工方法的精度和表面粗糙度 各种加工方法的精度和表面粗糙度在前面已介绍过。但必须指出,这是在一般情况下可达到的精度和表面粗糙度,在某些具体条件下是会改变的。随着生产技术的发展及工艺水平的提高,同一种加工方法所能达到的精度也会提高。例如,外圆磨床加工尺寸公差等级一般可达到 IT7 级,表面粗糙度 Ra 值为 $0.2\mu m$,但在采取适当措施提高磨床精度以及改进磨削工艺后,在普通外圆磨床上能进行镜面磨削,加工尺寸公差等级达到 IT5 级以上,表面粗糙度 Ra 值为 $0.006 \sim 0.1\mu m$。另外,在大批大量生产中，为了保证高的生产率和高的成品率，常把原用于低粗糙度的加工方法用于要求较粗糙的表面。例如，连杆加工采用珩磨达到表面粗糙度 Ra 值为 $0.8\mu m$ 的表面，在曲轴加工中用超精加工获得表面粗糙度 Ra 值为 $0.4\mu m$ 的表面。

（2）工件材料的性质　例如，淬火钢应采用磨削加工，有色金属则磨削困难，一般都采用金刚镗或高速精密车削进行精加工。

（3）考虑生产类型，即生产率和经济性问题　在大批大量生产中可采用专用的高效率设备（如平面和孔可采用拉削加工，取代普通的铣、刨和镗孔）和近净成形毛坯（如粉末冶金制造液压泵齿轮、熔模铸造制造柴油机的小零件等），都可大大减少切削加工量。

（4）考虑本厂现有设备及技术条件　应该充分利用现有设备，挖掘企业潜力，发挥工人的积极性和创造性，应考虑不断改进现有加工方法和设备，推广新技术，提高工艺水平。另外，还必须考虑设备载荷的平衡。

21.4.2　加工阶段的划分

当工件加工质量要求较高时，通常应将整个加工过程划分为粗加工、半精加工、精加工和光整加工等阶段。

1. 粗加工阶段

粗加工的主要任务是切除大部分加工余量，以期达到以下目的。

1）在尽量短的时间内切除绝大部分多余金属，以获得高的生产率。

2）为半精加工、精加工准备定位精基准。

3）及时发现毛坯的缺陷，根据毛坯缺陷的实际情况，及时修补或报废。

2. 半精加工阶段

半精加工的主要目的如下。

1）为主要表面的精加工做好准备，保证合适的精加工余量。

2）对一些次要表面进行最终加工，如钻孔、铣键槽等。

3. 精加工阶段

精加工阶段是对工件的主要表面进行最终加工，使位置精度、尺寸精度及表面粗糙度值均达到图样要求。

4. 光整加工阶段

对某些要求特别高的工件表面，如 IT6 级及 IT6 级以上公差等级、表面粗糙度 Ra 值在 $0.2\mu m$ 以下，还需进行光整加工。光整加工的目的是改善表面质量（表面粗糙度和表面应力状态等），适当提高尺寸精度，一般不用来提高形状精度和位置精度。

划分加工阶段的主要目的如下。

1）保证加工质量。由于大量金属在粗加工时切除，在半精和精加工时，便有条件逐道工序提高精度和降低表面粗糙度值。

2）合理使用设备。粗加工可在功率大和精度低的机床上进行，可充分发挥设备潜力。精加工可在高精度机床上进行，以利于长期保持设备的精度。

3）可以合理安排热处理工序。

上述加工阶段的划分不是绝对的。加工刚度差的工件时，划分加工阶段是很必要的，因经粗、半精和精加工阶段后，工件的内应力及弹性变形误差将越来越小，工件的精度可以逐步得到提高。加工质量要求不高、工件刚度大、毛坯质量高、加工余量小时，可以不划分加工阶段。例如，自动机床上加工的工件，在一道工序中就完成；在加工大型或重型工件时，由于安装运输费时又困难，常在一次安装中完成全部粗加工和精加工。为减少夹紧力的影响，并使工件消除内应力及发生相应的变形，在粗加工后可松开工件，然后用较小的夹紧力将工件重新夹紧，最后再进行精加工。

21.4.3 工序的集中与分散

在安排加工顺序时，往往涉及工序的集中与分散问题。工序集中就是整个工艺过程中所安排的工序数量尽量少，每个工序所加工的表面数量尽量多。集中到极限时，一道工序就能把工件加工到图样规定的要求。而工序分散则恰恰相反，安排工序数量多，每道工序加工的表面数量少。分散到极限时，一道工序上只包含一个简单工步的内容。由此可见，工序集中和工序分散是确定每道工序加工内容、安排工步数量多少的两个截然不同的方向。

1. 工序集中的特点

1）减少工件安装次数，不仅减少了辅助时间，有利于提高劳动生产率，而且由于在一次安装下加工许多表面，易于保证这些表面的相互位置精度。

2）采用高生产率的专用设备和专用工艺装备，大大提高了生产率。但因采用的专用设备和专用工艺装备数量多而复杂，因此，机床和工艺装备的调整费时，生产准备工作量大。

3）减少工序数目，缩短工艺路线，减少设备数量，也相应地减少操作工人数目和生产面积，因而简化了生产计划和管理工作。

2. 工序分散的特点

1）采用比较简单的机床和工艺装备，调整方便，操作工人易于掌握。

2）生产准备工作量小，容易适应产品的变换。

3）设备数量和工人数量多，生产面积大，工艺路线长，使生产计划工作比较复杂。

综上所述，工序集中与分散，各有优缺点，应根据工件的批量、加工要求和工厂的具体条件，确定工序集中与分散的程度。目前一般倾向于工序集中。

在大批大量生产中，常采用工序集中的原则，但也有一些大量生产工厂（如枪炮等军工产品）常采用工序分散的原则，以便适应品种不断更新。单件小批生产因为不采用高生产率的专用设备和工艺装备，因此工序集中程度受到限制。但在重型机械制造中，因为安装搬运困难，应尽可能在不影响加工精度的前提下，减少安装次数和运输工作量，采用工序集中。

现阶段，由于数控机床及加工中心的推广使用，使得工序集中的优点更为突出，即使是单件小批生产中，仍可将工序高度集中，这样可减少生产准备的工作量，取得良好的经济效果。

21.4.4 加工顺序的安排

1. 切削加工顺序的安排

切削加工顺序的安排需要遵循以下原则。

（1）先粗后精　先安排粗加工，中间安排半精加工，最后安排精加工和光整加工。

（2）先主后次　先安排主要表面的加工，后安排次要表面的加工。这里主要表面是指装配基面、工作表面等，次要表面是指键槽、紧固用的光孔和螺纹孔等。由于次要表面的加工工作量比较小，而且它们又往往和主要表面有位置精度的要求，因此一般都放在主要表面加工结束之后，但需在最后精加工或光整加工之前。

（3）先基面后其他　每一加工阶段总是先安排精基面加工工序。例如，加工轴类零件一般采用顶尖孔作为同一基准，因此每个加工阶段开始，总是先打顶尖孔，或是重打、修研顶尖孔。作为精基准，应使之具有足够高的精度和较低的表面粗糙度值，常常应高于原来图样上的要求。

（4）先面后孔　对于箱体、支架、连杆拨叉等一般机器零件，平面所占轮廓尺寸较大，用平面定位比较稳定可靠。因此其工艺过程总是选择平面作为定位精基面，故先加工平面，再加工孔。

2. 热处理工序的安排

热处理工序的安排一般可分为：

（1）预备热处理　预备热处理一般安排在机械加工之前，以改善切削性能、消除毛坯制造时的内应力。例如：对于碳的质量分数超过 0.5% 的碳钢，一般采用退火，以降低硬度；对于碳的质量分数低于 0.3% 的碳钢，则采用正火，以提高材料的硬度，使切削时切屑不黏刀，表面较光洁。由于调质（淬火后再进行 500~650℃ 的高温回火）能得到组织细致均匀的回火索氏体，因此有时也用作预备热处理，或放在粗加工之后，以提高材料力学性能，改善加工表面质量。

（2）最终热处理　最终热处理一般安排在半精加工之后磨削加工之前（氮化处理则安排在粗磨和精磨之间），为了提高材料的强度及硬度。热处理时工件发生少量变形和表面氧化，故需用磨削进行精加工。属于这类热处理的方法有整体淬火、表面淬火、渗碳淬火、调质及氮化处理等。

（3）时效处理　内应力无论是在毛坯制造还是在切削加工时都会残留下来，必须设法消除，否则将在今后的使用过程中使零件发生变形，丧失其原有精度。对于大而复杂的铸件，需在粗加工之前以及粗加工与精加工之间各安排一次时效处理。对于一般铸件，只需在粗加工前后进行一次时效处理即可。有时为了减少工件的往返运输，只在铸造毛坯以后安排一次时效处理。

（4）表面镀层及发蓝（表面发蓝处理）　该工序应放在工艺过程的最后。

3. 辅助工序的安排

检验是主要的辅助工序，除了在每道工序进行中操作工人必须自检外，还必在下列情况下安排单独的检验工序。

1）粗加工阶段结束之后。

2）重要工序的前后。

3）工件从一个车间转到另一个车间时。

4）特种性能检验（磁力探伤、密封性等）之前。

5）工件全部加工结束之后。

除检验工序外，还要考虑安排去毛刺、倒棱边、去磁、清洗、涂防锈漆等辅助工序。若缺少辅助工序或者对辅助工序要求不严，将对装配工作带来困难，甚至使机器不能使用。例如：未去净的毛刺和锐边，将使工件不能装配；润滑油道中未去净的切屑将影响机器的运行。所以，辅助工序的安排也不能忽视。

21.5 典型零件的机械加工工艺过程实例

制订零件机械加工工艺过程是一个综合解决复杂问题的过程，需要从保证加工质量、提高生产率和经济效益等方面综合考虑。首先对零件图样和现场生产条件等进行全面分析，然后安排加工工艺过程。下面以轴、盘类典型机械零件为例，在小批量生产条件下，制订机械加工工艺过程的一些有关问题做简要分析。

21.5.1 轴类零件机械加工工艺过程的制订

在机器中，轴类零件一般用于支承传动零件（如齿轮、带轮）和传递动力与转矩。轴类零件属于回转体类零件，其长度大于直径。根据不同使用场合，轴一般由若干个圆柱面、圆锥面、孔和螺纹等组成。

下面以外花键轴（图21-18）的加工为例，说明小批量生产外花键轴零件的机械加工工艺过程。

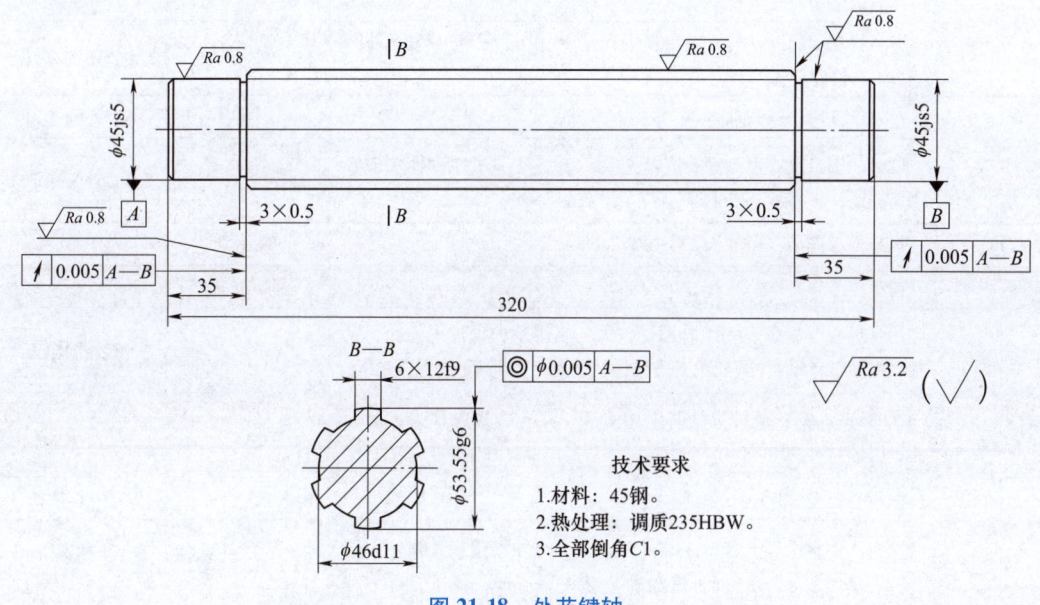

图 21-18 外花键轴

（1）分析零件图，了解技术要求 从零件图可以看出，外花键轴的尺寸精度和表面质量要求较高，而且还有较高的位置精度要求。外花键轴以 $\phi 45js5$ 两轴颈的公共轴线为基准，$\phi 53.55g6$ 对基准的同轴度公差为 $\phi 0.005mm$；$\phi 53.55g6$ 端面对基准的轴向圆跳动公差为 $0.005mm$。外花键轴材料为45钢，调质处理后硬度为235HBW。

（2）毛坯选择 由于该零件属于小批量生产，材料又为常用的45钢，可以选择直径为60mm的热轧棒料作为毛坯。为达到其力学性能要求，在工艺过程中需要安排调质热处理工序。

(3) 工艺分析　该零件为外花键轴，定心方式为外径定心。在加工工艺过程中，粗加工后整体进行调质处理，再精加工。在小批量生产时，采用卧式车床加工，粗、精车可在一台车床上完成。φ45js5、φ53.55g6 外圆精度要求较高，精车工序应留磨削余量，最后用外圆磨床来磨削。为了保证两端中心孔同心，该轴中心孔在开始时仅作为临时中心孔；最后在精加工时，修研中心孔或磨中心孔，再以精加工过的中心孔定位。

(4) 外花键轴的机械加工工艺过程见表 21-6

表 21-6　外花键轴的机械加工工艺过程　　　　　　　　　　（单位：mm）

零件名称		毛坯种类	材　料	生产类型
外花键轴		圆钢	45 钢	小批量
工序	工步	工序、工步内容	设备	刀具、量具、辅具
10		下料 φ60×325	锯床	
20		粗车	卧式车床	
	1	夹坯料的外圆，车端面，见光即可		45°弯头车刀
	2	钻一端中心孔 A2.5/5.3		中心钻
	3	调头，夹坯料的外圆，车端面，保证总长 322		45°弯头车刀
	4	钻另一端中心孔 A2.5/5.3		中心钻
	5	夹坯料左端外圆，另一端用顶尖顶住中心孔，粗车 φ45js5 外圆至 φ47，长度至 35		90°外圆车刀
	6	车 φ53.55g6 外圆至 φ56		90°外圆车刀
	7	调头，用自定心卡盘夹 φ45js5 外圆处，另一端用顶尖顶住中心孔，夹紧，车 φ45js5 外圆至 φ47，长度至 35		90°外圆车刀
30		热处理：调质，硬度为 235HBW	箱式炉	
40		精车	卧式车床	
	1	用自定心卡盘夹 φ45js5 外圆处，另一端用顶尖顶住中心孔，夹紧，在 φ53.55g6 外圆处车一段架位，表面粗糙度 Ra 值为 3.2μm		90°外圆车刀
	2	在 φ53.55g6 外圆架位处装上中心架，找正，移去顶尖，车端面，保证总长 321		45°弯头车刀
	3	修中心孔至 A3.15/6.7		中心钻
	4	调头，用自定心卡盘夹 φ45js5 外圆处，另一端用顶尖顶住中心孔，夹紧，在 φ53.55g6 外圆架位处装上中心架，找正，移去顶尖，车端面，保证总长 320		45°弯头车刀
	5	修中心孔至 A3.15/6.7		中心钻
	6	顶住中心孔，夹紧，移去中心架，车 φ45js5 外圆，留磨削余量 0.25，长度至 35		90°外圆车刀
	7	车 φ53.55g6 外圆，留磨削余量 0.25		90°外圆车刀
	8	车 35 尺寸，左面留磨削余量 0.10		45°弯头车刀
	9	切 3×0.5 退刀槽至要求		切槽刀
	10	车外圆倒角 C1		45°弯头车刀

（续）

工序	工步	工序、工步内容	设备	刀具、量具、辅具
	11	调头，用自定心卡盘夹 ϕ45js5 外圆，另一端用顶尖顶住中心孔，夹紧，车 ϕ45js5 外圆，留磨削余量 0.25		90°外圆车刀
	12	车 35 尺寸，右面留磨削余量 0.10		45°弯头车刀
	13	切 3×0.5 退刀槽至要求		切槽刀
	14	车外圆倒角 C1		45°弯头车刀
50		铣外花键至图样要求	立式加工中心	
60		钳工去毛刺	钳工台	
70		磨两端中心孔	中心孔磨床	
80		磨外圆	外圆磨床	
	1	磨左端 ϕ45js5 外圆至要求，表面粗糙度 Ra 值为 0.8μm		
	2	靠磨 35 尺寸右面至要求，表面粗糙度 Ra 值为 0.8μm		
	3	磨右端 ϕ45js5 外圆至要求，表面粗糙度 Ra 值为 0.8μm		
	4	靠磨 35 尺寸左面至要求，表面粗糙度 Ra 值为 0.8μm		
	5	磨 ϕ53.55g6 外圆至要求，表面粗糙度 Ra 值为 0.8μm		
90		检验；检验各部分尺寸、几何公差及表面粗糙度等	检验站	
100		涂油、包装、入库	库房	

21.5.2 盘类零件机械加工工艺过程的制订

盘类零件主要有支承传动轴的各种轴承、法兰盘、轴承盘、压盘、端盖、套环透盖等。盘类零件主要为同轴度要求较高的内外旋转表面；多为薄壁件，容易变形；一般长度比较短，直径比较大。

下面以端盖（图 21-19）的加工为例，说明小批量生产端盖零件的机械加工工艺过程。

(1) 分析零件图，了解技术要求 从零件图可以看出，端盖的尺寸精度和表面质量要求较高，而且还有较高的位置精度要求。端盖 ϕ50f8 外圆、ϕ90h5 外圆对 ϕ130g6 外圆的同轴度公差为 ϕ0.005mm。端盖最大截面对 ϕ130g6 外圆轴线的轴向圆跳动公差为 0.005mm，端盖材料为 45 钢，ϕ50f8 外圆高频感应淬火并回火后硬度为 48HRC。

(2) 毛坯选择 由于该零件属于小批量生产，材料又为常用的 45 钢，可以选择直径为 160mm 的热轧棒料作为毛坯。为达到其力学性能要求，在工艺过程中需要安排高频感应淬火并回火的热处理工序。

(3) 工艺分析 零件精车后，ϕ50f8 外圆要高频感应淬火，需要留足够的磨削余量。ϕ50f8 外圆、ϕ90h5 外圆与 ϕ130g6 外圆的同轴度要求高，磨削加工 ϕ50f8 外圆、ϕ90h5 外圆、ϕ130g6 外圆时，应一次装夹完成。

(4) 端盖的机械加工工艺过程见表 21-7

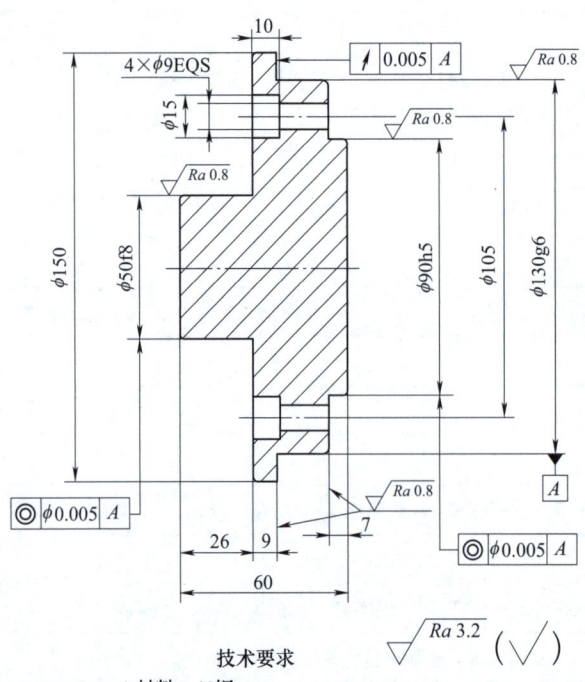

技术要求

1. 材料：45钢。
2. 热处理：φ50f8外圆淬火48HRC。
3. 锐边倒角C1。

图 21-19 端盖

表 21-7 端盖机械加工工艺过程　　　　　　　　　　　　　　（单位：mm）

零件名称		毛坯种类	材　料	生产类型
端盖		圆钢	45钢	小批量
工序	工步	工序、工步内容	设备	刀具、量具、辅具
10		下料 φ160×65	锯床	
20		粗车	卧式车床	
	1	夹坯料外圆，车端面，见平即可		45°弯头车刀
	2	车 φ50f8 外圆至 φ52，长度 26		90°外圆车刀
	3	调头，夹 φ50f8 外圆，车端面，保证总长 62		45°弯头车刀
	4	车 φ90h5 外圆至 φ92，长度 7		90°外圆车刀
	5	车 φ130g6 外圆至 φ132		90°外圆车刀
	6	车 φ150 外圆至 φ152，长度 11		90°外圆车刀
30		精车	卧式车床	
	1	夹 φ130g6 外圆，找正 φ50f8 外圆，夹紧，车左端面至要求，表面粗糙度 Ra 值为 3.2μm		45°弯头车刀
	2	钻中心孔 A2.5/5.3		中心钻
	3	车 φ50f8 外圆，留磨削余量 0.30，长度 26		90°外圆车刀

（续）

工序	工步	工序、工步内容	设备	刀具、量具、辅具
	4	车外圆倒角 C1		45°弯头车刀
	5	调头，夹 ϕ50f8 外圆，找正，夹紧，车端面，保证总长 60，表面粗糙度 Ra 值为 3.2μm		45°弯头车刀
	6	钻中心孔 A2.5/5.3		中心钻
	7	车 ϕ90h5 外圆，留磨削余量 0.30		90°外圆车刀
	8	车尺寸 7，左面留磨削余量 0.10		45°弯头车刀
	9	车 ϕ130g6 外圆，留磨削余量 0.30		90°外圆车刀
	10	车尺寸 9，右面留磨削余量 0.10		45°弯头车刀
	11	车 ϕ150 外圆至要求，表面粗糙度 Ra 值为 3.2μm		90°外圆车刀
	12	车外圆倒角 C1		45°弯头车刀
40		钻孔	钻床	
	1	钻 4×ϕ9 孔		ϕ9 麻花钻
	2	锪 4×ϕ15 孔		ϕ15 锪钻
50		热处理：ϕ50f8 外圆高频感应淬火并回火，硬度为 48HRC	高频感应淬火机床、回火炉	
60		磨外圆	外圆磨床	
	1	磨 ϕ50f8 外圆至要求，表面粗糙度 Ra 值为 0.8μm		
	2	磨 ϕ90h5 外圆至要求，表面粗糙度 Ra 值为 0.8μm		
	3	磨 ϕ130g6 外圆至要求，表面粗糙度 Ra 值为 0.8μm		
	4	靠磨尺寸 7 左面至要求，表面粗糙度 Ra 值为 0.8μm		
	5	靠磨尺寸 9 右面至要求，表面粗糙度 Ra 值为 0.8μm		
70		检验	检验站	

复习思考题

21.1 什么是生产过程、工艺过程、工序？
21.2 生产类型有哪几种？不同生产类型对零件的工艺过程有哪些主要影响？
21.3 机械加工中工件的安装方式有哪几类？各适用于什么场合？
21.4 什么是工件的六点定位原理？加工时，工件是否都要完全定位？
21.5 什么是基准？根据作用的不同，基准分为哪几种？
21.6 什么是粗基准？其选择原则是什么？
21.7 什么是精基准？其选择原则是什么？
21.8 切削加工工序安排的原则是什么？
21.9 加工轴类零件时，常以什么作为统一的精基准？为什么？
21.10 如何保证套类零件外圆面、内孔及端面的位置精度？
21.11 制订零件的机械加工工艺过程时，应考虑哪些主要因素？
21.12 制订如图 21-20 所示方头轴零件小批量生产时的机械加工工艺过程。

21.13 制订如图 21-21 所示销轴零件在大量生产时的机械加工工艺过程。

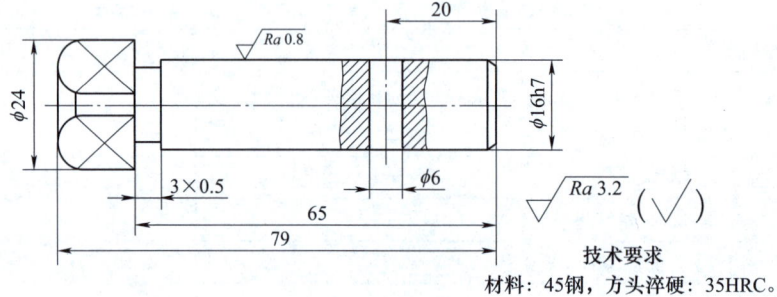

技术要求
材料：45钢，方头淬硬：35HRC。

图 21-20　题 21.12 图

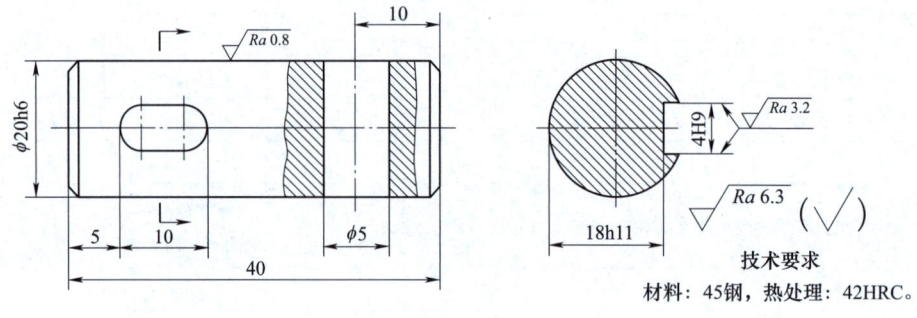

技术要求
材料：45钢，热处理：42HRC。

图 21-21　题 21.13 图

第 22 章　零件的结构工艺性

> **教学提示**：零件本身的结构，对加工质量、生产率和经济效益有着重要影响。为了获得较好的技术经济效果，在设计零件结构时，不仅要考虑满足使用要求，还应当考虑是否能够制造和便于制造，也就是要考虑零件结构的工艺性。
>
> **教学要求**：从标准化、便于装夹、便于加工、便于测量、提高生产率等方面，了解切削加工对零件结构工艺性的要求。

22.1　结构工艺性的基本概念

零件的结构工艺性是指所设计的零件在满足使用要求的前提下，制造的可行性和经济性。一个零件的生产过程，一般要经过毛坯的制造、切削加工、热处理、装配和维修等。因此零件的结构工艺性是一个整体概念，应该把各个生产过程对零件结构工艺性的要求全面考虑，并尽量使各个生产过程都具有良好的工艺性。

零件结构工艺性的优劣涉及面广，它与生产批量、工艺装备条件及工人技术水平等密切相关，因此，在设计机械产品和零件时，应将零部件结构、材料连同所采用的工艺方法、工装夹具、工人技术水平、生产批量和生产周期等作为一个系统来研究。结构工艺性不是一成不变的，而是随着生产条件改善、科学技术发展和新工艺方法不断出现而变化的。

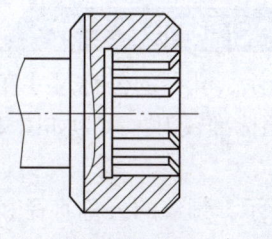

a) 适合在插齿机上加工　　b) 适合拉削方式生产

图 22-1　内齿离合器

研究零件结构工艺性的目的，就是在现有的工艺条件下使加工零件方便，生产率高，加工劳动量少及加工质量高。图 22-1 所示为内齿离合器，其中图 22-1a 所示结构适合在插齿机上加工，如果要大批量生产，则应改为图 22-1b 所示的结构，以便采用拉削方式生产。

随着科学技术的发展，新技术、新工艺不断涌现，使零件的结构工艺性不断变化，一些过去被认为是难加工，甚至是无法加工的结构，现在已变得可行，甚至很容易。例如，图 22-2a 所示电液伺服阀阀套上精密方孔的加工，为了保证方孔之间的尺寸公差要求，过去将阀套分成五个圆环分别加工，然后再连接起来，认为这样的结构工艺性好，但是随着电火花加工精度提高，把原来由五个圆环组装改为整体结构，如图 22-2b 所示，用四个电极，同时把四个方孔加工出来，也能保证方孔之间的尺寸精度。这样既减少了劳动量又降低了成本，所以这种整体结构的工艺性也是好的。

产品及零件的制造，包括毛坯生产、切削加工、热处理和装配等许多阶段，各个生产阶

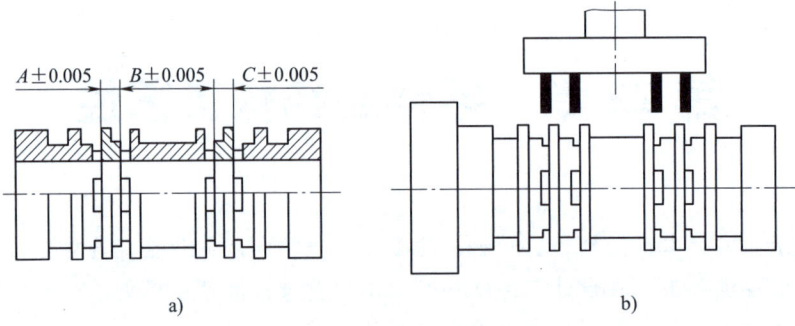

图 22-2 电液伺服阀阀套结构

段都是有机联系在一起的。在进行零件结构设计时，必须全面考虑，使各个阶段都具有良好的工艺性。当生产各阶段对结构的工艺性要求有矛盾时，应综合考虑，统筹安排。

22.2 切削加工对零件结构工艺性的要求

通常情况下，零件的尺寸精度、形状精度、位置精度和表面质量等主要靠切削加工来保证，因此，研究和改善零件的切削加工结构工艺性显得尤为重要。本节通过一些常见实例，分析切削加工对零件结构工艺性的要求。

22.2.1 尽量采用标准化参数

如图 22-3a 所示，孔径的公称尺寸和公差都是非标准值，若孔的加工采用钻、扩、铰的方案，则不能使用标准铰刀。改为如图 22-3b 所示的标准值后，则可使用标准铰刀进行孔的精加工。

如图 22-4a 所示，螺纹的公称直径和螺距都是非标准值，应改成如图 22-4b 所示的标准值，既可以使用标准板牙和丝锥加工，又便于使用标准螺纹规进行检验。

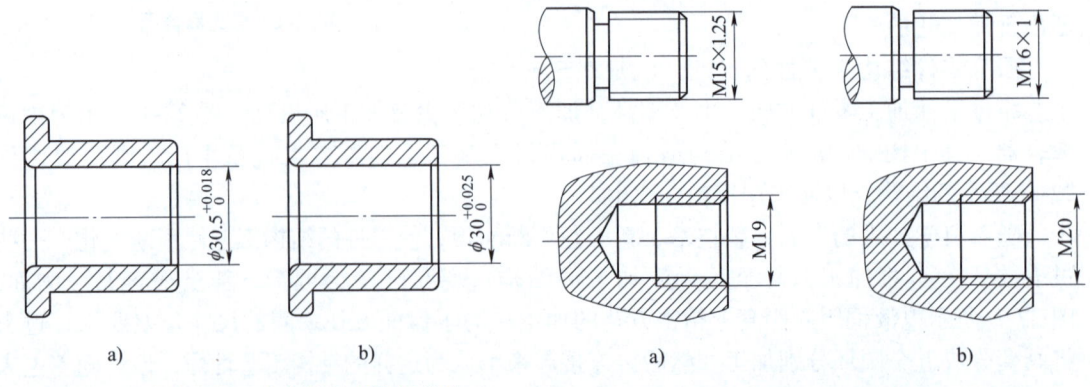

图 22-3 孔的公称尺寸和公差应取标准值

图 22-4 螺纹的公称直径和螺距应取标准值

又如图 22-5a 所示设计中的锥孔锥度值和尺寸都是非标准的，既不能采用标准锥度塞规检验，又不能与标准外锥面配合使用。改进后，锥度和直径都采用标准值：图 22-5b 所示为莫氏锥度；图22-5c 所示为米制锥度。

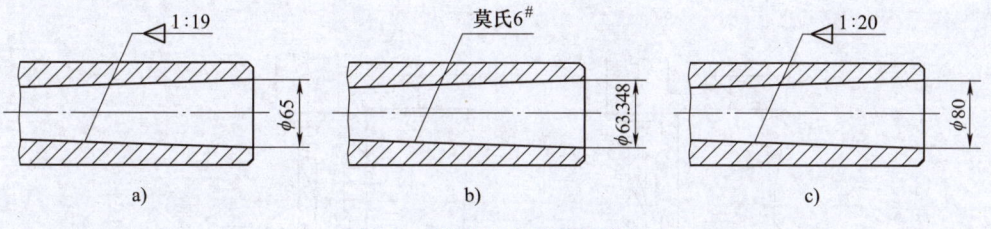

图 22-5　锥度和直径取标准值

22.2.2　便于装夹

1. 增设工艺凸台

如图22-6a 所示，加工 A 面以 B 面为基准，但 B 面较小，难以安装找正，而如图 22-6b 所示增设了一个工艺凸台，安装方便，定位可靠，需要时可在加工后将工艺凸台切掉。

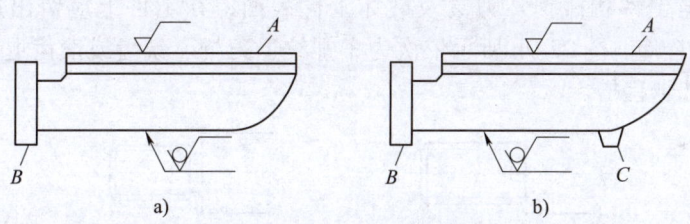

图 22-6　数控铣床床身的结构

2. 设凸缘或装夹孔

图 22-7a 所示零件，在加工其上表面时，难于将工件夹紧，而如图 22-7b 所示增加了凸缘或孔，可用压板、螺栓装夹，使工件装夹时夹紧方便可靠。

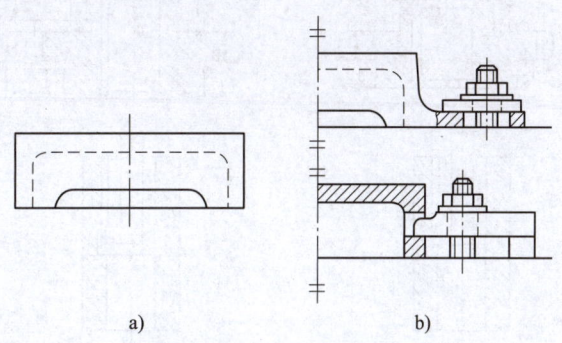

图 22-7　画线大平板的结构图

22.2.3　便于加工

1. 刀具不应与工件干涉

如图 22-8a 所示，孔过于接近壁面，加工时刀具与工件易发生干涉，只好使用特制的加长钻头加工,刀具刚性差,若改为如图 22-8b 所示结构,使用标准钻头便能顺利地进刀和退刀。

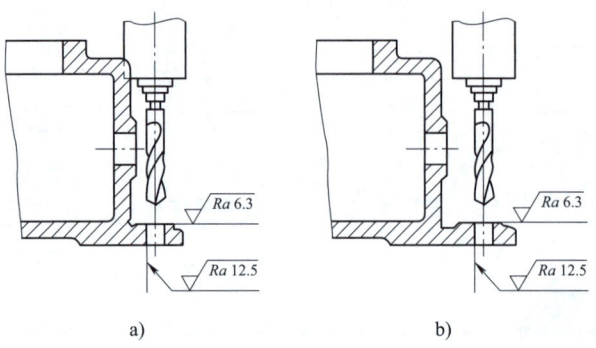

图 22-8 刀具不应与工件干涉

2. 留出退刀空间

为避免刀具与工件相碰损坏刀具及破坏工件表面,在工件上应留出退刀空间,如图 22-9a 所示结构不合理。图 22-9b 所示依次为车螺纹退刀槽、铣齿或滚齿退刀槽、插齿空刀槽、插键槽、磨孔越程槽。

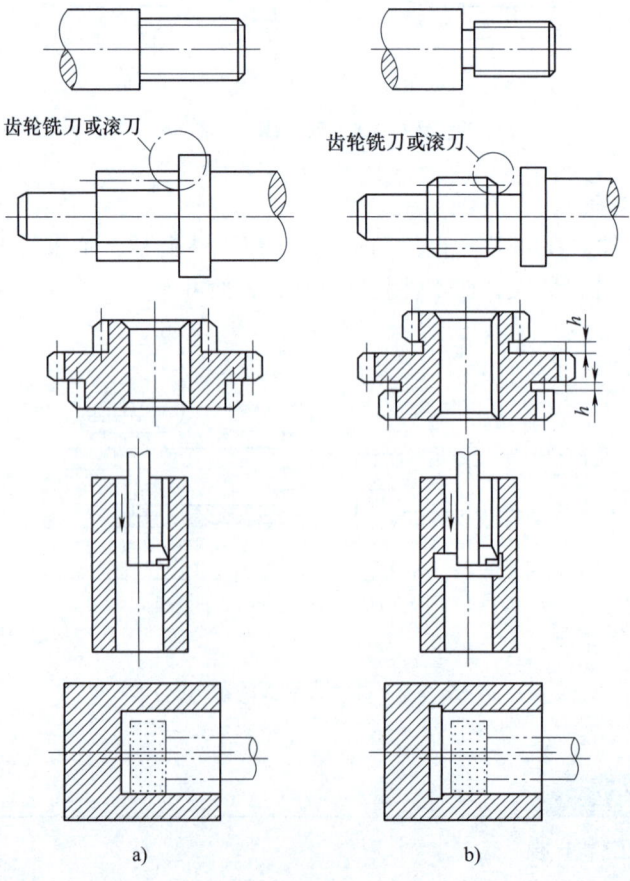

图 22-9 留出退刀空间

3. 尽量采用标准刀具加工

零件上的孔、沟槽宽度、圆角半径等，应尽量与标准刀具相符，避免制造专用刀具。零件凹槽可以用面铣刀加工，在粗加工后其内圆角的精加工需用立铣刀清边，所以内圆角的半径应等于标准立铣刀的半径。如果设计成如图 22-10a 所示的直角凹槽，无法用立铣刀加工出来，应改为如图 22-10b 所示结构。

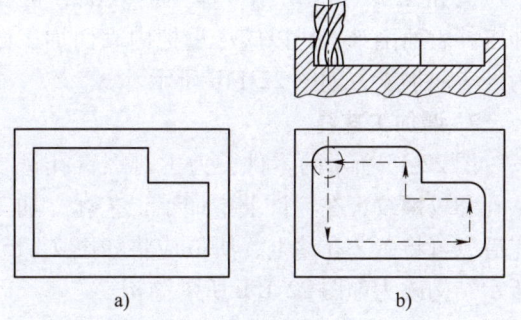

图 22-10　内圆角表面的形状

4. 孔的轴线与端面垂直

如图 22-11a 所示，在斜面或曲面上钻孔，钻头易弯曲或折断，应改成如图 22-11b 所示结构，钻头与工件的钻入钻出表面垂直，以保证钻孔质量。

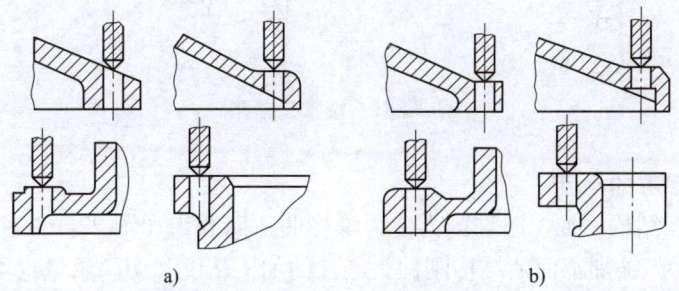

图 22-11　避免在斜面或曲面上钻孔

5. 尽可能避免弯曲的孔

图 22-12a 所示零件上的孔很显然是不可能钻出的；改为如图 22-12b 所示结构，中间那一段也是不能钻出的；改为如图 22-12c 所示结构虽能加工出来，但还要在中间一段附加一个柱塞，是比较费工的。所以，设计时要尽可能避免弯曲的孔。

6. 配合表面尽量避免箱体内表面

图 22-13a 所示结构，配合表面设计在箱体内侧，刀具的调整及尺寸的测量很不方便，若改成如图 22-13b 所示结构，配合表面设计在箱体的外侧，则易加工。

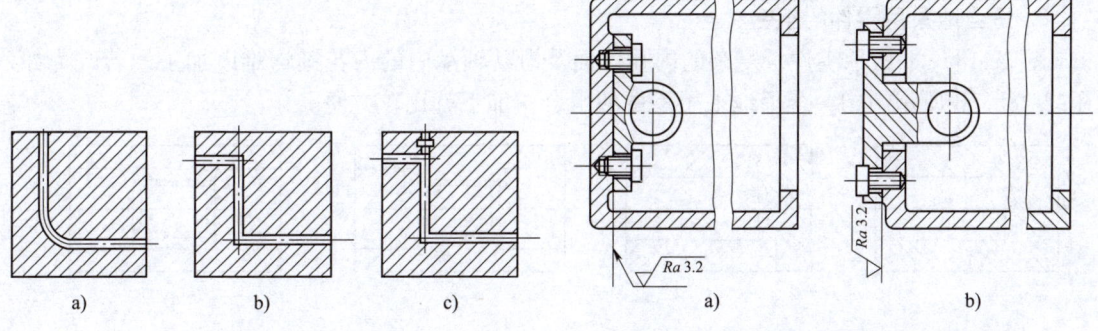

图 22-12　尽可能避免弯曲的孔　　　　图 22-13　内表面加工改为外表面加工 1

又如图 22-14a 所示，加工内表面一般比加工外表面困难，所以应尽量把内表面加工改为外表面加工，如图 22-14b 所示。

7. 增加工艺孔

图 22-15 所示的零件，为了对螺钉孔进行钻孔和攻螺纹，在零件上增加了工艺孔，加工完后，可将工艺孔堵上，所以应将如图 22-15a 所示结构改为如图 22-15b 所示结构。

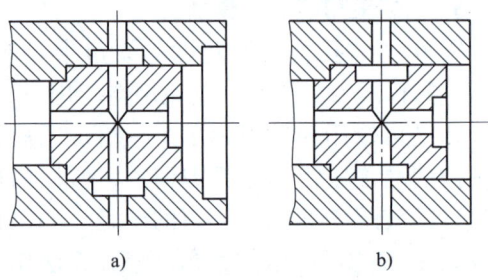

图 22-14　内表面加工改为外表面加工 2

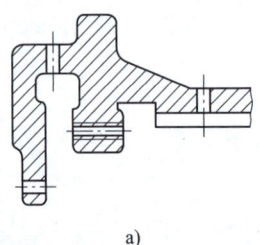
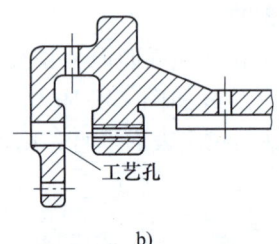

图 22-15　增加工艺孔

8. 零件要有足够的刚度

图 22-16a 所示结构，加工时切削力使边缘挠曲，而改为如图 22-16b 所示结构，增设加强肋，则可大大提高被加工面的结构刚性，零件的加工精度和切削用量也可随之提高。

又如图 22-17a 所示结构单薄，刨削上平面时易因切削力的作用，造成工件变形，改为如图 22-17b 所示结构后，增加了肋板，提高了刚度，可以采用较大切削深度和进给量加工，可提高生产率。

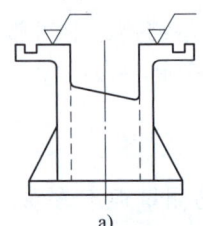
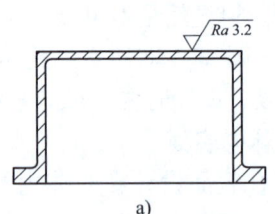
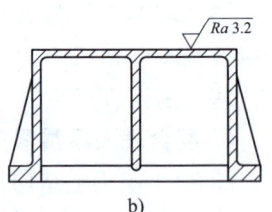

图 22-16　增设加强肋 1　　　　图 22-17　增设加强肋 2

9. 适当地采用零件的组合

图 22-18a、c 所示零件，复杂的内孔球面及滑动轴承内的内花键均难以加工，若改为如图 22-18b、d 所示结构，合理地采用零件的组合，加工就比较方便。

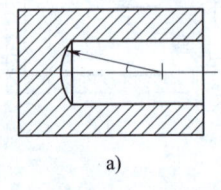
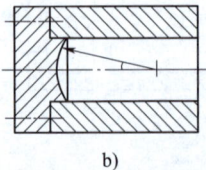
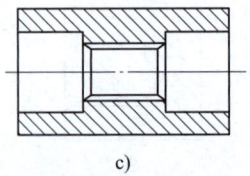
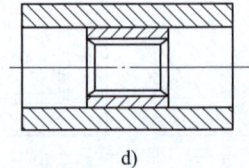

图 22-18　零件的组合

22.2.4 便于提高生产率

1. 减少机床调整次数

图 22-19a 所示零件，被加工的各凸台表面不在同一平面上，加工时需三次将工作台升高或降低，增加了调整机床的辅助时间，改为如图 22-19b 所示结构，则只需要调整一次机床便可加工出所有的凸台表面，并且可同时加工多个零件。

2. 减少刀具种类

图 22-20a 所示阶梯轴的退刀槽、圆角半径尺寸不相同，需用多把刀具加工，而改成如图 22-20b 所示结构，则只需用一把刀具就能加工出来，减少了换刀时间和调整机床的辅助时间。

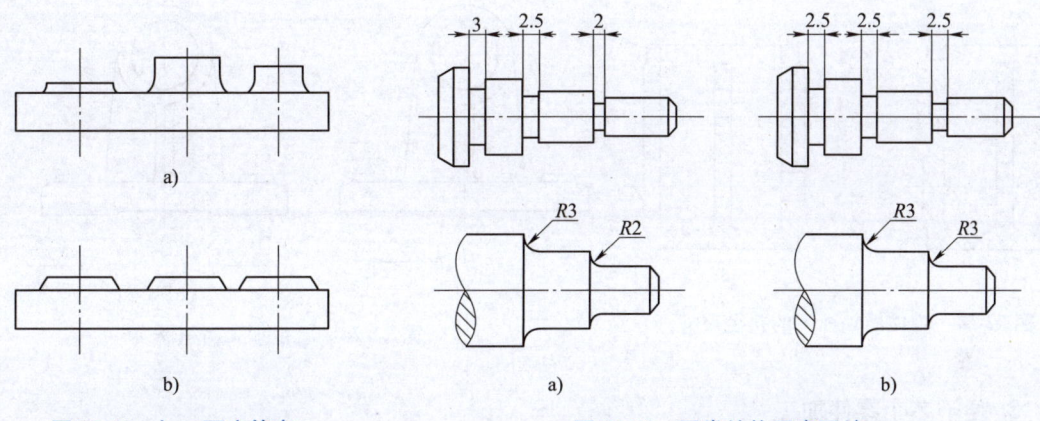

图 22-19 加工面应等高　　　　图 22-20 同类结构要素要统一

3. 减少装夹次数

如图 22-21a 所示，轴套两端孔有同轴度要求，孔径大，而中间孔孔径小，需两次装夹才能加工出两端的孔，而改为如图 22-21b 所示结构，则一次装夹就能加工出来，不但保证了同轴度的要求，还缩短了辅助时间。

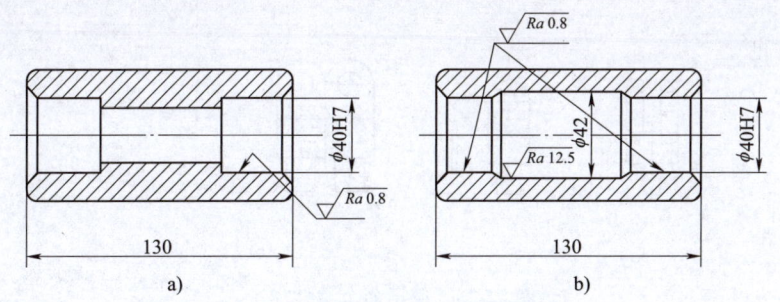

图 22-21 保证轴套两端孔的同轴度

同理，图 22-22a 所示两键槽方位不一致，需两次装夹加工，而改成如图 22-22b 所示结构，键槽在同一侧，则一次装夹便可加工两个键槽。

又如图 22-23 所示箱体上的同轴孔，孔径最好相同或向一个方向递减或两边向中间递

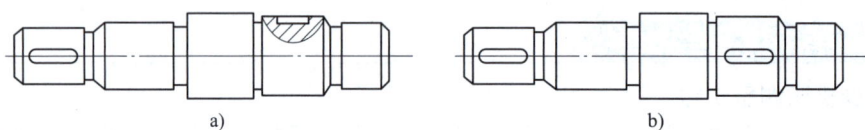

图 22-22 轴上多键槽的布局

减,这样便可以在一次安装中同时或逐个加工全部同轴孔,避免多次安装。

4. 减少加工面积

图 22-24b 所示支架底面为配合表面,与图 22-24a 所示结构相比,不仅减少了加工面积,还能节省加工工时,提高支架底面与机座平面的配合精度。

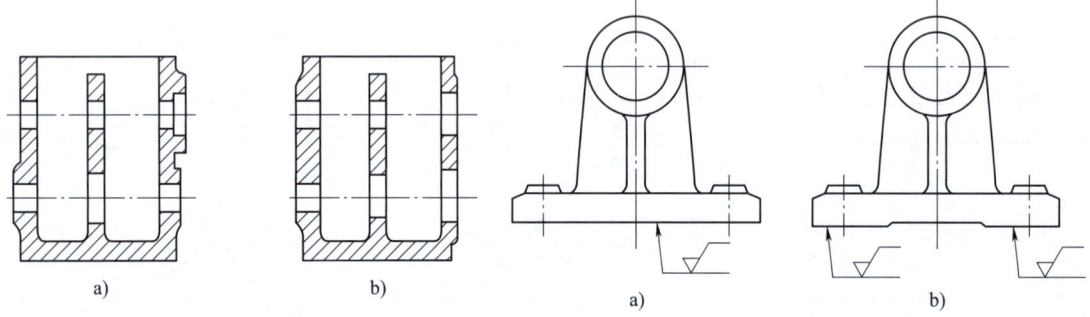

图 22-23 箱体同轴孔系的孔径尺寸　　　　　图 22-24 减少加工面积

5. 便于多个零件加工

如图 22-25a 所示,改进前的沟槽底部为圆弧形,只能用与圆弧直径相等的铣刀对单个零件进行加工。改为如图 22-25b 所示平面后,可以选任意直径的铣刀对多个零件顺序加工。

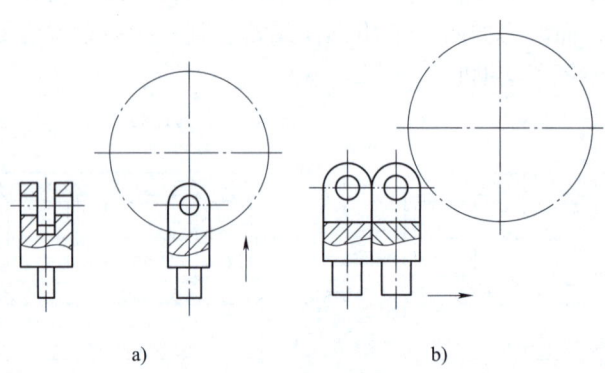

图 22-25 便于多个零件加工

22.2.5　便于测量

1) 图 22-26a 所示孔与基准面 A 的平行度误差很难测量准确,而如图 22-26b 所示增设工艺凸台,使测量大为方便,这样也便于加工时工件装夹。

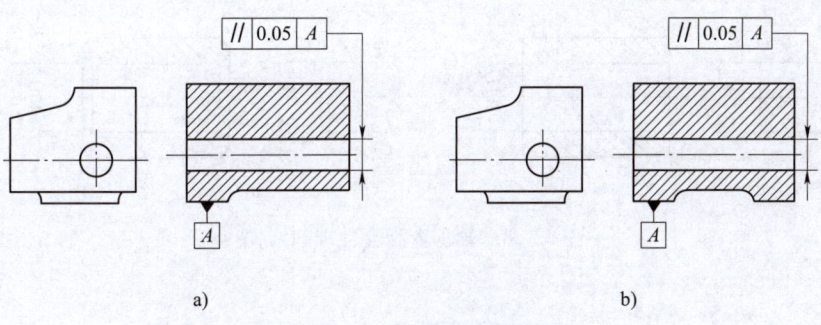

图 22-26 便于位置误差测量

2）零件的尺寸标注要便于加工和测量。图 22-27a 所示的标注尺寸（100±0.1）mm 不便加工和测量，改为如图 22-27b 所示尺寸标注后，由（140±0.05）mm 和（40±0.05）mm 来保证（100±0.1）mm，则便于加工和测量。

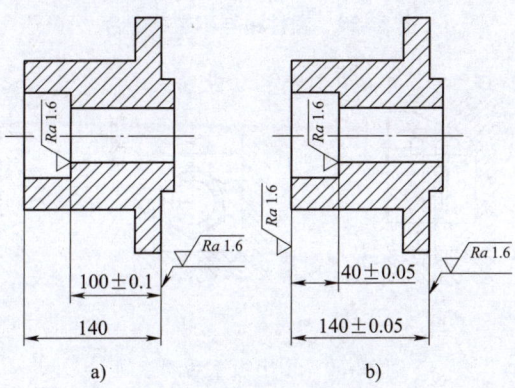

图 22-27 便于尺寸测量的结构

22.3 装配结构工艺性

授课视频

零件的装配结构工艺性是指所设计的零件在满足使用要求的前提下，装配连接的可行性和经济性，或者说机器装配的难易程度。不合理的结构给装配和维修带来很大的难度。本节列出了一些零部件装配的典型结构，对常见的装配结构工艺性问题进行分析。

22.3.1 便于装配

1）在有配合要求零件的端部应有倒角，以便装配，且使外露部分较为美观。图 22-28a 所示结构不合理，应改为如图 22-28b 所示结构。

2）圆柱销与不通孔配合，应该设置排气孔。图 22-29a 所示结构不合理，而图 22-29b 所示结构在圆柱销上设置了排气孔，图 22-29c 所示结构在壳体上设置了排气孔。

3）在螺钉联接处，应留出一定空间，便于扳手拧紧或松开螺钉，所以图 22-30a、c 所示结构不合理，应改成图 22-30b、d 所示结构。

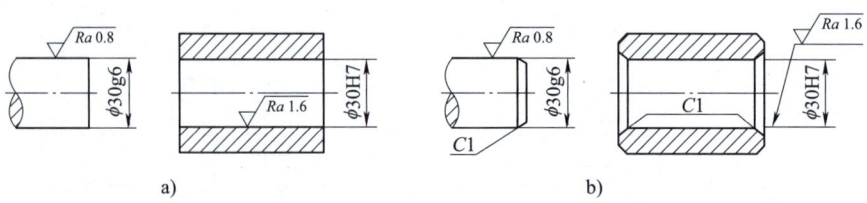

图 22-28　轴、套配合件端部结构

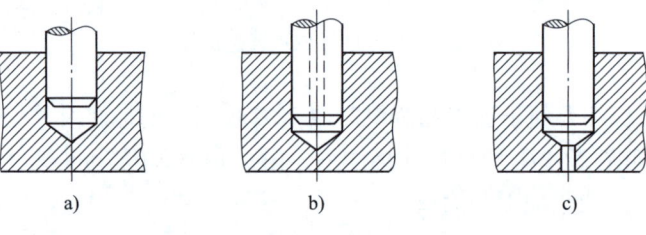

图 22-29　圆柱销与不通孔配合

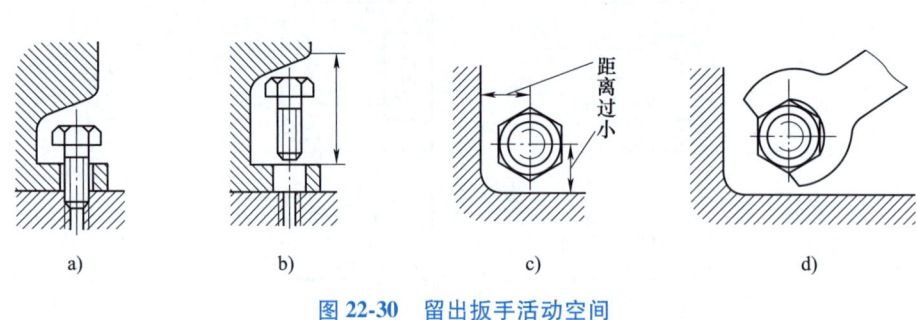

图 22-30　留出扳手活动空间

4）同一方向应该只有一对配合表面。图 22-31a 所示结构在同一方向有两对配合表面，相关表面的尺寸精度和位置精度要求将大大提高，在很多场合，这是没有必要的，应该改成如图 22-31b 所示结构。

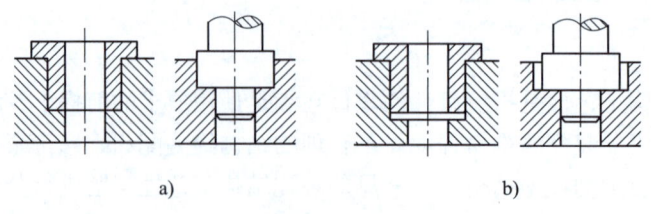

图 22-31　减少配合表面

22.3.2　便于拆卸

1）滚动轴承安装在轴上及箱体支承孔内，图 22-32a 所示轴肩直径大于轴承内圈外径，图 22-32c 所示内孔台肩直径小于轴承外圈内径，轴承无法拆卸，应改成如图 22-32b、d 所示的结构，轴承即可拆卸。

2）泵体孔中镶嵌衬套，图 22-33a 所示结构拆卸更换衬套困难，改成如图 22-33b 所示

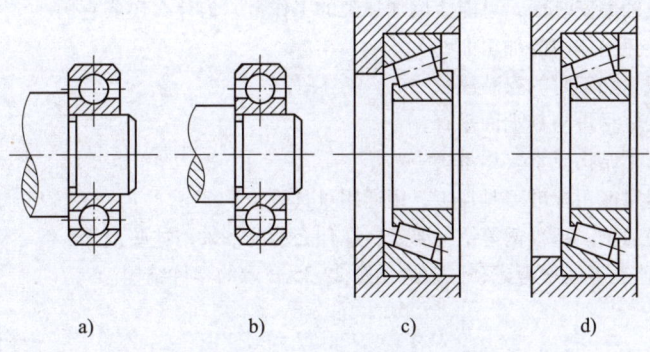

图 22-32　便于轴承拆卸的结构

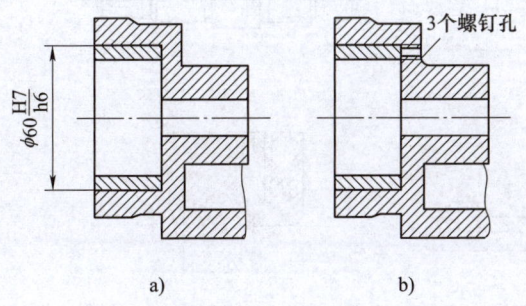

图 22-33　便于泵体衬套拆卸的结构

结构，在泵体上设计三个均布的螺钉孔，拆卸时可用螺钉顶出衬套。

22.3.3　应有正确的装配基面

两个有同轴度要求的零件连接时，应该有合理的装配基面。图 22-34a 所示结构不合理，应改为如图 22-34b 所示结构。

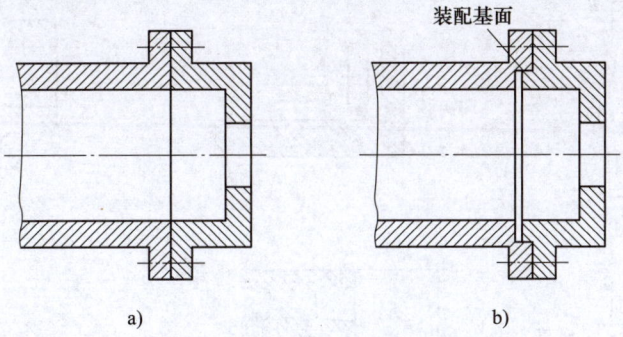

图 22-34　要有必要的装配基面

复习思考题

22.1　什么是零件结构的工艺性？它有什么实际意义？
22.2　设计零件时，考虑零件结构工艺性的一般原则有哪些？

22.3　增加工艺凸台或辅助安装面，可能会增加加工的工作量，为什么还要它们？

22.4　为什么要尽量避免箱体内的加工面？

22.5　为什么要尽量减少加工时的安装次数？

22.6　为什么孔的轴线应尽量与其端面垂直？

22.7　为什么零件上同类结构要素要尽量统一？

22.8　为什么要考虑尽量能用标准刀具加工、用通用量具检验？

22.9　为什么要设计退刀槽、越程槽等结构要素？在什么情况下采用这些设计？

22.10　从装配结构工艺性等因素考虑，试改进如图 22-35 所示的零件结构。

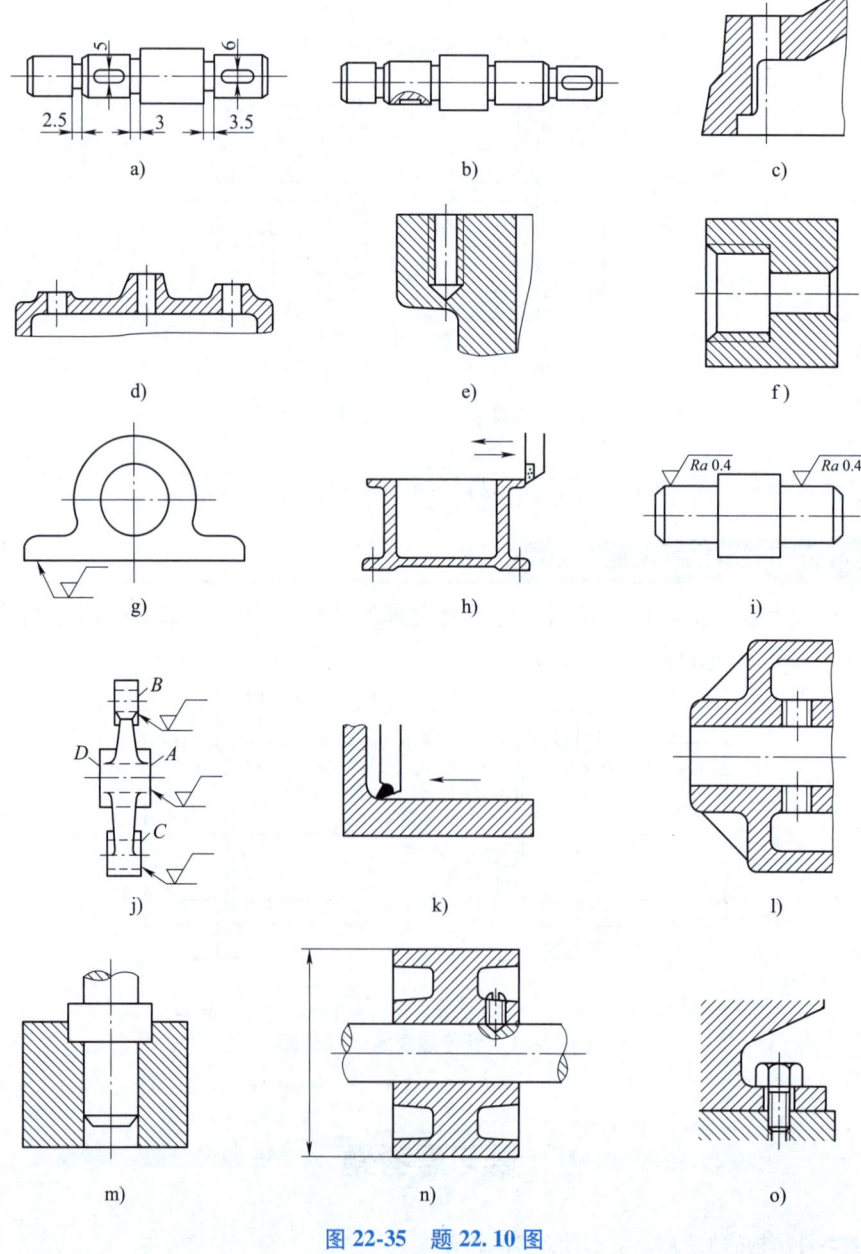

图 22-35　题 22.10 图

参 考 文 献

[1] 罗继相，王志海. 金属工艺学［M］. 3版. 武汉：武汉理工大学出版社，2016.
[2] 邓文英，郭晓鹏，邢忠文. 金属工艺学：上册［M］. 6版. 北京：高等教育出版社，2016.
[3] 邓文英，朱力宏. 金属工艺学：下册［M］. 6版. 北京：高等教育出版社，2016.
[4] 戈晓岚，赵占西. 工程材料及其成形基础［M］. 北京：高等教育出版社，2012.
[5] 庞国星. 工程材料与成形技术基础［M］. 3版. 北京：机械工业出版社，2018.
[6] 米国发. 金属加工工艺基础［M］. 北京：冶金工业出版社，2011.
[7] 张宝珠，王冬生，纪海明. 典型精密零件机械加工工艺分析及实例［M］. 2版. 北京：机械工业出版社，2017.
[8] 史耀武. 焊接制造工程基础［M］. 北京：机械工业出版社，2016.
[9] 李晨希. 铸造工艺及工装设计［M］. 北京：化学工业出版社，2014.
[10] 吕鉴涛. 3D打印原理、技术与应用［M］. 北京：人民邮电出版社，2017.
[11] 卢秉恒. 机械制造技术基础［M］. 4版. 北京：机械工业出版社，2018.
[12] 张世昌，李旦，张冠伟. 机械制造技术基础［M］. 3版. 北京：高等教育出版社，2014.
[13] 法尔克，克斯，伦德，等. 金属工艺学基础［M］. 刘德忠，那薇，刘畅，译. 北京：机械工业出版社，2016.
[14] 张兆隆，李彩凤. 金属工艺学［M］. 3版. 北京：北京理工大学出版社，2019.
[15] 朱张校，姚可夫. 工程材料［M］. 5版. 北京：清华大学出版社，2011.
[16] 郭永环，高丽. 工程材料及机械制造基础［M］. 北京：北京大学出版社，2021.
[17] VIAN C, KIBBEY C, CHEN Y, et al. Cooling-assisted ultrasonic grain refining of aluminum E380 die casting alloy［J］. International Journal of Metalcasting，2022，16：842-852.
[18] 薛鹏举. Ti6Al4V粉末热等静压近净成形工艺研究［D］. 武汉：华中科技大学，2014.
[19] 蔡超. 高性能钛合金材料的热等静压制备与成形一体化关键技术研究［D］. 武汉：华中科技大学，2017.
[20] 李继展. TiAl金属间化合物热等静压成形关键技术基础研究［D］. 武汉：华中科技大学，2019.
[21] VOISIN T, MONCHOUX J P, DURAND L, et al. An innovative way to produce γ-TiAl blades：spark plasma sintering［J］. Advanced Engineering Materials，2015，17（10）：1408-1413.
[22] 尚峰. UNS S32707特超级双相不锈钢零部件粉末近净成形技术及组织性能调控［D］. 北京：北京科技大学，2021.
[23] AN L Q, SHI R W, FAN R H, et al. Fabrication of $Y_2Ti_2O_7$ transparent ceramic by spark plasma sintering［J］. Materials Science Forum，2021，6114：663-667.
[24] HUANG X Y, CHEN G, WEI J, et al. Fabrication of Yb, La：CaF_2 transparent ceramics by air pre-sintering with hot isostatic pressing［J］. Optical Materials，2021，116：111108.1—111108.8.
[25] 李治华，邰清安，刘建涛. FGH97合金高压涡轮盘热等静压成形技术研究［J］. 锻造与冲压，2021（7）：67-70.
[26] OGLEZNEVA S A, KACHENYUK M N, SMETKIN A A, et al. Functional gradient heat-resistant materials manufactured by spark plasma sintering［J］. Materials Science Forum，2021，6210：464-472.
[27] WANG Y H, LIU W, GUO J X, et al. In situ formation of Si_3N_4-SiC nanocomposites through polymer-derived SiAlCN ceramics and spark plasma sintering［J］. Ceramics International，2021，47（15）：

22049-22054.

[28] 黄卫东, 等. 激光立体成形 [M]. 西安: 西北工业大学出版社, 2007.

[29] 李鹏. 基于激光熔覆的三维金属零件激光直接制造技术研究 [D]. 武汉: 华中科技大学, 2005.

[30] 卢秉恒, 李涤尘. 增材制造 (3D 打印) 技术发展 [J]. 机械制造与自动化, 2013, 42 (4): 1-4.

[31] 邢希学, 潘丽华、王勇, 等. 电子束选区熔化增材制造技术研究现状分析 [J]. 焊接, 2016 (7): 22-26.

[32] 张海鸥, 王超, 胡帮友, 等. 金属零件直接快速制造技术及发展趋势 [J]. 航空制造技术, 2010 (8): 43-46.

[33] OSAKADA K, SHIOMI M. Flexible manufacturing of metallic products by selective laser melting of powder [J]. International Journal of Machine Tools and Manufacture, 2006, 46 (11): 1188-1193.

[34] THOMPSON S M BIAN L, SHAMSAEI N, et al. An overview of direct laser deposition for additive manufacturing; Part I: Transport phenomena, modeling and diagnostics [J]. Additive Manufacturing, 2015, 8: 36-62.

[35] YADROITSEV I, BERTRAND P, SMUROV I. Parametric analysis of the selective laser melting process [J]. Applied Surface Science, 2007, 253 (19): 8064-8069.

[36] EKOVIC S, DWIVEDI R, KOVACEVIC R. Numerical simulation and experimental investigation of gas-powder flow from radially symmetrical nozzles in laser based direct metal deposition [J]. International Journal of Machine Tools and Manufacture, 2007, 47 (1): 112-123.

[37] RIEHM S, FRIEDERICI V, BROECKMANN C, et al. Tailor-made functional composite components using additive manufacturing and hot isostatic pressing [J]. Powder Metallurgy, 2021, 64 (4): 295-307.

[38] TASDEMIR A, NOHUT S. An overview of wire arc additive manufacturing (WAAM) in shipbuilding industry [J]. Ships and Offshore Structures, 2021, 16 (7): 797-814.

[39] 辛艳喜, 蔡高参, 胡彪, 等. 3D 打印主要成型工艺及其应用进展 [J]. 精密成形工程, 2021, 13 (6): 156-164.

[40] HAN S H, ZHANG Z Z, RUAN T X, et al. Fabrication of circular cooling channels by cold metal transfer based wire and arc additive manufacturing [J]. Proceedings of the Institution of Mechanical Engineers, 2021, 235 (11): 1715-1726.

[41] 杨圣钊, 尹瀛月, 高建, 等. 功能梯度材料增材制造技术的研究现状及展望 [J]. 热加工工艺, 2021, 50 (21): 1-6.

[42] 顾冬冬, 张红梅, 陈洪宇, 等. 航空航天高性能金属材料构件激光增材制造 [J]. 中国激光, 2020, 47 (5): 24-47.